Bildverarbeitung für die Medizin

Springer
*Berlin
Heidelberg
New York
Barcelona
Budapest
Hongkong
London
Mailand
Paris
Santa Clara
Singapur
Tokio*

Thomas Lehmann • Walter Oberschelp
Erich Pelikan • Rudolf Repges

Bildverarbeitung für die Medizin

Grundlagen, Modelle, Methoden, Anwendungen

Mit 277 Abbildungen

 Springer

Dipl.-Ing. Thomas Lehmann
Rheinisch-Westfälische Technische Hochschule (RWTH) Aachen
Institut für Medizinische Informatik
D-52057 Aachen
E-mail: lehmann@computer.org

Univ.-Prof. Dr. rer. nat. Walter Oberschelp
RWTH Aachen
Lehrstuhl für angewandte Mathematik, insbesondere Informatik
D-52056 Aachen

Dr.-Ing. Erich Pelikan
Philips Medizin Systeme
Wissenschaftlich-technische Abteilung
Röntgenstraße 24, D-22335 Hamburg

Univ.-Prof. em. Dr. med. Rudolf Repges
RWTH Aachen
Medizinische Fakultät
D-52057 Aachen

ISBN-13:978-3-540-61458-6

Die Deutsche Bibliothek – CIP-Einheitsaufnahme
Bildverarbeitung für die Medizin: Grundlagen, Modelle, Methoden, Anwendungen /
von Thomas Lehmann... – Berlin; Heidelberg; New York; Barcelona; Budapest;
Hongkong; London; Mailand; Paris; Santa Clara; Singapur; Tokio: Springer, 1997
ISBN-13:978-3-540-61458-6   e-ISBN-13:978-3-642-60487-4
DOI: 10.1007/978-3-642-60487-4

Dieses Werk ist urheberrechtlich geschützt. Die dadurch begründeten Rechte, insbesondere
die der Übersetzung, des Nachdrucks, des Vortrags, der Entnahme von Abbildungen und
Tabellen, der Funksendung, der Mikroverfilmung oder der Vervielfältigung auf anderen Wegen und der Speicherung in Datenverarbeitungsanlagen, bleiben, auch bei nur auszugsweiser
Verwertung, vorbehalten. Eine Vervielfältigung dieses Werkes oder von Teilen dieses Werkes
ist auch im Einzelfall nur in den Grenzen der gesetzlichen Bestimmungen des Urheberrechtsgesetzes der Bundesrepublik Deutschland vom 9. September 1965 in der jeweils geltenden
Fassung zulässig. Sie ist grundsätzlich vergütungspflichtig. Zuwiderhandlungen unterliegen
den Strafbestimmungen des Urheberrechtsgesetzes.

© Springer-Verlag Berlin Heidelberg 1997

Die Wiedergabe von Gebrauchsnamen, Handelsnamen, Warenbezeichnungen usw. in diesem
Werk berechtigt auch ohne besondere Kennzeichnung nicht zu der Annahme, daß solche
Namen im Sinne der Warenzeichen- und Markenschutz-Gesetzgebung als frei zu betrachten
wären und daher von jedermann benutzt werden dürften.

Einbandgestaltung: Künkel & Lopka, Heidelberg
Satz: Reproduktionsfertige Daten von den Autoren in T_EX
SPIN 10543165   45/3142-5 4 3 2 1 0 – Gedruckt auf säurefreiem Papier

Vorwort

Seit vielen Jahren wird an der RWTH Aachen für die Studierenden der Informatik ein Hauptseminar zur *medizinischen Bildverarbeitung* angeboten. Die Themen dieses Seminars werden ausschließlich der aktuellen wissenschaftlichen Fachliteratur entnommen. Die Studierenden sollen lernen, die dort vorgestellten neuen Konzepte zu durchdringen und kritisch zu hinterfragen. Als Vorbereitung dazu wurde im Wintersemester 1993/94 von den Autoren erstmals eine Ringvorlesung als prüfungsrelevante Lehrveranstaltung angeboten. Diese Ringvorlesung wird seither regelmäßig im Sommersemester an der RWTH Aachen wiederholt und wurde 1995 und 1996 auch an der FU Berlin gehalten.

Die Veranstaltung wendet sich insbesondere an die Studierenden der Informatik mit dem Nebenfach Medizin. Darüber hinaus sollen vor allem Studierende der Elektrotechnik und der Mathematik mit Interesse an medizinischen Fragen sowie Mediziner mit Interesse an den Verfahren der Informatik, der Mathematik und der Meßtechnik angesprochen werden. Ziel der Vorlesung ist es, einen möglichst vollständigen Überblick über die Bildverarbeitung in der Medizin für die in diesem Bereich Tätigen und Interessierten zu geben.

Das interdisziplinäre Feld der medizinischen Bildverarbeitung fordert von den dort Arbeitenden ein hohes Maß an gegenseitigem Verständnis. Wir Autoren haben deshalb im ersten Teil **Grundlagen** mit einem Kapitel über die medizinischen Fragestellungen an die digitale Bildverarbeitung begonnen. Jeder Nichtmediziner, der sich mit medizinischer Bildverarbeitung auseinandersetzt, sollte mit den prinzipiellen Fragestellungen vertraut sein, nach denen der Arzt oder Radiologe ein Bild befundet. Der Weg geht dann weiter zu den technischen Grundlagen der Bilderzeugung. Erst aus dem Verständnis der physikalischen Bildentstehung können effiziente Algorithmen zur Bildinterpretation erarbeitet werden. Ebenso ist die Bildwahrnehmung durch das visuelle System des Menschen sowohl Grundlage aller Konzepte zur optimierten Bilddarstellung als auch Vorlage für das Design komplexer Mustererkennungslösungen.

Der zweite Teil dieses Textes behandelt verschiedene **Modelle** für medizinische Bilder. Unsere Ausgangssituation war die Erkenntnis, daß es (noch) keine wissenschaftlich einheitliche und systematische Darstellung der *Bildverarbeitung für die Medizin* gibt. So liegen Welten zwischen den rein mathematischen und den signaltheoretischen oder den stochastischen Arbeiten zur Bildanalyse. Dies äußert sich z.B. in der Sichtweise der Diracschen Deltafunktion.

Der dritte Teil **Methoden** behandelt Transformationsverfahren, die für die medizinische Bildverarbeitung von besonderer Wichtigkeit sind. Dieser Teil hat keinen Anspruch auf Vollständigkeit, vielmehr sollen die prinzipiellen Möglichkeiten solcher „Hilfsmittel" der medizinischen Bildverarbeitung exemplarisch dargestellt werden. Wir haben dafür im wesentlichen die Fourier-, Wavelet-, Radon-, Hauptachsen- und Hough-Transformation ausgewählt, es werden aber auch andere Transformationen in diesem Buch behandelt.

Im letzten Teil werden Verfahren zur Bildkorrektur, -verbesserung und -interpretation vorgestellt und anhand zahlreicher Bildbeispiele aus aktuellen Projekten veranschaulicht. Dabei stehen die **Anwendungen** in der Medizin im Vordergrund, die von der Speicherung und Übermittlung medizinischer Bilder über deren Verbesserung bei fehlerhafter, gestörter und unvollständiger Aufnahmetechnik bis zu den letztlich für die Diagnostik entscheidenden Fragen der Segmentierung, Mustererkennung und Klassifikation des Bildmaterials reichen.

Wir haben versucht, zwischen den von uns jeweils allein zu verantwortenden Kapiteln intensiv zu kommunizieren und die Aspekte anderer Lehrmeinungen sorgfältig zur Sprache zu bringen. Dieser fruchtbare Dialog basierte auf einer langjährigen Zusammenarbeit, die sich in gemeinsam durchgeführten Seminaren, Diplomarbeiten und Dissertationen festigte. Ein Höhepunkt unserer Zusammenarbeit war das Kompaktseminar *Medizinische Bildverarbeitung* in der Jugendherberge Monschau im Sommersemester 1993, in dem von uns gemeinsam betreute Studierende in einer Art Probelauf die Einzelvorlesungen zu halten versucht haben.

Selbstverständlich haben wir seither in vielen Stunden weiterer Diskussionen die Vorlesung *Bildverarbeitung für die Medizin* homogenisiert und von Widersprüchen und Überschneidungen bereinigt. Basis dafür war das im Sommer 1995 herausgegebene Vorlesungsskript, das in den vergangenen zwei Jahren wesentlich überarbeitet worden ist. Wir meinen, daß unser Text nunmehr in einer Version vorliegt, die man als einheitlich, widerspruchsfrei, vollständig und nichtredundant bezeichnen kann. Insbesondere glauben wir, daß die *Gliederung* dieses Buches, über die am Beginn unseres Projektes erst nach langer Diskussion Einigung erzielt werden konnte, in weiteren Überarbeitungen erhalten bleiben wird, denn sie bietet für die Gesamtthematik ein generisches Konzept. Wir hoffen, daß der Leser aus der Lektüre des vorliegenden Buches genau so viel Gewinn ziehen wird wie wir Autoren aus der Abfassung des Werkes.

Danksagung

Unser Dank gilt allen, die unsere Arbeit an diesem Buch unterstützt haben. Vielen Kollegen, insbesondere Herrn Univ.-Prof. Dr. Dr. Klaus Spitzer, RWTH Aachen und Herrn Univ.-Prof. Dr. Thomas Tolxdorff, FU Berlin, danken wir für ihre Hilfe und für das auch in hektischen Situationen gute Institutsklima, das dieses Werk erst ermöglicht hat.

Weiterhin bedanken wir uns bei allen, die sich in den letzen Jahren – sei es während ihres Studiums, durch ihren Beruf oder in der Freizeit – mit dem Text auseinandergesetzt und durch ihre Kommentare und Anmerkungen zur Verbesserung beigetragen haben. Stellvertretend möchten wir die Teilnehmer des Seminars *Medizinische Bildverarbeitung* im Sommersemester 1993 nennen: Oliver Bunsen, Christof Forbrig, Uwe Gühl, Karl-Heinz Groß, Frank Huch, Oliver Joncker, Andrea Junk, Marcus Kretzschmar, Volker Metzler, Michael Portz, Thomas Raffelsieper, Michael Schmitz, Guido Schrörs und Abhijit Sovakar.

Wir danken den Herren Dr. Achim Stargardt und Dr. Hans-Jürgen Kaiser, RWTH Aachen, für die kritische Durchsicht der Kapitel 1 und 2, Frau Dipl.-Inform. Ingrid Scholl, RWTH Aachen, für ihre maßgebliche Unterstützung bei der Konzeption und Erstellung des Kapitels 9 sowie Herrn Dipl.-Inform. Frank Hakenstein, RWTH Aachen, für die gründliche Durchsicht dieses Kapitels, Herrn Dipl.-Ing. Burkhard Peters, RWTH Aachen, für die Bereitstellung seiner Forschungsergebnisse für das Kapitel 13, Frau Dipl.-Inform. Susan Wegner, DHZ Berlin, für das Bildmaterial, das in Kapitel 14 eingeflossen ist, und Herrn Dr. Michael Egmont-Petersen, Universität Maastricht, für das Bildmaterial zu Kapitel 14 und das Abfassen des Abschnitts über Qualitätsmaße in Kapitel 15. Wir danken Herrn Dipl.-Inform. Volker Metzler – 1993 selbst noch Teilnehmer des Seminars *Medizinische Bildverarbeitung*, inzwischen wissenschaftlicher Mitarbeiter an der RWTH Aachen – für das konsequente Korrekturlesen der Überarbeitungen.

Ganz besonders danken wir Herrn Andre Filler, Frau Ingrid Scholl und Frau Barbi Schulz, die uns 1995 beim ersten LaTeX-Satz des Vorlesungsskriptes unterstützt haben, sowie Herrn Christian Thies, der sich als studentische Hilfskraft im letzten halben Jahr ausschließlich der Fertigstellung dieses Werkes gewidmet und viele Graphiken gestaltet hat.

Herrn Dr. Hans Wössner, Springer-Verlag Heidelberg, danken wir für die Betreuung und Unterstützung vom Vorlesungsskript 1995 bis hin zu diesem Buch. Frau Ruth Abraham, Springer-Verlag Heidelberg, danken wir für die sprachliche Prüfung des Manuskripts.

Der Deutschen Forschungsgemeinschaft DFG danken wir für die Unterstützung der Projekte *Wissensbasierte Bildanalyse* (To 108/3), *Schielwinkelmessung* (Ef 6/3), *Digitale Freihand-Subtraktionsradiographie* (Re 427/5, Sp 538/1, Schm 1268/1 und Le 1108/1) und *Digitale Quantitative Laryngoskopie* (Sp 538/2 und We 2147/1), aus denen zahlreiche Ergebnisse in diesen Text eingeflossen sind.

Besonderer Dank gilt schließlich unseren Lebenspartnerinnen, die viel Verständnis hatten, wenn es „wieder einmal später" wurde.

Aachen, im August 1997
Thomas Lehmann
Walter Oberschelp
Erich Pelikan
Rudolf Repges

Inhaltsübersicht

Grundlagen

1. Medizinische Fragestellungen *(Erich Pelikan)* 5
2. Technik der Bilderzeugung *(Thomas Lehmann)* 21
3. Bildwahrnehmung *(Erich Pelikan)* 65

Modelle

4. Das Bild als diskrete Ortsbereichsfunktion *(Walter Oberschelp)* 97
5. Das Bild als gestörtes Signal *(Thomas Lehmann)* 123
6. Das Bild als stochastischer Prozeß *(Rudolf Repges)* 157

Methoden

7. Selbstransformationen des Ortsraumes *(Walter Oberschelp)* 193
   Morphologische Bildverarbeitung *(Thomas Lehmann)* 218
8. Die diskrete Fourier-Transformation *(Walter Oberschelp)* 233
9. Die Wavelet-Transformation *(Erich Pelikan* und *Ingrid Scholl)* 253
10. Die Radon-Transformation *(Rudolf Repges)* 283
11. Die Karhunen-Loève-Transformation *(Rudolf Repges)* 295
12. Die Hough-Transformation *(Thomas Lehmann)* 309

Anwendungen

13. Bildkorrektur und Bildverbesserung *(Thomas Lehmann)* 321
14. Segmentierung *(Erich Pelikan)* 359
15. Klassifikation und Mustererkennung *(Erich Pelikan)* 395

Inhaltsverzeichnis

Schreibweisen und Notationen 1

1. **Medizinische Fragestellungen für den Einsatz bildgebender Verfahren** 5
   1.1 Grundlagen statistischer Bewertungsverfahren in der Medizin. 6
   1.2 Einsatzgebiete bildgebender Diagnostik 9
      1.2.1 Radiologische Skelettdiagnostik 11
      1.2.2 Thorax-Untersuchung 15
      1.2.3 Untersuchung des Abdomen 16
   1.3 Abschlußbemerkung 18

2. **Technik der Bilderzeugung in der medizinischen Diagnostik** 21
   2.1 Physikalische Grundlagen der bildgebenden Verfahren 21
      2.1.1 Das Bohrsche Atommodell 21
      2.1.2 Strahlung 24
      2.1.3 Elektromagnetische Wellen 26
      2.1.4 Röntgenstrahlung 27
      2.1.5 Lumineszenz 31
      2.1.6 Kernspin 32
      2.1.7 Schallwellen 36
   2.2 Technische Realisierungen der bildgebenden Verfahren 40
      2.2.1 Röntgenaufnahme 40
      2.2.2 Durchleuchtung 45
      2.2.3 Mammographie 45
      2.2.4 Angiographie 46
      2.2.5 Röntgentomographie 47
      2.2.6 Computertomographie 49
      2.2.7 Szintigraphie 52
      2.2.8 Kernspintomographie (MR) 56
      2.2.9 Sonographie 59

3. **Physiologische und psychologische Grundlagen der Bildwahrnehmung** 65
   3.1 Aufbau und Funktion des Sehapparates 65

3.1.1 Das Auge... 66
  3.1.2 Nervenverbindungen 70
  3.1.3 Das Sehzentrum................................... 71
 3.2 Rezeption... 75
  3.2.1 Intensität 75
  3.2.2 Kontrastwahrnehmung 78
  3.2.3 Farbwahrnehmung................................. 78
  3.2.4 Farbräume 80
  3.2.5 Raumwahrnehmung................................ 86
  3.2.6 Adaptation und Akkommodation 87
 3.3 Perzeption.. 88
  3.3.1 Gestalterkennung.................................. 89
  3.3.2 Formerkennung.................................... 93
  3.3.3 Visuelle Suche 94
 3.4 Zusammenfassung 95

4. **Das Bild als diskrete Ortsbereichsfunktion** 97
 4.1 Das Bild als Ortsbereichsfunktion......................... 97
  4.1.1 Das kontinuierliche Idealbild und das Problem
         der Diskretisierung 98
  4.1.2 Das diskrete Bild und die Pixelebene.............. 99
  4.1.3 Koordinaten und Abbildungen.................... 101
 4.2 Grundlagen der Verarbeitung diskreter Bilder 104
  4.2.1 Standardcodierung von diskreten Farbbildern
         und die Technik der Bildspeicherung 104
  4.2.2 Ortsbereich und Frequenzbereich 106
  4.2.3 Das Hexelraster als Alternative zum Pixelraster ... 106
  4.2.4 Zur Axiomatik der diskreten Pixelgeometrie....... 108
 4.3 Globale Kenngrößen von Bildern und Bildregionen 108
  4.3.1 Histogramm, mittlerer Grauwert und globaler Kontrast 108
  4.3.2 Entropie 110
 4.4 Codierung von Bildern 110
  4.4.1 Präfixfreie Codes................................. 110
  4.4.2 Bildcodierung bei speziellem Kontextwissen 111
  4.4.3 Der Quad-Tree als Code für Binärbilder 112
 4.5 Topologie der Pixelebene 113
  4.5.1 Nachbarschaftskonzepte und Pfade 113
  4.5.2 Zusammenhangskonzepte, Löcher, Objekte
         und Animals 114
  4.5.3 Kontur und Rand 115
  4.5.4 Zur Topologie beliebiger Grauwertbilder 116
 4.6 Objekte in Binärbildern und Morphologie................. 117
  4.6.1 Konturcharakterisierung von Objekten, Kettencode
         und Länge der Kontur 117

		4.6.2	Flächencharakterisierung von Objekten und Flächeninhalt 118
		4.6.3	Schwerpunkt und Hauptträgheitsachse 119
		4.6.4	Morphologie 120

5. Das Bild als gestörtes Signal 123
5.1 Signaltheoretische Grundlagen 123
- 5.1.1 Signale 124
- 5.1.2 Systeme 125
- 5.1.3 Signalübertragung auf LTI-Systemen 127
- 5.1.4 Stoßantwort eines LTI-Systems 131
- 5.1.5 Übertragungsfunktion eines LTI-Systems 132
- 5.1.6 Fourier-Analyse von LTI-Systemen 132
- 5.1.7 Zusammenfassung 141

5.2 Signaltheoretische Beschreibung der Bildaufnahme 141
- 5.2.1 Die optische Übertragungsfunktion der Bildgewinnung . 142
- 5.2.2 Endlicher Bildausschnitt 145
- 5.2.3 Signalumsetzung 147
- 5.2.4 Abtastung 148
- 5.2.5 Quantisierung 152
- 5.2.6 Resultierende Übertragungsfunktion 153

5.3 Weitere Störungen durch die Bildaufnahme 154
- 5.3.1 Verzeichnungen 154
- 5.3.2 Kratzer und Linsenfehler 155
- 5.3.3 Fehler beim Auslesen des Sensors 155
- 5.3.4 Verwackeln und Artefakte durch Objektbewegungen ... 156

6. Das Bild als stochastischer Prozeß 157
6.1 Stochastische Grundbegriffe 157
- 6.1.1 Statistiken erster Ordnung 158
- 6.1.2 Einige Eigenschaften dieser Statistiken 160
- 6.1.3 Statistiken zweiter Ordnung 162
- 6.1.4 Bedingte Verteilungen 164
- 6.1.5 Bedingte Erwartungswerte 165

6.2 Homogene Felder 165
- 6.2.1 Stationäre Felder 166
- 6.2.2 Ergodische Felder 166
- 6.2.3 Cooccurrence-Matrizen 167

6.3 Lineare Transformationen von Zufallsfeldern 169
- 6.3.1 Statistiken transformierter Felder 169
- 6.3.2 Transformationen homogener Felder 171
- 6.3.3 Die spektrale Leistungsdichte 172
- 6.3.4 Kreuzkorrelation 173

6.4 Stochastische Bildmodelle 174
- 6.4.1 Verteilungen erster Ordnung 174

xiv Inhaltsverzeichnis

    6.4.2 Produktverteilungen (Weißes Rauschen) 176
    6.4.3 Farbiges Rauschen 178
    6.4.4 Die Gibbs-Verteilung 178
    6.4.5 Beispiel für eine Gibbs-Verteilung 180
  6.5 Stochastische Prozesse 181
    6.5.1 Einfache Beispiele stochastischer Prozesse 181
    6.5.2 Markoffscher Gitterprozeß mit Gibbs-Verteilung 183
    6.5.3 Konstruktion eines Markoff-Feldes 186
    6.5.4 Simulated-Annealing 188
    6.5.5 Konstruktion eines Markoff-Feldes nach Metropolis ... 190
  6.6 Bemerkungen zum Texturbegriff 191

7. Selbsttransformationen des Ortsraumes durch lokale Operatoren 193
  7.1 Punktoperatoren 195
    7.1.1 Grauwerttransformationen 195
    7.1.2 Allgemeine Grauwerttransformation 197
    7.1.3 Histogrammäqualisation 199
    7.1.4 Schwellwertverfahren (Thresholding) 201
  7.2 Lokale Operatoren auf der Basis von Masken 202
    7.2.1 Templates (Masken) als lineare lokale Operatoren 202
    7.2.2 Das Medianfilter als nichtlineares Filter 207
    7.2.3 Parallelisierung und Speicherbedarf
       sequentieller Filter 209
  7.3 Lineare Filter für spezielle Anwendungen 210
    7.3.1 Kantendetektion durch Differenzfilter 210
    7.3.2 Kombination von Kantendetektion
       und Rauschunterdrückung 212
    7.3.3 Das Problem der Rotationsinvarianz 213
  7.4 Reduktion des Rechenaufwandes durch separable Filter 215
  7.5 Morphologische Operatoren auf der Basis von Templates 218
    7.5.1 Grundlagen morphologischer Bildverarbeitung 218
    7.5.2 Erosion und Dilatation 220
    7.5.3 Opening und Closing 222
    7.5.4 Die Hit-and-Miss-Transformation 223
    7.5.5 Skelettierung 223
    7.5.6 Labeling 226
    7.5.7 Anwendungsbeispiel 228
    7.5.8 Grauwertmorphologie 231

8. Die diskrete Fourier-Transformation 233
  8.1 Die Idee von Transformation und Rücktransformation 233
  8.2 Der Zusammenhang zwischen der diskreten
    und der kontinuierlichen Fourier-Transformation 234

		8.2.1	Fourier-Entwicklung von kontinuierlichen periodischen Funktionen 235
		8.2.2	Beispiele zur Berechnung der Fourier-Koeffizienten.... 236
		8.2.3	Fourier-Reihen als Exponentialreihen mit komplexen Koeffizienten 237
		8.2.4	Das Spektrum einer periodischen Funktion und das kontinuierliche Spektrum 239
	8.3	Die diskrete Fourier-Transformation (DFT) 240	
		8.3.1	Periodische diskrete Funktionen 240
		8.3.2	Die DFT als endliche Exponentialsumme 241
		8.3.3	Das Spektrum der DFT – Berechnungskomplexität und die schnelle Fourier-Transformation (FFT) 242
	8.4	Anwendungen der DFT................................. 243	
		8.4.1	Faltung 243
		8.4.2	Filterung 245
	8.5	Zweidimensionale Fourier-Transformation 249	
		8.5.1	Definitionen und Separierbarkeit 249
		8.5.2	Die zweidimensionale Faltung 250
		8.5.3	Zweidimensionale Paßfilter 251
	8.6	Fensterfunktionen 251	
9.	Die Wavelet-Transformation 253		
	9.1	Die Fenster-Fourier-Transformation 255	
		9.1.1	Mathematische Grundlagen 255
		9.1.2	Definition 256
		9.1.3	Zeit- und Frequenzanalyse 258
		9.1.4	Nachteile der Fenster-Fourier-Transformation und Motivation der Wavelet-Transformation.......... 260
	9.2	Herleitung der Wavelet-Transformation 262	
		9.2.1	Die kontinuierliche Wavelet-Transformation 262
		9.2.2	Zeit- und Frequenzanalyse 263
		9.2.3	Die diskrete Wavelet-Transformation 264
		9.2.4	Beispiel zur Wavelet-Transformation 266
	9.3	Multiresolution-Analysis zur Konstruktion der Basis 269	
		9.3.1	Einführung 269
		9.3.2	Multiresolution-Analysis für eindimensionale Funktionen...................... 270
	9.4	Berechnung der Wavelet-Transformation 273	
		9.4.1	Konstruktion der Filterkoeffizienten 273
		9.4.2	Pyramidenalgorithmus der Wavelet-Transformation ... 274
		9.4.3	Aufwandsabschätzung 279
		9.4.4	Schlußbemerkung................................. 281

10. Die Radon-Transformation 283
10.1 Die zweidimensionale Radon-Transformation 284
10.2 Die Radonsche Umkehrformel 286
    10.2.1 Das Fourier-Slice-Theorem 286
    10.2.2 Die gefilterte Rückprojektion 288
10.3 Die diskrete Radon-Transformation 289
    10.3.1 Diskretisierung der Projektionen 289
    10.3.2 Diskretisierung des Filters 290
    10.3.3 Modifikation der Filterfunktion 291
    10.3.4 Diskretisierung der Rückprojektion 291
10.4 Die Radonsche Resolvente 293
10.5 Der algebraische Ansatz 294

11. Die Karhunen-Loève-Transformation 295
11.1 Orthogonale Regression 296
    11.1.1 Beispiel 298
11.2 Geometrische Interpretation 299
11.3 Reduktion hochdimensionaler Merkmalsvektoren 299
    11.3.1 Zusammenhang mit der orthogonalen Regression 299
    11.3.2 Reduktion auf eindimensionale Räume 300
    11.3.3 Reduktion auf niedrigdimensionale Räume 302
    11.3.4 Festlegung der minimalen Dimension
           des Merkmalsraumes 303
11.4 Beispiele 305
    11.4.1 Bilddrehung 305
    11.4.2 Dimensionsreduktion multispektraler Bilder 306
    11.4.3 Elektrokardiogramme 306

12. Die Hough-Transformation 309
12.1 Das Prinzip der Hough-Transformation 309
12.2 Die Hough-Transformation für Geraden 309
    12.2.1 Geradendarstellung als Geradengleichung 310
    12.2.2 Geradendarstellung in Hessescher Normalform 311
    12.2.3 Die Hough- und die Radon-Transformation 312
12.3 Die Hough-Transformation für beliebige Kurven 313
12.4 Die diskrete Hough-Transformation 313
12.5 Erweiterungen für geschlossene Randkurven 315
    12.5.1 Berücksichtigung der Gradientenrichtung 316
    12.5.2 Berücksichtigung der Gradientenamplitude 317
    12.5.3 Gütekriterium für die Hough-Transformation 317
12.6 Anwendungsbeispiel 318

13. Bildkorrektur und Bildverbesserung ... 321
  13.1 Geometrische Entzerrung ... 322
    13.1.1 Allgemeine Abbildung ... 323
    13.1.2 Zentralperspektivische Abbildung ... 324
    13.1.3 Affine Abbildung ... 326
    13.1.4 Fourier-basierte RST-Invariante ... 329
    13.1.5 Interpolation ... 332
  13.2 Bildkorrektur mit dem deterministischen Signalmodell ... 338
  13.3 Bildrestauration mit dem stochastischen Modell ... 339
    13.3.1 Beispiel zum Wiener-Filter ... 340
  13.4 Lineare Verfahren zur Bildverbesserung ... 342
    13.4.1 Kontrastverbesserung ... 342
    13.4.2 Kontrastangleich zwischen zwei Bildern ... 344
    13.4.3 Rauschunterdrückung ... 346
    13.4.4 Bildverschärfung ... 347
  13.5 Nichtlineare Verfahren zur Bildverbesserung ... 349
  13.6 Adaptive Bildverbesserung ... 351
  13.7 Bildverbesserung durch Farbe ... 354
    13.7.1 Falschfarbendarstellung ... 355
    13.7.2 Pseudokolorierung ... 356

14. Bildsegmentierung ... 359
  14.1 Punktorientierte Verfahren ... 361
    14.1.1 Globales Schwellwertverfahren ... 362
    14.1.2 Verfahren von Otsu ... 364
    14.1.3 Lokales Schwellwertverfahren ... 365
    14.1.4 Dynamisches Schwellwertverfahren ... 366
    14.1.5 Shading-Korrektur ... 366
  14.2 Kanten- bzw. konturorientierte Verfahren ... 367
    14.2.1 Parallele Kantenextraktion ... 370
    14.2.2 Sequentielle Kantenextraktion (Linienverfolgung) ... 371
    14.2.3 Wasserscheidentransformation ... 373
  14.3 Regionenorientierte Verfahren ... 375
    14.3.1 Distanz- und Ähnlichkeitsmaße ... 375
    14.3.2 Kontrollstrukturen ... 377
    14.3.3 Agglomerative Verfahren ... 378
    14.3.4 Divisive Verfahren ... 379
    14.3.5 Hierarchische regionenbasierende Segmentierung ... 379
    14.3.6 Der Scale-Space-Ansatz ... 382
  14.4 Texturorientierte Ansätze zur Bildsegmentierung ... 383
    14.4.1 Der Begriff Textur ... 383
    14.4.2 Definiton der Textur ... 385
    14.4.3 Berechnung von Texturmerkmalen ... 386

15. Klassifikation und Mustererkennung 395
15.1 Entwurfskriterien für Mustererkennungssysteme 395
15.1.1 Grundlagen und Terminologie 398
15.1.2 Postulate 402
15.2 Merkmalsextraktion... 403
15.2.1 Allgemeine Ansätze................................ 403
15.2.2 Heuristische Methoden 404
15.2.3 Analytische Methoden............................. 406
15.2.4 Merkmalsbewertung und -auswahl 408
15.3 Klassifikationsverfahren 410
15.3.1 Strategien 410
15.3.2 Klassifikatoren 413
15.3.3 Topologische Karten 417
15.4 Qualitätsmaße 422
15.4.1 Kontingenztafel 423
15.4.2 Mathematische Definition der Qualitätsmaße 424

Literaturverzeichnis... 431
Abkürzungen im Literaturverzeichnis 445

Index 446

Schreibweisen und Notationen

Obwohl dieser Text aus in sich abgeschlossenen Kapiteln aufgebaut ist, haben wir uns bemüht, Notationen und Schreibweisen weitestgehend einheitlich zu verwenden, um größtmögliche Konsistenz zu gewährleisten. Die dazu getroffenen Absprachen sollen an dieser Stelle kurz zusammengestellt werden. Sie wurden aus den verschiedenen Disziplinen: Physik, Elektrotechnik, Informatik und Mathematik, in denen dieselben Dinge oft ganz unterschiedlich benannt und geschrieben werden, synthetisiert.

Mengen und Funktionen. Ein digitales Bild f der Dimension $(M \times N)$ wird als Funktion notiert, die jedes Pixel auf einen Wertebereich, z.B. die Grauwertmenge $\underline{G}$ abbildet:

$$f : \underline{M} \times \underline{N} \longrightarrow \underline{G}$$

Mengen werden dabei durch einen Unterstrich markiert. Das kleinste Element der Menge ist die Null. Bei $G = 256$ Grauwerten gibt es also die Elemente $g \in \underline{G} = \{0, \ldots, G-1\} = \{0, 1, \ldots, 255\}$. In dieser Terminologie gilt dann äquivalent:

$$f(m,n) = g \quad \text{mit} \quad \begin{cases} m \in \underline{M} = \{0, \ldots, M-1\} \\ n \in \underline{N} = \{0, \ldots, N-1\} \end{cases}$$

Als kontinuierliche Koordinaten im Ortsbereich werden im Eindimensionalen x oder t verwendet, während m oder n diskrete Variablen bezeichnen. Im Zweidimensionalen werden die Variablenpaare (x, y) für kontinuierliche und die Paare (k, l), (m, n) und (i, j) für diskrete Koordinaten verwendet. Mit (r, φ) werden Polarkoordinaten bezeichnet.

Koordinatensystem. Üblicherweise wird in der digitalen Bildverarbeitung das obere linke Pixel eines Bildes als Nullpunkt angesehen. An diesem Konzept wollen wir festhalten und zur Bezeichnung von Bildern ein Rechtssystem verwenden. Dies führt zu der in Abbildung 0.1 dargestellten Indizierung der Pixel. Die x-Achse verläuft also vertikal nach unten und die y-Achse entspricht der Horizontalen, die von links nach rechts durchlaufen wird. Es sei an dieser Stelle darauf hingewiesen, daß in der Bildverarbeitung oft auch Linkssysteme eingesetzt werden, damit die x-Achse weiterhin der Horizontalen entspricht. Die von uns gewählte Notation ist aber auch im Einklang mit der üblichen Indizierung von Matrixelementen.

2 Schreibweisen und Notationen

Diskrete Templates oder Faltungsmasken haben i.allg. ungerade Kantenlängen, damit das Ergebnis der Operation dem mittleren Pixel zugeordnet werden kann. Daher bezeichnen wir dieses Pixel als Nullpixel $(0,0)$. In unserem Rechtssystem folgt damit die Numerierung der Pixel wie in Abbildung 0.1 dargestellt.

Bei Nachbarschaften bezeichnen wir das Pixel $(1,0)$ als ersten Nachbarn des Nullpixels $(0,0)$. Ausgehend vom ersten Nachbarn werden die weiteren im mathematisch positiven Umlaufsinn, also im Gegenuhrzeigersinn durchnumeriert (Abb. 0.1).

Matrizen und Vektoren. Für Vektoren sind unterschiedliche Schreibweisen gebräuchlich. Vektoren werden oftmals als gotische Buchstaben geschrieben oder mit einem Pfeil über dem Zeichen als Vektor markiert. In diesem Text werden Vektoren als fette Buchstaben geschrieben, was natürlich auch für Pixel gilt. Die Pixel $\mathbf{p} = (i,j)$, $\mathbf{p}' = (i',j')$ und $\mathbf{p}_1 = (i_1, j_1)$ sind Elemente der Pixelmenge $\underline{P}$. Eine vektorwertige Funktion, z.B. ein Farbbild mit den drei Farbkanälen Rot, Grün und Blau, wird ebenfalls als Vektor geschrieben:

$$\mathbf{f}: \underline{M} \times \underline{N} \longrightarrow \underline{R} \times \underline{G} \times \underline{B} \quad \text{mit} \quad \begin{cases} r \in \underline{R} = \{0, 1, \ldots, R-1\} \\ g \in \underline{G} = \{0, 1, \ldots, G-1\} \\ b \in \underline{B} = \{0, 1, \ldots, B-1\} \end{cases}$$

Die Doppeldeutigkeit des Buchstaben G als Grauwert oder Grünkanal eines Farbbildes kann dabei in Kauf genommen werden.

Transformationen. Dieses Buch behandelt eine Reihe von Transformationen, die ein Bild in einen Abbildungsbereich überführen. Aus der Elektrotechnik haben wir die symbolische Schreibweise solcher Transformationen übernommen. Für die Fourier-Transformation gilt beispielsweise:

$$s(x,y) \circ\!\!\xrightarrow{\mathcal{F}}\!\!\bullet S(u,v)$$

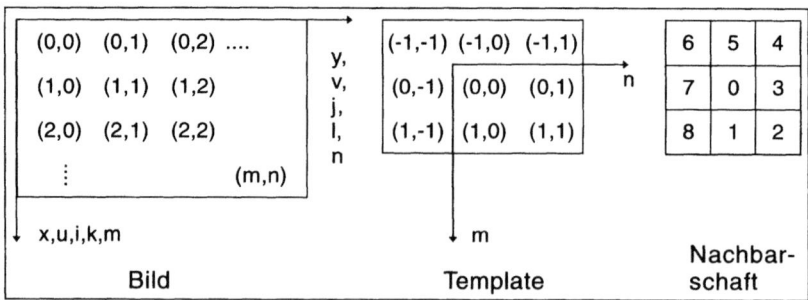

Abb. 0.1. Die Numerierung für ein Bild in der Pixelebene erfolgt nach dem Rechtssystem, wobei der Ursprung in der linken oberen Ecke liegt. Bei Templates und Masken liegt der Nullpunkt hingegen im Zentrum des Templates. Die Nachbarschaft eines Pixels an der Position 0 wird im mathematisch positiven Sinne festgelegt. Andere Zählungen beginnen mit 0 im Osten und geben dem Zentralpixel ein anderes Symbol.

Der Hohlkreis bezeichnet den untransformierten Bereich und der ausgefüllte Kreis die Transformationsebene. Der Buchstabe über dem Transformationszeichen kennzeichnet die Art der Transfomation. $\mathcal{F}$ steht für die Fourier-Transformation, $\mathcal{R}$ für Radon, $\mathcal{H}$ für Hankel oder Hough etc. Als Koordinaten des Transformationsbereiches werden im Eindimensionalen f oder u (kontinuierlich) oder k (diskret) verwendet, und im Zweidimensionalen werden die Paare (u,v) oder (k,l) für kontinuierliche bzw. diskrete Koordinaten eingesetzt.

Komplexe Zahlen. Zwischen natürlichen Zahlen $\mathbb{N}$, ganzen Zahlen $\mathbb{Z}$, reellen Zahlen $\mathbb{R}$ oder komplexen Zahlen $\mathbb{C}$ wird nicht gesondert unterschieden. Während in der Elektrotechnik der Imaginärteil einer komplexen Zahl durch ein kleines j gekennzeichnet wird, verwenden wir die in der Mathematik gebräuchliche Schreibweise:

$$z = a + ib = |z|\,\mathrm{e}^{i\varphi} \qquad \text{mit} \quad z \in \mathbb{C}, \quad a,b,|z|,\varphi \in \mathbb{R}$$

Konjugiert komplexe Zahlen werden mit einem hochgesetzten Stern z^* gekennzeichnet.

1. Medizinische Fragestellungen für den Einsatz bildgebender Verfahren

Bildgebende Verfahren sind aus der modernen Medizin nicht mehr wegzudenken. Unter Ausnutzung verschiedenster physikalischer Effekte liefern sie Aussagen, die für die Diagnostik von großem Stellenwert sind. Die meisten dieser Verfahren sind in interdisziplinärer Arbeit aus der Verschmelzung von medizinischem und technischem Wissen entstanden. Während der Ingenieur sich bei der Einteilung der bildgebenden Verfahren an den zugrundeliegenden physikalischen Grundprinzipien orientiert (vgl. Kap. 2), stehen aus Sicht des Arztes ganz andere Aspekte bei der Beurteilung und Einordnung eines bildgebenden Verfahrens im Vordergrund:

- Qualität der anatomischen Darstellung von Organen und Organgrenzen
- Detektion von pathologischen Symptomen
- Differenzierung von pathologischen Strukturen
- sichere Abgrenzbarkeit von gutartigen und bösartigen Prozessen
- Tumorstaging (Malignitätsbewertung)
- Belastung des Patienten (ein Verfahren soll *so wenig invasiv wie möglich* sein):
  - Gefährlichkeit einer Untersuchung für den Patienten
  - Strahlenexposition
  - psychologische Belastung
  - Untersuchungsdauer
  - Typ und Menge des eingesetzten Kontrastmittels
- Kosten der Untersuchung

Diesen Aspekten muß sich die medizinische Informatik als ein dienstleistendes Bindeglied zwischen zwei sehr unterschiedlichen Disziplinen in besonderer Weise stellen. Ihre Fortschritte in Forschung und Entwicklung müssen sich immer auch an der praktischen medizinischen Relevanz messen lassen. Das Verständnis der medizinischen Sichtweise und die Kenntnis der Vorgehensweise eines Arztes bei der Diagnostik sind notwendige Voraussetzungen für die interdisziplinäre Arbeit. Dieses Kapitel widmet sich deshalb den medizinischen Fragestellungen und versucht, die besonderen Aspekte der Bewertung aus medizinischer Sicht darzulegen.

Tabelle 1.1. Die Tabelle zeigt mögliche Ergebnisse eines zweiseitigen Tests mit Fehlklassifikation. Die Spalten „Patient krank" und „Patient gesund" beziehen sich auf die Einstufung durch das Referenzverfahren (Standardverfahren), während mit „Test" das untersuchte Verfahren bezeichnet wird.

	Patient krank	Patient gesund	Summe
Test positiv	richtig positiv	falsch positiv	$(rp + fp)$
	(rp)	(fp)	
Test negativ	falsch negativ	richtig negativ	$(fn + rn)$
	(fn)	(rn)	
Summe	$(rp + fn)$	$(fp + rn)$	

1.1 Grundlagen statistischer Bewertungsverfahren in der Medizin

Aus der Biometrie (Lehre von der Anwendung der Mathematik in der Medizin) stammt das statistische Bewertungskonzept von *Sensitivität* und *Spezifität*. Es ist eine in der Medizin weitverbreitete Methode zur qualitativen Bewertung eines (neuen) Verfahrens zur Diagnostik einer bestimmten Erkrankung im Vergleich mit einem als *Golden standard* eingestuften Referenzverfahren.

Grundlage der Bewertung bildet ein vergleichender Test des *alternativen* Verfahrens gegen das Standardverfahren. Das Ergebnis des getesteten Verfahrens wird, wie in Tabelle 1.1 gezeigt, gegen das Standardverfahren aufgetragen. Eine solche Ergebnistabelle bezeichnet man in der Statistik als Kontingenztafel[1]. Hierbei bedeutet „Test positiv (negativ)" in der Senkrechten, daß mit dem zu bewertenden diagnostischen Verfahren ein Patient als krank (gesund) eingestuft wird. In der Waagerechten ist der reale Status der Patienten aufgetragen. So bedeutet zum Beispiel „richtig positiv (rp)", daß ein kranker Patient mittels des diagnostischen Verfahrens als krank, oder „falsch positiv (fp)", daß ein gesunder Patient als krank eingestuft wurde. Es ist zu beachten, daß das tatsächliche Vorliegen einer Krankheit i.allg. mittels anderer diagnostischer Verfahren (z.B. des Standardverfahrens) bestimmt wird und damit u.U. fehlerbehaftet sein kann. Es handelt sich also um ein Vergleichskonzept, das wesentlich von der Validität des Referenzverfahrens abhängig ist.

Aufgrund der Kontingenztafel können die Maße *Sensitivität* Se und *Spezifität* Sp eines diagnostischen Verfahrens in bezug auf eine bestimmte Erkrankung ermittelt werden. Die Sensitivität ist ein Maß für den Anteil der richtig erkannten Kranken an der Gesamtzahl aller Kranken und berechnet sich durch:

$$Se = \frac{\text{richtig positive}}{\text{Anzahl Kranke}} = \frac{rp}{rp + fn} \qquad (1.1)$$

---

[1] In Kapitel 14 wird das Konzept der Kontingenztafel im Kontext von Multiklassenproblemen erweitert und zur Qualitätsanalyse herangezogen.

1.1 Grundlagen statistischer Bewertungsverfahren

Die Spezifität ist ein Maß für den Anteil der richtig erkannten Gesunden an der Gesamtzahl aller Gesunden und berechnet sich durch:

$$Sp = \frac{\text{richtig negative}}{\text{Anzahl Gesunde}} = \frac{rn}{rn + fp} \quad (1.2)$$

Zur Erstellung der Kontingenztafel ist die Festlegung einer Schwelle (Cut-off-Punkt), ab der eine Merkmalsausprägung als positiv bzw. negativ eingestuft wird, notwendig. Für einen Test, der z.B. auf Laborwerten beruht, ist dies gut objektivierbar. Bei der Beurteilung von bildgebenden Verfahren kommt aber eine zusätzliche subjektive Komponente des Arztes – der Ermessensspielraum – zum Tragen. Dennoch ist die Anwendung dieses statistischen Konzepts auf die bildgebenden Verfahren eine wichtige Entscheidungshilfe für die Festlegung einer diagnostischen Vorgehensweise.

In Abbildung 1.1 ist der Zusammenhang zwischen der Lage des Cut-off-Punktes und der Einordnung nach *gesund* oder *erkrankt* dargestellt. Auf der Abszisse ist das Entscheidungskriterium (z.B. der Laborwert für Hämoglobin) und auf der Ordinate die prozentuale Häufigkeit des Wertes bei der untersuchten Erkrankung aufgetragen. Die Kurven entsprechen also dem tatsächlichen Vorkommen einer Erkrankung in Abhängigkeit vom untersuchten Wert, der als Entscheidungskriterium herangezogen wird. Ein diagnostisches Verfahren wäre dann optimal, wenn sich die Kurven für kranke und gesunde Patienten nicht überschneiden. Durch diese Form der Auftragung kann also die Trennkraft eines diagnostischen Verfahrens beurteilt werden. Die einzelnen Flächen zwischen den Kurven und dem Cut-off-Punkt repräsentieren die Anteile von rn, fn, fp und rp, womit zu einem gesetzten Cut-off-Punkt Sensitivität und

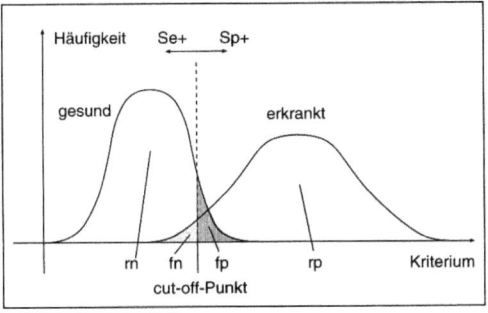

Abb. 1.1. Die Graphik zeigt die Normalverteilungen für gesunde und erkrankte Patienten, bezogen auf das Entscheidungskriterium (z.B. einen spezifischen Laborwert). Gekennzeichnet sind die Flächenanteile der 4 Klassen *rp, rn, fp* und *fn*. Es wird deutlich, daß diese Flächenanteile von der Lage des Cut-off-Punktes abhängen. Damit hängen auch die Werte für Sensitivität und Spezifität unmittelbar von der Wahl des Cut-off-Punktes ab. Die mit Se+ bzw. Sp+ gekennzeichneten Pfeile deuten an, daß sich bei Verlagerung des Cut-off-Punktes nach rechts die Spezifität erhöht (und die Sensitivität sinkt) und umgekehrt bei Verlagerung nach links die Sensitivität steigt (und die Spezifität fällt).

8   1. Medizinische Fragestellungen

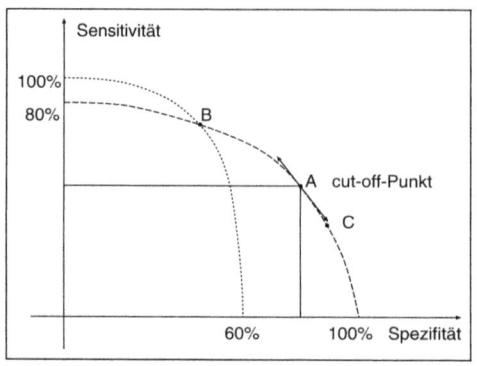

Abb. 1.2. Beispiel für zwei ROC-Kurven mit dem Cut-off-Punkt als Parameter. Aus der ROC-Kurve sind die Wertepaare für Sensitivität und Spezifität zu einem bestimmten Cut-off-Punkt direkt ablesbar.

Spezifität bestimmt werden können. Es zeigt sich, daß eine Verschiebung des Cut-off-Punktes nach rechts, also eine Anhebung des Entscheidungskriteriums, eine Erhöhung der Spezifität und eine Senkung der Sensitivität ergibt (Abb. 1.1).

Sollen Spezifität und Sensitivität möglichst hoch sein, so ist der Cut-off-Punkt so zu wählen, daß die Anzahl der falsch negativen *und* falsch positiven Ergebnisse minimal[2] ist. Zur Festlegung dieses Punktes wird die *Receiver operating characteristic* (ROC-Kurve) verwendet. Sie entspricht einer Auftragung der Sensitivität als Funktion der Spezifität in Abhängigkeit vom Cut-off-Punkt[3]. In Abbildung 1.2 ist dies für die Werte aus Abbildung 1.1 geschehen. Die Kurve zeigt, daß in diesem Beispiel 80% Sensitivität höchstens 50% Spezifität (Punkt B) und umgekehrt 90% Spezifität höchstens 40% Sensitivität (Punkt C) zuläßt. Aus dieser Darstellung wird deutlich, daß Spezifität und Sensitivität voneinander abhängig sind und in einer *gegenläufigen* Beziehung stehen.

Die Betrachtungen zeigen, daß die einheitliche Festlegung eines optimalen Cut-off-Punktes nicht möglich ist. Gerade in der bildgebenden Diagnostik manifestiert sich die Schwelle in der individuellen „Entscheidungshaltung" des Arztes, die durch die Konsequenzen der Entscheidung (sowohl richtiger als auch falscher) geprägt ist.

Verdeutlichen wir es abschließend an einem Beispiel: Bei der Suche nach Mammakarzinomen wird eine hohe Sensitivität (frühzeitige Erkennung beginnender Karzinome) angestrebt. Entsprechend Abbildung 1.1 ergibt sich damit automatisch eine geringere Spezifität. Chirurgen operieren lieber auch die negativen Fälle (um sicher zu gehen), bevorzugen also eine hohe Sensitivität. Gynäkologen sorgen sich mehr um die, die umsonst operiert wurden (psy-

---

[2] Das Kriterium $fn + fp \stackrel{!}{=} \min$ formuliert bereits bestimmte Eigenschaften (quasi ein gewünschtes Leistungsprofil) des untersuchten Verfahrens – dieses Kriterium ist deshalb auch durchaus umstritten.

[3] Sehr gebräuchlich ist auch die Auftragung in der Form rp über fp.

Tabelle 1.2. Einsatzgebiete der wichtigsten radiologischen Verfahren. (*a*) Ein Parenchym bezeichnet die spezifischen Zellen eines Organs, die dessen Funktion bedingen und steht im Gegensatz zum interstitiellen oder Gerüstgewebe, das aus Bindegewebe mit Gefäßen und Nerven besteht.

Röntgen	Skelett, Lunge, Hohlorgane (z.B. Lunge, Magen-Darm-Trakt)
CT	Parenchymatöse (*a*) Organe, Gehirn, Skelett
MR	Rückenmark, Gehirn, Knorpel, Knochenmark, parenchymatöse (*a*) Organe
US	Parenchymatöse (*a*) Organe, Hohlorgane

chische Belastung der Patienten) und tendieren zu einer höheren Spezifität. Entsprechend wird der Cut-off-Punkt unterschiedlich gewählt.

1.2 Einsatzgebiete bildgebender Diagnostik

Der Einsatz bildgebender Verfahren läßt sich in 4 Aufgabenschwerpunkte einteilen.

Diagnostik. In diesem Fall verfügt der Arzt zunächst über kein Vorwissen hinsichtlich der Erkrankung des Patienten. Der diagnostische Prozeß beginnt mit der Aufnahme der Vorgeschichte (Anamnese) und einer gezielten Befragung hinsichtlich der Beschwerden. Es folgt eine Grunduntersuchung (Reflexe, Atmung, Beurteilung des Allgemeinzustandes, Beurteilung des zentralen Nervensystems (ZNS) usw.). Die aus diesen Schritten gewonnenen Symptome[4] dienen als Grundlage einer ersten Differentialdiagnose[5]. Sind sie ausreichend bzw. eindeutig, so terminiert der diagnostische Prozeß. Reichen die Informationen nicht aus, folgt die Entscheidung für den Einsatz eines oder mehrerer gezielter diagnostischer Verfahren, worunter auch die bildgebenden Verfahren fallen. Die Ergebnisse dieser Schritte fließen in den Prozeß der Differentialdiagnose ein. Der Vorgang wird nun theoretisch bis zur Erstellung einer eindeutigen Diagnose oder der Ausschöpfung aller adäquaten diagnostischen Verfahren vertieft.

Therapie- bzw. Verlaufskontrolle. Die bildgebenden Verfahren dienen hier insbesondere zur Kontrolle einer Therapie, z.B. der Heilung komplizierter Knochenbrüche, oder zur Verlaufskontrolle z.B. bei einer Schwangerschaft. Charakterisierend für diese Anwendung ist, daß aufgrund der bekannten Vorgeschichte die medizinische Fragestellung der Untersuchung eindeutig beschrieben ist.

---
[4] Symptom: Krankheitszeichen – Veränderung eines Merkmals gegenüber dem *normalen* Erscheinungsbild.
[5] Unterscheidung von Krankheiten mit ähnlichen Symptomen. Sie erfolgt durch Interpretation von Symptomen bis zur Auffindung eines eindeutigen Symptoms bzw. einer eindeutigen Symptomkombination.

1. Medizinische Fragestellungen

Tabelle 1.3. Eigenschaften der 4 wichtigsten bildgebenden Verfahren: Röntgen, Computertomographie (CT), Magnetresonanztomographie (MR) und Sonographie (Ultraschall, US). (a) Ausnahme: Mammographie, weiche Strahlung; (b) Angiographie, Kontrastmittel notwendig; (c) Funktionales MR; (d) Doppler Ultraschall (Blutstrom); (e) dreidimensionale Rekonstruktion notwendig; (f) dreidimensionale Rekonstruktion und Positionsaufzeichnung der Schnitte notwendig; (g) bei Durchleuchtung gegeben; (h) sofern kein durch Katheter appliziertes Kontrastmittel benutzt wird; (i) von Untersuchungsbeginn bis Vorliegen eines Bildes.

		Röntgen	CT	MR	US
Darstellung von	Knochen	+++	+++	+	−
	Weichteilen	−/+ (a)	−	++	+
	Gefäßen	++ (b)	++ (b)	++	+
	Funktionen	−	−	++ (c)	++ (d)
	Volumina	−	−	++ (e)	++ (e)	+ (f)
Echtzeit		* (g)	+	+	++
Bildqualität		sehr gut	gut	mittel	schlecht
Psychische Belastung		gering	mittel	hoch	gering
Physische Belastung		hoch	hoch	gering	gering
Invasiv		nein (h)	nein (h)	nein (h)	nein
Untersuchungsdauer (i) in min		10	25	25	0
Kosten je Untersuchung in DM		ca. 80	ca. 200	ca. 800	ca. 20

Vorsorgeuntersuchung. Im Falle der Anwendung bildgebender Verfahren zum *Screening* (Siebtest, z.B. Reihenuntersuchung auf Lungentuberkulose) ist die Anamnese in sofern von Bedeutung, das Wissen über die Zugehörigkeit zu Risikogruppen in den diagnostischen Prozeß einfließt. Prinzipiell handelt es sich um standardisierte Techniken der Bildaufnahme und eine ebenso standardisierte Auswertung im Hinblick auf wenige signifikante pathologische Zeichen. Ein typisches Beispiel ist die Mammographie zur (Früh-)Erkennung von Mammakarzinomen. Dieses Anwendungsgebiet ist aufgrund der klar definierten Randbedingungen für die computergestützte Bildauswertung besonders interessant.

Überwachung interventioneller Maßnahmen. Unter diesen Aufgabenschwerpunkt fallen alle Einsatzformen bildgebender Verfahren während einer Behandlung des Patienten, die eine unmittelbare Entscheidung über die weitere Vorgehensweise oder die Behandlung überhaupt z.B. durch Lagekontrolle von Operationsinstrumenten ermöglichen. Beispiele sind Gefäßerweiterungen mit Hilfe von Kathetern unter Röntgenkontrolle oder die intraoperative Lagekontrolle von Implantaten.

Neben dieser eher generellen Einteilung in Anwendungsgebiete ist auch eine durch die *medizinische Fragestellung* geleitete Einordnung der bildgebenden Verfahren möglich. Tabelle 1.2 gibt eine Übersicht über die Einsatzgebiete der 4 wichtigsten röntgenologischen Verfahren – klassisches Röntgen

Tabelle 1.4. Die Anwendungsgebiete der wichtigsten bildgebenden Verfahren sind in der Tabelle differenziert. (a) Ausnahme: Mammographie; (b) Ultraschall des Gehirns ist nur beim Säugling möglich (durch die noch offenen Fontanellen); (c) Dies ist die einzige Methode zur Dartsellung von Rückenmark bzw. Knorpel; (d) Die Darstellung von Darmwandverdickungen ist mit Ultraschall möglich; (e) als Angiographie (Kontrastmitteleinsatz, ggf. Katheter); (f) große Gefäße.

	Röntgen	CT	MR	US
Knochen	+++	+++	+	−
Knochenmark	−	−	++	−
Lunge	+++	+++	−	−
Weichteile	−/+ (a)	+++	++++	+++
Gehirn	−	+++	++++	−/++ (b)
Rückenmark	−	(+)	++++ (c)	−
Magen-Darm-Trakt	+++	+/++	+/−	++/− (d)
Knorpel	−	−/+	+++ (c)	+
Gefäße	+++ (e)	++ (f)	++/+++	+
Herz	+	+/++	++/+++	+++
Leber, Milz	−	+++	++	+++
Nieren	+/++	+++	++	++/+++

(Röntgen), Computertomographie (CT), Magnetresonanztomographie (MR) und Sonographie (US). Eine Beurteilung ihrer Eigenschaften im Hinblick auf sowohl die Diagnostik als auch die Belastung des Patienten und die Kostenaspekte ist in Tabelle 1.3 zusammengestellt. Differenziert man stärker nach den Organen, so ergibt sich die in Tabelle 1.4 wiedergegebene Einschätzung der 4 Verfahren hinsichtlich ihrer diagnostischen Relevanz.

Die Aufstellung zeigt, daß es eine deutliche diagnostische Überlappung zwischen CT und MR gibt. Die physikalischen Grundlagen der Bildentstehung, nach denen ein Ingenieur die Verfahren ordnen würde, sind an dieser Stelle absolut sekundär. Wir wollen deshalb im folgenden die diagnostischen Aspekte vertiefen und an Hand von Beispielbildern verdeutlichen.

1.2.1 Radiologische Skelettdiagnostik

Die radiologische Untersuchung des Skelettes zielt u.a. auf die Darstellung von Frakturen, Tumoren, Bänderrissen, Fehlbildungen, Verformungen und Verschleißprozessen, Bandscheibenerkrankungen sowie degenerativen Gelenkveränderungen. Grundsätzlich werden Aufnahmen in zwei zueinander senkrecht stehenden Ebenen angefertigt, die nach Möglichkeit die benachbarten Gelenke mit abdecken. Der Grund hierfür liegt in der Tatsache, daß Röntgenbilder immer Summationsbilder sind und damit die Verdeckung von Frakturen in einer Projektionsrichtung möglich ist (Abb. 1.3).

12 1. Medizinische Fragestellungen

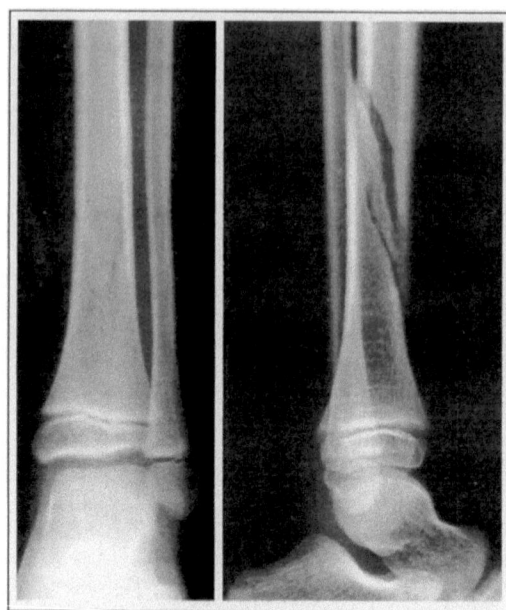

Abb. 1.3. Röntgenaufnahme der Tibia mit Spiralbruch aus zwei Projektionen. Im linken Bild ist die Frakturlinie bedingt durch Summationseffekte fast nicht sichtbar. (Aus [Thu92])

In das methodische Spektrum der radiologischen Skelettuntersuchung gehört neben der Röntgenübersichtsaufnahme bei Verdacht auf Bänderriß die *gehaltene Aufnahme*[6], die Schichtaufnahme[7], die Knochenszintigraphie[8], die Computertomographie und besonders bei der Suche nach Knochentumoren (Abb. 1.4) auch die Kernspintomographie (Abb. 1.5). Weiterhin sind kontrastmittelbasierte Verfahren wie die Arthrographie[9], die Myelographie[10] und die Arteriographie[11] in der Skelettradiologie gebräuchlich.

Greifen wir als Beispiel für die Skelettdiagnostik die Schädeldiagnostik heraus. Hier sind die zentralen Fragestellungen:

– die intracranielle[12] Drucksteigerung z.B. durch raumfordernde Prozesse,

---

[6] Einspannen des betroffenen Gelenks mit definierter Belastung – der Öffnungswinkel des Gelenkes (also der noch durch funktionstüchtige Bänder mögliche Widerstand) bildet einen wichtigen diagnostischen Parameter, da die Bänder im Röntgenbild nicht sichtbar sind
[7] Verwischungstomographie, wird mehr und mehr durch CT ersetzt
[8] funktionales Verfahren, das auf der Anreicherung radioaktiver Isotope beruht (vgl. Kap. 2) – Einsatzschwerpunkt ist die Suche nach Metastasen und die Suche nach alten Frakturen bei Verdacht auf Kindesmißhandlung
[9] Röntgenkontrastdarstellung einer Gelenkhöhle
[10] Röntgenkontrastdarstellung des Spinalkanals (Kanal der Rückenmarksflüssigkeit) mittels Kontrastmittelinjektion
[11] Röntgenkontrastdarstellung von Arterien
[12] Cranium: knöcherner Schädel, hier also Drucksteigerung innerhalb des Schädels

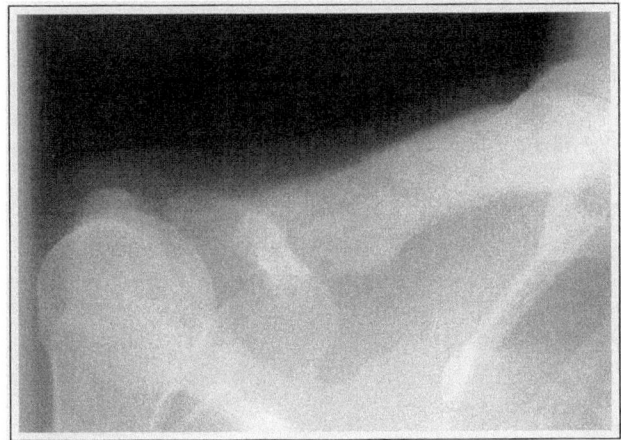

Abb. 1.4. In dieser Röntgenaufnahme der Schulter ist in der Bildmitte ist eine Verdickung des Knochens sowie eine Veränderung der morphologischen Struktur erkennbar. Diese Symptome weisen auf einen Tumor hin.

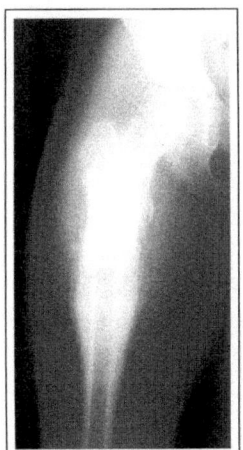 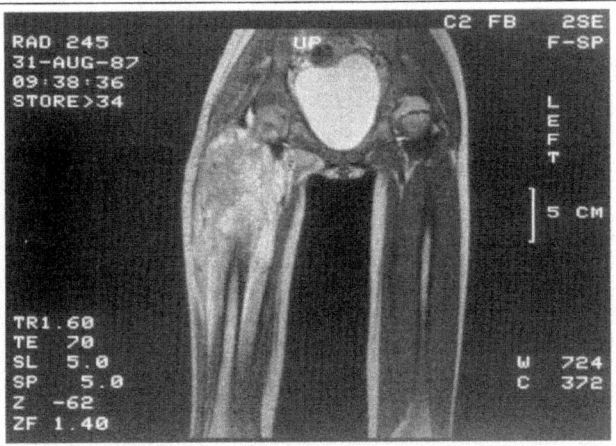

Abb. 1.5. *Links*: In der Röntgenaufnahme ist die Destruktion des Knochens (durch ein Ewing-Sarkom im fortgeschrittenen Stadium) unterhalb des Gelenkkopfes deutlich erkennbar. *Rechts*: Die zugehörige Kernspinaufnahme offenbart das ganze Ausmaß des Tumors, was insbesondere im Links/Rechts-Vergleich deutlich wird.

- die Fehlbildungsdiagnose (z.B. vorzeitige Fusion der Schädelplatten, Störung der Knochenbildung bzw. des Knochenwachstums[13]),
- der Nachweis von Hirnhauttumoren und anderen raumfordernden Prozessen, sowie
- die (zumeist unfallbedingte) Frakturdiagnostik (sog. Berstungs- und Impressionsfrakturen).

Neben dem breiten Einsatz konventionellen Röntgens wird insbesondere der Nachweis raumfordernder Prozesse durch Angiographie (Abb. 1.6) und Com-

---

[13] sog. Dysostose

14   1. Medizinische Fragestellungen

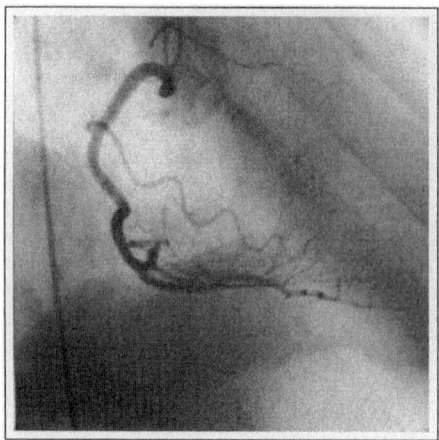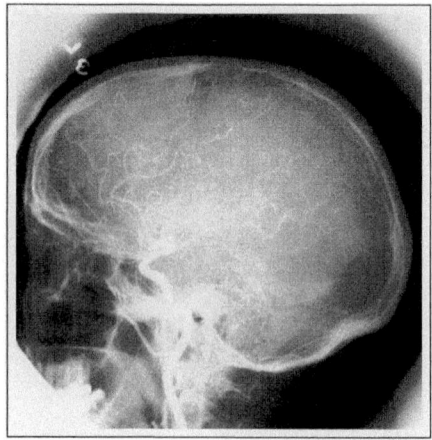

Abb. 1.6. Beispiele für Angiographien. *Links*: Das Bild zeigt die Darstellung einer Herzkranzarterie mit Hilfe von Kontrastmittel, das durch einen Katheter appliziert wurde. Der Katheter ist am linken Bildrand sichtbar und mündet oben links in die Herzkranzarterie. *Rechts*: Darstellung einer Halsschlagader (*Karotisangiographie*) mit den nachfolgenden Gefäßen.

putertomographie sowie Kernspintomographie geführt. Der Einsatzbereich von Ultraschall hingegen ist am Kopf aufgrund der fast vollständig die Weichteile umgebenden Schädelkalotte sehr begrenzt.

Ebenso differenziert wie auch die Diagnostik des übrigen Skelettes stellt sich die Wirbelsäulendiagnostik dar, bei der eine genaue Beurteilung der röntgenanatomischen Einzelheiten (Wirbelkörper, Wirbelbogen, Quer-, Dorn- und Gelenkfortsätze usw.) besonders wichtig ist (Abb. 1.7). Hier sind kon-

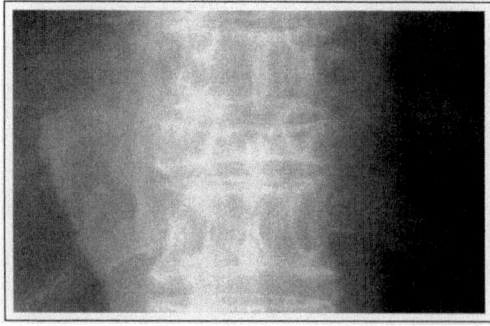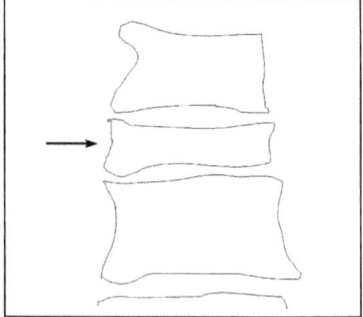

Abb. 1.7. In der Bildmitte (*links*) ist ein gestauchter Wirbelkörper sichtbar. Die Stauchung ist als deutlicher Größenunterschied im Vergleich zu den oberhalb und unterhalb sichtbaren Wirbeln erkennbar (*rechts*). Die mit der Stauchung einhergehende Blutung ist als Schatten insbesondere links der Wirbelsäule sichtbar.

1.2 Einsatzgebiete bildgebender Diagnostik

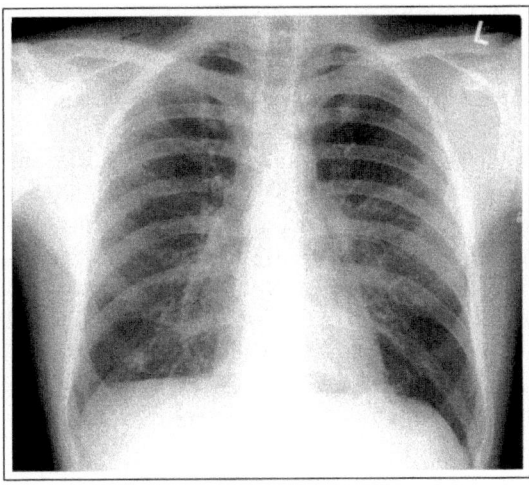

Abb. 1.8. In der Thorax-Übersichtsaufnahme sind die Knochen (Wirbelsäule, Rippen, Schlüsselbein), das Herz und die Gefäße der Lunge deutlich erkennbar.

ventionelles Röntgen, Kontrastmitteldarstellungen und CT-Aufnahmen die primär zum Einsatz kommenden Verfahren.

1.2.2 Thorax-Untersuchung

Die röntgenologische Untersuchung speziell der Lunge steht zahlenmäßig an der Spitze der röntgendiagnostischen Untersuchungen [Gue86]. Die Indikationen für diese Untersuchung sind vielfältig:

- Nachweis von (klinisch manifesten) Lungenerkrankungen wie Bronchialkarzinomen,
- Verlaufskontrolle,
- Ausschluß einer Lungenbeteiligung an anderen Erkrankungen (z.B. Herzinsuffizienz),

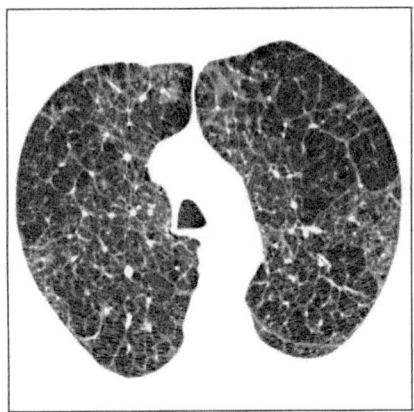

Abb. 1.9. CT-Aufnahme eines Lungenemphysems. Die Lungenflügel wurden für die Darstellung gegenüber dem umgebenden Gewebe hervorgehoben. Besonders deutlich sind die strukturellen Veränderungen im rechten Flügel erkennbar (oben rechts, Fehlen der Feinstruktur).

- Präventivuntersuchung (z.B. auf Tuberkulose), sowie
- präoperative Statuserhebung.

Als Standardverfahren kommen die konventionelle Röntgenübersichtsaufnahme (Abb. 1.8) und die Durchleuchtung zum Einsatz. Erstere ist der Durchleuchtung bis auf bestimmte Indikationen wie Fremdkörperlokalisation aufgrund einer besseren Auflösung und der geringeren Strahlenbelastung vorzuziehen. Ein weiterer Vorzug ist die in Form des Röntgenfilmes vorliegende Dokumentation, die bei der Durchleuchtung nur durch parallele Videoaufzeichnung möglich ist. Bei der röntgenanatomischen Zuordnung pathologischer (und u.U. raumfordernder) Lungenprozesse ist der Rückgriff auf CT und/oder MR angebracht (Abb. 1.9). Prinzipiell ist der kurzzeitige Austausch des *natürlichen* Kontrastmittels Luft durch ein anderes (die Strahlung stärker schwächendes) Substrat möglich, wodurch eine *Aufhellung* auf dem Röntgenfilm erreicht werden kann.

Aufgrund der Negativtechnik werden die hellen Anteile im Röntgenbild als *Schatten* oder *Verschattung* bezeichnet, da an dieser Stelle Röntgenstrahlung absorbiert wird. Dunkle Anteile werden entsprechend als Aufhellung bezeichnet, da hier die Röntgenstrahlung weniger geschwächt und so der Röntgenfilm stärker geschwärzt wird.

Neben der Lungenuntersuchung kommt in der Thoraxdiagnostik der radiologischen Betrachtung des Herzens eine besondere Bedeutung zu. Der Schwerpunkt liegt hier auf der der Kontrastmitteldarstellung sowohl der Ventrikel[14] als auch der Herzkranzarterien. Die Darstellung von Herzkranzgefäßen (vgl. Koronarangiographie, Abb. 1.6), dient vor allem zur Lokalisation von Verengungen (Stenosen) bzw. Verschlüssen. Durch Kontrastmittelinjektion in den Ventrikel ist bei einer Bildaufnahmefrequenz mit bis zu 50 Bildern pro Sekunde die vollständige Darstellung und volumetrische Auswertung der Herzaktion möglich. Diese Untersuchung zielt auf eine funktionelle Bewertung der Herzaktion z.B. nach einem Herzinfarkt. Weitere Fragestellungen in der radiologischen Herzdiagnostik ist die Suche nach Tumoren und die Beurteilung der Klappenfunktion. Die Sonographie hat hier aufgrund der Echtzeitdarstellung von Bewegungen mittlerweile eine Schlüsselstellung erlangt. So ist beispielsweise durch Anwendung der Farb-Doppler-Technik die Visualisierung des Strömungsprofils in der Aorta möglich.

1.2.3 Untersuchung des Abdomen

Unter den Oberbegriff der Abdomen-Untersuchung fällt die Beurteilung des Gastrointestinaltraktes, der Nieren, der Leber und der Milz, des Nierenbeckens, der Gallenblase und der Gallenwege, des Pankreas, der Blase und der Harnwege etc. So vielfältig wie die genannten Organe bzw. anatomischen Begriffe sind die Fragestellungen, die mit der ganzen Palette radiologischer Ver-

---

[14] Herzkammern

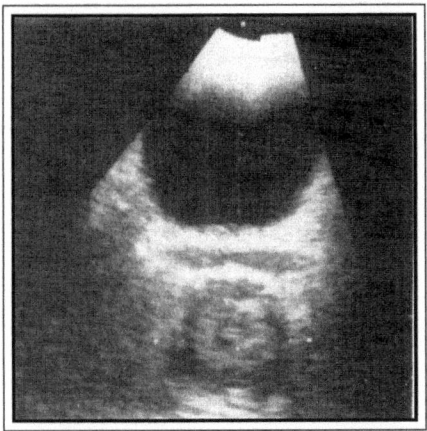 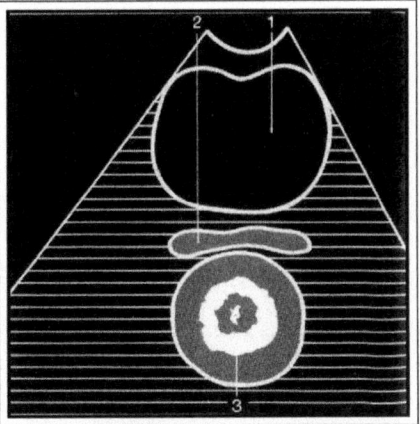

Abb. 1.10. Das Bild links zeigt eine normale Harnblase im Transversalschnitt. Rechts ist zur Verdeutlichung der Strukturen eine schematische Darstellung der Anatomie gezeigt (*1*: Harnblase, *2*: Samenbläschen, *3*: Rectum). (Aus [Mec84]).

fahren angegangen werden. Röntegenübersichtsaufnahmen bzw. Durchleuchtung zumeist unter Verwendung von Kontrastmittel stellen die häufigsten Verfahren insbesondere bei der Magen- und Darmuntersuchung. Eine hohe Aussagekraft hat auch das CT (Abb. 1.11) und die Sonographie (Abb. 1.10). Im Vergleich zu anderen bildgebenden Verfahren fällt aber die schlechte Qualität von Ultraschallaufnahmen auf. Zur detaillierten Auswertung sonographischer Aufnahmen ist deshalb eine umfangreiche Erfahrung notwendig. Ferner ist das Ultraschallbild nur dann aussagekräftig, wenn die exakte Aufnahmeposition und der Aufnahmewinkel bekannt sind.

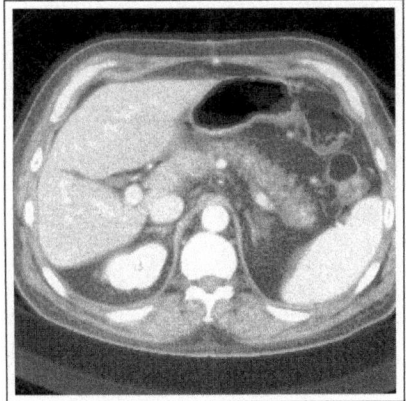

Abb. 1.11. Schnitt durch die großen Oberbauchorgane (Leber, Niere, Milz) nach intravenöser Kontrastmittelgabe. Man erkennt die Leber, wobei wegen des Kontrastmittels die Gefäßausschnitte hell dargestellt sind. Ebenfalls hell ist die Aorta sowie die rechte Niere (im Bild links – die linke Niere ist auf dem Bild nicht zu sehen). Die angeschnittenen Darmschlingen enthalten teilweise Luft und werden daher sehr dunkel dargestellt. Am rechten Bildrand erkennt man die Milz.

18   1. Medizinische Fragestellungen

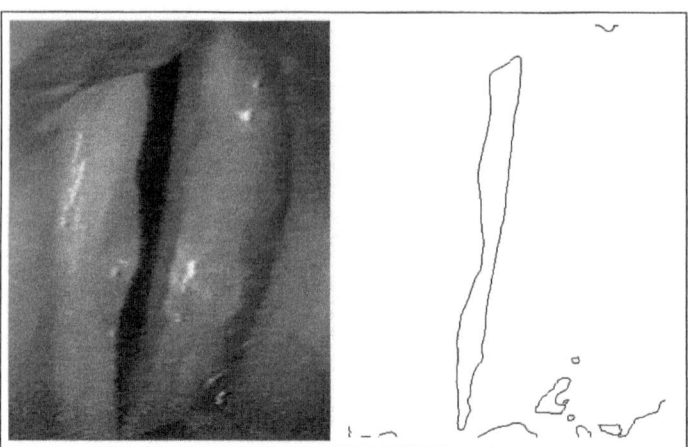

Abb. 1.12. Links sind durch ein Endoskop aufgenommenen Stimmlippen dargestellt. Im rechten Bild wurde durch ein mehrstufiges Verfahren eine Konturerkennung realisiert.

1.3 Abschlußbemerkung

Die vorangegebene Darstellung kann keinen Anspruch auf Vollständigkeit, insbesondere im Hinblick auf die zur Verfügung stehenden Verfahren, erheben. Wir haben Verfahren wie die Endoskopie[15] (Abb. 1.12) oder die zahlenmäßig sehr stark, aber nur für eine sehr begrenzte Fragestellung[16] eingesetzte Mammographie nicht eingehend diskutiert und auch den Stellenwert der zumeist dokumentarisch angewandten Photographie[17] nicht gewürdigt. Wir haben die Positronen-Emissionstomographie (PET) und die Single-Photon-Emissionstomographie (SPECT), die die Visualisierung von Stoffwechselprozessen bzw. der Durchblutung ermöglichen, verschwiegen und sind nicht auf multimodale Darstellungen eingegangen. Hierzu sei auf [Kre88, Thu92] verwiesen. Dem Ingenieur, Physiker oder Informatiker mag dieser Mißstand auffallen, befindet er sich doch möglicherweise noch in seiner physikalisch

---

[15] Bei der Endoskopie werden optische Geräte, bestehend aus einer Lichtquelle, einem Linsensystem und einem Lichtleiter, in natürliche Körperöffnungen (oder sehr kleine chirurgisch gesetzte Öffnungen – Laparoskopie bzw. minimal invasive Chirurgie) eingeführt. Auf diesem Wege können nicht- oder minimalinvasiv Bilder aus bestimmten Körperregionen gewonnen werden, die einer direkten Betrachtung nicht zugänglich sind. Typische Anwendungsgebiete sind die Gelenkuntersuchung bei Verdacht auf Bänderriß oder die Laryngoskopie (Stimmbanduntersuchung).

[16] Die Radiologen unter den Lesern mögen die etwas reduzierte Weltsicht, die sich hinter dem „begrenzt" zu verbergen scheint, bitte wohlwollend überlesen.

[17] Ein Gefühl für die Spannweite der möglichen Dokumentation (und ihrer Aussagekraft) bekommt man, wenn man den Pschyrembel [Psc91] daraufhin durchblättert.

strukturierten Gedankenwelt. In der von medizinischen Fragestellungen und Verdachtsdiagnosen geleiteten radiologischen Denkweise hat diese Struktur keine Bedeutung, sie ist quasi orthogonal dazu. Wie stark diese aus ärztlicher Sicht getriebene Verfahrensauswahl sein kann, zeigt die innerhalb der Radiologie als eigenständige Disziplin etablierte *Neuroradiologie*. Die Auswahl der bildgebenden Verfahren wird hier an Leitsymptomen wie *Halbseitenlähmung*, *traumatische Schädigung des ZNS* oder *Bewußtseinstrübung* festgemacht. Aus physikalischer Sicht ist die Wahl der Verfahren (z.B. CT bei Impressionsfraktur) begründbar, sie treibt diese aber nicht!

Für den mit Fragen der medizinischen Bildverarbeitung befaßten Ingenieur oder Informatiker ist das Verständnis der medizinischen Sichtweise, also *warum* ein bestimmtes Verfahren für eine bestimmte Fragestellung ausgewählt wurde, Grundlage aller weiteren Schritte auf dem Weg zu einer Problemlösung. Erst der „Blick über den wissenschaftlichen Zaun" und die bewußte Auseinandersetzung mit einer anderen als der eigenen Sichtweise eröffnet Perspektiven für tragfähige interdisziplinäre Lösungen.

2. Technik der Bilderzeugung in der medizinischen Diagnostik

2.1 Physikalische Grundlagen der bildgebenden Verfahren

Im ersten Teil dieses Kapitels werden die physikalischen Grundbegriffe, die zum Verständnis der bildgebenden Verfahren notwendig sind, kurz definiert und erläutert. Für weiterführende Grundlagenliteratur sei auf [Ebe76, Mor87, Schop93, Her95] verwiesen.

2.1.1 Das Bohrsche Atommodell

Das 1911 von RUTHERFORD entwickelte Atommodell wurde 1913 von BOHR durch ein diskretes Schalenmodell der Elektronen erweitert[1]. Obwohl seitens der Physik mittlerweile genauere Atommodelle bereitgestellt wurden, reicht das Bohrsche Atommodell für diese Einführung aus.

Der Atomaufbau. Ein Atom nach dem Bohrschen Modell besteht aus einem Atomkern, gebildet aus Nukleonen und den Elektronen, die den Atomkern umkreisen (Abb. 2.1). Mit Nukleonen werden sowohl Protonen als auch Neutronen bezeichnet. Die Protonen sind positiv geladen, die Elektronen mit dem selben Ladungsbetrag negativ und die Neutronen besitzen keine Ladung. Die Neutronen können als Kittmasse verstanden werden, die die sich gegenseitig abstoßenden Protonen zusammenhält. Damit das Atom nach außen hin elektrisch neutral ist, muß die Anzahl der Elektronen der Zahl der Protonen entsprechen. Ein Teilchen mit den Eigenschaften eines Elektrons (e^-), jedoch mit einer positiven Elementarladung, wird Positron (e^+) genannt.

Jedes Element des chemischen Periodensystems ist aus einer bestimmten Anzahl von Nukleonen und Elektronen aufgebaut, was durch die folgende Notation beschrieben wird:
$$^M_O E$$

Das Elementsymbol E steht für den Namen des Elements. Die Ordnungszahl O bezeichnet die Anzahl der Protonen im betreffenden Atomkern, nach der die Elemente im Periodensystem angeordnet sind, und die Massenzahl M die Anzahl der Nukleonen.

---
[1] Biographien zu diesen Größen der Weltgeschichte findet man in [Fas70].

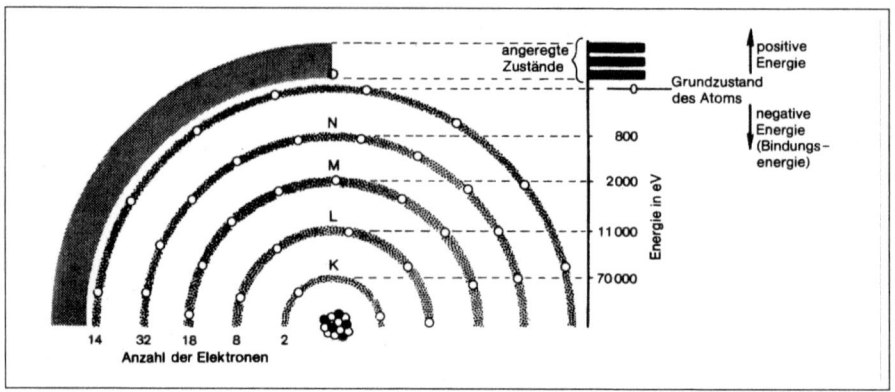

Abb. 2.1. Die Abbildung zeigt eine schematische Darstellung des Wolfram-Atoms. Die Elektronen umgeben den Kern aus Nukleonen auf verschiedenen Schalen. Die rechts angegebenen Energien entsprechen den Ionisationsenergien. Zur Entfernung eines Elektrons aus der äußersten Schale muß bei allen Atomen lediglich ein Energiebetrag von 5–25 eV aufgebracht werden. (Aus [Lis86])

Die Masse eines Protons beträgt $1{,}672649 \cdot 10^{-24}$ g. Dies entspricht einer atomaren Masseneinheit von 1,007276 u, wobei 1 u ein Zwölftel der Masse eines ^{12}C-Atoms ist. Das Neutron besitzt eine atomare Masse von 1,008665 u. Für die meisten Berechnungen nähert man daher die Masse der Nukleonen mit 1 u an. Die Masse der Elektronen beträgt nur 0,000549 u und ist daher vernachlässigbar klein (Zahlenwerte aus [Mor87]).

Die Elektronen sind auf einer den Kern umgebenden Elektronenhülle verteilt, die im Grundzustand aus bis zu 7 Elektronenschalen zusammengesetzt ist. Diese Schalen umgrenzen den möglichen Aufenthaltsort der Elektronen (Abb. 2.1). Sie werden vom Kern aus nach außen mit den Buchstaben K bis Q oder mit den Ziffern 1 bis 7 bezeichnet. Jede Schale ist in der Lage, bis zu $2n^2$ Elektronen aufzunehmen, wobei n die Schalennummer ist.

Beispiel 1: Die K-Schale mit $n = 1$ kann bis zu 2 Elektronen aufnehmen und die L-Schale mit $n = 2$ bis zu 8.

Energiezustände. Die Schalen entsprechen diskreten Energieniveaus (Abb. 2.1). Nach den Bohrschen Postulaten können die Elektronen nur auf diesen ganz bestimmten Bahnen (Schalen) den Kern strahlungsfrei umkreisen. Die Besetzung der Schalen erfolgt von innen nach außen, wobei vollbesetzte Schalen energetisch günstig sind (Edelgaskonfiguration)[2]. Um ein Elektron von einer Schale in eine andere zu bringen, muß die Energiedifferenz zwischen den Niveaus der entsprechenden Schalen aufgebracht werden. Fällt das Elektron in seine vorherige Schale zurück, wird genau diese Differenzenergie wieder frei. Die Energieniveaus der Schalen sind von der Art des Atoms abhängig

---

[2] Diese Aussage gilt strenggenommen nur für kleine Atome mit Elektronen in den ersten zwei Schalen.

und können in Tabellen nachgeschlagen werden. Für das Wolfram-Atom sind sie in der Abbildung 2.1 eingetragen.

Beispiel 2: Fällt ein Elektron aus der L-Schale eines Wolfram-Atoms auf einen freien Platz in der K-Schale, wird exakt der Energiebetrag von 70 keV − 11 keV = 59 keV als elektromagnetische Strahlung frei (Abb. 2.1).

In kristallinen Festkörpern gibt es noch weitere Energiezustände der Elektronen. Die Energiezustände der an der chemischen Bindung beteiligten Elektronen bilden *Bänder*. Im reinen (undotierten) Halbleiter sind bei der Temperatur $T = 0\,\mathrm{K}$ (Kelvin) alle Elektronen im *Valenzband*. Durch thermische Anregung werden Elektronen durch die *verbotene Zone* hinweg in das höherenergetische *Leitungsband* gehoben. Elektronen im Leitungsband haben die Atomhülle verlassen und können sich innerhalb des gesamten Kristalls frei bewegen, ihn jedoch nicht verlassen. Dem Atom im Kristallverbund fehlt danach ein Elektron. Es ist ein *Loch* im Valenzband entstanden. Im undotierten Halbleiter ist die Anzahl der Löcher gleich der Anzahl der freien Elektronen. Bei der Rekombination eines Elektron/Loch-Paares kehrt ein freies Elektron vom Leitungsband in das Valenzband zurück. Dabei wird, wie beim Wechsel eines Elektrons zu einer inneren Schale eines einzelnen Atoms, Energie frei.

Leiter oder Metalle und Halbleiter unterscheidet man durch die Konzentration n der freien Ladungsträger, also der Elektronen im Leitungsband. Im Leiter beträgt sie $n \approx 10^{22}\,\mathrm{cm}^{-3}$ und im Halbleiter $n \leq 10^{20}\,\mathrm{cm}^{-3}$ (Zahlenwerte aus [Ebe76]). Diese Konzentration ist bei Isolatoren bedeutend geringer.

Ionen. Ein aus einem oder mehreren Atomen bestehendes elektrisch geladenes Teilchen nennt man Ion. Die Entfernung eines Elektrons aus der Atomhülle eines einzelnen Atomes heißt daher Ionisation, die dazu notwendige Energie ist die Ionisationsenergie. Je näher sich die Schale am Kern befindet, um so mehr Energie muß aufgebracht werden, um ein Elektron loszulösen. Negative Ionen entstehen u.a. bei der Lösung von Salzen in Wasser (Bsp. 3).

Beispiel 3: Bei der Lösung von Kochsalz NaCl entstehen die Ionen Na^+ und Cl^-. Durch Aufnahme bzw. Abgabe eines Elektrons haben beide Ionen die energetisch günstige voll besetzte Außenschale (Edelgaskonfiguration).

Nuklide. Atome, deren Kern aus der gleichen Anzahl von Protonen und Neutronen aufgebaut ist, heißen Nuklide. Nuklide unterscheiden sich in ihrem Energiegehalt. Dies kann durch unterschiedliche Anordnungen der Nukleonen im Kern oder durch die Elektronen der Hülle bedingt sein. Daher ist ein Nuklid eine Atomart und keine Kernart [Ebe76]. Nuklide entstehen bei Kernumwandlungen und können ihren instabilen Zustand eine bestimmte Zeit aufrechterhalten. Metastabile (langlebige) Nuklide werden durch ein kleines „m" hinter der Massenzahl gekennzeichnet.

Beispiel 4: Das in der Nuklearmedizin mit bis zu 80% am häufigsten verwendete Nuklid ist das metastabile Technetium $^{99m}\mathrm{Tc}$.

2. Technik der Bilderzeugung

Isotope. Atome, die die gleiche Protonenzahl (Ordnungszahl O) aber unterschiedliche Massenzahl M besitzen, werden Isotope genannt. Trotz verschiedener Atommassen verhalten sich Isotope in chemischer Hinsicht gleich, da das Bindungsverhalten eines Atoms von seiner Hülle bestimmt wird. Das Wort „isotop" bedeutet in wörtlicher Übersetzung aus dem Griechischen „das denselben Platz Einnehmende" [Schop93]. Jede Atomart besitzt spezielle Verhältnisse von Protonenzahl zu Neutronenzahl, für die der Kern stabil ist. Werden diese Verhältnisse unter- oder überschritten, so ist der Kern instabil. Instabile Kerne zerfallen unter Aussendung von Strahlung (vgl. Abschn. 2.1.2). Instabile Isotope werden daher auch Radioisotope genannt.

Beispiel 5: Ein Isotop von Wasserstoff (^1_1H) ist das Deuterium (^2_1D oder ^2_1H). Der Kern des Deuteriums besitzt im Gegensatz zum normalen Wasserstoffatom mit nur einem Proton ein zusätzliches Neutron. Deuterium hat also die Massenzahl $M = 2$.

2.1.2 Strahlung

Ein Atom mit einem sehr großen Kern kann in kleinere Teile zerfallen. Je größer die Nukleonenzahl, desto instabiler kann das Atom sein, d.h. desto eher tritt der natürliche Zerfall ein. Instabile Kerne (radioaktive Stoffe) zerfallen unter Emission radioaktiver Strahlung.

Arten natürlicher Strahlung. Man unterscheidet drei Strahlungsarten, die α-, die β- und die γ-Strahlung. Natürliche radioaktive Strahlung ist meistens aus mehreren Arten zusammengesetzt.

Zweifach positiv geladene Heliumkerne ($^4_2\text{He}^{++}$), also Heliumatome ohne die Elektronenhülle, heißen α-Teilchen. Diese werden beim α-Zerfall schwerer Kerne ($M > 209$, $O > 82$) mit Geschwindigkeiten zwischen $10\,000$–$30\,000\,\text{km/s}$ fortgeschleudert (Zahlenwerte aus [Mor87]). Der Restkern kann sich danach noch in einem energetisch angeregten Zustand befinden und geht dann durch weitere γ-Strahlung schließlich in den Endzustand über.

Beispiel 6: Bei dem α-Zerfall von $^{210}_{84}\text{Po}$ in $^{206}_{82}\text{Pb}$ und ^4_2He wird die Differenzmasse $0{,}0058\,\text{u}$ der Kerne in die Strahlungsenergie von $5{,}4\,\text{MeV}$ umgesetzt [Mor87].

Freie Elektronen (e^-) oder Positronen (e^+) werden in diesem Zusammenhang auch β-Teilchen genannt. Bei strahlender Materie erreichen sie Geschwindigkeiten bis zu $130\,000\,\text{km/s}$ und damit unterschiedliche Energien, so daß diese Strahlung ein Energiespektrum erzeugt. Der β^--Zerfall tritt bei Kernen mit einem Neutronenüberschuß gegenüber dem stabilen Kern auf. Durch die Umwandlung eines Neutrons in ein Proton entsteht ein Elektron im Kern. Umgekehrt entsteht bei der Umwandlung eines Protons in ein Neutron ein Positron (β^+-Teilchen). Der β^+-Zerfall tritt analog nur bei Kernen mit relativem Protonenüberschuß auf.

Beispiel 7: Bei dem β^--Zerfall: $^{14}_6\text{C} \longrightarrow {}^{14}_7\text{N} + e^-$ wird die Strahlungsenergie von $0{,}16\,\text{MeV}$, beim β^+-Zerfall: $^{15}_8\text{O} \longrightarrow {}^{15}_7\text{N} + e^+$ werden $1{,}74\,\text{MeV}$ frei [Mor87].

Tabelle 2.1. Bewertungsfaktoren q zur Berechnung der Äquivalentdosis nach (2.2). (Zahlenwerte aus [Art91])

Strahlungsart	q
β- und γ-Strahlung	1
langsame Nukleonen (bis 0,025 eV)	3
Nukleonen (0,025 eV $\cdots$ 0,1 MeV)	5 $\cdots$ 8
α-Strahlung	10
schnelle Nukleonen (ab 0,1 MeV)	10
Spaltprodukte	20

γ-Strahlen sind, wie das sichtbare Licht, elektromagnetische Wellen (vgl. Abschn. 2.1.3 und Abb. 2.2 auf S. 26). Sie sind eine Begleiterscheinung bei α- oder β-Zerfall. Die Quanten der γ-Strahlung, auch Photonen genannt, liegen im Frequenzbereich von 10^{18} Hz bis 10^{27} Hz. Die γ-Strahlung ist daher viel energiereicher als das sichtbare Licht.

Statistische Zerfallsbeschreibung. Die Zerfallshäufigkeit eines radioaktiven Stoffes, die Aktivität A ($[A] = 1/s =$ Bq (Bequerel))[3], gibt die Anzahl der Zerfallsakte pro Zeiteinheit an. Da in einer abgegrenzten Probe nur endlich viele Atome vorhanden sind, ist die Aktivität der Probe nicht konstant, sondern folgt einem exponentiellen Zerfallsgesetz (e = 2,718282 ist hier die Eulersche Zahl):

$$A = A_0 \cdot e^{-\ln 2 \frac{t}{T_{0.5}}} \qquad (2.1)$$

Die Halbwertszeit $T_{0.5}$ in (2.1) gibt die Zeit an, in der die Hälfte der zerfallsfähigen Kerne des Stoffes zerfallen.

Dosimetrie. Die Wirkung der radioaktiven Strahlung auf die durchsetzte Materie kann durch die ausgetauschte Energiemenge beschrieben werden. Die Energiedosis D ($[D] = $ J/kg $=$ Gy (Gray)) gibt das Verhältnis der absorbierten Energie E ($[E] = $ J (Joule)) zur Masse m des absorbierenden Materials an. Da eine einfach zu messende Eigenschaft der Strahlung die Ionisierung der durchstrahlten Materie ist, definiert man die Ionendosis J ($[J] = $ C/kg) als die durch Ionisierung gebildete Ladung Q ($[Q] = $ As $=$ C (Coulomb)) pro Masseneinheit. Insbesondere im Bereich des Strahlenschutzes ist die Äquivalentdosis D_q ($[D_q] = $ J/kg $=$ Sv (Sievert)) von Bedeutung:

$$D_q = q \cdot D = q \cdot \frac{E}{m} \qquad (2.2)$$

Die Äquivalentdosis D_q berücksichtigt die biologische Wirkung der Strahlung durch einen von der Strahlungsart abhängigen Bewertungsfaktor q, der

---
[3] Die Schreibweise $[A]$ bedeutet die Dimension (Einheit) der Größe A.

empirisch ermittelt wurde. Zur Unterscheidung der Äquivalent- von der Energiedosis wurde die Einheit Sievert eingeführt. Die biologischen Bewertungsfaktoren für einige Strahlungsarten sind in der Tabelle 2.1 zusammengestellt.

Beispiel 8: Die für den Menschen bei Bestrahlung des ganzen Körpers bereits tödliche Energiedosis von 10 Gy führt in Wasser lediglich zu einer Erwärmung von $0{,}002°C$ [Her95].

2.1.3 Elektromagnetische Wellen

Wellen sind in der Lage, Energie zu transportieren. Man unterscheidet Wellen, die sich ohne Trägermedium ausbreiten können (z.B. elektromagnetische Wellen) und mechanischen Wellen (vgl. Schallwellen in Abschn. 2.1.7, S. 36). Eine Welle ist eine kontinuierliche Abfolge einzelner Schwingungen. Die Strecke, die die Welle in einem Schwingvorgang zurücklegt, wird mit der Wellenlänge λ ($[\lambda] = $ m) angegeben. Die Frequenz ν ($[\nu] = 1/\text{s} = $ Hz (Hertz)) gibt an, wieviele Schwingungen die Welle pro Zeiteinheit durchführt. In Abbildung 2.2 ist das elektromagnetische Spektrum für Frequenzen von 1 Hz bis 10^{14} GHz

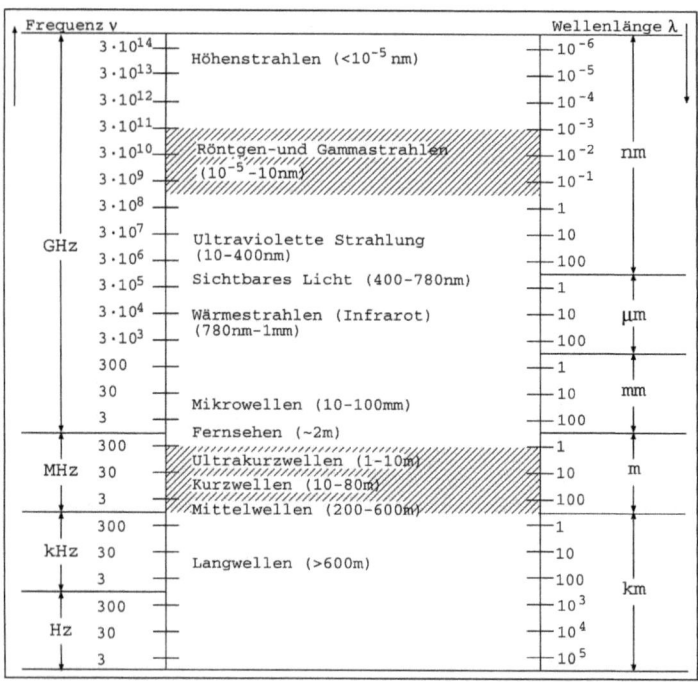

Abb. 2.2. Die für die bildgebenden Systeme in der Medizin verwendeten Bereiche des elektromagnetischen Spektrums: Röntgenstrahlen ($10^9 - 3 \cdot 10^{11}$ GHz) und Kernspinresonanzen (1 − 300 MHz), sind dunkel hinterlegt. Der Zusammenhang zwischen der Frequenz ν und Wellenlänge λ ist durch (2.4) gegeben. (Nach [Mor95])

dargestellt. Für die bildgebenden Verfahren in der Medizin ist insbesondere der Bereich der Röntgenstrahlen (10^9–10^{11} GHz) wichtig.

Die Frequenz ν einer elektromagnetischen Welle bestimmt den Energiegehalt E der Welle:

$$E = h \cdot \nu \qquad (2.3)$$

In (2.3) ist $h = 6,6262 \cdot 10^{-34}$ Js das Plancksche Wirkungsquantum. Im Vakuum breitet sich eine elektromagnetische Welle mit der Lichtgeschwindigkeit aus:

$$c = \lambda \cdot \nu = 2,9979 \cdot 10^8 \, \frac{\mathrm{m}}{\mathrm{s}} \qquad (2.4)$$

Zur Beschreibung der auftretenden Effekte bei sich ausbreitenden elektromagnetischen Wellen wird häufig ein weiteres physikalisches Modell verwendet. Hierbei wird eine elektromagnetische Welle als Lichtquant (Photon, Lichtteilchen) mit der Ruhemasse $m_0 = 0$ aufgefaßt. Aus der Energiebilanz:

$$E = h \cdot \nu = m \cdot c^2 \qquad (2.5)$$

folgt für die relativistische Äquivalentmasse m des Photons:

$$m = \frac{h\nu}{c^2} \qquad (2.6)$$

und für den Äquivalentimpuls p ($[p] = $ kg m/s):

$$p = m \cdot v = \frac{h}{\lambda} \qquad (2.7)$$

Somit können die klassischen Stoßgesetze der Physik zur Erklärung einzelner Effekte herangezogen werden. Analog kann jedem bewegten Teilchen mit nicht verschwindender Ruhemasse eine Welle mit der Wellenlänge $\lambda = h/p$ und damit der Frequenz $\nu = E/h$ zugeordnet werden.

2.1.4 Röntgenstrahlung

Röntgenstrahlen entstehen u.a. beim Auftreffen sehr schneller (vgl. Bsp. 9) Elektronen auf Materie (Abb. 2.3). Bei der Beschleunigung von Elektronen der Ladung e ($e = 1,6022 \cdot 10^{-19}$ As) wird die potentielle Energie der Elektronen E_pot ($[E] = $ eV (Elektronenvolt) = 1,6022 J (Joule)) in einem durch die Spannung U ($[U] = $ V (Volt)) erzeugten elektrischen Feld:

$$E_\mathrm{pot} = e \cdot U \qquad (2.8)$$

in kinetische Energie:

$$E_\mathrm{kin} = \frac{1}{2}mv^2 \qquad (2.9)$$

umgewandelt. v ($[v] = $ m/s) ist die Geschwindigkeit des Elektrons mit der Masse m ($[m] = $ kg) nach dem Durchlaufen der Beschleunigungsspannung U. Die beschleunigten Elektronen schlagen in das Targetmaterial (Anode) ein

2. Technik der Bilderzeugung

und treten mit den Atomen in Wechselwirkung. Dabei wird etwa 99% der Energie der eindringenden Elektronen in Wärmeenergie umgesetzt und nur ca. 1% in Röntgenstrahlung. Es entsteht ein Röntgenspektrum (Abb. 2.4). In diesem Spektrum überlagern sich das kontinuierliche Bremsstrahlenspektrum und die für die Atome des Targetmaterials charakteristische Strahlung (diskretes Spektrum). Die Röntgenstrahlung wird richtungsabhängig abgegeben, ihre Intensität nimmt mit steigendem Winkel zur Targetflächennormalen ab (Heel-Effekt).

Beispiel 9: Durchläuft ein Elektron mit der Ruhemasse $m_0 = 9,11 \cdot 10^{-28}$ g eine Beschleunigungsspannung von 60 kV, so berechnet sich mit (2.8) und (2.9) seine Geschwindigkeit zu 145 000 km/s. Dies entspricht in etwa der halben Lichtgeschwindigkeit.

Bremsstrahlung. Der Hauptteil des Röntgenspektrums resultiert aus der Röntgenbremsstrahlung. Diese Bremsstrahlung entsteht, wenn ein Elektron, das bereits die gesamte Elektronenhülle durchquert hat, durch die Anziehungskraft des Kerns aus seiner Bahn abgelenkt wird. Der Betrag der kinetischen Energie, den das Elektron bei diesem Bremsvorgang verliert, wird als Röntgenstrahlung abgegeben. Die Energie der entstehenden Röntgenstrahlung ist dabei um so größer, je näher die Elektronenbahn am Kern liegt und je höher die kinetische Energie des Elektrons ist. Die kinetische Energie vor der Ablenkung (2.9) ist zugleich eine obere Grenze für die Energie, die das entstehende Röntgenquant annehmen kann [Her95]. Mit (2.3) und (2.4) läßt sich für die maximale Energie des entstehenden Quants die größte Frequenz ν_{grenz} ($[\nu] = 1/\text{s} = $ Hz (Hertz)) und kürzeste Wellenlänge λ_{grenz} ($[\lambda] = $ m) berechnen (vgl. Abschn. 2.1.3):

$$\nu_{\text{grenz}} = \frac{e \cdot U}{h} \quad \text{und} \quad \lambda_{\text{grenz}} = \frac{c}{\nu_{\text{grenz}}} = \frac{c \cdot h}{e \cdot U} \quad (2.10)$$

Mit höherer Beschleunigungsspannung wird die Grenzfrequenz und entsprechend auch die Maximalenergie der Strahlung größer.

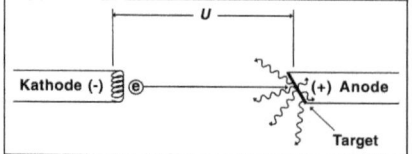

Abb. 2.3. Die Abbildung veranschaulicht das Prinzip der Energieumwandlung bei der Erzeugung von Röntgenstrahlen. In der Glühkathode (*links*) wird der Draht so stark erhitzt, daß Elektronen aus dem Kathodenmaterial austreten. Durch die Beschleunigungsspannung U werden diese auf die Anode hin beschleunigt, wo sie auf das Targetmaterial auftreffen. Dort wird ca. 1% der kinetischen Energie der Elektronen in Röntgenstrahlung und ca. 99% in Erwärmung des Targetmaterials umgesetzt. (Nach [Kre88])

Beispiel 10: Wird ein mit 60 kV beschleunigtes Elektron bis zum Stillstand abgebremst, so entsteht ein Röntgenquant mit einer Frequenz $\nu = 1,455 \cdot 10^{10}$ GHz. Die Wellenlänge der Röntgenstrahlung ist damit $\lambda = 2,061 \cdot 10^{-11}$ m.

Charakteristische Strahlung. Ein K-Schalen-Elektron eines Wolfram-Atoms kann aus seiner Schale entfernt werden, wenn das in der Röntgenröhre beschleunigte Elektron mit der Mindestenergie von 70 keV auftrifft (vgl. Abb. 2.1, S. 22). Innerhalb von 10^{-8} Sekunden wird die freie K-Schalen-Position durch ein Elektron einer höheren Schale aufgefüllt. Dabei wird ein Röntgenquant mit der Energie abgegeben, die der Differenz der Energieniveaus der beiden Schalen entspricht. Jedes Elektron einer höheren Schale kann eine Lücke füllen. Es werden dabei eine Vielzahl von diskreten Röntgenquanten unterschiedlicher Energiebeträge erzeugt, die sich für jedes Atom zu einem charakteristischen Strahlenspektrum überlagern, das auch charakteristische Strahlung genannt wird.

Wechselwirkungen mit Materie. Durchdringen Röntgen- oder γ-Strahlen Materie, so treten sie mit den Atomen der Materie in Wechselwirkung

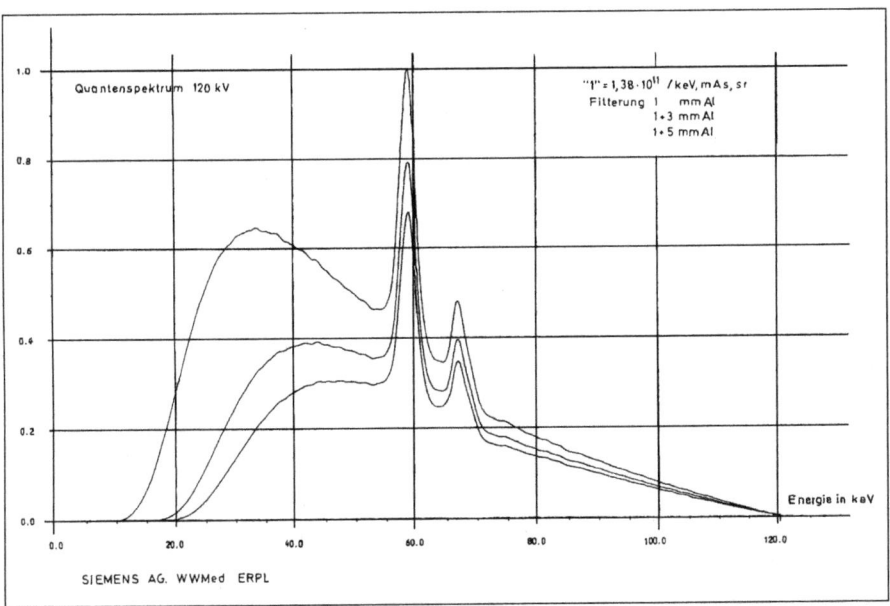

Abb. 2.4. Die Abbildung zeigt das Quantenspektrum einer Röntgenröhre mit Wolfram als Anodenmaterial bei einer Beschleunigungsspannung von 120 kV. Man erkennt die Zusammensetzung aus einem kontinuierlichen Anteil (Röntgenbremsstrahlung) und zwei diskreten *Peaks* (charakteristische Strahlung). Bei Wolfram ergibt der Übergang eines Elektrons von der L- zur K-Schale ein charakteristisches Röntgenphoton mit einer Energie von 59 keV (vgl. Bsp. 2, S. 23), der Übergang von der M- zur K-Schale eines mit 68 keV. Diese beiden Maxima sind im Spektrum deutlich erkennbar. (Aus [Mik69])

2. Technik der Bilderzeugung

(Abb. 2.5). Trifft ein Quant auf ein Elektron einer Atomhülle, so kann die Energie des Quants (2.3) dazu aufgewendet werden, das Elektron auf eine höhere Elektronenhülle zu befördern (Abb. 2.5a), oder es ganz aus der Schale zu schlagen (lichtelektrischer Effekt oder auch Photoeffekt, Abb. 2.5b). Die kinetische Energie des herausgeschlagenen Elektrons entspricht dabei der Differenz aus der Energie des primären Quants und der aufgewendeten Ionisationsenergie. Hört das Quant hierbei auf zu existieren, spricht man von Absorption, andernfalls von Streuung.

Die Abschwächung der Intensität (Energieflußdichte) des Röntgenstrahls läßt sich mit Hilfe des Schwächungsgesetzes (2.11) beschreiben. Im einfachsten Fall durchläuft der Röntgenstrahl mit der Ausgangsintensität I_o ($[I]$ = W/m² (Watt/m²)) ein Volumenelement der Dicke d mit dem Schwächungskoeffizienten μ ($[\mu]$ = 1/m). Die Abschwächung erfolgt wie beim Zerfallsgesetz (2.1) exponentiell:

$$I = I_0 \, e^{-\mu \cdot d} \tag{2.11}$$

Im allgemeinen ist der Schwächungskoeffizient μ von der Materie und damit vom Ort z sowie von der Energie der Strahlung abhängig. Weichere

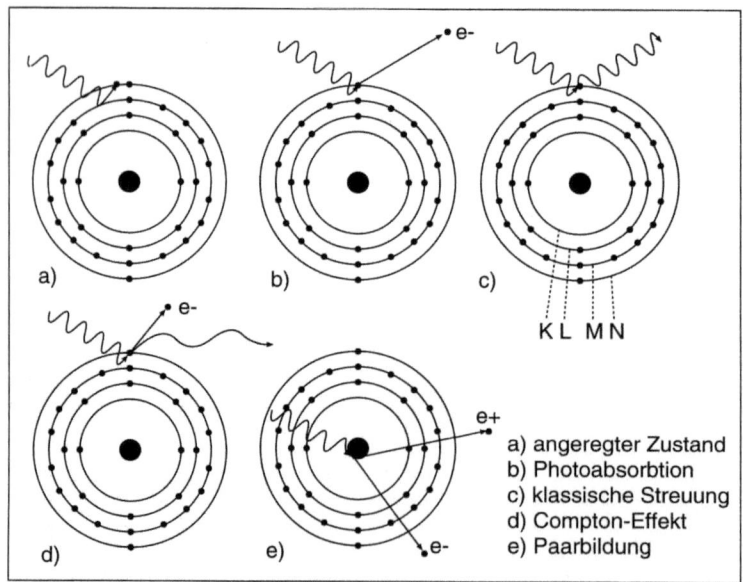

Abb. 2.5. Die Abbildung zeigt die einzelnen Effekte in graphischer Übersicht. Absorption: Durch Röntgenstrahlung wird ein Elektron im Atom auf eine höhere Schale gehoben, also in einen angeregten Zustand versetzt (**a**), bzw. aus dem Atomverband herausgeschlagen (**b**). Streuung: Das Röntgenphoton wird aus seiner Bahn gelenkt. Dies kann ohne Energieabgabe: kohärente Streuung (Thomson-Effekt) (**c**), oder mit Energieabgabe: inkohärente Streuung (Compton-Effekt) (**d**) erfolgen. Paarbildung: Bei der Wechselwirkung eines Quants mit einem Atomkern wird ein Elektronen/Positronen-Paar erzeugt (**e**). (Nach [Bau78])

(energieärmere) Strahlung wird stärker absorbiert als härtere (energiereichere). Bei der Durchstrahlung eines Objektes verschiebt sich das von der Quelle ausgesendete Röntgenspektrum mit zunehmender Objektdicke z zu höheren Frequenzen (Energien), da die niedrigeren Frequenzen stärker absorbiert werden. Dieser Effekt wird Strahlenaufhärtung (beam hardening) genannt. Die Meßkurven in Abbildung 2.4 wurden mit verschieden dicken Aluminiumfiltern aufgenommen. Die verhältnismäßig starke Dämpfung niederenergetischer Röntgenstrahlung ist deutlich erkennbar. Das allgemeine Schwächungsgesetz lautet somit:

$$I = \int_E I_0(E)\, e^{-\int_z \mu(z,E)dz}\, dE \qquad (2.12)$$

Unter der Transparenz eines Objektes versteht man das Verhältnis der Strahlungsintensität hinter dem Objekt, bezogen auf die Intensität an der gleichen Stelle ohne das Objekt.

Mit Streuung bezeichnet man den Vorgang, bei dem ein Röntgenquant durch Wechselwirkung mit einem Hüllenelektron eine Richtungsänderung vollzieht. Bleibt der Energiegehalt des Quants durch diese Wechselwirkung unverändert, so spricht man von einer kohärenten oder Rayleigh-Streuung (Thomson-Effekt, Abb. 2.5c). Geht ein Teil der Energie des Röntgenstrahls an das streuende Elektron verloren, so ist der gestreute Strahl energieärmer. Dies ist eine inkohärente Streuung (Compton-Effekt, Abb. 2.5d). Die Wellenlängenzunahme (Energieabnahme) des gestreuten Quants ist dabei nur vom Streuwinkel ϕ abhängig:

$$\Delta\lambda = \lambda' - \lambda = \frac{h}{m_0 c}\left(1 - \cos(\phi)\right) \qquad (2.13)$$

Die universelle Konstante $h/m_0 c = 0,0024\,\mathrm{nm}$ heißt Compton-Wellenlänge [Kre88].

Trifft ein Quant mit einer Energie $E > 1,022\,\mathrm{MeV}$ auf einen Atomkern, so kann dies zur Bildung eines Elektron/Positron-Paares führen (Paarbildung). Die beiden gebildeten Elementarteilchen fliegen nach ihrer Entstehung auseinander (Abb. 2.5e). Der umgekehrte Fall ist für die diagnostische Medizin wesentlich wichtiger. Bei ihrem Zusammenstoß vernichten sich Elektron und Positron. Dabei wird die Masse der beiden Teilchen in genau zwei Lichtquanten von je $511\,\mathrm{keV}$ (Vernichtungsstrahlung) umgewandelt. Dieser Effekt wird in der Nuklearmedizin für die Positronenemissionstomographie (PET) ausgenutzt (vgl. Abschn. 2.2.7, S. 54).

2.1.5 Lumineszenz

Jede optische Emission eines Systems, deren Intensität über der der normalen Temperaturstrahlung liegt, heißt Lumineszenz. Da die Lumineszenz über angeregte Zustände des Systems zustande kommt, erfolgt die Ausstrahlung nach Zeiträumen, die sehr groß gegenüber der Schwingungsperiode der emittierten Strahlung sind [Ebe76]. Je nach der anregenden Ursache unterscheidet man zwischen Photolumineszenz (Anregung durch Licht), Kathodolumineszenz (Anregung durch Elektronenstoß) und anderen.

Im kristallinen Material sind vielfach nicht einzelne Atome oder Moleküle, sondern größere Atom- oder Molekül-Komplexe an dem Leuchtvorgang beteiligt. Dabei werden Elektronen aus dem Valenz- in das Leitungsband gehoben (Elektronen/Loch-Paarbildung). Bei der Rekombination kommt es zur Kristallumineszenz. Dieser Prozeß geht ohne jegliche Wärmeabstrahlung vonstatten.

Beispiel 11: Alle Leuchtdioden (Light Emitting Diode, LED) basieren auf der Lumineszenz. Die Farbe der Lumineszenzdiode ist dabei nur von der Breite der verbotenen Zone zwischen Valenz- und Leitungsband abhängig [Her95].

Die Fluoreszenz ist eine monomolekulare Leuchterscheinung, es ist also nur ein Molekül am Leuchtprozeß beteiligt. Die Emission der Lichtquanten erfolgt bei gleichzeitiger Anregung durch Absorption. Bei der Photofluoreszenz ist die Frequenz (Energie) des abgestrahlten Lichtes geringer als die des absorbierten. Die meist kurze Abklingdauer (10^{-8} s [Moo90]) ist temperaturunabhängig. Die beim Auftreffen schneller Teilchen (α-, β-Teilchen oder Protonen) entstehenden Lichtblitze heißen Szintillationen [Ebe76] und werden in der Nuklearmedizin zur Energiebestimmung von Teilchen und Quanten ausgenutzt (vgl. Abschn. 2.2.7, S. 53).

Beispiel 12: Die charakteristische Röntgenstrahlung (vgl. Abschn. 2.1.4, S. 29) ist ein Fluoreszenzeffekt und wird daher allgemein auch als Fluoreszenzstrahlung bezeichnet [Ebe76]. Im Gegensatz dazu heißt anderenorts die emittierte Strahlung nur dann Röntgenfluoreszenzstrahlung, wenn die Anregung nicht durch schnelle Elektronen, sondern wiederum durch (genügend kurzwellige) Röntgenstrahlung erfolgte (Sekundärstrahlung) [Gob80].

Unter Phosphoreszenz versteht man ein lang andauerndes Nachleuchten in größeren Atom- oder Molekülgruppen. Die angeregten Elektronen befinden sich dabei in lokalen Energieminima (energetische Haftstellen, Traps), die nur durch die Zuführung weiterer Energie wieder verlassen werden können. Außer durch Wärme kann die gespeicherte Lichtsumme auch durch langwelliges Licht, LASER[4], sowie durch elektrische und magnetische Wechselfelder ausgelesen werden.

2.1.6 Kernspin

Nach der ersten Maxwellschen Gleichung (Durchflutungsgesetz) erzeugt jedes sich zeitlich ändernde elektrische Feld (z.B. bewegte Ladung) ein magnetisches Wirbelfeld. Da Protonen geladene Teilchen sind, erzeugen sie aufgrund ihrer

---

[4] Light Amplification by Stimulated Emission of Radiation [Her95]

Eigendrehung (Spin) ein magnetisches Feld bzw. besitzen sie ein magnetisches Dipolmoment. Weiterhin durchlaufen die Protonen eine komplizierte Bewegung im Kern, was zu einem zusätzlichen magnetischen (Bahn-)Moment führt. Die einzelnen magnetischen Momente der Nukleonen überlagern sich zu einem (mikroskopischen) magnetischen Gesamtmoment, das bei Atomen, deren Kern aus einer ungeraden Anzahl von Protonen und Neutronen zusammengesetzt ist, ungleich 0 ist.

Das magnetische Dipolmoment ist direkt proportional zum Eigendrehimpuls (Spin). Aus der Quantenmechanik ist bekannt, daß Teilchen ihren Spin und damit ihre Energie nicht kontinuierlich verändern können, sondern hierfür nur ganz spezielle Werte erlaubt sind. Dies wird durch die Kernspinquantenzahl $l \in \{0, 1/2, 1, 3/2, 2, ..., 15/2\}$ beschrieben. Ein Kern kann dabei $2 \cdot l + 1$ Energiezustände annehmen.

Präzession eines Atomkernes. Der Begriff der Präzession stammt aus der Mechanik starrer Körper und beschreibt die resultierende Drehbewegung eines rotierenden Körpers aufgrund von außen wirkenden Kräften. Das einfachste Beispiel einer Präzessionsbewegung kann mit einem Vorderrad eines Fahrrades demonstriert werden. Unsterstützt man die Achse des Rades auf beiden Seiten gleichmäßig und bringt das somit frei drehbare Rad in schnelle Rotation, so befindet sich das System im Grundzustand. Wird die Unterstützung nur auf einer Seite entfernt, wirkt die Gewichtskraft des Rades als Störung. Während ein nicht rotierender starrer Körper sofort herunterfallen würde, dreht sich das rotierende Rad horizontal um den Aufhängepunkt, ohne an Höhe zu verlieren; es präzediert.

Der Kern eines Atoms richtet sich mit seiner Spinachse parallel zu einem äußeren Magnetfeld der magnetischen Flußdichte **B** ($[B] = \text{Vs/m}^2 = \text{T}$ (Tesla)) aus. Da durch benachbarte Spins das statische Feld **B** permanent gestört wird, präzedieren auch im thermischen Gleichgewichtszustand alle Kerne mit der Präzessionsfrequenz (Larmorfrequenz):

$$\nu_p = \left(\frac{\gamma}{2\pi}\right) \cdot |\mathbf{B}| \tag{2.14}$$

um die Achse des äußeren Feldes. Diese Bewegung entspricht der Präzessionsbewegung eines Kreisels im Schwerefeld der Erde (Abb. 2.6). Die Präzessions-

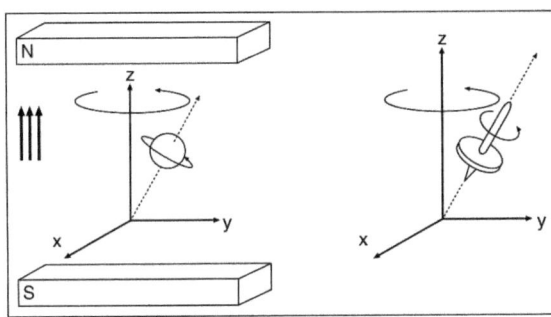

Abb. 2.6. Ein präzedierender Atomkern in einem Magnetfeld verhält sich wie ein Kreisel im Schwerefeld der Erde. (Nach: Metzler Physik, Schroedel Verlag GmbH, Hannover 1980)

34   2. Technik der Bilderzeugung

frequenz ν_p ist dabei nur vom äußeren Magnetfeld **B** abhängig (Larmortheorem, Gleichung 2.14), denn das gyromagnetische Verhältnis γ ist eine Materialkonstante und besitzt für jeden Kern einen spezifischen Wert (γ = konst.).

Beispiel 13: Bei einem Magnetfeld mit der Flußdichte $B = 1\,\text{T}$ beträgt die Resonanzfrequenz (Larmorfrequenz) für einen Wasserstoffkern $\nu_p = 42{,}58\,\text{MHz}$ [Hol83].

Makroskopischer Magnetisierungsvektor. Der in der medizinischen Diagnostik wichtigste Kern ist der Kern des Wasserstoffatoms, also das einzelne Proton. Für den Wasserstoffkern gilt: $l = 1/2$. Es sind deshalb zwei alternative Energiezustände möglich, die parallele oder die höherenergetische antiparallele Ausrichtung zum äußeren Grundfeld (Abb. 2.7). Mit zunehmender Temperatur $T > 0\,\text{K}$ befinden sich aufgrund von thermischer Anregung immer mehr Kerne im antiparallelen Energieniveau. Makroskopisch betrachtet ist die absolute Zahl der Kernspins parallel zum Feld dennoch relativ groß (vgl. Bsp. 14). Aus der Summe der mikroskopischen magnetischen Kerndipolmomente bildet sich eine makroskopische Magnetisierung **M** ($[M] = \text{A/m}$) der Substanz im äußeren Magnetfeld.

Beispiel 14: In typischen Magnetfeldern kommen im thermischen Gleichgewicht bei Raumtemperatur auf 1 000 000 Kerne im höheren 1 000 006 Kerne im niedrigeren Energieniveau. Anderseits sind in $1\,\text{cm}^3$ Wasser ca. 10^{23} Wasserstoffkerne enthal-

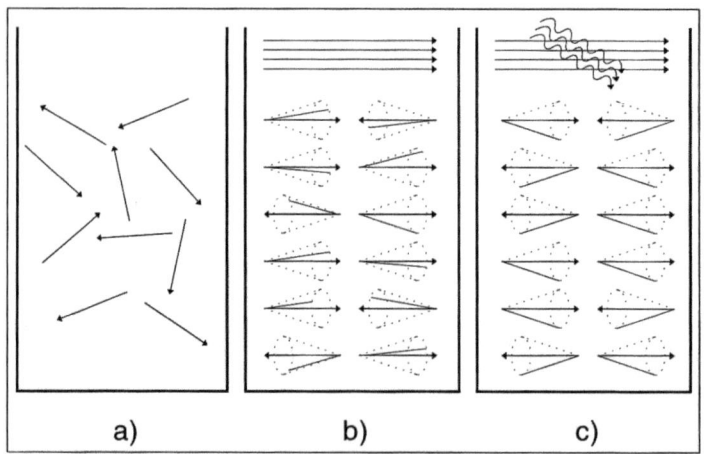

Abb. 2.7. Ohne äußeres Magnetfeld sind die Richtungen der Kernspins zufällig verteilt (**a**). Ein permanentes Magnetfeld zwingt die Wasserstoffkerne, sich entweder parallel oder antiparallel auszurichten (**b**). Die Kerne präzedieren im Gleichgewichtszustand in unterschiedlicher Phasenlage, wobei die Anzahl der parallel zum Grundfeld ausgerichteten Kerne größer ist, als die der antiparallel ausgerichteten. Dadurch ergibt sich eine makroskopische Magnetisierung $\mathbf{M} = M_z$ in z-Richtung. Durch einen $90°$-Impuls schwingen zunächst alle Kerne in Phase (**c**). Die Anzahl paralleler und antiparalleler Ausrichtungen ist nun gleich, so daß $\mathbf{M} = M_{xy}$ nur noch eine resultierende Komponente in der (x, y)-Ebene hat.

ten [Hol83]. Daraus ergibt sich der Überschuß an Kernen mit parallelen Spins zu $3 \cdot 10^{17}$ pro cm^3.

Beispiel 15: Auf einem Tisch liegen Kompaßnadeln. Im Ruhezustand zeigen alle nach Norden. Wird dem System „thermische" Energie in Form eines Stoßes zugeführt, schlagen alle Nadeln in unterschiedliche Richtungen aus und bewegen sich heftig hin und her. Unabhängig davon, zu welchem Zeitpunkt der Mittelwert über die Richtungen der Nadeln gebildet wird, zeigt **M** stets genau nach Norden.

Resonanzexperiment. Wirken auf die präzedierenden Wasserstoffkerne im statischen Magnetfeld $\mathbf{B} = B_z$ Hochfrequenz (HF) -felder mit der Larmorfrequenz (2.14), so können Kerne in das höherenergetische Niveau gehoben werden. Sind gleichviele Spins im oberen und unteren Energieniveau, dann ist die makroskopische Magnetisierung **M** in z-Richtung M_z 0. Ist nach einem solchen HF-Impuls in z-Richtung keine Komponente der Magnetisierung **M** mehr vorhanden ($M_z = 0$), so steht **M** in der (x, y)-Ebene und wird mit M_{xy} bezeichnet (Abb. 2.8). Die makroskopische Magnetisierung in der (x, y)-Ebene entspricht einem phasengleichen Umlauf der mikroskopischen Spins um den Präzessionskegel.

Solange keine Sättigung eintritt, ist die Auslenkung von **M** um so größer, je länger die Anregungswellen auf die Kerne einwirken. Die M_z-Komponente des Vektors **M** wird dabei kleiner und die M_{xy}-Komponente größer. Mit solchen HF-Impulsen kann daher die makroskopische Magnetisierung um frei wählbare Winkel gedreht werden [Hol83]. Ein Impuls, der die Magnetisierung um 90° gedreht hat, heißt 90°-Impuls (Abb. 2.8).

Wird der Anregungsimpuls wieder abgeschaltet, geben die Kerne die aufgenommene Energie nach und nach ab und **M** richtet sich wieder parallel zum Grundfeld **B** aus. Das Resonanzsignal nach dem Impuls heißt freier Induktionsabfall (engl. free induction decay, FID). Die FID-Signalintensität stellt bei konstanter Feldstärke **B** also ein Maß für die Konzentration (Dichte) einer Kernsorte in der Probe dar.

Relaxationszeiten. Neben der Amplitude des MR-Signals spielt auch dessen zeitliches Verhalten eine große Rolle. Die Relaxation des Vektors **M** erfolgt nicht sofort, sondern hat einen exponentiellen Verlauf. Während die M_{xy}-Komponente (Transversalmagnetisierung) spontan zurückfällt, dauert die Rückkehr der M_z-Komponente (Longitudinalmagnetisierung) auf ihren alten Wert erheblich länger. Die Longitudinalrelaxationszeit (Spin/Gitter-Relaxationszeit) T_1 ist die Zeit, die die angeregten Kerne benötigen, um den Gleichgewichtszustand mit ihrer Umgebung wieder herzustellen, also ihre Energie an den Rest des Gitters abzugeben. Die Transversalrelaxationszeit (Spin/Spin-Relaxationszeit) T_2 gibt an, wie lange die angeregten Kerne kohärent sind, also in Phase schwingen. Mit speziellen Impulsfolgen können die zeitlichen Verläufe der Relaxation gemessen und darüber beide Relaxationszeiten bestimmt werden [Hol83]. T_1 liegt im Sekundenbereich, T_2 im Bereich weniger Millisekunden.

36   2. Technik der Bilderzeugung

2.1.7 Schallwellen

Im Gegensatz zu den elektromagnetischen Wellen können sich Schallwellen nur in Materie ausbreiten. Bei der im medizinischen Bereich ausschließlich verwendeten longitudinalen Schallwelle schwingen alle von der Wellenbewegung betroffenen Teilchen parallel zur Ausbreitungsrichtung der Welle um ihre Ruhelage (Abb. 2.9). Eine Longitudinalwelle pflanzt sich als periodischer Wechsel von Druckerhöhungen und Druckverringerungen fort. Die Schallwelle hat daher Bereiche der Kompression und der Verdünnung.

Mathematische Beschreibung. Die Lösungsfunktion der *d'Alembertschen Wellengleichung* hängt entscheidend von den Rand- und Anfangsbedingungen ab [Her95]. Im einfachsten Fall, der sinusförmigen Erregung durch einen eindimensionalen Schallgeber mit der Erregerfrequenz f, ergibt sich für den Schalldruck p ($[p] = $ kg/ms$^2 =$ Pa (Pascal)) einer in x-Richtung fortschreitenden Longitudinalwelle in Abhängigkeit von der Zeit t:

$$p(x,t) = p_0 + \hat{p} \cos\left(\omega\left(t - \frac{x}{c_s}\right)\right) \qquad (2.15)$$

und damit für die Schallschnelle ν, also die Geschwindigkeit, mit der die von der Schallwelle betroffenen Materieteilchen um ihre Ruhelage schwingen:

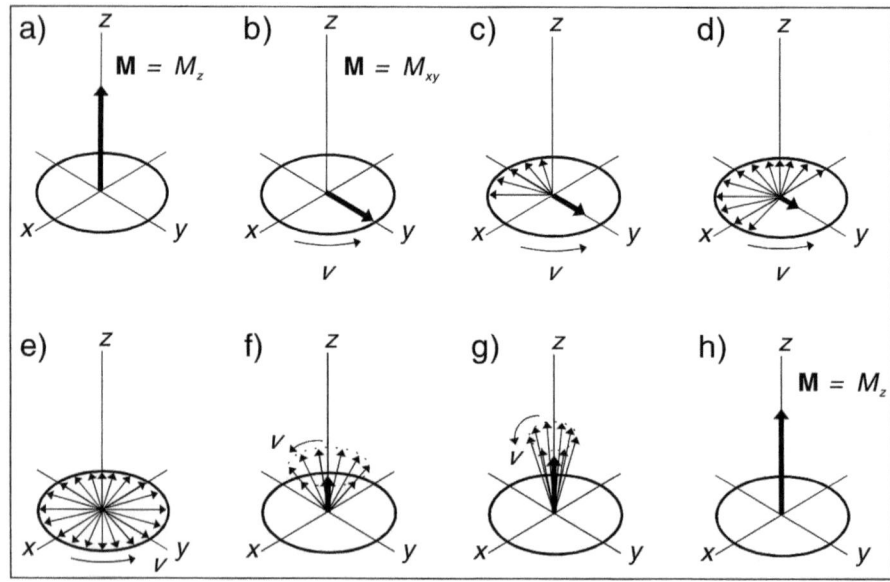

Abb. 2.8. Das magnetische Moment $\mathbf{M} = M_z$ zeigt in Richtung des äußeren Magnetfeldes (**a**). Nach einen 90°-Impuls (**b**) relaxiert die Quermagnetisierung in wenigen Millisekunden (**c**)···(**e**). Dies entspricht einem Auseinanderlaufen (Dephasieren) der Spins. Die untere Zeile (**e**)···(**h**) zeigt die T_1-Relaxation, die im Sekundenbereich liegt.

2.1 Physikalische Grundlagen

$$\nu(x,t) = \frac{1}{\varrho \cdot c_s} \hat{p} \cos\left(\omega\left(t - \frac{x}{c_s}\right)\right) \tag{2.16}$$

Hierin ist p_0 der statische Gasdruck, $\hat{p}$ die Amplitude des Schallwechseldrucks $p_w = p - p_0$, $\omega = 2\pi f$ die Kreisfrequenz der Erregerschwingung, ϱ die Dichte des Mediums und c_s die vom Medium und der Temperatur abhängige Schallgeschwindigkeit, mit der sich die Welle ausbreitet. Die Amplitude der Schallschnelle $\hat{\nu}$ ergibt sich aus (2.16):

$$\hat{\nu} = \frac{1}{\varrho \cdot c_s} \hat{p} = \frac{1}{Z_0} \hat{p} \tag{2.17}$$

Die Schalleigenschaften eines Mediums sind also durch die beiden Werte: Dichte ϱ ($[\varrho] = \text{kg/m}^3$) und Schallwellenwiderstand (Schallimpedanz) Z_0 ($[Z] = \text{kg/m}^2\text{s}$) vollständig beschrieben (Tab. 2.2). Die Schallintensität (Leistungsdichte) I ($[I] = \text{W/m}^2$ (W = Watt)) beschreibt die Energie, die pro Zeiteinheit durch die zur Ausbreitungsrichtung orthogonale Fläche tritt [Her95]:

$$I = \frac{1}{2} \hat{p} \cdot \hat{\nu} \tag{2.18}$$

Erzeugung von Schallwellen. Piezoelektrische Materialien verändern unter der Einwirkung eines äußeren elektrischen Feldes ihre Gestalt bzw. erzeugen unter mechanischer Krafteinwirkung ein äußeres elektrisches Feld. Dieser Effekt wird zur Erzeugung und zum Empfang von hochfrequenten Schallwellen genutzt. Es ist also möglich, Schallwandler zu konstruieren, die sowohl Schallwellen aussenden als auch empfangen können. Diese werden in der Sonographie eingesetzt (vgl. Abschn. 2.2.9).

Beispiel 16: Die Hochtonlautsprecher einer Stereoanlage basieren oft auf dem piezoelektrischen Effekt.

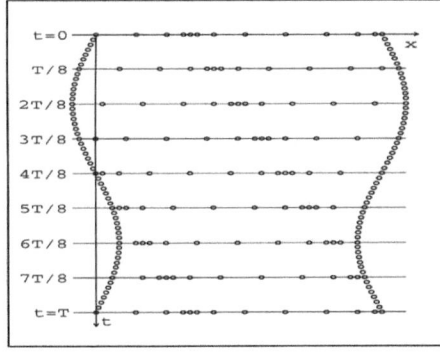

Abb. 2.9. Die Momentanzustände einer longitudinalen Schallwelle in x-Richtung sind für verschiedene Zeiten t untereinander dargestellt. Während das einzelne Teilchen nur um seine Ruhelage schwingt, bewegen sich Druckmaxima oder Minima kontinuierlich fort. An den Stellen maximalen Druckes p ist auch die Geschwindigkeit der Teilchen, die Schallschnelle ν, maximal.

2. Technik der Bilderzeugung

Tabelle 2.2. Die Schallimpedanz Z_0 ergibt sich aus den Materialkonstanten Schallgeschwindigkeit c_s und Dichte ϱ. Für die medizinische Ultraschalldiagnostik kann man damit drei Substanzklassen differenzieren: Knochen, Weichteile und Luft. (Zahlenwerte aus [Mau84])

Substanz	c_s in $\frac{m}{s}$	ϱ in $\frac{kg}{m^3}$	$Z_0 = c_s \varrho$ in $\frac{kg}{m^2 s}$
Knochen	3600	1,7 10^3	6,12 10^6
Knochenmark	1700	0,97 10^3	1,65 10^6
Blut	1570	1,02 10^3	1,61 10^6
Muskel	1568	1,04 10^3	1,63 10^6
Wasser (37°C)	1540	0,993 10^3	1,53 10^6
Fett	1400	0,97 10^3	1,36 10^6
Luft	340	1,2	4,08

Wechselwirkungen mit Materie. Auch für die Ausbreitung von Schallwellen gilt das exponentielle Absorptionsgesetz (2.11). In biologischem Gewebe steigt der Absorptionskoeffizient in einem weiten Bereich linear mit der Frequenz an, d.h. höhere Frequenzen werden stärker gedämpft als niedrigere:

$$\mu = \mu(f) = \frac{\mu_0}{f_0} \cdot f \qquad f_0 = 200\,\text{Hz} \leq f \leq 100\,\text{MHz} \qquad (2.19)$$

Durch diese Tiefpaßwirkung sinkt die Schwerpunktfrequenz eines typischen Ultraschall-Impulses bei einer Laufstrecke von 40 cm (20 cm Bildtiefe) um die Hälfte. Einer hohen Ortsauflösung, die nur mit hohen Frequenzen möglich ist, steht also eine geringe Eindringtiefe gegenüber.

Trifft eine Schallwelle senkrecht auf die Grenzfläche zweier Medien, die sich in ihren Wellenwiderständen nur gering unterscheiden, so wird ein Teil der Schallwelle reflektiert, der größere Teil aber pflanzt sich im zweiten Medium fort. Die beiden Medien sind dabei durch ihre Wellenwiderstände $Z_1 = Z_0$ und $Z_2 = Z_0 + \Delta Z$ bestimmt. Ist I_A die Ausgangsintensität der einfallenden Welle, I_R die Intensität der reflektierten Welle und I_T die Intensität der transmittierten Welle, so ergibt sich für den Reflexionsfaktor r und für den Transmissionsfaktor t:

$$r = \sqrt{\frac{I_R}{I_A}} = \frac{Z_2 - Z_1}{Z_2 + Z_1} \approx \frac{\Delta Z}{2Z_0} \qquad \text{und} \qquad t = 1 - r \approx 1 - \frac{\Delta Z}{2Z_0} \qquad (2.20)$$

Da in organischen Geweben der Unterschied der Wellenwiderstände gering ist ($\Delta Z \ll Z_0$), gelten für die Schallausbreitung im menschlichen Körper die Näherungen der rechten Teile in (2.20). An biologischen Gewebegrenzflächen kommt es also nur zu einem geringen Intensitätsverlust durch Reflexion, an den Grenzflächen Luft/Gewebe oder Weichteile/Knochen hingegen wird der größte Teil der einfallenden Schallwelle reflektiert (Tab. 2.2).

Trifft die Schallwelle nicht senkrecht auf die Grenzfläche, so wird sie teilweise reflektiert und teilweise gebrochen (Abb. 2.10). Der Ausfallswinkel des reflektierten Anteiles ist gleich dem Einfallswinkel α der Schallwelle. Der Transmissionswinkel β der gebrochenen Welle ergibt sich analog zur Optik nach dem Brechungsgesetz:

$$\frac{\sin(\alpha)}{\sin(\beta)} = \frac{c_1}{c_2} \qquad (2.21)$$

Aufgrund des Brechungseffektes ist es möglich, Linsen zum Bündeln von Schallwellen herzustellen. Gilt $c_2 > c_1$ (vgl. Abb. 2.10), dann ergibt sich für Einfallswinkel $\alpha > \alpha_{\text{grenz}}$, mit:

$$\alpha_{\text{grenz}} = \arcsin\left(\frac{c_1}{c_2}\right) \qquad (2.22)$$

Totalreflexion ($r = 1$), d.h. die transmittierte Welle hört auf zu existieren.

Beispiel 17: An der Grenzfläche Gewebe/Knochen ist $\alpha_{\text{grenz}} = 25°$, für die Übergänge Gewebe/Gallenblasen und Gewebe/Zysten gilt $\alpha_{\text{grenz}} = 75°$.

Enthält ein Medium im Vergleich zur Wellenlänge λ der Schallwelle kleine Teilchen aus einem Material mit anderer Schallgeschwindigkeit, so tritt Streuung (ungerichtete Reflexion von Kugelwellen) auf. Wie bei den Röntgenverfahren verschlechtert auch beim Ultraschall die Streuung die Bildqualität. An den Begrenzungen eines Schallhindernisses werden Schallwellen in den Schattenbereich gebeugt. Die Schallintensität ist im Schattenbereich nicht gänzlich verschwunden. Im Bereich der medizinischen Diagnostik spielt dieser Effekt jedoch nur eine untergeordnete Rolle.

Doppler-Effekt. Bewegen sich Schallsender und Schallempfänger relativ zu einander, so tritt eine Frequenzverschiebung der beobachteten Schallwelle auf. Dieser Effekt heißt Doppler-Effekt. Der Doppler-Effekt ist bei der Reflexion von Schallwellen an bewegten Reflexionsflächen doppelt so groß. Bewegt sich eine Reflexionsfläche mit der Geschwindigkeit v von der Schallquelle mit der Frequenz f_0 weg, so wird die reflektierte Schallwelle mit einer niedrigeren Frequenz $f = f_0 - \Delta f$ empfangen, im anderen Fall mit einer höheren. Die Frequenzverschiebung wird durch die Dopplerbeziehung (2.23) ausgedrückt, wobei θ der Winkel zwischen der Bewegungsrichtung der Reflexionsfläche **v**

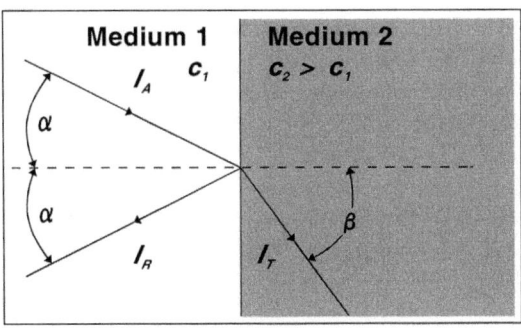

Abb. 2.10. Der Einfallswinkel α der Schallwelle ist gleich dem Ausfallswinkel der reflektierten Schallwelle. Der Transmissionswinkel β ergibt sich wie in der Optik. Die Brechung erfolgt stets zu dem Medium mit der geringeren Ausbreitungsgeschwindigkeit hin.

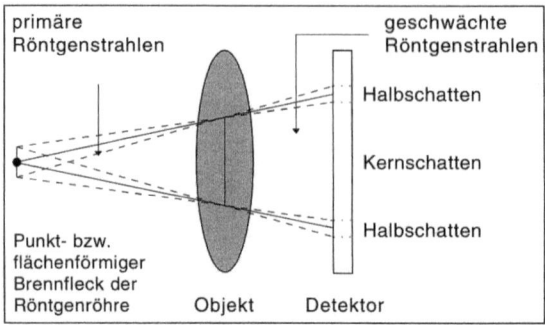

Abb. 2.11. Bei der Röntgenabbildung durchdringen die primären Röntgenstrahlen das Objekt. Der Detektor registriert die entlang der Strahlen summierten Schwächungswerte. Die endliche Ausdehnung des Fokus erzeugt einen Halbschatten und bewirkt damit die geometrische Unschärfe.

und der Ausbreitungsrichtung der Schallwelle $\mathbf{c}_s$ ist (vgl. Abb. 2.32, S. 61) [Kre88]:

$$\Delta f = f_0 - f = 2f_0 \frac{v}{c_s} \cos(\theta) \quad \text{mit} \quad v = |\mathbf{v}| \quad \text{und} \quad c_s = |\mathbf{c}_s|. \quad (2.23)$$

Beispiel 18: Zwei Züge fahren mit je 120 km/h auf parallelen Gleisen in entgegengesetzter Richtung aneinander vorbei, wobei der eine Zug pfeift. Ein Zuhörer im zweiten Zug empfindet das Pfeifen nach dem Passieren des Zuges eine Quinte tiefer (Frequenzverhältnis 3:2) [Her95].

2.2 Technische Realisierungen der bildgebenden Verfahren

Der zweite Teil dieses Kapitels soll die technische Umsetzung der physikalischen Effekte erklären und auf sich daraus ergebenden Besonderheiten für die bildgebenden Systeme in der medizinischen Diagnostik hinweisen. Als exemplarisches Beispiel für vertiefende Literatur sei auf [Mor95] verwiesen. Weiterhin findet man gute Einführungen in [Art91, Bau78, Mau84, Hut92, Lis86].

2.2.1 Röntgenaufnahme

Die Bildgewinnung in der Röntgentechnik beruht darauf, daß die vom Brennfleck der Röntgenröhre ausgehenden Röntgenstrahlen ein Objekt durchdringen und dabei unterschiedlich geschwächt werden. Als Brennfleck bezeichnet man dabei den Auftreffpunkt der Elektronen, der Mittelpunkt des Brennfleckes heißt Fokus. Hinter dem Objekt wird die Intensität der geschwächten Röntgenstrahlen von Detektoren (Film, Leuchtschirm, CCD-Sensor[5]) aufgenommen (Abb. 2.11). Ist der Fokus nicht punktförmig, erzeugt jedes Objekt neben seinem Kernschatten auch einen Halbschatten, der mit zunehmender Fokusfläche eine ansteigende geometrische Unschärfe (Fokusunschärfe) bewirkt.

---

[5] Charge-Coupled Device [Dor93]

2.2 Technische Realisierungen

Die Röntgenröhre. In einer evakuierten (gasfreien) Röhre setzt eine Glühkathode Elektronen frei, die durch eine Hochspannung zur Anode hin beschleunigt werden. Im Targetmaterial wird durch die aufprallenden Elektronen ein Röntgenspektrum erzeugt (vgl. Abschn. 2.1.4).

Damit eine optimale Strahlenausbeute für das Röntgenspektrum erfolgt, ist ein Targetmaterial mit hoher Ordnungszahl notwendig. Gleichzeitig ist für das Targetmaterial eine hohe Wärmeleitfähigkeit gefordert, da beim Elektronenbeschuß die Energie zu 99% in Wärme umgewandelt wird. Vergleicht man die in Frage kommenden Elemente miteinander, so ist Wolfram mit seinem Schmelzpunkt von 3370°C, hoher Ordnungszahl $O = 74$ und hoher Wärmeleitfähigkeit das geeignetste Element. Heutzutage sind für viele diagnostische Fragestellungen Drehanoden-Röntgenröhren im Einsatz (Abb. 2.12). Durch die rotierende Anode wird ständig ein anderer Bereich des Targets beschoßen und somit die Erwärmung auf die gesamte Drehanodenfläche verteilt. Dadurch werden sehr kleine Brennfleckabmessungen ermöglicht.

In der Röntgendiagnostik wird der Bereich der Röntgenstrahlen in Abhängigkeit von der Röhrenspannung U in harte $U > 100\,\text{kV}$ und weiche $U < 100\,\text{kV}$ Strahlung unterteilt. Je kurzwelliger und energiereicher die Strahlung ist, desto härter ist sie. Bei der Wechselwirkung von harter Strahlung mit

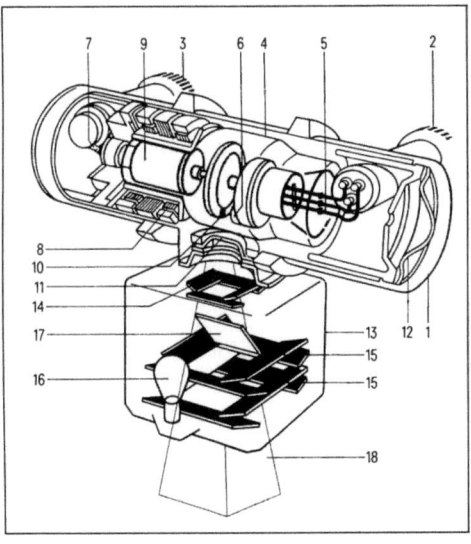

Abb. 2.12. Innerhalb eines evakuierten Glaskolbens (*4*) befindet sich die Doppelfokuskathode mit der Wehnelt-Elektrode (*6*). Für die zwei Glühfäden dieser Elektrode sind drei Zuleitungen nötig (*5*). Die beschleunigten Elektronen treffen auf die Brennfleckbahn des gegenüberliegenden Drehanodentellers (*10*), der mit dem Rotor (*9*) verbunden ist. Das Außenteil der Anode (*7*) dient zur Spannungszuleitung und der Stator (*8*) zum Antrieb. Die Röhre ist eingebettet in ein ölgefülltes Strahlenschutzgehäuse (*1*) mit innerem Bleimantel (*12*). An den Kontakten (*2*) und (*3*) wird die Hochspannung zugeführt. Die durch das Strahlenaustrittsfenster (*11*) austretende Strahlung wird in der Tiefenblende (*13*) durch die Lamellen (*14*) und (*15*) zum Nutzstrahlenbündel (*18*) begrenzt. Über den Spiegel (*17*) wird das Licht der Lampe (*16*) eingeblendet und somit das Strahlenfeld der Röhre sichtbar gemacht. (Aus [Hox91])

Gewebe überwiegt die Streuung (besonders der Compton-Effekt) gegenüber der Absorption. Nur die durchstrahlten Körperbereiche, die sich durch hohe Dichte und Atome hoher Ordnungszahl auszeichnen, führen verstärkt zur Absorption. Dies sind insbesondere die Knochen. Harte Strahlung ermöglicht also die Darstellung des Skelettes. Weiche Strahlung hingegen ermöglicht kontrast- und detailreiche Aufnahmen von Weichteilen (Organen). Weichteile besitzen eine geringe Dichte und bestehen aus Atomen niedriger Ordnungszahlen. Diese absorbieren die energiearmen (weichen) Strahlen (Photoeffekt). Daher ist weiche Strahlung für den Menschen schädlicher als harte.

Beispiel 19: Für die Röhrenspannung bei einer Thorax Aufnahme wird der Bereich 110–150 kV, zur Darstellung der Brustwirbelsäule 70–85 kV und für die Darstellung der Mamma 25–35 kV empfohlen [Lei95].

Strahlenschäden können zum Tod des Menschen führen. So ist auch RÖNTGEN, der 1895 die Röntgenstrahlung entdeckte, 1923 an den Folgen eines Tumors gestorben [Fas70]. Zur Abschirmung von Röntgenstrahlung und für Strahlenblenden wird meistens Blei verwendet, Filter zur Schwächung weicher Strahlung bestehen aus Aluminium, Kupfer oder Molybdän unterschiedlicher Dicke.

Neben der Röhrenspannung U ist der Röhrenstrom I und die Belichtungszeit T maßgeblich für die bildgebende Dosis. Bei vorgegebener Spannung U ist die Ladungsmenge Q, also das $I \cdot T$-Produkt ($[I \cdot T]$ = mAs) für die Dosis und damit für den Bildcharakter entscheidend. Dieses *Milli-Ampère-Sekunden-Produkt* wird daher oft zur Charakterisierung der Röntgenaufnahmen angegeben.

Streustrahlenraster. Mit der Dichte des Objektes sowie der Dicke und Größe des durchstrahlten Bereiches nimmt auch die Streuung zu. Die früher oft vertretene Ansicht, die Streustrahlung nehme mit der Röhrenspannung zu, ist nicht generell richtig [Kre88]. Die Streuung erstreckt sich über das gesamte Aufnahmeformat und setzt Kontrast- und Detailreichtum herab, verschlechtert also die Bildqualität. Dabei ist der Kontrast eines nahe an der Filmebene liegenden Objektes größer als der von entfernteren Details, da bei diesen mehr Streustrahlung in den Objektschatten einfallen kann. Streuung läßt sich in erster Näherung als homogene Zusatzbelichtung modellieren. Aus (2.11) wird mit der Streustrahlenintensität S ($[S]$ = W/m^2):

$$I = I_0 e^{-\mu \cdot d} + S \qquad (2.24)$$

Um die Streustrahlung wirksam zu reduzieren, werden Streustrahlenraster (Abb. 2.13) eingesetzt. Die Raster lassen hauptsächlich nur die das Objekt durchdringenden Primärstrahlen durch. Die störenden Streustrahlen werden zum großen Teil durch die Lamellen des Rasters absorbiert. Die Lamellen bestehen dazu aus einem Element mit sehr hoher Dichte und Ordnungszahl (Blei). Die Effektivität dieser Raster ist stark von deren Aufbau abhängig.

Die Lamellen müssen so ausgerichtet sein, daß sich ihre Verlängerungen genau in einem Punkt, dem Brennfleck der Röntgenröhre, schneiden. Damit die Lamellen durch ihre Breite d keine Schatten werfen, wird das Raster während der Aufnahme in der Ebene hin und her bewegt. Wichtigste Rasterkenngröße ist die Selektivität, d.h. das Verhältnis der Primär- zur Streustrahlentransparenz. Gute Raster besitzen eine hohe Selektivität. Durch die Raster wird jedoch nicht nur der Kontrast verbessert sondern auch die benötigte Belichtungszeit verlängert.

Beispiel 20: Die Lamellendicke in üblichen Rastern beträgt $d = 0,07$ mm, die Höhe der Lamellen liegt bei $h = 1,4$ mm und die Dicke D des Schachtmediums (z.B. Papier) beträgt 0,18 mm. Daraus ergibt sich das Schachtverhältnis zu $h/D \approx 8$, die Linienzahl $N = 1/(d+D)$ beträgt 4 Lamellen pro Millimeter und der Bleigehalt liegt mit $dhN/l_0 \approx 0,4$ mm je Rasterabschnitt der Einheitslänge $l_0 = 1$ mm bei 40% [Kre88].

Verstärkerfolien. Röntgenstrahlen liegen nicht im Frequenzbereich des sichtbaren Lichtes. Um sie mit gewöhnlichen Filmen sichtbar zu machen, werden hohe Dosen benötigt. Mit fluoreszierenden Verstärkerfolien werden daher die Röntgenstrahlen in Lichtquanten des sichtbaren Bereiches umgewandelt, die dann den Film belichten. Verstärkerfolien werden als Film/Folien-Kombinationen eingesetzt. Auf beiden Seiten des Filmes befindet sich eine Verstärkerfolie. Dadurch kann die zur Aufnahme notwendige Strahlendosis um 90% bis 98% gesenkt und damit die Belichtungszeit wesentlich verkürzt werden. Neben der Minderung der Bewegungsunschärfe ermöglichen kürze-

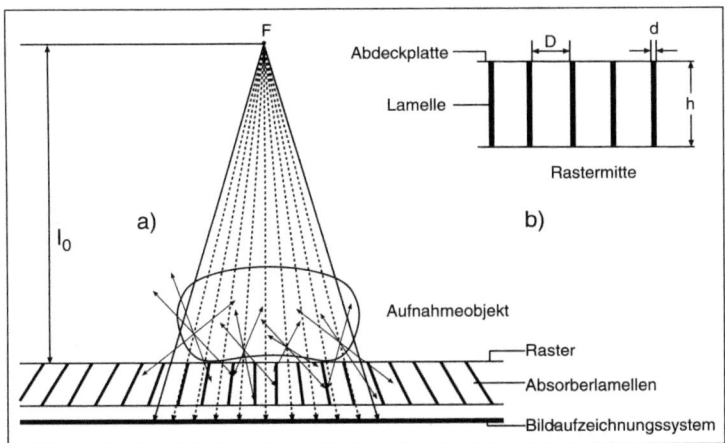

Abb. 2.13. Die Abbildung illustriert die Funktion eines Streustrahlenrasters (**a**). Das Raster wird durch die Parameter Rasterhöhe h, Lamellendicke d und Dicke der Zwischenschicht D beschrieben (**b**). Hieraus läßt sich das charakteristische Schachtverhältnis h/D berechnen. (Nach [Lis86])

2. Technik der Bilderzeugung

re Belichtungszeiten kleinere Brennfleckabmessungen und damit eine weitere Verbesserung der Bildschärfe.

Speicherfolien. Im Gegensatz zu den fluoreszierenden Verstärkerfolien basieren die Speicherfolien auf der Phosphoreszenz. Durch die Röntgenstrahlen werden Elektronen in metastabile Zustände versetzt. Das Auslesen der Speicherfolie erfolgt durch Abtasten mit einem Laserstrahl und kann, je nach Lebensdauer des metastabilen Zustandes auch erst nach Tagen erfolgen.

Kontrastmittel. Kontrastmittel werden zur Darstellung bestimmter Gewebebereiche eingesetzt. Man unterscheidet positive und negative Kontrastmittel. Positive Kontraste liefern Stoffe mit hoher Ordnungszahl (Jod, Barium, Wismut), die die Röntgenstrahlen stark absorbieren. Negative Kontrastmittel sind dagegen Gase wie Luft, Sauerstoff und Stickstoff, die aufgrund ihrer geringen Dichte fast gar nicht mit den Röntgenquanten in Wechselwirkung treten. Sie bewirken nur eine vernachlässigbare Schwächung der Strahlung. Eingesetzt werden haupsächlich die positiven Kontrastmittel (Monokontrast) oder die Kombination eines positiven und eines negativen Kontrastmittels (Doppelkontrast).

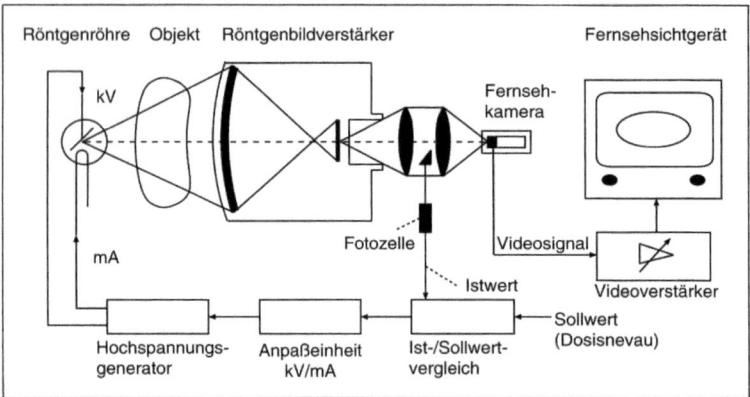

Abb. 2.14. Die Abbildung zeigt das Prinzip eines Durchleuchtungssystems. Die das Objekt durchleuchtende Röntgenstrahlung trifft auf den Eingangsschirm des Röntgenbildverstärkers. Ein Röntgenquant löst dort ca. 2 000 Lichtquanten aus. Auf der Photokathode löst wiederum jedes 20. Lichtquant ein (Photo-)Elektron heraus. Das sind ca. 100 pro einfallendem Röntgenquant. Die Photoelektronen werden mittels Hochspannung beschleunigt. Auf dem Ausgangsbildschirm löst jedes beschleunigte Elektron ca. 1 000 Lichtquanten aus. Diese werden über ein optisches System auf eine Fernsehkamera abgebildet, die das Videosignal auf den Betrachtungsmonitor überspielt. In Deutschland ist sei 1988 für alle Durchleuchtungseinrichtungen eine Dosisleistungsregelung vorgeschrieben, um die Strahlenbelastung des Patienten weiter zu reduzieren. Über einen Ist-Sollwertvergleich werden Strom und/oder Spannung ständig nachgeregelt, so daß das Bild immer optimal ausgeleuchtet ist. (Nach [Mau84], Zahlenwerte aus [Thu92])

2.2.2 Durchleuchtung

Das zweite klassische Verfahren der Röntgendiagnostik ist die Durchleuchtung. Die Röntgenstrahlen durchleuchten das Objekt und treffen auf den fluoreszierenden Eingangsschirm des Röntgenbildverstärkers (Abb. 2.14). Die dabei ausgelösten Elektronen werden durch Hochspannung auf den Ausgangsschirm hin beschleunigt und fokussiert. Dieser wird über eine Fernsehkamera auf einem Monitor betrachtet. Das entstehende Bild ist im Vergleich zur Röntgenaufnahme helligkeitsinvertiert.

Durch die dauerhafte Strahlenexposition während der Durchleuchtung kann nur mit geringer Intensität der Strahlung gearbeitet werden. Die Auflösung und Detailerkennbarkeit ist viel geringer als bei der (statischen) Röntgenaufnahme. Dafür können zeitliche Prozesse sichtbar gemacht werden. Zur optimalen Strahlenausnutzung sind heutige Systeme rückgekoppelt (Abb. 2.14). Durch eine Steuerelektronik wird die Helligkeit des Durchleuchtungsbildes ständig gemessen und mit einem fest vorgegebenen Sollwert verglichen. Bei eventuellen Abweichungen regelt das System die Röhrenspannung und/oder den Strom sofort nach.

2.2.3 Mammographie

Bei der Mammographie (Mamma = Brustdrüse), also der röntgenologischen Darstellung der weiblichen Brust, werden sehr geringe Beschleunigungsspannungen (Weichstrahltechnik) zur Differenzierung des Weichgewebes eingesetzt. Mit einer speziellen Anode aus Molybdän werden mit Spannungen im Bereich von 28 kV bis 35 kV hauptsächlich charakteristische Eigenstrahlungen (vgl. Abschn. 2.1.4, S. 29) erzeugt. Im Gegensatz zur Skelett- oder Thorax-Röntgendiagnostik (vgl. Abschn. 2.2.1) trägt hier die Bremsstrahlung (vgl.

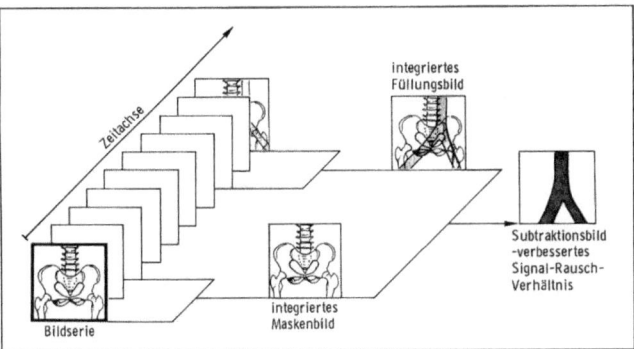

Abb. 2.15. Zur digitalen Subtraktionsangiographie wird aus mehreren Leerbildern die Leermaske gemittelt. Nach der Gabe des Kontrastmittels werden mehrere Füllbilder gemittelt und von dem gemittelten Füllbild das Maskenbild subtrahiert. Das resultierende Differenzbild hat durch die zeitliche Mittelung ein verbessertes Signal/Rausch-Verhältnis. (Aus [Thu92])

46   2. Technik der Bilderzeugung

Abschn. 2.1.4, S. 28) nur untergeordnet zur Bildgebung bei. Die Strahlenexposition der Patientin ist bei dieser Untersuchung relativ hoch (weiche Strahlung).

2.2.4 Angiographie

In einer Angiographie (Angio = Gefäß) werden Venen oder Arterien, wie z.B. die Koronargefäße, röntgenologisch dargestellt. Damit sich diese Gefäße vom restlichen Gewebe abgrenzen, werden sie zumeist mit positiven Kontrastmitteln markiert.

Bei der digitalen Subtraktionsangiographie (Abb. 2.15) wird ein Durchleuchtungsbild mit einer Videokamera vom Bildverstärker abgetastet und digitalisiert (Maskenbild). Der Patient wird nach der Gabe des Kontrastmittels wieder durchleuchtet und ein kontrastreiches Füllbild wird eingescannt. Von dem digitalen Füllbild wird das digitale Maskenbild subtrahiert. Das Differenzbild (Subtraktionsbild) zeigt dann nur noch das mit Kontrastmittel durchsetzte Gewebe. In der Praxis werden sowohl das Masken-, als auch das Füllbild aus einer Sequenz von Bildern gemittelt. Dadurch kann das Signal/Rausch-Verhältnis (vgl. Kap. 6) des Subtraktionsbildes verbessert werden.

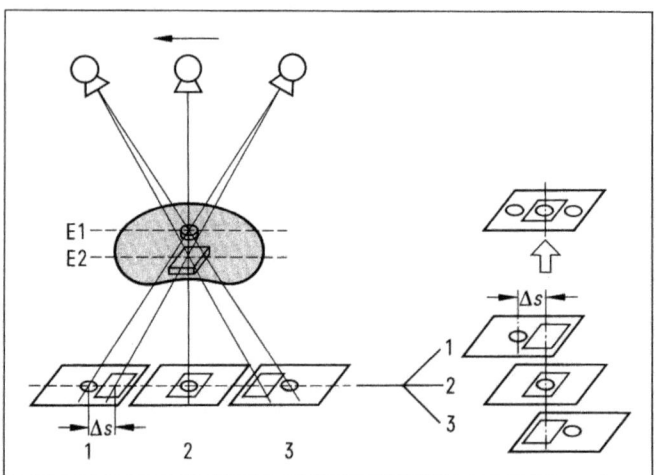

Abb. 2.16. In der Fokusebene wird die Röntgenquelle von rechts nach links bewegt. Bei entgegengesetzter Bewegung der Filmebene bleibt die Abbildungsposition der Objektebene E_1 erhalten, die Ebene E_2 wird im Summationsbild verwischt. Das Tomogramm der parallelen Ebene E_2 kann dann werden, wenn die einzelnen Bilder vor der Überlagerung verschoben werden. Diese Art der dreidimensionalen Rekonstruktion heißt Tomosynthese. (Aus [Kre88])

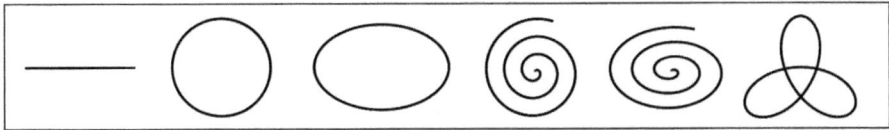

Abb. 2.17. Je länger der Weg entlang der Verwischungsfigur ist, desto stärker ist auch der Verwischungseffekt. (Nach [Mau84])

2.2.5 Röntgentomographie

Unter Tomographie (Tomos = Schicht) versteht man die Abbildung einer zweidimensionalen Schicht eines dreidimensionalen Objektes. Mit der heutigen Tomographietechnik können zur Körperachse parallele (axiale) und senkrechte (transversale) Schnittbilder dargestellt werden.

Verwischungstomographie. Der auf die Filmmitte abzubildende Mittelpunkt der Schicht wird Fulkrum genannt. Verschiebt man die Röntgenröhre und den Röntgenfilm so, daß der Fulkrum auf der Schicht fixiert und die Abstände von Röntgenröhre und Film zum Fulkrum konstant bleiben, so werden zu jedem Zeitpunkt alle Punkte, die auf der ausgewählten Schicht liegen, auf dieselbe Filmstelle und damit scharf abgebildet (Abb. 2.16). Alle anderen Punkte außerhalb der Schicht hingegen werden auf dem Film als Verwischungskurven abgebildet, die den mechanischen Bewegungen von Röhre und

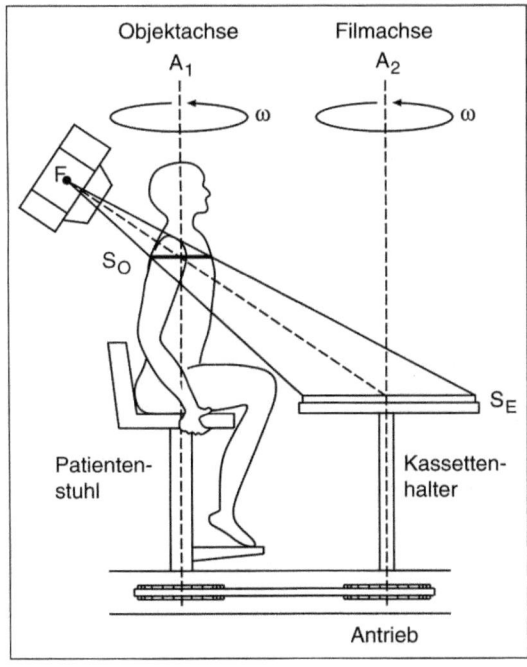

Abb. 2.18. Die Achsen A_1 und A_2 sind parallel und spannen eine Ebene auf, in der der Fokus F der Strahlenquelle liegt. Bei gleichsinniger Rotationsbewegung mit gleicher Winkelgeschwindigkeit ω von Patient und Film wird genau die Schicht S_0 auf dem Empfänger S_E abgebildet, während darüber und darunter liegende Strukturen auf die Teile des Filmes projiziert werden, die sich mit anderer Geschwindigkeit drehen. Strukturen aus über oder unter S_0 liegenden Schichten werden somit verwischt. (Aus [Mau84])

48   2. Technik der Bilderzeugung

Film entsprechen (Abb. 2.17). Je länger der Verwischungsweg ist, desto mehr verlieren Details außerhalb der Abbildungsschicht an Kontrast.

Bei der *Parallelverwischungstomographie* (PVT) bewegen sich zwei der drei Elemente Fokus, Fulkrum und Röntgenfilm relativ zum dritten auf parallelen Ebenen. Bei praktischen Realisierungen wird meist der Fokus und der Film relativ zum Objekt bewegt, wobei der Fulkrum fixiert ist (Abb. 2.17). Mit diesem Verfahren können axiale Körperschichten dargestellt werden.

Ein mögliches Prinzip zur Erstellung von transversalen Schnittbildern ist in der Abbildung 2.18 dargestellt. Aufgrund der unvermeidbaren Bewegungsartefakte sind die erhaltenen Bilder trotz hoher Strahlenbelastung des Patienten sehr kontrastarm, so daß dieses Verfahren heute keine Anwendung mehr findet.

Tomosynthese. Die dreidimensionale Objektrekonstruktion aus einem Satz PVT-Bildern heißt Tomosynthese (Abb. 2.16). Da üblicherweise nur wenige Bilder zur Verfügung stehen, ist die transversale Auflösung zwischen den Schichten bei der Tomosynthese sehr gering. Seit der Einführung der Computertomographie ist die Tomosynthese praktisch bedeutungslos geworden. Erst in letzter Zeit findet die Tomosynthese in Forschungsbereichen der dentalen Radiologie wieder Anwendung [Rut84, Stel89].

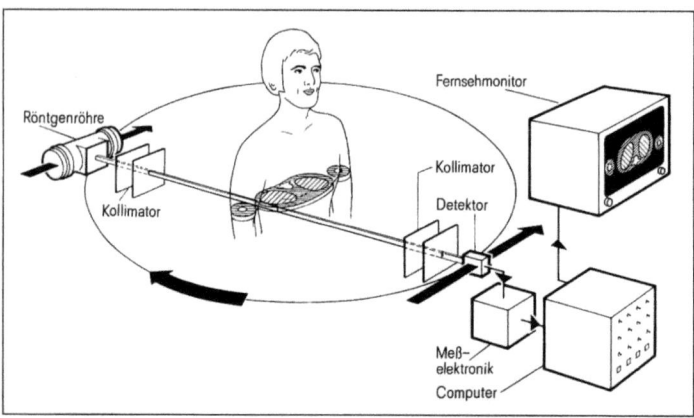

Abb. 2.19. Die Abbildung zeigt die grundsätzliche Darstellung eines historischen Computertomographen. Das aus Röntgenröhre und Strahlungsdetektor bestehende Meßsystem wird erst linear in der Schichtebene über den gesamten Objektquerschnitt hinwegbewegt, dann erfolgt eine Drehung um ungefähr 1°, danach eine erneute lineare Abtastbewegung usw., bis ein Winkel von 180° überstrichen wurde. Während des gesamten Abtastvorganges wird das gewonnene Meßsignal registriert und in einen Computer übertragen. Dieser berechnet aus den Meßwerten eine der Objektschicht entsprechende zweidimensionale Verteilung von Schwächungswerten (Schnittbild), das schließlich auf einem Monitor dargestellt wird. (Aus [Kre88])

2.2.6 Computertomographie

Bei der *Computertomographie* (CT, auch für Computertomogramm) werden einzelne Projektionen einer Objektebene aufgenommen und mit einem Computer anschließend zu der zweidimensionalen Repräsentation der Schwächungswerte der Objektebene rekonstruiert. Ein Satz von benachbarten Objektebenen ist die Grundlage der dreidimensionalen Objektrekonstruktion.

Prinzip der CT. Bei den ersten Computertomographen erzeugte die Röntgenröhre einen bleistiftdicken Röntgenstrahl. Für alle Winkel zwischen 0° und 180° wurde die Röhre in Stufen von etwa 1° positioniert und für jede Winkelstellung das Projektionsprofil durch Verschiebung der Röhre entlang des Objektes eingescannt (Abb. 2.19). Aus diesen 180 Intensitätsprofilen rekonstruierte der Computer das Querschnittsbild in Form einer zweidimensionalen Verteilung der lokalen Schwächungskoeffizienten in der Schicht. Neben der algebraischen Rekonstruktion existieren mittlerweile vor allem auf der Fourier-Transformation (vgl. Kap. 8) basierende Ansätze der gefilterten Rückprojektion. Das Rekonstruktionsproblem und die damit verbundene inverse Radon-Transformation sind in Kapitel 10 ausführlich dargestellt. Der maximalen Auflösung von Feinstrukturen sind bereits durch die Dicke des Röntgenstrahlenbündels Grenzen gesetzt. Innerhalb des Elementarquaders (engl. volume element (voxel), vgl. Abb. 2.20) kann das Schwächungsvermögen des Gewebes nicht differenziert werden. Jeder errechnete lokale Schwächungskoeffizient stellt somit einen Mittelwert der Schwächung in seiner quaderförmigen Umgebung dar.

Beispiel 21: Die Schichtdicke der CT ist durch die Dicke des Strahlenbündels bestimmt und kann bis zu einem halben Millimeter dünn sein. Die Auflösung innerhalb der Schicht ist durch die Anzahl der Projektionen und den Rekonstruktionsalgorithmus bestimmt und liegt zwischen 256×256 und 4096×4096 Pixel.

Für eine bessere Vergleichbarkeit werden die rekonstruierten Schwächungswerte μ_{Obj} auf das Referenzmaterial Wasser ($\mu_{rel} = 0$) normiert. Die relativen Schwächungswerte μ_{rel} werden in Hounsfield-Einheiten (HE) oder -Units (HU) angegeben:

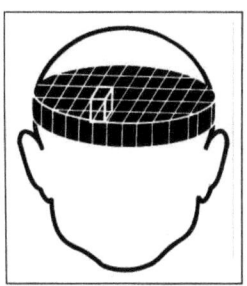

Abb. 2.20. Die Auflösungsgrenze bei der CT bestimmen die Elementarquader (Voxel), die in der Regel nicht würfelförmig sind. Die Auflösungsgrenze des CTs wird sowohl von den Parametern der Bilderzeugung, wie dem Durchmesser des Aufnahmestrahls, der Größe des Brennfleckes oder der Geometrie der Aufnahme, als auch von der Güte des Rekonstruktionsalgorithmus bestimmt. (Aus [Kre88])

50   2. Technik der Bilderzeugung

$$\mu_{\text{rel}} = \frac{\mu_{\text{Obj}} - \mu_{\text{H}_2\text{O}}}{\mu_{\text{H}_2\text{O}}} \cdot K \quad \text{mit} \quad K = 1\,000 \qquad (2.25)$$

Die relativen Schwächungskoeffizienten organischer Gewebearten sind in Abbildung 2.21 zusammengestellt. Aufgrund der sehr ähnlichen Schwächungskoeffizienten können bestimmte Gewebetypen oder Organe im CT nur durch ihre Form, nicht aber durch ihre Helligkeit eindeutig identifiziert werden.

Zur bildlichen Darstellung werden den HEs Grau- oder Farbwerte zugeordnet. Oftmals können nur 256 der 4 096 Grauwerte gleichzeitig dargestellt werden. Die Pseudokolorierung kann hier als Methode der Bildverarbeitung eingesetzt werden und anstelle von 256 Grauwerten 4 096 Farbwerte erzeugen. Andernfalls müßte der Wertebereich eingeschränkt werden (vgl. Kap. 13). Diese Auswahl der darzustellenden HEs heißt Fensterung. Die Fensterweite gibt die Anzahl dargestellter HEs um das Fensterniveau (mittlere HE) an. Am gleichen CT können also mit verschiedenen Fenstern mehrere medizinische Fragestellungen beantwortet werden, z.B. die wahlweise Darstellung von Knochen (Knochenfenster) oder Weichteilen (Weichteilfenster).

Beispiel 22: Die Fensterweite 80 auf dem Niveau $+7\,\text{HE}$ ($-33\,\text{HE}$ bis $+47\,\text{HE}$) ermöglicht die Trennung zwischen Hirn und Liquorräumen eines Schädel-CTs. Innerhalb einer Thoraxschicht können mit der Weite 400 auf $+50\,\text{HE}$ das Mediastinum und mit der Weite 600 auf $-700\,\text{HE}$ die Lungengefäße dargestellt werden (Zahlenwerte auf Basis von 2 000 HE aus [Mau84]).

Technische Ausführung. Kurze Aufnahmezeiten moderner CTs sind durch drastische Reduktion des mechanischen Aufwandes möglich geworden. Mit ei-

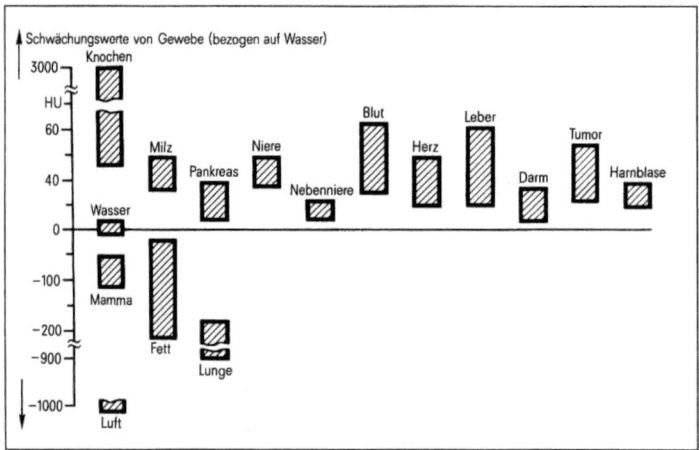

Abb. 2.21. Die Abbildung zeigt die relativen Schwächungskoeffizienten bezüglich Wasser (Hounsfield-Einheiten) für einige typische Gewebearten. Über die Schwächungskoeffizienten bei der CT sind nur Knochen, Weichteile und Luft unterscheidbar, die Unterscheidung zwischen den einzelnen Gewebearten (Organen) ist i.allg. nicht möglich. (Aus [Kre88])

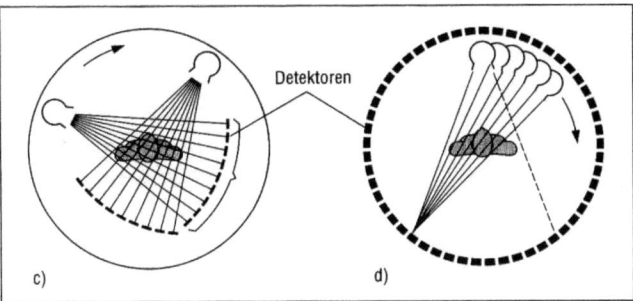

Abb. 2.22. Beim Ringdetektorgerät (**d**) mit feststehendem Detektorkranz erfaßt das fächerförmige Röntgenstrahlenbündel den gesamten Patientenquerschnitt. Bei diesem Abtastprinzip ist lediglich eine Drehbewegung der Röntgenröhre erforderlich. Das Fächerstrahlgerät (**c**) hat ein gemeinsam mit der Röntgenröhre um den Patienten umlaufendes vielzelliges Detektorsystem. (Aus [Mor95])

nem Röntgenstrahlfächer wird das ganze Objekt simultan erfaßt und das System vollzieht nur noch eine rotatorische Bewegung (Abb. 2.22). Bei Geräten mit stationärem Vollkreisdetektor (Ringdetektorgerät) dreht sich nur noch die Röntgenröhre. Der Aufnahmevorgang erfolgt entweder durch impulsartige Taktung der Detektoren (die Strahlung ist dann kontinuierlich) oder durch

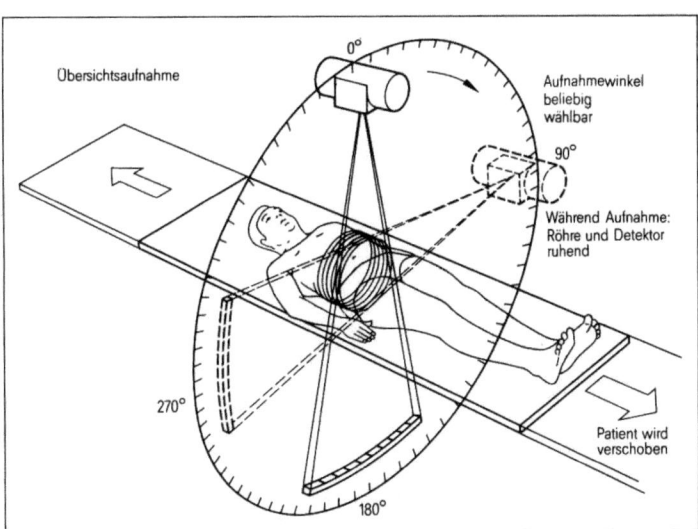

Abb. 2.23. Für die Übersichtsaufnahme (Topogramm) bei der Computertomographie wird die Röntgenröhre in einem beliebigen Blickwinkel fixiert und der Patient entlang seiner Frontalebene verschoben. Das in diesem Modus mit dem CT-Gerät aufgenommene Bild entspricht einer normalen Röntgenaufnahme und wird zur Markierung der CT-Schnitte verwendet. (Aus [Mor95])

52   2. Technik der Bilderzeugung

Taktung der Röntgenstrahlung in festen Winkelabständen und dauert nur noch weniger als 10 Sekunden pro Schichtbild. Noch schnellere Untersuchungen sind mit modernen Spiral-CTs möglich, bei denen die Röntgenröhre permanent um den kontinuierlich vorgeschobenen Patienten rotiert. Ein 30 cm langer Untersuchungsabschnitt kann in 30 s eingescannt werden [Hox91].

Den Meßdatensätzen aus Fächerstrahlgeräten (Abb. 2.22) liegt ein anderes mathematisches Modell zugrunde als den Datensätzen aus Parallelstrahlgeräten (Linearscanner, Abb. 2.19, S. 48). Grundsätzlich ist es auch für Fächerstrahldatensätze möglich, direkte Rekonstruktionsalgorithmen zu entwickeln. Aufgrund ihrer komplizierteren mathematischen Theorie sind diese Algorithmen jedoch ineffizienter, so daß eine Umsortierung in Parallelstrahldatensätze rentabler ist. Dabei geht aber die Möglichkeit der Bilddarstellung schon während des Aufnahmevorgangs verloren, denn zur Umsortierung der Daten muß der gesamte Datensatz zur Verfügung stehen.

Topogramm. Hält man während der Aufnahme die Position des Fächerstrahls und des Detektorsystems konstant und verschiebt den Patienten durch den Bereich der aufzunehmenden Schichten, so kann mit einem CT auch eine dem gewöhnlichen Röntgenbild entsprechende Aufnahme erzeugt werden (Abb. 2.23). Anhand dieses Topogramms werden die Anzahl und die Lage der Schichten festgelegt, die dann mit dem CT eingescannt werden. Das Topogramm dient später dem Radiologen zur Orientierung beim gezielten Auffinden einzelner Schichten.

2.2.7 Szintigraphie

Unter Szintigraphie versteht man die Aufnahme der zweidimensionalen Verteilung von γ-Strahlung mittels eines Szintillationszählers (Abb. 2.24). Die zeilenweise gescannten Meßwerte des Zählers werden in Abhängigkeit vom Ort in Graustufen umgesetzt, so daß ein Graustufenbild des untersuchten Bereiches entsteht.

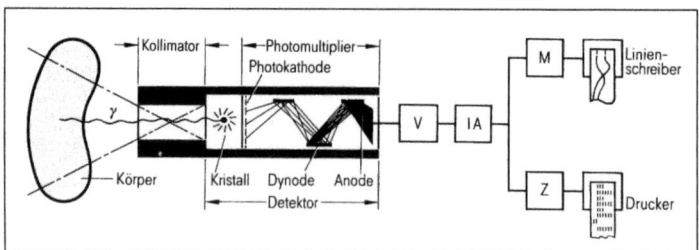

Abb. 2.24. Die durch den Kollimator tretenden γ-Quanten werden im Kristall in Lichtblitze umgesetzt. Diese lösen Elektronen aus der Photokathode, die durch den Photo-Multiplier verstärkt werden. Nach einer weiteren Verstärkung (V) wird mit dem Impulshöhenanalysator (IA) ein Energiefenster ausgeschnitten. Das Signal wird dann über den Mittelwertmesser (M) auf einem Linienschreiber oder über einen Impulszähler (Z) auf einem Drucker ausgegeben. (Aus [Kre88])

Mit der Szintigraphie können Organ*funktionalitäten* sichtbar gemacht werden, während die bisherigen Verfahren Organ*lokalitäten* visualisiert haben. Dazu werden an Stoffwechselprodukte gekoppelte radioaktive Isotope in den Kreislauf gebracht und durch diesen im Körper verteilt. Aus der resultierenden Verteilung sieht man, wo und wie stark die markierten Stoffwechselprodukte umgesetzt wurden und daraus können Rückschlüsse auf die Funktionstüchtigkeit der untersuchten Organe gezogen werden.

Szintillationszähler. Analog zu dem Streustrahlenraster für die Röntgenbilderzeugung (vgl. Abschn. 2.2.1, S. 42) ist der Szintillationszähler mit einem Kollimator aus Blei mit vielen kleinen Bohrungen gegen Streustrahlung abgeschirmt. Die Quanten können nur durch diese Bohrungen in den Szintillationskristall gelangen. Große Bohrungen im Kollimator ermöglichen eine geringe Aufnahmezeit, verursachen aber auch eine geringere Auflösung.

Als Szintillator dient ein optisch hochtransparenter Einkristall. Die in den Kristall gelangenden γ-Quanten werden entweder durch den Photoeffekt total absorbiert oder durch den Compton-Effekt gestreut (vgl. Abschn. 2.1.4, S. 29). In beiden Fällen wird Energie auf ein sekundäres Elektron übertragen, das eine Szintillation im Kristall auslöst. Das dabei erzeugte sichtbare Licht kann den Kristall nahezu ohne Absorptionsverlust durchdringen.

Beispiel 23: Ein technisch relevanter Szintillationskristall ist ein Ti-dotierter NaJ-Kristall. Dieser hat für die 140 keV Strahlung des ^{99m}Tc eine Absorptionswahrscheinlichkeit von ca. 94%, wovon der überwiegende Teil durch den Photoeffekt absorbiert wird. Das bei der Szintillation emittierte blauviolette Licht hat eine Wellenlänge von 420 nm und eine Energie von 3 eV je Photon. Die Lichtemission dauert etwa 0,25 bis 0,5 Mikrosekunden [Mau84].

Die Lichtquanten gelangen durch ein Quarzglasfenster in den optisch angekoppelten Photo-Multiplier (Sekundärelektronenvervielfacher, PM). Der PM

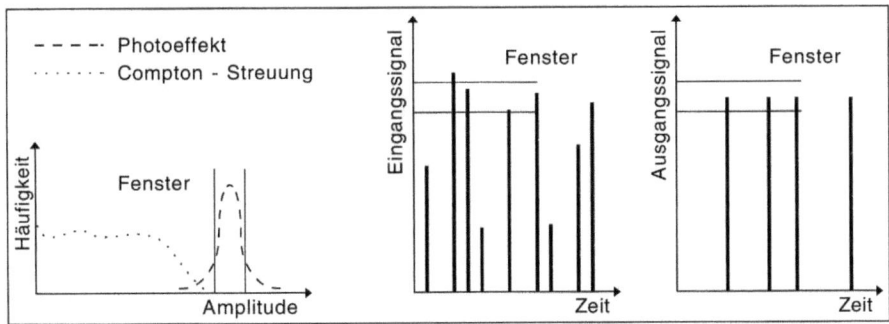

Abb. 2.25. Das linke Diagramm zeigt das Impulshöhenspektrum nach Absorption einer monochromatischen γ-Strahlung. Die durch Photo- oder Compton-Effekt absorbierten Quanten führen zu unterschiedlichen Signalamplituden (Energien). Der Einkanaldiskriminator (EKD) filtert die Ereignisse aus dem Energiefenster der Photoabsorption (*Mitte* und *rechts*). (Nach [Mau84])

ist ein evakuiertes Glasgefäß. An der Innenseite der planen Photokathode ist eine dünne Metallverbindung aufgedampft, aus der die Photonen des Szintillatorblitzes Elektronen befreien können. Hierbei löst etwa nur jedes achte Photon ein Elektron heraus. Diese Elektronen werden in der Hochvakuumröhre durch eine äußere Spannung auf die erste Dynode hin beschleunigt, auf der sie beim Aufprall weitere Elektronen herausschlagen. In technischen Realisierungen wird dieser Lawineneffekt in 9 bis 14 Dynodenstufen mit jeweils 100V bis 150V Potentialdifferenz wiederholt, womit eine Stromverstärkung um den Faktor 10^6 möglich wird [Mau84].

Nach einer weiteren Verstärkung muß das Signal mit dem Einkanaldiskriminator (EKD, oder auch Impulshöhenanalysator (IA)) aufbereitet werden. Obwohl der Kollimator zunächst nur ungestreute Quanten in den Kristall einfallen läßt, entstehen durch Compton-Streuung im Szintillator selbst gestreute Quanten geringerer Energie, die weitere Elektronen und damit Szintillationen auslösen können. Der EKD filtert die Ereignisse heraus, die innerhalb des Energiebereiches des Photoeffektes liegen (Abb. 2.25, S. 53). Kontrastmindernde Signalanteile aufgrund der Compton-Streuung werden so unterdrückt.

Anger-Kamera. Die heutzutage eingesetzten γ-Kameras (Anger-Kameras) bestehen aus bis zu 93 Photo-Multipliern, die auf engsten Raum hinter einem kreisförmigen Szintillationseinkristall hexagonal angebracht sind (Abb. 2.26). Auf diese Weise können großflächige Bereiche komplett aufgenommen werden. Außerdem können die zeitlichen Impulse räumlich zugeordnet werden. Jede Szintillation wird von vielen einander benachbarten Zählern gleichzeitig registriert. Durch die Verteilung der Signalstärke der einzelnen Zähler kann der Ort der Szintillation exakt festgestellt werden. Dadurch wird eine Bildauflösung mit wesentlich mehr Bildpunkten als Anzahl der Photo-Multiplier möglich. Die typische Auflösung für eine Anger-Kamera liegt heute bei $3,5 - 5,0$ mm [Kre88].

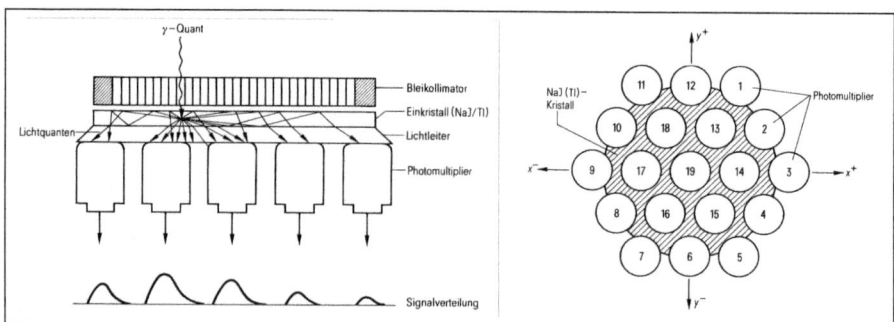

Abb. 2.26. Der Querschnitt einer γ-Kamera (*links*) verdeutlicht das Meßprinzip nach Anger, die Aufsicht (*rechts*) zeigt die optimal flächendeckende Anordnung der runden Photo-Multiplier hinter dem szintillierenden Einkristall. (Aus [Kre88])

Emissionscomputertomographie. Für die dreidimensionale Darstellung der Verteilung radioaktiver Substanzen im Körper werden in der Nuklearmedizin zwei Verfahren eingesetzt: Die Single-Photon-Emission-Computertomographie (SPECT) und die Positronenemissionstomographie (PET). Beide Verfahren zählen zur Emissionscomputertomographie.

Bei der SPECT werden die emittierten Photonen von instabilen Isotopen gemessen, die wie bei der Szintigraphie in den Körper gebracht werden. Die Strahlungsverteilung wird hierbei aus verschiedenen Winkelpositionen mittels einer rotierenden γ-Kamera ermittelt. Anschließend erfolgt analog zur CT eine Rekonstruktion der dreidimensionalen Quellenverteilung der gemessenen Strahlung.

Positronen (e^+) emittierende Isotope, wie z.B. ^{11}C, ^{13}N, ^{15}O oder ^{18}F, der in ihrer stabilen Form körpereigenen Elemente werden bei der PET eingesetzt. Nach kurzem Weg durch das Gewebe vereinigt sich das Positron mit einem Elektron (e^-). Dabei werden beide Teilchen vernichtet, und es entstehen zwei γ-Quanten mit der Energie von je 511 keV (Vernichtungsstrahlen, vgl. Abschn. 2.1.4, S. 29). Die beiden Quanten bewegen sich aus Gründen der Impulserhaltung exakt im Winkel von 180° auseinander. Zwei gegenüberliegende Detektorelemente müssen daher die Vernichtungsstrahlung simultan registrieren, um den Positronenstrahler zu lokalisieren (Abb. 2.27). Diese Koinzidenz (Gleichzeitigkeit) macht die in der Nuklearmedizin üblichen Kollimatoren überflüssig.

Durch ein CT-ähnliches Rekonstruktionsverfahren läßt sich die räumliche Verteilung der Positronenstrahler nachweisen. Die örtliche Auflösung von PET (< 5 mm [Kre88]) ist besser als bei SPECT, da der empfindlichkeits- und auflösungsbegrenzende Kollimator entfällt. Die Energie der Vernichtungsstrahlung ist sehr hoch, so daß bei PET spezielle γ-Kameras verwendet werden müssen. Da die Halbwertszeiten der verwendbaren Isotope im Minutenbereicx liegen, müssen sie an Ort und Stelle hergestellt werden.

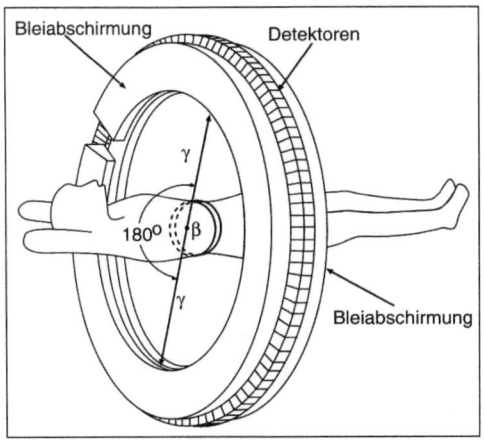

Abb. 2.27. Bei der PET werden durch einen Positronenstrahler im Körper Positronen frei. Diese verbinden sich mit Elektronen. Dabei hören beide Teilchen auf zu existieren, und es entstehen zwei γ-Quanten, die im Winkel von 180° auseinanderfliegen. Diese werden von den gegenüberliegenden Detektorelementen gleichzeitig registriert. (Nach [Dea83])

Tabelle 2.3. Bezeichnungen der Kernspintomographie und verwandten Verfahren

MR, MRT, NMR	(nuclear) magnetic resonance (tomography)
MRI	magnetic resonance imaging
MRA	magnetic resonance angiography
FMR	functional magnetic resonance
KST	Kernspintomographie

2.2.8 Kernspintomographie (MR)

Die verschiedenen Abkürzungen und Bezeichnungen für Kernspintomographie (MR) sind in Tabelle 2.3 zusammengestellt. Die MR nutzt das häufige Vorkommen von Wasserstoff in organischem Gewebe zur Bildgewinnung. Dazu müssen die Protonendichte ϱ sowie die Relaxationszeiten T_1 und T_2 nachgewiesen und einem Volumenelement im Körper (voxel) zugeordnet werden.

Prinzip der MR. Zur Ortskodierung nutzt man das Larmortheorem (2.14), nach dem die Präzessionsfrequenz des Kerns durch das äußere Magnetfeld bestimmt ist. Der darzustellende Körper wird in ein Magnetfeld gebracht, dessen zeitlich konstante Feldstärke vom Ort abhängig ist (Abb. 2.28). So sind Punkt-, Linien-, Scheiben- und Volumenmessungen möglich.

Bildrekonstruktion. Man unterscheidet zwei grundsätzliche verschiedene MR-Abbildungsverfahren [Str83]. Bei der Projektionsrekonstruktion wird mit einem Gradientenfeld in z-Richtung eine xy-Schicht bestimmt. Innerhalb dieser Schicht wird durch einen weiteren Feldgradienten in x-Richtung eine Pro-

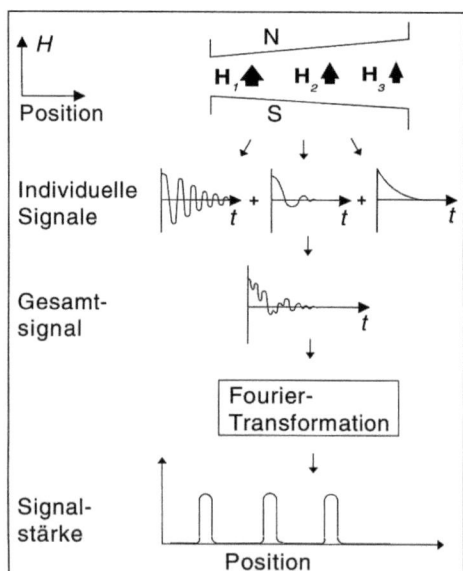

Abb. 2.28. Zur Gewinnung ortsabhängiger Signale nimmt die zeitlich konstante äußere Feldstärke **H** in z-Richtung ab. Es gilt dann: $\mathbf{H}_1 > \mathbf{H}_2 > \mathbf{H}_3$. Das nach der Hochfrequenz-Anregung empfangene Signal wird Fourier-transformiert. Dadurch wird aus der Zeitabhängigkeit eine Frequenzabhängigkeit, die die gesuchte Ortsabhängigkeit beinhaltet. (Nach [Kau84])

jektionslinie in y-Richtung ausgewählt. Durch einen multispektralen Anregungsimpuls werden alle präzedierenden Wasserstoffkerne ausgelenkt. Bei der Relaxation senden sie entsprechend ihrer Präzessionsfrequenz, die die Ortsinformation enthält, das FID-Signal. Weitere Projektionen erhält man durch Drehung des zweiten Gradienten in der xy-Ebene. Im Gegensatz zur CT können diese Projektionsrichtungen elektronisch, d.h. ohne jegliche mechanische Bewegung, durch die Überlagerung der Felder verschiedener Gradientenspulen eingestellt werden. Die Rekonstruktion erfolgt dann analog zur CT.

Mit der erst 1975 entwickelten zweidimensionalen Fourier-Rekonstruktion kann die Rotation des zweiten Gradienten entfallen [Kum75]. Stattdessen wird ein Phasenkodiergradient in y-Richtung zugeschaltet, dessen Dauer von Projektion zu Projektion schrittweise erhöht wird. Das heißt, man projiziert die Schicht immer auf die gleiche, hier mit x bezeichnete Richtung und prägt durch den variablen Gradienten in der dazu senkrechten y-Richtung von Scan zu Scan einen unterschiedlichen Phasengang ein.

Die Ortsinformation wird so in einer zunehmenden Dephasierung (Transversalmagnetisierung M_{xy}) kodiert. Meßbar ist ein Summensignal in Abhängigkeit von der Zeit (Abb. 2.28). Dieses Signal wird mit der Fourier-Transformation in eine Funktion der Frequenz umgewandelt. Dabei gibt die Signalstärke die Dichte an, während die Frequenz über das Larmortheorem und die bekannte Ortsverteilung des Grundfeldes die Position bestimmt.

Bildqualität. Die Ortskodierung erfolgt bei der MR über Gradientenfelder, die prinzipiell beliebig wählbar sind. Daher unterliegt die Ortsauflösung keiner geometrischen Begrenzung, wie sie bei der CT durch die Detektorgröße oder die Strahlbreite gegeben ist. Die Meßwerte T_1, T_2 und ϱ werden analog ermittelt. Nach dem Abtasttheorem ist die minimale Größe der Pixel also nur durch die Dauer der maximalen Abtastzeit bestimmt. Die Bildqualität wird durch das dem Bild überlagerte Rauschen bestimmt und begrenzt [Mau84]. Für das Signal/Rausch-Verhältnis gilt:

$$\frac{S}{N} \sim H \cdot V \cdot \sqrt{\frac{t}{D^5}} \qquad (2.26)$$

wobei H die Stärke des magnetischen Grundfeldes, V das Volumen eines Objekt- bzw. Bildelementes, t die gesamte Meßzeit und D der Durchmesser des Meßobjektes ist [Hou79, Mau84].

Technische Ausführung. Im wesentlichen unterscheiden sich MR-Tomographen durch den verwendeten Grundfeldmagneten (Tab. 2.4). Die Abwägung aller Vor- und Nachteile, auch im Hinblick auf die Bildgüte und die Betriebskosten, führt zu einer eindeutigen Favorisierung der supraleitenden Magnete. Alle namhaften Hersteller verwenden daher fast ausschließlich diesen Magnettyp [Kre88]. Supraleitende Magneten zeichnen sich durch ihre große Feldstärke aus, die über ein i.d.R. kugelförmiges Volumen sehr homogen erzeugt werden kann (Tab. 2.4).

2. Technik der Bilderzeugung

Tabelle 2.4. Die charakteristischen Eigenschaften für die drei Bauformen für Grundfeldmagnete der MR-Tomographie sind in der Tabelle zusammengestellt. (Zahlenwerte aus [Kre88])

	Supraleiter	Normalleiter	Permanentmagnet
Feldstärke	bis 4 T	bis 0,3 T	bis 0,3 T
Nutzbares Volumen	⌀ 50 cm	⌀ 40 cm	⌀ 40 cm
Feldstabilität	sehr gut	mäßig	sehr gut
Wirbelströme	sehr stark	gering	gering
Streufeld	sehr groß	gering	vernachlässigbar
Notabschaltung	nur langsam	sofort	nicht möglich
Abmessungen	⌀ 1,8 m · 2 m	⌀ 1,5 m · 1,6 m	4,2 m · 2,5 m · 2,3 m
Masse	6 t	2 t	80 t
Anschaffungspreis	hoch	niedrig	hoch
Energiebedarf	keiner	bis 100 kW	keiner
Kühlmittel	flüssiges Helium	Wasser	—
Kühlbedarf	0,5 l/h	sehr groß	—

Weitere MR-Methoden. Normalerweise nimmt der eigentliche Meßvorgang nur einen Bruchteil des Meßzyklus in Anspruch, während die übrige Zeit zur Relaxation der Spins benötigt wird. Beim Multislicing wird die Relaxationszeit einer Scheibe zur Anregung weiterer Scheiben ausgenutzt. Auf diese Weise ist eine bis zu 16 fache Verkürzung der Meßzeit möglich [Str83].

Beispiel 24: Sowohl die FLASH-Sequenz (Fast Low Angle SHot), als auch die FISP-Sequenz (Fast Imaging with Steady Precession) ermöglichen die Akquirierung eines (128 × 256 × 256)-Datensatzes in etwa 13 min [Kre88].

Bei hohen Fließgeschwindigkeiten der Kerne senkrecht zur angeregten Schicht bewegt sich ein Teil der angeregten Spins zwischen zwei Impulsen einer Impulsfolge aus der zu vermessenden Schicht heraus und trägt nicht mehr zum Kernresonanzsignal bei. Dies läßt sich formal durch die Einführung effektiver Relaxationszeiten beschreiben [Kre88]:

$$\frac{1}{T_1'} = \frac{1}{T_1} + \frac{v}{d} \quad \text{und} \quad \frac{1}{T_2'} = \frac{1}{T_2} + \frac{v}{d} \qquad (2.27)$$

wobei v die Strömungsgeschwindigkeit senkrecht zur Schicht der Dicke d ist. Ähnlich meßbare Effekte treten auch bei Bewegungen der Spins innerhalb der Schicht auf. Wertet man mit speziellen Meßsequenzen die Geschwindigkeit v als Signal aus, so eröffnen sich neue Möglichkeiten zur nichtinvasiven Darstellung von Blutgefäßen. Die MR-Angiographie liefert mit der DSA (vgl. Abschn. 2.2.4) vergleichbare Bilder [Kre88].

Das gyromagnetische Verhältnis wurde in Abschnitt 2.1.6 (S. 33) als kernspezifische Konstante eingeführt. Tatsächlich aber verschiebt sich die Larmorfrequenz (Gleichung 2.14, S. 33) geringfügig, wenn der Kern in Moleküle eingebaut ist. Die Elektronen des Moleküls, die die chemische Bindung bewirken, schirmen den Kern gegen äußere Magnetfelder ab, so daß auf den Kern, in Abhängigkeit von seinem Bindungszustand, unterschiedliche Felder wirken. Dieser Effekt wird als chemische Verschiebung (engl. chemical shift) bezeichnet und in der MR-Spektroskopie (engl. chemical shift imaging) gezielt gemessen. Mit der MR-Spektroskopie können also Molekülstrukturen sichtbar gemacht werden.

Durch den Einsatz von Kontrastmitteln können ähnlich den nuklearmedizinischen Verfahren PET und SPECT (vgl. Abschn. 2.2.7, S. 54) dreidimensionale Funktionalbilder mit MR-Tomographen erzeugt werden. Diese Technik befindet sich derzeit in der Entwicklung und wird in der klinischen Routine noch nicht eingesetzt.

2.2.9 Sonographie

Als Sonographie (sonor = tönend, klingend) bezeichnet man die bildgebenden Verfahren, die auf dem akustischen Echoeffekt beruhen. Die ausgesendeten Schallimpulse werden beim Auftreffen auf Grenzschichten im Gewebe unterschiedlich stark reflektiert. Je größer der Unterschied der Schallwellenwiderstände, desto stärker ist die Amplitude des reflektierten Signals. Dies läßt Rückschlüsse auf die Gewebeart zu. Die Entfernung vom Schallkopf kann über die Schallgeschwindigkeit c_s aus der Zeitdifferenz zwischen dem Aussenden und dem Empfang des reflektierten Signals ermittelt werden.

Die Frequenzen der in der Diagnostik verwendeten Ultraschallwellen liegen im Bereich von $2,2 - 10\,\text{MHz}$. Da sich die Ultraschalltechnik auf Unter-

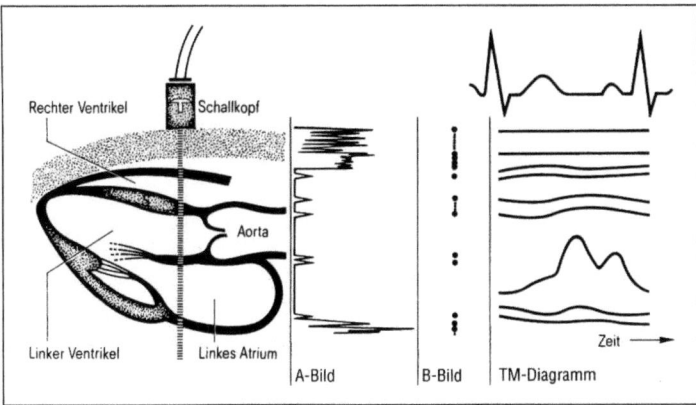

Abb. 2.29. Beim A-Mode wird die Stärke der Reflexion in der Amplitude des zweidimensionalen Signals kodiert und beim B-Mode in der Helligkeit des Bildpunktes an der korrespondierenden Stelle. Beim M-Mode werden die Punkte des B-Modes über der Zeit dargestellt. So können bewegte Grenzflächen visualisiert werden. (Aus [Mor95])

60   2. Technik der Bilderzeugung

suchung der Weichteile beschränkt und die einzelnen Weichteile/Gewebe eine fast gleichgroße Schallgeschwindigkeit aufweisen (vgl. Tab. 2.2, S. 38), wird eine Schallgeschwindigkeit von $c_s = 1540\,\text{m/s}$ als Basiswert festgelegt. Dies entspricht der Schallgeschwindigkeit in Wasser bei Körpertemperatur (37°C).

An den Grenzflächen Weichteil/Luft bzw. Weichteil/Knochen ist der Unterschied der Schallimpedanz sehr groß, so daß hier fast vollständige Reflexion auftritt. Gebiete hinter solchen Grenzschichten sind dadurch mit Ultraschall uneinsehbar. Zwischen dem Ultraschallwandler und der Haut des Patienten müssen spezielle Kontaktgele verwendet werden, die eine luftfreie Ankopplung des Wandlers ermöglichen. Genauso müssen dem Patienten je nach Untersuchung Medikamente verabreicht werden, die die Bildung von Gasen im Körper verringern bzw. unterdrücken. Zur Umsetzung des Empfangssignals in ein Bild werden verschiedene Verfahren eingesetzt.

Darstellungsmodi. Es werden verschiedene Methoden zur Visualisierung der Ultraschallsignale verwendet (Abb. 2.29). Beim *A-Mode* sendet ein ortsfester Schallkopf einen kurzen Ultraschallimpuls aus. In der folgenden Empfangsphase werden die Amplituden („A" für amplitude modulation) der reflektierten Schallwellen im zeitlichen Verlauf aufgetragen. Dieses Verfahren wird vornehmlich in der Augenheilkunde zur Erkennung von Netzhautablösungen eingesetzt (Abb. 2.30).

Das *B-Scan-Verfahren* („B" für brightness modulation) liefert zweidimensionale Schnittbilder (Abb. 2.31). Dazu werden für verschiedene Richtungen der Schallkeule wie bei dem A-Scan-Verfahren die Echoamplituden bestimmt. Diese Werte werden in eine Linie aus Bildpunkten umgesetzt, indem die Lage eines Punktes aus der Reflexionszeit und die Helligkeit aus der Amplitude des Reflexsignals errechnet wird. Eine Vielzahl dieser Linien nebeneinander ergibt ein zweidimensionales Bild. Es wird also in eine Ebene abgetastet (Schnittbild). Dieser Abtastvorgang wird automatisch durchgeführt und erlaubt so hohe Bildwiederholfrequenzen (25 Bilder/Sekunde), daß Bewegungsabläufe in Echtzeit sichtbar werden (Real-Time-Scan).

Wird mit einem ortsfesten Wandler nur eine Zeile des B-Bildes fortlaufend eingescannt und über der Zeit aufgetragen, so spricht man von einem Time-

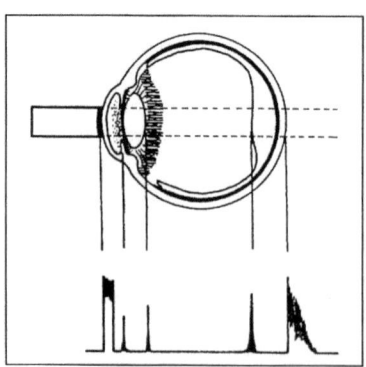

Abb. 2.30. Aufgrund der gut trennbaren Gewebeschichten des Auges können die Echomuster problemlos zugeordnet werden. Netzhautablösungen können mit dem A-Mode-Verfahren nichtinvasiv erkannt werden. (Aus [Hut92])

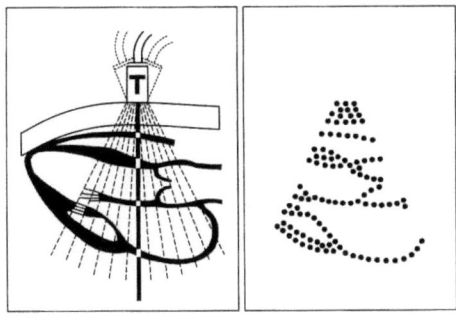

Abb. 2.31. Im B-Mode werden die Reflexintensitäten als Helligkeiten kodiert. Der Ultraschallwandler wird gezielt bewegt und die Echozeilen entsprechend ortsrichtig zur Darstellung gebracht. Dadurch entsteht ein zweidimensionales Schnittbild. Die automatische Bewegung ist dabei in den Ultraschallkopf integriert. (Aus [Mor95])

Motion-Diagramm („M" für motion). TM-Diagramme des Herzens werden in der Kardiologie eingesetzt (Abb. 2.29).

Nachteil aller genannten Verfahren ist, daß die Beschallung nur aus einer Richtung erfolgt. Grenzflächen, die nicht senkrecht zum Schalleinfall liegen, werden nur schwach aufgelöst.

Doppler-Verfahren. Die Doppler-Verfahren werden zur Feststellung des Durchblutungs- und Strömungsverhaltens von Blutgefäßen eingesetzt. Dies ist möglich, da Erythrozyten (rote Blutkörperchen) Schallwellen reflektieren (Abb. 2.32). Die Frequenzverschiebung ist durch (2.23) gegeben. Da die Blutkörperchen in der Mitte des Gefäßes schneller fließen als an dessen Rand, wird ein Schallspektrum reflektiert.

Beim *Dauerschallverfahren* (engl. continous wave, CW-Doppler) wird das Objekt kontinuierlich beschallt. Die Reflexionen werden mit einem in das selbe Gehäuse integrierten separaten Empfänger gemessen, da der Schallgeber während der Schallerzeugung keine Wellen empfangen kann. Nachteil ist hier, daß keine Tiefeninformation bestimmt werden kann. Hintereinanderliegende bewegte Reflektoren werden gleichzeitig erfaßt.

Beim *Pulsverfahren* (engl. pulse wave, PW-Doppler) werden von dem Schallwandler kurze Schallwellenpakete (Bursts) ausgesandt. Zwischen dem

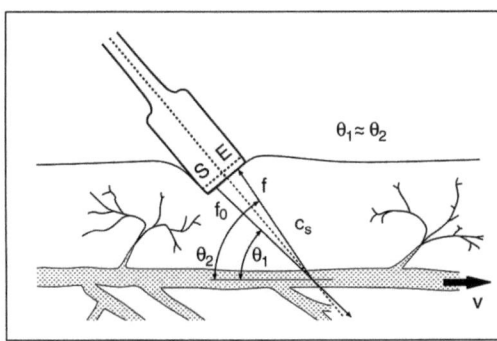

Abb. 2.32. Die Rückstreuung des Ultraschalls an den Blutteilchen ermöglicht die Bestimmung der Strömungsgeschwindigkeiten in Arterien und Venen. S Sendekristall, E Empfangskristall, c_s Schallgeschwindigkeit, f_0 Frequenz des abgestrahlten, f Frequenz des empfangenen Schallsignals, θ_1 Einfallswinkel, θ_2 Ausfallswinkel der Schallsignale bezogen auf Strömungsrichtung, v Strömungsgeschwindigkeit. (Nach [Mau84])

62   2. Technik der Bilderzeugung

Senden der Bursts werden die reflektierten Wellen gemessen und die Frequenzänderung nach der Doppler-Beziehung (2.23) bestimmt. Da nur die durch bewegte Objekte reflektierten Schallwellen von Interesse sind, müssen die statischen Strukturechos aus dem Empfangssignal herausgefiltert werden.

Insbesondere in der Kardiologie (Kardia = Herz) werden bei neueren Ultraschall-Dopplergeräten die Bilder in Falschfarben (Pseudokolors) dargestellt und dem B-Bild überlagert [Hae94] (vgl. Kap. 13). Ist die Bewegung der Reflektoren auf den Schallkopf hin gerichtet, werden sie rot dargestellt, bewegen sich die reflektierenden Objekte vom Schallwandler weg, erscheinen

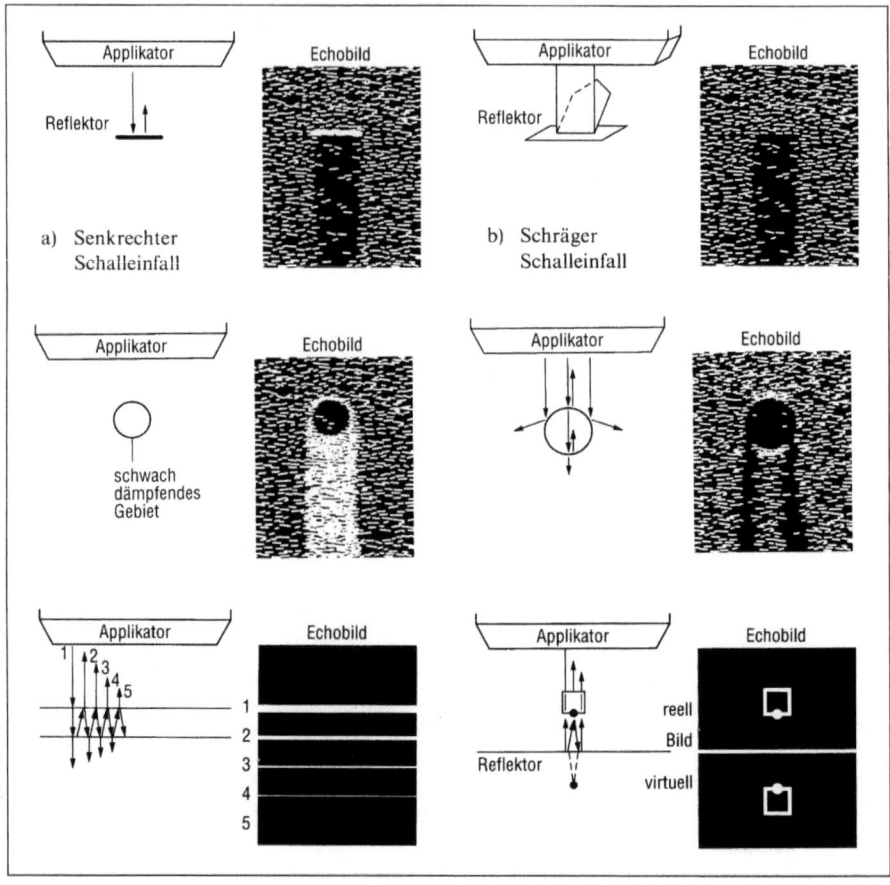

Abb. 2.33. Durch große Unterschiede in der Schallgeschwindigkeit verschiedener Gewebe kommt es zu Abschattungen. Das starke Echo der Grenzfläche (*oben links*) ist bei schrägem Schalleinfall nicht sichtbar (*oben rechts*). Ein schwach dämpfender Gewebebereich führt zur Schallverstärkung (*Mitte links*), während kreisförmig geschnittene Objekte Abschattungen und nicht durchgezogene Randstrukturen bewirken (*Mitte rechts*). Sehr stark reflektierende Grenzflächen bewirken Mehrfachreflexionen (*unten links*) oder Spiegelungen (*unten rechts*). (Aus [Mor95])

sie blau. Die Geschwindigkeit wird mit Farbabstufungen kodiert. Bildbereiche turbulenter Strömungen werden grün dargestellt.

Artefakte. Bei der Darstellung der Ultraschallechos werden bei jedem Darstellungsmode Annahmen über die Schallausbreitung getroffen, die bei Nichteinhaltung zu Artefakten führen (Abb. 2.33). Diese Artefakte können dem erfahrenen Radiologen zusätzliche Informationen geben und sind somit von diagnostischem Nutzen [Mor95].

Ein starkes Echo an der Grenzfläche vor einer Abschattung entsteht nur bei senkrechtem Schalleinfall (Abb. 2.33 oben). Hinter Regionen mit niedriger Schallabsorption entsteht eine Schallverstärkung, die zustande kommt, weil die tiefenabhängige Verstärkung des Ultraschallgerätes nach der Schwächung des danebenliegenden normalen Gewebes eingestellt wird. Für Regionen, die hinter schwach dämpfenden Bereichen liegen, ist die Verstärkung dann relativ hoch, so daß das Feingewebe heller dargestellt wird. Andererseits sind bei kreisförmig geschnittenen Objekten die annähernd parallel getroffenen Randbereiche nicht durchgezogen dargestellt, sondern führen zu Abschattungen (Abb. 2.33 Mitte). An stark reflektierenden Grenzflächen entstehen Reflexionen, die zu Mehrfachechos oder Spiegelungen führen können (Abb. 2.33 unten).

3. Physiologische und psychologische Grundlagen der Bildwahrnehmung

Der letzte Schritt bei vielen Bildverarbeitungsprozessen ist das Betrachten und Interpretieren des verarbeiteten Bildes durch den Menschen. Um sinnvoll Bildverarbeitung betreiben zu können, ist deshalb ein gutes Verständnis des menschlichen Sehapparates und der visuellen Wahrnehmung von Vorteil.

In Abschnitt 3.1 wird die Physiologie, d.h. die Funktionsweise des Sehapparates beschrieben. Abschnitt 3.2 behandelt die Verarbeitung des Gesehenen nach Eigenschaften wie Intensität, Farbe etc. Der Inhalt dieses Abschnitts ist im Gegensatz zu Abschnitt 3.1 nicht rein physiologischer, sondern teilweise auch psychologischer Natur. Abschnitt 3.3 untersucht schließlich Aspekte des Sehens, die sich auf physiologischer Basis (noch) nicht erklären lassen. Dabei handelt es sich um Eigenschaften des Sehens, die über die einfache Informationsaufnahme (Abschn. 3.2) hinausgehen. Dieser Abschnitt ist daher auch mit Perzeption (Informationsverarbeitung) betitelt.

3.1 Aufbau und Funktion des Sehapparates

Der Aufbau des visuellen Systems (Abb. 3.1) läßt sich im wesentlichen in die folgenden drei funktionalen Komponenten unterteilen:

– die Umwandlung von eingefallenen Lichtstrahlen in Nervenimpulse durch das Auge (1, 2 in Abb. 3.1),

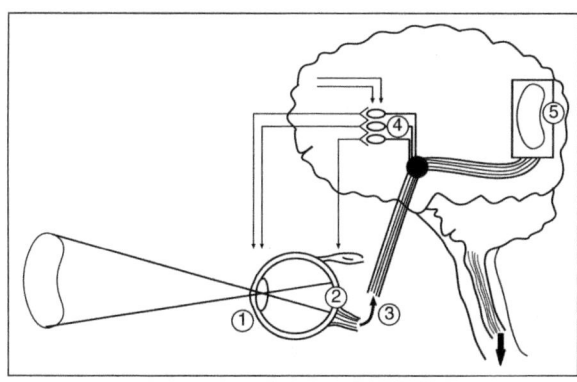

Abb. 3.1. Schematische Darstellung der Komponenten des visuellen Systems. *1*: Linse; *2*: Retina; *3*: Sehnerv; *4*: Umschaltung an den Kniehöckern; *5*: Sehrinde V1. (Aus [Kra92])

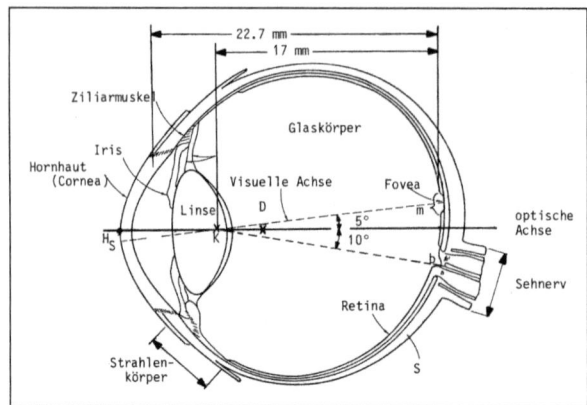

Abb. 3.2. Vereinfachtes Schema eines horizontalen Querschnittes durch das menschliche Auge. (Aus [Kor82])

– die Weiterleitung und erste Separation dieser Impulse durch Nervenbahnen (3, 4 in Abb. 3.1),
– die Interpretation der durch die Impulse dargestellten Information durch die Sehrinde (5 in Abb. 3.1).

Die Anatomie und die Physiologie dieser drei Stufen wird in den folgenden Abschnitten beschrieben. Die mit diesen Stufen realisierte Informationsaufnahme, die *Rezeption*, ist Gegenstand des Abschnitts 3.2.

3.1.1 Das Auge

Analogien zur Photokamera. Oberflächlich betrachtet scheint die Funktionsweise des Auges der eines Photoapparates sehr zu ähneln. Dieser Eindruck trifft jedoch nur in geringem Umfang zu. Das durch die Cornea (Hornhaut), die Augenkammer, die Iris, die Linse und den Glaskörper gebildete optische System des Auges (Abb. 3.2) entspricht dem Objektiv einer Kamera. Einfallende Lichtstrahlen werden spiegelverkehrt auf den *Film*, die Retina (Netzhaut), projiziert. Durch Öffnen oder Schließen der Iris wird die Menge des einfallenden Lichtes reguliert, durch Änderung der Krümmung der Linse mit Hilfe der Ziliarmuskulatur wird das gesehene Bild scharfgestellt. Den Vorgang des Scharfstellens bezeichnet man als *Akkommodation*. Sie wird zum größten Teil über die Bildschärfe auf der Retina gesteuert. Während bei Jugendlichen bis zu 12 Dioptrien[1] Akkommodationsbreite möglich sind, fällt die Variationsmöglichkeit im Alter stark ab und beträgt schließlich nur noch ca. 1 Dioptrie. Die Anpassung an die Helligkeit bezeichnet man als *Adaptation*. In einer Bandbreite von 0,01 bis 10 000 lx[2] erreicht das Auge eine geradezu bemerkenswerte Dynamik, die nach unten hin an den physikalischen Grenzwert stößt. Selbst Abbildungsfehler wie *sphärische* und *chromatische Aberration*

---

[1] Dioptrie: Einheit der Brechkraft $D = 1/f$, wobei f die Brennweite der Linse ist.
[2] Lux: photometrische Einheit für die Beleuchtungsstärke bzw. Helligkeit

werden durch gewisse „Kunstgriffe" der Natur kompensiert und lassen die Genialität der Schöpfung erahnen.

Die Retina: Stäbchen und Zapfen. Die Retina besteht aus mehreren Schichten verschiedenartiger Zellen, die dazu dienen, das eingefallene Licht in elektrische Impulse umzuwandeln und das projizierte Bild hier schon vorzuverarbeiten.

Die Oberfläche der Retina setzt sich aus zwei Arten von lichtempfindlichen Zellen (Photorezeptoren) zusammen: den Stäbchen (ca. 120 Mio.) und den Zapfen (ca. 6,5 Mio.). Die Rezeptorsegmente, die für das Auffangen des Lichtes verantwortlich sind, ragen aus den Zellen heraus (Abb. 3.3).

Die Stäbchen liefern die Informationen eines Bildes, die wir als Schwarzweißinformation (bzw. Graustufen) bezeichnen. Die Zapfen sind für das Farbsehen zuständig. Von ihnen gibt es drei Typen, die sich in der Wellenlänge des gewandelten Lichtes unterscheiden (Rot, Grün und Blau im Häufigkeitsverhältnis 10:10:1). Die Verteilung und Dichte von Stäbchen und Zapfen auf der Retina ist nicht gleichmäßig. In der *Fovea centralis* (oder *Macula*), dem Punkt des schärfsten Sehens, befinden sich fast ausschließlich und in hoher Anzahl Zapfen. Im Gegensatz dazu enthalten die peripheren Bereiche fast nur Stäbchen. Daraus ergibt sich, daß Farbsehen nur zum Zentrum des Gesichtsfeldes hin korrekt möglich ist. Weiter außen lassen sich Farben nur sehr ungenau bestimmen. Da die für scharfes Sehen nötigen Zapfen nicht sehr lichtempfindlich sind, folgt auch die schlechte Sehschärfe bei relativ geringer

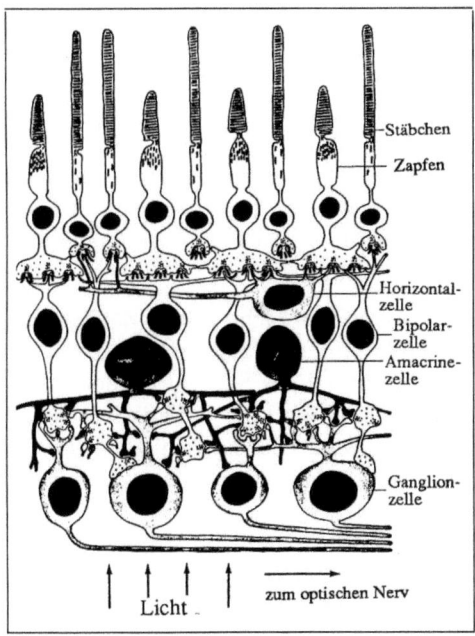

Abb. 3.3. Das Bild zeigt schematisch die Anordnung von Stäbchen und Zäpfchen auf der Retina relativ zur Lichteinfallsrichtung. Das Licht muß in der Retina vielfach verschiedene Zellschichten passieren, bevor es die lichtempfindlichen Rezeptoren erreicht. (Mit freundlicher Genehmigung entnommen aus [Bra95]: Brause, Neuronale Netze, 2. überarbeitete Auflage, © 1995, B.G. Teubner, Stuttgart)

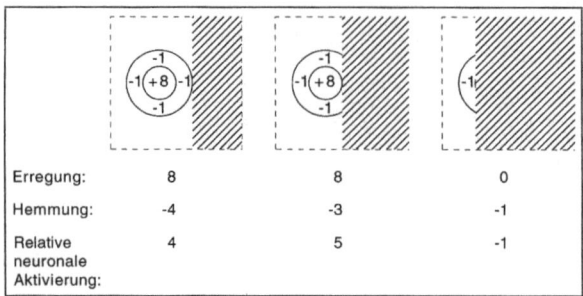

Abb. 3.4. Beispiel für die Funktionsweise eines rezeptiven Feldes: Das Umfeld hat hemmende Wirkung auf das Zentrum. Das weitergeleitete Potential ist maximal bei teilweiser Nichtbelichtung des Feldes. (Nach [Schmi87])

Beleuchtung. Dann erfolgt das Sehen überwiegend mit den lichtempfindlicheren Stäbchen.

Die Macula mit ihrer extrem hohen Rezeptordichte ist der Bereich der Netzhaut, der z.B. das Lesen oder allgemeiner das *Erkennen* ermöglicht. Aus der Breite der Zapfen in der Macula (ca. 3 μm) ergibt sich auch die maximal mögliche Ortsauflösung (*Punktsehschärfe*), die typischerweise bei 50 Bogensekunden liegt. Betrachtet man die Rezeptoranordnung als Menge diskreter Abtaststellen, so wird die Parallele zum Abtasttheorem der Nachrichtentechnik sehr schnell deutlich. Über diesen theoretischen Wert hinausgehend verfügt der Mensch über die Fähigkeit, Diskontinuitäten bei Linienstrukturen unterhalb der Punktsehschärfe wahrzunehmen (sog. Noniussehschärfe).

Das Zapfensehen (farbig, bei guter Beleuchtung) bezeichnet man als *photopisches* Sehen, das Stäbchensehen (s/w, auch bei geringer Beleuchtung) als *skotopisches* Sehen. Die Übergangsstufe wird *mesopisches* Sehen genannt. Der Übergang vom skotopischen zum photopischen Sehen wird primär durch die Stellung der Iris gesteuert. Da die lichtempfindlicheren Stäbchen im wesentlichen in der Peripherie angeordnet sind, werden sie nur bei Weitstellung der Iris aktiv. Durch ihre höhere Empfindlichkeit dominieren diese dann über die Farbempfindung der Zapfen[3]. Auch hinsichtlich der Antwortzeit auf einen Lichtreiz gibt es Unterschiede zwischen den Stäbchen und Zapfen. Während die Zapfen zwischen 80 und 90 ms nach Auftreffen von Licht eine Signalantwort erzeugen, benötigen die Stäbchen dafür rund 300 ms.

Signalverarbeitung der Retina. Nachdem das Licht durch Zapfen und Stäbchen aufgefangen wurde, kommt es durch photochemische Reaktionen zur Hyperpolarisation. Hierbei spielt die lichtempfindliche Substanz Rhodopsin[4] eine Schlüsselrolle. Die so entstehende Spannung wird als elektrisches Signal über die Synapsen der Photorezeptoren an die nächste Zellschicht weitergeleitet.

---

[3] In [Bra95] findet sich eine Auftragung der Stäbchen- und Zapfenverteilung über dem Raumwinkel.

[4] *Sehpurpur*: rötlich erscheinender Sehfarbstoff, der bei Photonenabsorption in Retinol und Opsin zerfällt. Für eine genauere Beschreibung der biochemischen Abläufe des Sehvorganges siehe [Schmi87].

3.1 Aufbau und Funktion des Sehapparates   69

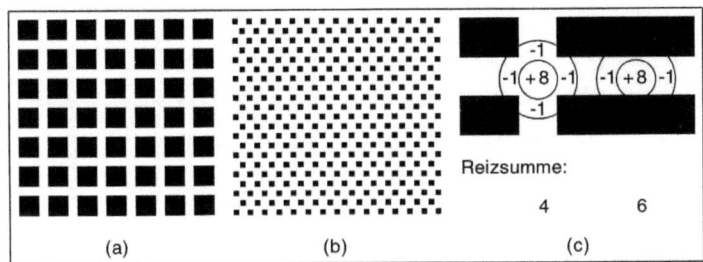

Abb. 3.5. An den Kreuzungsstellen des Gitters in (a) sieht man nicht vorhandene schwarze Flecken. In (b) „erkennt" man dünne diagonale Linien. Der Grund für die Täuschungen in (a) und (b) liegt in der größeren Inhibition der Zentren der rezeptiven Felderen, die das Licht an den Kreuzungsstellen umwandeln. Ihr abgegebenes Potential ist niedriger als das derjenigen Felder, die die übrigen Zwischenräume abdecken (c). (Nach [Mar82])

Hier werden Verbindungen zwischen benachbarten Rezeptoren hergestellt, wodurch die Signale mehrerer Stäbchen zusammengefaßt und die langsamen elektrischen Potentialschwankungen der Rezeptoren in schnelle Potentialentladungen[5] umgeformt werden. In dieser Schicht retinaler Neuronen gehen von den sog. Ganglienzellen Nervenfasern aus, die sich im blinden Fleck nahe der *Fovea centralis* zusammenfinden und dann den *Nervus opticus* bilden, der die Verbindung des Auges zum Gehirn darstellt [Schmi87].

Rezeptive Felder. Die in den tieferen Retinaschichten bestehenden Verbindungen zu benachbarten Rezeptoren bilden die Grundlage für eine erste Verarbeitung des projizierten Bildes. Durch die Verschaltung benachbarter Zellen zu *Rezeptiven Feldern* ist es möglich, daß eine Rezeptorzelle ihre unmittelbaren Nachbarn blockieren kann und nur ein bestimmtes Signal weitergeleitet wird. Die Zusammenschaltung mehrerer Rezeptoren zu solchen rezeptiven Feldern nimmt von der Fovea zu den Außenbereichen hin zu. Rezeptive Felder werden in zwei Bereiche unterteilt, Zentrum und Umfeld (Abb. 3.4). Die Zentren sind der für die weitergeleitete Information wesentlichere Teil. Das Umfeld reagiert auf Lichtreize genau entgegengesetzt dem Zentrum, es vermindert den Gesamt-Output des Feldes. Man unterscheidet zwei Arten rezeptiver Felder: solche mit On-Zentren und solche mit Off-Zentren.

Bei Feldern mit On-Zentren blockiert das Zentrum des Feldes bei Belichtung sein Umfeld, und nur das Signal des Zentrums wird als „Hell"-Information weitergeleitet. Felder mit Off-Zentren verhalten sich genau umgekehrt: Bei Belichtung des Feldes hemmen die äußeren Feldbereiche das Zentrum und es werden weniger Signale weitergeleitet. Bei Nichtbelichtung des Feldes jedoch wird das Zentrum erregt, es kommt zur Weiterleitung des Signals „Dunkel". Durch diese On- und Off-(Hell- und Dunkel-)Zentren wird

---
[5] Die Stärke eines Reizes wird aufgrund der „schlechten Leitungsqualität" der Nervenbahnen in der zeitlichen Dichte von Impulsen codiert. Man kennt dieses Verfahren in der Nachrichtentechnik als *Pulscodemodulation*.

70   3. Bildwahrnehmung

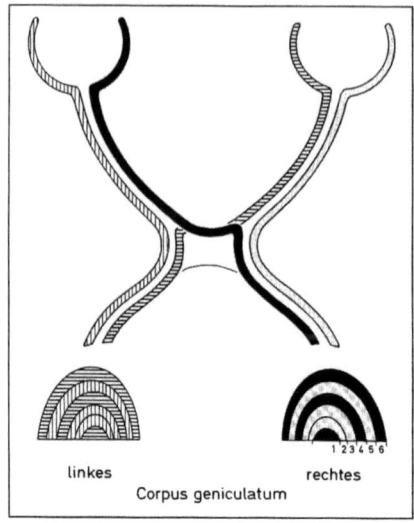

Abb. 3.6. Trennung der Rechts/Links-Informationen und Zuordnung zu den sechs Schichten in den Corpora geniculata (seitlichen Kniehöckern), siehe auch Abbildung 3.8. (Aus [Rei90])

schon auf dieser Ebene die Wahrnehmung von Kontrasten verstärkt. Rezeptive Felder gibt es sowohl für Stäbchen als auch für Zapfen. Bei den Stäbchen gibt es wie beschrieben On- und Off-Zentren, bei den Zapfen funktioniert die Verschaltung ähnlich, nur werden hier Schwarzweißkontraste durch Kontraste der jeweiligen Gegenfarbe ersetzt, also statt On/Off- gibt es hier Blau/Gelb- und Grün/Gelborange-Zentren. Zwischen mehreren Zentren bestehen Verbindungen, wodurch sich diese bei schlechter Beleuchtung wiederum zusammenfassen lassen, um Kontraste noch mehr zu verstärken. Dies geht dann allerdings auf Kosten der Auflösung. Durch diese dualistische Trennung von Hell- und Dunkelinformationen ergeben sich zwei neuronale Systeme, die sich auch im weiteren Signalverlauf wiederfinden. Ein Beispiel für die Funktionsweise zeigt Abbildung 3.5.

3.1.2 Nervenverbindungen

Die retinalen Nervenfasern finden sich im Nervus opticus zusammen. An der Schädelbasis treffen die Nerven beider Augen im *Chiasma nervi optici* aufeinander und werden hier neu verschaltet.

Dabei werden jeweils die Signale gleicher Retinahälften zusammengefaßt und weitergeleitet (Abb. 3.6). Die Bildsignale der linken Retinahälften werden zum linken Corpus geniculatum *laterale*[6] (linker seitlicher Kniehöcker), und die der rechten Retinahälften zum rechten Corpus geniculatum übertragen.

---

[6] Es gibt nicht nur *ein* Corpus geniculatum, sondern neben dem hier angesprochenen Paar weitere, wie das Corpus geniculatum mediale, das beim Hören eine wichtige Rolle spielt. Zur Unterscheidung verwendet man häufig die Abkürzung *Cgl*, oder *Lrn* für Lateral retinal nucleus. Da andere Corpora aber in dieser Darstellung ohne Bedeutung sind, verzichten wir hier auf den Zusatz *laterale*.

3.1 Aufbau und Funktion des Sehapparates

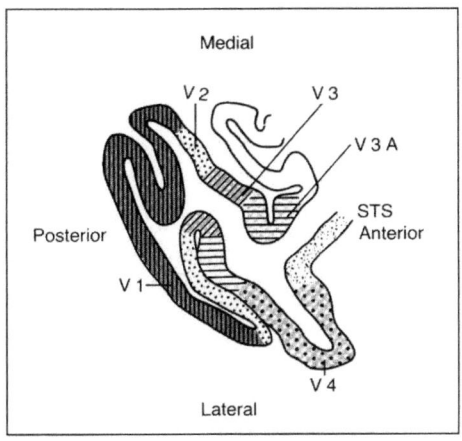

Abb. 3.7. Das Bild zeigt die räumliche Lage der Areale V1 bis V5, die aufgrund ihrer Teilfunktionen zum visuellen System gerechnet werden (vgl. Abb. 3.8). (Aus [Schmi87])

Die Corpora geniculata laterale. Die seitlichen Kniehöcker befinden sich im Stammhirn und setzen sich aus je 6 Schichten von Ganglienzellen zusammen, an denen die Nervenfasern beider Augen streng getrennt enden. Die Schichten 2, 3 und 5 sind dem gleichseitigen (ipsilateralen), die Schichten 1, 4 und 6 dem andersseitigen (contralateralen) Auge zugeordnet. Die parvozellulären (parvo=klein) Schichten 1-4 bestehen überwiegend aus Neuronen mit farbspezifischen rezeptiven Feldern, die magnozellulären Schichten 5 und 6 dagegen aus Neuronen, die kontrast- und bewegungsempfindliche rezeptive Felder haben. Innerhalb der sechs Schichten bestehen wiederum Verbindungen zu benachbarten Zellen, so daß hier ähnliche Querverbindungen gebildet werden wie in der Netzhaut.

Von den Corpora geniculata zieht die Mehrzahl der Axone[7] zu den Nervenzellen des primären visuellen Cortex (V1 oder Area 17 oder Area striata). Die verbleibenden Verbindungen gehen zum Hypothalamus, der Area praetectalis und den Colliculi superiores und dienen u.a. zur Steuerung des Schlaf/Wach-Rhythmus des Menschen, der Regulierung der Pupillenweite und der blickmotorischen Bewegungen.

Die Objekterkennung und das stereoskopische Tiefensehen haben ihre ersten Ansätze in den seitlichen Kniehöckern.

3.1.3 Das Sehzentrum

Nachdem die Information in den Corpora geniculata vorverarbeitet wurden, werden die Signale an das Großhirn weitergeleitet. Am Sehvorgang sind die Areale V1 bis V5 beteiligt[8] (Abb. 3.7), die in der Literatur bisweilen auch

---

[7] Nervenzellen bestehen stark vereinfacht aus drei zentralen Bausteinen: den Dendriten (Zuleitungen), dem Zellkörper (Verarbeitungseinheit) und dem als Axon bezeichneten Zellfortsatz (Signalausgang). Hinzu kommen die Synapsen als Kopplungspunkte.

[8] unter anderem! – diese Darstellung kann nur schematisch sein

72   3. Bildwahrnehmung

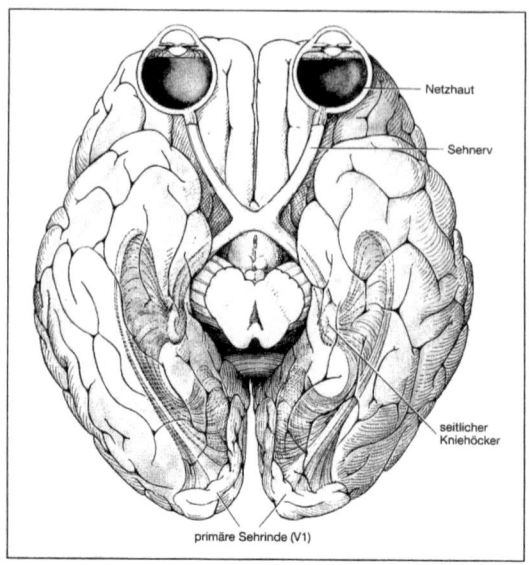

Abb. 3.8. Das Bild zeigt die relative Lage bzw. den Verlauf von Netzhaut, Sehnerv, seitlichen Kniehöckern und primärer Sehrinde. (Aus [Zek92])

mit den Namen bzw. Nummern der Brodmann-Areale[9] belegt werden. Ihre wesentlichen Funktionen sollen im folgenden dargestellt werden.

V1 – Area striata. Die Signale der seitlichen Kniehöcker treffen dort zunächst im primären visuellen Cortex (V1 oder Area striata) ein, von wo sie anschließend zum sekundären (V2) und tertiären Cortex (V3/V3a) und den visuellen Integrationsregionen der Großhirnrinde weitergeleitet werden. Das Areal V1 (= Area 17) gliedert sich in ungewöhnlich viele Zellschichten, es heißt daher auch Streifenfeld (siehe zur Lage Abb. 3.7 und 3.8, zum Aufbau Abb. 3.9).

Die Verteilung der ankommenden Nerven an die verschiedenen Schichten von V1 ergibt sich aus der Organisation der vorgeschalteten seitlichen Kniehöcker in 6 Schichten. Hieraus resultiert eine Spezifität dieser Schichten für Farbe oder Bewegung. Gleichzeitig gibt es in V1 aber noch ein zweites geometrisches Organisationsprinzip, das senkrecht zu den Schichten liegt: Es handelt sich um die sog. Corticalen Säulen, die auch als Dominanzsäulen bezeichnet werden (Abb. 3.9), innerhalb derer gleiche Netzhautbereiche abgebildet werden. Dadurch werden in V1 die topographischen Beziehungen zur Netzhaut weitgehend gewahrt: V1 enthält quasi eine Karte[10] der Netzhaut.

V2. Von V1 werden Signale an die Nachbarschicht V2 weitergegeben. Wie V1 besteht V2 aus mehreren cytoarchitektonischen Schichten, von denen die

---

[9] Hierunter versteht man eine morphologische Einteilung der Gehirnregionen, die 1903 von BRODMANN vorgestellt wurde.

[10] Phänomene dieser Art, z.B. beobachtet am auditiven Cortex der Fledermaus, veranlaßten TEUVO KOHONEN zur Entwicklung seines Modells der topologischen Karten [Rit91] (vgl. Kap. 15).

dünneren überwiegend farbspezifische Zellen enthalten, die dickeren überwiegend solche, die auf gerichtete Bewegung reagieren. In den dickeren Schichten und den blasseren Zwischenstreifen finden sich außerdem auch formspezifische Zellen. Die Schichten V1 und V2 enthalten gewissermaßen Sortierfächer, in denen die verschiedenen Signale zusammenlaufen, bevor sie an die spezialisierten visuellen Areale weitergeleitet werden.

Die 4 Verarbeitungssysteme. Den Sortierarealen V1 und V2 sind 4 parallel arbeitende Informationsverarbeitunssysteme nachgeschaltet: eines für Bewegung, eines für Farbe und zwei für Form (Abb. 3.10).

Das Areal V5 ist für Bewegung zuständig, es erhält seinen Input direkt von V1 und über die dicken Streifen von V2. Über die Corticalen Säulen von V1 und die dünnen Streifen von V2 erhält das in V4 lokalisierte Farbsystem seine Informationen. Von den beiden Formerkennungssystem ist eines eng mit der Farbwahrnehmung verbunden und das andere völlig farbunempfindlich.

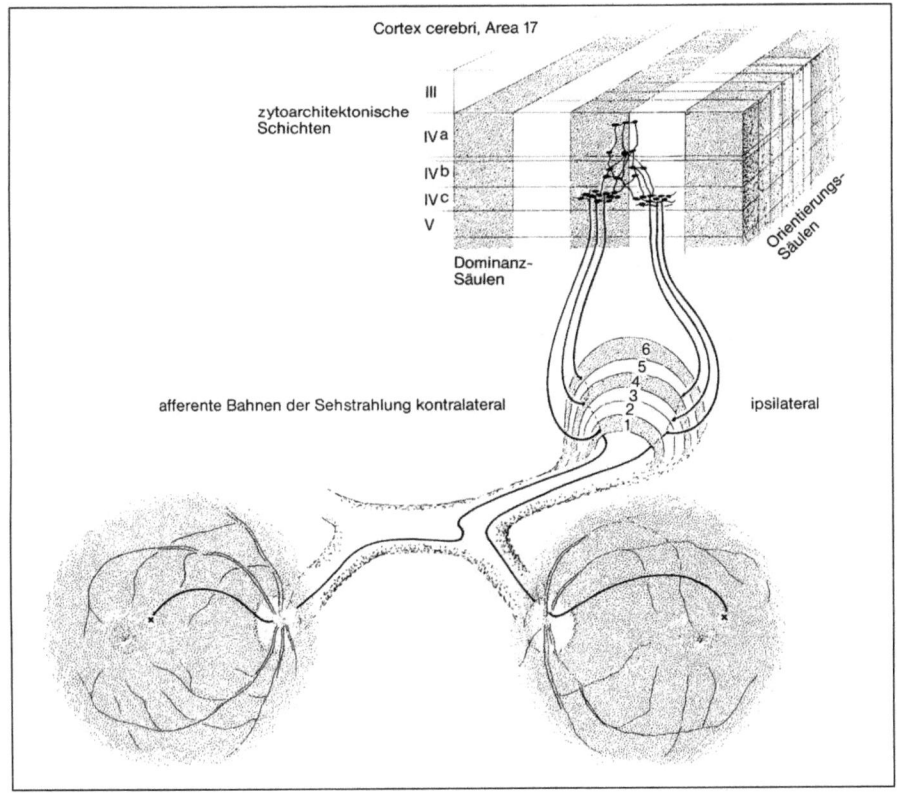

Abb. 3.9. Die Abbildung veranschaulicht den Verlauf der Sehinformation von den Augen über die seitlichen Kniehöcker zum primären visuellen Cortex. In zwei benachbarten Dominanzsäulen (Corticale Säulen) treffen immer die Informationen beider Augen ein, um hier erstmalig verschaltet zu werden. (Aus [Rei90])

74   3. Bildwahrnehmung

Ersteres befindet sich wie das Farbsystem in V4 und erhält seine Informationen zum einen von den Schichten 1–4 des seitlichen Kniehöckers und zum anderen von V1 und den blassen Streifen von V2. Das Zweite befindet sich in V3 und ist mehr auf die Identifizierung bewegter Objekte spezialisiert. Es erhält seine Signale aus einer bestimmten Schicht von V1 und über die dicken Streifen von V2. Zwischen diesen 4 System bestehen direkte Verbindungen, die den Austausch von Informationen zulassen. Alle diese Areale, auch die Sortierfächer V1 und V2, tragen konkret zur bewußten Wahrnehmung bei und kommunizieren entweder direkt oder auf Umwegen miteinander.

Gesamtintegration. Nach allem, was bisher über die Anatomie des Cortex bekannt ist, gibt es kein übergeordnetes Zentrum, an das die vorgeschalteten Areale ihr Signal senden könnten und das dann ein einziges, integriertes Bild der Umwelt entstehen ließe. Wie die verschiedenen Teilaspekte des Gesehenen

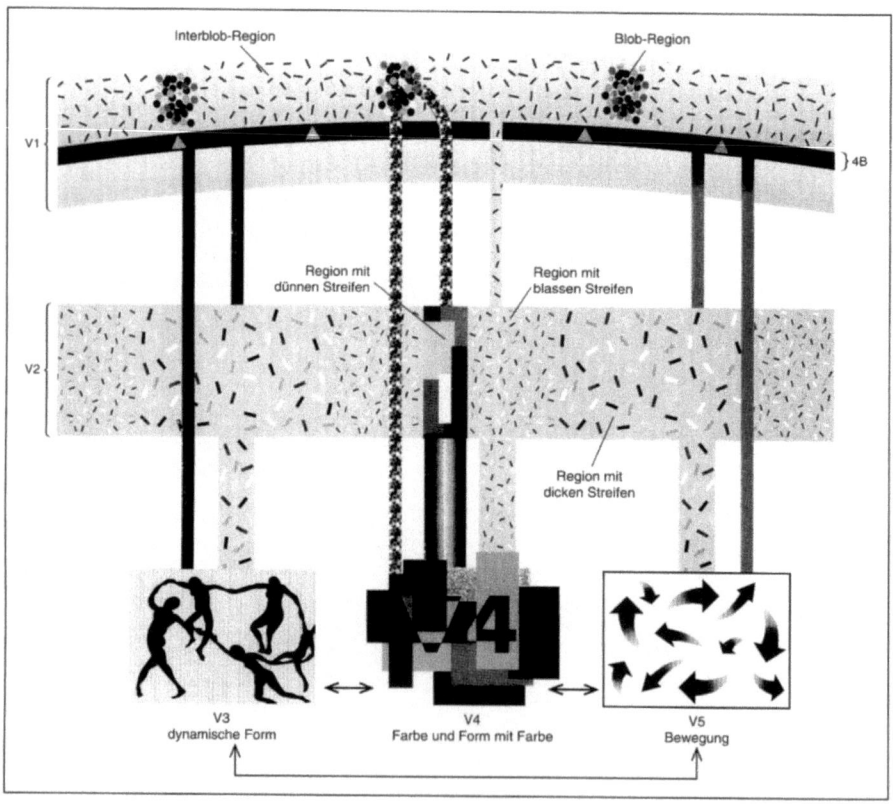

Abb. 3.10. Die Graphik zeigt die verschiedenen Verbindungen von V3, V4 und V5 zu V1 und V2. Die als Blobregionen bezeichneten Stellen sind die corticalen Säulen, die nach chemischer Behandlung der Zellmitochondrien durch Fleckenbildung auf Farbinformationen reagierten. Die übrigen Bezeichnungen entsprechen denen des Textes. (Aus [Zek92])

zu einem Gesamtbild integriert werden, ist bisher unbekannt. Man geht heute davon aus, daß die Unterteilung von Wahrnehmen und Erkennen in zwei voneinander unabhängige Prozesse, wie bisher allgemein angenommen, nicht möglich ist [Spa90].

3.2 Rezeption

Nachdem in Abschnitt 3.1 der Aufbau des visuellen Systems beschrieben wurde, soll hier die Rezeption, also die Informations*aufnahme*, erläutert werden. Dazu werden wir untersuchen, wie sich bestimmte Attribute, wie z.B. Kontraste, Schärfe, Farbe etc., die wir subjektiv etwas Gesehenem zuweisen, im visuellen System widerspiegeln.

3.2.1 Intensität

Webersches Gesetz. Unter Intensität versteht man im physikalischen Sinne die Energie des eingefallenen Lichtes pro Fläche und Zeit, im physiologischen Sinne die Helligkeit einer Wahrnehmung.

Intensität und Helligkeit sind in dieser Hinsicht zwar analoge Begriffe, stehen aber, wie man fälschlicherweise annehmen könnte, nicht in linearer Beziehung zueinander. Eine Verdopplung der Intensität zieht nicht auch eine Verdopplung der subjektiv wahrgenommenen Helligkeit nach sich. Vielmehr stehen die beiden Begriffe in einer (annähernd) logarithmischen Beziehung zueinander, die durch das Webersche Gesetz beschrieben wird (S steht hier für die Sinnesempfindung Intensität):

$$\frac{\Delta S}{S} = k = \text{konst.} \quad \text{(Webersches Gesetz)} \quad (3.1)$$

Dabei ist ΔS die Änderung von S und k die sog. Weber-Konstante, die beschreibt, um welchen Anteil sich ein physischer Reiz vergrößern muß, damit er vom Menschen als Vergrößerung wahrgenommen wird. Diese logarithmische Abhängigkeit liegt in der Arbeitsweise der rezeptiven Felder der Retina begründet, deren Impulsrate ebenfalls in logarithmischer Abhängigkeit zur Leuchtdichte steht. Die Weber-Konstante für das Sehen liegt bei 0,1. Für andere Sinnesempfindungen lassen sich ebenfalls Weber-Konstanten finden. Sie betragen für das Hören[11] nur 0,00625 und für das Beurteilen von Längen 0,02.

Für die Bildverarbeitung bedeutet dies, daß Intensitäten eines Bildes, z.B. bei der Darstellung auf einem Computerbildschirm, nicht linear, sondern logarithmisch abgestuft werden sollten. Wählt man z.B. eine Darstellung mit 256 Graustufen, so dürften diese 256 Werte nicht mit linear steigender Intensität zwischen Schwarz und Weiß verteilt werden. Die Abstände zwischen zwei Grauwerten müßten vielmehr mit steigender Helligkeit zunehmen.

---

[11] bezüglich der Frequenz

Absolutschwelle und Unterschiedsschwelle. Zur Definition dieser Begriffe muß zunächst eine Intensität I_0 bestimmt werden, die der sog. Absolutschwelle entspricht. Dies ist die Schwelle, bei der ein erster Unterschied zu einem gänzlich schwarzen Monitorbild bemerkbar wird.

Definiert man 0 als Schwarz und 1 als Weiß, so liegen typische Werte für I_0 zwischen $0,005$ und $0,025$. Der nächste zu bestimmende Helligkeitswert I_1, der sich nur um die sog. Unterschiedsschwelle von I_0 unterscheiden darf, errechnet sich dann aus dem vorangegangen Wert multipliziert mit einem Faktor r ($r-1$ entspricht k aus dem Weberschen Gesetz). Also $I_1 = r \cdot I_0$. Oder allgemeiner: $I_j = r^j \cdot I_0$.

Die Indizes von I sind dabei ein Maß für den Empfindungswert. Formt man diese Beziehung nach j um, erhält man:

$$j = c \log I_j + C \qquad \text{(Weber-Fechnersches Gesetz)} \qquad (3.2)$$

Aus dem Weber-Fechnerschen Gesetz geht die logarithmische Abhängigkeit der subjektiven Intensität j von ihrer entsprechenden physikalischen Intensität I_j klar hervor. Der Wert für r und alle Intensitäten I_j lassen sich folgendermaßen berechnen:

$$r = \left(\frac{1}{I_0}\right)^{1/n} \qquad (3.3)$$

$$I_j = I_0^{\frac{n-j}{n}}, \text{ für } n+1 \text{ Intensitätswerte} \qquad (3.4)$$

Für 256 Intensitäten ergäben sich dann für $I_0 = 0,02$ die Werte $0,02$; $0,0203$; $0,0206$; ...; $0,9848$; $1,0$.

Damit bei einem Bild die Grau-Abstufungen vom menschlichen Auge nicht als solche bemerkt werden, muß die Anzahl an Intensitäten $n+1$ so gewählt werden, daß für r gilt: $r \leq 1,01$. Bei 256 Abstufungen im obigen Beispiel müßte I_0 demnach einen Wert von ca. $0,079$ haben. Oder umgekehrt für ein Display mit $I_0 = 0,02$ wären ca. 400 Abstufungen notwendig. Die Anzahl der Graustufen hängt, wie man sieht, wesentlich von der Absolutschwelle I_0 ab. Bei Druckmedien reichen aufgrund der Verschmierung der Druckerschwärze bzw. des Verlaufens der Tinte meistens 64 Graustufen aus, wie man an Abb. 3.11 erkennen kann.

Eine andere Möglichkeit, die Qualität eines Schwarzweißbildes zu verbessern, das eine niedrigere Auflösung besitzt als die Bildschirmfläche, auf der es dargestellt wird, besteht in der Interpolation von Intensitäten. Dies geschieht prinzipiell dadurch, daß für jedes freie Pixel des interpolierten Bildes ein aus Nachbarpixeln des Urbildes gebildeter Mittelwert errechnet wird[12].

Zur Intensitätswahrnehmung ist zu bemerken, daß der Bereich der vom Auge umgesetzen Intensitäten extrem groß ist. Während die Untergrenze

---

[12] Der umgekehrte Prozeß, die Darstellung von Grauwertbildern mit Hilfe von sog. Dither-Matrizen, die nur aus schwarzen oder weißen Punkten bestehen, ist ein in der Drucktechnik weitverbreitetes Verfahren.

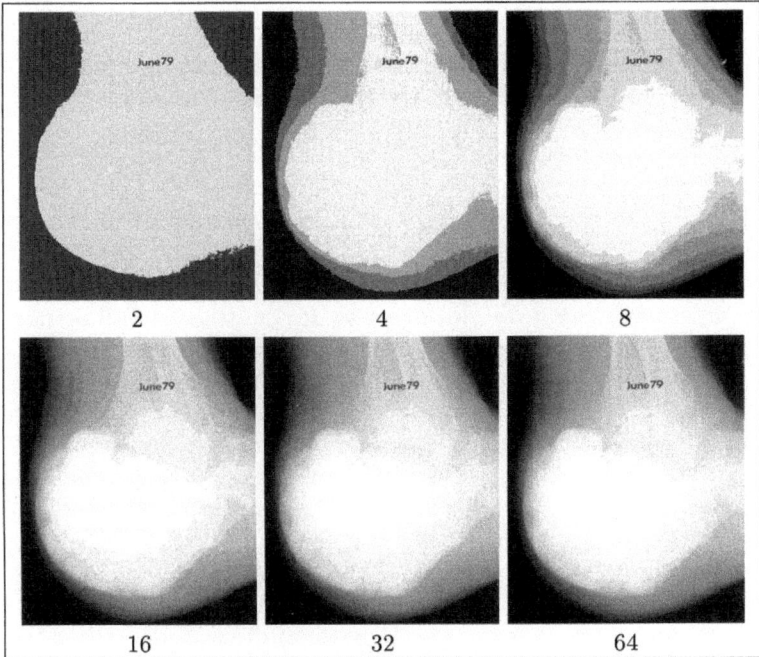

Abb. 3.11. Die Bilder zeigen Darstellungen mit 2 bis 64 Graustufen. In den letzten beiden Darstellungen lassen sich bereits keine deutlichen Unterschiede mehr ausmachen.

(Nachtsehen) bei $0{,}0001\,\text{cd/m}^2$ liegt, befindet sich die Obergrenze bei etwa eine Milliarde cd/m^2, was einer Dynamik von $10^{13}{:}1$ entspricht[13].

Bei weniger als $0{,}01\,\text{cd/m}^2$ handelt es sich dabei um das auch schon in Abschnitt 3.1 beschriebene skotopische Sehen (nur Stäbchen), bei mehr als $100\,\text{cd/m}^2$ um das photopische (nur Zapfen) Sehen und bei Leuchtdichten zwischen $0{,}01$ und $100\,\text{cd/m}^2$ um das mesopische Sehen (Stäbchen und Zapfen), der Bereich in dem auch Bildschirme liegen. Dieser gesamte Helligkeitsbereich kann natürlich nicht gleichzeitig vom Auge wahrgenommen werden, es bedarf dazu verschiedener Adaptionsmechanismen (vgl. Abschn. 3.2.6).

Bemerkenswert ist, daß die Lichtempfindlichkeit eines optimal an absolute Dunkelheit angepaßten Menschen der Empfindlichkeit entspräche, die nötig wäre um aus $50\,\text{km}$ Entfernung eine brennende Kerze wahrzunehmen. Dies entspricht einem einzelnen auf die Netzhaut auftreffenden Photon. Schon diese geringe Menge genügt, um ein Potential auszulösen. Physikalisch gesehen stellt diese Empfindlichkeit den evolutionären Grenzwert dar. Weniger als ein Photon an Lichteinfall ist offensichtlich nicht möglich.

---

[13] Physikalisch wird die Lichtstärke I in Candela (cd) und die Beleuchtungsstärke E in Lux (lx) angegeben. Beide sind über den in Lumen (lm) gemessenen Lichtstrom Φ verknüpft: $I = \Phi\omega$ und $E = \Phi/A$ mit ω: Raumwinkel und A: Fläche.

3.2.2 Kontrastwahrnehmung

Der Unterschied der Leuchtdichte zweier benachbarter Strukturen macht ihren physikalischen Kontrast aus. Es gilt für den Kontrast C:

$$C = \frac{I_h - I_d}{I_h + I_d} \qquad (3.5)$$

dabei ist I_h die Leuchtdichte des helleren, und I_d die Leuchtdichte des dunkleren Gegenstandes [Schmi87].

Kontraste sind für unser Sehen unabdingbar. Die Sehschärfe des Auges hängt von der Leuchtdichte und vom Kontrast ab. Im günstigsten Fall beträgt sie etwa eine Bogenminute, was schon sehr nahe am theoretischen Maximalwert von 0,5 Bogenminuten liegt, der sich durch den Außendurchmesser der fovealen Zapfen ergibt. Der Wert von einer Bogenmiute wird nur in der Fovea erreicht. Wenige Bogenminuten neben diesem Punkt nimmt die Sehschärfe schon bedeutend ab. Die Gebrauchssehschärfe beträgt ca. 3 Bogenminuten. An einem Bildschirm ergibt sich bei einem durchschnittlichen Abstand der Augen von 70 cm eine Gebrauchssehschärfe von ca. 0,6 mm.

Das Kontrastsehen ist von der mittleren Leuchtdichte relativ unabhängig. Das Aussehen von Objekten wird von den Reflexionseigenschaften ihrer Oberflächen und nicht durch die physikalische Reizstärke des von den Objekten reflektierten Lichtes bestimmt. Durch die Zusammenschaltung mehrerer Rezeptoren in der Netzhaut zu rezeptiven Feldern können auch bei abnehmenden Leuchtdichteverhältnissen Kontraste noch relativ gut wahrgenommen werden. Je größer aber diese zusammengeschalteten Bereiche werden, desto mehr wird die Sehschärfe eingeschränkt.

3.2.3 Farbwahrnehmung

Zur Farbwahrnehmung des Menschen gab es in der Vergangenheit zwei wesentliche Theorien: die des trichromatischen Farbsehens und die des Farbsehens durch Komplementärfarben. Mittlerweile hat sich gezeigt, daß beide Theorien richtig sind und für verschiedene Stufen der menschlichen Farbverarbeitung zutreffen.

Trichromatisches Farbsehen. In der trichromatischen Theorie des Farbensehens geht man von der Aktivität dreier primärer Klassen von Zapfen aus. In der Tat gibt es von den für das Farbsehen zuständigen Zapfen drei Sorten mit unterschiedlichen Farbempfindlichkeiten. Die erste Sorte hat ihr Absorptionsmaximum im elektromagnetischen Spektrums bei ca. 440 nm und entspricht damit einer Farbempfindung, die wir als Blau bezeichnen. Die zweite ist überwiegend für grüne Farben sensitiv und hat ihre Hauptempfindlichkeit bei 545 nm. Für rote Farbtöne schließlich sind die Zapfen mit einem Maximum bei 580 nm verantwortlich. Die Bezeichnungen für Rot und Grün sind etwas irreführend, da ihre Spektren beide noch in den gelben Farbbereich reichen (Abb. 3.12). Es handelt sich eigentlich eher um Grüngelb und

Gelborange Farbtöne. Um unrichtige Bezeichnungen zu vermeiden, spricht man daher manchmal auch von S-Zapfen, M-Zapfen und L-Zapfen entsprechend ihrer Wellenlänge (S steht hierbei für Short, M für Medium und L für Long). Wie schon angedeutet sind die angegebenen Wellenlängen nur die Werte der Maximalempfindlichkeit. Tatsächlich überschneiden die umgesetzten Wellenlängen sich zum Teil ganz erheblich, wie man in Abbildung 3.12 deutlich erkennen kann [Lei90, Kan95]. Die Farbspezifität der Rezeptoren ist also relativ gering. Die Farbkontraste werden, analog zu den Schwarzweißkontrasten bei Stäbchen, durch die Verschaltung der Zapfen zu rezeptiven Feldern schon auf der Netzhaut aufgebessert [Kor82].

Die trichromatische Farbtheorie reicht aber nicht aus, um drei sehr wichtige Aspekte der Farbwahrnehmung, den Farbantagonismus, den Farbsimultankontrast, und die Farbkonstanz zu erklären. Unter *Farbantagonismus* verstehen wir die Tatsache, daß bestimmte Farben niemals in Kombination gesehen werden können (z.B. *rötliches Grün* oder *bläuliches Gelb*). So entsteht bei der Mischung von rotem und grünen Licht der Farbeindruck eines reinen Gelb – die ursprünglichen (*Gegen-*)Farben heben sich weg. Dieses Phänomen motivierte bereits 1877 den deutschen Physiologen EDWALD HERING zur Aufstellung der Gegenfarbtheorie (s.u.). Der *Farbsimultankontrast* tritt auf, wenn Gegenfarben von räumlich benachbarten Objekten ausgehen. Wir sehen dann (Komplementär-)Farben, die nicht vorhanden sind. So erhält z.B. ein graues Objekt vor einem gelben Hintergrund einen Violettstich, vor einem violetten Hintergrund einen Gelbstich [Kan95]. Die *Farbkonstanz* schließlich

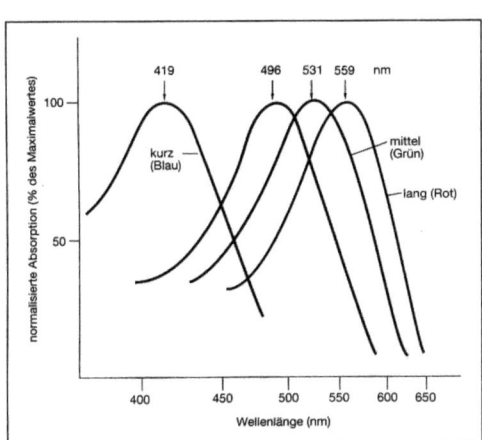 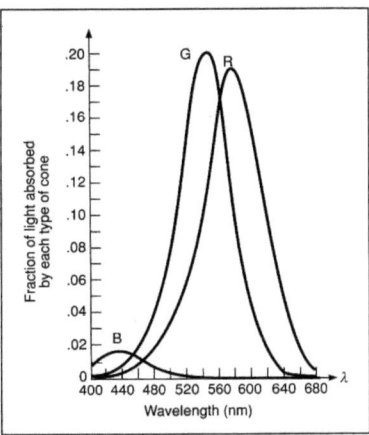

Abb. 3.12. Das linke Bild zeigt die Absorptionskurven von Stäbchen (496 nm) und den drei Zapfentypen. Das rechte Bild zeigt ergänzend dazu die Anteile, die die drei Zapfensorten vom einfallenden Licht absorbieren. (Links aus [Kan95], rechts aus [Fol90])
J D Foley/S K Feiner/J K Huges/A Van Dam, COMPUTER GRAPHICS, 2. Aufl., Abb. 13.18, 13.30 & 13.35. © 1990 Addison-Wesley Publishing Company Inc. Abdruck mit Genehmigung von Addison-Wesley Longman Inc.

beschreibt das Phänomen, daß der Farbeindruck eines Objektes relativ konstant bleibt, auch wenn die spektrale Zusammensetzung der Umgebungsbeleuchtung schwankt[14].

Komplementärfarben. In der Gegenfarbtheorie nimmt man sechs Urfarben oder Primärfarben (Rot/Grün, Blau/Gelb und Schwarz/Weiß) an, von denen jeweils zwei komplementär (antagonistisch) zueinander sind. Rot/Grün und Blau/Gelb erfüllen diese Eigenschaft (annähernd). Mischt man diese Farben, so erhält man keine Mischfarben, sondern Weiß bzw. Grautöne. Auf der Retina folgt die Verschaltung der rezeptiven Felder dem Prinzip der Gegenfarbtheorie. Während beim Stäbchensehen das Zentrum eines Feldes auf einen Lichtreiz reagiert und das Umfeld diese Reaktion hemmt, handelt es sich bei den Zapfen um Farbzentren und Gegenfarbumfelder. Bei Lichteinfall entsprechender Färbung (der des Zentrums) erhöht sich die Frequenz der abgegebenen Potentiale der Ganglienzellen, was sich bei andersfarbiger Belichtung des Umfeldes noch erhöht. In den rezeptiven Feldern der seitlichen Kniehöcker finden ähnliche Prozesse statt.

Neuere Theorien postulieren, daß die drei Gegenfarben in drei Paaren farbantagonistischer neuronaler Kanäle verarbeitet werden. So wird in einem Kanalpaar, das Rot und Grün analysiert, der eine Kanal durch Rot erregt und durch Grün gehemmt, während der andere durch Rot gehemmt und durch Grün erregt wird. Bei gleichem Ausgangssignal beider Kanäle eines solchen Paars erfolgt keine Reaktion – die Antworten löschen sich gegenseitig aus [Kan95].

Farbgesichtsfeld. Die drei Zapfensorten für Rot, Grün und Blau sind nicht gleichmäßig auf der Netzhaut verteilt. Die Zapfen für Rot und Grün (M- und L-Zapfen) befinden sich in dem Bereich der Retina, der einem Blickwinkel von ca. 20° entspricht. Die blauempfindlichen S-Zapfen befinden sich auch in einem Bereich, der ca. 40° des Blickwinkels entspricht (vertikal zum Teil etwas weniger, horizontal etwas mehr).

3.2.4 Farbräume

Die technische Entwicklung gerade im Bereich der Computer- und Monitortechnik führte zur Entwicklung verschiedenster Farbräume, mit deren Hilfe *Farbe* quantifizierbar gemacht werden sollte. Neben den physikalisch basierten Modellen wurde der Entwicklung sog. perzeptueller Farbräume, die der subjektiven Farbempfindung des Menschen[15] Rechnung tragen, große Aufmerksamkeit geschenkt. Wesentliche Beiträge hierzu kamen schon sehr früh

---

[14] Aus der Photographie ist dem Leser diese Problematik u.U. selbst vertraut: Aufnahmen mit einem Standard-Diafilm (der für die spektrale Zusammensetzung von Tageslicht ausgelegt ist) wirken bei Glühlampenlicht aufgrund eines höheren Rotanteils gelblich und *warm*, bei Leuchtstoffröhrenlicht grün- oder braunstichig, bei Nebel aufgrund des weggefilterten Rotanteils bläulich. Der Film ist in diesem Fall „objektiv".

[15] Der Mensch kann ca. 160 Farben und $7 \cdot 10^6$ Farbtöne unterscheiden.

aus dem Hause Tektronix, einem Hersteller für Terminals und Bildschirme. Die Darstellung dieser Thematik ist hier nur kursorisch möglich, für weiterführende Darstellungen sei auf [Jai89] verwiesen.

Zur mathematischen Modellierung der Problematik gehen wir in Anlehnung an die drei unterschiedlichen Typen von Zapfen von drei *primären Lichtquellen* mit den ihnen zugeordneten spektralen Energieverteilungen $P_k(\lambda)$ mit $k = 1\ldots 3$ aus. Es sei:

$$\int_{\lambda_{min}}^{\lambda_{max}} P_k(\lambda) d\lambda = 1 \tag{3.6}$$

wobei die Lichtquellen linear unabhängig sind, d.h. keine Kombination von zwei Quellen kann die Dritte erzeugen. Ordnet man jedem der drei Typen von Zapfen ein Absorptionsspektrum $S_i(\lambda)$ zu, wobei $\lambda_{min} \leq \lambda \leq \lambda_{max}$ mit $\lambda_{min} \approx 380\,\text{nm}$ und $\lambda_{max} \approx 780\,\text{nm}$, so kann die spektrale Antwort $\alpha_i(C)$ auf eine farbige Lichtquelle mit der spektralen Energieverteilung $C(\lambda)$ beschrieben werden als:

$$\alpha_i(C) = \int_{\lambda_{min}}^{\lambda_{max}} S_i(\lambda) C(\lambda) d\lambda \qquad \text{mit} \quad i = 1, 2, 3 \tag{3.7}$$

Die Darstellung 3.7 kann als Farbrepräsentationsgleichung interpretiert werden. Wenn nun zwei Quellen mit unterschiedlichen spektralen Verteilungen $C_1(\lambda)$ und $C_2(\lambda)$ eine Antwort derart erzeugen, daß $\alpha_i(C_1) = \alpha_i(C_2)$ mit $i = 1, 2, 3$, dann werden die Farben C_1 und C_2 als identisch empfunden, obwohl sie unterschiedliche spektrale Zusammensetzungen haben.

Um nun eine bestimmte Farbe zu erzeugen, werden die drei Quellen mit den Gewichten β_k zu $\sum_{k=1}^{3} \beta_k P_k(\lambda)$ gemischt. Die resultierende Farbempfindung kann dann beschrieben werden durch:

$$\alpha_i(C) = \int \left[\sum_{k=1}^{3} \beta_k P_k(\lambda) \right] S_i(\lambda) d\lambda = \sum_{k=1}^{3} \beta_k \left[\int S_i(\lambda) P_k(\lambda) d\lambda \right] \quad i = 1, 2, 3 \tag{3.8}$$

Wir können nun die Antwort des i-ten Zapfentyps auf die k-te Primärquelle beschreiben mit:

$$\alpha_{i,k} = \alpha_i(P_k) = \int S_i(\lambda) P_k(\lambda) d\lambda \qquad \text{mit} \quad i, k = 1, 2, 3 \tag{3.9}$$

Daraus folgen unmittelbar die Gleichungen der Farbäquivalenz:

$$\sum_{k=1}^{3} \beta_k \alpha_{i,k} = \alpha_i(C) = \int S_i(\lambda) C(\lambda) d\lambda \qquad \text{mit} \quad i = 1, 2, 3 \tag{3.10}$$

Bei gegebener Spektralverteilung der Farbe $C(\lambda)$, der Primärquellen $P_k(\lambda)$ und der spektralen Empfindlichkeitskurven $S_i(\lambda)$ können die Koeffizienten

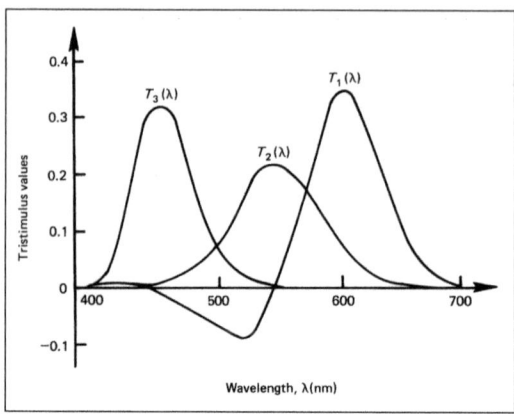

Abb. 3.13. Die Kurven zeigen die Verläufe der Spektralwertkurven für die CIE-Primärfarben in Abhängigkeit von der Wellenlänge. (Aus [Jai89])

β_k durch Lösung der Gleichungen in (3.10) bestimmt werden. Die praktische Umsetzung verwendet eine weiße Lichtquelle mit bekannter spektraler Energieverteilung, gegenüber der die drei Primärquellen kalibriert werden. Der Koeffizient w_k beschreibe den Anteil der k-ten Primärquelle, der benötigt wird, um die weiße Referenzquelle zu erreichen. Dann bezeichnen die Anteile:

$$T_k(C) = \frac{\beta_k}{w_k} \quad \text{mit} \quad k = 1, 2, 3 \tag{3.11}$$

die die Primärfarbanteile[16] der Farbe C. Diese Werte beschreiben also den relativen (Misch-)Anteil der drei Primärvalenzen, um die Farbe C zu erzeugen. Für die Farbe Weiß nehmen sie den Wert 1 an. In den Wert $T_k(C)$ gehen die Wellenlängenabhängigkeiten von C (die spektrale Zusammensetzung der Farbe), von P (spektrale Zusammensetzung der Primärquellen) und von S_i (die spektrale Empfindlichkeit der drei Zapfentypen) ein. Es liegt deshalb nahe, den Wert T_k in Abhängigkeit der Wellenlänge für einen definierten Satz von Primärquellen aufzutragen. Diese Darstellung gibt dann Auskunft darüber, in welchem Verhältnis die Primärquellen zu mischen sind, um für eine Farbe der Wellenlänge λ die entsprechende Farbempfindung zu erzeugen. Abbildung 3.13 zeigt die Verläufe für die monochromen CIE[17]-Primärfarben $\lambda_1 = 700$ nm, $\lambda_2 = 546,1$ nm und $\lambda_3 = 435,8$ nm (Rot, Grün und Blau – CIE-RGB). Hierbei fällt auf, daß $T_1(\lambda)$ stellenweise negativ wird[18]. Dies bedeutet, daß bestimmte Farben durch das CIE-System mit den gegebenen Primärfarben nicht erzeugbar sind. In der Tat ist keine Kombination realer Quellen zu finden, für die T_k immer positiv bleibt, sprich mit denen alle Farben durch Mischung erzeugbar sind. Man verwendet deshalb alternativ ein System hypo-

---

[16] engl. tristimulus values
[17] Commission Internationale de L'Eclairage (Internationales Kommitee für Farbstandardisierung)
[18] Da man eine Quelle nicht mehr als *abschalten* kann, stellt dieses Ergebnis physikalisch ein unlösbares Problem dar.

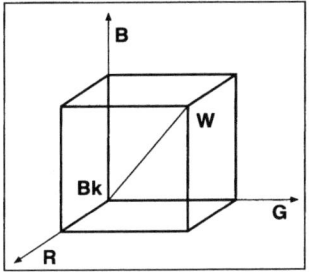

Abb. 3.14. Die Abbildung zeigt den RGB-Farbwürfel. Bei (0,0,0) liegt Schwarz, bei (1,1,1) Weiß. Der CYM-Farbwürfel sieht sehr ähnlich aus, die Achsen sind entsprechend mit C,Y und M beschriftet. Weiß hat dann die Koordinaten (0,0,0) und Schwarz die Koordinaten (1,1,1). (Nach [Lev93])

thetischer Primärquellen XYZ, für die diese Bedingung erfüllt ist. Sie gehen aus dem RGB-System durch eine lineare Transformation hervor:

$$\begin{bmatrix} x \\ y \\ z \end{bmatrix} = \begin{bmatrix} 0,490 & 0,310 & 0,200 \\ 0,177 & 0,813 & 0,011 \\ 0,000 & 0,010 & 0,990 \end{bmatrix} \begin{bmatrix} r \\ g \\ b \end{bmatrix} \qquad (3.12)$$

Dieses XYZ-System ist zugleich Basis für die Transformation in andere Farbräume wie das NTSC[19]-RGB-System:

$$\begin{bmatrix} r \\ g \\ b \end{bmatrix}_{\text{NTSC}} = \begin{bmatrix} 1,910 & -0,533 & -0,288 \\ -0,985 & 2,000 & -0,028 \\ 0,058 & -0,118 & 0,896 \end{bmatrix} \begin{bmatrix} x \\ y \\ z \end{bmatrix} \qquad (3.13)$$

Eine detaillierte Übersicht zu den Farbraumtransformationen findet der Leser in [Jai89].

Die CIE-Farbnorm. Die im folgenden beschriebenen Farbräume bauen alle auf dem erstmalig 1931 festgelegten CIE-Farbraum auf, der sich aus drei Standard-Primärfarben X, Y und Z berechnet und alle vom Menschen wahrnehmbaren Farben beschreibt. Ein solcher Standard ist notwendig, damit eine Farbe, egal auf welchem Wege sie erzeugt wurde, immer möglichst genau reproduziert werden kann. Dieser Standard von 1931 wird auch heute noch für die meisten Computergraphik-Anwendungen verwandt, da er sich dafür als am ehesten geeignet erwiesen hat. Neuere CIE-Standards sind für größere Flächen besser geeignet, die auf den relativ kleinen Computer-Bildschirmen aber nicht vorkommen. Die im folgenden vorgestellten Farbräume bilden alle nur einen Ausschnitt aus dem CIE-Farbraum. Da die Farbdarstellung auf Bildschirmen immer nach dem RGB-Prinzip vonstatten geht (Bildschirme haben rote, grüne und blaue, dicht beieinanderliegende Punkte), sind die vorgestellten Farbräume zwangsläufig gleichmächtig.

---

[19] National Television Systems Committee, dieses System wurde für Farbfernseher entwickelt

3. Bildwahrnehmung

Die Farbräume RGB und CYM. Es gibt mehrere Möglichkeiten, die sichtbaren Farben darzustellen und zu beschreiben, wie man sie erhält. Eine dieser Möglichkeiten ist die Mischung durch drei Grundfarben. Diese Mischung[20] läßt sich entweder subtraktiv oder additiv erreichen. Der Farbraum RGB (Abb. 3.14), der durch die Mischung der Grundfarben Rot, Grün und Blau entsteht, ist ein additiv erzeugter Raum. Mischt man die drei Grundfarben in gleichem, vollem Anteil, so erhält man die Farbe Weiß. Der Farbraum CYM entsteht hingegen durch subtraktive Mischung von Cyan, Yellow und Magenta, die die Komplementärfarben zu Rot, Grün und Blau sind. Die beiden Systeme unterscheiden sich also nur dadurch, daß beim einen die Farben durch Addition von Rot-, Grün- und Blau-Anteilen zu Weiß, beim anderen durch die Subtraktion von Cyan-, Yellow- und Magentaanteilen von Weiß erzeugt werden. Die Farbräume sind demnach gleichmächtig und lassen sich auch relativ leicht ineinander überführen. Es gilt:

$$\begin{pmatrix} r \\ g \\ b \end{pmatrix} = \begin{pmatrix} 1 \\ 1 \\ 1 \end{pmatrix} - \begin{pmatrix} c \\ y \\ m \end{pmatrix} \qquad (3.14)$$

und entsprechend:

$$\begin{pmatrix} c \\ y \\ m \end{pmatrix} = \begin{pmatrix} 1 \\ 1 \\ 1 \end{pmatrix} - \begin{pmatrix} r \\ g \\ b \end{pmatrix} \qquad (3.15)$$

Ganz offensichtlich entsprechen diese beiden Farbräume der Theorie des trichromatischen Sehens. Anders ist es bei den Farbräumen HSV und HLS, sie entsprechen der Gegenfarbtheorie.

Die Farbräume HSV und HLS. Eine benutzerfreundlichere Methode der Farbmischung bieten die Farbräume HSV und HLS. Im Gegensatz zu den Farbräumen RGB und CYM bestehen die drei Parameter hier nicht aus zu mischenden Grundfarben, sondern aus eher intuitiven Bezeichnungen, nämlich *Hue* (Farbton), *Saturation* (Sättigung) und *Value* (Dunkelstufe) beim HSV-System und *Hue*, *Lightness* (Helligkeit) und *Saturation* beim HLS-System. Die beiden Systeme lassen sich auch relativ leicht ineinander überführen [Fol90]. Wie man in Abbildung 3.15 erkennen kann, sind die drei Grundfarben des RGB-Systems im Wechsel mit den drei Grundfarben des CYM-Systems quasi kreisförmig angeordnet, wobei sich Komplementärfarben immer genau gegenüberliegen, also um 180° versetzt zueinander sind. Hierin besteht die Analogie zur Gegenfarbtheorie.

Perzeptuelle Farbräume. Keiner der oben aufgeführten Farbräume erfüllt die Anforderung, daß Farben, die im Farbraum die gleiche Helligkeit haben, auch subjektiv vom Betrachter als gleich hell eingestuft werden. Ebenso entsprechen geometrische Farbabstände in den Farbräumen nicht den perzeptiv empfundenen Anständen. Genau wie beim achromatischen Licht unterliegt

---

[20] Man denke an den Malkasten aus der Kindheit!

der subjektive Helligkeitswert einer Farbe nicht einer linearen Abhängigkeit zum physischen Helligkeitswert. Es gibt Farbsysteme, die dieser Anforderung gerecht werden. Eines davon ist das Tektronix HVC-Farbsystem (Abb. 3.16) mit den Parametern Hue, Value und Chroma. Es richtet sich nach der 1976 veröffentlichten, perzeptuellen CIE-LUV Farbnorm.

Farbinterpolation. Ähnlich wie die Intensitätsinterpolation in Schwarzweißbildern, bietet die Farbinterpolation die Möglichkeit, die Qualität eines Bildes aufzubessern, falls es auf einem Monitor höherer Auflösung dargestellt wird. Beim *Antialiasing* wird durch Farbinterpolation erreicht, daß Kanten weicher werden und Kreise dadurch runder wirken. Zu beachten ist bei der Farbinterpolation, daß beim Gebrauch verschiedener Farbsysteme verschiedene Interpolationsfarben entstehen können. Dies geschieht dann, wenn man von einem trichromatischen Farbsystem in ein Gegenfarbsystem wechselt oder umgekehrt. Interpolierte Bilder sollten also nachträglich nicht in ein andersartiges System übertragen werden.

Der Gebrauch von Farbe in Computergraphiken. Farbe kann ein Computerbild enorm aufwerten. Im Bereich der medizinischen Bildverarbeitung, aber auch sonst, sollte immer hinterfragt werden, ob Farbe einen sinnvollen Beitrag zur Bildverarbeitung durch das visuelle System des Betrachters

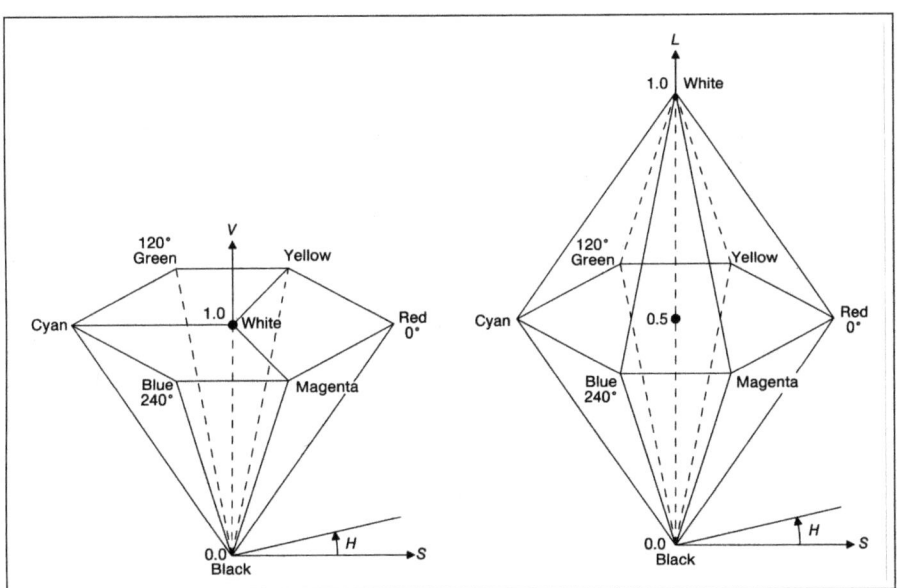

Abb. 3.15. Links das HSV-Modell, rechts das HLS-Modell. Die Gemeinsamkeiten sind offensichtlich: Der Paramter Hue ist in genau gleicher Weise dargestellt, Saturation ebenso. Der Unterschied besteht in den Parametern Value und Lightness. Nachteil des HLS-Systems: Die Farben nehmen bei einem Lightness-Wert von 0,5 ihre maximale Sättigung an. Intuitiv plausibler ist die maximal erreichbare Sättigung bei Value = 1 im HSV-System. (Aus [Fol90])

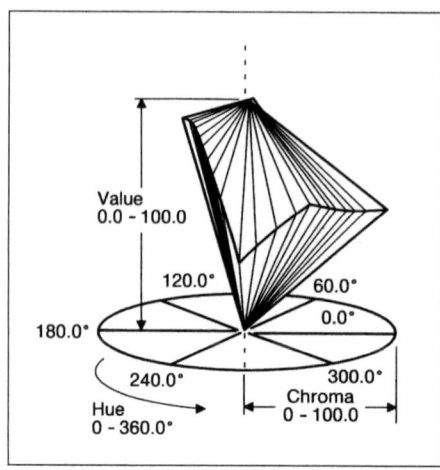

Abb. 3.16. Die Graphik veranschaulicht den Aufbau des perzeptuellen HVC-Farbraumes mit den Komponenten Hue, Value und Chroma. (Aus [Fol90])

leisten kann[21] oder ob sie im Gegensatz dazu die Leistungen eines Benutzers eher schmälert (vgl. Kap. 13). Farbe sollte dabei auf jeden Fall nach einem festen Prinzip ausgesucht werden und möglichst in perzeptuellen Abständen dargestellt werden, also z.B. nach dem HVC-Farbsystem. Der konservative Ansatz lautet, zunächst alles für die monochrome Darstellung zu entwerfen, also ohne auf den Gebrauch von Farbe angewiesen zu sein, und danach evtl. Farben hinzuzufügen. Der Hintergrund sollte eine möglichst neutrale (graue) Farbe haben. Das Abgrenzen von Farben gegeneinander durch eine dünne schwarze Linie unterstützt die Figurerkennung des Betrachters. Auch bei Farben gilt oft: Je weniger desto besser, es sei denn, daß Darstellungen in Echtfarben gemacht werden.

Kleine farbige Flächen sollten sich nicht nur in der Farbe, sondern vor allem in der Intensität unterscheiden, da physiologisch bedingt bei kleinen Flächen die Intensität eine tragendere Rolle bei der Unterscheidung spielt. Grüne und rote Farben mit niedrigerer Sättigung und Helligkeit bereiten Betrachtern mit Farbsehstörungen Probleme (immerhin ein Anteil von ca. 8% der Bevölkerung!). Ihre Benutzung sollte daher vermieden werden.

3.2.5 Raumwahrnehmung

Die räumliche Wahrnehmung beruht zwar in erster Linie, aber nicht gänzlich auf der Tatsache, daß uns für das Sehen zwei Augen zur Verfügung stehen, die räumlich verschieden voneinander angeordnet sind. Aber auch schon mit einem Auge können viele Aspekte eines räumlichen Bildes verarbeitet werden. Die vermutlich wichtigste Informationsquelle für das einäugige Tiefensehen sind Veränderungen der retinalen Reizverteilung bei Eigenbewegungen des Betrachters. Eine gewisse Analogie zur beidäugigen Raumwahrnehmung

---

[21] z.B. das Farb-Doppler-Ultraschallverfahren (vgl. Kap. 2)

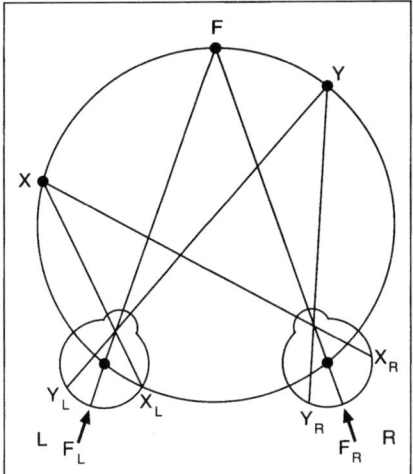

Abb. 3.17. Der dargestellte Kreis ist der *theoretische Horopter*. Die Punkte F, X und Y werden auf korrespondierende Netzhautstellen abgebildet. Alle Punkte, die nicht auf dem Horopterkreis liegen, werden auf nichtkorrespondierende Netzhautstellen abgebildet. (Nach [Spa90])

besteht darin, daß hier durch die Eigenbewegung ähnliche Reizverhältnisse vorliegen, nur mit dem Unterschied, daß sie hier nacheinander entstehen.

Die binokulare Raumwahrnehmung kommt im wesentlichen durch die Verknüpfung der Informationen, die von den beiden Augen zur Großhirnrinde gelangen, zustande. Der Konvergenzwinkel zwischen den Sehachsen der beiden Augen wird dabei als erster, grober Abstandsindikator gewertet. Eine größere Rolle spielt die *Querdisperation*. Darunter versteht man die Tatsache, daß bei der Betrachtung einer visuellen Szene nur ein kleiner Teil der Bildpunkte in beiden Augen auf korrespondierenden Stellen abgebildet wird. Die Querdisperation ist der Betrag, um den die Punkte voneinander verschoben sind. Man kann zeigen, daß auf korrespondierende Netzhautstellen nur solche Punkte abgebildet werden können, die auf einem Kreis liegen, der durch den Fixationspunkt und die Drehpunkte der beiden Augen führt. Diese Kreislinie wird als *theoretischer Horopter* bezeichnet (Abb. 3.17). Resultat der Abbildung auf nichtkorrespondierende Netzhautstellen ist die gesehene Tiefe.

3.2.6 Adaptation und Akkommodation

Unter Adaptation versteht man die Fähigkeit des Auges, sich an verschiedene Beleuchtungsintensitäten anzupassen, also die Schwelle der Lichtempfindlichkeit zu verändern. Hierzu dienen zwei Mechanismen: die chemische Adaptation und die neuronale Adaptation.

Chemische Adaptation. Die lichtempfindliche Substanz in den Photorezeptoren, das Rhodopsin ist unter normalen Umständen zu einem großen Teil durch das Licht chemisch verändert. Bei Dunkelheit nimmt die Resynthese des Rhodopsins, das je nach Helligkeit in den verschiedensten chemischen Varianten vorliegt, zu und ist nach ca. 45 Minuten vollständig[22]. Proportional zur Regeneration des Rhodopsins in den Stäbchen erfolgt die Adaption. In den Zapfen läuft die chemische Dunkeladaption wesentlich schneller ab, die Zunahme der Empfindlichkeit ist hier aber eher gering.

Neuronale Adaptation. Neuronale Adaptation findet durch die Zusammenschaltung mehrerer rezeptiver Felder, sowohl in der Retina als auch in den visuellen Zentren statt. Dadurch wird für jeden Bildpunkt das Licht aus einer größeren Zahl von Rezeptoren gesammelt. Die Lichtempfindlichkeit steigt durch Summation und durch Zentrum/Umfeld-Kontraste. Die Bildschärfe nimmt dadurch ab.

Akkommodation. Akkommodation ist die Anpassung der Brechkraft des optischen Apparates an die Entfernung des fixierten Gegenstandes. Dies geschieht durch eine Krümmung vorwiegend der vorderen Linsenfläche. Ihre geringste Brechkraft hat die Linse bei Ferneinstellung (Fernakkomodation). Der Ziliarmuskel, der die Krümmung bewerkstelligt, ist dann ganz erschlafft. Bei Anspannung dieses Muskels verändert die Linse ihre sonst flache Form und der Scharfpunkt rückt näher (Nahakkomodation). Bei jungen Menschen können bei maximaler Nahakkomodation Gegenstände ab ca. 7 cm Entfernung scharf dargestellt werden. Mit zunehmenden Alter verliert die Linse infolge von Wasserverlust an Elastizität und der Nahpunkt rückt weiter vom Auge weg. Zur Änderung der Brechkraft kommt es bei unscharfen Abbildungen auf der Netzhaut. Die Eigenschaft der Unschärfe wird wahrscheinlich in der Area V2 des visuellen Cortex ermittelt und von dort an das *pupillmotorische Zentrum* weitergeleitet. Wie bei Autofokussystemen moderner Kameras findet auch beim Menschen ein Pendeln um den optimalen Schärfepunkt statt. Bei der Verwendung unscharfer Monitore oder ungenügender Sehkorrekturen führt dieser unbewußt ablaufende Vorgang zu übermäßigen Akkommodationsbewegungen und damit zu einer frühzeitigen Ermüdung und Augenbrennen[23].

3.3 Perzeption

Die Erkenntnisse über Anatomie und Physiologie des visuellen Systems und aller Wahrnehmungssysteme überhaupt reicht heute noch nicht aus, um beschreiben zu können, wie die Informationsverarbeitung abläuft. Welche Prozesse zur Bearbeitung stattfinden und wie sie funktionieren, ist aus physiologischer Sicht noch ungeklärt.

Die Hirnphysiologie geht davon aus, daß die kritischen physiologischen Trägerprozesse der Wahrnehmung in Erregungsverteilungen innerhalb geschlossener Nervennetze bestehen, deren räumliche Struktur in keinerlei örtlicher Beziehung zu der räumlichen Beschaffenheit der Wahrnehmungsinhalte steht.

---
[22] d.h. sie hat das Konzentrationsmaximum erreicht
[23] was aber häufig anderen Ursachen zugeschrieben wird

Die Psychologie bietet eine Alternative zur Physiologie, um Wahrnehmung zu beschreiben und zu erklären. Der momentan meistverbreitete Ansatz, Wahrnehmung zu erklären ist, sie als Prozeß der Informationsverarbeitung aufzufassen [Mar82]. Aber auch andere, ältere Ansätze werden deswegen heute nicht gleich unbedeutend. Die Ergebnisse der Gestaltpsychologie haben noch voll ihre Gültigkeit. Der Versuch, aus den gewonnenen Gesetzen Rückschlüsse auf die Anatomie und Physiologie des psychophysischen Apparates zu ziehen, ist bisher nicht gelungen [Spa90]. Hier nun einige perzeptive Phänomene und die entsprechenden psychologischen Erklärungsansätze.

3.3.1 Gestalterkennung

Ein ganzer Zweig der Psychologie hat sich lange mit der sog. Gestalttheorie beschäftigt, mit dem Ziel, erklären zu können, warum „Dinge so aussehen, wie sie aussehen". Zentraler Begriff der Gestalttheorie ist die *Prägnanz*, die ein allgemeines Rahmenprinzip für den gesamten gestalttheoretischen Ansatz darstellt. Sie soll helfen zu erklären, warum eine gegebene Struktur von Einzelelementen als Ganzes in einer bestimmten Art und Weise wahrgenommen wird. Die Gestalttheoretiker kamen zu dem Ergebnis, daß die Summe der Einzelwahrnehmungen nicht gleichrangig mit dem tatsächlichen Gesamtbild ist. Die Prägnanz ist quasi das Kriterium, das die Gesamtwahrnehmung von der Summe der Einzelwahrnehmungen abhebt. Dem Prägnanzprinzip zufolge setzt sich immer die Anordnung durch, die die „beste" Gesamtgestalt ergibt. „Beste" bedeutet dabei: möglichst einfach, einheitlich, dicht, geschlossen, symmetrisch, ebenbreit, konzentrisch etc. Die Gestalttheorie beschäftigt sich mit allen Wahrnehmungsformen, so z.B. auch mit der Akustik. Speziell für das Sehen gibt es einige Gesetze, die die Wahrnehmung von Bildern beschreiben.

Eine Einteilung, die im Wahrnehmungsprozeß vorgenommen wird, besteht darin, ein Bild in Figuren und einen (Hinter-)Grund einzuteilen, was zu ei-

Abb. 3.18. In der Abbildung erkennt man entweder zwei weiße, lachende Gesichter auf schwarzem Grund oder eine schwarze Vase (oder Kerzenhalter) auf weißem Grund. (Aus [Schmi87])

90   3. Bildwahrnehmung

ner Hervorhebung der Figuren und einer Vernachlässigung des Hintergrundes führt. Faktoren dieser *Figur/Grund-Gliederung* sind z.B. geschlossene Konturen, die relative Größe zur Umgebung und Symmetrieeigenschaften. Die unwillkürliche Zuordung von Elementen in einem Bild hängt von der Ge-

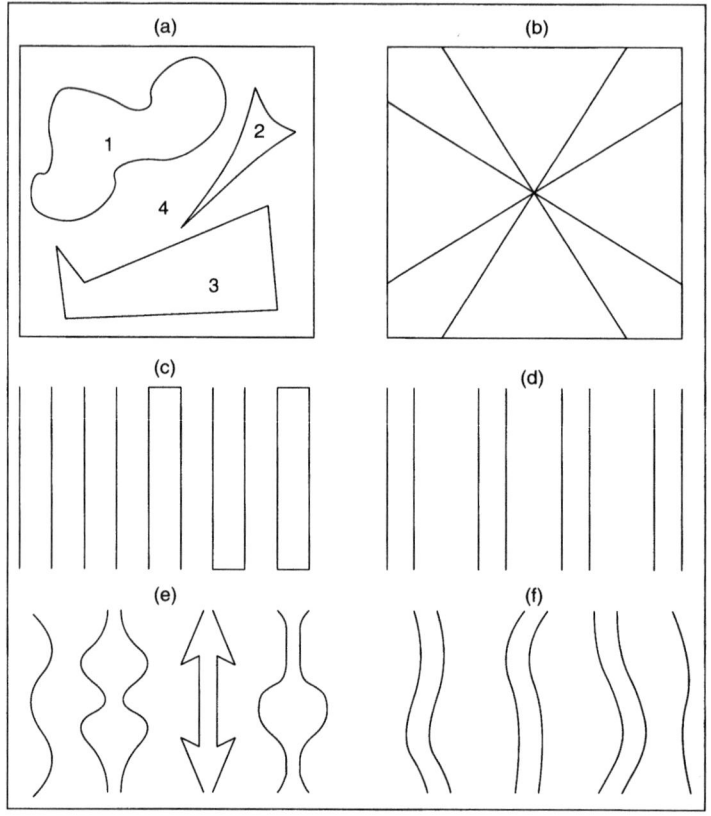

Abb. 3.19. Illustration einiger Gestaltgesetze der Figur/Grund-Gliederung. In (**a**) nimmt man automatisch die Objekte 1, 2, 3 als Figuren wahr, die auf dem Grund (Objekt 4) liegen. Eine andere Interpretation wäre es, das Bild (**a**) als Schablone mit Einstanzungen zu erkennen. Diese Alternative ist aber weniger prägnant und wird deswegen auch kaum so wahrgenommen. In Bild (**b**) sieht man entweder ein Malteser-Kreuz oder ein diagonal liegendes Kreuz als Figur. Das jeweils nicht gesehene Kreuz bildet den Grund. (**c**) veranschaulicht, wie Objekte als zusammengehörig wahrgenommen werden. Eine einzige horizontale Verbindung genügt dazu schon. In (**d**) wird ein Anordnunungsprinzip der Figur/Grund-Gliederung deutlich: Objekte, die nahe beieinander liegen, werden als zusammengehörig betrachtet. Bild (**e**) enthält symmetrische Objekte, die den nichtsymmetrischen gegenüber bevorzugt wahrgenommen werden. Ähnliches wird in (**f**) dargestellt, nur hier für das *Ebenbreitprinzip*: Die ebenbreiten Schläuche werden als Figuren erkannt, die nichtebenbreiten nur mit Anstrengung, und dann auch nur kurzzeitig. (Nach [Spa90])

samtstruktur ab und läßt sich durch Figur/Grund-Gesetze beschreiben (Abb. 3.18 und 3.19).

Abb. 3.20. Gestaltgesetze der Binnengliederung: Bild (**a**) würde nie als Überlagerung der beiden Objekte in (**b**) gesehen werden. Selbiges gilt für Bild (**c**): Die Zerlegung in (**d**) ist nicht direkt nachzuvollziehen. Beiden Beispielen ist gemeinsam, daß die gewählten Zerlegungen nicht prägnant genug sind, um so vom Betrachter wahrgenommen zu werden. Einige Gestaltgesetze sind verletzt: Durchgehender Kurvenverlauf, möglichst wenige Winkel etc. In (**e**) und (**f**) wird das Gesetz des durchgehenden Kurvenverlaufs verwandt, um eine wohlbekannte Reizkonfiguration unsichtbar zu machen: In beiden Bildern ist die Ziffer 4 versteckt. In Bild (**g**) reicht das Gesetz des durchgehenden Kurvenverlaufs alleine nicht aus, um die dennoch eindeutige Zerlegung zu erklären. (**h**) verstößt sogar gegen dieses Gesetz, trotzdem ist die Zerlegung in Quadrat und Zackenlinie prägnanter, weil sie einfach simpler ist. (Nach [Spa90])

3. Bildwahrnehmung

Eine gewisse Verwandtschaft zur Figur/Grund-Gliederung weisen die Gesetze der Binnengliederung auf, die die Wahrnehmung von sich berührenden oder kreuzenden Strukturen beschreiben. Ein entscheidendes Gliederungsprinzip ist das *Gesetz des durchgehenden Kurvenverlaufs*. Die Begrenzungslinien eines Objektes verlaufen so, daß sie ihre Richtung und ihre Struktur möglichst fortsetzen (Abb. 3.20).

Tiefe in der Fläche ist ein drittes allgemeines Prinzip, daß die Raumwahrnehmung von zweidimensionalen Bildern beschreibt. Auch hier gilt wieder, das die prägnanteste Zerlegung ausgewählt wird, zum Teil unter Zuhilfenahme imaginärer Ergänzungen, die die Auswahl aus verschiedenen Anordnungsmöglichkeiten erhöht. Die dritte Dimension wird dann zu Hilfe genommen, wenn durch ihre Einbeziehung mehr Ordnung und damit mehr Prägnanz geschaffen wird. Konfigurationen, die bereits zweidimensional hinreichend prägnant sind, werden nicht dreidimensional gesehen (Abb. 3.21 und 3.22).

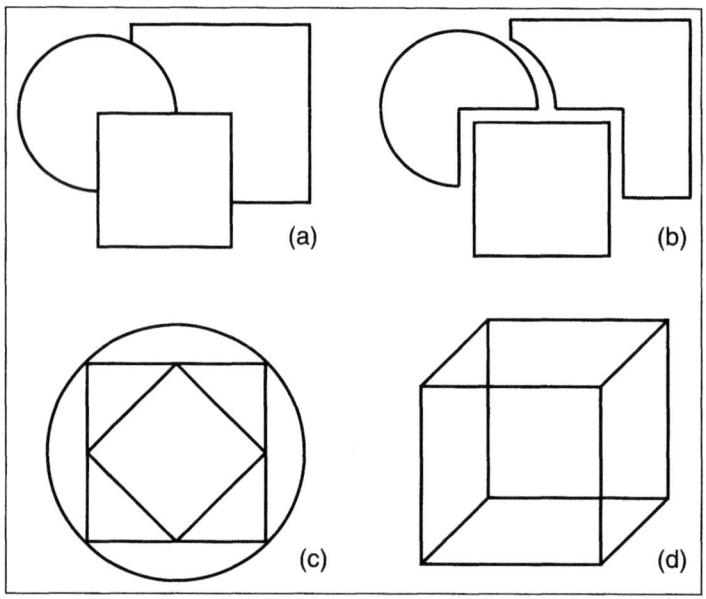

Abb. 3.21. In (a) nimmt man normalerweise ein kleines Quadrat wahr, das teilweise einen Kreis verdeckt, der wiederum teilweise ein größeres Quadrat verdeckt. Um diese Formen so zu erkennen, sind imaginative Ergänzungen notwendig. Diese sind anscheinend leichter zu realisieren, als die drei Objekte in (b) zu erkennen, die zusammengesetzt das gleiche Bild wie (a) ergeben. In (c) schwankt die Interpretation zwischen drei übereinanderliegenden Objekten und einem zweidimensionalen Schablonen-Objekt. Den Würfel in (d) als zweidimensionales Objekt aufzufassen ist fast unmöglich. In der dreidimensionalen Interpretation schwankt man zwischen zwei möglichen Würfeln hin und her. Man sieht einen Würfel, der entweder von rechts oben oder von links unten aus in die Tiefe geht. (Nach [Spa90]).

Abb. 3.22. Diese Abbildung zeigt das bekannte Kanisza-Dreieck. Unwillkürlich sieht man die Konturen eines weißen, dreiecksähnlichen Gebildes, obwohl dieses nur durch ein paar Ankerreize beschrieben wird. Auch hier werden imaginative Ergänzungen gemacht. (Nach [Mar82])

3.3.2 Formerkennung

Erkennen von Formen ist wegen der notwendigen Auflösung nur in der Fovea möglich. Die dort wahrgenommene Information wird dann wissensbasiert interpretiert (Abb. 3.23). Dabei ist es typisch, daß einer Reizrepräsentation sehr viele Gedächtnisinterpretationen gegenüberstehen. Je nach Art der

 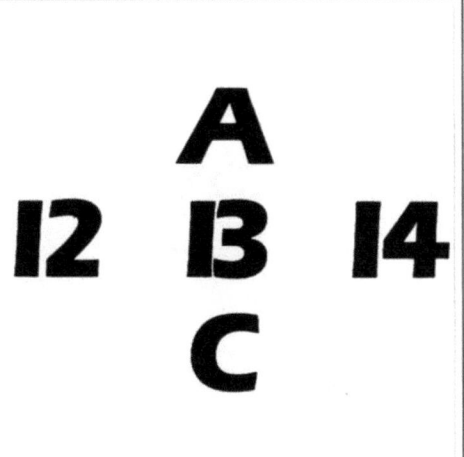

Abb. 3.23. Im linken Bild erkennt man auf Anhieb alle Bildinformationen, trotz ihrer skizzenhaften Darstellung (Pablo Picasso (Graphik, 1957) © Succession Picasso/VG Bild-Kunst, Bonn, 1996). Im rechten Bild variiert die mittlere Gruppe zwischen dem Buchstaben „B" und der Zahl „13" abhängig vom einbezogenen Kontext (Scott Kim, Inversions © Key Curriculum Press, 1996). (Links aus [Mar82], rechts aus [Gor89])

94   3. Bildwahrnehmung

Reizinformation findet entweder eine lineare Durchmusterung oder ein analytischer Vergleich von Reiz- und Gedächtnisinformation statt. Bei linearer Durchmusterung ergibt sich ein hoher, linearer Zeitaufwand, bei analytischem Vergleich entsteht im günstigen Fall eine logarithmische Zeitabhängigkeit zur Anzahl der zu überprüfenden Gedächtnisrepräsentationen. Beide Formen finden nicht ausschließlich statt. In der Realität dürfte es sich überwiegend um Mischformen beider Erkennungsarten handeln.

Umgebung und Kontext der zu erkennenden Form spielen dabei eine wichtige Rolle. In Abbildung 3.23 rechts liest man waagerecht „12, 13, 14", senkrecht erkennt man aber „A, B, C". Hat man komplizierte Formen einmal erkannt, so werden diese gespeichert und können bei Bedarf schneller wieder abgerufen werden. Manchmal hat man kaum die Möglichkeit, eine noch so verworrene, aber zuvor schon erkannte Struktur unbefangen zu betrachten. Das zuvor erkannte Bild drängt sich einem immer wieder auf. Dies kann man sehr gut an Abbildung 3.24 erkennen: In der oberen Hälfte des Bildes, kann man (bei manchen Betrachtern erst nach einiger Zeit!) einen Mann mit Vollbart, langen Haaren und ernstem Gesicht erkennen, der von rechts beleuchtet wird. Hat man den Mann einmal erkannt, sieht man ihn bei erneutem Betrachten des Bildes sofort wieder. Ein weiteres schönes Beispiel für das Erkennen von Formen in komplexen Mustern zeigt Abbildung 3.25.

3.3.3 Visuelle Suche

Die visuelle Suche nach einem Bildbestandteil bestimmter Form erfordert die foveale Fixierung aller in Frage kommenden Formen, da Formerkennung exakt nur in der Fovea möglich ist. Farbcodiertes Suchen führt zu besseren Ergebnissen als das Suchen nach nichtfarbigen Formen. Die Suchzeit (also die

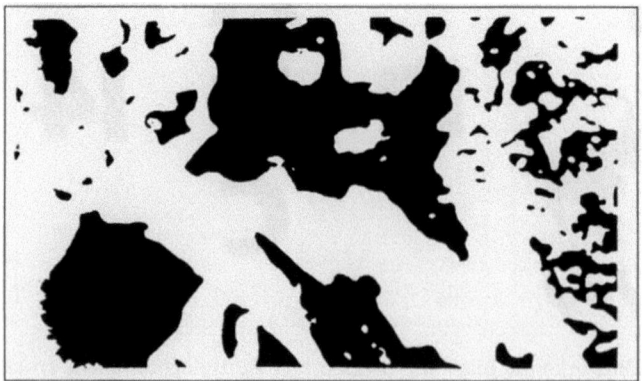

Abb. 3.24. In der oberen Hälfte des Bildes ist ein Mann mit Vollbart, langen Haaren und ernstem Gesicht erkennen. Dieses komplexe Muster ist u.U. erst nach längerem Betrachten erkennbar, kann dann aber bei späterem Betrachten sehr schnell wieder aktiviert werden. (Aus [Gor89])

Zeit, die zum Auffinden des gesuchten Objektes notwendig ist) hängt stark von der visuellen Ähnlichkeit des Objektes zur Umgebung ab. Durch übenden Umgang mit einer Suchaufgabe kann das Suchtempo stark erhöht werden. Deshalb ist es z.B. erforderlich, daß Ärzte die Auswertung von Bildern nach bestimmten Gesichtspunkten trainieren, um so bei der Begutachtung neuer Fälle auf ausreichende Erfahrung zurückgreifen zu können.

3.4 Zusammenfassung

Die Beschäftigung mit den physiologischen und psychologischen Grundlagen des Sehens ist für die Bildverarbeitung aus zwei Gründen von Interesse: Erstens müssen für die Darstellung von Bildern, die durch den Menschen ausgewertet werden sollen, einige Regeln beachtet werden, die sich aus dem Aufbau und der Funktionsweise des menschlichen Sehapparates ergeben. Die logarithmische Staffelung von Grauwerten oder der Gebrauch eines perzeptuellen Farbsystems sind Beispiele für die Berücksichtigung physiologischer und psychologischer Erkenntnisse. Die leichte Täuschbarkeit des Sehapparates, z.B. aufgrund der rezeptiven Felder, sollte bei der Bildverarbeitung beachtet werden, damit Fehlinterpretationen unwahrscheinlicher werden. Bedingt durch die 4 Verarbeitungssysteme im visuellen Cortex ist es sinnvoll, wichtige Informationen durch bestimmte Codierungen hervorzuheben, wie zum Bei-

Abb. 3.25. In der Mitte des Bildes, leicht nach rechts versetzt, erkennt man, wiederum oft erst nach einiger Zeit, einen Hund, dessen Längskörperachse von rechtsunten nach linksoben verläuft. Sein Kopf ist auf den Boden gerichtet, wo er gerade an einer Pfütze leckt o.ä. Aufgrund des Punktmusters erkennen viele diesen Hund als Dalmatiner. (Aus [Mar82])

spiel die Kopplung von Bewegungs- und Farbinformation beim Farb-Doppler-Ultraschallverfahren (vgl. Kap. 2). Aber auch simple Dinge, wie die maximale Sehschärfe des Auges oder die relativ große Zahl farbsehgestörter Menschen sind beachtenswerte Tatsachen.

Zweitens kann die *intelligente* Bildverarbeitung einiges vom menschlichen Sehen lernen. Die Kontrastverstärkung auf der Retina, die Konzentration auf einen scharfen Punkt, die Fovea centralis, die neuronale Anpassung an verschiedene Beleuchtungsverhältnisse, all diese Dinge finden sich schon in *sehenden* Maschinen wieder. Aber auch die Erkenntnisse der Psychologie sind hier von Interesse. Die zahlreichen Gestaltgesetze könnten beispielsweise genutzt werden, um Formen von Objekten zu erkennen. Die Art der Formerkennung des Sehapparates erscheint aufgrund psychologischer Erkenntnisse wie eine reine Datenverarbeitungsangelegenheit, bei der zu einem gegebenen visuellen Reiz in einer großen Datenbank (nämlich dem Gedächtnis) sehr schnell ein entsprechendes Analogon gefunden werden muß.

Über die Funktionsweise unseres Sehens ist mittlerweile vieles bekannt. Für die Bildverarbeitung lassen sich daraus wichtige Schlüsse ziehen. Ob es jemals möglich sein wird, Maschinen mit den visuellen Fähigkeiten des Menschen zu entwickeln, bleibt abzuwarten. Wie die Integration aller Einzelinformationen zu einem Gesamtbild funktioniert oder welche Rolle das Bewußtsein des Menschen spielt, ist bis jetzt unerklärt. Eine Nachahmung auf Maschinen wird bis zur Klärung dieser Dinge schwerfallen.

4. Das Bild als diskrete Ortsbereichsfunktion

Im ersten Teil dieses Buches haben wir gesehen, warum und wann der Mediziner Bilder braucht (vgl. Kap. 1) und auf welche Weise und mit Hilfe welcher physikalischen Techniken solche Bilder erzeugt werden (vgl. Kap. 2). Da die *Interpretation* der Bilder für den Mediziner der entscheidende Prozeß ist, haben wir weiter die physiologischen und psychologischen Grundlagen der Bildwahrnehmung untersucht (vgl. Kap. 3). Hierbei haben wir wichtige Phänomene beobachtet, die uns auch in den folgenden Kapiteln immer wieder begegnen werden: Die Anatomie des Auges mit seinen Stäbchen und Zapfen weist auf das generische Prinzip des Bildpunktes hin, die rezeptiven Felder auf Nachbarschaftskonzepte wie Umgebung und Templates. Konzepte wie Kontrast oder Farbe (mit den damit einhergehenden Farbmodellen) müssen mathematisch präzisiert werden, um sie in die Technik der medizinischen Bildverarbeitung einzubringen.

Die folgenden Abschnitte sind der Frage gewidmet, welche mathematisch-informatischen Modelle der Bildverarbeitung zugrunde liegen. In den seltensten Fällen sind Bilder Selbstzweck. Dies mag vielleicht beim Ölgemälde eines Künstlers der Fall sein. In der medizinischen Bildverarbeitung interessiert dagegen die dem Bild zugrunde liegende Realität und die Semantik des Bildes. Es spielt für die Weiterverarbeitung eines Bildes eine große Rolle, ob es etwa einen Ausschnitt des Sternenhimmels oder den Schatten eines vorüberfliegenden Objektes, das Falschfarbenbild einer Satellitenkamera oder das Schwärzungsprotokoll einer in ein Organ injizierten radioaktiven Substanz darstellt. Im letztgenannten Fall ist jeder *Punkt* des Bildes die Auswirkung eines stochastischen Zufallsprozesses; in anderen Situationen ist jeder Punkt das Ergebnis einer Messung und damit möglicherweise einem systematischen Meßfehler ausgesetzt. Solche Fehler treten auch auf bei alten Fotos, die feucht gelagert wurden, so daß Schlieren und verlaufende Tropfen Teile des Originalbildes unscharf gemacht haben.

4.1 Das Bild als Ortsbereichsfunktion

Ein besonders wichtiges Bildmodell ist das im folgenden betrachtete abgetastete und quantisierte Bild, das aus einem kontinuierlichen *Idealbild* hervorgeht.

4.1.1 Das kontinuierliche Idealbild und das Problem der Diskretisierung

Für die weiteren Betrachtungen wird das Bild zunächst als ideal bzw. fehlerfrei angenommen. Ein solches *Idealbild* stellen wir uns vor als eine reellwertige Funktion $f(x,y)$ über einem Teilbereich der reellen Zahlenebene:

$$f : D \to \mathbb{R} \tag{4.1}$$

Der Definitionsbereich (engl. domain) D ist dabei gegeben durch Punkte $(x,y) \in \mathbb{R} \times \mathbb{R}$, der Wertebereich (engl. range) enthält die reellen Zahlen. Dabei benutzen wir, daß die reellen Zahlen einen universell brauchbaren Bereich darstellen, der reichhaltig genug ist, um vieles adäquat zu modellieren. Der Wert $f(x,y) \in \mathbb{R}$ heißt auch der *Grauwert* an der Stelle (x,y); dies ist ein Hinweis auf die wichtigste klassische Anwendung, nämlich auf den Schwärzungsgrad bei einem aus Silberjodid gewonnenen Schwarzweißbild. Alternativ kann $f(x,y)$ aber auch als codierter *Farbwert* gedeutet werden oder auch als ein codierter *Wertvektor*, der eine mehrdimensionale Information beschreibt. So kann z.B. in einem geographischen Informationssystem jedem Punkt (x,y) ein Tripel (Höhe über Meeresspiegel, Niederschlag, Temperatur) zugeordnet werden – auch Farbwerte werden ja z.B. durch drei Kanäle mit reellen Werten dargestellt. Die Codierung reeller Tripel durch eine einzige reelle Zahl ist ein mathematischer „Kunstgriff", den unser Gehirn nicht direkt in Anschauung übersetzen kann.

Man kann z.B. auch Paare reeller Zahlen mathematisch als komplexe Zahlen deuten. Hier liefert die Gaußsche Zahlenebene ein (sogar in vieler Hinsicht anschauliches und) mathematisch äußerst elegantes Hilfskonstrukt, das sich leider auf höhere Dimensionen nicht erweitern läßt. In sehr vielen Anwendungsfällen und bei vielen der im weiteren betrachteten Bildverarbeitungstechniken erweist sich aber eine eindimensionale Grauwert-Interpretation als die natürliche Vorgehensweise – wir werden im Regelfalle auch hiervon ausgehen.

Rein mathematisch ist auch die Betrachtung dreidimensionaler (oder gar n-dimensionaler) Bilder (Szenen) mit Punkten $(x,y,z) \in \mathbb{R}^3$ möglich. Der Vorteil der Stapelbarkeit physischer zweidimensionaler Bilder wird unwesentlich, wenn man als Bildspeicher den Speicher eines Rechners benutzt. Hier können auch räumliche Informationen problemlos gestapelt werden. In der Tat spielt die Verarbeitung von dreidimenionalen Szenen als ideale Modelle für die dreidimensionale Wirklichkeit eine immer größer werdende Rolle auch in der Medizin [Voe95]. Das Stichwort *virtuelle Realität* (engl. virtual reality) als eine Technik der Erzeugung von Eindrücken, die für unser Auge nicht mehr von der Wirklichkeit zu unterscheiden sind, weist auf diese Entwicklung hin. Andererseits wird aber sicherlich aufgrund der physiologischen Gegebenheiten unserer de facto zweidimensionalen Netzhaut das zweidimensionale Bildmodell seine überragende Bedeutung behalten.

Das kontinuierliche Idealbild ist für die praktische Verarbeitung im Rechner nicht brauchbar. Es ist eine *Diskretisierung* erforderlich, die die Voraussetzung der Visualisierung auf dem Bildschirm ist. Diese Diskretisierung könnte von Anfang an erfolgen, so daß vom kontinuierlichen Idealbild überhaupt nicht mehr die Rede ist. Im vorliegenden Abschnitt werden wir diesen Standpunkt weitgehend verfolgen.

Eine Alternative zu dieser Vorgehensweise ergibt sich z.B. dann, wenn das Idealbild sehr viele geometrische Standardobjekte, d.h. Geraden, Kreise, Dreiecke, einfache Kurven und Körper enthält. Dann werden diese Objekte bei der weiteren Bildverarbeitung so lange wie nur möglich gedanklich mitgeführt und durch wenige Parameter beschrieben (Mittelpunkt, Endpunkt, Länge, Parameter der Kurvengleichung). Erst im Moment der Visualisierung werden diese geometrischen Standardobjekte dann als Rasterbild dargestellt. Anwendungen dieser Art sind in der Architektur und in der Technik vorherrschend und beherrschen auch den Bereich der Computergraphik.

Auch in der medizinischen Bildverarbeitung kann auf die Behandlung kontinuierlicher Bilder nicht verzichtet werden. Der Grund dafür liegt in der Tatsache, daß sich das mathematische Arbeiten mit geometrischen Bildkonzepten wesentlich unproblematischer mit den *klassischen* kontinuierlichen Begriffen gestaltet. Die Mathematik der *diskreten* Bildverarbeitung ist wesentlich komplizierter, nur schwer axiomatisierbar und zumindest derzeit noch kaum entwickelt (vgl. Abschn. 4.2.4). Somit muß die medizinische Bildverarbeitung ständig variieren zwischen *kontinuierlichen* Konzepten bei der *mathematischen* Analyse und *diskreten* Modellen für die *algorithmischen* Techniken. Diese Problematik wird an vielen Stellen unseres Buches zu erkennen sein. Wir müssen also von einer zwingend notwendigen Symbiose – oder gar „Zwangsehe" – zwischen diskreten und kontinuierlichen Konzepten ausgehen.

Wir werden im nächsten Abschnitt 4.1.2 zunächst das diskrete Bildmodell darstellen, sodann aber in Abschnitt 4.1.3 mit der Erläuterung von Koordinaten und Abbildungen an unverzichtbare klassische Grundlagen anknüpfen.

4.1.2 Das diskrete Bild und die Pixelebene

Das für die medizinische Bildverarbeitung sicherlich wichtigste Bildmodell ist das einer *diskreten Ortsbereichsfunktion*. Es wird erhalten durch eine zweistufige Diskretisierung (Digitalisierung):

1. Diskretisierung des Argumentbereiches (Ortsbereich) – Abtastung
2. Diskretisierung des Wertebereiches – Quantisierung

Diese beiden Schritte erfolgen durch Rundung, Mittelwert- oder Schwellwertbildung und sind technisch realisiert durch sog. Bild-Scanner. Die genaue Technik des Scannens, das auch als Rasterung bezeichnet wird, soll bei der Behandlung anderer Bildmodelle diskutiert werden (vgl. Kap. 5). Wir wollen hier von der Problematik der Verfälschung eines Idealbildes durch eine

4. Das Bild als diskrete Ortsbereichsfunktion

unsachgemäße Diskretisierung zunächst absehen und das nun zu schildernde diskrete deterministische Bildmodell als Ausgangspunkt wählen.

Ein (diskretes deterministisches) Bild ist eine Funktion von einem rechteckigen, endlichen Gitter in einen endlichen Grauwertbereich:

$$f : \underline{M} \times \underline{N} \to \underline{G} \qquad (4.2)$$

Wir nehmen vereinfachend an, daß die Elemente unserer Bereiche Teilintervalle der natürlichen Zahlen sind:

$$\underline{M} = \{0, 1, \ldots, M-1\}, \qquad \underline{N} = \{0, 1, \ldots, N-1\}, \qquad \underline{G} = \{0, 1, \ldots, G-1\}$$

Wir bemerken, daß in der Mathematik aus Gründen, die in der Mengenlehre verankert sind, die natürliche Zahl N mit der N-elementigen Menge $\underline{N} = \{0, 1, \ldots, N-1\}$ identifiziert wird. Wir folgen dieser Konvention, obwohl oft auch kleine Buchstaben für die Mächtigkeit von Mengen verwendet werden. Die Größen N und M heißen Breite beziehungsweise Höhe des Bildes, G ist die Mächtigkeit des Grauwertbereiches. Die Werte für N, M und G werden vor dem Hintergrund der Informatik meist als Zweierpotenzen gewählt. Dem derzeitigen Stand der Verarbeitungstechnik entsprechend ist $N = M = 1024$ und $G = 256$ eine häufige Wahl. Bei dieser Dimensionierung benötigt man 1MB Speicher zur natürlichen Speicherung eines solchen Bildes als Array. Wichtig sind auch sog. logische oder Schwarzweißbilder (auch als Binärbilder bezeichnet) mit $G = \{0, 1\}$. Sie treten z.B. bei Zeichnungen oder Texten auf. Es ist üblich, den Wert „schwarz" mit 0 und „weiß" mit 1 zu identifizieren. Bei der logischen Interpretation bedeutet 0 den Wahrheitswert „falsch", 1 den Wahrheitswert „wahr".

Die Gitterpunkte $(m, n) \in M \times N$ werden auch als *Pixel* (engl. picture element) bezeichnet. Bei dreidimensionalen Szenen spricht man von *Voxeln* (engl. volume element). Oft wird M auch als die x-Richtung und N als die y-Richtung bezeichnet. Häufig werden statt der Variablen x, y und z die diskreten Variablen i, j und k verwendet. Auch dieser Konvention werden wir folgen, insbesondere dann, wenn bei der Einbettung der diskreten Pixelebene in die kontinuierliche Euklidische Ebene eine Unterscheidung zu beachten ist. Wir stellen dann Pixel $\mathbf{p}$, $\mathbf{p}'$ usw. durch Paare (i, j), (i', j') usw. dar, Mengen diskreter Koordinaten durch $\underline{I}$, $\underline{J}$ usw. und Pixelmengen durch $\underline{P}$, $\underline{Q}$ und $\underline{R}$.

Bei der Untersuchung vieler Vorgänge verwendet man zur Vereinfachung eindimensionale diskrete Bilder:

$$f : \underline{M} \to \underline{G} \qquad (4.3)$$

Für solche Bilder werden viele Schreibweisen transparenter, ohne daß wesentliche Probleme unterdrückt werden. Die Numerierung der Pixel erfolgt üblicherweise nach dem geometrischen Schema, wie es in Abbildung 4.1 für $N = M = 4$ zu sehen ist.

Es sind allerdings durchaus andere Orientierungen üblich, z.B. in dem weitverbreiteten Bildverarbeitungssystem Khoros. Die für manchen Leser

(0,0)	(0,1)	(0,2)	(0,3)
(1,0)	(1,1)	(1,2)	(1,3)
(2,0)	(2,1)	(2,2)	(2,3)
(3,0)	(3,1)	(3,2)	(3,3)

Abb. 4.1. Zur Pixelnumerierung wird ein Rechtssystem verwendet, wobei das obere linke Pixel der Nullpunkt ist.

unüblich erscheinende Festlegung des Ursprungs in der Nordwestecke der Pixelebene und die horizontale Richtung als y-Richtung hat den Vorteil, daß die Indizierung mit der bei Matrizen üblichen Zeilen/Spalten-Indizierung übereinstimmt. Außerdem unterstützt die gewählte Orientierung ein dreidimensionales Rechtssystem, bei dem gemäß der *Rechte-Hand-Regel* die z-Achse nach oben (zum Leser hin) zeigt.

Die spezielle Wahl der Mengen $\underline{M}$ und $\underline{N}$ bzw. der Zahlen M und N hat den Vorteil, daß man mit den diskretisierten Koordinaten wie in einem algebraischen Ring arbeiten kann, also addieren, subtrahieren, multiplizieren und – mit Einschränkungen – auch dividieren. Die Additionstechnik im Ring $\{0, 1, \ldots, N-1\}$ bzw. $\{0, 1, \ldots, M-1\}$ läßt sich als Restklassentechnik modulo N beziehungsweise modulo M im Ring $\mathbb{Z}$ der ganzen Zahlen interpretieren. Dann bedeutet z.B. ein Überschreiten des rechten Bildrandes einen Wiederbeginn am linken Bildrand. Diese *Wrap-Around-Philosophie* gestattet z.B. auch die Deutung eines Bildes als doppeltperiodische diskrete Funktion auf dem gesamten Gitter ($\mathbb{Z} \times \mathbb{Z}$) durch periodische Fortsetzung sowohl in der horizontalen als auch in der vertikalen Dimension.

4.1.3 Koordinaten und Abbildungen

Neben den in der diskreten Pixelebene eingeführten ganzzahligen Koordinaten ist – wie bereits erläutert – die Verwendung *reeller Koordinaten* und die Betrachtung reellwertiger Grauwert- und anderer Funktionen für mathematische Betrachtungen unerläßlich. Wir setzen im folgenden die Vertrautheit mit dem Arbeiten in der zweidimensionalen (Euklidischen) (x, y)-Ebene mittels kartesischer Koordinaten voraus. Solche Punkte können auch als (Spalten-)Vektor $(x, y)^T$ geschrieben werden. Die Einbettung der diskreten Pixelebene in die kartesische Ebene läßt sich auf verschiedene Weise vornehmen: Am natürlichsten ist wohl die Annahme, daß sich der kartesische Punkt $(0, 0)$ in der Mitte des Pixels $(0, 0)$ befindet. Es werden aber auch Einbettungen betrachtet, bei denen das kartesische $(0, 0)$ mit der linken oberen Ecke des Pixels $(0, 0)$ identifiziert wird.

102   4. Das Bild als diskrete Ortsbereichsfunktion

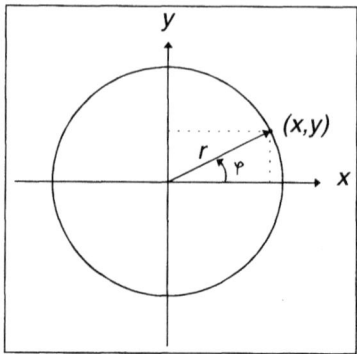

Abb. 4.2. Der Punkt (x,y) in kartesischen Koordinaten wird in Polarkoordinaten durch die Länge r des Ortsvektors **r** und dessen Winkel φ zur x-Achse dargestellt.

In vielen Fällen ist aber der Übergang zu zweidimensionalen *Polarkoordinaten* bequem oder sogar unvermeidlich. Dies ist insbesondere bei der Fourier-Transformation (vgl. Kap. 5 und 8) sowie bei der Radon-Transformation (vgl. Kap. 10) der Fall: Bekanntlich kann man jeden Punkt (x,y) in der kartesischen Ebene mit dem Ursprung $(0,0)$ auch durch ein Wertepaar (r,φ), den Abstand r vom Ursprung und den Winkel φ mit der x-Achse, beschreiben (Abb. 4.2). Der Zusammenhang ist gegeben durch:

$$x = r\cos\varphi \quad \text{und} \quad y = r\sin\varphi \qquad (4.4)$$

bzw. in umgekehrter Richtung[1]:

$$r = \sqrt{x^2 + y^2} \quad \text{und} \quad \varphi = \arctan\frac{y}{x} \qquad (4.5)$$

Die Darstellung durch Polarkoordinaten wird durch die diskrete Pixelebene nicht unterstützt. Diskrete Polarkoordinaten sind deshalb kaum brauchbar für die Bildverarbeitung und führen zu erheblichen Problemen bei der Realisierung algorithmischer Techniken. Dies wird z.B. bei der Implementierung der in Kapitel 13 beschriebenen Fourier-Mellin-Invarianten deutlich.

Wir erinnern hier auch an die Deutung der (x,y)-Ebene als *Gaußsche Zahlenebene* für die komplexen Zahlen mit der y-Achse für die rein imaginären Größen. In diesem Modell wird das Punktepaar (x,y) mit der Summe $x+iy$ identifiziert, so daß ein Punkt durch die Darstellung:

$$re^{i\varphi} = r(\cos\varphi + i\sin\varphi) \quad \text{mit} \quad 0 \leq \varphi < 0 \qquad (4.6)$$

gegeben ist. Besonders interessant sind die Punkte auf dem Einheitskreis ($r=1$). Die hier zu einem ganzzahligen Bruchteil des Vollwinkels gehörenden Punkte, die also zum Winkel $2\pi n/N$ gehören ($0 \leq n < N$), sind die *N-ten Einheitswurzeln*. Sie lassen sich als n-te Potenz der *primitiven N-ten Einheitswurzel* $\cos(2\pi/N) + i\sin(2\pi/N) = e^{2\pi/N}$ darstellen. Die diskrete

---

[1] Die hier gewählte vereinfachte Darstellung gilt strenggenommen nur für den Bereich $x > 0$.

4.1 Das Bild als Ortsbereichsfunktion   103

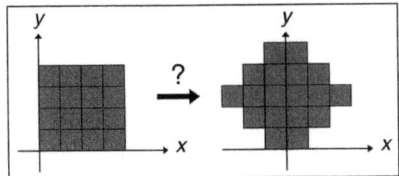

Abb. 4.3. Koordinatentransformationen sind in der diskreten Pixelebene kaum zu realisieren. Die dargestellten Quadrate unterscheiden sich nach einer Drehung um 45° sogar in ihrer Pixelzahl.

Fourier-Transformation arbeitet mit N-ten Einheitswurzeln (vgl. Kap. 8). Einheitswurzeln sind Grundbausteine zur Darstellung von Schwingungen in Bildern.

Abbildungen der Ebene auf sich, allgemeiner auch Abbildungen aus räumlichen Situationen in die Ebene hinein, lassen sich durch *(Koordinaten-)Transformationen* beschreiben. Besonders einfach und auch wichtig sind *lineare Abbildungen*[2], die insbesondere Geraden wieder auf Geraden abbilden. Die Verwendung linearer Abbildungen ist in diskreter Form algorithmisch kaum machbar. Schon der Versuch, ein aus Pixeln bestehendes Quadrat um 45° zu drehen, führt – abgesehen vom algorithmischen Problem – zu einer nur schwer mit ganzzahliger Koordinatenrechnung realisierbaren Aufgabe (Abb. 4.3). Zudem können bei verzerrenden Abbildungen Pixellücken entstehen. Diese Schwierigkeiten müssen selbstverständlich bei der letztendlichen Darstellung solcher Objekte auf dem Bildschirm irgendwie behoben werden. Dies ist ein wichtiger Aufgabenbereich der Computergraphik [Fol90].

Für die Untersuchung von linearen Abbildungen in der Bildverarbeitung empfiehlt es sich daher, mit *kontinuierlichen* Koordinaten zu arbeiten. Dies geschieht insbesondere bei der Analyse optischer Abbildungsfehler (vgl. Kap. 13). Die einfachsten linearen Abbildungen der kartesischen Ebene auf sich, wie Translation, Skalierung, Dehnung, Rotation, Scherung, usw. lassen sich mit Methoden der Vektorrechnung bzw. der linearen Algebra beschreiben. Es sei hier nur erwähnt, daß die Verwendung von sog. projektiven Koordinaten eine einheitliche Behandlung *aller* linearen Abbildungen durch Matrixvektorprodukte gestattet. Für spezielle Abbildungen, die mit keiner Translation verbunden sind, kann man auch mit Matrixprodukten über den gewöhnlichen kartesischen Koordinaten arbeiten. Diese Koordinaten werden in diesem Zusammenhang auch *affine Koordinaten* genannt (vgl. Kap. 13).

Die Betrachtung ein und desselben Punktes in verschiedenen Koordinatensystemen erfordert bei vielen Manipulationen die Anwendung geeigneter Umrechnungstechniken. So erfordert z.B. die Berechnung eines zweidimensionalen Flächenintegrals über einen Bereich der (x,y)-Ebene, der durch kartesische Koordinaten beschrieben ist, beim Übergang zu Polarkoordinaten die Multiplikation mit der sog. Funktionaldeterminante. Diese berechnet sich aus den partiellen Ableitungen der Originalkoordinaten nach den neuen Koordi-

---

[2] Für die medizinische Bildverarbeitung spielen auch ganz andersartige Selbstabbildungen der diskreten Pixelebene auf sich eine entscheidende Rolle (vgl. Kap. 7).

naten wie folgt:
$$\frac{\partial(x,y)}{\partial(r,\varphi)} = \begin{vmatrix} \partial x/\partial r & \partial y/\partial r \\ \partial x/\partial \varphi & \partial y/\partial \varphi \end{vmatrix} \quad (4.7)$$

Mit den Transformationsformeln (4.4) für die Polarkoordinaten folgt für die Funktional- oder Jacobi-Determinante:
$$\frac{\partial(x,y)}{\partial(r,\varphi)} = \begin{vmatrix} \cos\varphi & \sin\varphi \\ -r\sin\varphi & r\cos\varphi \end{vmatrix} = r \quad (4.8)$$

Am Ende dieses Abschnittes wollen wir noch einmal zwei häufig verwendete Fehlerkonzepte, die im Zusammenhang mit unseren Diskussionen entstehen, plakativ zusammenfassen.

Diskretisierungsfehler: kontinuierlich versus diskret. Das durch eine Bildmatrix repräsentierte und damit zweifach diskretisierte (orts- und wertediskrete) Bild ist eine Approximation an die reale, uns kontinuierlich erscheinende Welt. Zwar ist das Bildpunktprinzip elementar (Auge, Korn des Films), es birgt aber signaltheoretisch Fehlerquellen, die nicht übersehen werden sollten.

Abbildungsfehler: ideal versus real. Abbildungsfehler sind geometrische Fehler des abbildenden Systems (z.B. tonnen- oder kissenförmige Verzeichnungen), Fehler in der Farbwiedergabe durch Dispersion, Verschmierung der Punktabbildung, z.B. durch Quellen endlicher Ausdehnung, sowie Rauschen aller Teilkomponenten des Abbildungssystems einschließlich des Quantisierungsrauschens bei der Diskretisierung des Wertebereichs.

4.2 Grundlagen der Verarbeitung diskreter Bilder

4.2.1 Standardcodierung von diskreten Farbbildern und die Technik der Bildspeicherung

Die Quantisierung eines idealen Farbbildes, z.B. in der RGB-Dreikanal-Technik gestattet eine relativ einfache Codierung von Farbbildern. Quantisiert man z.B. derart, daß den drei Kanälen die Farbwertmengen $\underline{G}_1 = \underline{G}_2 = \underline{G}_3 = \{0, 1, \ldots, 15\}$ entsprechen, so kann man einen Farbwertbereich mit $G = G_1 \cdot G_2 \cdot G_3 = 16^3 = 4096$ Farbwerten verwenden. Für jeden Bildpunkt werden bei dieser Vorgehensweise 12 Bit zur Verfügung gestellt, wobei je 4 Bit einer der drei Grundfarben zugeordnet sind. Äquivalent dazu ist die Interpretation von $f(m,n)$ als Vektor: $f(m,n) \to \mathbf{f}(m,n)$ mit $\mathbf{f}(m,n) = (f_1(m,n), \ldots, f_k(m,n))^T$ und $k \in \mathbb{N}$. Diese Erweiterung des Bildkonzeptes führt quasi zu einem geschichteten Stapel korrespondierender Einzelbilder, die als *Bänder* bezeichnet werden. Im Beispiel des RGB-Bildes würden drei Bänder benötigt, wobei jedes Band einem Farbauszug entspricht

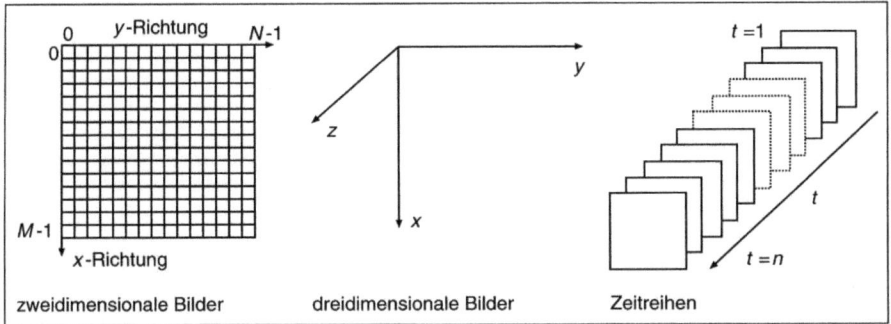

Abb. 4.4. Links sind die Konventionen der Achsenbeschriftung für zweidimensionale Bilder dargestellt. Dreidimensionale Bilder bzw. Zeitreihenbilder können als Erweiterung des zweidimensionalen Konzeptes durch *Stapelung* von zweidimensionalen Bildern aufgefaßt werden. Die einzelnen Schichten des Stapels werden auch als Bänder bezeichnet.

und jedes Wertetriplett $\mathbf{f}(m,n) = (f_R(m,n), f_G(m,n), f_B(m,n))^T$ die Farbinformation an der Stelle (m,n) beschreibt. Die Forderung nach Korrespondenz bezieht sich in diesem Fall auf den Ort. Auf diese Weise lassen sich auch Zeitreihen $f(m,n,t)$ (Bänder repräsentieren Aufnahmen zu verschiedenen Zeitpunkten) und Volumendatensätze $f(m,n,b)$ (Bänder repräsentieren die Koordinate in z-Richtung) speichern (Abb. 4.4).

Als technische Realisierung der Bildspeicherung findet man heute eine Vielzahl von Bildformaten (GIF[3], TIFF[4], JPEG[5], MPEG[6] etc.), die sich im wesentlichen in ihrer Mächtigkeit unterscheiden. Allen gemeinsam ist aber das Prinzip, daß auf einen (meist in der Länge festgelegten) Image-Header der eigentliche Datenblock mit der Pixelinformation folgt. Im Header können unterschiedlichste Informationen, minimal aber Bildgröße und Bildtyp abgelegt sein, wobei häufig ASCII-Klartext verwendet wird. Bei Farbbildern mit 256 Farben wird zusätzlich eine 3 × 256 Byte lange Farbtabelle (LUT = Look-Up-Table) dem Header hinzugefügt, die eine Übersetzung in das mit 256 Stufen je Farbe quantisierte RGB-Modell darstellt. Durch die Trennung von Header und Datenblock ist eine effiziente Kompression des Datenblocks möglich, ohne die Handhabbarkeit zu erschweren, da der Header direkt lesbar bleibt. Das nachfolgende Schema gibt eine Übersicht der häufigsten zur Bildspeicherung verwendeten Datenorganisationsvarianten:

Typ 1: | Header | 8-Bit Datenblock |

Typ 2: | Header | 3 × 256 Byte LUT | 8-Bit Datenblock |

---

[3] Graphics Interchange Format
[4] Tagged Image File Format
[5] Joint Photographic Experts Group
[6] Moving Pictures Expert Group

106   4. Das Bild als diskrete Ortsbereichsfunktion

Typ 3: | Header | Rotauszug | Grünauszug | Blauauszug |

Typ 4: | Header | Band 1 | ... | Band k |

Typ 5: | Header | Bildtypen 1–4 ...

In der Praxis finden diese wie folgt Verwendung:

Typ 1: Grauwertbild mit 256 Graustufen
Typ 2: Farbbild mit 256 Farben
Typ 3: RGB-Farbbild
Typ 4: Multiband-Image
Typ 5: Multiband/Multiimage-Image

Der eher als Bildarchiv zu verstehende Bildtyp 5 ist der für medizinische Anwendungen interessanteste, da innerhalb eines Bildarchivs Bilder unterschiedlichster Modalitäten abgelegt werden können. Er repräsentiert weitgehend den aus der klinischen Routine bekannten und am Patienten orientierten Fall. Das zugehörige und als Standard anzusehende Bildformat ist DICOM[7], früher ACR-NEMA[8] [CEN95].

4.2.2 Ortsbereich und Frequenzbereich

Die von uns verwendete Deutung eines Pixelbildes interpretiert den Argumentbereich ($\underline{M} \times \underline{N}$) als *Ortsbereich*. Neben dieser sehr natürlichen Interpretation treten aber andere Deutungen auf, z.B. die Frequenzdeutung. Hierbei werden x- und y-Richtung als Frequenzen einer (sich in zwei Raumdimensionen erstreckenden) Schwingung betrachtet. Die zugehörigen Grauwerte können als *Amplituden* oder auch als *Phase* gedeutet werden. Bei der in Kapitel 5 und in Kapitel 8 behandelten Fourier-Transformation ist diese Darstellung besonders wichtig. Sie erhält noch eine hohe mathematische Eleganz durch die Tatsache, daß das Paar (Amplitude, Phase) als komplexe Zahl gedeutet werden kann. Wir werden aber zunächst Bildaspekte untersuchen, die auf der Deutung als Ortsbereichsfunktion beruhen.

4.2.3 Das Hexelraster als Alternative zum Pixelraster

Das Pixelraster stellt nicht die einzige Digitalisierungsmöglichkeit für Idealbilder dar. In vieler Hinsicht ist eine Parkettierung der Euklidischen Ebene in regelmäßige Sechsecke (Hexagone) natürlicher als die in Quadrate. Man spricht dann von einer Parkettierung durch *Hexel* statt *Pixel*. Man kann grundsätzlich und gleichberechtigt eine horizontale oder eine vertikale Orientierung der Hexel vereinbaren (Abb. 4.5). Da jedes Hexel in sechs gleichseitige Dreiecke zerfällt, so liegt gleichzeitig auch eine Triangulierung der Ebene vor.

---

[7] Digital Imaging and Communications in Medicine
[8] American College of Radiology – National Electrical Manufacturers Association

4.2 Grundlagen der Verarbeitung diskreter Bilder   107

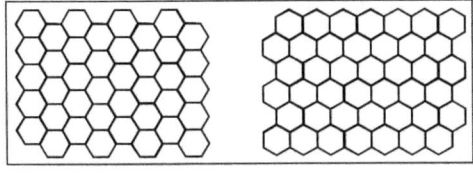

Abb. 4.5. Auf dem Hexelraster existieren zwar nur gleichberechtigte Nachbarn, jedoch ist prinzipiell die vertikale (*links*) oder die horizontale (*rechts*) Orientierung des Hexelrasters möglich.

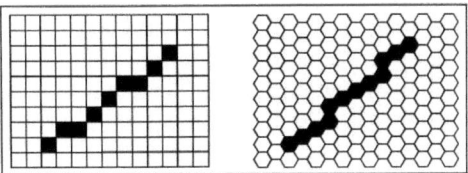

Abb. 4.6. Geraden können auf dem diskreten Hexelraster (*rechts*) viel genauer dargestellt werden, als in der orthogonalen Pixelebene (*links*).

Der große Vorteil der Hexagondigitalisierung liegt in der Tatsache, daß jedes Hexel lauter gleichberechtigte Nachbarn besitzt, an jeder seiner sechs Seiten nämlich ein Nachbarhexel. Demgegenüber besitzt ein Pixel 4 direkte Nachbarn und 4 nur indirekt (über Eck) benachbarte Pixel (vgl. Abb. 4.13, S. 114). Diese Tatsache führt zu vielen unbequemen Fallunterscheidungen bei Bildalgorithmen auf dem Pixelraster. Es ist auch bemerkenswert, daß die Natur das Hexelraster kennt (Bienenwaben, Netzhaut des Auges, Kristalle), während reine Pixelraster seltener vorkommen. So hat man auch versucht, rechnergestützte Bildverarbeitung auf dem Hexelraster zu realisieren. Die Anger-Kamera basiert auf einer diskreten Hexagonphotographie (vgl. Kap. 2). Das sehr interessante und tiefsinnige Buch von SERRA basiert auf einem Hexelrasteransatz [Ser82].

Diese Realisierungsversuche für eine Hexel-Bildverarbeitung sind aber (zunächst) wieder aufgegeben worden. Neben den allgemeinen Schwierigkeiten, die sich neuen Ansätzen immer entgegenstellen, war hierfür sicherlich die Tatsache verantwortlich, daß das Hexelraster den rechten Winkel nicht genügend unterstützt. Andererseits sind aber viele Kurven, insbesondere Strecken und Kreise, durch Hexel viel genauer und ästhetisch zufriedenstellender realisierbar (Abb. 4.6 und 4.7). Daher ist die Bildverarbeitung auf hexagonalen Rastern noch immer Inhalt aktueller Forschung [Her93, Her94].

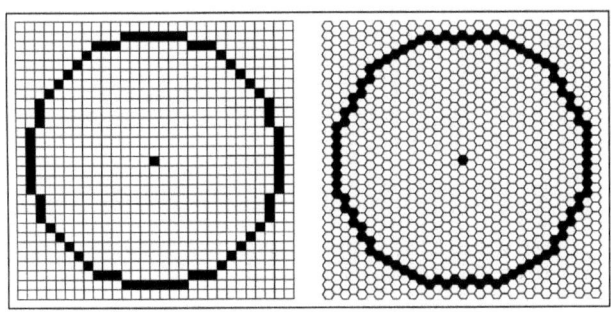

Abb. 4.7. Die hexagonale Parkettierung (*rechts*) kann im Vergleich zur orthogonalen Rasterung (*links*) Kreise ästhetisch zufriedenstellender wiedergeben.

108   4. Das Bild als diskrete Ortsbereichsfunktion

4.2.4 Zur Axiomatik der diskreten Pixelgeometrie

Für die diskrete Pixelgeometrie gelten die üblichen Sätze der Euklidischen Geometrie i.allg. nicht. So haben zwei sich kreuzende diskrete Strecken nicht immer einen gemeinsamen Schnittpunkt (Abb. 4.8).

Die Folge dieser Divergenz zwischen der Axiomatik der Euklidischen Ebene und der diskreten Pixelebene sind gravierender, als es ein praktisch arbeitender Informatiker zunächst glauben mag: Viele der Algorithmen, die mit geometrischen Grundkonzepten der diskreten Pixelebene arbeiten, sind kaum verifizierbar, da zur Zeit die zugehörigen mathematischen Beweistechniken unterentwickelt sind. Deshalb erlebt man häufig Überraschungen beim Arbeiten mit Computergraphikalgorithmen.

4.3 Globale Kenngrößen von Bildern und Bildregionen

Kenngrößen von Bildern oder Bildobjekten (Regionen) sind Parameter oder Parametertupel, die zur Charakterisierung und Klassifizierung von globalen oder lokalen Eigenschaften dienen. Häufig beschränkt man sich bei Kenngrößen auch auf besonders ausgewählte Bildausschnitte. In einer solchen *ROI* (engl. region of interest) ist dann der Rechenaufwand durch die gezielte Beschränkung reduziert.

Es sollen im folgenden nur die wichtigsten globalen Kenngrößen eines Bildes f vorgestellt werden. Lokale Kenngrößen, wie *Gradient* und *lokaler Kontrast*, werden Kapitel 7 betrachtet.

4.3.1 Histogramm, mittlerer Grauwert und globaler Kontrast

In Gleichung (4.2) hatten wir das diskrete Bild f definiert. Die wichtigste globale Kenngröße von f ist das *Histogramm*. Dies ist eine Funktion h, die für jeden Grauwert g die Häufigkeit seines Vorkommens im Bild f angibt:

$$h : \underline{G} \to \mathbb{N} \quad \text{mit} \quad h(g) = \left|\{\mathbf{p} \in (\underline{M} \times \underline{N}) \text{ mit } f(\mathbf{p}) = g\}\right| \tag{4.9}$$

Das Histogramm eines Bildes wird häufig als Säulendiagramm dargestellt (Abb. 4.9). Da die Summe über alle Histogrammwerte gleich der Bildgröße ist:

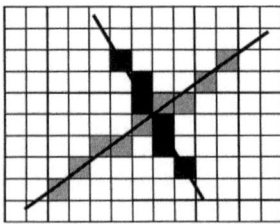

Abb. 4.8. Der Schnittpunkt zweier Geraden existiert im Pixelraster i.allg. nicht, d.h. er liegt meistens zwischen den diskreten Pixeln.

$$\sum_{g \in \underline{G}} h(g) = M \cdot N \qquad (4.10)$$

ergeben sich nach Division durch MN die relativen Häufigkeiten für die Grauwerte, die im Normalfall als deren Wahrscheinlichkeiten interpretiert werden:

$$p(g) := \frac{h(g)}{MN} \qquad \text{wobei} \qquad \sum_{g \in \underline{G}} p(g) = 1 \qquad (4.11)$$

Elementare Bild-Kenngrößen sind ferner der *mittlere Grauwert*:

$$\bar{g} := \frac{1}{MN} \sum_{m,n} f(m,n) \qquad (4.12)$$

sowie die mittlere quadratische Grauwertabweichung, der *globale Kontrast*:

$$q := \frac{1}{MN} \sum_{m,n} \left(f(m,n) - \bar{g}\right)^2 \qquad (4.13)$$

Für das Schachbrett ergibt sich z.B.: $M = N = 8$, $\bar{g} = 32/64 = 1/2$ und $q = 1/64 \sum_{m,n=0}^{7} 1/4 = 1/4$. Hierbei läuft $\mathbf{p} = (m,n)$ jeweils über den gesamten Definitionsbereich des Bildes. Bei den letztgenannten Definitionen wird (stillschweigend) angenommen, daß man mit Grauwerten aus $\underline{G} = \{0, 1, \ldots, G-1\}$ rechnen kann wie mit reellen Zahlen; dies ist strenggenommen inkorrekt; die Zuordnung eines Grauwertes z.B. zu $\bar{g}$ muß selbstverständlich wieder einen *ganzzahligen*(!) Grauwert ergeben, was gegebenfalls durch Rundung erreicht werden kann. Aus dieser Art Rechnungen resultieren sogar manchmal negative Grauwerte. In solchen Fällen hat man die hinter diesen Rechnungen stehenden Modellierungen natürlich sehr kritisch auf Sinnhaftigkeit hin zu überprüfen. Das hier geschilderte Problem ist eine typische Auswirkung der in Abschnitt 4.1.1 geschilderten Symbiose diskreter und kontinuierlicher Aspekte.

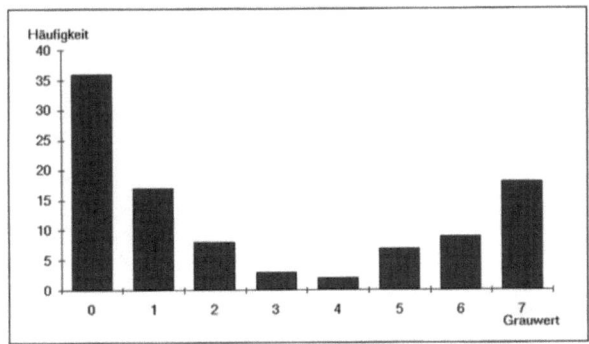

Abb. 4.9. Histogramm des Bildes 4.10 mit 8 Graustufen. Der hellste Grauwert in Abbildung 4.10 hat hier den Wert 0.

4.3.2 Entropie

Eine besonders wichtige Kenngröße eines Bildes ist die *Entropie* $H(p)$ einer Grauwert-Wahrscheinlichkeitsverteilung $p = (g)$:

$$H(p) = \sum_{g \in \underline{G}} p(g) \log_2 \left(\frac{1}{p(g)} \right) \qquad (4.14)$$

$H(p)$ kann für die *Gleichverteilung*: $p(g) = 1/G$ den Maximalwert $\log_2(G)$ annehmen. Ist etwa $G = 2^k$, so ist unter dieser Annahme $H(p) = k$. In diesem Fall braucht man k Bits, um den Grauwert eines Pixels zu codieren. Der andere Extremfall ist $p(g') = 1$ und $p(g) = 0$ für alle anderen $g \neq g'$. Dann wird der Grauwert g' mit Sicherheit angenommen und die Entropie hat den Grenzwert $H(p) = 0$.

4.4 Codierung von Bildern

Die übliche Deutung der Entropie ist die des *Informationsgehaltes* einer Grauwertangabe für ein Pixel (als Anzahl der zur Codierung erforderlichen Bits). Für den Fall der Gleichverteilung ist dies klar (s.o.). Eine „brutale" Codierung eines Grauwertes mit $\lceil \log_2(G) \rceil$ Bits ist sicherlich stets möglich. Hat man z.B. ein Bild der früher gegebenen Beispiel-Dimensionierung mit 1MB Speicher, so ist bei einer Übertragungskapazität von 64 KB/s (ISDN-Netz) für die Übertragung die Zeit von 16 Sekunden pro Bild erforderlich. Für eine realistische Filmübertragung müßten aber mindestens 20 Bilder/Sekunde übertragen werden.

4.4.1 Präfixfreie Codes

Kennt man das Histogramm eines Bildes, so ist die Codierung des Bildes bei unsymmetrischer Grauwertverteilung mit geringerem Aufwand möglich. Dies geschieht mit der Methode der Codierung durch einen präfixfreien Code (Huffman-Algorithmus), die hier als bekannt vorausgesetzt wird [Obe76].

Betrachten wir z.B. das abgebildete Phantombild (Abb. 4.10) eines Monsters. Für das Histogramm gilt folgende Tabelle (der niedrigste Grauwert ist hier weiß dargestellt):

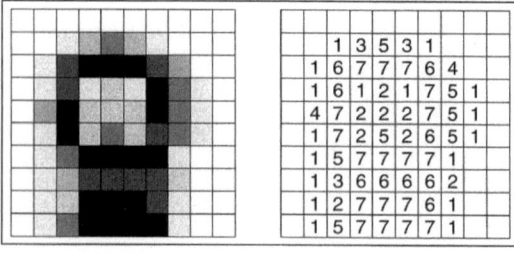

Abb. 4.10. Das Phantombild (Monster) ist links als Grauwertbild und rechts als Matrix der Grauwerte dargestellt. Der weiße Hintergrund entspricht hier dem Grauwert 0. Dieser ist aber der Übersicht halber nicht in die Matrix eingetragen worden.

4.4 Codierung von Bildern

g	0	1	2	3	4	5	6	7
$h(g)$	36	17	8	3	2	7	9	18

Die Wahrscheinlichkeit $p(g)$ ist jeweils ein hundertstel von $h(g)$, da das Phantombild aus 100 Pixeln besteht. Die Entropie dieses Bildes berechnet sich nach (4.14) zu $H(p) = 2,54787$. Ein optimaler Huffman-Code nimmt die folgende Codierung vor:

Grauwert g	Codewort bei Huffman-Codierung	Wortlänge $L(g)$	$L(g) \cdot p(g)$
0	1	1	0,36
1	001	3	0,51
2	0100	4	0,32
3	00001	5	0,15
4	00000	5	0,10
5	0001	4	0,28
6	0101	4	0,36
7	011	3	0,54

Für diesen Code berechnet sich die mittlere Wortlänge insgesamt zu $\bar{L} = \sum_g L(g)p(g) = 2,62$. Dies bedeutet eine Einsparung von 12,67% gegenüber dem Wert 3,0 bei der „brutalen" Codierung.

Man sieht an diesem Beispiel, daß die Entropie den mittleren Codierungsaufwand zwar nicht genau wiedergibt, aber recht genau approximiert. Das *Noiseless-Coding-Theorem* sagt aus, daß stets $H(p) \leq \bar{L} \leq H(p) + 1$ gilt. In diesem Sinne ist die Entropie stets eine untere Abschätzung für den Codierungs- und damit den Speicherungsaufwand eines Bildes.

4.4.2 Bildcodierung bei speziellem Kontextwissen

Das Histogramm ist nicht die einzige Information, mit deren Hilfe der Speicherungsaufwand verringert werden kann. Weitere deutliche Einsparungen lassen sich erzielen, wenn aus dem Bildkontext zusätzlich A-priori-Wissen vorliegt. So nutzt man eine systematische Vorhersagetechnik (Prädiktionscode) für den Fall, daß innerhalb eines Bildes in der Regel recht geringe örtliche Änderungen des Grauwertes auftreten (stetige Bilder) oder daß sich in Bildsequenzen wie z.B. bei Angiogrammen korrespondierende Grauwerte aufeinanderfolgender Bilder nur geringfügig unterscheiden (Differenzbildtechnik). Ist ferner bekannt, daß im Bild (gegebenenfalls nach einer Richtungsjustierung) horizontal oder vertikal geradlinige Figuren oder gar Rechtecke auftreten (z.B. Luftbild von Manhattan), so liefern die *Run-Length-* oder die *Blockcodierungen* oft deutlich bessere Kompressionsmöglichkeiten. Extreme Einsparungsmöglichkeiten bestehen z.B. für Punktbilder (z.B. Sternenhimmel) oder für Bilder mit bekannten Objekten (z.B. Positionsbilder von Schiffen). Auch fraktale Bilder (z.B. Apfelmännchen) zeichnen sich durch eine extrem hohe Komprimierbarkeit aus. Besonders deutlich wird die Bedeutung von Kontextwissen

112   4. Das Bild als diskrete Ortsbereichsfunktion

bei der Codierung des Schachbrettes. Dieses jedermann bekannte Bild hat wegen $p(0) = p(1) = 1/2$ die Entropie $1/2 + 1/2 = 1$ und müßte ohne Vorwissen über die Anordnungsregeln der Schachfelder pixelweise mit einem Bit für jedes Feld codiert werden. Es kann aber beim Vorliegen der entsprechenden Kontextinformation mit nur wenigen Bits zur Angabe der Bilddimensionierung (8×8) übertragen werden.

Wir fassen den in diesem Abschnitt verwendeten Grundbegriff des Kontextwissens (A-priori-Wissen) noch einmal plakativ zusammen.

A-priori-Wissen. Unter A-priori-Wissen versteht man das Wissen über den Bildtyp (Farbbild, SW-Bild, Falschfarbenbild), Wissen über den Bildinhalt (Satellitenbild, Werkstück, Organ) und Wissen über die Bildentstehung (Art des bildgebenden Verfahrens, deterministisch (z.B. Werkstück) oder stochastisch (z.B. Szintigramm)). Das A-priori-Wissen ist insbesondere bei der Auswahl und beim Design von Segmentierungsalgorithmen bzw. bei der Bildinterpretation wichtig.

4.4.3 Der Quad-Tree als Code für Binärbilder

Nicht immer muß ein Bild absolut exakt (treu) gespeichert werden; ist sogar eine verlustbehaftete Codierung möglich, so entstehen weitere bedeutende Einsparungsmöglichkeiten. So kann man z.B. durch Vergröberung beim Quantisieren (z.B. Reduktion von 256 auf 16 Grauwerte) häufig die subjektiv entscheidende Information weitgehend retten. Quantisiert man sogar auf Binärbilder herunter, so bietet sich zur Codierung die sog. Quad-Tree-Technik an.

Hierbei wird ein Bild, das wir zweckmäßigerweise als quadratisch und Zweierpotenz-dimensioniert ansehen ($N = M = 2^k$), rekursiv in Unterquadrate geviertelt. Nur solche Quadrate werden weiter geteilt, die nicht einheitlich den Wert 0 (schwarz) bzw. 1 (weiß) haben. Die Unterteilung endet bei der untersten Auflösungsfeinheit (im Bild die Größe der Rechenkaros), bei der ein eindeutiger Wert 0 oder 1 per se festliegt (Abb. 4.11).

Der Quad-Tree entsteht nun dadurch, daß dem derart unterteilten Bild ein Baum der Verzweigungsbreite 4 zugeordnet wird, wobei den Zweigen in einer festgelegten Reihenfolge (erster Zweig Südostquadrat SO, zweiter Zweig NO,

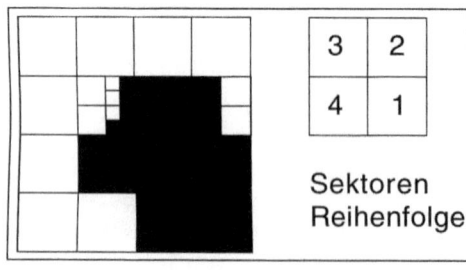

Abb. 4.11. Die Sektorenreihenfolge bei der Quad-Tree-Zerlegung wird wiederum im mathematisch positiven Sinne festgelegt. In Bild 4.12 ist der daraus resultierende Quad-Tree dargestellt.

dritter Zweig NW, vierter Zweig SW) die Unterteilungsquadrate zugeordnet werden. Ein Blatt des Baumes ist erreicht, wenn das zugehörige Quadrat einheitlich gefärbt ist. Das Blatt wird dann mit dieser Farbe indiziert. Dem im Beispiel gegebenen Bild entspricht also der Baum in Abbildung 4.12.

Es dürfte einleuchten, daß besonders bei großflächig gefärbten Bildern die Verästelung in der Regel nicht sehr tief gehen muß und daß dadurch eine wesentlich vereinfachte Bildbeschreibung und damit -speicherung/-codierung möglich ist. Besonders im Zusammenhang mit einer Veränderung des Bildes, z.B. einer Umwandlung des Grauwertes desjenigen Pixels in Abbildung 4.11, welches durch die Richtungsfolge 3113 angesteuert wird (hier von weiß auf schwarz), könnten drastische Vereinfachungen ohne wesentlichen Verlust an Bildtreue erreicht werden. In Kapitel 13 werden solche Veränderungen, die durchaus auch eine Bildverbesserung bzw. eine Bildfehlerkorrektur bedeuten können, systematisch untersucht werden. Es dürfte einleuchten, daß man auf der Basis der erwähnten Codierungskonzepte weitere globale Kenngrößen eines Bildes, z.B. die *Homogenität* eines Bildes, definieren kann. Es sei hier bereits erwähnt, daß man auch den Informationsverlust, der mit einer Bildveruntreuung entsteht, mit Hilfe eines Abstandkonzeptes (Metrik) zwischen Bildern quantitativ erfassen kann [Leh97b]. Solche Ähnlichkeitsmaße spielen auch bei der Mustererkennung in Bildern eine wichtige Rolle (vgl. Kap. 14).

4.5 Topologie der Pixelebene

4.5.1 Nachbarschaftskonzepte und Pfade

Wie bereits erwähnt, existieren in der diskreten Pixelebene zwei *Nachbarschaftskonzepte*: Jedes Pixel hat 4 direkte Nachbarn D und 4 weitere (indirekte) Nachbarn N (Abb. 4.13). Im Regelfall verwendet man die Achternachbarschaft; das D-Nachbarschaftskonzept wird, falls benutzt, immer als solches besonders apostrophiert. Die aus dem Nachbarschaftskonzept resultierende Topologie weist beträchtliche Unterschiede zur klassischen Topologie des $\mathbb{R}^2$ auf. Insbesondere gelten für diese Topologie keinerlei Trennungsaxiome, d.h. Aussagen der Art, daß zwei Punkte durch (nichttriviale) jeweilige

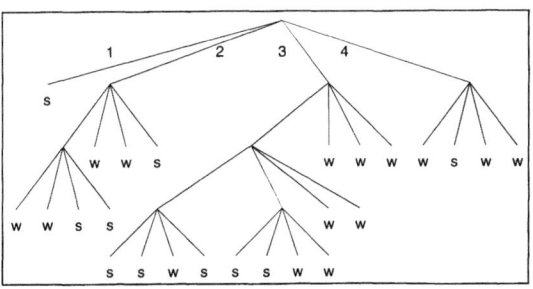

Abb. 4.12. Im Quad-Tree zu Abbildung 4.11 kennzeichnet „w" ein weißes und „s" ein schwarzes Quadrat. Die Sektorenreihenfolge von 1 bis 4 ist durchnumeriert.

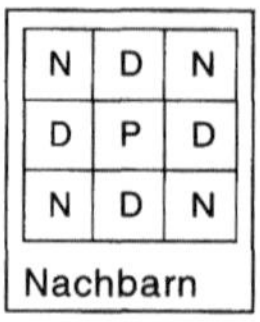

114   4. Das Bild als diskrete Ortsbereichsfunktion

Abb. 4.13. Mit D sind die direkten Nachbarn von P bezeichnet, mit N die indirekten Nachbarn.

Umgebungen getrennt werden können: Zwei benachbarte Punkte haben jeweils den anderen als direkten Nachbarn in jeder ihrer Umgebungen.

Unter einem *Pfad* versteht man eine Folge je benachbarter Pixel. Ein D-Pfad (direkter Pfad) ist eine Folge je direkt benachbarter Pixel. Diskrete Strecken und diskrete Kreise sind spezielle Pfade, die in einer für die Computergraphik geeigneten Rasterversion definierbar sind in einer Weise, daß sie schnell und einfach als Pixelfolge berechnet werden können (Abb. 4.6 und 4.7).

4.5.2 Zusammenhangskonzepte, Löcher, Objekte und Animals

Für die Medizininformatik ist der Begriff eines in einem Bild vorkommenden *Objektes* von fundamentaler Wichtigkeit. Fast alle Verfahren der Bildanalyse und der Mustererkennung müssen insbesondere die Aufgabe lösen, Objekte (z.B. Organe wie Niere, Rippen oder Tumore, Frakturen) automatisch zu erkennen (vgl. insbesondere Kap. 14). Hierzu ist zunächst der Begriff eines diskreten *Gebietes* festzulegen. Eine Menge (Region) $\underline{R}$ von Pixeln heißt (zusammenhängendes) Gebiet, wenn zu je zwei Pixeln aus $\underline{R}$ ein verbindender Pfad in $\underline{R}$ existiert. $\underline{R}$ heißt D-zusammenhängend, wenn entsprechend stets ein D-Pfad existiert.

In Abbildung 4.14 geben wir ein Beispiel einer zusammenhängenden Region $\underline{R}$ (die Pixel von $\underline{R}$ sind dunkel gefärbt). Eine solche Region kann *Löcher* besitzen. Gebiete ohne Löcher heißen einfach zusammenhängend.

Wie kann man definieren, was ein Loch ist? Es ist technisch bequemer, zunächst ein Gebiet $\underline{R}$ als einfach zusammenhängend zu definieren, wenn das Komplement $\underline{R}^c$ von $\underline{R}$ eine D-zusammenhängende Region ist. Dabei ist vorausgesetzt, daß $\underline{R}$ eine *beschränkte* Punktmenge ist, d.h. nicht bis an den

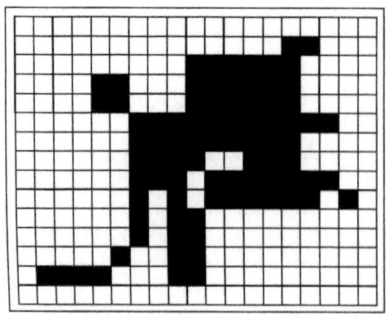

Abb. 4.14. Die Region $\underline{R}$ ist zusammenhängend, aber nicht einfach zusammenhängend, denn es existieren zwei Löcher. Weiterhin ist $\underline{R}$ nicht D-zusammenhängend.

Rand der Pixelebene reicht. Ist $\underline{R}$ nicht *einfach zusammenhängend*, so hat das Komplement $\underline{R}^c$ also außer der unbeschränkten D-Komponente, die auch Hintergrund heißt, weitere D-Zusammenhangskomponenten. Diese heißen dann Löcher von $\underline{R}$.

Es ist gar nicht so leicht, die Äquivalenz der beiden vorgeschlagenen Definitionen für einfachen Zusammenhang zu beweisen. Unter einem Objekt versteht man ein einfach zusammenhängendes Gebiet. Häufig, insbesondere in der medizinischen Bildverarbeitung, fordert man zusätzlich den D-Zusammenhang. Die Computergraphik spricht dann bezeichnenderweise von einem *Animal* (Abb. 4.15). Man beachte, daß das Vierernachbarschaftskonzept für Animals mit dem Achternachbarschaftskonzept für den Hintergrund einhergeht.

4.5.3 Kontur und Rand

Eine Grundaufgabe der Bildverarbeitung besteht darin, den *Rand* eines Gebietes vollständig (und möglichst ohne Wiederholungen) zu durchlaufen. Dabei ist ein Rand*punkt* von $\underline{R}$ ein Pixel $\mathbf{p} \in \underline{R}$, das einen D-Nachbarn im Komplement $\underline{R}^c$ besitzt. Die gemeinsame Kante heißt Rand*kante* von $\underline{R}$. Die *Kontur* von $\underline{R}$ ist die Menge $\underline{C}(\underline{R})$ aller Rand*punkte* von $\underline{R}$; der Rand von $\underline{R}$ ist die Menge aller Rand*kanten* von $\underline{R}$.

Ein Algorithmus, der den vollständigen Durchlauf durch den Rand bewerkstelligt, ist der *Tracer*-Algorithmus. Er verfolgt die Idee, sich stets mit der linken Hand am Rand von $\underline{R}$ entlangzutasten. Bei einfach zusammenhängenden Gebieten vermag eine richtig implementierte Tracer-Version in der Tat den gesamten Rand wiederholungsfrei geschlossen zu durchlaufen. Die Berandungen der Löcher in einem nicht einfach zusammenhängenden Gebiet müssen dann noch gesondert durchlaufen werden. Der Tracer-Algorithmus ist neben dem Labeling (vgl. Kap. 7) eine Basis für die Zählung von Objekten in einem

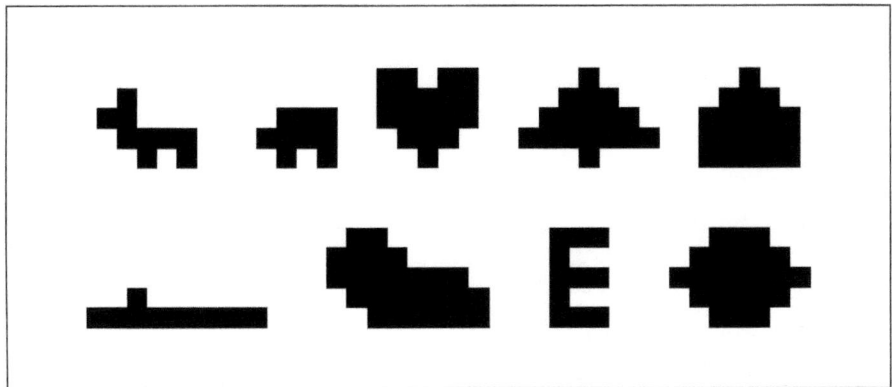

Abb. 4.15. In der Computergraphik werden D-zusammenhängende Regionen als Animals bezeichnet.

116   4. Das Bild als diskrete Ortsbereichsfunktion

Bild. Die in Kapitel 7 erläuterten morphologischen Techniken (Skelettierung, Erosion, Dilatation) bereiten Objekte für eine solche Zählung vor. Es sei vermerkt, daß ein dreidimensionales Analogon zum Tracer-Algorithmus nicht bekannt ist.

4.5.4 Zur Topologie beliebiger Grauwertbilder

Die soeben durchgeführten Überlegungen zur Topologie der diskreten Pixelebene sind durch Schwarzweißbilder illustriert worden, bei denen „Weiß" den Hintergrund der Figur bedeutet und „Schwarz" die Figur beschreibt – in Analogie zur Zeichnung einer Figur mit schwarzer Tusche auf weißem Papier als Realisierung der Euklidischen Ebene. Bei Bildern mit einem stärker differenzierten Grauwertbereich entstehen zusätzliche Probleme, die die an Binärbildern orientierte Computergraphik nicht kennt. So ist in der Regel auch in einem Bild mit dem Grauwertbereich $G > 2$ ein Hintergrund vorhanden. Hierunter versteht man – man beachte die Vagheit der Erklärung – einen relativ einheitlich gefärbten oder strukturierten Pixelbereich, der besonders am Rand eines Bildes (nicht zu verwechseln mit dem Rand einer Region!) liegt. Stellt man sich ein Bild idealisierend vor als mit einem sehr großen Rahmen ausgestattet beziehungsweise als unendlich ausgedehnt, so ist der Hintergrund „die unbeschränke Komponente" eines Bildes. Meistens entspricht den Hintergrundfarben ein lokales Maximum (engl. peak) im Histogramm. Dies ist auch bei dem Histogramm (Abb. 4.9) unseres Monsters (Abb. 4.10) der Fall. In vielen Anwendungen ist der Hintergrund eines Bildes vorgegeben und muß nicht gefunden werden.

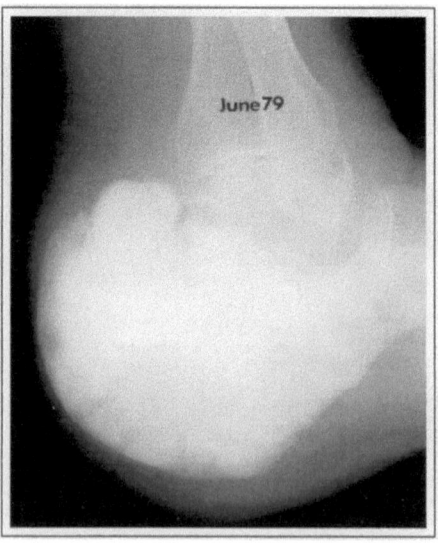

Abb. 4.16. Beispiel für ein Objekt (Tumor im Calcaneus), das sich aufgrund des lokalen Merkmals *Textur* von seinem Hintergrund (übrige Gewebe und Bildhintergrund) abhebt.

Der Begriff des *anatomischen Objektes* ist ein globales Konzept in der medizinischen Bildverarbeitung: Man versteht hierunter einen (einfach) zusammenhängenden Bereich mit einheitlichem Grauwert oder sonstigen einheitlichen lokalen Merkmalen (z.b. *Textur*), der sich deutlich von seiner Umgebung, insbesondere vom Hintergrund, abhebt (Abb. 4.16). Die hier angedeuteten Konzepte der Einheitlichkeit und Textur werden in Kapitel 6 präzisiert.

4.6 Objekte in Binärbildern und Morphologie

Wir wollen in diesem Kapitel zunächst solche Konzepte weiterentwickeln, die sich für Binärbilder ergeben. Dabei müssen wir uns auf algorithmische Ideen beschränken und angemessene Implementierungen dem Anwender überlassen bzw. auf (mehr und mehr verfügbare) Software vertrauen, die die zu schildernden Algorithmen realisiert.

Wie kann man Objekte $\underline{R}$ (in Binärbildern) finden bzw. geeignet beschreiben (codieren)? Es gibt hierzu im Prinzip zwei Möglichkeiten, nämlich über die Kontur von $\underline{R}$ oder über die Fläche von $\underline{R}$.

4.6.1 Konturcharakterisierung von Objekten, Kettencode und Länge der Kontur

Eine *Konturcharakterisierung* kann über die Menge der Konturpixel erfolgen. Wir wollen selbstverständlich so weit wie möglich das Kurvenkonzept der Euklidischen Ebene im Auge behalten und diskrete Kurven als Diskretisierungen kontinuierlicher Kurven ansehen können. Hierzu ist es notwendig, den Begriff einer diskreten Kontur $\underline{C}$ so zu fassen, daß $\underline{C}$ dicht (lückenlos), aber *nicht zu dick* (eindimensional) ausfällt. Außerdem steht noch aus dem Kontinuierlichen der Begriff der *Jordankurve* im Hintergrund, welcher insbesondere garantiert, daß keine *Doppelpunkte* auftreten [Doh91].

Wesentlich ist, daß die entscheidenden topologischen Begriffe auf lokalen Konzepten aufbauen, d.h. daß nur Eigenschaften der näheren Umgebung eines Pixels – in Verbindung mit einem als angemessen groß anzusehendem Gedächtnis (Speicher) – untersucht werden müssen.

Die *Konturbeschreibung* eines einfach zusammenhängenden Gebietes $\underline{R}$ kann z.B. durch den *Kettencode* erfolgen. Beginnt man den Kettencode an irgendeinem Pixel der Kontur $\mathbf{p} \in \underline{C}(\underline{R})$, so kann man die Folge der dabei durchlaufenen Konturpixel durch die Folge der Richtungsänderungen codieren. Die 8 möglichen Richtungsänderungen entsprechen den Himmelsrichtungen und werden, beginnend mit der Südrichtung[9], im negativen Uhrzeigersinn fortlaufend von 0 bis 7 numeriert (Abb. 4.17). Beginnt man bei der abgebildeten Beispielregion $\underline{R}$ mit dem Konturpixel links oben, so wird die Kontur

---
[9] Oft wird auch die Ost-Richtung mit der 0 numeriert.

118   4. Das Bild als diskrete Ortsbereichsfunktion

von R (und damit $\underline{R}$ selbst) durch die folgende Richtungsänderungsfolge beschrieben:

$$101002215444446666$$

Man beachte, daß sich die Konturpixel wiederholen können (nicht aber Randkanten). Dieser Kettencode hat mehrere schöne Eigenschaften: Er ist invariant gegenüber Translationen der Region $\underline{R}$. Zyklische Verschiebungen des Kettencodes erzeugen kongruente Regionen. Ändert sich die Ausdehnung von $\underline{R}$ quadratisch, so ändert sich die Länge des Kettencodes i.allg. nur linear. Bei Drehungen von $\underline{R}$ um 90° ändert sich der Kettencode in einfacher Weise. Lange horizontale oder vertikale Stücke der Randkurve sind durch Potenzen von Richtungsänderungen komprimiert beschreibbar, z.B. 44444 durch 4^5. Es erscheint sicherlich plausibel, daß man aus dem Kettencode von $\underline{R}$ die Länge, die Breite und den Durchmesser von $\underline{R}$ relativ einfach berechnen kann.

Besonders wichtig ist der Begriff der *Länge* einer diskreten Kurve. Man versucht selbstverständlich, die aus dem Kontinuierlichen kommende Definition über das Kurvenintegral mittels Diskretisierung nachzubilden. Die einfachste Methode zur Definition der Länge einer Randkurve ist die *Sample-Count-Methode*. Hierbei zählt man einfach die Anzahl der Pixel, die bei einem Kurvendurchlauf betreten werden, d.h. die Länge des Kettencodes.

Eine adäquatere Methode ist die *Sample-Distance-Methode* [Ebe91a]. Hierbei werden orthogonales und diagonales Fortschreiten im Kettencode unterschiedlich gezählt: Während ein Fortschreiten in einer geradzahligen Richtung des Kettencodes mit dem Faktor 1 gewichtet wird, erhält eine nicht geradzahlige (diagonale) Richtung des Kettencodes den Gewichtsfaktor $1,4 \approx \sqrt{2}$. Unter geeigneten Voraussetzungen an die Kurve $\underline{C}$, insbesondere unter Annahme ihrer *Regularität*, kann man aus der letztgenannten Methode der diskreten Kurvenlängenbestimmung ungefähr auf die Länge einer approximierenden euklidischen kontinuierlichen Kurve schließen – und umgekehrt.

4.6.2 Flächencharakterisierung von Objekten und Flächeninhalt

Die *Flächencharakterisierung* eines Objektes $\underline{R}$ geschieht in natürlicher Weise durch Auflistung der Pixel, die zu $\underline{R}$ gehören. Die Länge der Liste wächst

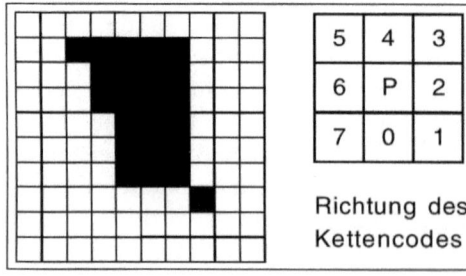

Abb. 4.17. Zur Randbeschreibung einer Region durch den Kettencode.

i.allg. quadratisch bei linearer Ausdehnung (Vergrößerung) von $\underline{R}$. Eine einfache Definition des *Flächeninhaltes* von $\underline{R}$ besteht darin, die Pixel von $\underline{R}$ zu zählen und dabei den Randpixeln nur das Gewicht 1/2 zu geben. Statt dieser recht aufwendigen Technik verwendet man auch in der diskreten Pixelgeometrie die Ideen, die in der kontinuierlichen Geometrie der Ebene durch die Technik der Umwandlung eines Gebiets- in ein Kurvenintegral geleistet wird (Stokessche Integralsätze [Bro83]). Der Grundgedanke besteht bekanntlich darin, aus dem Verlauf des Randes auf den Flächeninhalt der umschlossenen Region zu schließen. Ein Gerät, das über den Rand läuft, „weiß" aus der Aufsummierung von Informationen über die Normalenrichtungen, wieviel Fläche im Inneren liegt. Eine diskretisierte Variante dieses Verfahrens, die *Sample-Normal-Methode*, wird gelegentlich ebenfalls zu einer recht adäquat scheinenden Definition des Flächeninhaltes einer Pixelregion $\underline{R}$ verwendet. Diese Methode ist auch dann noch anwendbar, wenn Bilder mit großem Grauwertbereich $G \gg 2$ untersucht und ausgemessen werden sollen [Ebe91a, Ebe91b].

4.6.3 Schwerpunkt und Hauptträgheitsachse

Eine besonders wichtige Grundaufgabe der Bildverarbeitung (bei beliebigem Grauwertbereich) ist die Bestimmung des *Schwerpunktes* für ein Objekt. $\underline{R}$ wird dabei interpretiert als eine Ansammlung von endlich vielen Massenpunkten; der Grauwert g entspricht dann der Masse an der Stelle f. Alle Grauwerte von Pixeln, die nicht zum Objekt gehören, werden gleich 0 gesetzt. Der (reellwertige) Schwerpunkt $\mathbf{s} = (x_s, y_s)$ berechnet sich zu:

$$(x_s, y_s) = \left(\frac{\sum\limits_{m,n} m \cdot f(m,n)}{\sum\limits_{m,n} f(m,n)}, \frac{\sum\limits_{m,n} n \cdot f(m,n)}{\sum\limits_{m,n} f(m,n)} \right) \quad (4.15)$$

Aus der Mechanik ist eine andere, kaum weniger konstruktive Berechnungstechnik für den Schwerpunkt bekannt: Es ist derjenige (eindeutig bestimmte) Punkt, bezüglich dessen die Summe aller Momente 0 ist. Auch diese Methode ist für Grauwertbilder entsprechend anwendbar. Sie wird der physikalischen Bedeutung des Schwerpunktes in besonderer Weise gerecht: Eine Unterstützung des Objektes im Schwerpunkt (als zweidimensionales Flächenstück im dreidimensionalen Raum) beläßt dieses im Gleichgewicht.

Aus einer physikalischen Analogie heraus erwächst auch die letzte hier zu behandelnde Standardoperation an Pixelbildern, die Bestimmung der *Hauptträgheitsachsen* (Abb. 4.18). Diese Operation hat auch für dreidimensionale Punktwolken eine entsprechende Bedeutung. Im Zweidimsioanlen gibt es zu jedem Objekt zwei aufeinander senkrecht stehende, durch den Schwerpunkt gehende Geraden, bezüglich deren dieses Objekt eine ungestörte Rotation ausführen kann. Es handelt sich dabei um fiktive Drehachsen, die ein Extremum des Massenträgheitsmomentes [Her95] festlegen:

4. Das Bild als diskrete Ortsbereichsfunktion

$$J = \sum_{k} g_k \cdot r_s^2 \qquad (4.16)$$

Die Masse g_k des k-ten Punktes aus $\underline{R}$ hat dabei den Abstand r_s von der Hauptträgheitsachse (Abb. 4.18). Diese Achsen definieren ein besonders natürliches orthogonales Koordinatensystem für das Objekt, das bei einer statistischen Deutung als ein Modell für unterschiedliche Streuung hervorrufende Meßwerte angesehen werden kann. Wir werden in Kapitel 11 die Karhunen-Loève-Transformation kennenlernen, mit deren Hilfe sich diese Achsen und die entsprechenden Werte der Trägheitsmomente aus Eintragungen in eine zugehörige (symmetrische) Matrix durch die Eigenvektor/Eigenwert-Technik ergeben. Insbesondere das Auffinden der Achse mit absolut maximalem Trägheitmoment ist von großer praktischer Bedeutung, da eine Rotation um diese Achse stabil ist. Im dreidimensionalen Fall begegnet uns dieses Problem beim Auswuchten eines Autoreifens: Durch geeignetes Hinzufügen von Massen zum vorgegebenen Objekt wird die Hauptträgheitsachse mit maximalem Eigenwert (für symmetrische Matrizen sind alle Eigenwerte reell) derart verändert, daß sie mit der durch die Geometrie des Fahrzeuges gegebenen Achse übereinstimmt. Es sei darauf hingewiesen, daß das Problem der Bestimmung einer Hauptträgheitsachse in Kapitel 11 in einem völlig anderen Anwendungszusammenhang mit der Frage der Merkmalsreduktion bei beliebig hoher Dimension des Raumes angegangen wird.

4.6.4 Morphologie

Neben der bisher betrachteten vorwiegend metrischen Charakterisierung eines Objektes spielt dessen *Form* eine Rolle, die von ganz anderer Art ist. Es handelt sich hier um einen Begriff, bei dem leichte Veränderungen möglich sind. Man kann die Objekte einer *Formklasse* hiermit gemeinsam charakterisieren. Während unser menschliches Auge mit dem dahinterliegenden Gehirn keine Schwierigkeiten hat, einfache Formen als solche zu erkennen und sie von anderen zu unterscheiden, hat ein Bildverarbeitungssystem große Probleme, z.B. bananenförmige von elliptischen Objekten zu unterscheiden und

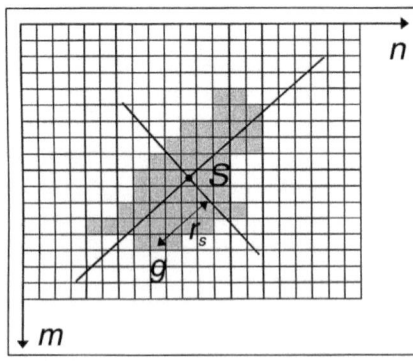

Abb. 4.18. Durch den Schwerpunkt S des Gebietes $\underline{R}$ verlaufen die Hauptträgheitsachsen. Der Grauwert g eines Pixels wird dabei als Masse interpretiert. Alle Pixel, die nicht zur Region $\underline{R}$ gehören, haben die Masse 0. Der Abstand r_s eines Massenpunktes wird senkrecht zur Hauptträgheitsachse gemessen.

damit Zählungen von Objekten einer bestimmten Form vorzunehmen. Die hier geforderte Disziplin ist die *Morphologie*. Morphologische Ähnlichkeit ist schwierig zu behandeln, weil ihr in der Regel keine Äquivalenzrelation zugrunde liegt mit einer diesbezüglichen Klasseneinteilung, sondern fließende Übergänge vorkommen können. So sind etwa zwischen der Form der Zahl „8" und der des Buchstabens „B" Übergänge denkbar, die z.B. bei automatischen Beleglesern zu ernsthaften Schwierigkeiten führt. In Kapitel 3 wurde ein Beispiel beschrieben, in dem auch der menschliche Betrachter dieselbe Struktur in unterschiedlichem Kontext einmal als Buchstabe „B" und einmal als Zahl „13" erkannt hat.

Eine gröbere Unterscheidung als die durch Formähnlichkeit erfolgt hinsichtlich *topologischer Äquivalenz*. Diese ist in Abschnitt 4.5 behandelt worden: Alle Exemplare einer Zahl „8" zeichnen sich durch das Vorhandensein von zwei Löchern aus – die gleiche topologische Eigenschaft haben aber auch alle Exemplare des Großbuchstabens „B". Der Verlust der Eigenschaft einer Region, zwei Löcher zu besitzen, ist ein klar konstatierbares Faktum, während der Verlust der Eigenschaft „Bananenform" ein unscharfes Ereignis ist. Auch der öfter vorgeschlagene Weg der Behandlung dieses Problems im Rahmen der *Fuzzy-Technik* kann nicht die Tatsache umgehen, daß der Übergang zwischen zwei Formen mit intuitiver Unsicherheit behaftet ist.

In der Regel werden heute Templates, und damit lokale Methoden, zur Erkennung morphologischer Formen eingesetzt (vgl. Kap. 7). Die Template-Technik (vgl. Kap. 7) liefert ein anderes funktionsfähiges Entscheidungs- und Beurteilungswerkzeug, das in klaren Fällen auch das intuitiv gewünschte Ergebnis liefert.

5. Das Bild als gestörtes Signal

Für eine Bildverarbeitung mit Digitalrechnern ist es notwendig, die Bildsignale in rechnerkonforme Datenformate zu übertragen. Die „Originalbilder" lassen sich dabei als zweidimensionale Funktionen bezüglich des Definitionsbereiches auffassen, die sowohl im Werte- als auch im Ortsbereich kontinuierlich sind. Ein Beispiel hierfür ist die Intensität $I_t(x,y)$ eines elektromagnetischen Feldes (Licht) zur festen Zeit t in einer Ebene (x,y) des Raumes. Die Umwandlung der Bilder wird in der Signaltheorie durch ein System modelliert, das u.a. die Diskretisierung im Ortsbereich (Abtastung) und im Wertebereich (Quantisierung) beschreibt. Die dabei auftretenden (Stör-)Effekte lassen sich mit den Methoden der Signal- und Systemtheorie beschreiben.

In Abschnitt 5.1 werden zunächst die nötigen Grundlagen der *kontinuierlichen* Systemtheorie bereitgestellt. Dieser Abschnitt wurde in Anlehnung an LÜKE und OPPENHEIM aufgebaut und benutzt deren Notationen und Bezeichnungen[1] [Lue92a, Opp92]. Zur Vertiefung der *digitalen* Signalverarbeitung sei auf [Lue92b, Opp95, Schru92, Wah88] verwiesen. Mit diesem Handwerkszeug wird in Abschnitt 5.2 die Bildaufnahme, also die Übertragung des kontinuierlichen „Originalbildes" in eine zweidimensionale Matrix von Grau- oder Farbwerten, am Beispiel einer CCD-Kamera exemplarisch modelliert. Dabei werden insbesondere Störungen des „Originals" untersucht und diskutiert. Weitere Störungen, die bei der Bildaufnahme entstehen können, werden in Abschnitt 5.3 behandelt. In Kapitel 13 werden dann Methoden zur Bildkorrektur vorgestellt, die auf der Systemanalyse der Bildaufnahme aufbauen.

5.1 Signaltheoretische Grundlagen

Die Darstellung einer Nachricht durch physikalische Größen, wie z.B. elektrische Spannungen oder Feldstärken, wird Signal genannt. In der Nachrichtentechnik werden als eindimensionale Signale $s(t)$ Zeitfunktionen solcher Größen

---

[1] Von OPPENHEIM ist neben dem Lehrbuch [Opp92] auch das Arbeitsbuch, das sich hervorragend zum Selbststudium der nachrichtentechnischen Systemtheorie eignet, ins Deutsche übersetzt worden [Opp89] (die Lösungen der Aufgaben sind in Englisch). Das Standardwerk von OPPENHEIM und SCHAFER zur *digitalen* Signalverarbeitung [Opp75] wurde mittlerweile neu ins Deutsche übertragen und überarbeitet [Opp95].

benutzt. Für die Systemtheorie ist es jedoch unerheblich, ob eindimensionale Signale als Zeitfunktionen $s(t)$ oder als Ortsfunktionen $s(x)$ dargestellt werden. Ein Bild kann man als zweidimensionales Ortssignal interpretieren, bei dem jedem Koordinatenpaar (x,y) ein Funktionswert $f(x,y)$ zugeordnet wird. Meist ist dies ein einkanaliger Helligkeits- oder Grauwert, bei Farbbildern ist der Funktionswert mehrdimensional[2].

Die folgenden Grundlagen werden der Einfachheit halber an eindimensionalen Zeitfunktionen besprochen. Die formal ganz analogen Gleichungen für zweidimensionale Ortsfunktionen werden zum Teil mitangegeben. Die Erweiterung der Koordinate t ins Zweidimensionale muß dabei vektoriell interpretiert werden: $t \rightarrow \mathbf{t} = (x,y)^T$. Nur an den Stellen, an denen sich hieraus Besonderheiten ergeben, wird explizit auf die Zweidimensionalität eingegangen.

5.1.1 Signale

Der Begriff des *Signals* ist sehr weitläufig und spielt in zahlreichen Gebieten der Wissenschaft und Technik eine zentrale Rolle. Signale sind kontinuierliche oder diskrete Funktionen einer oder mehrerer Variablen und enthalten typischerweise Informationen über das Verhalten oder die Natur bestimmter Erscheinungen. In diesem Sinne kann der wöchentliche Verlauf des Dow-Jones ebenso als Signal aufgefaßt werden wie die Aufzeichnung des Schalldrucks beim Sprechen eines Wortes. Für die Systemtheorie haben *determinierte Signale* eine besondere Bedeutung, denn ihr Verlauf kann prinzipiell durch einen geschlossenen analytischen Ausdruck beschrieben werden.

Diese Beschreibung hat bei den *Elementarsignalen* eine besonders einfache, oft algebraische Form. Beispiele für Elementarsignale sind das Gauß-Signal: $s(t) = \exp(-\pi t^2)$, das Sinussignal: $s(t) = \sin(2\pi t)$ oder noch einfacher das Einheitssignal: $s(t) = 1$, das elektrischen Gleichstrom symbolisiert. Für stückweise definierte Elementarsignale sind in der Systemtheorie besondere Abkürzungen gebräuchlich:

$$\text{Sprung:} \quad \varepsilon(t) = \begin{cases} 1 & \text{für} \quad t \geq 0 \\ 0 & \text{für} \quad t < 0 \end{cases}$$

$$\text{Recheck:} \quad \text{rect}(t) = \begin{cases} 1 & \text{für} \quad |t| \leq 1/2 \\ 0 & \text{für} \quad |t| > 1/2 \end{cases}$$

$$\text{Dreieck:} \quad \Lambda(t) = \begin{cases} 1 - |t| & \text{für} \quad |t| \leq 1 \\ 0 & \text{für} \quad |t| > 1 \end{cases}$$

In Abbildung 5.1 ist neben dem Sprung-, Rechteck- und Dreiecksignal auch die si- oder sinc-Funktion: $\text{si}(t) \equiv \text{sinc}(t) = \sin(\pi t)/(\pi t)$ dargestellt, die aufgrund ihrer Bedeutung in der Systemtheorie ebenfalls einen eigenen Namen bekommen hat.

---

[2] Zum Beispiel besteht ein dreikanaliges RGB-Bild aus den Intensitäten der Grundfarben Rot, Grün und Blau an der Stelle (x,y).

5.1 Signaltheoretische Grundlagen

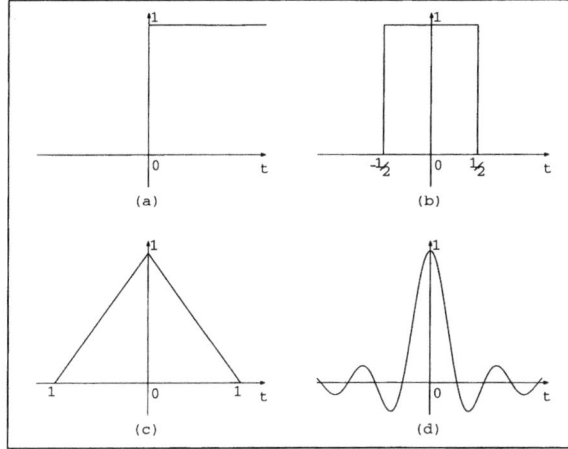

Abb. 5.1. In der Signaltheorie sind für einige Elementarsignale eigene Bezeichnungen gebräuchlich. Die Sprungfunktion (**a**) wird mit $\varepsilon(t)$ bezeichnet, die Rechteckfunktion (**b**) mit $\text{rect}(t)$ und die Dreiecksfunktion (**c**) mit $\Lambda(t)$. Die gedämpfte Sinusschwingung (**d**) heißt $\text{sinc}(t)$ oder einfach nur $\text{si}(t)$.

Da auch komplexe Signale aus den Elementarsignalen zusammengesetzt werden können, kann die Betrachtung von Systemeigenschaften anhand der Elementarsignale besonders effizient durchgeführt werden.

5.1.2 Systeme

So weitläufig wie der Begriff des Signals ist auch der des *Systems*. Systeme verarbeiten spezielle Signale, indem sie wieder andere Signale erzeugen. Zum Beispiel kann ein Kraftfahrzeug als System aufgefaßt werden, das auf das Signal „Stellung des Gaspedales" mit dem Output „Geschwindigkeit des Fahrzeuges" reagiert.

In der Systemtheorie werden daher Übertragungssysteme, kurz Systeme, nur durch die Angabe des Ausgangssignals auf das Anlegen eines bestimmten Eingangssignals beschrieben. Dazu werden idealisierte Elementarsignale verwendet, ohne zunächst auf die physikalische Realisierbarkeit der Signale oder Systeme Rücksicht zu nehmen. Die mathematisch eindeutige Zuordnung eines Ausgangssignals $g(t)$ zu einem beliebigen Eingangssignal $s(t)$ kann in Form einer Transformationsgleichung beschrieben werden (Abb. 5.2):

$$g(t) = \text{Tr}\{s(t)\} \quad \Big| \quad g(x,y) = \text{Tr}\{f(x,y)\} \qquad (5.1)$$

Bei der Analyse zeitkontinuierlicher Systeme sind die linearen und zeitinvarianten LTI-Systeme[3] von besonderer Bedeutung, denn ihre Transformationsgleichung ist eine lineare Differentialgleichung mit konstanten Koeffizienten [Lue92a]. In der diskreten Systemanalytik oder bei der Interpretation des Signals als Ortsfunktion spricht man von linearen und verschiebungsinvarianten LSI-Systemen[4].

---
[3] Linear Time Invariant Systems
[4] Linear Shift Invariant Systems

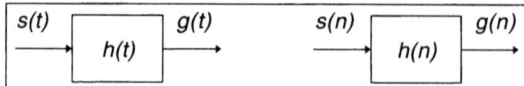

Abb. 5.2. Ein LTI-System $h(t)$ läßt sich durch seine Antwort $g(t)$ auf das Eingangssignal $s(t)$ beschreiben. Betrachtet man diskrete Zahlenfolgen $s(n)$, $g(n)$ und $h(n)$, so spricht man von LSI-Systemen.

Linearität. Ein System ist linear, wenn mit (5.1) für beliebige Konstanten $a_i \in \mathbb{R}$ der Superpositionssatz für die Eingangssignale $s_i(t)$ (bzw. Eingangsbilder $f_i(x,y)$) gilt:

$$\mathrm{Tr}\left\{\sum_i a_i s_i(t)\right\} = \sum_i a_i g_i(t) \quad \Big| \quad \mathrm{Tr}\left\{\sum_i a_i f_i(x,y)\right\} = \sum_i a_i g_i(x,y) \tag{5.2}$$

d.h. die Transformation einer Summe von Eingangssignalen entspricht der Summe der einzelnen Transformationssignale. In der Bildverarbeitung bedeutet dies z.B., daß das System „Kantendetektor" auf den Grauwertsprung: $f_1(x,y) = 100$, $f_1(x+1,y) = 120$ genauso antwortet wie auf den Sprung: $f_2(x,y) = 200$, $f_2(x+1,y) = 220$, denn $f_2 = f_1 + 100$ und die Antwort des Kantendetektors auf das konstante Signal $f = 100$ ist 0.

Zeitinvarianz. Ein System ist zeitinvariant bzw. im Zweidimensionalen orts- oder verschiebungsinvariant, wenn für seine Transformationsgleichung für beliebige t_0 bzw. x_0, y_0 gilt:

$$\mathrm{Tr}\{s(t-t_0)\} = g(t-t_0) \quad \Big| \quad \mathrm{Tr}\{f(x-x_0, y-y_0)\} = g(x-x_0, y-y_0) \tag{5.3}$$

Dies ist eine essentielle Voraussetzung für die Bildverarbeitung, die jedoch durch Verzeichnungen in der Optik des Bildaufnahmesystems nicht *a-priori* gegeben ist und daher immer überprüft werden sollte. (vgl. Abschn. 5.3.1). Anschaulich bedeutet die Zeit- bzw. Verschiebungsinvarianz, daß z.B. ein medizinisches Bildanalyse-System für zahnärztliche Röntgenbilder die Größe einer Knochentasche unabhängig davon, an welcher Position im Röntgenbild der Knochendefekt abgebildet wurde, immer gleich bewertet.

Isotropie. Im Zweidimensionalen ändern neben Verschiebungen auch Drehungen des Bildes nicht die Form der Objekte[5] im Bild. Daher wird oft auch die Rotationsinvarianz oder *Isotropie* von Bildverarbeitungs-Systemen gefordert. Ein Kantendetektor ist nur dann ein isotropes System, wenn dieselbe Grauwertkante, unabhängig von ihrer jeweiligen Orientierung im Bild, immer denselben Output erzeugt.

---

[5] Im Diskreten gilt dies strenggenommen nur für Rotationswinkel $\alpha = n \cdot \pi/2$.

Kausalität. Ein System ist kausal, wenn das Ausgangssignal nicht vor Beginn des Eingangssignals erscheint. Damit sind alle technisch realisierbaren Systeme kausal. Aus formalen Gründen wird aber oft auch mit nichtkausalen Systemen gerechnet. Bei der Interpretation eines Signals als Ortsfunktion ist der Begriff der Kausalität jedoch nicht sinnvoll definierbar. In Analogie zu dieser Definition werden in Kapitel 6 kausale Prozesse eingeführt.

Stabilität. Ein System ist stabil (genauer: amplitudenstabil [Lue92a]), wenn es auf ein amplitudenbegrenztes Eingangssignal mit einem amplitudenbegrenzten Ausgangssignal antwortet. Wie die meisten physikalischen Prozesse können auch die bildgebenden und bildverarbeitenden Systeme in der Medizin weitgehend auf stabile LTI-Systeme zurückgeführt werden. Daher wird im folgenden die Systemanalyse auf LTI-Systeme beschränkt.

5.1.3 Signalübertragung auf LTI-Systemen

Durch die Superpositionseigenschaft (5.2) kann bei LTI-Systemen die Übertragung eines zusammengesetzten Eingangssignals durch die bekannten Antworten auf einzelne Komponenten des Eingangssignals beschrieben werden.

Ein LTI-System (Abb. 5.2) reagiere auf einen Rechteckimpuls $s_0(t) = 1/T_0 \operatorname{rect}(t/T_0)$ der Länge T_0 und der Höhe $1/T_0$ (Abb. 5.1) mit dem Ausgangssignal $g_0(t)$. Durch die Normierung des Eingangssignals auf eine konstante Fläche bleibt auch die Fläche des Ausgangssignals für beliebige T_0 konstant (Abb. 5.3). Wird ein beliebiges Eingangssignal $s(t)$ mit einer Treppenfunktion $s_a(t)$ approximiert (Abb. 5.4):

$$s(t) \approx s_a(t) = \sum_{n=-\infty}^{\infty} s(nT_0) \operatorname{rect}\left(\frac{t - nT_0}{T_0}\right) = \sum_{n=-\infty}^{\infty} s(nT_0) s_0(t - nT_0) T_0 \tag{5.4}$$

gilt wegen der Linearität (5.2) und der Zeitinvarianz (5.3):

$$g(t) \approx g_a(t) = \sum_{n=-\infty}^{\infty} s(nT_0) g_0(t - nT_0) T_0 \tag{5.5}$$

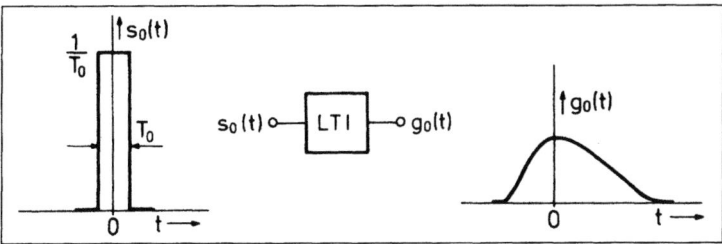

Abb. 5.3. Die Abbildung verdeutlicht die Reaktion eines LTI-Systems auf einen rechteckförmigen Anregungsimpuls. Die Normierung des Eingangssignals $s_0(t)$ auf eine konstante Fläche bewirkt eine konstante Fläche des Ausgangssignals $g_0(t)$, unabhängig von der Impulsbreite T_0. (Aus [Lue92a])

128   5. Das Bild als gestörtes Signal

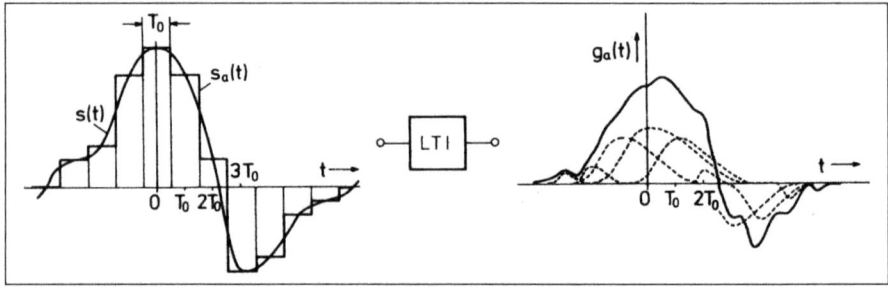

Abb. 5.4. Die Abbildung verdeutlicht die Reaktion eines LTI-Systems auf eine beliebig geformte Eingangsfunktion. Der Anregungsimpuls $s(t)$ kann durch viele rechteckförmige Teilimpulse $s_a(t)$ angenähert werden. Das Ausgangssignal $g(t)$ ergibt sich dann als Überlagerung der Systemantworten auf diese Rechteckimpulse. (Aus [Lue92a])

Das approximierte Ausgangssignal entsteht also durch Überlagerung der Systemantworten auf die unterschiedlich gewichteten Rechteckimpulse und ist in Abbildung 5.4 dargestellt.

Der Dirac-Stoß und die Faltung. Die Signale $s(t)$ und $g(t)$ werden um so genauer approximiert, je kleiner T_0 ist. Dabei muß beachtet werden, daß die Verkürzung der Impulsdauer T_0 mit einer Erhöhung der Impulsamplitude $1/T_0$ einhergeht, denn die Fläche unter der rect-Funktion bleibt konstant. Betrachten wir diesen Grenzübergang zunächst anschaulich, entsteht ein unendlich kurzer Impuls mit einer unendlich hohen Amplitude. Dieser Impuls heißt Dirac-Stoß[6]:

$$\delta(t) := \lim_{T_0 \to 0} \frac{1}{T_0} \operatorname{rect}\left(\frac{t}{T_0}\right) \tag{5.6}$$

Durch den Grenzübergang werden die Summen in (5.4) zu Integralen, und es gilt mit $nT_0 \to \tau$ und $T_0 \to d\tau$:

$$s(t) = \int_{-\infty}^{\infty} s(\tau) \cdot \delta(t - \tau)\, d\tau = s(t) * \delta(t)$$

$$f(x,y) = \int_{-\infty}^{\infty} \int_{-\infty}^{\infty} f(\xi, \eta) \cdot \delta(x - \xi, y - \eta)\, d\xi\, d\eta = f(x,y) * \delta(x,y)$$

(5.7)

Diese Definitionsgleichung für den Dirac-Stoß heißt Faltungsintegral. Die Verknüpfung zweier beliebiger Funktionen nach (5.7) wird als Faltungsprodukt bzw. *Faltung* bezeichnet und mit dem Symbol $*$ gekennzeichnet.

---

[6] Für meßtechnische Zwecke kann der nach (5.6) eingeführte Dirac-Stoß als genügend kurzer Rechteckimpuls der Fläche Eins befriedigend gedeutet werden, rein mathematisch gesehen existiert der Grenzübergang nach (5.6) jedoch nicht als Funktion [Lue92a].

Tabelle 5.1. Die Gesetze der Faltung können durch Einsetzen in das Faltungsintegral (5.7) leicht bewiesen werden.

Definition	$s(t) * g(t) = \int s(\tau) \cdot g(t-\tau)\, d\tau$
Neutrales Element	$s(t) * \delta(t) = s(t)$
Kommutativgesetz	$s(t) * g(t) = g(t) * s(t)$
Assoziativgesetz	$[s_1(t) * s_2(t)] * s_3(t) = s_1(t) * [s_2(t) * s_3(t)]$
Distributivgesetz	$g(t) * [s_1(t) + s_2(t)] = [g(t) * s_1(t)] + [g(t) * s_2(t)]$

Bevor wir nun die Signalübertragung auf LTI-Systemen mit Hilfe der Faltung und des Dirac-Stoßes weiter analysieren, wollen wir zunächst die Faltungsalgebra und einige fundamentale Eigenschaften des Dirac-Stoßes näher untersuchen.

Aus (5.7) geht unmittelbar hervor, daß der Dirac-Stoß das neutrale Element (Eins-Element) der Faltung ist. Weiterhin ist die Faltung kommutativ, assoziativ und bezüglich der Addition distributiv, was sich durch Einsetzen in das Faltungsintegral (5.7) leicht beweisen läßt. Die Theoreme der Faltungsalgebra sind in Tabelle 5.1 zusammengestellt.

Für die Faltung einer Linearkombination von Dirac-Stößen mit einer Funktion $s(t)$ gilt mit dem Distributivgesetz aus Tabelle 5.1:

$$[a_1\delta(t) + a_2\delta(t)] * s(t) = (a_1 + a_2)s(t) \quad (5.8)$$

Mit (5.8) läßt sich eine Linearkombination von Dirac-Stößen auch schreiben als:

$$a_1\delta(t) + a_2\delta(t) = (a_1 + a_2)\delta(t) = a\delta(t) \quad (5.9)$$

Der Faktor a vor dem Dirac-Stoß gibt die Fläche unter dem Impuls an und wird als *Gewicht* des Dirac-Stoßes bezeichnet. Wird ein Signal $s(t)$ mit einem um die Zeit T verzögerten Dirac-Impuls multipliziert, so bekommt der Dirac-Stoß das Gewicht des Signalwertes $s(t)$ zum Zeitpunkt $t = T$. Diese Eigenschaft heißt *Siebeigenschaft* und wird zur Modellierung der Ortsdiskretisierung (Abtastung, vgl. Abschn. 5.2.4) verwendet. Die wichtigsten Eigenschaften der δ-Funktion sind ohne Herleitung in Tabelle 5.2 zusammengestellt, denn sie können mit der Definition der δ-Funktion nach (5.7) leicht bewiesen werden. Man beachte, daß mit Hilfe der Integrationseigenschaft der δ-Funktion auch nichtstetige Funktionen differenziert werden können (verallgemeinerte Differentiation [Lue92a]).

Zweidimensionale Faltung mit Dirac-Linien. Die Faltung einer Funktion mit einem Dirac-Stoß resultiert mit der Verschiebungseigenschaft (Tab. 5.2) in der Reproduktion der Funktion an der Stelle des Dirac-Impulses. Im Zweidimensionalen sind neben $\delta(x,y)$-Impulsen auch $\delta(a)$-Linien denkbar, die als (kontinuierliche) Aneinanderreihung einzelner δ-Impulse aufgefaßt werden können. Die Faltung mit einer δ-Linie erzeugt daher eine Verschmierung der

Tabelle 5.2. Die Eigenschaften des Dirac-Impulses $\delta(t)$ sind in der Tabelle zusammengestellt. Die Sprungfunktion $\varepsilon(t)$ wurde bereits in Abschnitt 5.1.1 eingeführt und ist in Abbildung 5.1 auf Seite 125 dargestellt.

Definition	$s(t) = \int s(\tau) \cdot \delta(t - \tau)\, d\tau$
Gewicht	$a_1 \delta(t) + a_2 \delta(t) = (a_1 + a_2)\, \delta(t)$
Siebeigenschaft	$s(t) \cdot \delta(t - T) = s(T)\, \delta(t - T)$
Verschiebung	$s(t) * \delta(t - T) = s(t - T)$
Symmetrie	$\delta(t) = \delta(-t)$
Dehnung	$\delta(bt) = 1/|b|\, \delta(t)$
Integration	$\int_{-\infty}^{t} \delta(\tau)\, d\tau = \varepsilon(t) \;\Rightarrow\; d/dt\, \varepsilon(t) = \delta(t)$

Funktion durch die Überlagerung ihrer ständigen Wiederholungen entlang der Dirac-Linie.

Der einfachste Fall einer $\delta(a)$-Linie ist die Gerade, die in der *Hesseschen Normalform* als $a = x\cos\alpha + y\sin\alpha$ dargestellt wird [Bro83]. α ist dabei der Winkel der Normalen der Dirac-Linie zur x-Achse. Führt man ein Hilfskoordinatensystem (r,t) ein, das gegenüber dem System (x,y) um den Winkel α gedreht ist, so ergibt sich mit $f_\alpha(r,t) := f(x,y)$:

$$f(x,y) * \delta(a) = f_\alpha(r,t) * \delta(r) = \int_{-\infty}^{\infty} f_\alpha(r,t)\, dt =: f_p(r,\alpha) \qquad (5.10)$$

Die Projektion von $f_\alpha(r,t)$ in Richtung von t auf die r-Achse ist eine eindimensionale Funktion, abhängig vom Winkel α (Abb. 5.5). Wird der Parameter

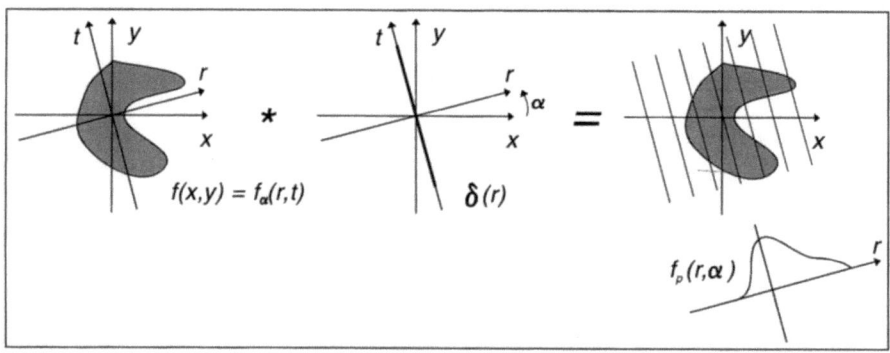

Abb. 5.5. Die Faltung einer Funktion $f(x,y)$ mit einer Dirac-Linie $\delta(a)$ entspricht einer Parallelprojektion des Signals. Die eindimensionale Projektionsfunktion $f_p(r,\alpha)$ ist abhängig vom Parameter α. Das zweidimensionale Kontinuum dieser Projektion für alle Winkel α wird als Radon-Transformierte bezeichnet. (Nach [Bam89])

α als Variable interpretiert, so gibt die zweidimensionale Funktion $f_p(r,\alpha)$ das Kontinuum der Projektionen unter allen Winkeln α an und wird als Radon-Transformierte von $f(x,y)$ bezeichnet [Bam89]. Die Radon-Transformation kann formal durch das Symbol ○—$\mathcal{R}$—• geschrieben werden und ist für die Bildrekonstruktion bei der Computertomographie von fundamentaler Bedeutung (vgl. Kap. 10).

5.1.4 Stoßantwort eines LTI-Systems

Im folgenden soll nun mit Hilfe der Faltung und des Dirac-Stoßes ein LTI-System näher charakterisiert werden. Zu Beginn dieses Abschnittes wurde die Linearität und Zeitinvarianz der LTI-Systeme ausgenutzt, um die Übertragung beliebiger Signale $s(t)$, die zumindest näherungsweise aus vielen rect-Funktionen $s_0(t)$ zusammengesetzt werden können, durch entsprechende Überlagerungen der gewichteten Systemantworten $g_0(t)$ auf einen einzelnen rect-Impuls zu beschreiben (vgl. Abb. 5.4, S. 128). Diese Approximation der Systemantworten auf beliebige Signale $s(t)$ wurde in (5.5) formalisiert:

$$g(t) \approx g_a(t) = \sum_{n=-\infty}^{\infty} s(nT_0)\, g_0(t - nT_0)\, T_0$$

Überträgt man anstelle des rect-Impulses einen δ-Stoß über das LTI-System, so erhält man als Ausgangssignal die *Stoßantwort* $h(t)$ des Systems, die in der (zweidimensionalen) Bildverarbeitung auch als *Punktantwort* (PSF)[7] bezeichnet wird. Dabei geht (5.5) in das Faltungsintegral (5.7) über:

$$g(t) = s(t) * h(t) = \int_{-\infty}^{\infty} s(\tau) \cdot h(t-\tau)\, d\tau$$

$$g(x,y) = f(x,y) * h(x,y) = \int_{-\infty}^{\infty} \int_{-\infty}^{\infty} f(\xi,\eta) \cdot h(x-\xi, y-\eta)\, d\xi\, d\eta \qquad (5.11)$$

Ein LTI-System mit der Stoßantwort $h(t)$ antwortet also auf das Eingangssignal $s(t)$ mit dem Ausgangssignal $g(t) = s(t) * h(t)$, das durch die Faltung des Eingangssignals mit der Stoßantwort des Systems entsteht. Mit den Konventionen der Systemtheorie kann dieser Sachverhalt auch graphisch visualisiert werden. Dazu wird die Stoßantwort h in einen Kasten (*Box*) eingetragen. Die Verbindung auf der linken Seiten entspricht dem Eingangssignal s, diejenige auf der rechten Seite dem Output g (Abb. 5.2). Diese Notation ist insbesondere auch dann gebräuchlich, wenn die Stoßantwort des Systems nicht bekannt ist. Man spricht dann von einer *Black-Box*.

---

[7] Point Spread Function

5.1.5 Übertragungsfunktion eines LTI-Systems

Es gibt *Eigenfunktionen* $s_E(t)$, für die bei der Übertragung durch beliebige LTI-Systeme $s_E(t) * h(t) = H \cdot s_E(t)$ gilt. Da diese Funktionen von den Systemen nicht in der Form geändert, sondern nur mit einem Amplitudenfaktor H multipliziert werden, sind sie zur Analyse von LTI-Systemen besonders gut geeignet. Aufgrund des Superpositionssatzes (5.2) können durch Linearkombinationen der Eigenfunktionen auch andere Funktionen mit diesen Grundfunktionen beschrieben werden. Der Grundtyp dieser Eigenfunktionen lautet:

$$s_E(t) = e^{i2\pi ft} = \cos(2\pi ft) + i\sin(2\pi ft)$$
$$s_E(x,y) = e^{i2\pi(ux+vy)} = e^{i2\pi ux} \cdot e^{i2\pi vy} \tag{5.12}$$

und wird als Eulersche Funktion bezeichnet. Überträgt man diese speziellen Eigenfunktionen über ein LTI-System mit der Stoßantwort $h(t)$, so ergibt das für beliebige Frequenzen f:

$$h(t) * e^{i2\pi ft} = \int_{-\infty}^{\infty} h(\tau) \cdot e^{i2\pi f(t-\tau)} d\tau = e^{2i\pi ft} \cdot \underbrace{\int_{-\infty}^{\infty} h(\tau) \cdot e^{-i2\pi f\tau} d\tau}_{H} \tag{5.13}$$

Die Darstellung der *Eigenwerte* H des LTI-Systems als Funktion der Frequenz f wird als Übertragungsfunktion $H(f)$ des LTI-Systems bezeichnet.

5.1.6 Fourier-Analyse von LTI-Systemen

Die Fourier-Transformation. Die Beziehung zwischen der Stoßantwort $h(t)$ eines LTI-Systems und dessen Übertragungsfunktion $H(f)$ ergibt sich aus (5.13) zu:

$$H(f) = \int_{-\infty}^{\infty} h(\tau) \cdot e^{-i2\pi f\tau} d\tau$$
$$H(u,v) = \int_{-\infty}^{\infty} \int_{-\infty}^{\infty} h(x,y) \cdot e^{-i2\pi(ux+vy)} dx\, dy \tag{5.14}$$

Gleichung (5.14) entspricht der kontinuierlichen eindimensionalen Fourier-Transformation und wird formal durch ○—$\mathcal{F}$—● dargestellt. Eine hinreichende Bedingung für die Existenz der Fourier-Transformierten ist die absolute Integrierbarkeit von $h(t)$, d.h. die Übertragungsfunktion $H(f)$ ist nur für stabile Systeme definiert (vgl. Abschn. 5.1.2).

Die Stoßantwort $h(t)$ eines LTI-Systems läßt sich aus ihrer Fourier-Transformierten $H(f)$ mittels der inversen Fourier-Transformation zurückgewinnen:

$$h(t) = \int_{-\infty}^{\infty} H(f) \cdot e^{i2\pi ft} df$$

$$h(x,y) = \int_{-\infty}^{\infty} \int_{-\infty}^{\infty} H(u,v) \cdot e^{i2\pi(ux+vy)} du\, dv$$

(5.15)

Setzt man verallgemeinernd an der Stelle der Stoßantwort $h(t)$ ein beliebiges Signal $s(t)$ in (5.14) ein, so wird $s(t)$ als unendliche Reihe von Elementarsignalen $s_E(t)$ dargestellt, wobei sich die Amplitudenfaktoren $S(f)$ mit (5.15) berechnen lassen. $S(f)$ wird dann als Frequenzspektrum, kurz *Spektrum*, bzw. $F(u,v)$ als *Ortsfrequenzspektrum* der Funktion $s(t)$ bzw. $f(x,y)$ bezeichnet und ist i.allg. komplexwertig:

$$S(f) = \operatorname{Re}\{S(f)\} + i \cdot \operatorname{Im}\{S(f)\} = |S(f)| \cdot e^{i \cdot \varphi(f)}$$

Zu jeder auftretenden Frequenz ist im Spektrum nicht nur die Amplituden-, sondern auch die Phaseninformation enthalten. In der Bildverarbeitung wird meist jedoch nur das *Amplitudenspektrum* $|S(f)|$ oder das *Power-Spektrum* $|S(f)|^2$, nicht jedoch das *Phasenspektrum* $\varphi(f)$ dargestellt (vgl. Abschn. 5.2.1). Die Fourier-Transformierten einiger Elementarsignale sind in Abbildung 5.6 zusammengestellt.

Definitionen der Fourier-Transformation. Die hier zunächst über die Eigenfunktionen auf LTI-Systemen eingeführte Fourier-Transformation ist sowohl für die Analyse der Bildentstehung als auch für die Entwicklung wirkungsvoller Algorithmen zur Bildverarbeitung von entscheidender Bedeutung. Darüber hinaus gibt es viele weitere Anwendungen der Fourier-Transformation. Je nach Problemstellung hat dies zu unterschiedlichen Definitionen der Fourier-Transformation geführt, die nicht verwechselt werden dürfen.

Die klassische *kontinuierliche* Fourier-Transformation (FT) ordnet mit (5.14) einem kontinuierlichen Signal ein kontinuierliches Spektrum zu. Wendet man die FT auf ein (zeit-)diskretes Signal an, so wird auch diesem ein kontinuierliches Spektrum zugeordnet. Dies wird uns bei der Analyse der Ortsdiskretisierung (Abtastung) noch begegnen (vgl. Abschn. 5.2.4).

Im Gegensatz dazu steht die *diskrete* Fourier-Transformation (DFT), die einer diskreten Zahlenfolge wiederum eine diskrete Zahlenfolge zuordnet, also ein diskretes Spektrum erzeugt. Für die Informatik und die digitale Bildverarbeitung ist daher die DFT viel wichtiger, denn mit der *fast* Fourier-Transformation (FFT) existiert ein schneller Algorithmus der DFT, der effizient zu implementieren ist [Nus82]. Die DFT und deren Eigenschaften werden in Kapitel 8 ausführlich diskutiert.

Für die Analyse der LTI-Systeme werden wir in diesem Anschnitt einige Eigenschaften der kontinuierlichen FT untersuchen. Diese werden uns bei der weiteren Modellierung der Bildentstehung als „gestörtes Signal" behilflich sein. Doch auch die kontinuierliche FT ist nicht einheitlich definiert. Mit

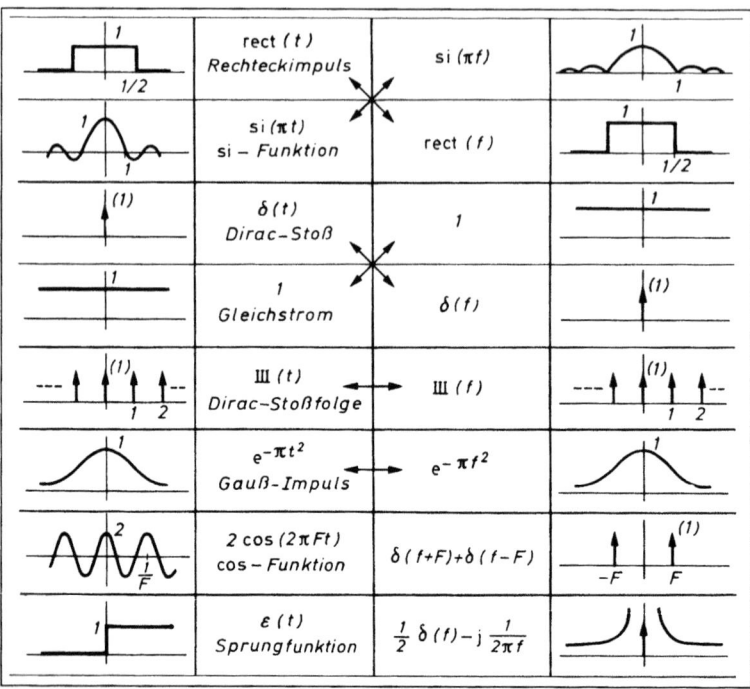

Abb. 5.6. Die Abbildung zeigt einige Elementarsignale (*links*) und den Betrag ihrer Fourier-Transformierten (*rechts*). Den Korrespondenzen liegt die Fourier-Transformation nach (5.14) zugrunde. Die periodische Dirac-Stoßfolge der normierten Periodendauer 1 wird wegen der Ähnlichkeit mit dem kyrillischen Buchstaben als „Scha"-Funktion: $\text{Ш}(x, y) = \sum_{n=-\infty}^{\infty} \delta(t-n)$ bezeichnet. (Aus [Lue92a])

(5.14) wurde die FT als Funktion der Frequenz f eingeführt. Faßt man jedoch die Kreisfrequenz $\omega = 2\pi f$ als Variable auf, taucht in der inversen FT der Faktor $1/2\pi$ (im Zweidimensionalen: $1/4\pi^2$) auf:

$$h(t) = \int H(f) \cdot e^{i2\pi ft} df \quad \circ\!\!-\!\!\overset{\mathcal{F}}{-}\!\!\bullet \quad H(f) = \int h(t) \cdot e^{-i2\pi ft} dt$$

$$h(t) = \frac{1}{2\pi} \int H(\omega) \cdot e^{i\omega t} d\omega \quad \circ\!\!-\!\!\overset{\mathcal{F}}{-}\!\!\bullet \quad H(\omega) = \int h(t) \cdot e^{-i\omega t} dt \quad (5.16)$$

$$h(t) = \frac{1}{\sqrt{2\pi}} \int H(\omega) \cdot e^{i\omega t} d\omega \quad \circ\!\!-\!\!\overset{\mathcal{F}}{-}\!\!\bullet \quad H(\omega) = \frac{1}{\sqrt{2\pi}} \int h(t) \cdot e^{-i\omega t} dt \quad (5.17)$$

Um diese Asymmetrie zu vermeiden, wird die FT als Funktion der Kreisfrequenz oft auch nach (5.17) definiert. Diese Unterschiede sind insbesondere bei der Verwendung von Tabellenwerken[8] zu beachten.

---

[8] In den Ingenieurswissenschaften werden die Fourier-Integrale nur noch in Sonderfällen tatsächlich berechnet. Man bedient sich vielmehr ausführlicher Tabellen

5.1 Signaltheoretische Grundlagen

Tabelle 5.3. Die wichtigsten Theoreme der kontinuierlichen eindimensionalen Fourier-Transformation sind in der Tabelle zusammengestellt. (Nach [Lue92a])

Theorem	$s(t)$	$\circ\!\!-\!\!\stackrel{\mathcal{F}}{-}\!\!\!\bullet\ S(f)$
FT	$s(t)$	$\int s(t)\mathrm{e}^{-i2\pi ft}dt$
inverse FT	$\int S(f)\mathrm{e}^{i2\pi ft}df$	$S(f)$
Spiegelung	$s(-t)$	$S^*(f)$
konj. kompl. Funktion	$s^*(t)$	$S^*(-f)$
Symmetrie	$S(t)$	$s(-f)$
Faltung	$s(t) * h(t)$	$S(f) \cdot H(f)$
Multiplikation	$s(t) \cdot h(t)$	$S(f) * H(f)$
Superposition	$a_1 s(t) + a_2 h(t)$	$a_1 S(f) + a_2 H(f)$
Ähnlichkeit	$s(bt)$	$1/|b|\, S(f/b)$
Zeitverschiebung	$s(t - t_0)$	$S(f)\mathrm{e}^{-i2\pi f t_0}$
Frequenzverschiebung	$s(t)\mathrm{e}^{i2\pi F t}$	$S(f - F)$
Differentiation	d^n/dt^n	$(i2\pi f)^n S(f)$
Integration	$\int_{-\infty}^{t} s(\tau)d\tau$	$1/(i2\pi f)\, S(f) + 1/2\, S(0)\,\delta(f)$

Eigenschaften der Fourier-Transformation. Zahlreiche Theoreme und Eigenschaften der kontinuierlichen FT sind in der Fachliteratur bewiesen und ausführlich diskutiert [Bra86, Pou96]. Diese Herleitungen sollen hier nicht reproduziert werden, sondern wir wollen vielmehr versuchen, die für die Bildverarbeitung entscheidenden Theoreme plausibel zu machen und ihre Konsequenzen für die Bildverarbeitung herauszuarbeiten. Eine Übersicht über die Theoreme der FT wird in Tabelle 5.3 gegeben.

Die für die Signal- und Systemtheorie sicherlich wichtigste Eigenschaft der FT ist mit dem *Faltungstheorem* gegeben. Durch die FT einer Gleichung geht die Faltungsoperation in eine einfache Multiplikation über:

$$\begin{array}{c} s(t) * h(t) \circ\!\!-\!\!\stackrel{\mathcal{F}}{-}\!\!\!\bullet\ S(f) \cdot H(f) \\ \hline f(x,y) * h(x,y) \circ\!\!-\!\!\stackrel{\mathcal{F}}{-}\!\!\!\bullet\ F(u,v) \cdot H(u,v) \end{array} \quad (5.18)$$

Dies bedeutet z.B. für die Systemanalyse verketteter Module, deren Stoßantworten im Zeit- oder Ortsbereich durch die Faltung miteinander verknüpft werden müssen, daß die resultierende Übertragungsfunktion des gesamten Systems durch einfache Multiplikation der einzelnen Übertragungsfunktionen im Frequenz- bzw. Ortsfrequenzbereich ermittelt werden kann. In der digitalen Bildverarbeitung kann es aufwandsgünstiger sein, eine große Filtermaske

---

zur Hin- und Rücktransformation [Obe57]. Sollte die benötigte Funktion nicht im Tabellenwerk verzeichnet sein, so werden die zahlreichen Theoreme der FT angewendet, um den aktuellen Ausdruck auf einen Verzeichneten zurückzuführen.

und das zu filternde Bild in den Fourier-Bereich zu transformieren, dort eine Multiplikation durchzuführen und dann das Ergebnis zurückzutransformieren, anstatt die diskrete Faltung im Ortsbereich durchzuführen (vgl. Kap. 8). Zu beachten ist, daß andererseits Multiplikationen im Ortsbereich in Faltungen im Frequenzbereich überführt werden. Dies ist die Aussage des *Multiplikationstheorems*:

$$s(t) \cdot h(t) \;\circ\!\!-\!\!\stackrel{\mathcal{F}}{-}\!\!\bullet\; S(f) * H(f)$$
$$\overline{f(x,y) \cdot h(x,y) \;\circ\!\!-\!\!\stackrel{\mathcal{F}}{-}\!\!\bullet\; F(u,v) * H(u,v)} \quad (5.19)$$

Eine weitere wichtige Eigenschaft ist die Linearität der FT. Die FT einer Summe von Funktionen ergibt sich als die Summe der einzelnen Fourier-Transformierten. Für die FT gilt also das *Superpositionsgesetz* für $c_i \in \mathbb{R}$:

$$\sum_i c_i s_i(t) \;\circ\!\!-\!\!\stackrel{\mathcal{F}}{-}\!\!\bullet\; \sum_i c_i S_i(f) \quad \bigg| \quad \sum_i c_i f_i(x,y) \;\circ\!\!-\!\!\stackrel{\mathcal{F}}{-}\!\!\bullet\; \sum_i c_i F_i(u,v) \quad (5.20)$$

Bildkomponenten, die im Ortsbereich additiv überlagert werden, können auch im Fourier-Bereich einzeln betrachtet werden. Daher kann z.B. ein Filter, das die Intensität eines Farbbildes modifizieren soll, auch im Frequenzbereich auf die einzelnen Bänder separat angewendet werden.

Faßt man das Spektrum $S(f)$ der Funktion $s(t)$ als neue Zeitfunktion $S(t)$ auf, so hat deren Fourier-Transformierte die an der Achse gespiegelte Form $s(-f)$ des ursprünglichen Signals, es gilt also der *Vertauschungssatz*:

$$\begin{array}{ccc|ccc} s(t) & \circ\!\!-\!\!\stackrel{\mathcal{F}}{-}\!\!\bullet & S(f) & f(x,y) & \circ\!\!-\!\!\stackrel{\mathcal{F}}{-}\!\!\bullet & F(u,v) \\ S(t) & \circ\!\!-\!\!\stackrel{\mathcal{F}}{-}\!\!\bullet & s(-f) & F(x,y) & \circ\!\!-\!\!\stackrel{\mathcal{F}}{-}\!\!\bullet & f(-u,-v) \end{array} \quad (5.21)$$

In Abbildung 5.6 (S. 134) ist dieser Zusammenhang durch die Verbindungspfeile zwischen den einzelnen Elementarsignalen veranschaulicht.

Das *Ähnlichkeitstheorem* der FT besagt, daß eine Dehnung der Zeitfunktion $s(t)$ zu einer Skalierung und Stauchung in der Frequenzebene und umgekehrt führt. Mit $a, b \in \mathbb{R}$ gilt:

$$s(bt) \;\circ\!\!-\!\!\stackrel{\mathcal{F}}{-}\!\!\bullet\; \frac{1}{|b|} \cdot S\left(\frac{f}{b}\right) \quad \bigg| \quad f(ax, by) \;\circ\!\!-\!\!\stackrel{\mathcal{F}}{-}\!\!\bullet\; \frac{1}{|ab|} \cdot F\left(\frac{u}{a}, \frac{v}{b}\right) \quad (5.22)$$

Der rechte Teil von (5.22) ist dabei ein Spezialfall. Mit $\mathbf{t} = (x,y)^T$ und $\mathbf{f} = (u,v)^T$ lautet das zweidimensionale Ähnlichkeitstheorem für $a_{ij} \in \mathbb{R}$ allgemein [Bam89]:

$$f(\mathbf{A} \cdot \mathbf{t}) \;\circ\!\!-\!\!\stackrel{\mathcal{F}}{-}\!\!\bullet\; \frac{1}{\det \mathbf{A}} \cdot F(\mathbf{B} \cdot \mathbf{f}) \quad \text{mit: } \mathbf{A} = \begin{pmatrix} a_{11} & a_{12} \\ a_{21} & a_{22} \end{pmatrix}, \mathbf{B} = (\mathbf{A}^{-1})^T$$
$$(5.23)$$

Aus (5.23) ist die *Rotationsvarianz* der FT sofort ersichtlich. Eine Rotation um den Winkel α im Ortsbereich wird durch die Drehmatrix:

$$\mathbf{A} = \begin{pmatrix} a_{11} & a_{12} \\ a_{21} & a_{22} \end{pmatrix} = \begin{pmatrix} \cos(\alpha) & -\sin(\alpha) \\ \sin(\alpha) & \cos(\alpha) \end{pmatrix}$$

beschrieben. Für die Drehung im Ortsfrequenzbereich folgt mit (5.23) für die Matrix **B**:

$$\mathbf{B} = \frac{1}{a_{11}a_{22} - a_{12}a_{21}} \begin{pmatrix} a_{22} & -a_{21} \\ -a_{12} & a_{11} \end{pmatrix} = \begin{pmatrix} \cos(\alpha) & -\sin(\alpha) \\ \sin(\alpha) & \cos(\alpha) \end{pmatrix} \equiv \mathbf{A} \tag{5.24}$$

Die Fourier-Transformierte F eines im Ortsbereich gedrehten Bildes f ist also im Ortsfrequenzbereich um den gleichen Winkel α gedreht, wie das Bild f im Ortsbereich. Die Rotationsvarianz der FT kann zur automatischen Bildregistrierung, also dem geometrischen Angleich ähnlicher Bilder desselben Objektes, genutzt werden [Leh96c].

Die zweidimensionale Fourier-Transformation läßt sich als eindimensionale Fourier-Transformation nach den beiden Koordinaten einzeln berechnen. Durch Umformung von (5.14) ergibt sich sofort:

$$F(u,v) = \underbrace{\iint f(x,y) \cdot e^{-i2\pi ux} dx}_{F_x(u,y)} e^{-i2\pi vy} dy = \underbrace{\iint f(x,y) \cdot e^{-i2\pi vy} dy}_{F_y(x,v)} e^{-i2\pi ux} dx \tag{5.25}$$

und damit für die *Separierbarkeit* der Fourier-Transformation:

$$f(x,y) \quad \begin{matrix} \circ \!\!-\!\!\frac{\mathcal{F}}{x}\!\!-\!\!\bullet \\ \circ \!\!-\!\!\frac{\mathcal{F}}{y}\!\!-\!\!\bullet \end{matrix} \quad \begin{matrix} F_x(u,y) \\ F_y(x,v) \end{matrix} \quad \begin{matrix} \circ \!\!-\!\!\frac{\mathcal{F}}{y}\!\!-\!\!\bullet \\ \circ \!\!-\!\!\frac{\mathcal{F}}{x}\!\!-\!\!\bullet \end{matrix} \quad F(u,v) \tag{5.26}$$

Daher haben nach den Ortskoordinaten (x,y) separierbare Funktionen ein nach den Ortsfrequenzkoordinaten (u,v) separierbares Spektrum:

$$f(x,y) = f_a(x) \cdot f_b(y) \quad \circ\!\!-\!\!\!\overset{\mathcal{F}}{-}\!\!\!\bullet \quad F(u,v) = F_a(u) \cdot F_b(v) \tag{5.27}$$

mit $f_a(x) \circ\!\!-\!\!\!\overset{\mathcal{F}}{-}\!\!\!\bullet F_a(u)$ und $f_b(y) \circ\!\!-\!\!\!\overset{\mathcal{F}}{-}\!\!\!\bullet F_b(v)$. Die Separierbarkeit der FT kann benutzt werden, um die rect-Funktion ins Zweidimensionale zu übertragen. Die eindimensionale rect-Funktion in Abbildung 5.1 wurde um den Nullpunkt zentriert und auf die Fläche 1 normiert. Im Zweidimensionalen ergibt sich daraus ein auf dem Nullpunkt liegender Würfel mit dem Volumen 1:

$$\text{rect}(x,y) = \text{rect}(x) \cdot \text{rect}(y) \quad \circ\!\!-\!\!\!\overset{\mathcal{F}}{-}\!\!\!\bullet \quad \text{si}(\pi u) \cdot \text{si}(\pi v) \tag{5.28}$$

Fourier-Transformation rotationssymmetrischer Signale. Die zweidimensionale Fourier-Transformation wird für rotationssymmetrische Signale $f(x,y) = f(r)$ besonders einfach, denn durch die Rotationsvarianz (5.24) der FT ist das Spektrum $F(u,y) = F(f_r)$ wiederum eine rotationssymmetrische Funktion. Daher geht die zweidimensionale FT für rotationssymmetrische Signale in eine eindimensionale Transformation über.

5. Das Bild als gestörtes Signal

Um diese Aussage zu beweisen, stellen wir uns Drehungen einer im Ortsbereich rotationssymmetrischen Funktion um verschiedene Winkel α vor. Diese Drehungen ändern das Bild im Ortsbereich nicht, da es ja als rotationssymmetrisch angenommen wurde. Nach (5.24) werden die Drehungen α im Ortsbereich in gleiche Drehungen des Spektrums im Orstfrequenzbereich transformiert. Da aber faktisch immer dieselbe Ortsfunktion in den Fourier-Bereich transformiert wird, muß auch ihr Spektrum eine rotationssymmetrische Funktion sein. Bild und Spektrum, und damit auch die FT selbst, hängen also nur vom Radius ab.

Dies läßt sich mit der Substitution kartesischer Koordinaten durch Polarkoordinaten formalisieren:

$$\left. \begin{array}{l} x = r\cos\varphi \\ y = r\sin\varphi \end{array} \right\} \Rightarrow r = \sqrt{x^2+y^2} \quad \text{und} \quad \left. \begin{array}{l} u = f_r \cos\phi \\ v = f_r \sin\phi \end{array} \right\} \Rightarrow f_r = \sqrt{u^2+v^2}$$

(5.29)

Mit der zur Substitution (5.29) gehörenden *Funktional-* oder *Jacobi-Determinante* [Bro83]:

$$\frac{\partial(x,y)}{\partial(r,\varphi)} = \left| \begin{array}{cc} \partial x/\partial r & \partial y/\partial r \\ \partial x/\partial\varphi & \partial y/\partial\varphi \end{array} \right| = \left| \begin{array}{cc} \cos\varphi & \sin\varphi \\ -r\sin\varphi & r\cos\varphi \end{array} \right| = r$$

sowie der *Bessel-Funktion* erster Art und m-ter Ordnung [Hec89]:

$$\mathrm{J}_m(x) = \frac{i^{-m}}{2\pi} \int_0^{2\pi} e^{i(m\alpha + x\cos\alpha)} d\alpha \tag{5.30}$$

gehen die Integrale der FT (5.14) und inversen FT (5.15) über in:

$$F(f_r,\phi) = F(f_r) = \int_0^\infty r \int_{-\pi}^\pi f(r,\varphi) 'mboxe^{-i2\pi r f_r \cos(\varphi-\phi)} d\varphi\, dr$$

$$= 2\pi \int_0^\infty r f(r)\, \mathrm{J}_0(2\pi r f_r)\, dr \tag{5.31}$$

$$f(r,\varphi) = f(r) = 2\pi \int_0^\infty f_r\, F(f_r)\, \mathrm{J}_0(2\pi r f_r)\, df_r \tag{5.32}$$

Die Beziehungen (5.31) bzw. (5.32) werden als (inverse) Hankel-Transformation bezeichnet und symbolisch auch mit $\circ\!\stackrel{\mathcal{H}}{\text{---}}\!\bullet$ geschrieben [Bam89]. Die mit der Rotationssymmetrie verknüpften Bessel-Funktionen sind, neben den trigonometrischen, hyperbolischen und exponentiellen Funktionen, die in der Naturbeschreibung am häufigsten anzutreffenden Funktionen [Hec89]. Die Hankel-Transformation ist daher auch bei optischen Linsensystemen von großer Bedeutung [Wah88].

Aus den Transformationsgleichungen (5.31) und (5.32) wird die Symmetrie der Hankel-Transformation unmittelbar deutlich. Die inverse Hankel-Transformation entspricht der Hankel-Transformation selbst und es gilt:

$$f(r) \;\circ\!\!\xrightarrow{\mathcal{H}}\!\!\bullet\; F(f_r) \;\circ\!\!\xrightarrow{\mathcal{H}}\!\!\bullet\; f(r) \tag{5.33}$$

Beschreibung von LTI-Systemen im Frequenzraum. Durch die Fourier-Transformation wird jedem Signal ein Spektrum und jeder Stoßantwort eines Systems eine Übertragungsfunktion zugeordnet.

Bei eindimensionalen Zeitsignalen ist die Interpretation des Amplitudenspektrums sehr anschaulich. Für jede Frequenz, die in dem Zeitsignal enthalten ist, gibt das Spektrum eine „Bedeutung" an. Je höher diese Bedeutung, desto stärker ist das Zeitsignal aus Schwingungen dieser Frequenz aufgebaut. Das Amplitudenspektrum sagt jedoch nicht aus, zu *welchen* Zeiten die jeweilige Frequenz dominant ist. Diese Information enthält nur das Phasenspektrum.

Bei der Signalübertragung mit einem LTI-System wird das Spektrum des Signals durch Multiplikation mit der Übertragungsfunktion des Systems verändert. Dämpft das System höhere Frequenzen stärker als tiefere, so spricht man von einem Tiefpaß (tiefe Frequenzanteile können das System passieren). Die Übertragungsfunktion eines idealen Tiefpasses mit der *Grenzfrequenz* f_g ist die rect-Funktion. Ganz analog sind auch die Bezeichnungen *Hochpaß* mit der Grenzfrequenz f_g und *Bandpaß* der *Bandbreite* f_d und der *Mittenfrequenz* f_m (Abb. 5.7):

$$\begin{aligned} H_{\text{TP}}(f) &= \text{rect}\left(\frac{f}{2f_g}\right) \\ H_{\text{HP}}(f) &= \varepsilon(f - f_g) + \varepsilon(f_g - f) = 1 - \text{rect}\left(\frac{f}{2f_g}\right) \\ H_{\text{BP}}(f) &= \text{rect}\left(\frac{f + f_m}{f_d}\right) + \text{rect}\left(\frac{f - f_m}{f_d}\right) \end{aligned} \tag{5.34}$$

Hierbei werden zugunsten einer einfachen Mathematik sowohl negative Zeiten, die man sich durch entsprechende Wahl des Bezugssystems durchaus noch

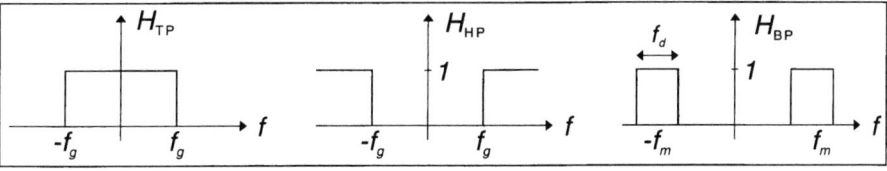

Abb. 5.7. Übertragungssysteme werden nach ihrem Frequenzverhalten klassifiziert. Bei idealen Tiefpaßsytemen $H_{\text{TP}}(f)$ werden alle Frequenzen oberhalb der Grenzfrequenz f_g unterdrückt. Ein Hochpaß $H_{\text{HP}}(f)$ läßt hingegen nur Frequenzanteile oberhalb f_g passieren. Ein System heißt Bandpaß $H_{\text{BP}}(f)$, wenn nur mittlere Frequenzanteile $f_m \pm f_d/2$ übertragen werden.

140   5. Das Bild als gestörtes Signal

anschaulich machen kann, als auch negative Frequenzen, deren anschauliche Interpretation nicht mehr möglich ist, betrachtet.

Zur Erweiterung dieser Terminologie auf zweidimensionale Grauwertbilder werden die Änderungen des lokalen Grauwertes als (Orts-)Frequenz betrachtet. Sprunghafte Grauwertänderungen korrespondieren mit hohen Frequenzen, langsame Änderungen entsprechen tiefen Frequenzen. Dabei ist zu beachten, daß die Grauwertänderung senkrecht zu einer Kante am stärksten ist. Eine *horizontal* verlaufende weiße Linie auf schwarzem Grund erzeugt daher eine *vertikale* Struktur im Amplitudenspektrum.

Abbildung 5.8 stellt das Amplituden- (b) und das Phasenspektrum (c) des Bildsignals (a) dar. Die Implantate im Röntgenbild erzeugen „Vorzugsrichtungen", die sich um 90° gedreht im Amplitudenspektrum wiederfinden. Bei den Spektren (b) und (c) liegt der Nullpunkt in der Bildmitte. Die Amplitudenwerte wurden vor ihrer Darstellung logarithmiert. Damit kann der sonst dominante Spektralwert an der Stelle $(0,0)$, der dem Gleichanteil eines

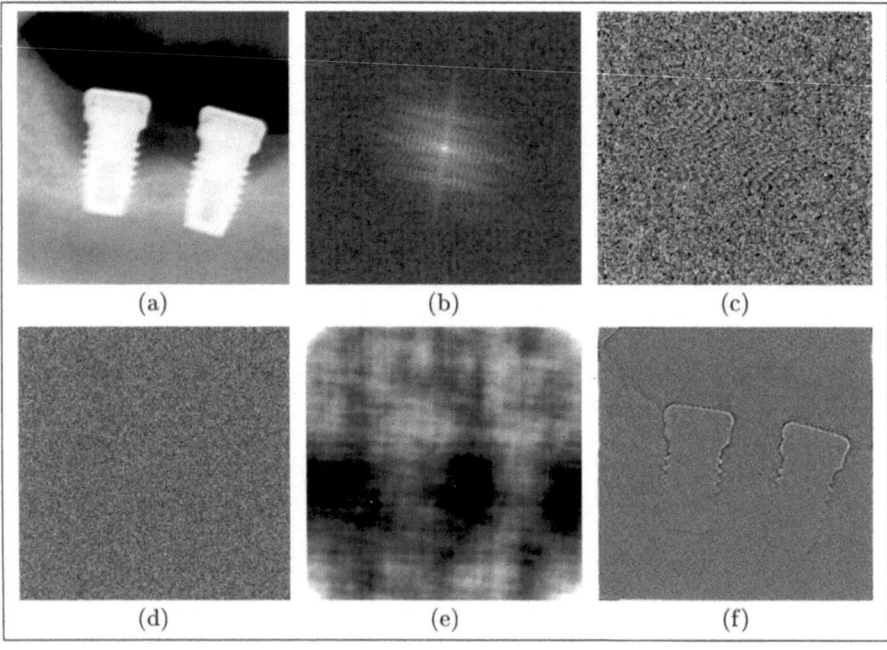

Abb. 5.8. Das Röntgenbild (**a**) zeigt zwei Implantate im Seitenzahnbereich. Die Periodizität aufgrund der starken Grauwertgradienten an den Implantatkanten ist im Amplitudenspektrum (**b**) deutlich erkennbar. Das Phasenspektrum (**c**) scheint hingegen kaum Information zu enthalten. Die Rücktransformation (**e**) des Amplitudenspektrums mit einem gaußverteilten Zufallssignal (vgl. Kap. 6) als Phasenspektrum (**d**) hat wenig Ähnlichkeit mit dem Original (**a**). Die alleinige Rücktransformation (**f**) der Phase (**c**) bei konstanter Amplidute enthält jedoch die vollständige Bildstruktur aus (**a**).

Zeitsignals oder dem Mittelwert der Grauwerte im Bildsignal (a) entspricht, unterdrückt werden.

Die Übertragungsfunktion eines idealen zweidimensionalen Tief-, Hoch- oder Bandpasses erhält man durch Rotation der eindimensionalen Funktionen nach (5.34). Die Stoßantworten dieser Systeme können damit durch die Hankel-Transformation (5.31) berechnet werden. Manipulationen im Spektrum von Bildsignalen und deren Auswirkungen auf die Bildsignale im Ortsbereich werden in Kapitel 8 behandelt.

5.1.7 Zusammenfassung

In diesem Abschnitt haben wir die Begriffe *Signal* und *System* kennengelernt. Bei linearen und zeitinvarianten Systemen, den LTI-Systemen, ist die Transformation, mit der das System ein Eingangssignal in ein Ausgangssignal überführt, die Faltung mit der Stoßantwort des Systems. Diese Stoßantwort beschreibt das System eindeutig und kann durch Übertragung eines δ-Impulses ermittelt werden.

Zahlreiche Eigenschaften der Faltung wurden analysiert. Die Faltung eines beliebigen Signals mit einem δ-Impuls verschiebt das Signal an die Stelle des Impulses. Die zweidimensionale Faltung mit einer δ-Linie führt auf die Radon-Transformation, die die mathematische Grundlage der Bildrekonstruktion bei der Computertomographie ist.

Die Fourier-Transformation hat sich als leistungsstarkes Hilfsmittel erwiesen, um LTI-Systeme und deren Verschaltung zu beschreiben. Durch die Fourier-Analyse werden Stoßantworten auf Übertragungsfunktionen abgebildet, deren Verkettung anstatt der aufwendigen Faltung, die einfache Multiplikation ist. Es wurde gezeigt, daß die zweidimensionale Fourier-Transformation bei rotationssymmetrischen Signalen in die eindimensionale Hankel-Transformation der Radius-Koordinate übergeht. Dies wurde genutzt, um die drei Grundklassen von (Bild-)Übertragungssystemen, nämlich Tiefpaß, Hochpaß und Bandpaß, zu formalisieren und ins Zweidimensionale zu übertragen.

Im nächsten Abschnitt werden nun diese Hilfsmittel zur *signaltheoretischen* Beschreibung der Bildentstehung eingesetzt.

5.2 Signaltheoretische Beschreibung der Bildaufnahme

Das Bildaufnahmesystem, mit dem ein orts- und wertekontinuierliches „Original" $f(x,y)$ in eine orts- und wertediskrete Zahlenfolge $g(m,n)$ übertragen wird, kann man idealisiert[9] als LTI-System $H(u,v)$ auffassen (Abb. 5.9).

---

[9] Bei den meisten Bildgewinnungsverfahren beeinflussen auch nichtlineare oder verschiebungsvariante Faktoren das Digitalbild. So ist beispielsweise die PSF (vgl. Abschn. 5.1.4) der optischen Bildaufnahme von der Frequenz des eingesetzten Lichtes abhängig. Ähnliches gilt für die röntgenoptischen Bildgewinnungssyste-

142   5. Das Bild als gestörtes Signal

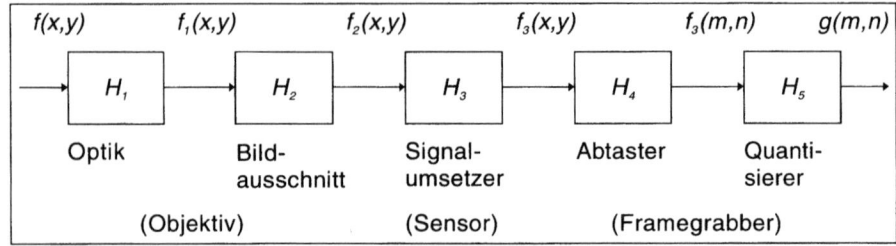

Abb. 5.9. Ein Bildgewinnungssystem $H(u,v)$, wie z.B. eine CCD-Kamera, läßt sich in die Untersysteme Optik H_1, Ausschnittsbegrenzer H_2, Signalumsetzer H_3, Abtaster H_4 und Quantisierer H_5 unterteilen. Die Teilsysteme können systemtheoretisch einzeln betrachtet werden.

Am Beispiel der Bildgewinnung mittels einer CCD-Kamera soll im folgenden die Übertragungsfunktion H weiter differenziert werden. Nach der Abbildung durch ein optisches Linsensystem H_1 wird der Bildausschnitt durch H_2 örtlich begrenzt. Der CCD-Chip H_3 wandelt die einfallende elektromagnetische Welle (Licht oder Röntgenstrahlung) in ein elektrisches Signal. Dieses wird in der Regel analog, d.h. orts- und wertekontinuierlich, einem Framegrabber zugeführt. Der Abtaster H_4 erzeugt daraus ein ortsdiskretes Signal, das vom Quantisierer H_5 in ein wertediskretes Signal umgewandelt wird.

5.2.1 Die optische Übertragungsfunktion der Bildgewinnung

Das optische System $H_1(u,v)$ bildet ein Objekt $f(x,y)$ auf den Sensor ab. Wichtiges Charakteristikum ist dabei die *Ortsauflösung* des Systems, die üblicherweise in *Dots-Per-Inch*[10] (DPI) oder Linienpaaren pro Millimeter (Lp/mm) angegeben wird. Die Ortsauflösung eines Systems gibt an, bis zu welchem Abstand zwei benachbarte Linien einander angenähert werden können, bevor sie nach der Übertragung mit dem System nicht mehr voneinander unterschieden werden können.

Die alleinige Angabe der Ortsauflösung ist jedoch meistens unzureichend, denn die Übertragungseigenschaften für Linienabstände, die noch aufgelöst werden, bleiben unberücksichtigt. Zur Charakterisierung optischer Systeme wird daher oft die *Modulation* ($\equiv$ Kontrast) verwendet. In Kapitel 3 ist bereits der Kontrast zweier benachbarter Strukturen definiert worden. Hiernach entspricht die Modulation [Hec89]:

$$K = \frac{\max\{f(x,y)\} - \min\{f(x,y)\}}{\max\{f(x,y)\} + \min\{f(x,y)\}} \qquad (5.35)$$

---

me. Bei der Verwischungstomographie ist durch die Geometrie der Bildgewinnung keine Ortsinvarianz gegeben, hier ist die PSF abhängig vom Abstand des dargestellten Objektpunktes von der Rotationsachse des Tomographen.

[10] Ein Inch entspricht 2,54 cm.

5.2 Signaltheoretische Beschreibung der Bildaufnahme

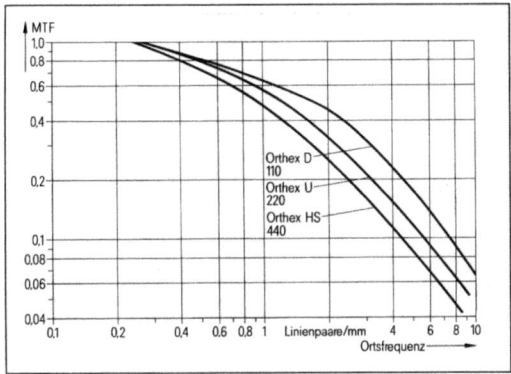

Abb. 5.10. Die Abbildung zeigt die Modulationsübertragungsfunktionen (MTF) verschiedener Verstärkerfolien der Firma Siemens im doppelt logarithmischen Maßstab. Die Belichtung der Orthex-Folien erfolgte bei einer Röhrenspannung von 75 kV und 22 mm Aluminiumfilter auf einen Ortho-G-Film (vgl. Kap. 2). Ähnliche Kurven finden sich z.B. auf den Rückseiten von Audiokassetten. (Aus [Kre88])

dem Schwankungsbereich der Funktionswerte um ihren Mittelwert, normiert auf diesen. Zur Systembeschreibung wird der Quotient aus Bildmodulation und Objektmodulation in Abhängigkeit von der Raumfrequenz $f_r = \sqrt{u^2 + v^2}$ angegeben. Diese Funktion wird als Modulationsübertragungsfunktion (MTF)[11] bezeichnet (Abb. 5.10).

Die hier formal über den Bildkontrast eingeführte MTF entspricht dem Betrag der i.allg. komplexen optischen Übertragungsfunktion (OTF)[12] eines zweidimensionalen LTI-Systems, die sich durch Fourier-Transformation (5.14) aus der PSF (vgl. Abschn. 5.1.4) berechnen läßt:

$$\text{PSF}(x,y) \quad \circ\!\!\xrightarrow{\mathcal{F}}\!\!\bullet \quad \text{OTF}(u,v) = \text{MTF}(u,v)\, e^{i\,\text{PTF}(u,v)} \qquad (5.36)$$

Dies wird plausibel, wenn die Modulation sinusförmiger Eigenfunktionen nach (5.12) betrachtet wird. Die Phasenübertragungsfunktion (PTF)[13] wird in der Regel nicht mit angegeben, obwohl ein wesentlicher Teil der Bildinformation in der Phase enthalten ist (vgl. Abb. 5.8, S. 140). Mit Hilfe der MTF lassen sich Bildgewinnungssysteme objektiv vergleichen. Man gibt demjenigen System den Vorzug, dessen MTF dem Verlauf der idealen $\text{MTF}_{\text{ideal}}(f_r) = 1$, bei der alle Frequenzen unverändert übertragen werden, am nächsten kommt. Nach diesem Kriterium hat die Orthex-D-Röntgenfolie in Abbildung 5.10 die besten Eigenschaften.

Unschärfe entsteht durch die Dämpfung hoher Ortsfrequenzen (Kanten) im aufgenommenen Bild. Sie ist durch das endliche Auflösungsvermögen des optischen Systems bedingt und in der OTF H_1 modelliert. Bei unscharfen Bildern hat die MTF $|H_1|$ starken Tiefpaßcharakter (Abb. 5.10).

Beugung in optischen Systemen. Die PSF eines realen Objektivs $h_1(x,y)$ wird durch die Beugung an der Objektivblende bestimmt [Leh93b]. Treten

---
[11] Modulation Transfer Function
[12] Optical Transfer Function
[13] Phase Transfer Function

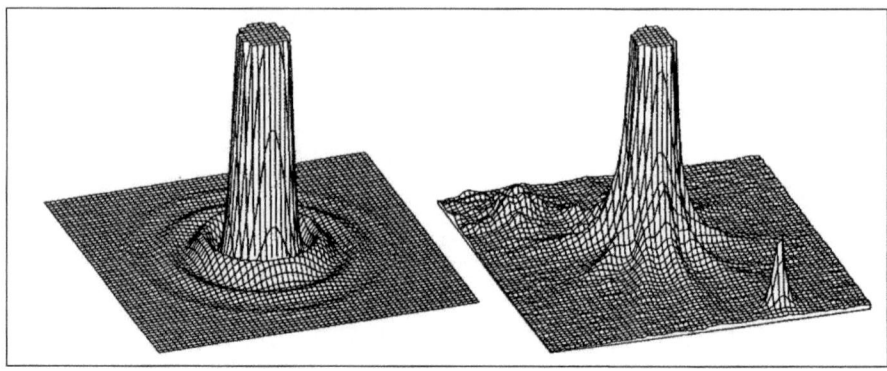

Abb. 5.11. Im linken Teil ist die PSF eines Objektivs mit kreisförmiger Blende für monochromatisches Licht dargestellt. Im rechten Teil ist die gemessene Intensitätsverteilung bei der Abbildung zweier Punktlichtquellen mit einem *symmetrischen Componon-Objektiv* mit fünfeckiger Blende dargestellt [Bra56]. Durch die Amplitudenbegrenzungen werden die Fraunhofer-Beugungseffekte in beiden Bildern sichtbar. Die zwei Punktlichtquellen im rechten Bild unterscheiden sich in ihrer Intensität um den Faktor 50. Bei der schwächeren Lichtquelle (ganz rechts unten) sind daher keine Beugungseffekte erkennbar. (Aus [Leh92])

die Lichtstrahlen parallel durch die Blende, die (Punkt-)Lichtquelle liegt also im Unendlichen, so entstehen Fraunhofer-Beugungen[14]. Diese Situation wird in der Praxis durch die Linsensysteme des Objektivs geschaffen. Bei parallelem Strahlengang durch die Blende berechnet sich die PSF aus der Fourier-Transformierten der Blendengeometrie und kann für einfache Symmetrien geschlossen angegeben werden [Hec89]. Diese Eigenschaft hat den Begriff *Fourier-Optik* geprägt. Es ist möglich, Systeme zur Bildanalyse rein optisch zu realisieren. So ist beispielsweise die in Kapitel 12 beschriebene Hough-Transformation 1962 von HOUGH als optisches System aufgebaut und patentiert worden [Hou62].

In Abbildung 5.11 ist die für eine kreisförmige Blende berechnete Beugungsfunktion (links) einer tatsächlich gemessenen Intensitätsverteilung gegenübergestellt (rechts). Das der gemessenen Verteilung zugrunde liegende *symmetrische Componon-Objektiv* besteht aus zwei Linsengruppen und einer dazwischen angeordneten fünfeckförmigen Blende [Bra56]. Aus Symmetriegründen werden 10 Beugungsstreifen erzeugt (rechts). Für unendlich viele Ecken (kreisförmige Blende) ergeben sich bei monochromatischem Licht rotationssymmetrische Ringe (links).

Wie bereits erwähnt, ist die PSF von der Wellenlänge und damit der Frequenz des Lichtes abhängig. Obwohl die idealisierte Annahme eines LTI-

---

[14] Im Gegensatz zu den Fraunhofer-Beugungsmustern (Fernfeldnäherung) entstehen Fresnelsche Beugungen bei nichtparallelem Strahlengang durch die Blende, also bei endlichem Abstand zwischen Lichtquelle und Blende (Nahfeldnäherung). Der Übergang von Fresnelscher zur Fraunhofer-Beugung ist in [Hec89] illustriert.

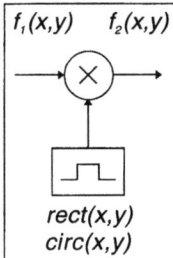

Abb. 5.12. Die Begrenzung der unendlich ausgedehnten Bildfunktion $f_1(x,y)$ auf einen endlichen Bildausschnitt $f_2(x,y)$, kann durch die Multiplikation mit einer zweidimensionalen Rechteckfunktion $\text{rect}(x,y)$ oder Kreisfunktion $\text{circ}(x,y)$ beschrieben werden.

Systems hier nicht mehr zutrifft, lassen sich die beobachteten Effekte am linearen Modell gut erklären (Abb. 5.11). Die Überlagerung der von monochromatischem Licht erzeugten Wellenstruktur (Abb. 5.11 links) führt auf die monoton abfallenden Beugungsstreifen für weißes Licht (Abb. 5.11 rechts).

5.2.2 Endlicher Bildausschnitt

Die Begrenzung des in den vorherigen Abschnitten noch als unendlich ausgedehnt angenommenen Bildes $f_1(x,y)$ auf einen endlichen Bildausschnitt $f_2(x,y)$ kann als Multiplikation des Bildsignals f_1 mit einer Fensterfunktion dargestellt werden.

Rechteckige Begrenzung. Für eine rechteckige Fensterfunktion der Fläche 1:
$$f_2(x,y) = f_1(x,y) \cdot \frac{1}{L_x L_y} \text{rect}\left(\frac{x}{L_x}, \frac{y}{L_y}\right) \tag{5.37}$$

gilt mit der Separierbarkeit der Fourier-Transformation (5.28) und dem Ähnlichkeitstheorem (5.22) bei einer Begrenzung auf die Seitenlängen L_x und L_y für das System $H_{2\square}$ (Abb. 5.12):

$$F_2(u,v) = F_1(u,v) * \bigg(\text{si}(\pi L_x u) \cdot \text{si}(\pi L_y v)\bigg) \tag{5.38}$$

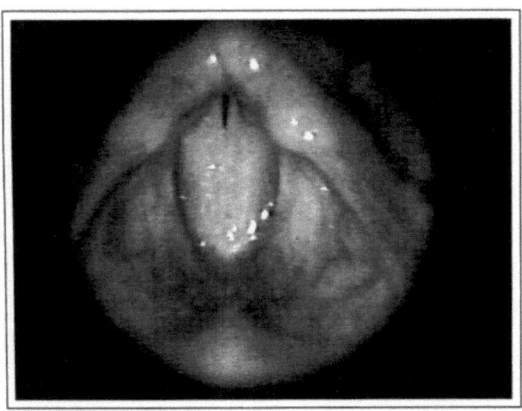

Abb. 5.13. Die Begrenzung auf den kreisförmigen Bildausschnitt wird bei der Lupenlaryngoskopie (Larynx = der in der mittleren Halsregion gelegene Kehlkopf) durch das Endoskop bewirkt.

Die Einschränkung auf einen endlichen Bildbereich bewirkt eine Verwischung des Spektrums $F_1(u,v)$. Da die Fensterfunktion im Ortsbereich multipliziert wird, ergibt sich im Ortsfrequenzbereich die Faltung.

Kreisförmige Begrenzung. Eine kreisförmige Begrenzung des Bildausschnittes entsteht z.B. bei der Endoskopie (Abb. 5.13). Die Kreisfunktion $\text{circ}_R(x,y)$ mit dem Radius R kann im Ortsbereich auch über die eindimensionale rect-Funktion beschrieben werden:

$$\text{circ}_R(x,y) = \text{rect}\left(\frac{r}{R} - \frac{1}{2}\right) = \begin{cases} 1 & 0 \leq r \leq R \\ 0 & \text{sonst} \end{cases} \quad \text{mit} \quad r = \sqrt{x^2 + y^2} \tag{5.39}$$

und mit der Normierung auf die Fläche 1 gilt:

$$f_2(x,y) = f_1(x,y) \cdot h_{2\circ}(x,y) = f_1(x,y) \cdot \frac{1}{\pi R^2} \text{rect}\left(\frac{r}{R} - \frac{1}{2}\right) \tag{5.40}$$

Aufgrund der Kreissymmetrie kann die Fourier-Transformierte der Fensterfunktion über die Hankel-Transformation nach (5.31) berechnet werden (vgl. Abschn. 5.1.6). Mit der allgemeinen Beziehung zwischen den Bessel-Funktionen nullter und erster Ordnung [Hec89]:

$$\int_0^x y\, J_0(y)\, dy = x\, J_1(x) \tag{5.41}$$

ergibt sich für die Fourier-Transformierte der Fensterfunktion nach (5.40) mit der Substitution $w = 2\pi r f_r$:

$$h_{2\circ}(x,y) \quad \circ\!\!-\!\!\stackrel{\mathcal{F}}{-}\!\!\bullet \quad \frac{1}{\pi R^2} 2\pi \int_0^\infty r\, \text{rect}\left(\frac{r}{R} - \frac{1}{2}\right) J_0(2\pi r f_r)\, dr$$

$$\frac{1}{\pi R^2} 2\pi \int_0^R r\, J_0(2\pi r f_r)\, dr$$

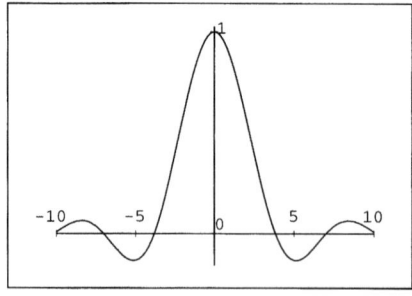
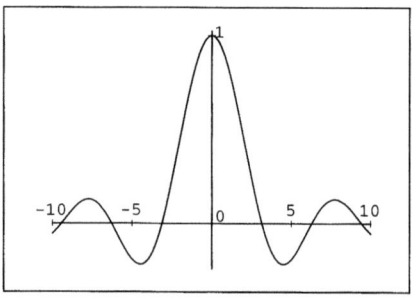

Abb. 5.14. Die Fourier-Transformierte einer rechteckigen Bildbegrenzung führt mit (5.38) auf die uns bekannte si-Funktion: $\sin(x)/x$ *(links)*. Für eine kreisförmige Begrenzung ergibt sich mit (5.42) eine gedämpfte Besselfunktion erster Art und erster Ordnung: $2J_1(x)/x$ *(rechts)*.

$$\frac{1}{\pi R^2}\frac{1}{f_r}\frac{1}{2\pi f_r}\int_0^{2\pi R f_r} w\, J_0(w)\, dw = 2 \cdot \frac{J_1(2\pi R f_r)}{2\pi R f_r}$$

und damit für H_{2O}:

$$f_2(x,y) \quad \circ\!\!-\!\!\stackrel{\mathcal{F}}{\text{---}}\!\!\bullet \quad F_2(u,v) = F_1(u,v) * \left(2 \cdot \frac{J_1(2\pi R f_r)}{2\pi R f_r}\right) \tag{5.42}$$

Die Funktionen, mit denen das Spektrum bei einer Begrenzung des Bildausschnittes gefaltet wird, sind in Abbildung 5.14 einander gegenübergestellt. Die auf der Bessel-Funktion basierende Kurve (rechts) hat ein etwas breiteres Hauptmaximum und geringere Nebenmaxima als die fast identische si-Funktion (links). Im allgemeinen sind Fensterfunktionen im Ortsbereich sehr groß und damit das korrespondierende Ortsfrequenzspektrum sehr schmal (Ähnlichkeitstheorem der FT). Für große L_x, L_y bzw. R nähern sich beide Funktionen einem Dirac-Impuls an [Wah88]. Die Begrenzung des Bildausschnittes hat daher kaum Einfluß auf den verbleibenden Bildbereich $f_2(x,y)$.

5.2.3 Signalumsetzung

Die Umsetzung des elektromagnetischen Signals $f_2(x,y)$ (Infrarot, sichtbares Licht oder Röntgenstrahlung) in ein auswertbares elektrisches Signal $f_3(x,y)$ geschieht durch den Bildsensor. Ein CCD-Sensor besteht aus einzelnen, zu einer Matrix angeordneten Bildelementen, d.h. der Sensor erzeugt zunächst ein ortsdiskretes Signal. Da dieses Signal oft als analoges Videosignal an einen Framegrabber weitergeleitet wird, der u.U. mit einer anderen Ortsauflösung diskretisiert, ist die Abtastung als eigenständiges System H_4 modelliert (vgl. Abschn. 5.2.4).

Die PSF des Sensors wird entscheidend durch seine *Apertur* bestimmt. Unter Apertur versteht man die Form und Ausdehnung des Bereiches auf jedem Sensorelement, in dem die Signalumsetzung durch (gewichtete) Mittelung erfolgt [Wah88]. Reale Aperturfunktionen sind Rechteck- oder Gauß-Funktionen (vgl. Abschn. 5.1.1). Die Übertragungsfunktion H_3 hat aufgrund der endlichen Sensorauflösung wiederum Tiefpaßcharakter. Weiterhin sind bei der Signalumsetzung zwei Rauschprozesse von entscheidender Bedeutung (Abb. 5.15).

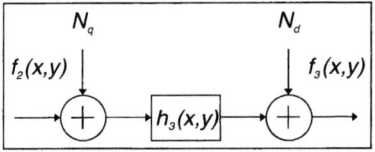

Abb. 5.15. Bei der systemtheoretischen Modellierung eines CCD-Sensors, der eine elektromagnetische Welle $f_2(x,y)$ in ein elektrisches Signal $f_3(x,y)$ umsetzt, spielen neben der Übertragungsfunktion H_3 des Sensors das Quanten- (N_q) und das Detektorrauschen (N_d) eine wesentliche Rolle.

5. Das Bild als gestörtes Signal

Quantenrauschen. Die zur Bildbelichtung beitragenden Quanten müssen vom Objekt reflektiert werden (Photographie) oder das Objekt durchdringen (Röntgenabbildung). Die dabei auftretenden Reflektions-, Streuungs- oder Absorptionsprozesse unterliegen statistischen Schwankungen. Selbst bei völlig identischer Aufnahmesituation werden bei verschiedenen Aufnahmen immer unterschiedlich viele Quanten auf ein Sensorelement auftreffen. Diese Zufälligkeit kann als additives Rauschsignal der Leistung N_q modelliert werden und motiviert die im nächsten Kapitel beschriebene Modellierung eines Bildes als „stochastischer Prozeß" (vgl. Kap. 6). Die Quantenrauschleistung N_q steigt linear mit der Aufnahmebelichtung (Abb. 5.16).

Detektorrauschen. Wird der Sensor nicht belichtet, so entsteht aufgrund des thermischen Rauschens der Elektronen im Detektor dennoch ein meßbares Signal. Dieses Detektorrauschen ist bei jeder Aufnahme vorhanden. Die Leistung dieses Rauschen ist jedoch unabhängig von der Belichtung (Abb. 5.16).

Die unterschiedliche Abhängigkeit beider Rauschprozesse von der Belichtung ist für ein röntgenempfindliches CCD-Element in Abbildung 5.16 dargestellt. Aufgetragen ist die Standardabweichung (vgl. Kap. 6) der Pixel bei Leerbelichtung des Sensors in Abhängigkeit der Röntgendosis. Die Ionendosis wird in Coulomb pro Fläche angegeben (vgl. Kap. 2). Die zweite Achse ist in der Einheit Rad skaliert, die zwar nicht mehr der Norm entspricht, aber in der Medizin weiterhin gebräuchlich ist.

5.2.4 Abtastung

Bei der Ortsdiskretisierung (Abtastung) wird durch H_4 das kontinunierliche Signal $s(t)$, $t \in \mathbb{R}$ in eine diskrete Zahlenfolge $s(n)$, $n \in \mathbb{Z}$, überführt (Abb. 5.18). Mit der Siebeigenschaft des Dirac-Stoßes (Tab. 5.2) kann die Abtastung

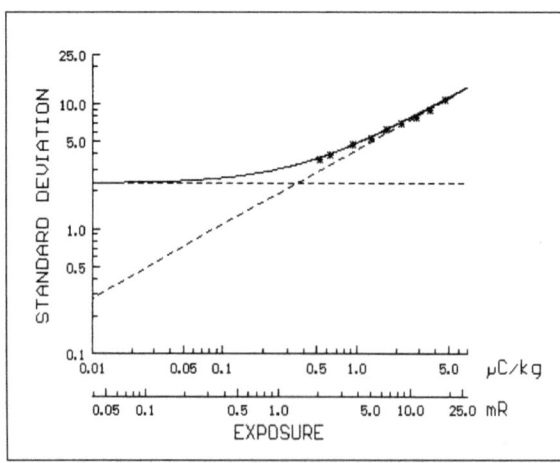

Abb. 5.16. Bei niedrigen Belichtungen dominiert das elektronische Detektorrauschen (waagerechte Gerade), während in der Nähe der Sensorsättigung das Quantenrauschen (ansteigende Gerade) überwiegt. Die hier dargestellten Kurven wurden an einem direkt röntgenempfindlichen CCD-Element gemessen. (Aus [Wel93])

5.2 Signaltheoretische Beschreibung der Bildaufnahme

als Multiplikation mit einer unendlichen Dirac-Folge (III-Funktion, vgl. Abb. 5.6, S. 134) aufgefaßt werden (Abb. 5.17):

$$s_a(t) = s(t) \cdot \text{III}(t) = s(t) \cdot \sum_{n=-\infty}^{\infty} \delta(t - nT) = \sum_{n=-\infty}^{\infty} s(nT) \cdot \delta(t - nT) \quad (5.43)$$

Die Gewichte der einzelnen Dirac-Stöße des abgetasteten Signals $s_a(t)$ in (5.43) ergeben für $T = 1$ die diskrete Zahlenfolge $s(n)$. Da die Fourier-Transformierte einer III-Funktion wieder eine III-Funktion ist (vgl. Abb. 5.6, S. 134), gilt mit dem Faltungssatz (5.18), dem Ähnlichkeitstheorem der Fourier-Transformation (5.22) und der Dehnung des Dirac-Impulses (vgl. Tab. 5.2):

$$s_a(t) = s(t) \cdot \frac{1}{T}\text{III}\left(\frac{t}{T}\right) \circ\!\!\!-\!\!\!\stackrel{\mathcal{F}}{-}\!\!\!\bullet\, S_a(f) = S(f) * \text{III}(Tf) = \frac{1}{T}\sum_{n=-\infty}^{\infty} S\left(f - \frac{n}{T}\right)$$
(5.44)

Das Spektrum $S_a(f)$ entsteht also aus dem ursprünglichen Ortsfrequenzspektrum $S(f)$ durch periodische Wiederholung an den Stellen $f = n/T$ (Abb. 5.17). Für bandbegrenzte Funktionen $s(t)$, deren Spektren $S(f)$ nur innerhalb des Intervalls $-f_g \leq f \leq f_g$ von 0 verschiedene Werte annehmen, überlappen sich die periodisch wiederholten Spektren gerade dann nicht mehr, wenn gilt:

$$f_g < \frac{1}{2T} \quad (5.45)$$

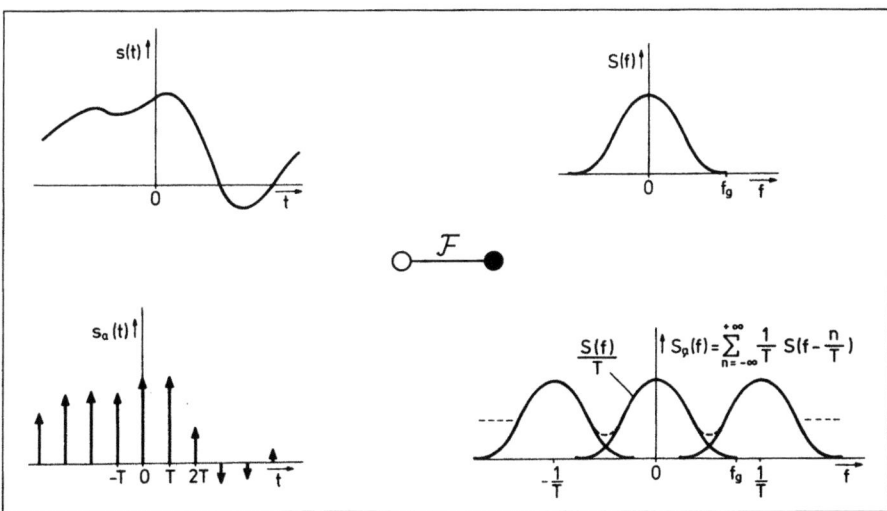

Abb. 5.17. Die Abtastung im Ortsraum kann durch die Multiplikation mit einer Dirac-Stoßfolge modelliert werden. Im Frequenzraum entspricht dies einer Faltung mit einer Dirac-Folge. Das resultierende Spektrum ist also die Überlagerung der periodisch wiederholten Spektren. (Aus [Lue92a])

150   5. Das Bild als gestörtes Signal

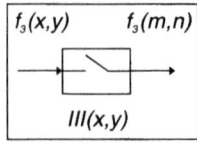

Abb. 5.18. Ein idealer Abtaster kann durch die Multiplikation des Eingangssignals $f_3(x,y)$ mit der $III(x,y)$-Funktion beschrieben werden. Die diskrete Zahlenfolge $f_3(m,n)$ repräsentiert die Gewichte der Dirac-Stoßfolge.

In diesem Fall läßt sich durch Multiplikation mit einer $2f_g$ breiten rect-Funktion im Frequenzbereich $S(f)$ aus $S_a(f)$ fehlerfrei rekonstruieren. Den fundamentalen Zusammenhang (5.45) zwischen der Abtastrate und der Grenzfrequenz eines Signals bezeichnet man als Abtasttheorem. Die Mindestabtastrate $r = 1/T = 2 \cdot f_g$ heißt Nyquist-Rate. Eine weitere Erhöhung der Abtastrate über die Nyquist-Rate hinaus trägt also nicht mehr zu einer Verbesserung der Signalrekonstruktion bei, so daß die oft formulierte Aussage „Je höher die Abtastrate, desto besser die Bildqualität" für bandbegrenzte Signale nicht zutreffend ist.

Im Zweidimensionalen geht die Dirac-Folge in ein Dirac-Feld über. Bei asymmetrischen Spektren der Bilder kann die Grenzfrequenz f_{gx} in x-Richtung von der Grenzfrequnz f_{gy} in y-Richtung abweichen. Ansonsten lassen sich (5.44) und (5.45) direkt ins Zweidimensionale übertragen.

Auflösung. Abbildung 5.19 demonstriert die Bildstörungen, die bei zu großen Detektorelementen auftreten. Das im Mund des Patienten (lat. intraoral) belichtete digitale Röntgenbild wurde dazu mit verschiedenen Raten $r = 1/T$ abgetastet. Die ursprüngliche Information wird immer schlechter dargestellt. In den letzten beiden Bildern der Abbildung ist selbst der große Backenzahn nicht mehr sofort erkennbar. Durch eine geringe Auflösung bei der Bildaufnahme geht also im „Original" noch vorhandene Information verloren.

Aliasing. Wird das Abtasttheorem (5.45) bei der Ortsdiskretisierung verletzt, so entstehen Fehler im diskreten Bild. Durch die *Unterabtastung* werden im Frequenzraum die periodischen Wiederholungen des Spektrums ineinandergeschoben und überlagert (Abb. 5.17). Bei der Rekonstruktion des Bildes

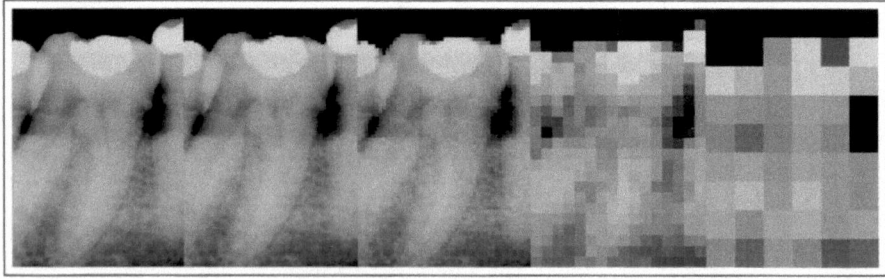

Abb. 5.19. Das Röntgenbild eines Backenzahnes wurde mit verschiedenen Ortsauflösungen dargestellt. Mit abnehmender Auflösung können immer weniger Details dargestellt werden.

5.2 Signaltheoretische Beschreibung der Bildaufnahme

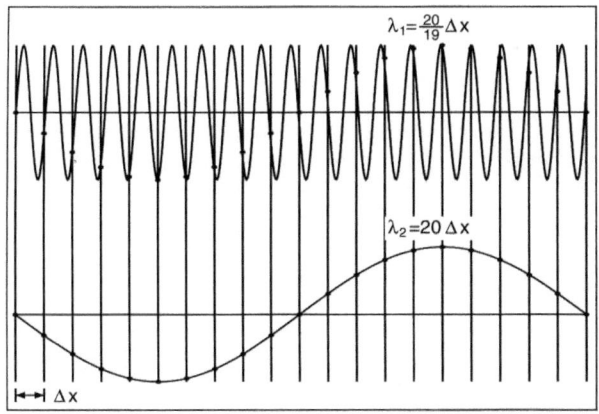

Abb. 5.20. Durch *Unterabtastung* einer hochfrequenten Schwingung ist die Rekonstruktion aus den Abtastwerten nicht mehr eindeutig. Die Abtastwerte ergeben eine Schwingung mit viel niedrigerer Frequenz. (Nach [Jae91])

aus den Abtastwerten entstehen Artefakte. In Abbildung 5.20 wird eine eindimensionale Sinusschwingung mit einem Abtastintervall knapp unterhalb der Wellenlänge abgetastet. Die Abtastwerte ergeben eine periodische Struktur, die allerdings eine weitaus geringere Frequenz besitzt. Durch Aliasing-Effeke kommen also im „Original" gar nicht vorhandene Strukturen zur Darstellung.

Moiré-Effekt. Das Aliasing wird im Zweidimensionalen als Moiré-Effekt bezeichnet. Abbildung 5.21 besteht aus 4 Teilbildern, die jeweils eine konvexe Wellenstruktur darstellen. Innerhalb eines Teilbildes wird die Frequenz der Welle von links nach rechts kontinuierlich geringer. Die Teilbilder unterschieden sich vor ihrer Abtastung nur durch die Grundfrequenz der Welenstruktur. In den ortsdiskretisierten Abbildungen sind immer dominanter werdende Moiré-Effekte sichtbar. Im lezten Teilbild wird eine konkave Wellenstruktur dargestellt, die im „Original" nicht vorhanden ist.

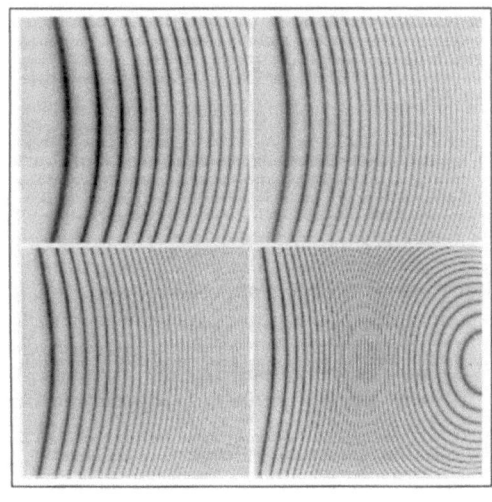

Abb. 5.21. Die Freqzenz der Schwingung wird in den Teilbildern kontinuierlich erhöht. Durch die Verletzung des Abtasttheorems werden Stukturen im abgetasteten Bild sichtbar, die im „Original" nicht vorhanden waren. (Aus [Wah88])

152   5. Das Bild als gestörtes Signal

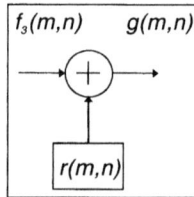

Abb. 5.22. Die Abbildung der reellen Zahlenfolge $f_3(m,n)$ auf die diskreten Werte der Folge $g(m,n)$ kann als Addition eines Rundungsfehlersignals $r(m,n)$ interpretiert werden.

5.2.5 Quantisierung

Bei der Quantisierung werden die reellen Zahlen $f_3(m,n)$, die bei der Abtastung gewonnen wurden, auf die endliche Menge der vom Rechner speicherbaren Werte $\mathbb{W} \subset \mathbb{N}$ abgebildet:

$$f_3(m,n) \in \mathbb{R} \longrightarrow g(m,n) \in \mathbb{W} \qquad (5.46)$$

Diese Abbildung wird durch Quantisierungskennlinien beschrieben (Abb. 5.23). Den bei der Quantisierung entstehenden Rundungsfehler kann man als Überlagerung der ursprünglichen Zahlen $f_3(m,n)$ mit einer Fehlerfolge $r(m,n)$ auffassen (Abb. 5.22). Für die Fehlerfolge gilt dann:

$$r(m,n) = f_3(m,n) - g(m,n) \qquad (5.47)$$

Neben dem bereits diskutierten Quanten- und Detektorrauschen des Sensors (vgl. Abschn. 5.2.3) kann auch die Quantisierung (Wertediskretisierung) als Rauschprozeß aufgefaßt werden. Dabei wird das ursprüngliche Signal, je nach Breite Δ der Quantisierungsstufen (vgl. Abb. 5.23), durch die Rauschfolge $r(m,n)$ mit (5.47) mehr oder weniger stark verfälscht. Die Rauschfolge $r(m,n)$ kann dabei als gleichverteilte Zufallsfolge beschrieben werden (vgl. Kap. 6). Als Maß für die Störung wird das Verhältnis von (Augenblicks-)Nutzleistung S_a zur Leistung N_w des Quantisierungsrauschsignals angegeben. Bei binärer Codierung der quantisierten Werte mit k Bits ergibt sich [Lue92a]:

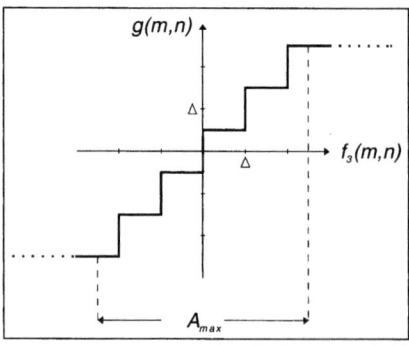

Abb. 5.23. Die reellen Amplituden innerhalb des Bereiches $A_{\max}$ werden durch die symmetrische, begrenzte und linear gestufte Quantisierungskennlinie auf das jeweils nächstliegende Vielfache der Quantisierungsstufenbreite Δ gerundet. In Sonderfällen (z.B. beim digitalen Mobilfunk) werden auch nichtlinear gestufte Kennlinien verwendet. Dort versucht man, durch Anpassung der Kennlinienform an das subjektive Hörempfinden, die darstellbaren Werte optimal zu verteilen. (Nach [Lue92a])

5.2 Signaltheoretische Beschreibung der Bildaufnahme

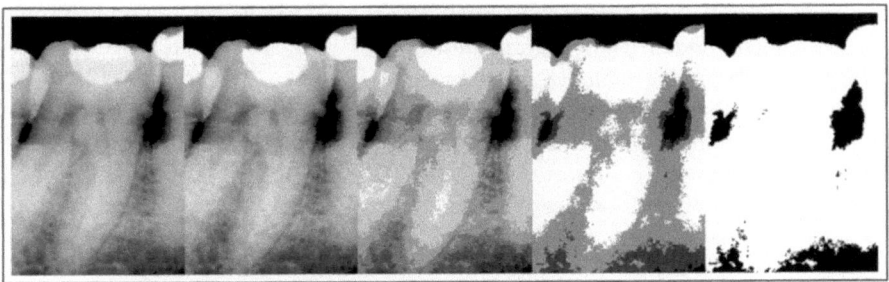

Abb. 5.24. Das dentale Röntgenbild wurde mit 64, 16, 8, 4 und 2 Grauwerten quantisiert. Wie zu geringe Abtastraten (vgl. Abb. 5.19), so führen auch zu wenig Quantisierungsstufen der Helligkeit zu nicht tolerablen Abbildungsfehlern.

$$\frac{S_a}{N_w} = 2^{2k} \qquad (5.48)$$

Der Störeffekt aufgrund unzureichender Quantisierungsstufen ist in Abbildung 5.24 dargestellt. Das digitale Röntgenbild wurde mit unterschiedlich vielen Graustufen dargestellt. Eine zu geringe Quantisierung führt zu starken Abbildungsfehlern. Medizinische Röntgenbilder werden daher i.d.R. mit mindestens $k = 12$ Bit quantisiert.

5.2.6 Resultierende Übertragungsfunktion

Die in den vorherigen Abschnitten betrachteten Teilsysteme einer CCD-Kamera sind in Abbildung 5.25 zu einem resultierenden System $H = \sum H_i$ zusammengefaßt. Das kontinuierliche reale Bild $f(x,y)$ wird durch die Optik $h_1(x,y)$ verschmiert. Nach der Begrenzung auf einen endlichen Bildausschnitt $f_2(x,y)$ werden die empfangenen Quanten durch den CCD-Chip in ein elektrisches Signal $f_3(x,y)$ gewandelt. Der ideale Abtaster erzeugt daraus die Zahlenfolge $f_3(m,n)$, die durch den Quantisierer auf die Folge $g(m,n)$

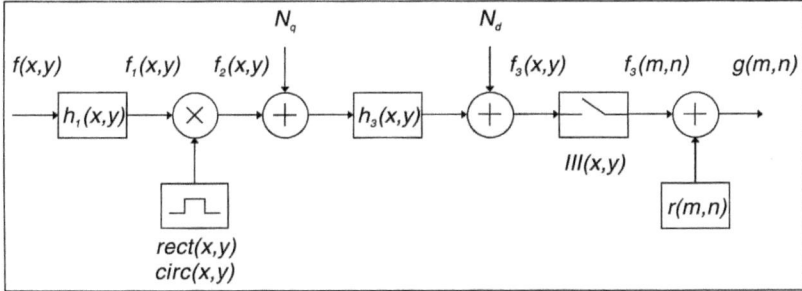

Abb. 5.25. Die Teilsysteme Optik, Sensor und Framegrabber einer CCD-Kamera können zu einem resultierenden System $H = \sum H_i$ zusammengefaßt werden.

154   5. Das Bild als gestörtes Signal

mit diskreten Amplitudenwerten gerundet wird. Durch den Tiefpaßcharakter der verschiedenen Übertragungsmodule wird die Detailerkennbarkeit des „gestörten Originals" $g(m,n)$ herabgesetzt. Darüber hinaus wurde $g(m,n)$ durch verschiedene Rauschprozesse gestört.

Abbildungsfehler, die durch die lineare Systemtheorie nicht modelliert werden konnten, werden in dem nun folgenden Abschnitt diskutiert. In Kapitel 13 werden dann Verfahren vorgestellt, um Störungen in $g(m,n)$ zu korrigieren.

5.3 Weitere Störungen durch die Bildaufnahme

Nicht alle Störungen, die in einem Digitalbild auftreten, können mit der Theorie der linearen und zeitinvarianten LTI-Systeme beschrieben werden. Manche Störungen, wie z.B. Verzeichnungen, Kratzer und Linsenfehler, sind nicht zeit- bzw. ortsinvariant. Andere Störungen, wie z.B. Verwackeln oder Bewegungsunschärfe, verstoßen gegen die Linearitätsbedingung oder sind nicht reproduzierbar.

5.3.1 Verzeichnungen

Bei geometrischen Verzerrungen werden die einzelnen Bildpunkte zwar scharf abgebildet, das Bild als ganzes wird jedoch deformiert. Die geometrische Deformation oder *Verzeichnung* eines Objektes hängt damit von der Position des Objektes im Bild ab. Diese Art der Bildstörung kann mit dem bisherigen Ansatz der linearen verschiebungs*in*varianten Systeme nicht modelliert werden. Optische Systeme weisen i.d.R. entweder *tonnen-* oder *kissenförmige* Verzeichnungen auf. Bei kissenförmiger (*positiver*) Verzeichnung wird eine quadratische Struktur wie ein Kissen abgebildet, bei tonnenförmiger (*negativer*) Verzeichnung ähnelt das abgebildete Quadrat einer bauchigen Tonne

Abb. 5.26. Mit einem Lupenlaryngoskop mit starrer Optik wurde ein quadratisches Gitter aufgenommen. Durch die Lupenoptik entstehen tonnenförmige (negative) Verzeichnungen.

(Abb. 5.26). Treten geometrische Verzerrungen in einem System auf, so ist eine *Kalibrierung* vor der weiteren Bildverarbeitung nach den Regeln der LSI-Systemtheorie notwendig.

5.3.2 Kratzer und Linsenfehler

Kratzer und Linsenfehler treten lokal auf. Die tatsächliche Bildinformation hinter einem Kratzer ist unwiederbringlich verloren. Solche Fehler können im LTI-Modell nicht korrigiert werden, denn das System ist nicht mehr verschiebungsinvariant.

Abbildung 5.27 demonstriert diese Art von Abbildungsfehlern anhand einer dentalen Radiographie. Der Prototyp des intraoral zu plazierenden Sensors weist Lufteinschlüsse zwischen der Szintillatorfolie und der Silikonoberfläche des CCD-Elementes auf. Hierdurch entstehen Pixelfehler, die immer an derselben Position der Bildmatrix auftreten.

5.3.3 Fehler beim Auslesen des Sensors

Insbesondere bei der Digitalisierung von Videosequenzen kann es zu Auslesefehlern beim Entladen des Sensors kommen. Diese Fehler erzeugen typischerweise waagerechte Streifen im Bild (Abb. 5.28). Die enge waagerechte Streifenstruktur manifestiert sich im Power-Spektrum des Bildes, also im Quadrat der MTF, als weit auseinander liegende vertikale Störung (Ähnlichkeitstheorem der Fourier-Transformation (5.22)). Die im Ortsbereich das gesamte Bild verzerrende Störung wird durch die Fourier-Transformation in eine

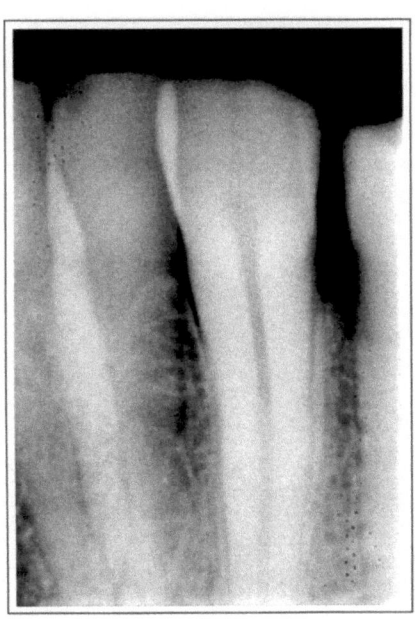

Abb. 5.27. Bei diesem digitalen Sensor (Prototyp: *Sens-A-Ray*, REGAM Medical Systems, Sundsvall, Schweden) sind Lufteinschlüsse zwischen der Szintillatorfolie (vgl. Kap. 2) und der Oberfläche des CCD-Chips entstanden. Die sich daraus ergebenden dunklen Flecken haben wie Kratzer oder Linsenfehler der Optik immer dieselbe Position im Bild. In dieser Aufnahme überdecken sie den Frontzahn oben links und die interdentale Knochenregion unten rechts.

156   5. Das Bild als gestörtes Signal

lokale Störung des Spektrums überführt. Da die Ortsfrequenz der Störung in allen Aufnahmen gleich ist, können Auslesefehler im Ortsfrequenzbereich wie Kratzer und Linsenfehler im Ortsbereich aufgefaßt werden.

5.3.4 Verwackeln und Artefakte durch Objektbewegungen

Verwackeln des Bildes durch Bewegung des Aufnahmesystems während der Aufnahme kann ebenso wie Verschmierungen aufgrund von Objektbewegungen nur in Sonderfällen als LTI-System modelliert werden. Entsprechend der Bewegungsrichtung entstehen streifenförmige Artefakte, die je nach lokaler Bildregion unterschiedlich ausgeprägt sein können. Diese Artefakte sind i.d.R. auch nicht reproduzierbar. Die Entwicklung wirkungsvoller und effizienter Algorithmen zur Korrektur von Bewegungsunschärfe ist Thema aktueller Forschung [Cha91, Lim91].

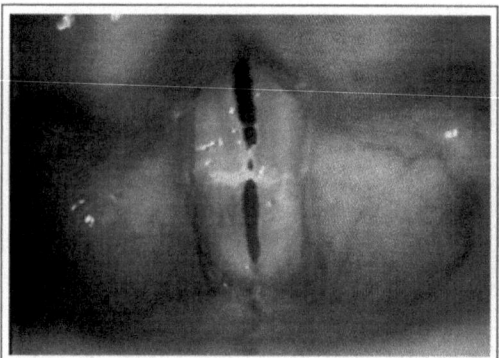 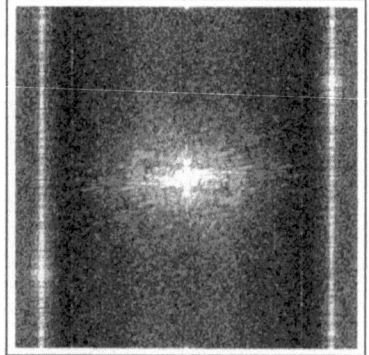

Abb. 5.28. Links ist ein Einzelbild aus einer Videolaryngoskopiesequenz (vgl. Abb. 5.13, S. 145) dargestellt. Die Stimmlippen im mittleren Kehlkopf sind deutlich erkennbar. Bei der Digitalisierung des Videosignals sind typische Auslesefehler des Sensors entstanden. Den äquidistanten waagerechten Störstreifen (*links*) entsprechen die zwei hellen weit auseinanderliegenden vertikalen Streifen im Power-Spektrum (*rechts*).

6. Das Bild als stochastischer Prozeß

Man kann jedes Bild auffassen als ein Exemplar einer Serie möglicher Abbildungen eines Objektes, etwa eines Knochens oder einer Gehirnregion. Ein zweites Bild des gleichen Objektes wird sich vom ersten unterscheiden, weil es z.B. zu einem späteren Zeitpunkt aufgenommen wurde oder es sich um einen anderen Patienten handelt. Zur Charakterisierung des Objektes werden also Eigenschaften benötigt, die sich aus einer *erwarteten* Struktur plus einigen individuellen Abweichungen zusammensetzen. Abweichungen ergeben sich aber auch aus anderen Gründen. Zum Beispiel kann der physikalische Prozeß, der zur Bilderzeugung führt, bereits stochastisch sein. Dies trifft für die Emission von Protonen bei PET und SPECT zu, ebenso in der Szintigraphie (vgl. Kap. 2). Auch die in Kapitel 5 genannten Störungen bei der Bildaufnahme bewirken eine Variation, die man als zufällige Überlagerungen auffassen kann. Zur Modellierung solcher Strukturen als Voraussetzung für eine spätere Segmentierung werden Verfahren benutzt, die in Analogie zur Signalverarbeitung als *stochastische Prozesse* oder im englischen Sprachgebrauch zutreffender als *Random Fields* bezeichnet werden. Diese Verfahren stammen zu einem großen Teil aus der Physik, aber auch aus den Ingenieurwissenschaften, der Informatik und der Mathematik; das hat zu einer Vielfalt verschiedener Bezeichnungen für den gleichen Sachverhalt geführt. Nach Möglichkeit wird in den folgenden Definitionen auf den unterschiedlichen Sprachgebrauch verwiesen.

6.1 Stochastische Grundbegriffe

In diesem Abschnitt gehen wir davon aus, daß für ein Objekt, etwa die rechte Niere, eine Serie von N Bildern vorliegt. Aus dem Vergleich dieser Bilder wollen wir erkennen können, welche Punkte variabel und welche konstant sind oder welche Strukturen regelmäßig wiederkehren. Diese Vorstellung einer Bildfolge, auch Schar oder Ensemble genannt, dient hauptsächlich zur Klärung der Grundbegriffe. Es gibt Situationen, in denen eine Serie von Bildern tatsächlich ausgewertet werden muß; dazu zählen insbesondere klinische Studien, wo z.B. der Erfolg einer Therapie zu quantifizieren ist oder wo geeignete Parameter zur Differenzierung verschiedener krankhafter Zustände evaluiert werden müssen. Meistens besteht die Aufgabe der Bildverarbeitung

158   6. Das Bild als stochastischer Prozeß

aber darin, ein einzelnes konkretes Bild zu beurteilen; dazu werden die in diesem Abschnitt entwickelten Konzepte benötigt.

6.1.1 Statistiken erster Ordnung

Die Statistik erster Ordnung – synonym univariate Statistik – greift einen Punkt $\mathbf{x}$ des Bildes heraus und betrachtet den Grauwert $f_i(\mathbf{x})$ an diesem Punkt bei einer Folge von N Bildern, $1 \leq i \leq N$ (Abb. 6.1 und Abb. 6.2). Vorausgesetzt ist dabei eine „vernünftige" Lage des Koordinatensystems relativ zum betrachteten Objekt, damit auch inhaltlich vergleichbare Punkte verglichen werden. In der Physik nennt man die Folge von Bildern ein Ensemble oder eine Schar, in der Statistik heißt das Einzelbild Realisation einer Zufallsvariablen oder eines stochastischen Feldes, in der Technik spricht man auch von einem Muster (Musterfunktion, Musterbild, Musterexemplar). Man geht davon aus, daß es sich um eine Folge unabhängiger Beobachtungen handelt (das ist gewährleistet, wenn es sich um Bilder des gleichen Organs verschiedener Patienten handelt). Dann kann man aus den beobachteten Werten die folgenden 4 kompakteren Parameter bilden:

Mittelwert. Der Mittelwert an der Stelle $\mathbf{x}$:

$$m(\mathbf{x}) = \frac{1}{N} \sum_{i=1}^{N} f_i(\mathbf{x}) \qquad (6.1)$$

wird in der Physik [Jae91] auch als $< f(\mathbf{x}) >$ oder in der Elektrotechnik [Lue92a] als $\overline{f(\mathbf{x})}$ bezeichnet.

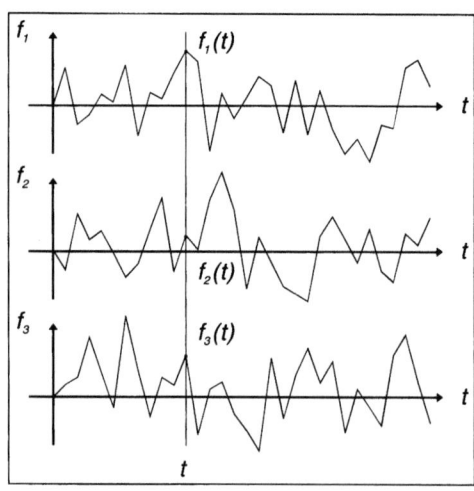

Abb. 6.1. Aus den Signalwerten $f_1(t)$, $f_2(t)$, ... zu einem festen Zeitpunkt t werden die Statistiken erster Ordnung berechnet.

Varianz. Der quadratische Mittelwert an der Stelle **x**:

$$\varphi(\mathbf{x}, \mathbf{x}) = \frac{1}{N} \sum_{i=1}^{N} [f_i(\mathbf{x})]^2 \qquad (6.2)$$

wird in der Physik als $< f^2(\mathbf{x}) >$ und in der Elektrotechnik als $\widetilde{f^2(\mathbf{x})}$ geschrieben und in der Statistik als zweites Moment bezeichnet. Von diesem leitet sich die *Varianz* $s^2(\mathbf{x})$ ab:

$$s^2(\mathbf{x}) = \varphi(\mathbf{x}, \mathbf{x}) - m^2(\mathbf{x}) = \frac{1}{N} \sum [f_i(\mathbf{x}) - m(\mathbf{x})]^2 \qquad (6.3)$$

In der Statistik wird als Nenner meist $N - 1$ statt N gewählt [Wit78, Hei92]. Die Wurzel $s(\mathbf{x}) = \sqrt{s^2(\mathbf{x})}$ heißt auch *Streuung* oder *Standardabweichung*.

Histogramm. Liegen genügend viele Beobachtungen vor, so kann man aus diesen ein *Histogramm* konstruieren, also eine Funktion h, die für jeden Grauwert g die Häufigkeit $h(g)$ angibt, mit der dieser Grauwert im Ensemble vorgekommen ist (Abb. 6.3). Zur Formulierung der Definition kann man von der diskreten Delta-Funktion, auch Kroneckersches Delta genannt, Gebrauch machen:

$$\delta(g) = \begin{cases} 1 & \text{für } g = 0 \\ 0 & \text{für } g \neq 0 \end{cases} \qquad \text{mit} \qquad g \in \mathbb{Z}$$

Das Histogramm ist in dieser Schreibweise gegeben durch:

$$h(g) = \sum_{i=1}^{N} \delta(f_i(\mathbf{x}) - g) \qquad (6.4)$$

Für jedes i prüft die δ-Funktion, ob der Grauwert $f_i(\mathbf{x}) = g$ ist oder nicht. Ist das der Fall, wird der Zähler $h(g)$ um 1 erhöht, sonst bleibt er unverändert.

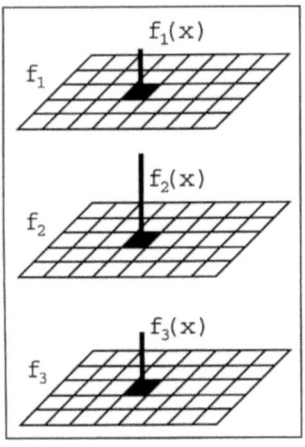

Abb. 6.2. Für jedes Bild wird am vorgegebenen Punkt **x** der Grauwert $f(\mathbf{x})$ ermittelt, also $f_1(\mathbf{x})$ für das erste Bild. Bei N Bildern ist dann $m(\mathbf{x}) = 1/N \sum f_i(\mathbf{x})$.

160   6. Das Bild als stochastischer Prozeß

Verteilungsfunktion. Die *empirische Verteilungsfunktion* summiert von $g = 0$ anfangend die Histogrammwerte auf:

$$F_N(g) = \frac{1}{N} \sum_{j=0}^{g} \sum_{i=1}^{N} \delta(f_i(\mathbf{x}) - j) = \frac{1}{N} \sum_{j=0}^{g} h(j) \qquad (6.5)$$

F_N ist eine Treppenfunktion, die an der Stelle g einen Sprung der Höhe $(1/N)h(g)$ macht und für $g = G - 1$ (dem maximalen Grauwert) den Wert 1 erreicht (Abb. 6.3).

6.1.2 Einige Eigenschaften dieser Statistiken

Die 4 Statistiken m, φ, h und F_N hängen von der Größe der untersuchten Bildserie ab. Trägt man z.B. die berechneten Werte für m gegen die Anzahl N auf, so wird man feststellen, daß m dabei um einen bestimmten Wert schwankt, wobei die Amplitude mit wachsendem N immer kleiner wird. Diesen Grenzwert nennt man den Erwartungswert μ; er läßt sich mit „beliebiger" Genauigkeit aus der Folge $m(N)$ ablesen. Oft wird μ als der Grauwert für das Pixel $\mathbf{x}$ eines Idealbildes bezeichnet, von dem die realen Bilder Musterexemplare oder Realisationen darstellen.

Die gleichen Beobachtungen gelten für die Varianz. Auch diese Zahlen streben mit wachsender Beobachtungszahl N gegen einen Grenzwert, den man mit σ^2 bezeichnet und als Varianz des Pixels $\mathbf{x}$ des Idealbildes interpretiert.

Noch deutlicher ist die N-Abhängigkeit beim Histogramm: Weniger häufige Grauwerte werden lange „Zeit" unbesetzt bleiben, die Lücken werden sich erst langsam füllen und die Spitzen allmählich abgebaut, bis sich zum Schluß eine glatte Funktion ergibt, die oft eine Glockenform aufweist, insbesondere bei homogenen Objekten.

Diese Grenzfunktion des Histogramms wird, wie bereits in Kapitel 4, mit p bezeichnet und Dichtefunktion oder, in der Physik, Wahrscheinlichkeits-

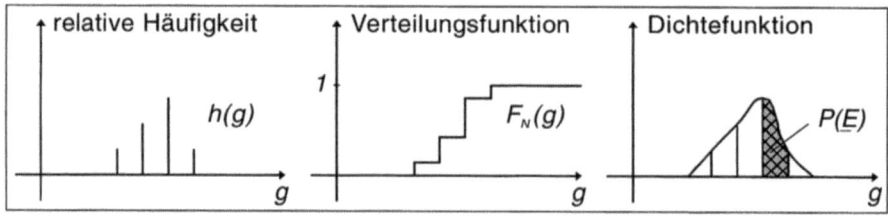

Abb. 6.3. Gegeben seien für $N = 7$ die Werte $(4, 5, 3, 5, 6, 4, 5)$. Der Größe nach geordnet also $(3, 4, 4, 5, 5, 5, 6,)$. Das Histogramm (*links*) gibt die Häufigkeit an, also $h(3) = 1$, $h(4) = 2$, $h(5) = 3$, $h(6) = 1$, genauer die relativen Häufigkeiten $1/7$, $2/7$, $3/7$, $1/7$. Die Verteilungsfunktion (*Mitte*) macht an den Stellen g den Sprung $h(g)/N$. Es ist $F_N(g) = 1/N \sum_{j \leq g} h(j)$. Die Dichtefunktion ist rechts dargestellt. E ist dabei eine Teilmenge des Definitionsbereiches.

funktion genannt. Der Funktionswert $p(g)$ wird interpretiert als Wahrscheinlichkeit, daß an der Stelle **x** der Grauwert g beobachtet wird. Man beachte, daß sich Wahrscheinlichkeitsaussagen immer auf zukünftige Beobachtungen beziehen – in der Physik auf das Ergebnis zukünftiger Messungen. Oft bezieht man Wahrscheinlichkeiten nicht auf einen einzigen Grauwert g, sondern einen Bereich $\underline{E} = \{g_1 \leq g \leq g_2\}$. Unter $P(\underline{E})$ versteht man dann:

$$P(\underline{E}) = \sum_{i \in \underline{E}} p(i) = \sum_{i=g_1}^{g_2} p(i)$$

mit der Interpretation, daß $P(\underline{E})$ die Wahrscheinlichkeit angibt, bei einem vorliegenden Bild des betrachteten Objektes an der Stelle **x** einen Grauwert aus dem Bereich $\underline{E}$ vorzufinden.

Die Verteilungsfunktion ist äquivalent mit der Dichtefunktion und wird definiert durch:

$$F(g) = \sum_{i \leq g} p(i)$$

Da $p(N)$ der Grenzwert von $h(N)$ ist, ist $F(g)$ der Grenzwert der Folge $F_N(g)$. Wegen der glättenden Eigenschaften der Summenoperation weist F_N nicht so viel Unebenheiten auf wie ein Histogramm und ist deshalb für manche Aussagen vorteilhafter. So können wir die Wahrscheinlichkeit $P(\underline{E})$ viel bequemer durch die Verteilungsfunktion ausdrücken:

$$P(\underline{E}) = F(g_2) - F(g_1)$$

Aus der Dichtefunktion p ergeben sich aber nicht nur die Verteilungsfunktion F, sondern auch die Grenzwerte μ und σ^2:

$$\mu = \sum_{g=0}^{G-1} g \cdot p(g) \quad \text{und} \quad \sigma^2 = \sum_{g=0}^{G-1} (g-\mu)^2 \cdot p(g) \quad (6.6)$$

Anschaulich ist μ der Schwerpunkt, wenn man p als Masseverteilung auf der Skala der Grauwerte betrachtet, und σ^2 ist das Trägheitsmoment, das ein Maß für die Breite der Dichtefunktion ist. In der Physik wird σ auch als Halbwertsbreite der Dichtefunktion bezeichnet: An den Stellen $\mu \pm \sigma$ ist die Dichtefunktion etwa auf den e-ten Teil der maximalen Höhe abgefallen.

Da sich also alle anderen Größen aus der Dichtefunktion ableiten lassen, könnte man fragen, welche Funktionen denn überhaupt als Dichtefunktionen in Frage kommen. Laut Statistik ist jede auf $\underline{G}$ definierte Funktion $p : \underline{G} \to \mathbb{R}_+$ mit Werten ≥ 0 erlaubt, die sich so normieren läßt, daß $\sum_{g \in \underline{G}} p(g) = 1$ ist. Laut Physik ist die Wahlfreiheit noch größer: Jede Funktion $\psi : \underline{G} \to \mathbb{C}$ ist erlaubt; sie darf also auch negative oder sogar beliebige komplexe Werte annehmen. Die einzige Bedingung ist die Quadratintegrierbarkeit, daß also $c = \sum_{g \in \underline{G}} |\psi(g)|^2 < \infty$ ist.

Dann ist zwar nicht ψ selbst, sondern deren normiertes Quadrat eine Dichtefunktion:

$$p(g) = \frac{1}{c}|\psi(g)|^2$$

6.1.3 Statistiken zweiter Ordnung

Die Statistiken erster Ordnung haben jedes Pixel unabhängig vom Nachbarpixel betrachtet und für jedes Pixel alle Kenngrößen bestimmt.

Gegeben sei also wieder ein Ensemble von N Bildern; von jedem Bild werden jetzt zwei Pixel $\mathbf{x}$ und $\mathbf{y}$ ausgewählt, die sich jeweils entsprechen, und aus den Grauwerten $f_i(\mathbf{x})$ und $f_i(\mathbf{y})$ mit $1 \leq i \leq N$ werden folgende Größen berechnet:

$$\begin{aligned} m(\mathbf{x}) &= \frac{1}{N}\sum f_i(\mathbf{x}) \\ m(\mathbf{y}) &= \frac{1}{N}\sum f_i(\mathbf{y}) \\ \varphi(\mathbf{x},\mathbf{x}) &= \frac{1}{N}\sum [f_i(\mathbf{x})]^2 \\ \varphi(\mathbf{y},\mathbf{y}) &= \frac{1}{N}\sum [f_i(\mathbf{y})]^2 \\ \varphi(\mathbf{x},\mathbf{y}) &= \frac{1}{N}\sum [f_i(\mathbf{x})][f_i(\mathbf{y})] \end{aligned} \qquad (6.7)$$

Die letzte Größe heißt in der Elektrotechnik Autokorrelation. Sie beschreibt, wie sich zwei Pixel des gleichen Bildes (griech. autós = der gleiche) aufeinander beziehen (lat. correferre). Daraus ergeben sich wiederum die zentrierten Statistiken zweiter Ordnung: die Varianzen $s^2(\mathbf{x}), s^2(\mathbf{y})$ und die Kovarianz $s(\mathbf{x},\mathbf{y})$:

$$\begin{aligned} s^2(\mathbf{x}) &= \varphi(\mathbf{x},\mathbf{x}) - m^2(\mathbf{x}) \\ s^2(\mathbf{y}) &= \varphi(\mathbf{y},\mathbf{y}) - m^2(\mathbf{y}) \\ s(\mathbf{x},\mathbf{y}) &= \varphi(\mathbf{x},\mathbf{y}) - m(\mathbf{x})m(\mathbf{y}) \end{aligned} \qquad (6.8)$$

die sich zur *Kovarianzmatrix* $\mathbf{V}(\mathbf{x},\mathbf{y})$ zusammenfassen lassen:

$$\mathbf{V}(\mathbf{x},\mathbf{y}) = \begin{pmatrix} s^2(\mathbf{x}) & s(\mathbf{x},\mathbf{y}) \\ s(\mathbf{x},\mathbf{y}) & s^2(\mathbf{y}) \end{pmatrix} \qquad (6.9)$$

Durch Normierung erhält man die skalenunabhängige Form dieser Matrix, die eigentliche *Korrelationsmatrix*:

$$\mathbf{R}(\mathbf{x},\mathbf{y}) = \begin{pmatrix} 1 & r(\mathbf{x},\mathbf{y}) \\ r(\mathbf{x},\mathbf{y}) & 1 \end{pmatrix} \quad \text{mit} \quad r(\mathbf{x},\mathbf{y}) = \frac{s(\mathbf{x},\mathbf{y})}{s(\mathbf{x})s(\mathbf{y})} \qquad (6.10)$$

Sie entspricht der Autokorrelation $\varphi(\mathbf{x},\mathbf{y})$, ist jedoch sowohl verschiebungs- als auch skalierungsinvariant. Schließlich läßt sich aus den Grauwerten $f_i(\mathbf{x})$,

$f_i(\mathbf{y})$ ein zweidimensionales Histogramm konstruieren. Für den diskreten Fall mit G Grauwerten (z.B. $G = 256$) trägt man für jeden Punkt (k, l) eines Gitters, $1 \leq k, l \leq G$, die Anzahl $h(k, l)$ der Pixel auf, für die $f(\mathbf{x}) = k$ und „gleichzeitig", d.h. im gleichen Bild, $f(\mathbf{y}) = l$ beobachtet wurde:

$$h(k,l) = \sum_{i=1}^{N} \delta\big(f_i(\mathbf{x}) - k\big)\, \delta\big(f_i(\mathbf{y}) - l\big)$$

Aus dem Histogramm – aber auch auf direktem Weg – ergibt sich die zweidimensionale Verteilungsfunktion:

$$F_N(k,l) = \frac{1}{N} \sum_{k'=1}^{k} \sum_{l'=1}^{l} h(k', l')$$

Das zweidimensionale Histogramm h ist eine Schätzung für die zweidimensionale Dichtefunktion p, die jedem Punkt (k, l) der Menge $(\underline{G} \times \underline{G})$ einen Wert $p(k, l) \geq 0$ zuordnet mit der L_1-Normierung $\sum_{k,l} p(k, l) = 1$. Diese Dichte – in der Elektrotechnik auch Verbundverteilung genannt – liefert die vollständige Information über das statistische Verhalten der beiden Pixel; sie erfordert andererseits eine sehr große Anzahl von Musterbildern. Solange diese Anzahl noch nicht vorliegt, kann man jedoch eine gröbere Einteilung des Gitters vornehmen. Die Definition aus Abschnitt 6.1.2 bleibt unverändert, nur bedeuten (k, l) die jetzt verbliebenen Punkte. Die Statistiken erster Ordnung erhält man durch Summation über das jeweils andere Argument:

$$\begin{aligned} p(f(\mathbf{x}) = k) &= \sum_{l} p(k, l) = p(k, \cdot) \\ p(f(\mathbf{y}) = l) &= \sum_{k} p(k, l) = p(\cdot, l) \end{aligned} \quad (6.11)$$

$$\begin{aligned} F(f(\mathbf{x}) = k) &= \sum_{l} F(k, l) = F(k, \cdot) \\ F(f(\mathbf{y}) = l) &= \sum_{k} F(k, l) = F(\cdot, l) \end{aligned} \quad (6.12)$$

Damit ergibt sich für Mittelwert und Varianz:

$$\mu(\mathbf{x}) = \sum_{k} k\, p(k, \cdot) \quad \text{und} \quad \sigma^2(\mathbf{x}) = \sum_{k} (k - \mu(\mathbf{x}))^2\, p(k, \cdot)$$
$$\mu(\mathbf{y}) = \sum_{l} l\, p(\cdot, l) \quad \text{und} \quad \sigma^2(\mathbf{y}) = \sum_{l} (l - \mu(\mathbf{y}))^2\, p(\cdot, l)$$

Es genügt also für die jeweiligen Statistiken erster Ordnung die Kenntnis der *Randverteilungen* $p(k, \cdot)$, $p(\cdot, l)$. Die volle Dichtefunktion ist erforderlich zur Berechnung der Kovarianz $\sigma(\mathbf{x}, \mathbf{y})$:

164   6. Das Bild als stochastischer Prozeß

$$\sigma(\mathbf{x}, \mathbf{y}) = \sum_k \sum_l (k - \mu(\mathbf{x})) (l - \mu(\mathbf{y})) \, p(k, l)$$

Die Kovarianz wird geschätzt durch $s(\mathbf{x}, \mathbf{y})$, analog zu den Varianzen, die durch $s^2(\mathbf{x})$ bzw. $s^2(\mathbf{y})$ geschätzt werden. Der Begriff Schätzung wird in der mathematischen Statistik genauer definiert; er entspricht dem Grenzwertbegriff in Abschnitt 6.1.2, der der Beziehung:

$$s(\mathbf{x}, \mathbf{y}) \to \sigma(\mathbf{x}, \mathbf{y}) \quad \text{für} \quad N \to \infty$$

zugrunde liegt.

In der anwendungsorientierten Literatur wird nicht zwischen der aus N Meßwerten gewonnene Autokorrelation und ihrem Grenzwert unterschieden. In der Folge wird daher durchweg die Bezeichnung $\varphi(\mathbf{x}, \mathbf{y})$ benutzt; wenn nicht ausdrücklich erwähnt, ist damit der Grenzwert gemeint. Gegebenenfalls wird die aus N Bildpunktpaaren $f_i(\mathbf{x})$, $f_i(\mathbf{y})$ berechnete Zufallsvariable mit $\varphi_N(\mathbf{x}, \mathbf{y})$ bezeichnet.

Mittelwert und Varianz lassen sich auch mit Hilfe des Erwartungswertes E schreiben als:

$$\begin{aligned}
\mu(\mathbf{x}) &= E[f(\mathbf{x})] \\
\sigma^2(\mathbf{x}) &= E[(f(\mathbf{x}) - \mu(\mathbf{x}))^2] \\
\sigma(\mathbf{x}, \mathbf{y}) &= E[(f(\mathbf{x}) - \mu(\mathbf{x}))(f(\mathbf{y}) - \mu(\mathbf{y}))]
\end{aligned}$$

6.1.4 Bedingte Verteilungen

Die in (6.11) definierten Randverteilungen sind eine aus einer zweidimensionalen Funktion $p(k, l)$ abgeleitete eindimensionale Funktion $p(k, \cdot)$ bzw. $p(\cdot, l)$. Eine andere Möglichkeit, eine eindimensionale Funktion zu gewinnen, ist die Schnittbildung: Man hält eine Koordinate fest, z.B. $k = k_0$, und hat die nur noch von l abhängende Funktion $p(k_0, l)$. Anschaulich ist dieses die Schnittkurve der zweidimensionalen Funktion $p(k, l)$ mit der Ebene parallel zur l-Achse im Abstand k_0, die auf der (k, l)-Ebene senkrecht steht (Abb. 6.4). Diese Funktion ist zunächst keine Wahrscheinlichkeitsverteilung. Zwar sind ihre Werte ≥ 0, ihre Summe $\sum_l p(k_0, l) = p(k_0, \cdot)$ ist aber i.allg. kleiner

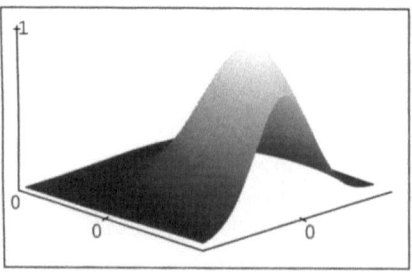

Abb. 6.4. Der Schnitt durch die Gaußsche Glocke ist eine nicht normierte Gauß-Verteilung. Nach Normierung ist sie die Verteilung für die Punkte $\mathbf{x}, \mathbf{y}$, die als Bedingung auf der Schnittgeraden liegen.

als 1, denn sie gibt nach (6.11) die Wahrscheinlichkeit an, daß $f(x) = k_0$ ist. Durch Normierung (falls diese Wahrscheinlichkeit $\neq 0$ ist) erhält man aus der Schnittfunktion jedoch eine Wahrscheinlichkeitsverteilung:

$$p(l \mid k_0) = \frac{p(k_0, l)}{p(k_0, \cdot)} \qquad (6.13)$$

die *bedingte Wahrscheinlichkeit*. Sie gibt die Wahrscheinlichkeit an, daß **y** den Wert l annimmt, wenn **x** den Wert k_0 besitzt. Man sagt auch „unter der Bedingung" $f(\mathbf{x}) = k_0$ oder „gegeben" $f(\mathbf{x}) = k_0$. Oft ergeben sich bedingte Wahrscheinlichkeiten aufgrund theoretischer Überlegungen. Auf solche Ansätze werden wir in Abschnitt 6.4 zu sprechen kommen.

6.1.5 Bedingte Erwartungswerte

Da $p(l \mid k_0)$ eine ganz gewöhnliche Verteilung ist, können aus ihr auch alle zugehörigen Parameter abgeleitet werden, insbesondere der bedingte Erwartungswert:

$$\mu(k_0) = E\big[f(\mathbf{y}) \mid f(\mathbf{x}) = k_0\big] = \sum l \cdot p(l \mid k_0) \qquad (6.14)$$

und die bedingte Varianz:

$$\mathrm{Var}\big[f(\mathbf{y}) \mid f(\mathbf{x}) = k_0\big] = \sum \big(l - \mu(k_0)\big)^2 p(l \mid k_0)) \qquad (6.15)$$

Trägt man $\mu(k_0)$ gegen die verschiedenen k_0 auf, so ergibt sich eine Kurve, die die Abhängigkeit des Grauwertes des Pixels **y** von dem des Pixels **x** sehr anschaulich widerspiegelt (Abb. 6.5). Sie heißt Regression von $f(\mathbf{y})$ nach $f(\mathbf{x})$.

6.2 Homogene Felder

Die Berücksichtigung der Autokorrelation $\varphi(\mathbf{x}, \mathbf{y})$ führt zunächst zu einer riesigen Anzahl neuer Parameter, da sie für jedes Punktepaar **x, y** des Bildes

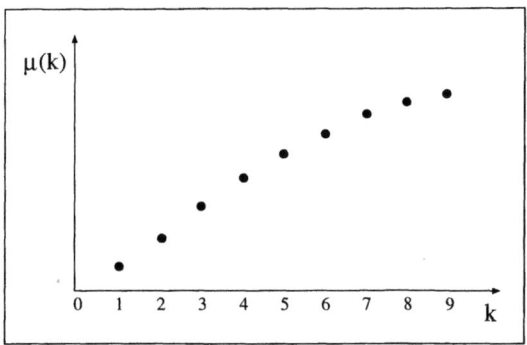

Abb. 6.5. Die Kurve gibt zu jedem Grauwert k des Pixels **x** den erwarteten Grauwert des Pixels **y** an.

166   6. Das Bild als stochastischer Prozeß

berechnet werden muß. Für ein Bild aus m^2 Punkten gibt es $m^2 \cdot (m^2 - 1)/2$ Punktepaare, und zu jedem Punktepaar $\mathbf{x}, \mathbf{y}$ gehört eine Autokorrelation $\varphi(\mathbf{x},\mathbf{y})$. Um hier eine Übersicht zu erreichen, betrachtet man zunächst einige einfache Sonderfälle, aus denen sich komplexere Fälle möglicherweise synthetisieren lassen.

6.2.1 Stationäre Felder

Ein solch einfacher Fall ist eine *homogene Region* eines Bildes, die auch *stationäres Feld* genannt wird. Eine Region heißt homogen im weiteren Sinn oder schwach stationär, wenn für die Autokorrelation gilt: $\varphi(\mathbf{x}+\mathbf{z},\mathbf{y}+\mathbf{z}) = \varphi(\mathbf{x},\mathbf{y})$ für jeden Punkt $\mathbf{z}$, für den auch die Punkte $\mathbf{x}+\mathbf{z}, \mathbf{y}+\mathbf{z}$ zur gleichen Region wie $\mathbf{x}, \mathbf{y}$ gehören. Für $\mathbf{z} = -\mathbf{x}$ folgt daraus: $\varphi(\mathbf{0}, \mathbf{y} - \mathbf{x}) = \varphi(\mathbf{x},\mathbf{y})$. Mit $\mathbf{d} = \mathbf{y} - \mathbf{x}$ als Differenzvektor wird die Autokorrelation durch $\varphi(\mathbf{0},\mathbf{d}) \equiv \varphi(\mathbf{d})$ beschrieben; $\varphi(\mathbf{d})$ heißt Autokorrelationsfunktion (AKF) und ist Funktion nur einer Variablen.

Gilt außerdem, daß der Erwartungswert $\mu(\mathbf{x})$ für jedes $\mathbf{x}$ der Region $\underline{R}$ den gleichen Wert μ hat, so heißt die Region homogen im engeren Sinn oder stark stationär. Dann ist auch die Varianz $\sigma^2 = \varphi(0) - \mu^2$ unabhängig von $\mathbf{x}$, und die Kovarianz $\sigma(\mathbf{x},\mathbf{y}) = \varphi(\mathbf{y} - \mathbf{x}) - \mu^2$ hängt nur noch vom Abstand $\mathbf{d} = \mathbf{y} - \mathbf{x}$ der Pixel ab. Pro Region sind nur noch $R + 1$ Angaben nötig, wenn R die Anzahl der Pixel der Region $\underline{R}$ ist. Das Homogenitätskriterium ist also neben einem einheitlichen mittleren Grauwert μ auch das Vorliegen einer Kovarianz in Abhängigkeit nur vom Abstand $\mathbf{d}$ der Pixel. Der Abstand $\mathbf{d}$ ist, wie auch die Ortsangabe $\mathbf{x}$, vektoriell zu verstehen. Auch bei gleichem Absolutbetrag $|\mathbf{d}|$ ist die Autokorrelation i.allg. noch richtungsabhängig.

6.2.2 Ergodische Felder

Die Bedingungen für eine Homogenität bezogen sich bisher auf ein Ensemble von Bildern: $\mu(\mathbf{x})$ ist z.B. der bei festem $\mathbf{x}$ über alle Musterbilder genommene Mittelwert. Betrachtet man nun die Grauwerte $f(\mathbf{x})$ aller Pixel der Region eines *einzigen* Bildes, so könnte man auch aus diesen alle Statistiken erster Art berechnen, also m_R, φ_R, h_R und F_R, und diese ebenfalls als Approximation für eine Dichtefunktion p_R und die daraus abgeleiteten Größen μ_R und σ_R^2 auffassen.

Falls nun gilt, daß dieser lokale Mittelwert μ_R gleich dem Ensemblemittelwert μ ist, nennt man diese Region ein ergodisches Feld. Man geht i.allg. davon aus, daß homogene Felder auch ergodisch sind, sollte es aber im Einzelfall überprüfen. Bei einem ergodischen Feld kann man also, nach physikalischem Sprachgebrauch, das *Scharmittel* durch das *Zeitmittel* (lokales Mittel oder regionales Mittel) ersetzen oder, nach statistischem Sprachgebrauch, die lokalen Statistiken eines einzigen Bildes als Schätzwerte für die Parameter der Wahrscheinlichkeitsverteilung ansehen. Insbesondere wird die Kovarianz $\sigma(d)$ geschätzt durch:

$$s_R^2(\mathbf{d}) = \frac{1}{R} \sum_{\mathbf{x} \in \underline{R}} f(\mathbf{x})f(\mathbf{x}+\mathbf{d}) - m_R^2 = \varphi_R(\mathbf{d}) - m_R^2$$

summiert über alle Punktepaare $(\mathbf{x}, \mathbf{x}+\mathbf{d})$ der Region. Für $\mathbf{d} = \mathbf{0}$ ergibt sich die Varianz:

$$s_R^2 = \frac{1}{R} \sum f^2(\mathbf{x}) - m_R^2$$

Der erste Summand, also $\varphi_R(\mathbf{0})$, wird in der Signaltheorie auch als Leistung eines Prozesses bezeichnet. Für die AKF $\varphi_R(\mathbf{d})$ und ebenso für das Moment zweiter Ordnung der Wahrscheinlichkeitsverteilung gilt:

$$\begin{aligned}
\varphi(\mathbf{0}) &= \sigma^2 + m^2 \quad \text{(Leistung des Prozesses)} \\
\varphi(-\mathbf{d}) &= \varphi(\mathbf{d}) \\
|\varphi(\mathbf{d})| &\leq \varphi(\mathbf{0})
\end{aligned}$$

Die letzte Gleichung ergibt sich aus dem Ansatz $\sum [f(\mathbf{x}) \pm f(\mathbf{x}+\mathbf{d})]^2 \geq 0$
Eine typische Autokorrelation ist in Abbildung 6.6 wiedergegeben.

6.2.3 Cooccurrence-Matrizen

Die volle Information über die stochastische Struktur eines homogenen Feldes erhält man erst durch die Verbundverteilungen, also durch die Dichtefunktionen $p_\mathbf{d}(k,l)$, die zu jedem Punktepaar $(\mathbf{x}, \mathbf{y})$ mit $\mathbf{y} - \mathbf{x} = \mathbf{d}$ die Wahrscheinlichkeit liefern, daß $f(\mathbf{x}) = k$ und gleichzeitig $f(\mathbf{y}) = l$ ist. Diese wird in der gewohnten Weise dadurch approximiert, daß man für alle Punkte $\mathbf{x} \in \underline{R}$ mit $\mathbf{y} - \mathbf{x} = \mathbf{d}$ die Grauwerte sammelt und daraus das zweidimensionale Histogramm bildet:

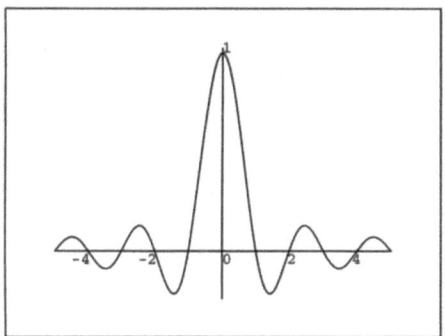
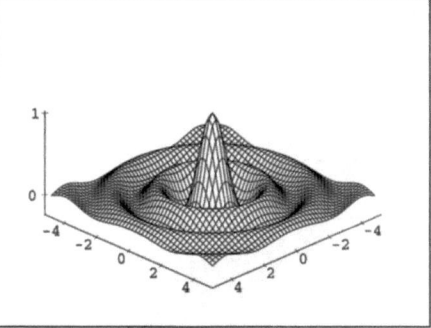

Abb. 6.6. Die Autokorrelationsfunktion (AKF) $\varphi(\mathbf{d})$ gibt die Korrelation zweier Pixel $\mathbf{x}, \mathbf{y}$ als Funktion des Abstandes $\mathbf{d} = \mathbf{y} - \mathbf{x}$ an. Als Beispiel ist links die AKF für Pixel auf einer Geraden und rechts eine zweidimensionale AKF für beliebige $\mathbf{x}, \mathbf{y}$ dargestellt. Es ist $\varphi(-\mathbf{d}) = \varphi(\mathbf{d})$ und $|\varphi(\mathbf{d})| \leq \varphi(\mathbf{0}) = \sigma^2$.

168   6. Das Bild als stochastischer Prozeß

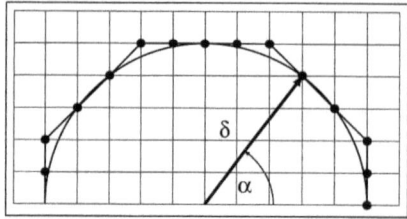

Abb. 6.7. Die Abbildung zeigt den Entwurf für eine Polygonapproximation eines Kreises auf dem diskreten Gitter.

$$h_{\mathbf{d}}(k,l) = \sum_{\mathbf{x}\in \underline{R}} \delta\bigl(f(\mathbf{x}) - k\bigr) \cdot \delta\bigl(f(\mathbf{x}+\mathbf{d}) - l\bigr)$$

Offenbar ist $h_{-\mathbf{d}} = h_{\mathbf{d}}$, jedoch gehören zu zwei Punkten $\mathbf{y}, \mathbf{y}'$, deren Abstandsvektoren $\mathbf{d} = \mathbf{y} - \mathbf{x}$, $\mathbf{d}' = \mathbf{y}' - \mathbf{x}$ zwar die gleiche Länge haben, aber einen anderen Winkel als 180° miteinander bilden, zwei i.allg. verschiedene zweidimensionale Histogramme $h_{\mathbf{d}}$ und $h_{\mathbf{d}'}$. Die Idee der *Cooccurrence-Matrix* besteht darin, aus diesen Funktionen $h_{\mathbf{d}}$ eine rotationsinvariante Funktion P_δ mit $\delta = |\mathbf{d}|$ zu bilden, indem man über alle Funktionen $h_{\mathbf{d}}$ mit dem gleichen *Displacement* δ mittelt. Für $\delta = 1$ Pixelabstand sind das die Pixel rechts, rechts oben (45°), oberhalb (90°) und links oben (135°) vom Bezugspixel $\mathbf{x}$; für die übrigen hat $h_{\mathbf{d}}$ wegen $h_{-\mathbf{d}} = h_{\mathbf{d}}$ die gleichen Werte (Abb. 6.7). Sind (δ, α) die Polarkoordinaten von $\mathbf{d}$, so ist die Cooccurrence-Matrix definiert durch:

$$P_\delta(k,l) = \frac{1}{n_\delta} \sum_\alpha h_{\delta,\alpha}(k,l)$$

n_δ ist dabei die Anzahl der einbezogenen Punkte. Für $\alpha \notin \{0, \pi/2\}$ liegen die Punkte $\mathbf{d}$ nicht genau auf dem Kreis mit Radius δ; der Kreis muß dann durch einen Polygonzug approximiert werden (Abb. 6.7).

Die Matrix P_δ ist auf der Diagonalen am stärksten besetzt (Abb. 6.8). Dies bedeutet, daß die benachbarten Punkte meistens die gleichen oder be-

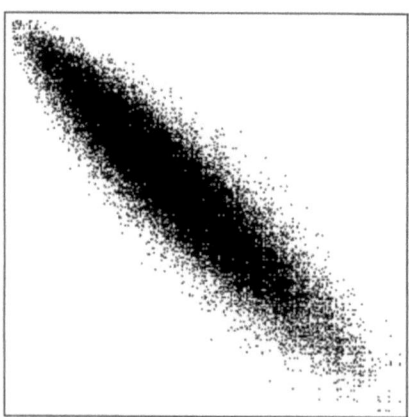

Abb. 6.8. Grafische Darstellung einer Cooccurrence-Matrix durch eine Punktwolke. Die Punktdichte ist proportional zur Besetzungszahl. Das Überwiegen der Diagonalelemente besagt, daß die Pixel $\mathbf{x}, \mathbf{y}$ mit $|\mathbf{x} - \mathbf{y}| = \delta$ überwiegend gleiche oder benachbarte Grauwerte besitzen.

nachbarte Grauwerte besitzen. Größere Grauwertdifferenzen kommen bei benachbarten Punkten nur selten vor.

Aber auch diese rotationsunabhängige Matrix ist noch sehr groß. Bei $G = 256$ Grauwerten hat man eine (256×256)-Matrix. Es sind deshalb einige typische skalare Charakteristiken vorgeschlagen worden [Har79]:

$$\text{Second angular moment:} \quad \sum_{kl} P^2(k,l) \quad \text{(Frobenius-Norm)} \quad (6.16)$$

$$\text{Inverse difference moment:} \quad \sum_{kl} \frac{1}{1+(k-l)^2} P(k,l) \quad (6.17)$$

$$\text{Kontrast:} \quad \sum_{kl} (k-l)^2 P(k,l) \quad (6.18)$$

$$\text{Entropie:} \quad \sum_{kl} P(k,l) \log\big(P(k,l)\big) \quad (6.19)$$

$$\text{Chiquadratstatistik:} \quad m^2 \left(\sum_{kl} \frac{P^2(k,l)}{P(k,\cdot)P(\cdot,l)} - 1 \right) \quad (6.20)$$

$$\text{Kappastatistik:} \quad \frac{p_1 - p_2}{1 - p_2} \quad (6.21)$$

mit:
$$p_1 = \frac{1}{m^2} \sum_{kl} P(k,l) \quad \text{und} \quad p_2 = \frac{1}{m^2} \sum_{kl} P(k,\cdot)P(\cdot,l)$$

Außerdem beschränkt man sich auf wenige Displacements. Oft genügt es, $\delta = 1$ zu nehmen, um eine Textur hinreichend charakterisieren zu können.

6.3 Lineare Transformationen von Zufallsfeldern

6.3.1 Statistiken transformierter Felder

In Kapitel 5 wurden die linearen Operationen, insbesondere die LTI-Systeme, bereits vorgestellt. Sie lassen sich als Faltung des Eingangssignals f mit einem für das LTI-System charakteristischen Signal h darstellen:

$$g = f * h$$

Bei Bildern ist die zugehörige Koordinatendarstellung:

$$g(\mathbf{x}) = \int f(\mathbf{z}) h(\mathbf{x} - \mathbf{z}) d\mathbf{z}$$

$\mathbf{x}$ und $\mathbf{z}$ sind die Ortskoordinaten, die selbst wiederum als zweidimensionale Vektoren aufzufassen sind. Ebenso ist die Integration im konkreten Fall als Doppelsumme über alle Pixel des Bildes f zu verstehen.

6. Das Bild als stochastischer Prozeß

Welche statistischen Kenngrößen besitzt das Bild g, wenn die des Bildes f bekannt sind? Zunächst sei f das n-te Exemplar einer Serie von N Musterbildern. Aus der Serie werden die Statistiken $m(\mathbf{x}) = \frac{1}{N}\sum f_n(\mathbf{x})$ sowie $\varphi_{ff}(\mathbf{x}, \mathbf{x}') = \frac{1}{N}\sum (f_n(\mathbf{x}))(f_n(\mathbf{x}'))$ abgeleitet. Man rechnet schnell nach:

$$m_g(\mathbf{x}) = \frac{1}{N}\sum_{n=1}^{N} g_n(\mathbf{x}) = \frac{1}{N}\sum_{n=1}^{N} \int f_n(\mathbf{z})h(\mathbf{x}-\mathbf{z})d\mathbf{z} = \int m_f(\mathbf{z})h(\mathbf{x}-\mathbf{z})d\mathbf{z}$$

kurz:

$$m_g = m_f * h$$

Der Mittelwert wird also wie ein deterministisches Signal übertragen. Etwas umständlicher errechnet sich die AKF und die Kovarianz des Bildes g. Es ergibt sich für die Kovarianz des Bildes g nach (6.8):

$$\begin{aligned} s_{gg}(\mathbf{x}, \mathbf{x}') &= \frac{1}{N}\sum_{n=1}^{N}\left((g_n(\mathbf{x}) - m_g(\mathbf{x}))(g_n(\mathbf{x}') - m_g(\mathbf{x}'))\right) \\ &= \frac{1}{N}\sum_{n=1}^{N} g_n(\mathbf{x})g_n(\mathbf{x}') - m_g(\mathbf{x}) \cdot m_g(\mathbf{x}') \end{aligned}$$

Davon ist:

$$\begin{aligned} g_n(\mathbf{x})g_n(\mathbf{x}') &= \int f_n(\mathbf{z})h(\mathbf{x}-\mathbf{z})d\mathbf{z} \int f_n(\mathbf{z}')h(\mathbf{x}'-\mathbf{z}')\,d\mathbf{z}' \\ &= \iint f_n(\mathbf{z})f_n(\mathbf{z}') \cdot h(\mathbf{x}-\mathbf{z})h(\mathbf{x}'-\mathbf{z}')\,d\mathbf{z}'\,d\mathbf{z} \\ m_g(\mathbf{x}) \cdot m_g(\mathbf{x}') &= \iint m_f(\mathbf{z}) \cdot m_f(\mathbf{z}')h(\mathbf{x}-\mathbf{z})h(\mathbf{x}'-\mathbf{z}')\,d\mathbf{z}'\,d\mathbf{z} \end{aligned}$$

und damit folgt für die Kovarianz:

$$\begin{aligned} s_{gg}(\mathbf{x}, \mathbf{x}') &= \iint \left[\frac{1}{N}\sum f_n(\mathbf{z})f_n(\mathbf{z}') - m_f(\mathbf{z})m_f(\mathbf{z}')\right] \cdot \\ &\quad \cdot h(\mathbf{x}-\mathbf{z})h(\mathbf{x}'-\mathbf{z}')d\mathbf{z}d\mathbf{z}' \\ &= \iint s_{ff}(\mathbf{z}, \mathbf{z}')h(\mathbf{x}-\mathbf{z})h(\mathbf{x}'-\mathbf{z}')\,d\mathbf{z}'\,d\mathbf{z} \end{aligned}$$

Für die AKF ergibt sich entsprechend:

$$\varphi_{gg}(\mathbf{x}, \mathbf{x}') = \iint \varphi_{ff}(\mathbf{z}, \mathbf{z}')h(\mathbf{x}-\mathbf{z})h(\mathbf{x}'-\mathbf{z}')\,d\mathbf{z}'\,d\mathbf{z} \qquad (6.22)$$

6.3.2 Transformationen homogener Felder

Ist f ein homogenes Feld, so ist auch g homogen. Für Mittelwert und Autokorrelation ergeben sich dann recht einfache Ausdrücke (es werden Integrale statt Summen verwendet):

$$\begin{aligned}
m_g &= \frac{1}{R} \int g(\mathbf{x}) d\mathbf{x} \\
&= \frac{1}{R} \iint f(\mathbf{z})h(\mathbf{x}-\mathbf{z})\,d\mathbf{z}\,d\mathbf{x} = \frac{1}{R} \iint f(\mathbf{x}-\mathbf{z})h(\mathbf{z})\,d\mathbf{z}\,d\mathbf{x} \\
&= \frac{1}{R} \int \left(\int f(\mathbf{x}-\mathbf{z})d\mathbf{x} \cdot \right) h(\mathbf{z})\,d\mathbf{z} = m_f \int h(\mathbf{z})d\mathbf{z} = m_f \cdot H(0)
\end{aligned}$$

Dabei ist H die Übertragungsfunktion des LTI-Systems, also die Fourier-Transformierte der Systemfunktion (Stoßantwort) h und mit dem LTI-System zugleich vorgegeben (vgl. Kap. 5). An die Stelle der Faltung mit h tritt bei homogenen Feldern die Multiplikation mit $H(0)$. Die Berechnung der Kovarianz φ_{gg} für das transformierte Bild g vereinfacht sich hier, da sich auch φ_{gg} als Funktion nur einer Variablen ergibt. Dazu führen wir in (6.22) folgende Substitution der Integrationsvariablen $\mathbf{z}$ und $\mathbf{z}'$ durch:

$$\begin{aligned}
\mathbf{y}' &= \mathbf{x} - \mathbf{z} \quad \Leftrightarrow \quad \mathbf{z} = \mathbf{x} - \mathbf{y}' \\
\mathbf{y} &= \mathbf{x}' - \mathbf{z}' - \mathbf{y}' \quad \Leftrightarrow \quad \mathbf{z}' = \mathbf{x}' - \mathbf{y}' - \mathbf{y}
\end{aligned}$$

setzen ferner $\mathbf{x}' = \mathbf{x} + \mathbf{d}$ und erhalten:

$$\varphi_{gg}(\mathbf{x}, \mathbf{x}+\mathbf{d}) = \iint \varphi_{ff}(\mathbf{x}-\mathbf{y}', \mathbf{x}+\mathbf{d}-\mathbf{y}-\mathbf{y}')h(\mathbf{y}')h(\mathbf{y}+\mathbf{y}')d\mathbf{y}'d\mathbf{y} \quad (6.23)$$

Da f ein homogenes Feld ist, ist $\varphi_{ff}(\mathbf{x}-\mathbf{y}', \mathbf{x}-\mathbf{y}'+\mathbf{d}-\mathbf{y}) = \varphi_{ff}(\mathbf{0}, \mathbf{d}-\mathbf{y}) = \varphi_{ff}(\mathbf{d}-\mathbf{y})$. Damit ist die rechte Seite in (6.23) unabhängig von $\mathbf{x}$, so daß auch φ_{gg} nur noch vom Displacement $\mathbf{d}$ abhängt:

$$\varphi_{gg}(\mathbf{x}, \mathbf{x}+\mathbf{d}) = \iint \varphi_{ff}(\mathbf{d}-\mathbf{y})[h(\mathbf{y}')h(\mathbf{y}+\mathbf{y}')d\mathbf{y}']d\mathbf{y}$$

Der Ausdruck in eckigen Klammern ist vom Typ einer Korrelation von h mit sich selbst, nur ist h kein Zufallsfeld, sondern die Systemfunktion. Da diese als Impulsantwort interpretiert werden kann, nennt man diesen Ausdruck auch Impuls-AKF:

$$\varphi_{hh}(\mathbf{y}) = \int h(\mathbf{y}')h(\mathbf{y}+\mathbf{y}')d\mathbf{y}'$$

und mit ihr ist die AKF des transformierten Bildes gegeben durch die *Wiener-Lee-Beziehung*:

$$\varphi_{gg} = \varphi_{ff} * \varphi_{hh} \quad (6.24)$$

6.3.3 Die spektrale Leistungsdichte

Die Korrelationsfunktion homogener Felder hat eine gewisse Ähnlichkeit mit einer Faltung. Ersetzen wir nämlich in einer Faltung $f * g$:

$$f * g(\mathbf{x}) = \sum f(\mathbf{y}) g(\mathbf{x} - \mathbf{y})$$

$\mathbf{y}$ durch $\mathbf{z} = -\mathbf{y}$, so erhalten wir:

$$f * g(\mathbf{x}) = \sum f(-\mathbf{z}) g(\mathbf{x} + \mathbf{z}) = \sum f^-(\mathbf{z}) g(\mathbf{x} + \mathbf{z})$$

Dabei ist $f^-(\mathbf{z}) = f(-\mathbf{z})$ das gespiegelte Bild. Die Autokorrelation läßt sich also im wesentlichen, d.h. bis auf den Faktor $1/R$, als Faltung eines Bildes f mit seinem gespiegelten Bild f^- darstellen:

$$\varphi_{ff} = \frac{1}{R} f(\mathbf{x}) * f(-\mathbf{x})$$

Aus dieser Darstellung ergeben sich einige wichtige Aussagen über die Fourier-Transformation Φ_{ff}. Da die Fourier-Transformation eines gespiegelten Bildes gleich der konjugiertkomplexen Fourier-Transformation des Originalbildes ist (vgl. Kap. 5), ergibt sich:

$$f(\mathbf{x}) \quad \circ\!\!\stackrel{\mathcal{F}}{-}\!\!\bullet \quad F(\mathbf{u})$$
$$f(-\mathbf{x}) \quad \circ\!\!\stackrel{\mathcal{F}}{-}\!\!\bullet \quad F^*(\mathbf{u})$$
$$f(\mathbf{x}) * f(-\mathbf{x}) \quad \circ\!\!\stackrel{\mathcal{F}}{-}\!\!\bullet \quad F(\mathbf{u}) \cdot F^*(\mathbf{u}) = |F(\mathbf{u})|^2$$

also:
$$\varphi_{ff}(\mathbf{x}) \quad \circ\!\!\stackrel{\mathcal{F}}{-}\!\!\bullet \quad \Phi_{ff}(\mathbf{u}) = \frac{1}{R} |F(\mathbf{u})|^2 \qquad (6.25)$$

Φ_{ff} läßt sich also direkt aus der Fourier-Transformierten F des Originalbildes berechnen. In der Signaltheorie wird Φ_{ff} auch *Spektrum* der Leistungsdichte des Signals f genannt. Ist nämlich $f(t)$ ein Signal, so heißt $\int_{-\infty}^{\infty} f^2(t) dt$, also die L_2-Norm von f, die *Energie* des Signals. Da dieses Integral nicht für alle Signale existiert – so nicht für alle periodischen Funktionen oder für konstante Funktionen – definiert man:

$$\lim_{T \to \infty} \frac{1}{2T} \int_{-T}^{T} f^2(t) dt$$

als *Leistung* des Signals. Analog schreibt man auch einem Bild oder einer Region eines Bildes eine Energie und eine Leistung zu. Da die Fourier-Transformation eine normerhaltende Transformation ist, gilt für Φ_{ff} das Parsevalsche Theorem [Lue92a]:

$$\int \Phi_{ff}(\mathbf{u}) d\mathbf{u} = \frac{1}{R} \int |F(\mathbf{u})|^2 d\mathbf{u} = \frac{1}{R} \int f^2(\mathbf{x}) d\mathbf{x} = \varphi_{ff}(0) \qquad (6.26)$$

6.3 Lineare Transformationen von Zufallsfeldern

Das Leistungsdichtespektrum Φ_{ff} verteilt also die gesamte Leistung auf die einzelnen Frequenzen **u** und hat daher die Dimension Leistung pro Frequenzeinheit, ist also im physikalischen Sprachgebrauch eine Dichte. Aus der Wiener-Lee-Beziehung (6.24) folgt schließlich für das Leistungsdichtespektrum Φ_{gg} eines transformierten Bildes g, $g = f * h$:

$$\Phi_{gg} = \frac{1}{R}|G(\mathbf{u})|^2 = \frac{1}{R}|F(\mathbf{u})|^2 \cdot |H(\mathbf{u})|^2 = \Phi_{ff}(\mathbf{u}) \cdot |H(\mathbf{u})|^2 \qquad (6.27)$$

Die Äquivalenz der Wiener-Lee-Beziehung (6.24) und (6.27) ist Aussage des Wiener-Khintchine-Theorems. Die fundamentale Eigenschaft von LTI-Systemen, beim Anlegen eines Zufallssignals am Systemeingang wiederum ein Zufallssignal zu erzeugen, und zwar mit dem Leistungsdichtespektrum nach (6.27), werden wir in Kapitel 13 zur Bildkorrektur ausnutzen.

6.3.4 Kreuzkorrelation

Von einer Kreuzkorrelation spricht man, wenn man von zwei verschiedenen Bildern f und g eine Korrelationsfunktion berechnet. Dazu nehmen wir wieder ein Ensemble von N Musterexemplaren beider Bilder an, greifen zwei Punkte $\mathbf{x}$ und $\mathbf{x}'$ heraus und bilden die Statistik zweiter Ordnung für die Summenbilder $f_n + g_n$, also:

$$\varphi(\mathbf{x}, \mathbf{x}') = \frac{1}{N} \sum \left(f_n(\mathbf{x}) + g_n(\mathbf{x}) \right) \left(f_n(\mathbf{x}') + g_n(\mathbf{x}') \right)$$

Durch Ausmultiplizieren ergeben sich außer den bekannten Termen $\varphi_{ff}(\mathbf{x}, \mathbf{x}')$ und $\varphi_{gg}(\mathbf{x}, \mathbf{x}')$ die gemischten Terme:

$$\varphi_{fg}(\mathbf{x}, \mathbf{x}') = \frac{1}{N} \sum_{n=1}^{N} f_n(\mathbf{x}) g_n(\mathbf{x}')$$

und:

$$\varphi_{gf}(\mathbf{x}, \mathbf{x}') = \frac{1}{N} \sum_{n=1}^{N} g_n(\mathbf{x}) f_n(\mathbf{x}')$$

Diese heißen Kreuzkorrelationsfunktionen. Bei stationären Feldern hängt der Funktionswert nur von der Differenz $\mathbf{d} = \mathbf{x}' - \mathbf{x}$ ab, und es ist $\varphi_{fg}(\mathbf{d}) = \varphi_{gf}(-\mathbf{d})$. Für $\mathbf{d} = \mathbf{0}$ erhält man die sog. Kreuzleistung:

$$\varphi_{fg}(\mathbf{0}) = \frac{1}{R} \sum_{\mathbf{x}} f(\mathbf{x}) g(\mathbf{x})$$

Entsprechend ist die Kreuzkovarianz gegeben als:

$$\sigma_{fg} = \varphi_{fg} - m_f \cdot m_g$$

und die Varianz des Summenbildes berechnet sich zu:

$$\sigma^2 = \sigma_f^2 + \sigma_g^2 + 2\sigma_{fg}(\mathbf{0})$$

174   6. Das Bild als stochastischer Prozeß

6.4 Stochastische Bildmodelle

Die bisherigen Verfahren waren Bottom-up-Verfahren, die zur Bildbeschreibung gewisse Größen extrahierten, die bei jedem Bild anders ausfallen, jedoch die Tendenz haben, sich in gewisser Weise zu stabilisieren. Alle diese Größen ließen sich wiederum aus der Dichtefunktion ableiten, die als Grenzwert des Histogramms dargestellt wurde.

Das Top-down-Verfahren besteht darin, daß man von einer Dichtefunktion ausgeht und aus ihr alle bisher genannten Größen berechnet. Aus rein begrifflichen Gründen *muß* man sogar so vorgehen, denn der Versuch, eine Wahrscheinlichkeit als Grenzwert von Häufigkeiten zu erklären, führte auf logische Widersprüche, die erst in den dreißiger Jahren durch KOLGOMOROFF gelöst werden konnten, indem er die Wahrscheinlichkeit axiomatisch – also top-down – einführte. Physikalisch gehört die Wahrscheinlichkeit zu den Eigenschaften, die insbesondere atomaren Objekten zukommt wie Masse, Ladung oder Spin. Beispiele sind die Relaxationszeit beim Kernspin, die Halbwertszeit bei radioaktiven Substanzen (vgl. Kap. 2) oder etwa der Begriff Elektronenwolke.

Wir wollen im folgenden einige für die Bildverarbeitung wichtige Verteilungen vorstellen. Anschließend werden wir Verfahren kennenlernen, wie durch lokale Eigenschaften, die man selbst geeignet definieren kann, neue Verteilungen erzeugt werden, die insbesondere bei der Beschreibung von Texturen (vgl. Kap. 14) zunehmendes Interesse gewinnen [Mes89].

6.4.1 Verteilungen erster Ordnung

Analog zu den Statistiken 1. Ordnung beginnen wir mit Verteilungen für den Grauwert eines einzelnen Pixels.

Die Normalverteilung. Die bekannteste Verteilung ist die *Normalverteilung*. Sie wurde vor knapp 200 Jahren von GAUSS eingeführt [Gau23]. Ihre Dichte ist die Gauß-Funktion (Abb. 6.9):

$$p(g) = \frac{1}{\sqrt{2\pi\sigma^2}} e^{-\frac{1}{2}(\frac{g-\mu}{\sigma})^2}$$

Dabei ist g der Grauwert des betrachteten Pixels, μ der erwartete Grauwert und σ^2 die Varianz. Die wichtigste Eigenschaft der Gauß-Verteilung ist, daß sie immer dann vorliegt, wenn sich viele Störfaktoren additiv überlagern, wobei die Störfaktoren selbst eine mit geringen Einschränkungen völlig andere Verteilung besitzen können. Die Fourier-Transformation der Gauß-Funktion ist wiederum eine Gauß-Funktion, jedoch mit der reziproken Varianz $1/\sigma^2$ [Jae91].

6.4 Stochastische Bildmodelle

Die Binomialverteilung. Die Gauß-Verteilung ist für stetige und unbeschränkte Grauwerte g definiert und deshalb nur eingeschränkt für die Bildverarbeitung geeignet. Eine Verteilung, die sich auf vorgegebene diskrete Grauwerte beschränkt, ist die *Binomialverteilung*. Sie hat nur einen freien Parameter, den mittleren Grauwert μ. Ist G die Gesamtzahl der verfügbaren Grauwerte und setzt man $\gamma = \mu/G$, so wird jedem Grauwert $0 \leq g \leq G$ die Wahrscheinlichkeit:

$$p(g) = \binom{G}{g} \gamma^g (1-\gamma)^{G-g} \qquad (6.28)$$

zugeordnet. Für $\gamma = 1/2$ ist die Binomialverteilung symmetrisch und kaum von einer Gauß-Verteilung zu unterscheiden, die den Erwartungswert $\mu = 1/2G = \gamma \cdot G$ und die Varianz $\sigma^2 = 1/4G = \gamma(1-\gamma) \cdot G$ besitzt. Für μ nahe am Anfang oder am Ende der Grauwertskala ist die Binomialverteilung zwangsläufig schief (Abb. 6.10).

Die Poisson-Verteilung. Eine auch für die medizinische Bildverarbeitung wichtige Verteilung ist die *Poisson-Verteilung*. In ihr betrachtete man die Anzahl von Ereignissen pro Zeit-, Volumen- oder Flächeneinheit. Beispiele sind die Anzahl der Quanten, die pro Zeiteinheit ein Sensorelement erreichen (vgl. Kap. 5), oder die Anzahl der Photonen, die pro Zeiteinheit auf einen Photomultiplier auftreffen (vgl. Kap. 2), aber auch die Anzahl von Erythrozyten pro Feld in einem Ausstrichpräparat. Ist λ die mittlere Anzahl, so ist die Wahrscheinlichkeit, in einem konkreten Feld gerade k Ereignisse zu beobachten, gegeben durch:

$$p(k) \sim \frac{\lambda^k}{k!} \qquad (6.29)$$

Die Normierungskonstante ist $e^{-\lambda}$, da bekanntlich $\sum \frac{\lambda^k}{k!} = e^\lambda$.

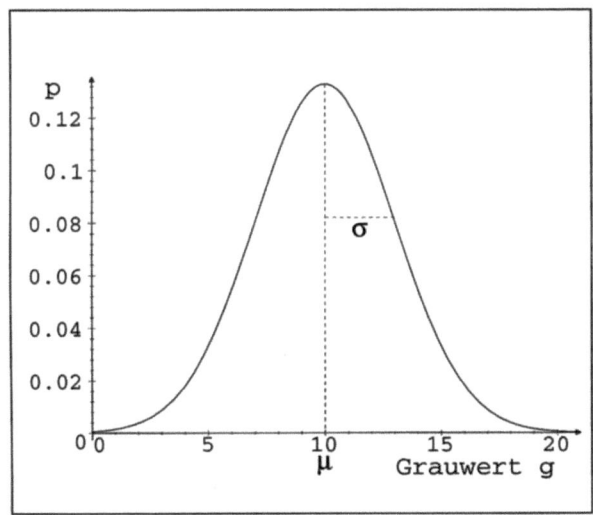

Abb. 6.9. Gauß-Kurve: Die Dichte der Normalverteilung mit $\mu = 10$ und $\sigma = 3$.

176 6. Das Bild als stochastischer Prozeß

6.4.2 Produktverteilungen (Weißes Rauschen)

Zur Beschreibung der Grauwertverteilung für zwei oder mehr Pixel dienen die multivariaten Verteilungen. Am einfachsten sind dabei die *Produktverteilungen* [Bau91]. Sie beschreiben den Fall, daß keine Korrelation zwischen den Pixeln vorhanden ist, sondern jedes Pixel eine von den anderen Pixeln unabhängige Verteilung der Grauwerte besitzt. Für zwei Pixel $\mathbf{x}$ und $\mathbf{y}$ hat die Wahrscheinlichkeit, daß $f(\mathbf{x}) = g_1$ und $f(\mathbf{y}) = g_1$ ist, die Gauß-Dichte:

$$p(g_1, g_2) = \frac{1}{2\pi\sigma_1\sigma_2} e^{-\frac{1}{2}\left[\left(\frac{\mu_1 - g_1}{\sigma_1}\right)^2 + \left(\frac{\mu_2 - g_2}{\sigma_2}\right)^2\right]}$$

und die Binomialdichte:

$$p(g_1, g_2) = \binom{G}{g_1}\binom{G}{g_2} \gamma_1^{g_1} \gamma_2^{g_2} (1-\gamma_1)^{G-g_1} (1-\gamma_2)^{G-g_2}$$

Die Erweiterung für den Fall mehrerer oder auch aller Pixel einer Region oder des ganzen Bildes liegt auf der Hand. Geht man von einer homogenen Region mit R Pixeln aus, so sind alle Erwartungswerte und Varianzen gleich, und es ergibt sich:

$$p(g_1, \ldots, g_R) = \frac{1}{(\sqrt{2\pi}\sigma)^R} e^{-\frac{1}{2}\sum_{i=1}^{R}(g_i - \mu)^2/\sigma^2}$$

bzw.:

$$p(g_1, \ldots, g_R) = \prod_{i=1}^{R} \binom{G}{g_i} \gamma^{g_i} (1-\gamma)^{G-g_i}$$

Ein besonderer Fall liegt bei *binärem* Rauschen vor. Der Rauschprozeß verursacht bei einen Pixel $\mathbf{x}$ entweder eine Störung, $f(\mathbf{x}) = 1$, oder keine Störung, $f(\mathbf{x}) = 0$. Die Wahrscheinlichkeit für $f(\mathbf{x}) = 1$ sei γ, die für $f(\mathbf{x}) = 0$ also $1 - \gamma$. Das läßt sich schreiben als:

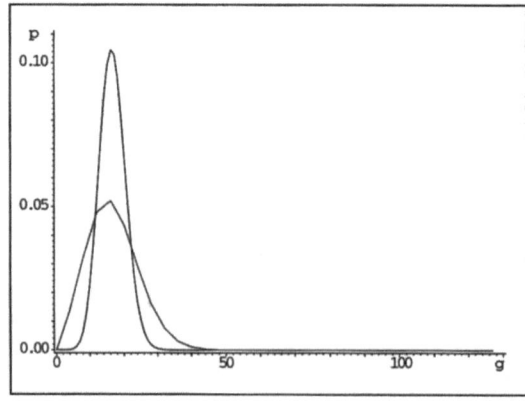

Abb. 6.10. Durch Vergröberung $128 \to 128/c$ verbreitert sich s um den Faktor $\sqrt{c}$. Hier wurde $c = 4$ gewählt.

$$p\bigl(f(\mathbf{x}) = g\bigr) = \gamma^g (1-\gamma)^{1-g}$$

Für $g = 0$ ist die rechte Seite $1 - \gamma$, für $g = 1$ ist sie γ. Tritt die Störung am Pixel $\mathbf{y}$ unabhängig von der am Pixel $\mathbf{x}$, aber mit der Wahrscheinlichkeit γ_2 auf, so ist die Verbundwahrscheinlichkeit:

$$p\bigl(f(\mathbf{x}) = g_1, f(\mathbf{y}) = g_2\bigr) = \gamma_1^{g_1}\,\gamma_2^{g_2}\,(1-\gamma_1)^{1-g_1}\,(1-\gamma_2)^{1-g_2}$$

Im stationären Fall ist $\gamma_1 = \gamma_2$, und die Verbundwahrscheinlichkeit ist:

$$p(f(\mathbf{x}) = g_1,\ f(\mathbf{y}) = g_2 = \gamma^{g_1+g_2}\,(1-\gamma)^{2-(g_1+g_2)}$$

Die Verbundwahrscheinlichkeit R-ter Ordnung ergibt sich mit $\bar{g} = \sum g_i$ zu:

$$p\bigl(f(\mathbf{x}_1) = g_1, \ldots, f(\mathbf{x}_R) = g_R\bigr) = \gamma^{\bar{g}}\,(1-\gamma)^{R-\bar{g}} \qquad (6.30)$$

Für alle diese Produktverteilungen ist die AKF $\varphi(\mathbf{d}) = 0$ für alle $\mathbf{d} = \mathbf{y} - \mathbf{x} \neq \mathbf{0}$. Die AKF ist also eine Impulsfunktion, und das Spektrum eines Impulses ist für alle Frequenzen konstant. In Analogie zur Optik, die die Farbe Weiß dadurch definiert, daß alle Frequenzen gleichmäßig vertreten sind, nennt man alle Verteilungen, für die die Korrelationen 0 sind, *weißes Rauschen*. Weißes Rauschen ist in der Praxis synonym mit mittelwertfreien Produktverteilungen, für die also $\mu = 0$ angenommen wird. Für Binomialverteilungen entspricht das einem konstanten γ und einer geeigneten Skalenverschiebung (Abb. 6.11).

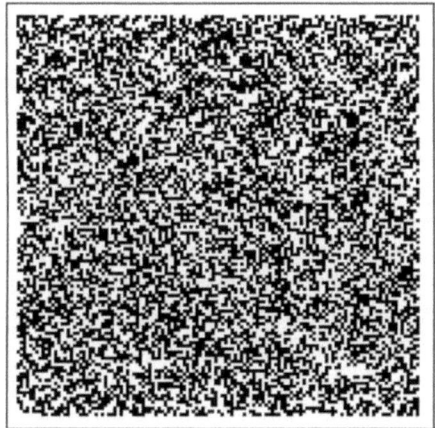 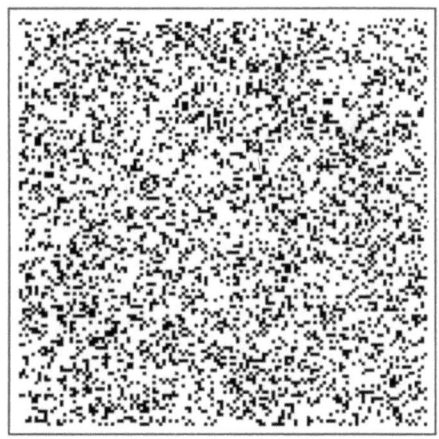

Abb. 6.11. Die Abbildung zeigt zwei Beispiele für binäres Rauschen. Im linken Bild beträgt $\gamma = 1/2$ im rechten Bild ist $\gamma = 1/4$.

6.4.3 Farbiges Rauschen

Das weiße Rauschen ist eine Idealisierung. In realen Systemen sind benachbarte Grauwerte korreliert, und das Frequenzsprektrum $\Phi(\mathbf{u})$ ist nicht konstant, sondern verteilt sich ähnlich wie eine Dichtefunktion über die Frequenzen $\mathbf{u}$, so daß die Fläche unter Φ gerade gleich der Varianz σ^2 ist. Jede solche Verteilung heißt farbiges Rauschen. Durch Rücktransformation erhält man die zugehörige AKF:

$$\varphi(\mathbf{d}) = \int \Phi(\mathbf{u}) e^{2\pi i \mathbf{u}^T \mathbf{d}} d\mathbf{u}$$

Um daraus die Kovarianzmatrix $\mathbf{V}$ zu bestimmen, nehmen wir an, daß eine im engeren Sinne homogene Region vorliegt mit dem Erwartungswert μ. Dann sind die Elemente σ_{ij}, also die Kovarianz zwischen Pixel $\mathbf{x}_i$ und $\mathbf{x}_j$ gegeben durch:

$$\sigma_{ij} = \varphi(\mathbf{x}_j - \mathbf{x}_i) - \mu^2$$

An dieser Stelle zeigt sich ein weiterer Vorteil der mittelwertfreien AKF: Man braucht erst zum Schluß eine Festlegung des Mittelwertes μ. Die Kovarianzmatrix ist eine $(R \times R)$-Matrix. Sie ist bereits durch die erste Zeile bestimmt; die nächste ergibt sich durch Verschiebung nach rechts und symmetrische Auffüllung links von der Diagonalen ($\sigma_{ji} = \sigma_{ij}$).

Zum Schluß kommt nun die Wahl einer Verteilungsfunktion mit diesem Erwartungswert $\boldsymbol{\mu} = (\mu, \mu, \ldots, \mu)_R$ und dieser Kovarianzmatrix $\mathbf{V}$. Eine übliche Wahl ist die Gauß-Verteilung. Ist $\mathbf{g}$ der Grauwertvektor mit den Komponenten $f(x_i) = g_i$ und $x_i \in R$, so ist seine Wahrscheinlichkeit:

$$p(\mathbf{g}) = \frac{1}{\sqrt{(2\pi)^R \det \mathbf{V}}} e^{-\frac{1}{2}(\mathbf{g}-\boldsymbol{\mu})' \mathbf{V}^{-1} (\mathbf{g}-\boldsymbol{\mu})}$$

6.4.4 Die Gibbs-Verteilung

Während die Varianzmatrix $\mathbf{V}$ einer Gauß-Verteilung für *alle* Punktepaare $\mathbf{x}_i, \mathbf{x}_j$ eine Korrelation r_{ij} vorsieht, beschränkt sich die Gibbs-Verteilung [Gem84, Acu92] auf *benachbarte* Punkte. Der Begriff *Nachbarschaft* wurde bereits in Kapitel 4 eingeführt. Die Nachbarschaft N_1 oder Vierernachbarschaft (Abb. 6.12) eines Pixels $\mathbf{x}$ besteht aus den 2 Pixeln rechts und links von $\mathbf{x}$ und den 2 Pixeln ober- und unterhalb von $\mathbf{x}$, die Nachbarschaft N_2 oder Achternachbarschaft hat zusätzlich 4 Diagonalpixel. Das Pixel $\mathbf{x}$ selber wird nicht zur Nachbarschaft gezählt: $\mathbf{x} \notin N(\mathbf{x})$.

Aus dem Nachbarschaftskonzept leitet sich das Konzept einer *Clique* ab. Eine Menge von Pixeln bildet eine Clique zur Nachbarschaft N, wenn je zwei Elemente einer Clique Nachbarn sind. Trivialerweise bildet jeder einzelne Punkt einer Nachbarschaft eine Clique, die Einserclique C_1. Zur Nachbarschaft N_1 gibt es zwei Zweiercliquen (C_2 und C_3 in Abbildung 6.13), die Nachbarschaft N_2 enthält zwei weitere Zweiercliquen C_4 und C_5, 4 Dreiercliquen C_6 bis C_9 und eine quadratische Viererclique C_{10}.

6.4 Stochastische Bildmodelle

Der nächste Schritt besteht darin, den Grauwerten einer Clique C eine reelle Zahl V zuzuordnen, das *Potential* dieser Clique. Im folgenden sind einige Beispiele für Potentiale einelementiger Cliquen, bestehend aus dem Pixel $\mathbf{x}_i$ mit dem Grauwert g_i aufgeführt:

$$V_1(g_i) = \left(\frac{g_i - \mu}{\sigma}\right)^2 \qquad V_1(g_i) = g_i \log \frac{\gamma}{1-\gamma} \qquad V_1(g_i) = \begin{cases} 1, & g_i > g_0 \\ 0, & g_i \leq g_0 \end{cases}$$

Für die Potentiale von Cliquen vom Typ C_2 (horizontale Zweiercliquen) können folgende Beispiele angegeben werden:

$$V_2(g_i, g_{i+1}) = r_{i,i+1} \frac{g_i - \mu}{\sigma} \frac{g_{i+1} - \mu}{\sigma} \qquad V_2(g_i, g_{i+1}) = \begin{cases} a, & g_i = g_{i+1} \\ b, & g_i \neq g_{i+1} \end{cases}$$

Durch Summation über die lokalen Cliquen erhält man die Gesamtpotentiale für die einzelnen Typen, die wir mit $U_i(\mathbf{g})$ bezeichnen, da sie dem Grauwertvektor $\mathbf{g}$ zugeordnet sind:

$$U_1(\mathbf{g}) = \sum_i V_1(g_i) \quad \text{und} \quad U_2(\mathbf{g}) = \sum_i V_2(g_i, g_{i+1}) \tag{6.31}$$

Das Grauwertpotential eines Bildes ist die gewichtete Summe der Gesamtpotentiale der Cliquen:

$$U(\mathbf{g}) = \sum \alpha_k U_k(\mathbf{g}). \tag{6.32}$$

Nach diesen Vorbereitungen kann nun die Gibbs-Verteilung definiert werden: Die Gibbs-Verteilung ordnet dem Grauwertvektor $\mathbf{g}$ eines Bildes bzw. einer Region die Dichte:

$$p(\mathbf{g}) = c \cdot e^{-\beta U(\mathbf{g})} \tag{6.33}$$

zu. Die Normierungskonstante c sorgt dafür, daß $\sum p(\mathbf{g}) = 1$ ist. $Z = 1/c$ heißt in der Physik Zustandssumme. Der Faktor β – physikalisch die reziproke Temperatur – wird in Abschnitt 6.5.4 diskutiert.

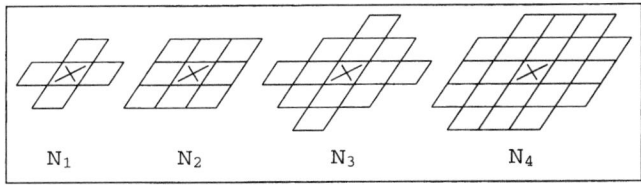

Abb. 6.12. Die Abbildung zeigt Beispiele für Nachbarschaften $N(\mathbf{x})$. N_1 ist die uns bereits bekannte Vierernachbarschaft und N_2 die Achternachbarschaft (vgl. Kap. 4). N_3 und N_4 sind Beispiele für Nachbarschaften höherer Ordnung. Der Punkt $\mathbf{x}$ gehört jeweils nicht zur Nachbarschaft.

6.4.5 Beispiel für eine Gibbs-Verteilung

Gegeben sei ein Nachbarschaftssystem vom Typ N_2 mit den Cliquen C_1 bis C_{10} wie in Abbildung 6.13. Die lokalen Cliquenpotentiale V_1 bis V_{10} seien wie folgt definiert [Mes89]:

$$V_1(g_i) = a_1, \text{ für alle Pixel unabhängig vom Grauwert}$$

$$V_2(g_i, g_{i'}) = \begin{cases} a_2, & \text{wenn } g_i = g_{i'} \\ b_2, & \text{wenn } g_i \neq g_{i'} \end{cases}$$

$$V_3(g_i, g_{i'}) = \begin{cases} a_3, & \text{wenn } g_i = g_{i'} \\ b_3, & \text{wenn } g_i \neq g_{i'} \end{cases}$$

$$V_4(g_i, g_{i'}) = \begin{cases} a_4, & \text{wenn } g_i = g_{i'} \\ b_4, & \text{wenn } g_i \neq g_{i'} \end{cases}$$

$$V_5(g_i, g_{i'}) = \begin{cases} a_5, & \text{wenn } g_i = g_{i'} \\ b_5, & \text{wenn } g_i \neq g_{i'} \end{cases}$$

$$V_6, \ldots, V_{10} = a_6, \text{ unabhängig von den Grauwerten.}$$

Die betrachtete Region habe nun n_i Cliquen vom Typ i. Für $2 \leq i \leq 5$ mögen von den n_i Zweiercliquen r_i den gleichen Grauwert besitzen. Dann ist ihr Potential:

$$U_i = r_i \cdot a_i + (n_i - r_i) \cdot b_i$$

während $U_1 = n_1 \cdot a_1$, $U_6 = n_6 \cdot a_6$, $U_7 = n_7 \cdot a_6$ bis $U_{10} = n_{10} \cdot a_6$ gilt. Damit erhalten wir für das Gesamtpotential (mit $\alpha_k = 1$):

$$\begin{aligned} U(\mathbf{g}) = \quad & n_1 a_1 + (n_6 + n_7 + n_8 + n_9 + n_{10}) \cdot a_6 \\ + \ & r_2(a_2 - b_2) + \cdots + r_5(a_5 - b_5) \\ + \ & n_2 b_2 + n_3 b_3 + n_4 b_4 + n_5 b_5 \end{aligned}$$

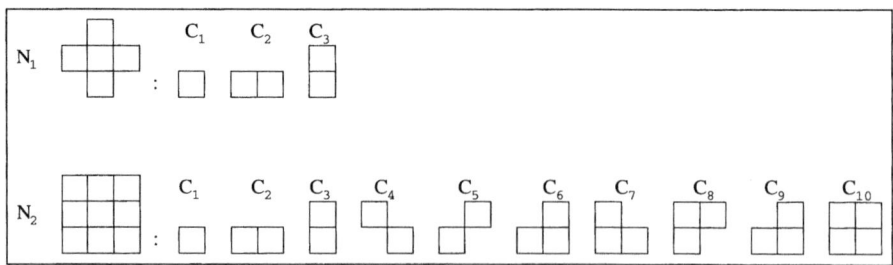

Abb. 6.13. Im oberen Teil der Abbildung sind die Cliquen der Vierernachbarschaft dargestellt. Die untere Zeile zeigt die Cliquen im Achternachbarschaftskonzept.

und die Gibbswahrscheinlichkeit für die Region ist:

$$p(\mathbf{g}) = \frac{1}{Z} e^{-\beta U(\mathbf{g})}$$

6.5 Stochastische Prozesse

Bisher sind uns Verbundverteilungen als geschlossene Ausdrücke begegnet, mit denen wir für einen Grauwertvektor $\mathbf{g}$ seine Wahrscheinlichkeit $p(\mathbf{g})$ berechnen konnten. Der Grauwertvektor wird dabei als gegeben angesehen, also als vorgegebenes Bild oder vorgegebene Region eines Bildes. Jetzt interessiert uns die umgekehrte Fragestellung, nämlich ein Bild (Grauwertvektor) zu erzeugen, das eine vorgegebene Verteilung und damit eine vorgegebene Korrelationsstruktur besitzt. Wir machen dabei Gebrauch von der Tatsache, daß sich eine n-dimensionale Verbundverteilung als Produkt einer $(n-1)$-dimensionalen Verbundverteilung mit einer eindimensionalen bedingten Verteilung schreiben läßt. Mit der Konvention, den Grauwert des i-ten Pixels als i-te Komponente g_i eines Grauwertvektors $\mathbf{g}$ anzusehen, haben wir also:

$$p(g_1, \cdots, g_n) = p(g_1, \cdots, g_{n-1}) \cdot p(g_n \mid g_1, \cdots, g_{n-1})$$

Deuten wir n als Zeit und $\mathbf{g}$ als Signal, so gibt $p(g_n \mid g_1, \cdots, g_{n-1})$ die Wahrscheinlichkeit dafür an, welches Signal zur Zeit n auftritt, wenn $g_1, \cdots, g_{n-1}$ der bisherige Verlauf der Signalwerte gewesen ist. Deuten wir $\mathbf{g}$ allgemeiner als Zustand eines Systems, so ist $p(g_n \mid g_1, \cdots, g_{n-1})$ die Wahrscheinlichkeit, daß das System zur Zeit n im Zustand g_n ist, wenn es vorher der Reihe nach in den Zuständen $g_1, g_2, \cdots, g_{n-1}$ war. Daher wird die durch die bedingte Wahrscheinlichkeit erzeugte Folge von Zuständen auch *stochastischer Prozeß* genannt. Bezeichnet n nicht die Zeit, sondern die Nummer eines Pixels, so spricht man auch von einem Gitterprozeß, um den durch die Folge der bedingten Wahrscheinlichkeiten induzierten induktiven Charakter hervorzuheben.

6.5.1 Einfache Beispiele stochastischer Prozesse

Gaußscher Prozeß. Eine n-dimensionale Gauß-Verteilung ist charakterisiert durch einen n-dimensionalen Vektor $\boldsymbol{\mu}$ der Erwartungswerte und eine $(n \times n)$-Varianzmatrix $\mathbf{V}$ mit Elementen σ_{ij}, $1 \leq i,j \leq n$. Ohne Beweis sei notiert, daß auch die bedingte Verteilung $p(g_n \mid g_1, \cdots, g_{n-1})$ eine Gauß-Verteilung ist mit dem Erwartungswert $\mu_n + \boldsymbol{\beta}'(\mathbf{g}_{n-1} - \boldsymbol{\mu}_{n-1})$ und der Varianz $\sigma_n^2 - \boldsymbol{\beta}'\boldsymbol{\sigma}_{n-1}$. Man erhält die Vektoren $\boldsymbol{\beta}$ und $\boldsymbol{\sigma}_{n-1}$, indem man die Varianzmatrix $\mathbf{V}$ partitioniert in:

6. Das Bild als stochastischer Prozeß

$$\mathbf{V} = \begin{pmatrix} & \vdots & \\ \mathbf{V}_{n-1} & \vdots & \boldsymbol{\sigma}_{n-1} \\ & \vdots & \\ \cdots\cdots\cdots\cdots\cdots\cdots & & \\ \boldsymbol{\sigma}'_{n-1} & \vdots & \sigma_n^2 \end{pmatrix}$$

und daraus den Regressionsvektor $\boldsymbol{\beta} = \boldsymbol{\sigma}'_{n-1}\mathbf{V}_{n-1}^{-1}$ berechnet. Dabei ist $\mathbf{g}_{n-1}$ der Vektor der $n-1$ bisherigen Grauwerte und $\boldsymbol{\sigma}_{n-1} = (\sigma_{n1}, \sigma_{n2}, \ldots, \sigma_{nn-1})'$ der Vektor der Kovarianzen zwischen dem n-ten Pixel und allen seinen Vorgängern.

Markoffscher Prozeß. Ein stochastischer Prozeß heißt Markoffscher Prozeß, kurz Markoff-Prozeß, wenn die bedingte Verteilung $p(g_n|g_1, g_2, \ldots, g_{n-1})$ *nur* von den Grauwerten der *Nachbarpixel* abhängt. Markoff-Prozesse sind das stochastische Äquivalent zu Differentialgleichungen. Während letztere den Zustand am Punkt $\mathbf{x} + d\mathbf{x}$ bestimmen, wenn er am Punkt $\mathbf{x}$ bekannt ist, geben erstere die *Wahrscheinlichkeit* für den Zustand am Punkt $\mathbf{x} + d\mathbf{x}$, gegeben der Zustand am Punkt $\mathbf{x}$.

Abklingprozeß. Der *zeitkontinuierliche* oder *deterministische Abklingprozeß* wird durch die Differentialgleichung: $\dot{x}(t) = -\lambda \cdot x$ mit der Neben- oder Randbedingung: $x(0) = x_0$ beschrieben und hat die uns bekannte Lösung: $x(t) = x_0 \cdot e^{-\lambda t}$. Für den *diskreten Abklingprozeß* folgt daher mit der Schrittweite $h = 1$:

$$\begin{align} x(t+h) - x(t) &= -h\,\lambda\,x(t) \\ x(t+h) &= (1 - h\,\lambda)\,x(t) \\ x_n &= (1-\lambda)\,x_{n-1} \end{align} \quad (6.34)$$

Die stochastische Version dieses Prozesses, also der *stochastische Abklingprozeß*, läßt sich wie folgt konstruieren: Ist der Wert x_{n-1} zum Zeitpunkt $n-1$ gegeben, so hat zum Zeitpunkt n der Wert $(1-\lambda)x_{n-1}$ eine hohe Wahrscheinlichkeit, aber auch benachbarte Werte sind möglich. Die Wahrscheinlichkeiten dafür können beliebig vorgegeben werden. So kann ein mittelwertfreier Rauschprozeß ε_n aufaddiert werden, z.B. $\varepsilon_n = N(0, \sigma)$ mit passend zu wählenden σ:

$$x_n = (1-\lambda)x_{n-1} + \varepsilon_n$$

Oder wir wählen, wie in Abbildung 6.14, eine Binomialverteilung mit Erwartungswert $(1-\lambda)x_{n-1}$ und halbierter Varianz.

Schwingungsprozeß. Analog zum eben beschriebenen Abklingprozeß läßt sich der *stochastische Schwingungsprozeß* aus der uns bekannten kontinuierlichen Schwingungsgleichung bzw. dem *deterministischen Schwingungsprozeß* konstruieren. Die Lösung der zeitabhängigen Schwingungsgleichung:

$\ddot{x} = -\omega^2 \cdot x$ mit den Randbedingungen: $x(0) = x_0$ und $\dot{x}(0) = 0$ führt auf die Lösung: $x = x_0 \cos \omega t$. Wiederum liefert die Diskretisierung zunächst den *diskreten Schwingungsprozeß*:

$$x(t + 2h) - 2x(t + h) + x(t) = -h^2 \cdot \omega^2 \cdot x(t)$$
$$x(t + 2h) = 2x(t + h) - (1 + h^2\omega^2) \cdot x(t) \quad (6.35)$$

Eine stochastische Schwingung erhält man, indem man für den Zeitpunkt $t+2h$ eine Wahrscheinlichkeitsverteilung vorgibt, die z.B. den Erwartungswert $2x(t + h) - (1 + h^2\omega^2)x(t)$ hat, wobei die Varianz noch verfügbar ist. In Abbildung 6.14 wurde eine Binomialverteilung mit diesem Erwartungswert, aber halber Binomialvarianz gewählt.

Kausaler Prozeß. Für den stochastischen Schwingungsprozeß bilden also die Zeitpunkte $t + h$ und t die Nachbarschaft des Zeitpunktes $t + 2h$. Analog zur Klassifizierung von Systemen spricht man daher von einem *kausalen Prozeß* (vgl. Kap. 5). Zukünftige Zeitpunkte fließen nicht in die Berechnung des momentanen Zustandes ein. Damit ist auch der Abklingprozeß ein kausaler Prozeß.

6.5.2 Markoffscher Gitterprozeß mit Gibbs-Verteilung

Die Gibbs-Verteilung mit den Cliquen $C_1, C_2, \ldots, C_q$ wurde in (6.33) definiert als:

$$p(\mathbf{g}) = \frac{1}{Z} e^{-U_1(\mathbf{g}) - U_2(\mathbf{g}) - \ldots - U_q(\mathbf{g})}$$

Dabei ist $U_1(\mathbf{g}) = \sum V_1(g_j)$ und $V_1(g_j)$ das Potential für eine Clique vom Typ 1 für den Grauwert g_j des Punktes $\mathbf{x}_j$, entsprechend sind $U_2, \ldots, U_q$ die Potentiale für die Cliquen $C_2, \ldots, C_q$. Das Potential ist eine Funktion der Grauwerte der Pixel, die zu dieser Clique gehören.

Die *bedingte* Gibbs-Verteilung für einen beliebigen Punkt, den wir $\mathbf{x}_0$ nennen wollen, erhalten wir, indem wir die Cliquen aufteilen in solche, die $\mathbf{x}_0$

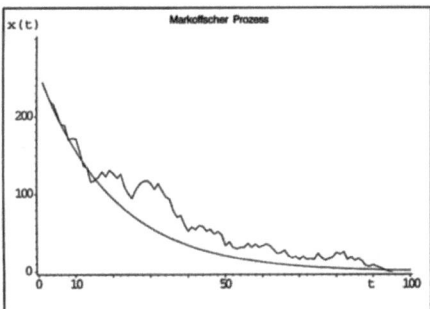 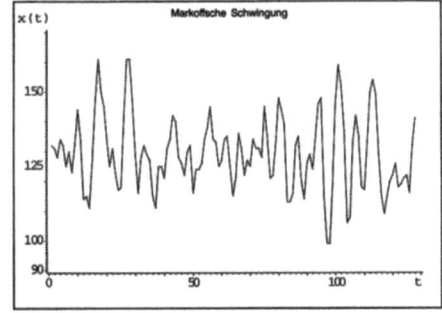

Abb. 6.14. Die Abbildung zeigt Beispiele für das Markoff-Prozeß-Analogon zur Relaxationsgleichung (6.34) (*links*) und zur Schwingungsgleichung (6.35) (*rechts*).

enthalten, und solche, die $\mathbf{x}_0$ nicht enthalten. Die Potentiale für die ersteren Cliquen seien $U_1^0, U_2^0, \ldots$, die übrigen $U_1^*, U_2^*, \ldots$, so daß gilt:

$$p(\mathbf{g}) = \frac{1}{Z} e^{-\sum U_i^0(\mathbf{g}) - \sum U_i^*(\mathbf{g})}$$

Die bedingte Verteilung ergibt sich, indem wir in diesem $p(\mathbf{g})$ die Grauwerte g_i der Pixel $\mathbf{x}_i \neq \mathbf{x}_0$ festhalten, so daß der Zähler nur noch eine Funktion der Grauwerte g des Pixels $\mathbf{x}_0$ ist, und durch die Randverteilung, also der Summe über alle Grauwerte g des Pixels $\mathbf{x}_0$, dividieren:

$$p\big(f(\mathbf{x}_0) = g \mid f(\mathbf{x}_i) = g_i\big) = \frac{e^{-\sum U_i^0(\mathbf{g})} \cdot e^{-\sum U_i^*(\mathbf{g})}}{\sum_{g=0}^{G-1} e^{-\sum U_i^0(\mathbf{g})} \cdot e^{-\sum U_i^*(\mathbf{g})}}$$

Da $f(\mathbf{x}_0)$ in den $U_i^*(\mathbf{g})$ nicht vorkommt, können wir $e^{-\sum U_i^*(\mathbf{g})}$ vor die Summe ziehen, und es bleibt:

$$p\big(f(\mathbf{x}_0) = g \mid f(\mathbf{x}_i) = g_i\big) = \frac{e^{-\sum U_i^0(\mathbf{g})}}{\sum e^{-\sum U_i^0(\mathbf{g}')}}$$

Im Zähler stehen nur die Potentiale der Cliquen, die $\mathbf{x}_0$ enthalten, und damit nur das Pixel aus der Nachbarschaft von $\mathbf{x}_0$. Der Nenner ist konstant. Damit haben wir bewiesen, daß die Gibbs-Verteilung ein Markoff-Feld beschreibt. Es gilt auch die Umkehrung [Acu92, Ham71]:

> Es sei N ein Nachbarschaftssystem über einem Gitter $\underline{R}$. Ein Zufallsfeld ist ein Markoffsches Zufallsfeld genau dann, wenn seine Verbundverteilung eine Gibbs-Verteilung bezüglich der Cliquen aus N ist.

Beispiel 1. Für einen Markoff-Prozeß definieren wir das Pixel links und das Pixel oberhalb eines Pixels $\mathbf{x}$ als Nachbarschaft N von $\mathbf{x}$. Diese Nachbarschaft eignet sich zur zeilenweisen Konstruktion eines Vektors $\mathbf{g}$ mit vorgegebener Wahrscheinlichkeitsverteilung, da dann zur Wahl des Grauwertes für das Pixel $\mathbf{x}$ nur bereits bekannte Grauwerte heranzuziehen sind.

Mit den Grauwerten g_1 und g_2 dieser Nachbarschaft seien die lokalen Potentiale für die 1-Punkt-Clique V_1, die Horizontalclique V_2 und die Vertikalclique V_3 wie folgt definiert:

$$V_1(g) = a \quad \text{für alle} \quad g \in \underline{G}$$
$$V_2(g, g_1) = \begin{cases} b & \text{für: } g = g_1 \\ c & \text{sonst} \end{cases}$$
$$V_3(g, g_2) = \begin{cases} d & \text{für: } g = g_2 \\ e & \text{sonst} \end{cases}$$

Der Zähler der bedingten Verteilung ist also:

e^{-a-c-e} für $g \neq g_1, g_2$ e^{-a-b-e} für $g = g_1$ e^{-a-c-d} für $g = g_2$

oder mit $a + c + e = \alpha, b - c = \beta, d - e = \gamma$:

$e^{-\alpha-\beta}$ für $g = g_1$ $e^{-\alpha-\gamma}$ für $g = g_2$ $e^{-\alpha}$ sonst

Der Nenner ergibt sich durch Summation über $0 \leq g \leq G-1$ zu $(G-2) \cdot e^{-\alpha} + e^{-\alpha-\beta} + e^{-\alpha-\gamma}$ Damit ist die bedingte Verteilung, wenn wir $e^{-\alpha}$ in Zähler und Nenner ausklammern und zum Schluß noch folgende Abkürzungen einführen, $B = e^{-\beta}, C = e^{-\gamma}$:

$$p(g \mid g_i \in N) = \frac{1}{G + (B-1) + (C-1)} \cdot \begin{cases} 1, & g \neq g_1, g_2 \\ B, & g = g_1 \\ C, & g = g_2 \end{cases}$$

Beispiel 2. Das von CROSS und JAIN vorgeschlagene *Autobinomialmodell* benutzt nur Einser- und Zweiercliquen, zu denen – in Erweiterung der Definition – auch die Cliquen zählen, deren Elemente Nachbarn von $\mathbf{x}_0$, aber keine Nachbarn von sich sind. Abbildung 6.15 zeigt die im Vergleich zu Abbildung 6.13 auf Seite 180 hinzukommenden Cliquen C_6 bis C_{11} [Bes74, Cro83].

Die bedingte Verteilung für den Grauwert g eines Pixels ist nach diesem Modell eine Binomialverteilung:

$$b(g \mid g_i \in N) = \binom{G}{g} \gamma^g (1-\gamma)^{G-g},$$

wobei γ nach der Art einer logistischen Regression von den Grauwerten der Nachbarpixel abhängt:

$$\gamma = \frac{e^{\mathbf{a}^T \mathbf{b}}}{1 + e^{\mathbf{a}^T \mathbf{b}}} \tag{6.36}$$

Dabei ist $b_1 = g$ der Grauwert des betrachteten Pixels $\mathbf{x}$ und $b_j = g_j + g_{j'}$ die Summe der Grauwerte der Pixel der Zweierclique $C_j, 2 \leq j \leq 11$ und $\mathbf{a} = (a_1, \ldots, a_{11})^T$ ein Gewichtsvektor: Ein positives a_j bedeutet eine positive Korrelation mit den Grauwerten aus C_j und ein negatives a_j eine negative Korrelation. Das Cliquenpotential ergibt sich für die Einsercliquen mit dem Grauwert g zu:

$$V_1 = -\log \binom{G}{g} - a_1 g$$

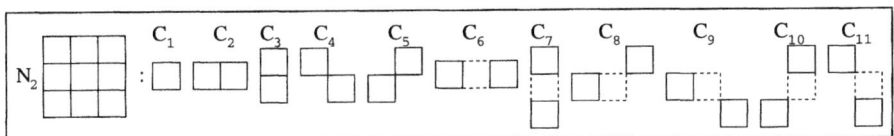

Abb. 6.15. Im Autobinomialmodell von CROSS und JAIN sind im Vergleich zu Abbildung 6.13 auf Seite 180 weitere Cliquen in der Achternachbarschaft definiert [Cro83].

und für die Zweierclique C_j mit den Grauwerten g_j und $g_{j'}$ zu:

$$V_j = -a_j g_j g_{j'}$$

Die Berechnung der Binomialwahrscheinlichkeiten läßt sich vereinfachen, wenn man den Quotienten p_{ij}/p_{ji} bildet: Zunächst fallen die Binomialkoeffizienten heraus, weiter die Faktoren $(1-\gamma_i)^G$ und $(1-\gamma_j)^G$, und es bleiben:

$$\frac{p_{ij}}{p_{ji}} = \left(\frac{\gamma_i}{1-\gamma_i}\right)^{g_i - g_j} \left(\frac{\gamma_j}{1-\gamma_j}\right)^{g_j - g_i}$$

Weiter ist $\gamma_i/(1-\gamma_i) = e^{\mathbf{a}^T \mathbf{b_i}}$, also:

$$\log\left(\frac{p_{ij}}{p_{ji}}\right) = \mathbf{a}^T \mathbf{b_i}(g_i - g_j) + \mathbf{a}^T \mathbf{b_j}(g_j - g_i) = \mathbf{a}^T (g_i - g_j)(\mathbf{b_i} - \mathbf{b_j})$$

Hier läßt sich noch $a_1 b_1$ extrahieren:

$$\log\left(\frac{p_{ij}}{p_{ji}}\right) = a_1 (g_i - g_j)^2 + (g_i - g_j) \cdot \sum_{k \geq 2} a_k (b_{ik} - b_{jk}) \tag{6.37}$$

In (6.37) ist b_{ik} die Summe der Grauwerte der Zweiercliquen C_k aus der Nachbarschaft des Pixels $\mathbf{x}_i$.

6.5.3 Konstruktion eines Markoff-Feldes

Ausgangspunkt ist die Vorgabe einer Verteilungsfunktion F für den Grauwert g eines Pixels $\mathbf{x}$, die durch die Grauwerte der Nachbarschaft von $\mathbf{x}$ festgelegt ist. Bei der zeilenweisen Konstruktion können nur bereits bekannte Grauwerte herangezogen werden, also nur Grauwerte der Pixel links von $\mathbf{x}$ und der Zeilen oberhalb von $\mathbf{x}$. Die Pixel der Nachbarschaft, die diese Bedingung erfüllen, bilden die *kausale Nachbarschaft*. Dies ist ganz analog zu den Markoff-Prozessen, bei denen ja auch nur Zeitpunkte aus der Vergangenheit zugelassen wurden.

Bei den Nachbarschaften N_1 und N_2 müssen die Grauwerte des linken Bildrandes und der ersten Bildzeile als Randvektor vorgegeben werden, bei

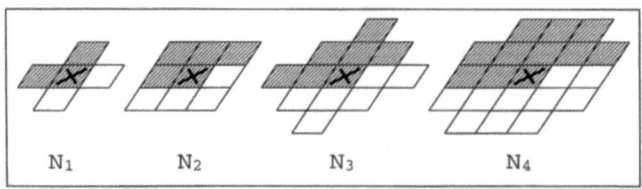

Abb. 6.16. Die kausale Nachbarschaft eines Punktes $\mathbf{x}$ ist in den Beispielen schraffiert dargestellt.

6.5 Stochastische Prozesse 187

den größeren Nachbarschaften N_3 und N_4 die Grauwerte der zwei ersten Zeilen und Spalten (Abb. 6.16).

Sind hier ein Pixel und die Grauwerte der kausalen Nachbarschaft bekannt, so geht man bei der Gibbs-Verteilung wie folgt vor:

1. Man bezeichne $V^0(g)$ als Summe der Potentiale aller Cliquen, die **x** enthalten. Da die Cliquen außer **x** nur Pixel der Nachbarschaft enthalten, ist die einzige Unbekannte der Grauwert g des Pixels **x**.
2. Für jedes mögliche g bildet man die Gewichte:

$$w(g) = e^{-\beta \cdot V^0(g)}, \qquad 0 \leq g \leq G-1$$

zunächst mit $\beta = 1$. Damit haben wir bis auf eine Normierungskonstante die Dichtefunktion für den Grauwert unseres Pixels **x**.

3. Durch die Partialsumme:

$$S(g) = \sum_{g' \leq g} w(g')$$

erhalten wir – ebenfalls bis auf die Normierung – die gesuchte Verteilungsfunktion F. Ist nämlich Z die Summe der Gewichte, so ist: $F(g) = 1/Z \cdot S(g)$. Bei anderen Markoff-Prozessen ist die Verteilungsfunktion $F(g)$ als bedingte Verteilung bereits vorgegeben.

4. Der letzte Schritt ist die Festlegung auf einen Grauwert g, der dieser Verteilung genügt. Dies geschieht mit Hilfe eines Zufallsgenerators. Ein solcher erzeugt eine im Intervall $[0,1]$ gleichverteilte Zufallsvariable: Es kommt gewissermaßen „jede Zahl" des Intervalls gleich oft vor. Ist z die generierte Zufallszahl, so bestimmt man den zogehörigen Grauwert g als das g, für das $F(g) = z$ ist. Bei Treppenfunktionen wählt man entsprechend das größte g, für das $F(g) \leq z$ gilt. Manche Programmiersprachen bieten für gewisse Verteilungen, wie Gauß-, Binomial- oder Poisson-Verteilung, direkt eine Zufallszahl mit dieser Verteilung.

Beispiel. Gegeben sei das Gibbspotential des vorigen Beispiels. Da es hier nur Zweiercliquen gibt, brauchen nur die erste Zeile und die erste Spalte als Randwert vorgegeben werden. Wir setzen alle Grauwerte auf 128, nur in der ersten Spalte wird das mittlere Drittel auf 64 gesetzt. Wir beginnen mit **x** = $(2,2)$. Die Potentiale sind $V^0(g) = \alpha$ für $g \neq g_1, g_2$, $V^0(g) = \alpha + \beta$ für $g = g_1$ und $V^0(g) = \alpha + \gamma$ für $g = g_2$. Es haben also alle Grauwerte das Gewicht $w(g) = e^{-\alpha}$, nur g_1 und g_2 haben das (i.allg. größere) Gewicht $w(g_1) = e^{-\alpha-\beta}$ bzw. $w(g_2) = e^{-\alpha-\gamma}$. Es sei $g_1 \leq g_2$. Dann ist die Summenfunktion:

$$S(g) = \begin{cases} g \cdot e^{-\alpha} & \text{für} \quad 0 \leq g < g_1 \\ g \cdot e^{-\alpha} + e^{-\alpha-\beta} & g_1 \leq g < g_2 \\ g \cdot e^{-\alpha} + e^{-\alpha-\beta} + e^{-\alpha-\gamma} & g_2 \leq g < G \end{cases}$$

Die Summe aller Gewichte ist:

$$Z = (G-2)\cdot \mathrm{e}^{-\alpha} + \mathrm{e}^{-\alpha-\beta} + \mathrm{e}^{-\alpha-\gamma} = \mathrm{e}^{-\alpha}\left[G - 2 + \mathrm{e}^{-\beta} + \mathrm{e}^{-\gamma}\right]$$

Nach Kürzen durch $\mathrm{e}^{-\alpha}$ haben wir eine Summenfunktion, die bei jedem Grauwert einen Sprung der Höhe 1 macht, nur bei g_1 bzw. g_2 einen Sprung der Höhe $B = \mathrm{e}^{-\beta}$ bzw. $C = \mathrm{e}^{-\gamma}$. Falls $B > 1$ und $C > 1$, wovon ja auszugehen ist, kann der Sprung aufgeteilt werden, so daß für g_1 und g_2 in der natürlichen Reihenfolge ebenfalls ein Sprung der Höhe 1 erfolgt und der Restsprung $B - 1$ und $C - 1$ auf zwei zusätzliche Werte g_1 und g_2 verteilt wird, die wir der g-Skala anfügen. Das Vorgehen ist damit wie folgt:

1. Wähle eine zufällige Zahl z zwischen 0 und 1.
2. Multipliziere sie mit $Z = (G-2) + B + C$.
3. Ist $z' = z \cdot Z \leq G$, so bestimme ein g so, daß $g - 1 > z'$, aber $g \leq z'$. Das ist der gesuchte Grauwert (der auch g_1 oder g_2 sein kann).
4. Ist $G < z' \leq G + B - 1$, so setze $g = g_1$.
5. Ist $G + B - 1 < z' \leq Z$, so setze $g = g_2$.

Auf diese Weise kann zeilenweise jedem Pixel, das kein Randpixel ist, ein Grauwert zugeordnet werden. Dieser geht in die Berechnung der Verteilungsfunktion des nächsten Pixels ein.

6.5.4 Simulated-Annealing

Die Gibbs-Verteilung erlaubt, zu jedem Grauwertvektor **g**, also zu jedem Bild, die zugeordnete Wahrscheinlichkeit $p(\mathbf{g})$ auszurechnen, und liefert ein Verfahren, ein Markoff-Feld mit dieser Verteilung zu konstruieren. In vielen Anwendungen möchten wir wissen, für welches **g** die Wahrscheinlichkeit ihr Maximum besitzt. Man bezeichnet dieses **g** oft als den wahrscheinlichsten Grauwertvektor, das wahrscheinlichste Bild oder auch als die wahrscheinlichste Konfiguration unter dieser Verteilung. Es handelt sich hierbei um ein Problem der Klasse NP, zu der auch das *Traveling-Salesman*-Problem und die *Primfaktorzerlegung* gehört, da es gilt, unter G^R möglichen Grauwertvektoren **g** der Länge R (R Pixel einer Region $\underline{R}$ mit $R \leq N \times N$) diejenigen herauszusuchen, für die $p(\mathbf{g})$ ein relatives oder absolutes Maximum besitzt.

Ein Verfahren dazu, das aus der Physik stammt und den Prozeß der Abkühlung einer Schmelze simuliert, wurde 1982 als *Simulated-Annealing* von KIRCKPATRICK vorgeschlagen [Kir82] und 1984 von GEMAN auf die Bildverarbeitung angewandt [Gem84]. Wir folgen hier der Darstellung von BERTSIMAS und TSITSIKLIS [Ber93]. Sie erweiterten den Begriff *Nachbarschaft* auf benachbarte Bilder und nennen zwei Bilder benachbart, wenn sie sich nur im Grauwert eines einzelnen Pixels unterscheiden. Für verschiedene benachbarte Bilder $\mathbf{g}'$ eines Bildes $\mathbf{g}$ sollen die Übergangswahrscheinlichkeiten, also die bedingten Wahrscheinlichkeiten $p(\mathbf{g}' \mid \mathbf{g})$, definiert sein. Ein Bild $\mathbf{g}'$ ist bezüglich der Gibbs-Verteilung wahrscheinlicher, also $p(\mathbf{g}') > p(\mathbf{g})$, wenn $\mathrm{e}^{-U(\mathbf{g}')} > \mathrm{e}^{-U(\mathbf{g})}$ oder äquivalent $U(\mathbf{g}') < U(\mathbf{g})$, wenn also die „Energie" der Konfiguration $\mathbf{g}'$ niedriger geworden ist.

6.5 Stochastische Prozesse

Da U eine Summe von Cliquenpotentialen ist und die beiden Grauwertvektoren sich nur in einem Pixel, etwa $\mathbf{x}_0$, unterscheiden, fallen in der Differenz $U(\mathbf{g}') - U(\mathbf{g})$ alle Cliquenpotentiale weg, die $\mathbf{x}_0$ nicht enthalten, und es bleibt nur die Potentialdifferenz der zu $\mathbf{x}_0$ gehörenden Cliquen übrig. Man geht daher wie folgt vor:

1. Im n-ten Schritt liege ein Bild mit dem Grauwertvektor $\mathbf{g}_n$ vor.
2. Wähle für ein Pixel $\mathbf{x}_0$ einen Grauwert g_0 mit der Wahrscheinlichkeit $p(g_0 \mid \mathbf{g}_n)$. Es sei $\mathbf{g}'$ der zugehörige Vektor, der sich also nur in einer Komponente von $\mathbf{g}_n$ unterscheidet.
3. Ist $U(\mathbf{g}') \leq U(\mathbf{g}_n)$, so setze $\mathbf{g}_{n+1} = \mathbf{g}'$. Ist $U(\mathbf{g}') > U(\mathbf{g})$, so akzeptiere $\mathbf{g}'$, d.h. setze $\mathbf{g}_{n+1} = \mathbf{g}'$ mit der Wahrscheinlichkeit $p_n = e^{-U(\mathbf{g}')-U(\mathbf{g})/T_n}$ mit $T_n \leq T_{n+1}$ und verwerfe es, bleibe also bei $\mathbf{g}_{n+1} = \mathbf{g}_n$, mit der Wahrscheinlichkeit $1 - p_n$.
4. Gehe zum nächsten Pixel.

Es ist also $\beta = 1/T_n$ gesetzt, wobei T_n als Temperatur des n-ten Zyklus interpretiert werden kann. Die Bedingung $T_n \to 0$ ist erforderlich, um ein reversibles Verhalten zu vermeiden. Aber auch dann gibt es nur eine Konvergenz in Wahrscheinlichkeit. Über die Konvergenzgeschwindigkeit sind bisher noch keine Aussagen möglich.

Beispiel. Ausgangskonfiguration sei das im vorigen Beispiel erzeugte Bild g. Da die Randpixel fest vorgegeben sind, beginnt man für den nächsten Durchgang wieder beim Pixel $\mathbf{x} = (2,2)$ und ordne diesem den Grauwert des linken Nachbarn mit der Wahrscheinlichkeit $B/((G-2)+B+C)$, den Grauwert des oberen Nachbarn mit der Wahrscheinlichkeit $C/((G-2)+B+C)$

Abb. 6.17. Das linke Bild wurde nach dem im Beispiel zu 6.5.3 beschriebenen Verfahren erzeugt und dann dem Simulated-Annealing-Prozeß des Beispiels zu 6.5.4 unterzogen. Man sieht, daß es in diesem Fall auf ein homogenes Feld hin zusteuert. Dies läßt sich mit dem Verfahren nach METROPOLIS vermeiden [Met56].

oder jeden anderen Grauwert mit der Wahrscheinlichkeit $1/((G-2)+B+C)$ zu. Für den Quotienten der Wahrscheinlichkeiten $p(\mathbf{g}')$ und $p(\mathbf{g})$ ergibt sich:

$$\frac{p(\mathbf{g}')}{p(\mathbf{g})} = e^{-\left(U(\mathbf{g}')-U(\mathbf{g})\right)} = e^{V(g)-V(g')}$$

dabei ist:

$$V(g) = \begin{cases} \beta, & \text{falls } g \text{ der Grauwert des linken Nachbarn ist} \\ \gamma, & \text{falls } g \text{ der Grauwert des oberen Nachbarn ist} \\ 0, & \text{sonst} \end{cases}$$

Ist diese Differenz ≥ 0, so ist g' der neue Grauwert. Ist sie < 0, so wird mit der angegebenen Wahrscheinlichkeit $1 - p_n$ der alte Grauwert behalten. Für p_n ergibt sich:

$$p_n = e^{-\left(U(\mathbf{g}')-U(\mathbf{g})\right)} = e^{V(g)-V(g')}$$

Im Beispiel in Abbildung 6.17 wurde dieses Verfahren zeilenweise für jedes Pixel des links dargestellten Bildes durchgeführt und dann die Prozedur mit einem neuen $T_{n+1} = T_n/10$ wiederholt, beginnend mit $T_1 = 100$. Nach 40 Iterationen war das Minimum der Energie, also die Konfiguration mit der maximalen Wahrscheinlichkeit erreicht. Bei einem (128×128)-Bild war nach 100 Iterationen (etwa 1,5 Minuten) noch nicht das Maximum der Dichtefunktion erreicht (Abb. 6.17).

6.5.5 Konstruktion eines Markoff-Feldes nach Metropolis

Bei dem Algorithmus nach METROPOLIS wird das Gesamthistogramm h für die Region vorgegeben und damit auch die Gesamtverteilungsfunktion $F(g)$ [Met56]. Der Startwert ist ein mit diesem F erzeugtes weißes Rauschen; dazu erzeugt man für jedes Pixel der Region eine in $[0, 1]$ gleichverteilte Zufallszahl z und ordnet dem Pixel den Grauwert g zu, für den $F(g) = z$ ist.

Der nächste Schritt besteht darin, daß man, ebenfalls zufällig, zwei Pixel aus $\underline{R}$ herausgreift, etwa x_i und x_j, ihre Grauwerte g_i und g_j notiert und die bedingten Wahrscheinlichkeiten für diese Grauwerte berechnet:

$$p_{ij} = \binom{G}{g_i} \gamma_i^{g_i}(1-\gamma_i)^{G-g_i} \cdot \binom{G}{g_j} \gamma_j^{g_j}(1-\gamma_j)^{G-g_j}$$

γ_i und γ_j hängen gemäß (6.36) von den Grauwerten der Nachbarpixel von $\mathbf{x}_i$ bzw. $\mathbf{x}_j$ ab.

Dann berechnet man die gleichen Wahrscheinlichkeiten für den Fall, daß $\mathbf{x}_i$ den Grauwert g_j und x_j den Grauwert g_i besitzt, daß man also die Grauwerte tauscht.

$$p_{ji} = \binom{G}{g_j} \gamma_i^{g_j}(1-\gamma_i)^{G-g_j} \cdot \binom{G}{g_i} \gamma_j^{g_i}(1-\gamma_j)^{G-g_i}$$

Ist $p_{ji} > p_{ij}$, so führt man die Vertauschung auch tatsächlich durch. Das ganze Verfahren wird fortgesetzt, bis die Rate der noch zu tauschenden Grauwertpaare etwa $< 1\%$ ist.

6.6 Bemerkungen zum Texturbegriff

Die wichtigste Anwendung stochastischer Prozesse in der medizinischen Bildverarbeitung ist ihr Beitrag zur Segmentierung komplexer biologischer Strukturen. Die umgangssprachliche Beschreibung ist eine in der Medizin seit langer Zeit geübte Kunst; sie bedient sich gerne Vergleichen mit Objekten des täglichen Lebens. In Pathologiebüchern [Rie93] liest man von *kopfsteinpflasterartigem* Schleimhautrelief (S. 713), von *zwiebelschalenartiger* Schichtung der Subintima (S. 445), von einer *Bauernwurstmilz* (S. 570), von einem *Sägeblattaspekt* des Darmepithels (S. 729) oder von einer *Honigwaben-Lunge* (S. 647). Während unser visuelles System Objekte des täglichen Lebens sofort erkennen kann, tut sich ein Computer damit außerordentlich schwer. Eine Weiterführung der medizinischen Bildbeschreibung ist die Reduktion auf gewisse Elementarstrukturen, auch *Textone* genannt [Jul81, Jul82], oder auf Basisattribute [Goo85], die auch vom spontanen Sehen erkannt werden. Diesen *semantischen* Ansätzen stehen die *mathematischen* Ansätze gegenüber (vgl. Kap. 14). Sie gehen davon aus, daß ein Bild als zweidimensionale Funktion $f(x,y)$ angesehen werden kann, die „möglichst gut" durch „möglichst wenige" Parameter approximiert werden soll. Texturen sind spezielle Bilder, bei denen sich lokale Strukturen periodisch wiederholen. Diese Formulierung legt nahe, die Funktion $f(x,y)$ durch ihre Fourier-Koeffizienten zu beschreiben, wie wir sie in Kapitel 8 kennenlernen werden. Ein besseres Verfahren ist die Wavelet-Transformation, die in Kapitel 9 beschrieben wird. Hier reichen oft wenige Koeffizienten aus, um die Funktion und damit die Textur recht genau darzustellen. Jedoch gibt es bisher nur wenige Anwendungen auf medizinische Bilder. Gerade bei diesen spielen zufällige Elemente eine maßgebende Rolle, die aber bei diesen Transformationen nicht berücksichtigt werden – es sind rein deterministische Ansätze. Deshalb erscheint es aussichtsreich, Texturen als Markoffsche Felder zu modellieren.

7. Selbsttransformationen des Ortsraumes durch lokale Operatoren

In den vorausgegangenen Kapiteln wurden verschiedene Bildmodelle ausführlich vorgestellt: Neben der Deutung als eine deterministische Ortsbereichsfunktion haben wir die Interpretation als stochastischen Prozeß und als gestörte Messung kennengelernt. Diese Modelle sind für uns von großer Bedeutung im Hinblick auf eine adäquate Verarbeitung von Bildern.

Die Hauptaufgabe der Bildverarbeitung besteht für uns zunächst darin, fehlerhafte oder ungenaue Bilder zu *korrigieren* (restaurieren) und wichtige im Bild vorhandene Informationen *sichtbar* zu machen. Wir befassen uns also *nicht* mit den der Computergraphik vorbehaltenen Aufgaben, Bilder bzw. Graphiken zu *erzeugen*.

Die elementaren Werkzeuge der Bildverarbeitung vermitteln uns *Transformationen*, die ein gegebenes *Quellbild* auf ein *Zielbild* abbilden. In diesem Kapitel werden sowohl Quell- als auch Zielbilder Ortsbereichsfunktionen (im Sinne von Kap. 4) sein. Es gibt viele andere Möglichkeiten: Sowohl Quelle als auch Ziel können z.B. in einem „äquivalenten" *Frequenzraum* liegen (vgl. Kap. 8); auch werden wir Transformationen in andere Koordinatenbereiche mit Projektionen insbesondere in niederdimensionale Räume kennenlernen (vgl. Kap. 11). Nicht alle der von uns zu betrachtenden Transformationen sind umkehrbar: In vielen Fällen ist eine gezielte Informationsreduktion beabsichtigt. Das Gemeinsame aller von uns betrachteten Transformationen besteht aber darin, daß eine *numerisch* definierte *Low-Level-Funktion* diese vermittelt. Es ist nicht ganz leicht festzulegen, was hiermit genau gemeint ist: Auch kompliziertere Rechentechniken, wie unendliche Summation, Integration, die Anwendung bestimmter Standardfunktionen von algebraischen oder ausgewählten transzendenten Funktionen, können dazu gehören.

Man wird aber die Berücksichtigung komplexer Kontextannahmen, die Berücksichtigung von Informationen aus Expertensystemen oder den Rückgriff auf nicht effiziente Rechenvorschriften nicht mehr zu den Low-Level-Techniken zählen. Von solchen höheren Techniken macht z.B. die *Szenenanalyse* Gebrauch, die zu einem ablaufenden Film eine Analyse der in der Bildsemantik ablaufenden Vorgänge zu geben hat.

In den folgenden Kapiteln werden verschiedene dieser Low-Level-Transformationstechniken allgemein beschrieben. Der Anwendung dieser Transformationen für konkrete Aufgaben der Bildkorrektur ist ein eigenes Kapitel gewidmet (vgl. Kap. 13). Höhere Techniken der Bildverarbeitung werden im letzten Teil unseres Buches geschildert werden, insbesondere die wichtigen Aufgaben der Bildsegmentierung (vgl. Kap. 14), der Klassifikation und der Mustererkennung (vgl. Kap. 15).

In diesem Kapitel handelt es sich mit den Selbsttransformationen des Ortsraumes um Abbildungen (Operatoren) T, die jedem Quellbild $f \in G^{\underline{M} \times \underline{N}}$ ein Zielbild $T(f) = f^\star \in G^{\underline{M} \times \underline{N}}$ zuordnen. Wir unterscheiden folgende Fälle:

1. *Punktoperatoren:* Hierbei hängt $f^\star(k,l)$ nur von (k,l) und von $f(k,l)$ ab. Hängt $f^\star(k,l)$ allein vom Grauwert $f(k,l)$ ab, so sprechen wir von Grauwert-Transformationen bzw. von homogenen Punktoperatoren.
2. *Lokale Operatoren (Masken):* Hierbei hängt $f^\star(k,l)$ nur von (k,l) und von den Werten von f in einer kleinen Umgebung U von (k,l) ab. Ist die Form dieser Umgebung unabhängig von (k,l) und hängt $f^\star(k,l)$ nur von den Grauwerten in U um (k,l) ab, so nennen wir T einen Maskenoperator oder eine Template-Abbildung. Bei Maskenoperatoren hat man für *Randpunkte* des Bildes entweder eine sinngemäße Beschränkung von T auf die zum Bild gehörigen Punkte von U vorzunehmen oder die Umgebung (Maske) *wrap-around* anzuwenden (vgl. Abschn. 7.2).
Der erste Fall ordnet sich als Spezialfall ein: U enthält zu jedem Punkt (k,l) nur den Punkt (k,l) allein, also eine Einpunktumgebung.
3. *Beliebige Operatoren:* In diesem Fall müssen für jeden Punkt (k,l) alle $M \cdot N$ Grauwerte $\{f(i,j) : (i,j) \in \underline{M} \times \underline{N}\}$ in Betracht gezogen werden. Solche *globalen* Operatoren sind i.allg. sehr rechenaufwendig. Ein Beispiel bildet die *Faltung* des Quellbildes $f(k,l)$ mit Hilfe eines Faltungsoperators $h(i,j)$. Das Zielbild ist dann:

$$s(k,l) = \sum_{(i,j) \in \underline{M} \times \underline{N}} f(k-i, l-j)\, h(i,j) \qquad (7.1)$$

Hierbei sind die Differenzen $k-i$ und $l-j$ *wrap-around* zu nehmen. Die rechts stehende Summe wird zunächst mit der Deutung von Grauwerten als reelle Zahlen ausgeführt. Sinnvolle Faltungsoperationen sind nur solche, bei denen $s(k,l)$ wiederum einen Grauwert ergibt bzw. einen Wert, der zu einem Grauwert gerundet werden kann. Dies wird in der Regel der Fall sein, wenn $h(i,j)$ nur ein Bruchteil von $1/(M \cdot N)$ ist.

Wir werden uns in diesem Kapitel auf *lokale* Operatoren beschränken. Lokale Selbsttransformationen sind rechnerisch nicht allzu aufwendig und in der Regel gut parallelisierbar. Als deutschsprachige Standardwerke sei hierzu auf [Hab87, Jae91, Kle92, Stei93] verwiesen. In der englischen Literatur sind [Pra78, Jai89, Jae93] empfehlenswert.

Lokale Operatoren haben aber den Nachteil, daß sie „Fernwirkungen" und globale Bildkontexte nicht berücksichtigen können. Diese Nachteile sollen aber nicht überbewertet werden. In vielen Fällen besteht die Kunst der medizinischen Diagnostik gerade darin, Situationen aus einem lediglich lokalen Kontext heraus beurteilen zu können.

7.1 Punktoperatoren

Ein homogener Punktoperator $f^\star(k,l) = T\bigl(f(k,l)\bigr)$ ist leicht berechenbar über eine Grauwerttransformationskennlinie. Diese Kennlinie liefert zu jedem Grauwert $g \in \underline{G}$ einen Grauwert:

$$g^\star \in \underline{G} = \{0, 1, \ldots G-1\} : g^\star = T(g) \tag{7.2}$$

Abbildung 7.1 zeigt eine zu (7.2) gehörende Transformationskennlinie. Im Diskreten können solche Kennlinien durch Tabellen, die sog. Look-Up-Tables (LUT), dargestellt werden. Für jeden diskreten Grauwert g ist in der LUT der zugehörige Wert $g^\star$ abgelegt. Dabei kann $g^\star$ auch vektoriell sein. Ist $\mathbf{g}^\star$ ein Vektor mit den drei Komponenten $\mathbf{g}^\star = (r, g, b)^T$, so wird jedem Grauwert g ein Farbwert zugeordnet. Diese Pseudocolorierung ist in Kapitel 13 ausführlich diskutiert. In diesem Fall heißt die LUT auch Color-Map.

7.1.1 Grauwerttransformationen

Im folgenden werden wir für einige gebräuchliche Grauwerttransformationen deren Wirkung diskutieren. Für die Praxis ist es dabei unerheblich, ob die

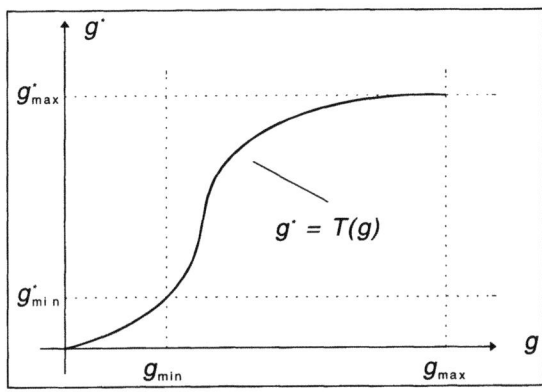

Abb. 7.1. Bei der Grauwerttransformation werden die Grauwerte g des Ausgangsbildes auf die Grauwerte $g^\star$ abgebildet. Diese Transformation kann durch eine i.allg. nichtlineare Kennlinie T beschrieben werden.

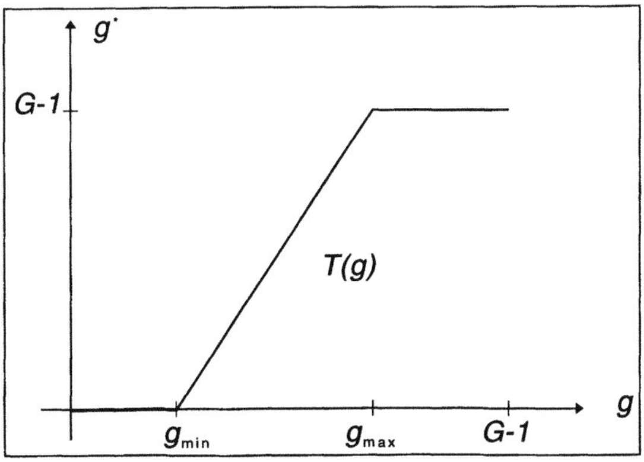

Abb. 7.2. Die Transformationskennlinie der Grauwertspreizung (7.3) ist stückweise linear definiert. Entsprechen die Grenzen g_{min} oder g_{max} nicht den im Bild vorhandenen Werten, so entspricht die Kennlinie T dem Clipping der Grauwerte (7.4).

196   7. Selbsttransformationen des Ortsraumes

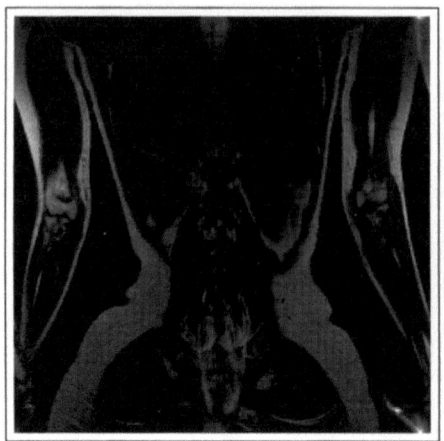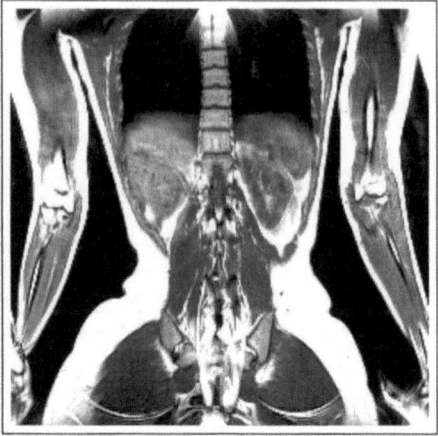

Abb. 7.3. Links ist ein Kernspinbild mit 12 Bit Tiefe (4 096 Grauwerte) zu sehen, das linear auf 256 Grauwerte abgebildet wurde. Rechts ist im Vergleich dazu eine Spreizung der Originalgrauwerte von 0 bis 569 dargestellt.

zugehörige Transformationskennlinie T geschlossen oder stückweise definiert ist, denn sie wird ja als LUT abgelegt.

Grauwertspreizung. Bei der Histogrammspreizung (engl. stretching) wird der verfügbare Grauwertbereich durch eine stückweise lineare Transformation (Abb. 7.2) optimal ausgenutzt (Abb. 7.3). Ist das Ausgangsbild auf den Grauwertbereich $\underline{G} = \{g_{\min}, \ldots, g_{\max}\}$ begrenzt, so ergibt sich für die Transformation:

$$T_{\text{stretch}}(g) = \left[\frac{(g - g_{\min}) \cdot (G - 1)}{g_{\max} - g_{\min}}\right] \quad (7.3)$$

Die eckigen Klammern bedeuten das auf GAUSS zurückgehende Rundungssymbol[1]. Es wird i.allg. bei Grauwertberechnungen weggelassen.

Eine Begrenzung des Grauwertbereiches kann auch durch künstliches Abschneiden (engl. clipping) erzwungen werden. Für die Transformation T_{clip} ergibt sich dann mit (7.3):

$$T_{\text{clip}}(g) = \begin{cases} g_{\min} & \text{für} \quad 0 \leq g < g_{\min} \\ T_{\text{stretch}}(g) & \text{für} \quad g_{\min} \leq g \leq g_{\max} \\ g_{\max} & \text{für} \quad g_{\max} < g \leq G - 1 \end{cases} \quad (7.4)$$

Gleichung (7.4) wollen wir uns an einem Beispiel veranschaulichen. Sei $G = 256$, $g_{\min} = 26$ und $g_{\max} = 229$, so ergibt sich für die lineare Grauwertspreizung in einem beschränkten Bereich (Abb. 7.3):

g	0 ... 26	27	28	29	30	... 100	... 200	... 228	229	... 255
$T(g)$	0 ... 0	1	3	4	5	... 93	... 219	... 254	255	... 255

---
[1] Es bedeutet $[x]$ die nächste bei x liegende ganze Zahl. Hat x den Wert $a + 0{,}5$, wobei a eine ganze Zahl ist, so bedeutet das Gauß-Symbol die Zahl $a + 1$.

Monotone Grauwerttransformationen. Ein einfaches Beispiel einer monotonen Grauwerttransformationen ist durch die Wurzelfunktion:

$$g^\star = \left[\sqrt{(G-1) \cdot g}\right] \tag{7.5}$$

gegeben. Als Beispiel gehen wir wieder von einem 8-Bit-Grauwertbild aus. Mit $G = 256$ ergibt sich aus (7.5) als LUT:

g	0	1	2	3	4	...	100	...	200	...	250	251	252	253	244	255
$T(g)$	0	16	23	28	32	...	160	...	226	...	252	253	254	254	254	255

Diese Grauwerttransformation ist *monoton*; im unteren Grauwertbereich erfolgt eine Streckung, im oberen Bereich eine Stauchung der Skala. Damit werden kleine Grauwerte sehr deutlich unterschieden (Abb. 7.4).

7.1.2 Allgemeine Grauwerttransformation

In vielen Fragestellungen der medizinischen Bildverarbeitung ist die Transformationskennlinie T nicht gegeben, sondern muß erst noch bestimmt werden. Gesucht ist dann eine Kennlinie, die ein gegebenes Bild mit Grauwerten der Verteilungsdichte $h(g)$ zwischen $g_{\min}$ und $g_{\max}$ derart transformiert, daß das Histogramm des resultierenden Bildes mit Grauwerten zwischen $g^\star_{\min}$ und

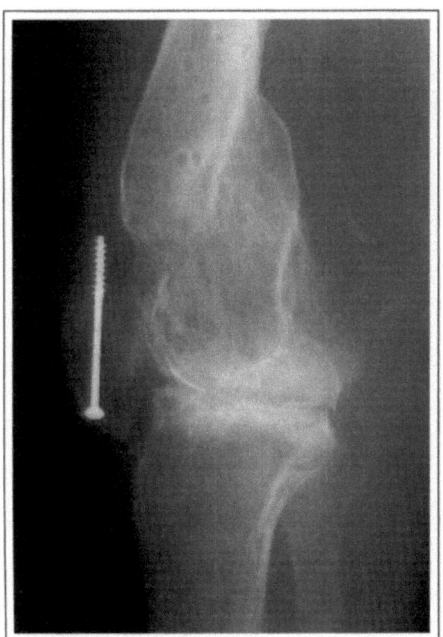
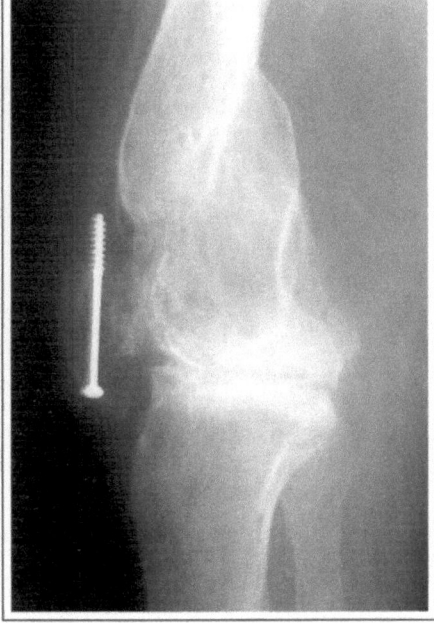

Abb. 7.4. Links ist das Originalbild zu sehen, rechts das Bild nach Modifikation der Skala mit der Wurzelfunktion nach (7.5).

7. Selbsttransformationen des Ortsraumes

$g^\star_{max}$ einer vorgegebenen Funktion $h_t(g^\star)$ entspricht. Geht man von den empirischen Histogrammen h und h_t über auf die kontinuierliche Verteilungsdichte:

$$h(g) \to p(x) \quad \text{mit} \quad \int_{-\infty}^{\infty} p(x)\, dx = 1 \tag{7.6}$$

und auf die kontinuierliche Wahrscheinlichkeitsverteilung:

$$P(x) = \int_{-\infty}^{x} p(\gamma)\, d\gamma \quad \text{mit} \quad \begin{cases} \lim_{x \to -\infty} P(x) = 0 \\ \lim_{x \to +\infty} P(x) = 1 \\ P(x_1) \le P(x_2) \quad \text{für} \quad x_1 \le x_2 \end{cases} \tag{7.7}$$

so muß mit den Nebenbedingungen aus (7.7) für alle $g^\star = T(g)$ und für die zugehörigen P_t, p_t gelten (Abb. 7.5):

$$P_t(g^\star) = P(g) \quad \Longleftrightarrow \quad \int_{g^\star_{min}}^{g^\star} p_t(\gamma)\, d\gamma = \int_{g_{min}}^{g} p(\gamma)\, d\gamma \tag{7.8}$$

Nähert man in (7.8) $P(g)$ durch die empirische Häufigkeitsverteilung:

$$H(g) = \sum_{\xi = g_{min}}^{g} h(\xi) \tag{7.9}$$

so ergibt sich für $P_t(g^\star)$ in (7.8), also für das entsprechende Dichteintegral, die angenäherte Berechnungsmöglichkeit:

$$\int_{g^\star_{min}}^{g^\star} p_t(\gamma)\, d\gamma \approx \sum_{\xi = g_{min}}^{g} h(\xi) \tag{7.10}$$

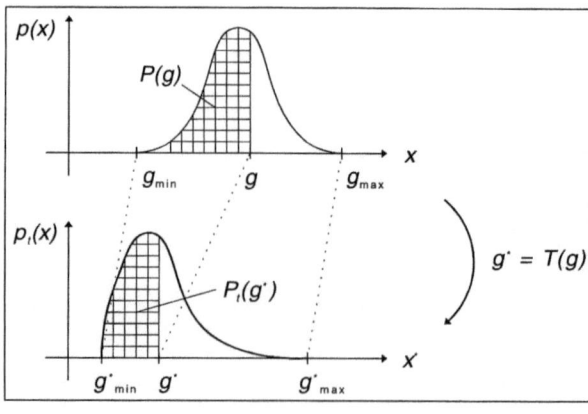

Abb. 7.5. Die Verteilungsdichte p der Grauwerte des Ausgangsbildes wird durch eine Transformation T auf die Verteilungsdichte p_t des modifizierten Bildes abgebildet. Dabei bleiben die Teilflächen unter den Dichtefunktionen erhalten.

7.1.3 Histogrammäqualisation

Das Ziel bei der Histogrammäqualisation ist die Gleichverteilung aller Grauwerte und damit die Ausnutzung der vollen Grauwertskala. Aus (7.10) läßt sich nun die Transformationskennlinie T_{equal} der Histogrammäqualisation direkt berechnen. Für ein gleichverteiltes Histogramm gilt $p_t(g^\star) = A$ mit $A \in \mathbb{R}$. Aus der Nebenbedingung in (7.6) ergibt sich:

$$\int_{g^\star_{\min}}^{g^\star_{\max}} A \, d\gamma = 1 \quad \Longrightarrow \quad p_t(g^\star) = A = \frac{1}{g^\star_{\max} - g^\star_{\min}}$$

und damit aus (7.10):

$$T_{\text{equal}}(g) = g^\star = (g^\star_{\max} - g^\star_{\min}) \cdot \sum_{\xi = g_{\min}}^{g} h(\xi) + g^\star_{\min} \qquad (7.11)$$

Mit $g^\star_{\min} = 0$ und $g^\star_{\max} = G - 1$ vereinfacht sich (7.11) schließlich zu:

$$T_{\text{equal}}(g) = (G - 1) \cdot \sum_{\xi = g_{\min}}^{g} h(\xi) \qquad (7.12)$$

Wir studieren die Technik an einem einfachen, unsymmetrischen Histogramm mit $G = 16$ und $M \cdot N = 128$. Jedem Grauwert wird dabei die (gerundete) Summe der bis zu g aufsummierten relativen Häufigkeiten zugeordnet, multipliziert mit dem maximalen Grauwert. Das Histogramm $h(g)$ mit der gegebenen Tabelle führt gemäß der Vorschrift $T(g) = \left[15/128 \sum_{g_i \leq g} h(g_i) \right]$ zu folgender LUT:

g	0	1	2	3	4	5	6	7	8	9	10	11	12	13	14	15
$h(g)$	1	3	4	11	18	14	8	3	1	1	3	8	20	18	12	3
$T(g)$	0	0	1	2	4	6	7	7	7	8	8	9	11	13	15	15

Wir beobachten, daß im neuen Histogramm Lücken entstehen:

$T(g)$	0	1	2	3	4	5	6	7	8	9	10	11	12	13	14	15
$h(T(g))$	4	4	11	0	18	0	14	12	4	8	0	20	0	18	0	15

Ein größeres Beispiel mit $G = 256$ zeigt Abbildung 7.6. Die Grauwertskala wird auch dann bis zu beiden Enden genutzt, wenn das Originalbild die Enden der Skala nicht ausschöpft. Andererseits ist schon in diesem Beispiel zu erkennen, daß die Äqualisation zum „Verschmieren" klarer Histogrammspitzen tendiert. Die Histogrammäqualisation ist i.allg. nicht rückgängig zu machen und reduziert die im Bild enthaltene Information.

Histogrammhyperbolisation. Obwohl nach der Histogrammäqualisation alle Grauwerte gleich häufig im Bild vorkommen, wirkt das modifizierte Bild auf den Betrachter zu hell (Abb. 7.6 rechts). Wie in Kapitel 3 dargestellt, ist die Intensitätsempfindung des menschlichen Auges nicht linear, sondern logarithmisch. Zur Kompensation dieser subjektiven Empfindung, sollte das Histogramm nach der Transformation T nicht gleichverteilt sein.

Wir wählen eine Zahl α mit $-1 < \alpha \leq 0$ und machen – in Abwandlung der Gleichverteilungsannahme $p_t(g^\star) = A$ für das Histogramm bei der Äqualisation – den Ansatz $p_t(g^\star) = Ag^{\star\alpha}$. Dieser Ansatz gibt den niedrigen (=dunklen) Zielgrauwerten $g^\star$ eine höhere Wahrscheinlichkeit als den hohen. Wählt man z.B. $\alpha = -1/2$, so ergeben sich die folgenden Werte für $p_t(g^\star)/A = g^{\star\alpha}$:

$g^\star$	1	5	10	50	100	255
$p_t(g^\star)/A$	1	0,447	0,316	0,141	0,100	0,063

Das Bild wird also deutlich abgedunkelt, die durch die Tabelle gegebene Kurve hat einen „hyperbolischen" Verlauf. (Der Fall einer echten Hyperbel $\alpha = -1$ ist oben ausgeschlossen.) Wir bestimmen die Konstante $A \in \mathbb{R}$ wiederum aus der Nebenbedingung in (7.6):

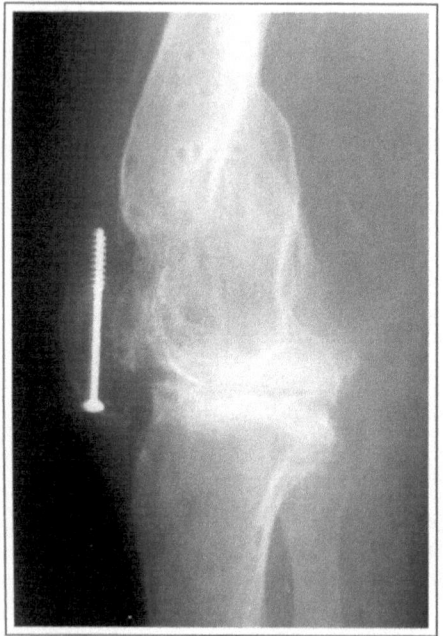
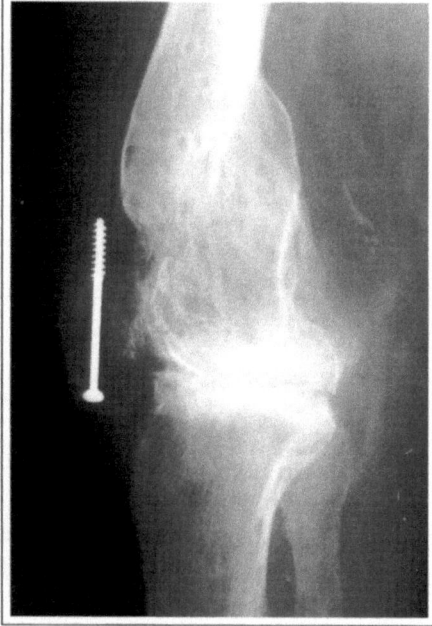

Abb. 7.6. Links ist das Originalbild dargestellt, rechts das Bild nach Anwendung des Histogrammäqualisation.

$$\int\limits_{g^\star_{\min}}^{g^\star_{\max}} A \cdot \gamma^\alpha \, d\gamma = 1 \quad \Longrightarrow \quad A = \frac{\alpha + 1}{g^\star_{\max}{}^{(\alpha+1)} - g^\star_{\min}{}^{(\alpha+1)}}$$

(Im Fall $\alpha = -1$ würde sich als Integral die Logarithmus-Funktion ergeben mit einer für den Fall $g^\star_{\min} = 0$ unbrauchbaren unteren Grenze.) Damit folgt mit (7.10) für die Transformationskennlinie T_{hyper} der allgemeinen Histogrammhyperbolisation:

$$T_{\text{hyper}}(g) = \left(\left(g^\star_{\max}{}^{(\alpha+1)} - g^\star_{\min}{}^{(\alpha+1)} \right) \cdot \left(\sum_{\xi=g_{\min}}^{g} h(\xi) \right) + g^\star_{\min}{}^{(\alpha+1)} \right)^{\frac{1}{\alpha+1}} \quad (7.13)$$

und mit $g^\star_{min} = 0$ und $g^\star_{max} = G - 1$ schließlich:

$$T_{\text{hyper}}(g) = (G-1) \cdot \left(\sum_{\xi=g_{\min}}^{g} h(\xi) \right)^{\frac{1}{\alpha+1}} \quad (7.14)$$

Für $\alpha = 0$ geht (7.14) in (7.12) über, die Histogrammhyperbolisation entspricht dann also der -Äqualisation. In [Pra78] wird $\alpha = -2/3$ vorgeschlagen. Übrigens ist auch der Fall $\alpha = -1$ unter Verzicht auf den Grauwert $g^\star = 0$ noch behandelbar. Man erhält dann eine logarithmische Wahrscheinlichkeitsverteilung der Zielgrauwerte. Dies käme der logarithmischen Intensitätsempfindung des Auges sicherlich entgegen.

7.1.4 Schwellwertverfahren (Thresholding)

Als Ziel verfolgt man die sachgerechte Umwandlung eines Bildes in ein Schwarzweißbild. Man wählt eine Zahl K (Threshold) mit $0 \leq K \leq G - 1$ und setzt für das transformierte Bild:

$$T(g) = \begin{cases} 0 & \text{für} \quad g < K \\ G - 1 & \text{sonst} \end{cases} \quad (7.15)$$

Wie bestimmt man den Schwellwert K? Diese Entscheidung ist sicherlich nicht willkürlich. Für ein typisches sog. bimodales Histogramm mit zwei Maxima und einem dazwischenliegenden Minimum wird man K i.d.R. in dieses Minimum legen. Eine genauere Betrachtung der Problematik findet sich in Kapitel 14 im Rahmen der Segmentierung.

7.2 Lokale Operatoren auf der Basis von Masken

7.2.1 Templates (Masken) als lineare lokale Operatoren

Mit Punktoperatoren kann man nur eine sehr eingeschränkte Klasse von Selbsttransformationen des Ortsraumes abdecken. Wir wollen in den folgenden Überlegungen Informationen aus einer nahen Nachbarschaft von (k, l) berücksichtigen. Hierzu kann man z.B. die *direkten* Nachbarn von (k, l), oder alle Nachbarn oder etwa die Nachbarn aus Umgebungen der Größe 3×3 bzw. 5×5 usw. berücksichtigen. Wir erhalten damit *Template-Umgebungen* (Masken), wie sie in Abb. 7.7 zu sehen sind.

Die gebräuchlichen Masken haben die Dimensionierung (3×3). Da bei der Maskentechnik mit der lokalen Information nicht der volle Bildkontext zum transformierten Bild hinüberkommt, spricht man auch von einer *Filterabbildung*. Wir betrachten vorwiegend lineare lokale Operatoren: Jeder Stelle einer Maske wird dabei ein Gewicht $h(i,j)$ zugeordnet. Dabei erhält der *Aufpunkt* (Mittelpunkt des Templates) die Koordinaten $(i,j) = (0,0)$ gemäß folgendem Schema:

h(-1,-1)	h(-1,0)	h(-1,1)
h(0,-1)	h(0,0)	h(0,1)
h(1,-1)	h(1,0)	h(1,1)

Deutung als Korrelation bzw. Faltung. Die Anwendung einer Transformation mit der Maske **M** auf ein Bild f bedeutet den Übergang zum Bild s mittels der Transformationsgleichung:

$$s(k,l) = \sum_{(i,j) \in \mathbf{M}} f(k+i, l+j)\, h(i,j) \qquad (7.16)$$

Man bezeichnet diese Operation auch als *Korrelation* von f und s. Hierbei ist wie üblich zunächst mit reellen Zahlen zu rechnen. Bei Bedarf ist zu runden; Überschreitungen des Grauwertebereiches sind ebenfalls zunächst denkbar; sie deuten aber i.allg. auf einen nichtplausiblen Operator hin, der noch einer Normierung bedarf.

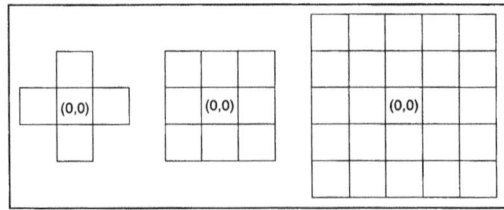

Abb. 7.7. Die Abbildung zeigt verschiedene Templates (Masken). Die linke Maske enthält nur die direkten Nachbarn einer (3×3)-Umgebung, die mittlere Maske auch die indirekten. Die rechte Maske entspricht einer (5×5)-Umgebung.

Als Variante verwendet man auch das am Maskenmittelpunkt gespiegelte Template und schreibt als Variante von (7.16):

$$s(k,l) = \sum_{(i,j) \in \mathbf{M}} f(k-i, l-j)\, h(i,j) \qquad (7.17)$$

Hier erkennt man, daß ein Spezialfall der in der oben betrachteten *Faltung* vorliegt: Der Faltungspartner h ist höchstens auf der Maske $\mathbf{M}$ von 0 verschieden.

Probleme am Bildrand. Wie bereits erwähnt, treten Probleme auf, wenn die Maske $\mathbf{M}$ um einen Aufpunkt (k,l) über den Bildrand hinausragt. Es gibt zumindest 4 Konventionen, um diese Situation zu behandeln:

– Randpunkte werden nicht transformiert.
  Nachteil: Das Bild schrumpft bei iterierter Transformation immer weiter.
– Das Bild wird nach außen hin extrapoliert.
  Problem: Extrapolationsfehler können sich bei der Iteration der Transformation ins Innere fortsetzen.
– Die Maske wird derart eingeschränkt, daß sie nicht über den Bildrand hinausragt.
– Das Bild wird periodisch (wrap-around) fortgesetzt.
  Dieses Verfahren ist problematisch bei Bildern, für die eine Periodizität nicht wenigstens annähernd gegeben ist.

Gesetze für lineare lokale Operatoren vor der Rundung. Wir kehren zurück zu den linearen lokalen Operatoren. Wie bereits erwähnt, betrachten wir diese aus Gründen der mathematischen Vereinfachung gemäß der Transformationsgleichung zunächst als Einbettung in den *reellen* Zahlenraum. Alle folgenden Aussagen sind also zu verstehen *vor* der endgültigen Anpassung der Bereichsgrenzen und Rundung zu ganzzahligen Grauwerten[2].

Ein linearer lokaler Operator T, der gemäß der Transformationsgleichung (7.16) wirkt, erfüllt offensichtlich die folgenden Gesetze:

Linearitätsbedingung. Seien f_1 und f_2 Bilder, dann ist auch $af_1 + bf_2$ (vor Rundung und Anpassung) ein Bild, und es gilt:

$$T(af_1 + bf_2) = aT(f_1) + bT(f_2) \qquad (7.18)$$

Additivität. Zwei lineare lokale Operatoren T_1 und T_2 können additiv zusammengefaßt werden (durch Addition der Template-Matrizen):

$$(T_1 + T_2)(f) = T_1(f) + T_2(f) \qquad (7.19)$$

---

[2] Wir erleben an dieser Stelle, daß das ganzzahlige Rechnen zwar einfacher sein mag, aber leider nicht die einfachen Gesetzmäßigkeiten befolgt, die im Körper der reellen Zahlen gelten.

Assoziativität. Zu zwei lokalen linearen Operatoren T_1 und T_2 gibt es einen lokalen Operator T, so daß $T(f) = T_1(T_2(f))$ gilt. Die zu T gehörende Maske (Matrix) **M** ergibt sich dabei durch Faltung der beiden Masken $\mathbf{M}_1$ und $\mathbf{M}_2$ miteinander. Wir werden noch Beispiele kennenlernen.

Kommutativität (Vertauschbarkeit). Da man die Kommutativität der Faltung zweier Matrizen beweisen kann, gilt auch die Kommutativität zweier linearer lokaler Operatoren:

$$T_1(T_2(f)) = T_2(T_1(f)) \tag{7.20}$$

Die oben erwähnten 4 Gesetze gelten sämtlich nicht mehr nach Rundung und Anpassung; dies läßt sich durch einfache Gegenbeispiele zeigen.

Die Umkehrbarkeit eines linearen lokalen Operators ist i.allg. nicht gegeben. Dies zeigt schon das Null-Template, das sicherlich nicht umkehrbar ist.

Beispiele für lineare lokale Operatoren. Für die unterschiedlichsten Zwecke haben sich bestimmte Masken bewährt. Es wäre denkbar, ein Expertensystem mit der Beschreibung des Verhaltens der einzelnen Masken einzurichten. Wir geben im folgenden die Wirkungsweise einiger besonders häufig benutzter Templates an. Dabei werden im Einklang mit einer früheren Bemerkung viele Templates dahingehend normiert, daß die Summe der Absolutbeträge der Eintragungen in die Matrix 1 ergibt. Um zu viele Bruchzahlen zu vermeiden, erhält eine Maske i.allg. einen gebrochenen Vorfaktor derart, daß die Eintragungen in die Matrix selbst ganzzahlig sind.

Beispiel 1: Rechteckfilter. Dieses Filter bildet den Durchschnitt der Grauwerte in einem (3×3)-Template. Es ist also gegeben durch die Maske:

$$\frac{1}{9} \begin{array}{|ccc|} \hline 1 & 1 & 1 \\ 1 & 1 & 1 \\ 1 & 1 & 1 \\ \hline \end{array}$$

Dieser Operator flacht extreme Punkte ab, ebenso achsenparallele Kanten und kann periodisch wiederkehrende Kanten unter Umständen vollständig einebnen. Er unterdrückt durch „Rauschen" hervorgerufene Bildstörungen, bewirkt aber gleichzeitig eine „Verschmierung" des Bildes. Die Wirkung dieses Operators sei an einigen Übergängen vom Quellbild zum Zielbild (nach Grauwertrundung) in Abbildung 7.8 dargestellt. Wir werden im folgenden Kapitel eine Deutung mancher Template-Wirkungen im *Fourier-Raum* besser verstehen lernen.

Beispiel 2: Gauß- bzw. Binomialfilter. Das Gauß-Filter ist eine diskrete Version der (ein- oder zweidimensionalen) Dichtefunktion für die Normalverteilung, die (bei Normierung auf den Mittelwert $\mu = 0$ und auf die Varianz $\sigma^2 = 1$) die bekannte, zur y-Achse symmetrische „Glockenkurve" als

7.2 Lokale Operatoren auf der Basis von Masken

1. Gestörter Bildpunkt

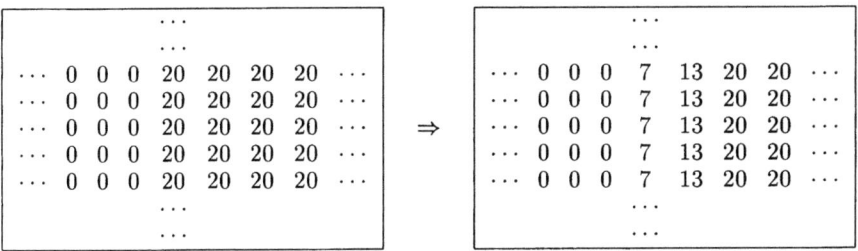

Eine Störung wird gleichmäßig verschmiert.

2. Achsenparallele Kante

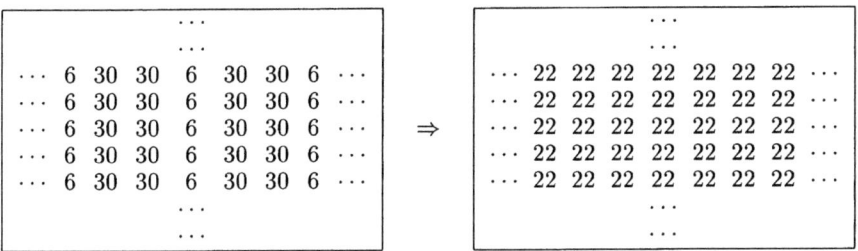

Kanten werden abgeflacht.

3. Periodisch wiederkehrende Kante

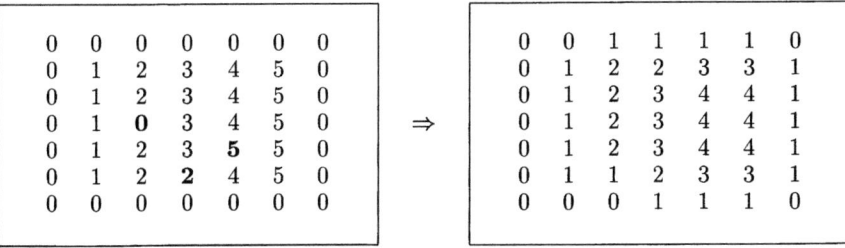

Periodentäler und -hügel werden eingeebnet.

4. Rauschen

```
0 0 0 0 0 0 0            0 0 1 1 1 1 0
0 1 2 3 4 5 0            0 1 2 2 3 3 1
0 1 2 3 4 5 0            0 1 2 3 4 4 1
0 1 0 3 4 5 0     ⇒      0 1 2 3 4 4 1
0 1 2 3 5 5 0            0 1 2 3 4 4 1
0 1 2 2 4 5 0            0 1 1 2 3 3 1
0 0 0 0 0 0 0            0 0 0 1 1 1 0
```

Rauschen kann unterdrückt werden.

Abb. 7.8. Wirkungen des Rechteckfilters

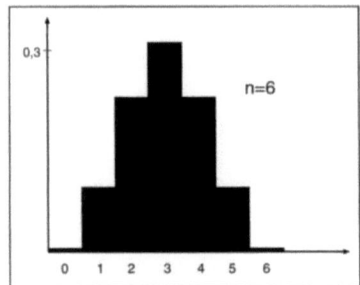

Abb. 7.9. Beispiel für eine diskrete Version der Gauß-Glocke mit $n = 6$.

Funktionsgraphen[3] hat:

$$f(x) = \frac{1}{\sqrt{2\pi}} e^{-\frac{x^2}{2}} \qquad (7.21)$$

Die Normalverteilung kann als kontinuierliche Grenzverteilung der diskreten Binomialverteilung angesehen werden: Die Binomialkoeffizienten $\binom{n}{k}$ ergeben sich bekanntlich aus dem Pascalschen Dreieck:

$$\begin{array}{c}
1 \\
1\ 1 \\
1\ 2\ 1 \\
1\ 3\ 3\ 1 \\
1\ 4\ 6\ 4\ 1 \\
1\ 5\ 10\ 10\ 5\ 1 \\
1\ 6\ 15\ 20\ 15\ 6\ 1
\end{array}$$

Die Binomialkoeffizienten liefern bei Auftragung der Werte einer Zeile gemäß ihrer Größe in ein diskretes Diagramm (nach einer normierenden Division durch 2^n) eine diskrete Glockenkurve (Abb. 7.9).

Die Normalverteilung hat viele herausragende mathematische Eigenschaften. Neben ihrer Bedeutung als universelle Grenzfunktion (nicht nur für die Binomialverteilung) gemäß dem zentralen Grenzwertsatz ist sie als gängiges Modell für Rauschphänomene wie auch als Werkzeug zur Rauschunterdrückung gleich wirkungsvoll. Wichtig ist in diesem Zusammenhang, daß sie (vgl. Kap. 8) im Orts- und Frequenzraum die gleiche Gestalt besitzt. So ist es kein Wunder, daß sich manche Eigenschaften auch auf das diskrete Gauß-Filter übertragen: Gauß-Filter brechen nicht so abrupt ab wie Rechteckfilter, sind aber andererseits wegen ihres schnellen Abfallens in weiterer Entfernung vom Zentrum des Filters dazu geeignet, hohe Frequenzen (im Frequenzraum, vgl. Kap. 8) bzw. Grauwertänderungen entfernterer Pixel adäquat zu dämpfen.

Für geradzahlige m definieren die Binomialkoeffizienten $\binom{n}{k}$ in folgender Weise Filtermasken[4]:

---

[3] Zur Gedächtnisstütze halte man einen Zehnmarkschein bereit!
[4] als Approximation einer zweidimensionalen Gauß-Glocke

7.2 Lokale Operatoren auf der Basis von Masken

$$n = 2: \frac{1}{16} \begin{array}{ccc} 1 & 2 & 1 \\ 2 & 4 & 2 \\ 1 & 2 & 1 \end{array} \qquad n = 4: \frac{1}{256} \begin{array}{ccccc} 1 & 4 & 6 & 4 & 1 \\ 4 & 16 & 24 & 16 & 4 \\ 6 & 24 & 36 & 24 & 6 \\ 4 & 16 & 24 & 16 & 4 \\ 1 & 4 & 6 & 4 & 1 \end{array}$$

$$n = 6: \frac{1}{4096} \begin{array}{ccccccc} 1 & 6 & 15 & 20 & 15 & 6 & 1 \\ 6 & 36 & 90 & 120 & 90 & 36 & 6 \\ 15 & 90 & 225 & 300 & 225 & 90 & 15 \\ 20 & 120 & 300 & 400 & 300 & 120 & 20 \\ 15 & 90 & 225 & 300 & 225 & 90 & 15 \\ 6 & 36 & 90 & 120 & 90 & 36 & 6 \\ 1 & 6 & 15 & 20 & 15 & 6 & 1 \end{array}$$

Die Eintragung im Inneren einer Filtermaske ist das Produkt der Zahlen am linken und oberen Rand. Der Vorfaktor ist $1/4^m$. Diese Filtermasken werden insbesondere in Kapitel 13 benutzt werden. Selbstverständlich sind auch eindimensionale (horizontale oder vertikale) Gauß-Filter gebräuchlich, z.B.:

$$\frac{1}{64} \quad \boxed{1 \ 6 \ 15 \ 20 \ 15 \ 6 \ 1}$$

Die Wirkung des zweidimensionalen Gauß-Filters für $n = 2$ wird im Unterschied zum Rechteckfilter durch analoge Beispiele erläutert (Abb. 7.10). Die Anwendung auf medizinische Bilder wird in Kapitel 13 demonstriert.

Für manche Zwecke ist genau das Gegenteil einer Glättung erforderlich. Kanten und Ecken sollen dann mehr ins Auge springen, sei es, um gering ausgeprägte Konturen besser sichtbar zu machen, sei es, um Bildstörungen, die durch Verschmieren entstanden sind, rückgängig zu machen (vgl. Abschn. 7.3). Spezielle Filter werden im Rahmen der Technik des *Unsharp-Masking* in Kapitel 13 behandelt werden.

7.2.2 Das Medianfilter als nichtlineares Filter

Die bisherigen Beispiele für *lineare* Filter werden nun ergänzt durch ein wichtiges *nichtlineares* Filter.

Unter dem *Median* einer Zahlenmenge $\underline{M}$ mit ungerader Elementzahl versteht man diejenige Zahl, die nach Sortierung von $\underline{M}$ die mittlere Position einnimmt. Der Median nimmt damit auf zahlenmäßige Ausreißer kaum Rücksicht. Dies ist z.B. wichtig, wenn bei einer Messung tote Stellen im Sensor auftreten. Der Median unterdrückt dann die nicht ernst zu nehmenden

1. Gestörter Bildpunkt

⋯	1	2	3	4	5 ⋯
⋯	1	2	3	4	5 ⋯
⋯	1	2	95	4	5 ⋯
⋯	1	2	3	4	5 ⋯
⋯	1	2	3	4	5 ⋯

⇒

⋯	1	2	3	4	5 ⋯
⋯	1	7	15	10	5 ⋯
⋯	1	13	26	15	5 ⋯
⋯	1	7	15	10	5 ⋯
⋯	1	2	3	4	5 ⋯

Die Störung wird geglättet.

2. Achsenparallele Kante

⋯	0	0	20	20	20	0	0 ⋯
⋯	0	0	20	20	20	0	0 ⋯
⋯	0	0	20	20	20	0	0 ⋯
⋯	0	0	20	20	20	0	0 ⋯
⋯	0	0	20	20	20	0	0 ⋯

⇒

⋯	0	5	15	20	15	5	0 ⋯
⋯	0	5	15	20	15	5	0 ⋯
⋯	0	5	15	20	15	5	0 ⋯
⋯	0	5	15	20	15	5	0 ⋯
⋯	0	5	15	20	15	5	0 ⋯

Die Kante wird geglättet.

3. Periodische Struktur

⋯	6	30	30	6	30	30	6 ⋯
⋯	6	30	30	6	30	30	6 ⋯
⋯	6	30	30	6	30	30	6 ⋯
⋯	6	30	30	6	30	30	6 ⋯
⋯	6	30	30	6	30	30	6 ⋯

⇒

⋯	18	24	24	18	24	24	18 ⋯
⋯	18	24	24	18	24	24	18 ⋯
⋯	18	24	24	18	24	24	18 ⋯
⋯	18	24	24	18	24	24	18 ⋯
⋯	18	24	24	18	24	24	18 ⋯

Die Oszillation wird abgeflacht.

4. Rauschen

0	0	0	0	0	0	0
0	1	2	3	4	5	0
0	1	2	3	4	5	0
0	1	**0**	3	4	5	0
0	1	2	3	**5**	5	0
0	1	2	**2**	4	5	0
0	0	0	0	0	0	0

⇒

0	0	1	1	1	1	0
0	1	1	2	3	2	1
0	1	2	3	4	3	2
0	1	2	3	4	3	2
0	1	2	3	4	3	2
0	1	1	2	3	2	1
0	0	1	1	1	1	0

Rauschen kann unterdrückt werden.

Abb. 7.10. Wirkungen des Binomialfilters

Meßwerte, nimmt aber von ihrem Auftreten wenigstens qualitativ Notiz. Wir erläutern das Medianfilter am Beispiel des gestörten Bildpunktes in einer vertikalen Kante.

$$\begin{array}{|ccccc|} 1 & 2 & 3 & 4 & 5 \\ 1 & 2 & 3 & 4 & 5 \\ 1 & 2 & 95 & 4 & 5 \\ 1 & 2 & 3 & 4 & 5 \\ 1 & 2 & 3 & 4 & 5 \end{array} \Rightarrow \begin{array}{|ccccc|} 1 & 2 & 3 & 4 & 5 \\ 1 & 2 & 3 & 4 & 5 \\ 1 & 2 & 3 & 4 & 5 \\ 1 & 2 & 3 & 4 & 5 \\ 1 & 2 & 3 & 4 & 5 \end{array}$$

Die sortierte Reihenfolge im Template um den Ausreißerpunkt ist $2 \leq 2 \leq 2 \leq 3 \leq \underline{3} \leq 4 \leq 4 \leq 4 \leq 95$. Der Median ist gleich 3. Der Medianfilter unterdrückt also das Rauschen, die Schärfe von Kanten leidet aber kaum.

$$\begin{array}{|cccc|} \cdots & \cdots & & \\ \cdots\, 0 & 0 & 20 & 20\,\cdots \\ \cdots\, 0 & 0 & 20 & 20\,\cdots \\ \cdots\, 0 & 0 & 20 & 20\,\cdots \\ \cdots\, 0 & 0 & 20 & 20\,\cdots \\ \cdots & \cdots & & \end{array} \Rightarrow \begin{array}{|cccc|} \cdots & \cdots & & \\ \cdots\, 0 & 0 & 20 & 20\,\cdots \\ \cdots\, 0 & 0 & 20 & 20\,\cdots \\ \cdots\, 0 & 0 & 20 & 20\,\cdots \\ \cdots\, 0 & 0 & 20 & 20\,\cdots \\ \cdots & \cdots & & \end{array}$$

Medianfilter werden in Kapitel 13 weitergehend diskutiert.

7.2.3 Parallelisierung und Speicherbedarf sequentieller Filter

Alle bisher vorgeschlagenen Modifikationen unterstützen eine *parallele* Durchführung der Transformation: Man kann für jedes Pixel (k,l) einen unabhängigen Prozeß konzipieren, der *Lesezugriff* zu den Grauwerten der um (k,l) herumgelegten Maske hat und seinen *eigenen* Grauwert verändern kann (*Schreibzugriff*). Ist die Anzahl der verfügbaren Prozessoren kleiner als die der laufenden Prozesse – d.h. kleiner als die Zahl der Pixel, so kann man die Zuteilung der Prozesse auf die Prozessoren in unproblematischer Weise (z.B. gemäß einer gleichmäßigen geometrischen Aufteilung des Bildes) vornehmen.

Es sei noch bemerkt, daß die verwendeten Masken nicht notwendig eine volle Nachbarschaft um den Aufpunkt abdecken müssen. Es sind auch Template-Techniken möglich, bei denen eine feste Auswahl von Pixeln, die zum Aufpunkt in einer bestimmten geometrischen Konfiguration liegen, zur Transformation herangezogen werden, z.B. die 4 Pixel, die sich im horizontalen Abstand $K/2$ und im vertikalen Abstand $L/2$ von (k,l) befinden; oder diejenigen Pixel, die auf einer (diskretisierten) Kreisperipherie vom Radius $r = 5$ um den Aufpunkt herum liegen. In solchen Fällen ist es jedoch wünschenswert, daß ein Random-Access-Zugriff zu allen Pixeln des Bildes möglich ist. Bei serieller Bildverarbeitung bedeutet dies, daß der Hauptspeicher groß genug sein muß, um ein Bild vollständig abzuspeichern. Für ein Bild mit $1\,024 \times 1\,024$ Pixeln mit je 256 Grauwerten ist hierfür 1 Megabyte (MB) Hauptspeicherplatz (= 2^{23} Bit) ausreichend. Man beachte aber, daß *zwei* Bilder im Hauptspeicher benötigt werden: die Quelle und das Ziel der Transformation.

Sequentielle Filter. Zu dem geschilderten Berechnungsszenario der parallelen Bildtransformation durch simultane synchrone Verarbeitung aller Pixel gibt es Alternativen, die essentiell *sequentiell* arbeiten: So werden z.B. bei der Übertragung eines Bildes über *einen* Kanal die Grauwerte zeilenweise von links nach rechts übertragen. In einer solchen Situation wird häufig die sog. Prädiktionstechnik verwendet, insbesondere dann, wenn sich in einer Bildserie das zu übertragende Bild nicht sehr von seinem Vorgänger unterscheidet. Dann kann die Übertragung als eine Transformation des vorherigen Bildes aufgefaßt werden, die dem Empfänger nur die *Abweichungen* mitzuteilen hat. Infolge der sequentiellen Übertragungstechnik ist dem Empfänger das momentane Bild nur in den Zeilen oberhalb vom Aufpunkt und links von ihm in seiner Zeile bekannt. Man kann nun eine *rekursive* Maske vereinbaren, die ein gewogenes Mittel von Grauwerten in dem bereits bekannten Bildteil „unmittelbar links und oberhalb" des Aufpunktes darstellt. Dieser „vermutete" Wert ist auch für den Empfänger berechenbar, so daß er nur die tatsächliche Abweichung hiervon vom Sender zu erfahren braucht. Bei unseren Annahmen über die Bildserie sind damit fast immer nur die Abweichungswerte $0, \pm 1$ zu übertragen. Diese Tatsache ermöglicht eine hohe Kompression bei der Bildübertragung.

7.3 Lineare Filter für spezielle Anwendungen

7.3.1 Kantendetektion durch Differenzfilter

Wie bisher lassen wir uns durch die Vorgehensweise bei kontinuierlichen Bildern leiten: Bei jenen kann man eine Kantenrichtung dadurch charakterisieren, daß eine Differentiation (oder, falls nicht möglich, eine Differenzenquotientenbildung) senkrecht zur Kantenrichtung einen maximalen Wert hat. Als diskrete Analoga zur Differentiation stehen uns nur Differenzen (im kleinstmöglichen Abstand 1) zur Verfügung. So imitieren die Operatoren:

$$f(k,l) - f(k-1,l) \quad \text{bzw.} \quad f(k,l) - f(k,l-1)$$

eine partielle Ableitung in x- bzw. y-Richtung. Wir können zunächst nur die beiden orthogonalen Hauptrichtungen unterscheiden. Die zugehörigen Filtermasken haben die Form:

$$O_x = \begin{bmatrix} 0 & 0 & 0 \\ -1 & 1 & 0 \\ 0 & 0 & 0 \end{bmatrix} \quad \text{bzw.} \quad O_y = \begin{bmatrix} 0 & -1 & 0 \\ 0 & 1 & 0 \\ 0 & 0 & 0 \end{bmatrix}$$

Die Eintragungen in ein Kantendetektions-Template haben die Summe 0. Damit ist auch die Anwendung eines normierenden Vorfaktors für das Template nicht unbedingt motiviert, wiewohl häufig durch die Summe der positiven Einträge oder durch die Summe aller Absolutbeträge dividiert wird. Um

7.3 Lineare Filter für spezielle Anwendungen

die Wirkung eines solchen Filters zu dosieren, kann z.B. zur Abschwächung ein Vorfaktor $\varepsilon < 1$ verwendet werden (Skalierung). Häufig entscheidet ein interaktiver Vergleich der Wirkung verschiedener Vorfaktoren auf ein typisches Testbild, welche Wahl im jeweiligen Anwendungskontext vorzunehmen ist.

Beispiel. Durch O_x erhalten wir die Herausarbeitung einer vertikalen Kante:

$$
\begin{array}{|ccccc|}
\hline
0 & 0 & 20 & 20 & 20 \\
0 & 0 & 20 & 20 & 20 \\
0 & 0 & 20 & 20 & 20 \\
0 & 0 & 20 & 20 & 20 \\
0 & 0 & 20 & 20 & 20 \\
\hline
\end{array}
\Rightarrow
\begin{array}{|ccccc|}
\hline
0 & 0 & 20 & 0 & 0 \\
0 & 0 & 20 & 0 & 0 \\
0 & 0 & 20 & 0 & 0 \\
0 & 0 & 20 & 0 & 0 \\
0 & 0 & 20 & 0 & 0 \\
\hline
\end{array}
$$

Hingegen erkennt O_y eine solche Kante nicht. Die entsprechende Transformation liefert überall den Grauwert 0.

Ein in x-Richtung gleichmäßig steigendes Grauwertniveau (Rampe) wird von O_x in einen von 0 verschiedenen, konstanten Wert transformiert (Heraushebung durch flächenhafte Schwärzung). So bewirkt O_x den Übergang:

$$
\begin{array}{|cccccc|}
\hline
1 & 2 & 3 & 4 & 5 & 6 \\
1 & 2 & 3 & 4 & 5 & 6 \\
1 & 2 & 3 & 4 & 5 & 6 \\
1 & 2 & 3 & 4 & 5 & 6 \\
1 & 2 & 3 & 4 & 5 & 6 \\
\hline
\end{array}
\Rightarrow
\begin{array}{|cccccc|}
\hline
1 & 1 & 1 & 1 & 1 & 1 \\
1 & 1 & 1 & 1 & 1 & 1 \\
1 & 1 & 1 & 1 & 1 & 1 \\
1 & 1 & 1 & 1 & 1 & 1 \\
1 & 1 & 1 & 1 & 1 & 1 \\
\hline
\end{array}
$$

Eine häufig verwendete Variante der diskreten partiellen Ableitung ist der *symmetrische Differenzoperator*. Dieser bezieht den Mittelpunkt des Templates nicht ein:

$$
O_x^{(S)} = \begin{array}{|ccc|}
\hline
0 & 0 & 0 \\
-1 & 0 & 1 \\
0 & 0 & 0 \\
\hline
\end{array}
\quad \text{bzw.} \quad
O_y^{(S)} = \begin{array}{|ccc|}
\hline
0 & -1 & 0 \\
0 & 0 & 0 \\
0 & 1 & 0 \\
\hline
\end{array}
$$

Der symmetrische Differenzoperator vermeidet den Nachteil, daß die Kante eigentlich auf ein Halbgitter gesetzt zu denken ist. Allerdings wird eine Kante dadurch auch auf doppelte Breite gebracht (wir betrachten den Operator $O_x^{(S)}$):

0	0	20	20	20
0	0	20	20	20
0	0	20	20	20
0	0	20	20	20
0	0	20	20	20

$\Rightarrow$

0	20	20	0	0
0	20	20	0	0
0	20	20	0	0
0	20	20	0	0
0	20	20	0	0

Es ist noch zu bemerken, daß bei *fallenden* Kanten zunächst *negative* Grauwerte entstehen. Man hat also – in Abänderung der bisherigen Beschreibung – in Wirklichkeit bei der Abbildung einen negativen Grauwert durch Bildung des Absolutbetrages zu korrigieren.

Mit Hilfe größer dimensionierter Templates kann man auch Kanten, die in anderen als den orthogonalen Hauptrichtungen verlaufen, herausfiltern. Als Beispiele mögen die Masken aus Abbildung 7.11 dienen.

7.3.2 Kombination von Kantendetektion und Rauschunterdrückung

Die Differenzoperatoren verstärken selbstverständlich auch Unterschiede, die durch Rauschen hervorgerufen werden.

Prewitt-Operator. Die Möglichkeit zur gleichzeitigen Rauschunterdrückung liefert der Prewitt-Operator. Die Templates hierzu lauten:

$$P_x = \frac{1}{3} \begin{array}{|ccc|} \hline 1 & 0 & -1 \\ 1 & 0 & -1 \\ 1 & 0 & -1 \\ \hline \end{array} \quad \text{bzw.} \quad P_y = \frac{1}{3} \begin{array}{|ccc|} \hline 1 & 1 & 1 \\ 0 & 0 & 0 \\ -1 & -1 & -1 \\ \hline \end{array}$$

Es handelt sich hier ebenfalls um Nullsummenmasken, bei denen noch Vorfaktoren zur Dosierung ihrer Wirkung (Skalierung) festgelegt werden können. Eine Kombination beider Operatoren bietet der kombinierte Prewitt-Operator:

$$P^* = \max\{|P_x|, |P_y|\} \qquad (7.22)$$

0	0	0	-1	0
0	0	-1	0	1
0	-1	0	1	0
-1	0	1	0	0
0	1	0	0	0

0	0	-1	0	1
0	0	-1	0	1
0	-1	0	1	0
0	-1	0	1	0
-1	0	1	0	0

0	0	-1	0	1
0	-1	0	1	0
0	-1	0	1	0
0	-1	0	1	0
-1	0	1	0	0

0	-1	0	1	0
0	-1	0	1	0
0	-1	0	1	0
0	-1	0	1	0
0	-1	0	1	0

Abb. 7.11. Bei größeren Templates können auch Kanten, die nicht in den 90°-Richtungen orientiert sind, direkt detektiert werden. Die gestrichelten Linien charakterisieren die jeweilige Vorzugsrichtung des Templates.

7.3 Lineare Filter für spezielle Anwendungen

Sobel-Operator. Der Sobel-Operator kombiniert eine Differentiation mit einem Gauß-Filter. Das Standardbeispiel ist:

$$S_x = \tfrac{1}{4} \begin{vmatrix} 1 & 0 & -1 \\ 2 & 0 & -2 \\ 1 & 0 & -1 \end{vmatrix} \quad \text{sowie} \quad S_y = \tfrac{1}{4} \begin{vmatrix} 1 & 2 & 1 \\ 0 & 0 & 0 \\ -1 & -2 & -1 \end{vmatrix}$$

mit den Richtungsvarianten:

$$S_/ = \tfrac{1}{4} \begin{vmatrix} 0 & -1 & -2 \\ 1 & 0 & -1 \\ 2 & 1 & 0 \end{vmatrix} \quad \text{sowie} \quad S_\backslash = \tfrac{1}{4} \begin{vmatrix} -2 & -1 & 0 \\ -1 & 0 & 1 \\ 0 & 1 & 2 \end{vmatrix}$$

Der kombinierte Sobel-Operator ergibt sich zu:

$$S^* = \max\{|S_x|, |S_y|, |S_/|, |S_\backslash|\} \qquad (7.23)$$

Abbildung 7.12 zeigt die Wirkung von Sobel- und Gradientenoperator anhand eines Röntgenbildes. Die Konturen der Knochen werden durch den Sobel-Operator deutlicher herausgearbeitet.

7.3.3 Das Problem der Rotationsinvarianz

Laplace-Operator. Um Kanten in einer beliebigen Richtung zu detektieren, lassen wir uns wiederum durch das Kontinuierliche motivieren: Dort dient der Gradientenvektor einer Bildfunktion $f(x, y)$

$$\mathbf{grad} f = \begin{pmatrix} \frac{\partial f}{\partial x} \\ \frac{\partial f}{\partial y} \end{pmatrix} \qquad (7.24)$$

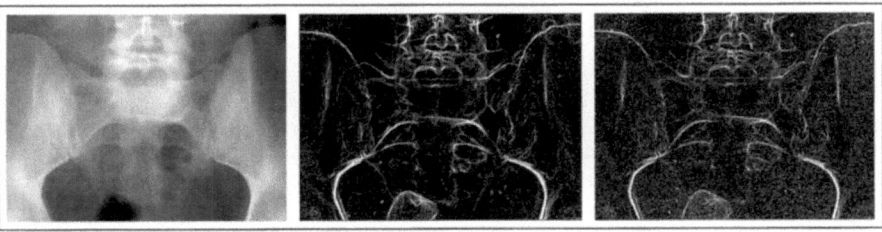

Abb. 7.12. Das mittlere Bild zeigt das Ergebnis der Sobel-Filterung der Röntgenaufnahme (*links*). Durch die Anwendung des Sobel-Operators S^* nach (7.23) werden Kanten im Bild hervorgehoben. Der einfache Gradientenoperator extrahiert die Kanten in ähnlicher Weise (*rechts*), führt aber zu einem verrauschten Ergebnisbild.

mit seinem Betrag $\sqrt{(\partial f/\partial x)^2 + (\partial f/\partial y)^2}$ zur Bestimmung der Stärke eines Anstiegs. Dabei werden beliebige Richtungen gleichbehandelt. Unterwirft man nämlich einen Bildpunkt (x,y) einer Rotation, so führt man eine Transformation mit einer Drehmatrix durch:

$$\begin{pmatrix} x' \\ y' \end{pmatrix} = \begin{pmatrix} \cos\phi & \sin\phi \\ -\sin\phi & \cos\phi \end{pmatrix} \begin{pmatrix} x \\ y \end{pmatrix}$$

Bei einer solchen Drehung bleibt, wie man leicht nachrechnet, auch die obige Quadratsumme der partiellen Ableitungen unverändert. Das Resultat dieses Filters, der mit Hilfe der Quadratsummanden der diskreten Differenzen O_x, O_y und der symmetrischen diskreten Differenzen $O_x^{(S)}$ bzw. $O_y^{(S)}$ entworfen wurde, zeigt das Testbild in Abbildung 7.12. Um den sehr rechenaufwendigen Prozeß des Wurzelziehens zu vermeiden, wird der Gradientenoperator oft durch das Maximum der Absolutbeträge approximiert. Dabei ist jedoch dann die Rotationsinvarianz in gewissem Grade gefährdet.

Ein weiterer rotationsinvarianter Operator ist der Laplace-Operator. Im Kontinuierlichen ist dieser Operator definiert durch die Summe der zweiten partiellen Ableitungen:

$$\frac{\partial^2 f}{\partial x^2} + \frac{\partial^2 f}{\partial y^2} \tag{7.25}$$

Der Laplace-Operator beschreibt sog. Diffusionsphänomene (Wärmeleitung, Ausbreitung von Flüssigkeiten in Papier, Fäulnisprozesse). Um das diskrete Analogon zu finden, iterieren wir die erste Ableitung (Differenzenbildung):

$$\bigl(f(k+1,l) - f(k,l)\bigr) - \bigl(f(k,l) - f(k-1,l)\bigr) = f(k+1,l) - 2f(k,l) + f(k-1,l) \tag{7.26}$$

Analoges gilt für die y-Richtung. Die zweite Ableitung entspricht hier:

$$f(k,l+1) - 2f(k,l) + f(k,l-1) \tag{7.27}$$

Durch Addition erhält man das diskrete Laplace-Template:

$$L = \begin{array}{|ccc|} \hline 0 & 1 & 0 \\ 1 & -4 & 1 \\ 0 & 1 & 0 \\ \hline \end{array}$$

Der Laplace-Operator ignoriert konstante Grauwertbereiche und konstante Grauwertsteigungen (Rampen). So überführt er das Bild:

$$\begin{array}{|ccccc|} \hline 1 & 2 & 3 & 4 & 5 \\ 1 & 2 & 3 & 4 & 5 \\ 1 & 2 & 3 & 4 & 5 \\ 1 & 2 & 3 & 4 & 5 \\ 1 & 2 & 3 & 4 & 5 \\ \hline \end{array} \quad \text{in} \quad \begin{array}{|ccccc|} \hline 0 & 0 & 0 & 0 & 0 \\ 0 & 0 & 0 & 0 & 0 \\ 0 & 0 & 0 & 0 & 0 \\ 0 & 0 & 0 & 0 & 0 \\ 0 & 0 & 0 & 0 & 0 \\ \hline \end{array}$$

Der skalierbare Laplace-Operator. Der Laplace-Operator wird häufig additiv oder subtraktiv zum Originalbild hinzugegeben, um etwa vorhandene steile Kanten zu verstärken. Um seinen Einfluß zu kontrollieren, wird der Laplace-Operator mit einem skalierbaren Faktor ε versehen, dessen optimale Wirkung interaktiv ausprobiert werden muß:

$$\begin{bmatrix} 0 & 0 & 0 \\ 0 & 1 & 0 \\ 0 & 0 & 0 \end{bmatrix} - \varepsilon \begin{bmatrix} 0 & 1 & 0 \\ 1 & -4 & 1 \\ 0 & 1 & 0 \end{bmatrix} = \begin{bmatrix} 0 & -\varepsilon & 0 \\ -\varepsilon & 1+4\varepsilon & -\varepsilon \\ 0 & -\varepsilon & 0 \end{bmatrix}$$

7.4 Reduktion des Rechenaufwandes durch separable Filter

Zum Abschluß dieser Beispielsammlung soll noch betont werden, daß wegen der erforderlichen großen Zahl von Template-Operationen in der Bildverarbeitung die Bemühungen zur Minimierung des Rechenaufwandes sehr wichtig sind. An jedem Pixel sind die gleichen Operationen (parallel oder sequentiell) durchzuführen! Mit der Größe eines Templates wächst der Aufwand an Rechenoperationen sehr schnell: Bei einem $(N \times N)$-Template sind in der Regel N^2 Lesezugriffe und Multiplikationen und $N^2 - 1$ Additionen durchzuführen. Deshalb besteht Interesse daran, mehrere hintereinander auszuwertende Operatoren zu einem Operator gleicher Dimensionierung (s.u.) zusammenzufassen. Das erwähnte Assoziativgesetz bietet hierzu die Möglichkeit. So ist z.B. die Hintereinanderausführung der eindimensionalen Operatoren $(-1, 1, 0)$ und $(0, 1, 1)$ identisch mit dem Operator $(0, -1, 0, 1, 0)$. Dies prüfe man anhand der am Ende dieses Abschnittes gegebenen allgemeinen Formel.

Andererseits kann auch eine Zerlegung eines zweidimensionalen Operators in zwei eindimensionale Operatoren den Rechenaufwand von quadratischer Größe (in der Dimensionierung der Template-Maße) auf linearen Aufwand reduzieren. Beispiele für solche separablen Filter sind der Rechteckfilter (der Sternoperator bedeutet die Hintereinanderausführung des betreffenden Templates):

$$\frac{1}{9} \begin{bmatrix} 1 & 1 & 1 \\ 1 & 1 & 1 \\ 1 & 1 & 1 \end{bmatrix} = \frac{1}{3} \begin{bmatrix} 1 & 1 & 1 \end{bmatrix} * \frac{1}{3} \begin{bmatrix} 1 \\ 1 \\ 1 \end{bmatrix}$$

Auch der Binomialfilter ist separabel. So ist z.B.:

$$\frac{1}{16}\begin{bmatrix} 1 & 2 & 1 \\ 2 & 4 & 2 \\ 1 & 2 & 1 \end{bmatrix} = \frac{1}{4}\begin{bmatrix} 1 & 2 & 1 \end{bmatrix} * \frac{1}{4}\begin{bmatrix} 1 \\ 2 \\ 1 \end{bmatrix}$$

Der Leser mache sich klar, daß die Hintereinanderausführung der Templates:

$$\frac{1}{4}\begin{bmatrix} 1 & 2 & 1 \end{bmatrix} \quad \text{und} \quad \frac{1}{4}\begin{bmatrix} 1 \\ 2 \\ 1 \end{bmatrix} \quad \text{auf} \quad \begin{bmatrix} 0 & 0 & 0 & 0 & 0 & 0 \\ 0 & 3 & 4 & 3 & 2 & 0 \\ 0 & 5 & 3 & 1 & 2 & 0 \\ 0 & 4 & 3 & 2 & 5 & 0 \\ 0 & 1 & 1 & 2 & 3 & 0 \\ 0 & 0 & 0 & 0 & 0 & 0 \end{bmatrix}$$

ebenso wie die Ausführung von $\frac{1}{16}\begin{bmatrix} 1 & 2 & 1 \\ 2 & 4 & 2 \\ 1 & 2 & 1 \end{bmatrix}$ als Resultat das gleiche

Bild ergibt, nämlich: $\frac{1}{16}\begin{bmatrix} 3 & 10 & 14 & 12 & 7 & 2 \\ 11 & 33 & 40 & 31 & 19 & 6 \\ 17 & 47 & 50 & 38 & 29 & 11 \\ 14 & 38 & 41 & 39 & 37 & 15 \\ 6 & 17 & 22 & 28 & 28 & 11 \\ 1 & 3 & 5 & 8 & 8 & 3 \end{bmatrix}$

Wie berechnet man das Template, das bei der Hintereinanderausführung zweier orthogonaler *eindimensionaler* Templates herauskommt? Der Hintereinanderausführung zweier solcher Templates entspricht einem Template:

$$\alpha\begin{bmatrix} W & Z & O \end{bmatrix} * \alpha'\begin{bmatrix} N' \\ Z' \\ S' \end{bmatrix} = \alpha\alpha'\begin{bmatrix} WN' & ZN' & ON' \\ WZ' & ZZ' & OZ' \\ WS' & ZS' & OS' \end{bmatrix}$$

Für den Fall gleich formatierter *zweidimensionaler* Templates ergibt sich, daß die „Reichweite" zweier hintereinander ausgeführter Templates in der Regel größer wird. Der Produktbildung zweier (3 × 3)-Templates entspricht ein (5 × 5)-Template. Die entsprechende Formel lautet:

7.4 Reduktion des Rechenaufwandes

$$\alpha \begin{array}{|ccc|} \hline A & N & B \\ W & Z & O \\ C & S & D \\ \hline \end{array} \quad * \quad \alpha' \begin{array}{|ccc|} \hline A' & N' & B' \\ W' & Z' & O' \\ C' & S' & D' \\ \hline \end{array}$$

$$= \alpha\alpha'$$

AA'	AN'+NA'	AB'+NN'+BA'	NB'+BN'	BB'
AW' +WA'	AZ'+NW' +WN'+ZA'	AO'+NZ'+BW' +WB'+ZN'+OA'	NO'+BZ' +ZB'+ON'	BO' +OB'
AC' +WW' +CA'	AS'+NC' +WZ'+ZW' +CN'+SA'	AD'+NS'+BC' +WO'+ZZ'+OW' +CB'+SN'+DA'	ND'+BS' +ZO'+OZ' +SB'+DN'	BD' +OO' +DB'
WC' +CW'	WS'+ZC' +CZ'+SW'	WD'+ZS'+OC' +CO'+SZ'+DW'	ZD'+OS' +SO'+DZ'	OD' +DO'
CC'	CS'+SC'	CD'+SS'+DC'	SD'+DS'	DD'

Man sieht, daß sich der eindimensionale Fall hier als Spezialfall einordnet: A=N=B=C=S=D=A'=W'=C'=B'=O'=D'=0. Ferner ist direkt zu erkennen, daß sich bei Vertauschung der Reihenfolge das Ergebnis-Template nicht ändert, da jede Eintragung symmetrisch in den gestrichenen und den ungestrichenen Größen ist. An der Eintragung des Gewichtes für das Zentralpixel ist ferner zu erkennen, daß hier eine Faltung der beiden Templates vorliegt.

Allgemein liefert die Hintereinanderausführung eines $((2N+1) \times (2N+1))$-Templates und dann eines $((2M+1) \times (2M+1))$-Templates ein $((2(N+M)+1) \times (2(N+M)+1))$-Template. Durch Auffüllen mit entsprechenden Nullrändern kann man dabei zwei verschieden dimensionierte Templates auf gleiches Maß bringen.

Es ist selbstverständlich von großem Vorteil, wenn man die Zerlegbarkeit eines komplexen Templates in Faltungsprodukte einfacherer Templates erkennt. In vielen Fällen wird aber beim Design von Templates zunächst eine Hintereinanderausführung elementarer Templates geplant, so daß eine Produktzerlegung des Gesamttemplates automatisch gegeben ist und die Berechnung eines Gesamttemplates ein rein akademischer Vorgang ohne praktische Bedeutung ist.

7.5 Morphologische Operatoren auf der Basis von Templates

Morphologie bedeutet die Lehre von der Form. Mit morphologischen Operatoren können auf einfache Weise die Formen der Objekte im Bild verändert werden. Dies geschieht wiederum durch eine lokale Anwendung von Templates, die den Grauwert des aktuellen Pixels modifizieren. Damit gehören auch die morphologischen Operationen zu den Selbsttransformationen des Ortsraumes.

Eine besondere Gruppe der Grauwertbilder sind die Binärbilder $f_B : \underline{M} \times \underline{N} \to \underline{G} = \{0, 1\}$, auf die wir uns zunächst beschränken werden. Alle Pixel, die zu einem Objekt gehören, bekommen im Binärbild den Grauwert 1. Alle anderen Pixel werden zum Hintergrund gezählt und erhalten dem Grauwert 0. Ein Binärbild kann aus einem Grauwertbild durch Thresholding (vgl. Abschn. 7.1.4) oder allgemeiner durch Segmentierung (vgl. Kap. 14) erzeugt werden.

Abbildung 7.13 veranschaulicht die Möglichkeiten, die die morphologischen Operatoren für die medizinische Bildverarbeitung bieten. Man beachte, das in der Morphologie in Abweichung vom meist üblichen Vorgehen die Objektpixel mit dem Grauwert 1 schwarz dargestellt werden, der Hintergrund mit dem Grauwert 0 hingegen weiß ist. Durch morphologisches Opening (Öffnen), das in Abschnitt 7.5.3 erläutert wird, wurde die binarisierte Mikroskopie von Störstrukturen befreit. Die Zellen bilden im rechten Teilbild der Abbildung 7.13 eigenständige Objekte und können durch ein Labeling (Abschn. 7.5.6) einzeln adressiert und vermessen werden.

Bevor die morphologischen Operationen wie Erosion, Dilatation, Opening und Closing in den nächsten Abschnitten ausführlich beschrieben werden, müssen zunächst einige Definitionen und Vereinbarungen über Schreibweisen getroffen werden.

7.5.1 Grundlagen morphologischer Bildverarbeitung

Die mathematische Morphologie, also die mathematische Lehre von der Form, wurde in den achtziger Jahren für die digitale Bildverarbeitung formalisiert

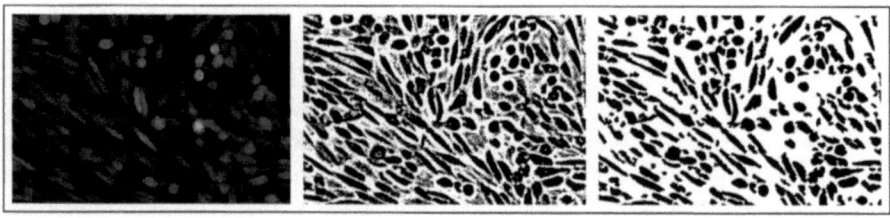

Abb. 7.13. L292-Zellen können durch eine Vitalfluoreszenzfärbung unter dem Mikroskop sichtbar gemacht werden (*links*). Das Ergebnis der Binarisierung (*Mitte*) wurde morphologisch geöffnet (*rechts*). Die meisten Zellen bilden nun isolierte Binärobjekte und können daher separat analysiert werden.

Tabelle 7.1. Die morphologischen Operatoren werden mit eigenen Symbolen geschrieben. Die Definitiongleichung und ein Seitenverweis sind für jeden Operator mitangegeben.

Morphologische Operation	Symbol	Definition	Seite
Erosion (Erosion)	$\ominus$	(7.29)	221
Dilation (Dilatation)	$\oplus$	(7.30)	221
Opening (Öffnen)	$\circ$	(7.33)	222
Closing (Schließen)	$\bullet$	(7.34)	222
Hit-and-Miss	$\otimes$	(7.36)	223
Thinning (Verdünnen)	$\oslash$	(7.37)	224
Thickening (Verdicken)	$\odot$	(7.40)	224

[Ser82, Cri85, Ser86, Ster86a, Har87, Ser92] und ist bis heute Thema der Grundlagenforschung [Gou95, Cam96]. Darüber hinaus sind in den letzten Jahren zahlreiche Lehrbücher erschienen, die sich ausschließlich der morphologischen Bildverarbeitung widmen [Dou92, Dou93, Hei94].

Betrachtet man ein binäres Bild nicht als Funktion, sondern als Menge von Koordinaten (Pixeln), so lassen sich Verknüpfungen aus der Mengenlehre auf Bilder anwenden. In unserer Terminologie ist eine Menge von Koordinaten gegeben durch:

$$\underline{P} = \{\mathbf{p} \in \mathbb{Z}^2\}, \qquad \mathbf{p} = (m, n) \tag{7.28}$$

Basierend auf Gleichung (7.28) werden die folgenden Definitionen getroffen:

$$\begin{aligned}
\text{Translation:} \quad & \underline{P}_t = \{\mathbf{q} \in \mathbb{Z}^2 \mid \mathbf{p} \in \underline{P} \text{ mit } \mathbf{q} = \mathbf{p} + \mathbf{t}\} \\
\text{Spiegelung:} \quad & \hat{\underline{P}} = \{\mathbf{q} \in \mathbb{Z}^2 \mid \mathbf{p} \in \underline{P} \text{ mit } \mathbf{q} = -\mathbf{p}\} \\
\text{Komplement:} \quad & \underline{P}^c = \{\mathbf{q} \in \mathbb{Z}^2 \mid \mathbf{p} \in \underline{P} \text{ mit } \mathbf{q} \neq \mathbf{p}\}
\end{aligned}$$

Sowohl das Binärbild $\underline{I}$ als auch die Masken oder Templates $\underline{E}$, die in der mathematischen Morphologie auch als *Strukturelement* bezeichnet werden, sind also Mengen von Koordinaten. Für die Strukturelemente muß zusätzlich ein Aufpunkt festgelegt werden. Im folgenden betrachten wir so lange das mittlere Pixel eines Strukturelementes als Aufpunkt, bis explizit andere Absprachen getroffen werden. Dabei ist es unerheblich, ob das mittlere Pixel schwarz oder weiß ist, d.h. der Aufpunkt muß nicht unbedingt in der Menge $\underline{E}$ enthalten sein.

In der Operatorenschreibweise werden für die morphologischen Operationen neue Symbole eingeführt. Tabelle 7.1 gibt eine Übersicht der in diesem Kapitel behandelten Operationen.

7.5.2 Erosion und Dilatation

Die einfachste morphologische Operation ist die *Erosion* oder Minkowski-Subtraktion. Zur Erosion wird das Strukturelement $\underline{E}$ über das Bild $\underline{I}$ geschoben. An jeder Position $\mathbf{p} \in \underline{P}$ wird überprüft, ob alle Elemente des Strukturelementes $\underline{E}$ auch in der Menge $\underline{I}$ enthalten sind, also ob $\underline{E}_p$ Teilmenge von

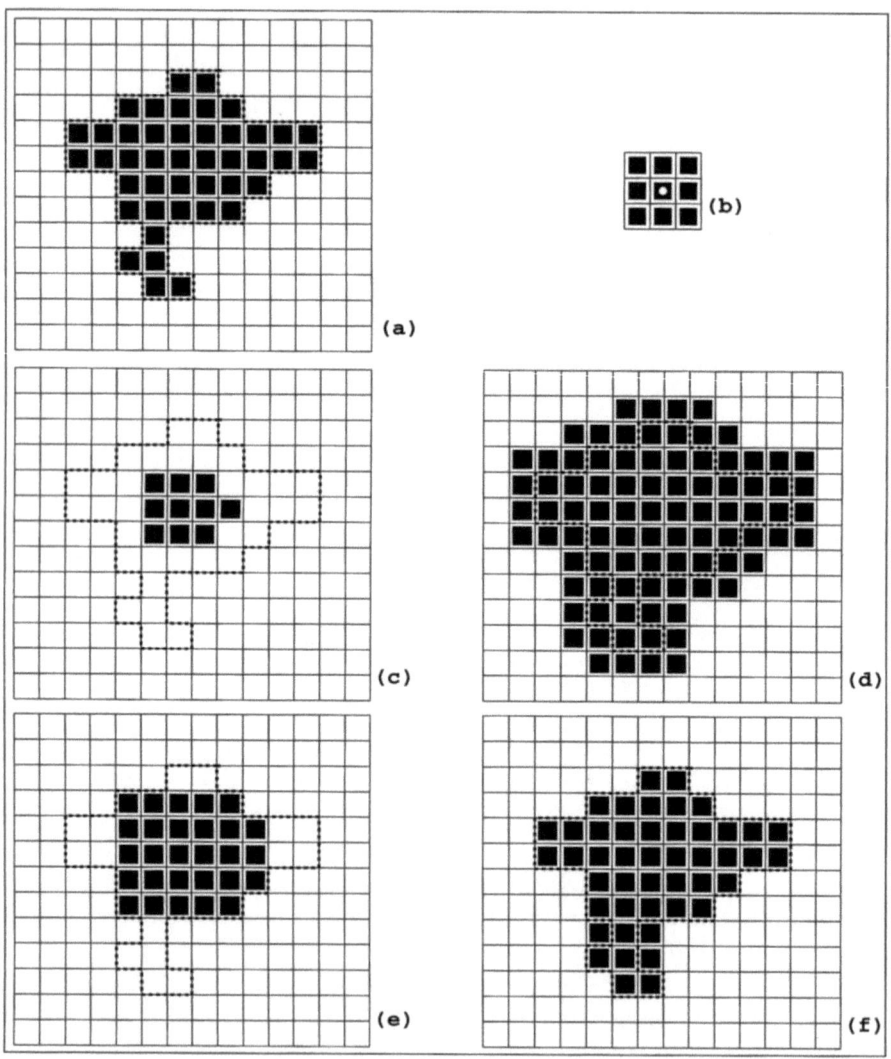

Abb. 7.14. Auf die Menge von Koordinaten $\underline{I}$ (**a**)wirkt das Strukturelement $\underline{E}$ (**b**). Durch Erosion ergibt sich (**c**) und durch Dilatation (**d**). Die Ergebnisse nach einfachem Opening und Closing sind in (**e**) und (**f**) dargestellt. (Nach [Gla95])

$\underline{I}$ ist. Nur dann wird die Koordinate **p**, an der sich gerade der Aufpunkt des Strukturelementes befindet, in die Ergebnismenge aufgenommen.

Im folgenden soll hier die Schreibweise nach HARALICK verwendet werden [Har87, Har94]:

$$\underline{I} \ominus \underline{E} = \{\mathbf{p} \in \mathbb{Z}^2 \mid \underline{E}_p \subseteq \underline{I}\} \tag{7.29}$$

In Abbildung 7.14 ist das Ergebnis der Erosion für eine einfache Koordinatenmenge (a) und das symmetrische Strukturelement (b) dargestellt. Nach der Erosion (c) sind nur noch die Koordinaten im Binärbild vorhanden, an denen das Strukturelement vollständig im Ausgangsbild enthalten ist. Durch eine Erosion kann sich die Menge also nur verkleinern.

Die Definitionen der morphologischen Operatoren sind in der Literatur durchaus nicht einheitlich. Zum Beispiel wird in manchen Definitionen die echte Teilmenge $\subset$ gefordert. Ebenso wird in Anbetracht des Zusammenhanges zwischen Korrelation und Faltung (vgl. Abschn. 7.2.1) in anderen Definitionen das Strukturelement gespiegelt. Diese Unterschiede spielen in der medizinischen Bildverarbeitung, wo zumeist symmetrische Strukturelemente eingesetzt werden, kaum eine Rolle.

Das Gegenstück zur Erosion ist die Dilatation (eng: Dilation) oder Minkowski-Addition. Hier ergibt sich die Ergebnismenge aus allen Koordinaten $\mathbf{p} \in \underline{P}$, die von $\underline{E}$ beim Positionieren des Aufpunktes auf die Elemente in $\underline{I}$ überstrichen werden:

$$\underline{I} \oplus \underline{E} = \{\mathbf{p} \in \mathbb{Z}^2 \mid \underline{E}_p \cap \underline{I} \neq \emptyset\} \tag{7.30}$$

Anders ausgedrückt ist $\underline{I} \oplus \underline{E}$ die Vereinigungsmenge aller Koordinaten $\underline{I}_e$ für alle $e \in \underline{E}$. Abbildung 7.14 (d) zeigt das Ergebnis der Dilatation von (a) mit (b).

In der Fachliteratur zur mathematischen Morphologie sind viele Eigenschaften der morphologischen Grundoperationen, wie Kommutativ- oder Assoziativgesetze bewiesen [Har87]. Für die Entwicklung morphologischer Bildverarbeitungsprozesse ist vor allem der Zusammenhang zwischen Erosion und Dilatation wichtig. Dabei ergibt sich die Erosion des Objektes aus der Dilatation des Hintergrundes mit dem nach (7.29) gespiegelten Strukturelement und umgekehrt:

$$(\underline{I} \ominus \underline{E})^c = \underline{I}^c \oplus \hat{\underline{E}} \quad \text{und} \quad (\underline{I} \oplus \underline{E})^c = \underline{I}^c \ominus \hat{\underline{E}} \tag{7.31}$$

Diese Eigenschaft soll hier nicht bewiesen, sondern mit dem Beispiel in Abbildung 7.15 veranschaulicht werden.

Weiterhin können große Strukturelemente effizient implementiert werden, wenn sie in kleinere zerlegt werden können [Zhu86]:

$$\underline{I} \ominus (\underline{E}^1 \oplus \underline{E}^2) = (\underline{I} \ominus \underline{E}^1) \ominus \underline{E}^2 \quad \text{und} \quad \underline{I} \oplus (\underline{E}^1 \oplus \underline{E}^2) = (\underline{I} \oplus \underline{E}^1) \oplus \underline{E}^2 \tag{7.32}$$

7.5.3 Opening und Closing

Während die morphologische Erosion die Anzahl der Koordinaten in der Ergebnismenge, also die Ausdehnung des Objektes, nur verringern kann, wird das Objekt bei der Dilatation i.allg. vergrößert. Verwendet man z.B. die Erosion zur Rauschfilterung in binären Bildern, so wird die Vermessung der verbleibenden Objekte verfälscht. Durch einen nachfolgenden Dilatationsschritt können die ursprünglichen Dimensionierungen der Objekte in etwa wiederhergestellt werden. Daher werden Erosion und Dilatation mit demselben Strukturelement oft n-fach kombiniert. Diese Operationen heißen dann n-faches Opening (Öffnen):

$$(\underline{I} \circ \underline{E})^n = ((\underline{I} \ominus \underline{E})^n \oplus \underline{E})^n \qquad (7.33)$$

bzw. n-faches Closing (Schließen):

$$(\underline{I} \bullet \underline{E})^n = ((\underline{I} \oplus \underline{E})^n \ominus \underline{E})^n \qquad (7.34)$$

Das Ergebnis eines einfachen Openings bzw. Closings ist in Abbildung 7.14 (e) bzw. (f) dargestellt. Beim Opening werden „Extremitäten" des Objektes eliminiert und dünne Verbindungen zwischen Objekten aufgetrennt (siehe auch Abb. 7.13, S. 218). Beim Closing hingegen werden „Furchen" oder Lücken in der Umrandung des Objektes aufgefüllt und dicht benachbarte Objekte miteinander verbunden. Dabei wird die Anzahl der Elemente in den Mengen nur wenig verändert.

Das n-fache Öffnen oder Schließen eines Objektes nach (7.33) bzw. (7.34) darf nicht mit einem n-fach wiederholten Öffnen oder Schließen verwechselt werden. Beim n-fachen Öffnen ist wichtig, daß zunächst die Erosion n-mal durchgeführt und dann erst die Dilatation ebenfalls n-mal berechnet wird. Ein n-facher Wechsel von Erosion und Dilatation hat hingegen keine Wirkung. Dies zeigen die Zusammenhänge (Idempotenzeigenschaft):

$$(\underline{I} \bullet \underline{E}) \bullet \underline{E} = (\underline{I} \bullet \underline{E}) \quad \text{und} \quad (\underline{I} \circ \underline{E}) \circ \underline{E} = (\underline{I} \circ \underline{E}) \qquad (7.35)$$

die leicht zu beweisen sind.

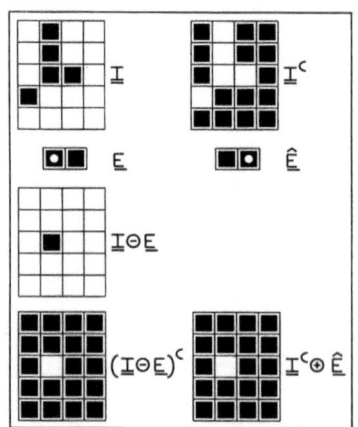

Abb. 7.15. Die erste Spalte der Abbildung demonstriert die Erosion des Bildes $\underline{I}$ mit dem asymmetrischen Strukturelement $\underline{E}$. Die rechte Spalte zeigt die Dilatation von $\underline{I}^c$ mit $\hat{\underline{E}}$. Durch die Spiegelung nach (7.29) wird hier nur der Bezugspunkt des Strukturelementes verschoben. Die letzte Zeile der Abbildung macht deutlich, daß die Dilatation des Hintergrundes dem Komplement der Erosion des Objektes entspricht, vgl. (7.31).

7.5.4 Die Hit-and-Miss-Transformation

Bei der Hit-and-Miss-Transformation werden zwei Strukturelemente $\underline{E}^1$ und $\underline{E}^2$ mit dem Binärbild $\underline{I}$ so verknüpft, daß in dem Ergebnis $\underline{P}$ die Koordinate **p** nur dann enthalten ist, wenn an der Stelle **p** das Strukturelement $\underline{E}^1$ vollständig in $\underline{I}$ enthalten ist, aber keine Koordinate von $\underline{E}^2$ auch Element von $\underline{I}$ ist:

$$\underline{I} \otimes (\underline{E}^1, \underline{E}^2) = (\underline{I} \ominus \underline{E}^1) \cap (\underline{I}^c \ominus \underline{E}^2) \tag{7.36}$$

Dabei muß die Nebenbedingung $\underline{E}^1 \cap \underline{E}^2 = \emptyset$ erfüllt sein.

Die Hit-**and**-Miss-Transformation, die oft auch als Hit-**or**-Miss-Transformation bezeichnet wird, kann verwendet werden, um spezielle Pixelkonstellationen zu lokalisieren. Zum Beispiel bleiben mit $\underline{E}^1 = \{(0,0)\}$ und $\underline{E}^2 = \{(0,1), (0,-1), (1,0), (-1,0)\}$ nach der Hit-and-Miss-Transformation nur die in der Vierernachbarschaft isolierten Pixel erhalten. Durch geschickte Kombination mehrerer Hit-and-Miss-Transformationen mit verschiedenen Paaren einfacher Strukturelemente lassen sich leistungsfähige Bildverarbeitungsalgorithmen aufbauen, wobei der Entwurf von Strukturelementen für spezielle Anwendungen beinahe eine Kunst ist. Dies soll am Beispiel der Skelettierung im nächsten Abschnitt veranschaulicht werden.

7.5.5 Skelettierung

Im Kontinuierlichen kann das Skelett einer Figur definiert werden als die Verbindung aller Mittelpunkte von Kreisen mit maximalem Radius, die noch vollständig innerhalb der Figur liegen. Das diskrete Skelett $\underline{S}(\underline{I})$ einer zusammenhängenden Pixelregion $\underline{I}$ ist nicht eindeutig definiert. Es entsteht durch weitgehende Entfernung „überflüssiger" Pixel von $\underline{I}$. Dabei muß zwischen Skelett und Originalfigur eine topologische Verwandtschaftsbeziehung erhalten bleiben. Es wird insbesondere gefordert, daß

– das Skelett $\underline{S}$ aus Linien der Breite eines Pixels bestehen muß,
– zusammenhängende Regionen von $\underline{I}$ zu zusammenhängenden Skelettlinien skelettiert werden sollen,
– die Skelettlinien etwa in der Mitte von $\underline{I}$ verlaufen sollen,
– Endpunkte nicht entfernt werden dürfen,
– keine zusätzlichen Verzweigungen entstehen dürfen.

So schwammig diese „Definition" des Skelettes ist, so unterschiedlich sind die Algorithmen, die zur Berechnung des Skelettes bzw. zur Festlegung des jeweiligen Skelettkonzeptes vorgeschlagen wurden [Jan90]. Die diskrete Umsetzung ist – wie zu erwarten – nach wie vor äußerst problematisch und liefert nicht das gewünschte Ergebnis. Konzepte hierzu werden daher auch noch in der aktuellen Fachliteratur diskutiert [Nil97].

Das Beispiel in Abbildung 7.16 veranschaulicht einen morphologischen Skelettierungsalgorithmus, der auf der Hit-and-Miss-Transformation basiert

7. Selbsttransformationen des Ortsraumes

[Hei94]. Bei den Strukturelementen $^1\underline{E} = (\underline{E}^1, \underline{E}^2)_1, \ldots, ^8\underline{E} = (\underline{E}^1, \underline{E}^2)_8$ in Abbildung 7.16 entspricht der schwarze Bereich eines Strukturelementes dem Teilelement $\underline{E}^1$, während der graue Bereich jeweils $\underline{E}^2$ darstellt.

Die Strukturelemente $^1\underline{E}$ bis $^8\underline{E}$ werden nun der Reihe nach angewendet. An den Stellen, an denen $\underline{I} \otimes (\underline{E}^1, \underline{E}^2) \neq \emptyset$ ist, wird die Koordinate, an der gerade der Aufpunkt des Strukturelementes liegt, von der Figur entfernt. Diesen Teilschritt bezeichnet man auch als Thinning (Verdünnen):

$$\underline{I} \oslash (\underline{E}^1, \underline{E}^2) = \underline{I} \setminus \left(\underline{I} \otimes (\underline{E}^1, \underline{E}^2) \right) \tag{7.37}$$

Dieses Thinning wird nacheinander mit allen 8 Strukturelementen durchgeführt:

$$\underline{S}_{i+1}(\underline{I}) = (\cdots ((\underline{S}_i(\underline{I}) \oslash {}^1\underline{E}) \oslash {}^2\underline{E}) \oslash \cdots \oslash {}^8\underline{E}) \tag{7.38}$$

und so lange wiederholt, bis sich die Figur nicht mehr ändert, also:

$$\underline{S}_{i+1}(\underline{I}) \equiv \underline{S}_i(\underline{I}) =: \underline{S}(\underline{I}) \tag{7.39}$$

Für das Ausgangsbild in Abbildung 7.16 werden $i = 5$ Iterationen benötigt. Die Koordinaten, die während einer Iteration durch das Thinning nach (7.37) entfernt werden, sind in den Zwischenbildern in Abbildung 7.16 durch die Nummer j des entsprechenden Strukturelementes $^j\underline{E}$ gekennzeichnet.

Das Skelett ist dabei abhängig von der Reihenfolge, mit der die 8 Strukturelemente angewendet werden. Beispielsweise wird bei der ersten Iteration in Abbildung 7.16 mit dem Element $^2\underline{E}$ die rechte Seite der Figur vollständig abgetragen. Dies wäre nicht möglich gewesen, wenn zuvor mit $^6\underline{E}$ das rechte Loch in der Figur aufgeweitet worden wäre. Auch werden die Anforderungen, die an das Skelett einer Figur gestellt wurden, nur teilweise erfüllt. Insbesondere liegt die vertikale Verbindung zwischen den beiden Löchern nicht in der Mitte, was wiederum durch die Reihenfolge der Strukturelemente bedingt wurde. Ebenso ist der Endpunkt des Skelettes unten rechts etwas „hochgerutscht". Durch ein weiteres Thinning mit den Strukturelementen:

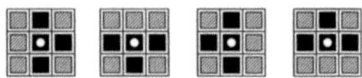

können noch zwei „überflüssige" Pixel aus dem Skelett entfernt werden. Obwohl das Verfahren unter einem offensichtlichen Defizit an Entwurfsmethodik leidet, liefert der hier vorgestellte Skelettierungsalgorithmus für die Praxis brauchbare Ergebnisse.

Mit einer ähnlichen Iteration wie in (7.38) und (7.39) kann auch die Einhüllende (konvexe Hülle) einer Figur $\underline{I}$ berechnet werden [Hei94]. Hierzu werden die Strukturelemente aus Abbildung 7.17 verwendet. Immer dann, wenn das Teilelement $\underline{E}^1$ vollständig in $\underline{I}$ enthalten ist, aber kein Element von $\underline{E}^2$ gleichzeitig auch Element von $\underline{I}$ ist, werden die aktuellen Koordinaten von $\underline{E}^2$ zu $\underline{I}$ hinzugefügt. Diese Operation nennt man auch Thickening (Verdicken):

$$\underline{I} \odot (\underline{E}^1, \underline{E}^2) = \underline{I} \cup \left(\underline{I} \otimes (\underline{E}^1, \underline{E}^2) \right) \tag{7.40}$$

7.5 Morphologische Operatoren 225

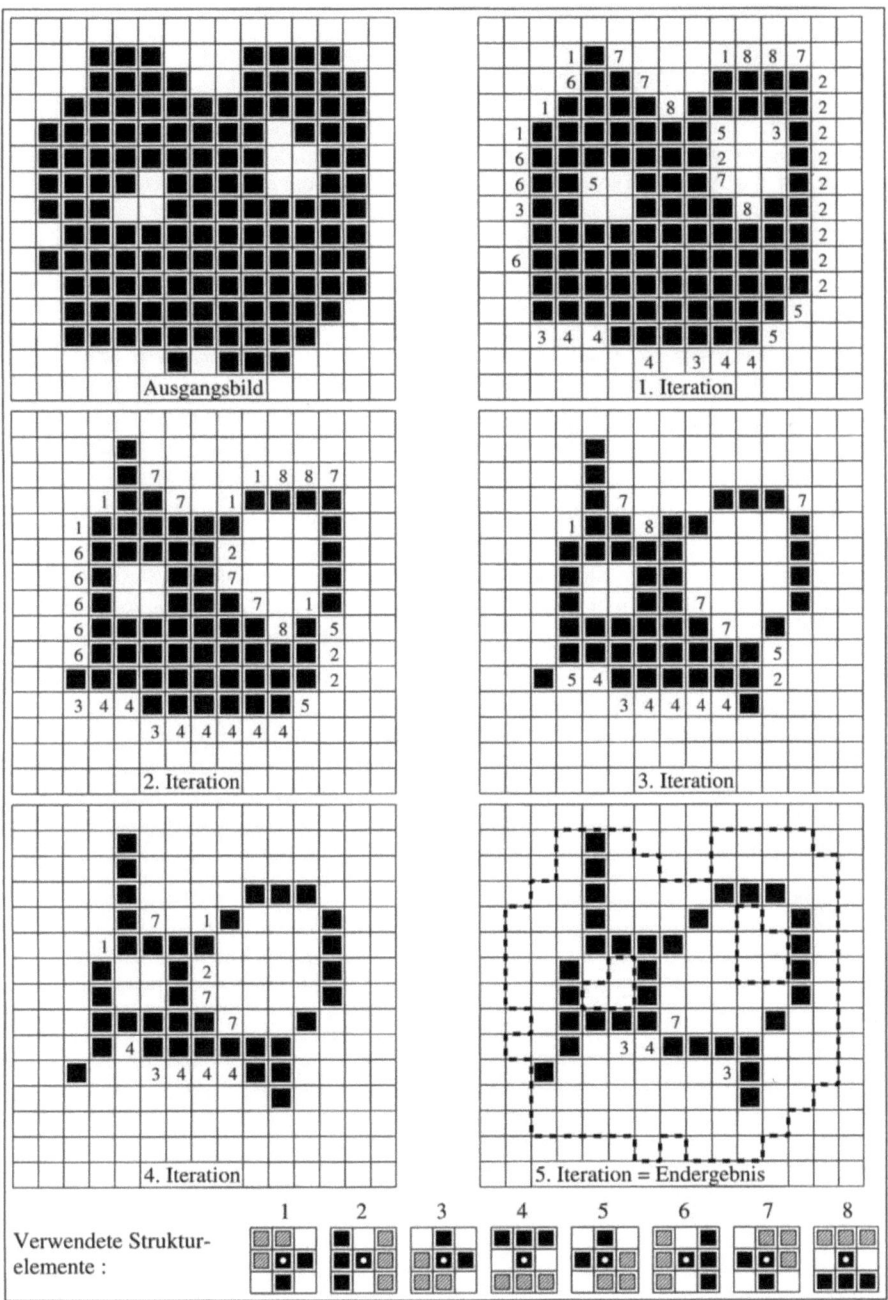

Abb. 7.16. Die Strukturelemente 1 bis 8 werden auf das Ausgangsobjekt sequentiell angewendet. Nach der 5. Iteration ist das Skelett des ursprünglichen Objektes extrahiert. Die genaue Form des Skelettes ist bei diesem Algorithmus abhängig von der Reihenfolge der Strukturelemente.

Abb. 7.17. Diese Strukturelemente werden zur Berechnung der Einhüllenden einer Figur $\underline{I}$ verwendet. Im Gegensatz zu den Strukturelementen zur Skelettierung gehört hier der Aufpunkt jeweils zum Teilelement $\underline{E}^2$, das grau dargestellt ist. (Nach [Hei94])

7.5.6 Labeling

Auch das Labeling ist eine Selbsttransformation des Ortsraumes. Beim Labeling wird das Binärbild $f_B : \underline{M} \times \underline{N} \to \{0,1\}$ in ein Grauwertbild $f : \underline{M} \times \underline{N} \to \underline{G} = \{0, G-1\}$ transformiert, wobei jedem isolierten Objekt im Binärbild ein eigenes Label zugeordnet wird. Die Anzahl der Objekte darf dabei die Anzahl der zur Verfügung stehenden Grauwerte nicht übersteigen. Nach einem Labeling haben alle Pixel eines zusammenhängenden Objektes den gleichen Grauwert, und jeder Grauwert kennzeichnet genau ein Objekt im Bild. Durch Kombination von Labelbild und Binärbild können alle Objekte in einem Binärbild isoliert betrachtet werden. Dies ist für die Vermessung von Objekten sehr wichtig. Ebenso können einfache Histogrammodifikationen im Labelbild zur Rauschfilterung im morphologischen Binärbild verwendet werden. Hierzu werden die Grauwerte mit geringer Häufigkeit im Labelbild im Binärbild zu 0 gesetzt, also der Hintergrundsmenge zugeordnet.

Die Berechnung des Labelbildes kann mit dem iterativen *Connected-Components*-Algorithmus sehr einfach implementiert werden. Beginnend bei der Koordinate $(0,0)$ des Binärbildes wird dieses zeilenweise durchlaufen, bis ein Pixel mit dem Grauwert 1 gefunden wird, das noch keinen Eintrag in dem mit 0 initialisierten Labelbild hat. Die entsprechende Koordinate im Labelbild bekommt den Wert 1 (erstes Objekt) zugewiesen. Dann wird rekursiv die Umgebung gemäß der Vierer- oder Achternachbarschaft getestet, wodurch alle Koordinaten der Figur gelabelt werden. Danach wird das Binärbild weiter durchlaufen, bis das nächste Objekt im Bild gefunden oder das letzte Bildpixel erreicht wird. Die Einfachheit des Connected-Components-Algorithmus zeigt für den Fall der Vierernachbarschaft der folgende Pseudocode:

```
connected_components (binaer, label)
   {
   value=0;
   for ( y = 1; y < Y-1; y++)
       for ( x = 1; x < X-1; x++)
           if (binaer(x,y) == 1 && label(x,y) == 0)
              {
              value++;
              4er(x,y);
              }
```

```
}

4er(x,y)
{
  label(x,y)=value;
  if (binaer(x,y+1) == 1 && label(x,y+1) == 0) 4er(x,y+1);
  if (binaer(x-1,y) == 1 && label(x-1,y) == 0) 4er(x-1,y);
  if (binaer(x,y-1) == 1 && label(x,y-1) == 0) 4er(x,y-1);
  if (binaer(x+1,y) == 1 && label(x+1,y) == 0) 4er(x+1,y);
}
```

Die mathematische Morphologie bietet eine weitaus elegantere Möglichkeit, verbundene Gebiete zu markieren. Hierzu wird eine Operatormaske mit nur drei Koordinaten: dem aktuellen Pixel C (center), dem darüberliegenden Pixel U (up) und dem links liegenden Pixel L (left), in einem zweistufigen Verfahren auf Binär- und Zwischenbild angewendet. Die entsprechenden Positionen im Zwischen- und Labelbild werden mit C^*, U^* und L^* bezeichnet.

1. Schritt. Die Operatormaske wird zeilenweise über Binär- und Zwischenbild geschoben. Dabei muß das Zwischenbild nicht initialisiert sein. Ist $C = 0$, so gehört das Pixel im Binärbild zum Hintergrund, und das entsprechende Pixel C^* im Zwischenbild erhält ebenfalls den Wert 0. Ist $C \neq 0$, so sind die folgenden Fälle zu unterscheiden:

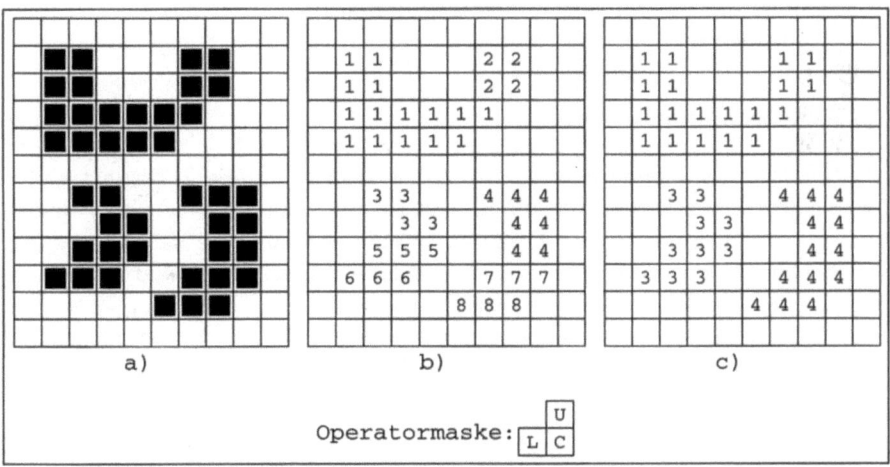

Abb. 7.18. Das Binärbild (**a**) wird mit einem zweistufigen morphologischen Verfahren gelabelt. Im ersten Schritt wird die Operatormaske (*unten*) zeilenweise auf das Binärbild angewendet. Das so berechnete Zwischenbild (**b**) ist übersegmentiert. Im zweiten Schritt wird die Operatormaske auf das Zwischenbild angewendet. Mit der dabei erzeugten Äquivalenzliste kann die Übersegmentierung behoben und das Labelbild berechnet werden (**c**). Die Nullen im Hintergrund des Zwischen- und Labelbildes wurden der Übersicht halber weggelassen. (Nach [Hor95])

228   7. Selbsttransformationen des Ortsraumes

$C \neq L$; $C \neq U$ ⇒ Ein neuer Bereich liegt vor, so daß das Pixel C^* im Zwischenbild ein neues Label erhält.
$C \neq L$; $C = U$ ⇒ Das Pixel C^* im Zwischenbild bekommt den Wert U^*.
$C = L$ ⇒ Das aktuelle Pixel C^* wird mit L^* markiert.

Das Ergebnis des ersten Schrittes ist in Abbildung 7.18 dargestellt. Das Zwischenbild (Abb. 7.18 b) ist übersegmentiert, d.h. zusammenhängenden Figuren wurden z.T. mehrere Label zugewiesen. Diese Übersegmentierung wird im zweiten Schritt eliminiert.

2. Schritt. Nun wird die Operatormaske auf das Zwischenbild angewendet. Ist $C^* = 0$, so gehört das Pixel zum Hintergrund und wird nicht weiter betrachtet. Ist $C^* \neq 0$, so werden die jeweiligen Werte von U^* und L^* nur dann in eine *Äquivalenzliste* eingetragen, wenn sowohl $U^* \neq 0$, $L^* \neq 0$ als auch $U^* \neq L^*$. Für das Beispiel aus Abbildung 7.18 ergibt sich somit die folgende Äquivalenzliste:

U^*	2	3	5	4	7
L^*	1	5	6	7	8

Die Auswertung der Liste ergibt die Äquivalenzen $2 \equiv 1$, $3 \equiv 5 \equiv 6$ und $4 \equiv 7 \equiv 8$. Im Zwischenbild wird dann an allen Koordinaten mit dem Label 2 das Label 1 gesetzt usw., bis die gesamte Äquivalenzliste abgearbeitet ist (Abb. 7.18 (rechts)). Nach dem zweiten Durchlauf ist das Binärbild vollständig gelabelt. Ist eine fortlaufende Numerierung der Objekte erforderlich, so muß das Labelbild in einem dritten Schritt neu skaliert werden. Weitere Algorithmen zum Labeling sind in [Har92, Har93] beschrieben.

7.5.7 Anwendungsbeispiel

Die Theorie der mathematischen Morphologie erlaubt die Zerlegung globaler geometrischer Messungen im Bild in lokale (und somit schnelle) Selbsttransformationen des Ortsraumes. Obwohl die geometrische Vermessung eine wesentliche Aufgabe der medizinischen Bildverarbeitung ist, wurden bislang nur wenige Applikationen in diesem Bereich publiziert, z.B. zur Kantendetektion [God95] oder zur Segmentierung [KoC95, Gre95]. Drei Hauptgründe erschweren die Synthese morphologischer Methodik und medizinischer Bilder:

1. Die Binarisierung medizinischer Bilder ist schwierig, denn meistens kann kein globaler Schwellwert definiert werden, der das Objekt vom Hintergrund trennt. Oft ist nicht einmal die eindeutige Eingrenzung des Objektes möglich, z.B. bei einem Tumor.
2. Objekte in medizinischen Bildern haben keine einheitliche Form. Diese kann sich nicht nur von Patient zu Patient ändern, sondern auch beim Vergleich von Aufnahmen desselben Patienten zu verschiedenen Zeiten variieren. Das Design der Strukturelemente wird dadurch erschwert.

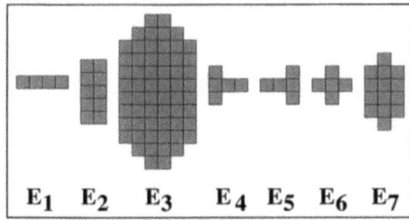

Abb. 7.19. Die Strukturelemente wurden den Objekten nachempfunden, die morphologisch bearbeitet werden sollen. Das isotrope Element $\underline{E}_6$ dient zum internen Schließen, die Elemente $\underline{E}_3$ und $\underline{E}_7$ sind den Umrissen dentaler Implantate nachempfunden, während $\underline{E}_4$ und $\underline{E}_5$ rechts- bzw. linksseitige Gewindezähne von Schraubenimplantaten modellieren. (Aus [Leh96b])

3. Aufgrund der Zentralprojektion, die vielen röntgenologischen Verfahren der Medizin zugrunde liegt, kann kein einheitlicher Maßstab für ein Bild angegeben werden. Die morphologische Bildanalyse basiert jedoch auf *fest skalierten* Strukturelementen.

Wir skizzieren nun ein Anwendungsgebiet, bei dem diese Schwierigkeiten weitgehend entfallen: In der zahnärztlichen Implantologie werden radiographische Kontrollbilder digital angefertigt. Dabei liegt der röntgenempfindliche CCD-Sensor intraoral[5] am Kiefer an, wodurch der Abbildungsmaßstab konstant gehalten wird. Die Implantate selber werden maschinell gefertigt und weisen somit eine einheitliche Form auf. Aufgrund der starken Absorption metallischer Werkstoffe lassen sich Implantate vom Gewebe im Röntgenbild gut differenzieren. Mit IDEFIX (Identifizierung dentaler Fixturen) wurde ein Bildverarbeitungssystem entwickelt, das durch morphologische Bildanalyse Implantate in Röntgenbildern detektiert, ausmißt und mit Hilfe einer Referenzdatenbank nach Hersteller, Typ und Ausführung zuordnet [Hor95, Leh96a].

Im Gegensatz zu den Koeffizienten lokaler Faltungsmasken, die über vorgegebene Eigenschaften im Orts- oder Ortsfrequenzraum analytisch hergeleitet werden können, ist die *Form* der Strukturelemente für morphologische Filterstufen zwar entscheidend, jedoch nicht direkt berechenbar. Für das Design morphologischer Strukturelemente kann man sich an den zu extrahierenden Objekten orientieren (Abb. 7.19). Details können morphologisch leichter eliminiert als hervorgehoben werden, so daß zur Extraktion von Details zunächst deren vorübergehende Elimination realisiert wird und sie dann durch Subtraktion vom Ausgangsbild bestimmt werden.

Dieses Prinzip wurde auch für IDEFIX angewendet. Dazu werden die Röntgenbilder zunächst auf eine feste Auflösung skaliert (I_0 in Abb. 7.20) und binarisiert ($\underline{I}_1$). Durch Erosion mit dem Strukturelement $\underline{E}_3$ (Abb. 7.19), das in Größe und Form den Implantaten nachempfunden ist, können Objekte im Binärbild separiert ($\underline{I}_2$ in Abb. 7.20) und nach einem Labeling sequentiell analysiert werden.

---

[5] im Mund des Patienten

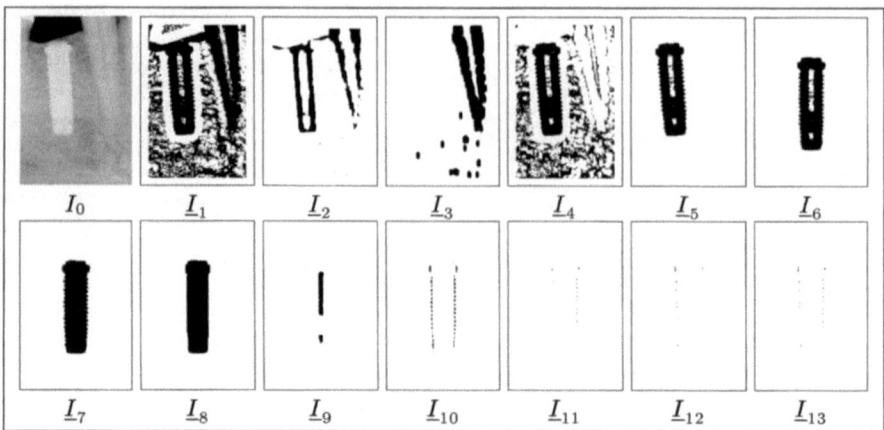

Abb. 7.20. Das Röntgenbild wird zunächst skaliert und binarisiert. Durch Kombination morphologischer Filter mit dem Labeling werden alle Figuren im Binärbild zunächst extrahiert und dann mit einer Hauptachsen-Transformation (vgl. Kap. 11) justiert. Mit weiteren morphologischen Filtersequenzen werden Bilder zur Bestimmung interner $\underline{I}_9$ und externer Maße $\underline{I}_8$ erzeugt, ferner solche zur Bestimmung der Anzahl der Gewindegänge $\underline{I}_{13}$. (Aus [Leh96b])

Zur sequentiellen Analyse aller Figuren im Binärbild wird das aktuelle Objekt in $\underline{I}_2$ zunächst ausgeblendet, und durch Dilatation mit $\underline{E}_3$ werden die ursprünglichen Dimensionierungen aller anderen Figuren wiederhergestellt ($\underline{I}_3$ in Abb. 7.20). Durch die Subtraktion $\underline{I}_4 = \underline{I}_1 - \underline{I}_3$ wird das aktuelle Objekt von der Umgebung separiert und kann mit einer beliebigen Koordinate aus dem Labelbild adressiert und extrahiert werden ($\underline{I}_5$). Durch die Berechnung der Hauptachsen (vgl. Kap. 11) wird die Figur in ihre Normallage gebracht ($\underline{I}_6$). Internes Schließen mit dem isotropen Strukturelement $\underline{E}_6$ und Öffnen mit $\underline{E}_2$, das wiederum der Implantatgrundform nachempfunden ist, führt auf die Repräsentation $\underline{I}_8$, in der globale Maße wie Fläche, Länge und Durchmesser durch einfaches Auszählen der Pixel ermittelt werden können.

Durch die Subtraktion $\underline{I}_9 = \underline{I}_7 - \underline{I}_6$ werden interne Strukturen[6] extrahiert. Die Form des für die Erosion eingesetzten Strukturelementes $\underline{E}_7$ orientiert sich wiederum an den zu detektierenden inneren Strukturen. Für die nachfolgende Dilatation, die die ursprünglichen Dimensionen wiederherstellen soll, wurde das Strukturelement um 90° gedreht ($\underline{E}_1$), damit die einzelnen Bohrungen im Implantat nicht wieder verbunden werden.

Durch die Subtraktion $\underline{I}_{10} = \underline{I}_7 - \underline{I}_8$ werden die Randstrukturen extrahiert. Die Strukturelemente $\underline{E}_4$ und $\underline{E}_5$ bilden links- und rechtsorientierte Gewindezähne nach und werden zur morphologischen Klassifikation einge-

---

[6] Bei dentalen Implantaten sind dies Innengewinde am Kopf der Implantate zur Aufnahme der Suprastruktur (Brücke, Prothese) und Bohrungen am Implantatfuß, die nach der Einheilungsphase des Knochens als Rotationssperren dienen.

setzt. Durch die Erosion mit diesen Elementen werden Störungen der radiographischen Darstellung der Implantatberandung sowie auch das Rauschen eliminiert, während die Gewindegänge erhalten bleiben. Das Labeling der Vereinigungsmenge $\underline{L}_{13} = \underline{L}_{11} \cup \underline{L}_{12}$ ergibt dann die Anzahl detektierter Gewindezähne.

7.5.8 Grauwertmorphologie

Bislang wurden lediglich *binäre* Bilder morphologisch analysiert. Dabei wurde eine morphologische Figur als Menge von zweidimensionalen Koordinaten aufgefaßt (Gl. 7.28, S. 219). Die Erweiterung der mathematischen Morphologie auf Grauwertbilder, Bildsequenzen usw. kann durch Hinzunahme weiterer Dimensionen modelliert werden, d.h. aus $\mathbb{Z}^2$ wird $\mathbb{Z}^n$. Die Definitionen morphologischer Grundoperationen werden einfach in den $\mathbb{Z}^n$ übertragen. Viele morphologische Sätze und Theoreme lassen sich auch im $\mathbb{Z}^n$ beweisen. Bei Grauwertbildern ist $n = 3$ und somit geht (7.28) über in:

$$\underline{P} = \{\mathbf{p} \in \mathbb{Z}^3\}, \qquad \mathbf{p} = (m, n, g) \tag{7.41}$$

Die dreidimensionalen Koordinaten eines Grauwertbildes sind in Abbildung 7.21 veranschaulicht. Interpretiert man die einzelnen Koordinaten als Stockwerke von Hochhäusern, so wird der wesentliche Unterschied zur binären Morphologie deutlich: Die Zugehörigkeit einer g_i-ten Etage zur Figur bedingt, daß auch alle Stockwerke mit $g < g_i$ zur Menge gehören. Daraus ergeben sich einige Besonderheiten der Grauwertmorphologie, die in der Fachliteratur [Ster86b, OYL94] und den in Abschnitt 7.5.1 genannten Lehrbüchern zur mathematischen Morphologie ausführlich diskutiert sind.

Zum Abschluß sollen hier lediglich die Begriffe *Top-Surface* und *Umbra* erklärt werden, die in der Grauwertmorphologie häufig angewendet werden. Das Top-Surface (oberstes Geschoß-Level) ist die Menge $\underline{P}_{\text{TS}}$ aller Voxel $\mathbf{p} = (m, n, g_{\max})$, also aller Obergeschosse der Hochhäuser. Mit Umbra (Schatten) $\underline{P}_U = \underline{P} \setminus \underline{P}_{\text{TS}}$ werden die darunterliegenden Elemente der Menge $\underline{P}$ bezeichnet.

Mit der Grauwertmorphologie ist letztlich ein Verzicht auf das klare Zweiwertigkeitsprinzip der Zugehörigkeit bzw. Nichtzugehörigkeit eines Pixels zu einer Region, das in der Morphologie der Schwarzweißbilder gilt, verbunden. Man mag damit vielleicht zunächst an die Einführung von *Fuzzy*-Konzepten in die Bildverarbeitung denken. In der Praxis ist jedoch der Hinweis auf das Problem der Bildsegmentierung (vgl. Kap. 14) viel näherliegend, da man diese als eine Verallgemeinerung der morphologischen Grundaufgabenstellung interpretieren kann: Mit der Lösung eines Segmentierungsproblems, die auf der Basis der Analyse homogener Grauwertbereiche vorgenommen wird, erfolgt letztlich die Zuordnung von Gestaltelementen zu Pixelbereichen, die von dieser Analyse umstrukturiert wurden. Dies resultiert auch aus einem morphologischen Prozeß. Die Wasserscheidentransformation, die in Kapitel 14 noch eingehend diskutiert wird, ist das Musterbeispiel grauwertmorphologischer Bildsegmentierung [Mey90].

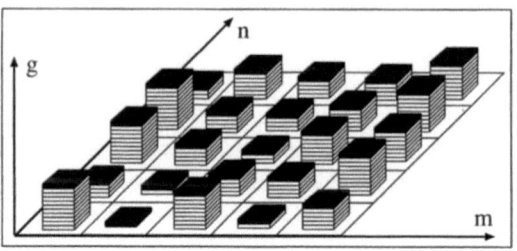

Abb. 7.21. Bei der Erweiterung der binären Morphologie auf Grauwertbilder, kann der Grauwert $g \in \underline{G}$ eines Bildes der Dimension ($M \times N$) als dritte Dimension aufgefaßt werden. Die Elemente der Mengen sind dann Koordinaten im Raum, also Voxel. (Nach [Bae93])

8. Die diskrete Fourier-Transformation

Im letzten Kapitel über die Selbsttransformationen des Ortsraumes ist eine Operatortechnik über Masken (Templates) vorgestellt worden, mit der man ein Bild in ein „verwandtes" Bild umwandeln kann. Eine solche Transformation kann auch interpretiert werden als eine Faltung des Bildes mit einem bildartigen Pixelschema, das nur eng begrenzt um einen Mittelpunkt herum nichtverschwindende Einträge enthält. Es können so nur *lokale* Informationen aus einer räumlichen (örtlichen) Umgebung eines Pixels verarbeitet werden. Ein *globaler* Kontext ist *nicht* erfaßbar. Typisch für solche Selbsttransformationen des Ortsraumes ist, daß im transformierten Bild das ursprüngliche Bild i.allg. wiedererkennbar ist: Wir verbleiben im *Orts*raum.

Nunmehr studieren wir eine ganz andere Bildverarbeitungstechnik. Wir transformieren mit Hilfe der diskreten Fourier-Transformation (DFT) das diskrete Bild aus dem Ortsraum in einen völlig anderen Raum (den sog. Frequenzraum; da hier das Frequenzverhalten einer Ortsfunktion vorliegt, spricht man auch vom *Orts*frequenzraum). Dort wird das Bild verarbeitet und sodann durch die inverse diskrete Fourier-Transformation FT^{-1} in den Ortsraum zurücktransformiert. (Die kontinuierliche Fourier-Transformation ist bereits in Kapitel 5 eingeführt worden).

8.1 Die Idee von Transformation und Rücktransformation

Die Grundidee einer solchen Transformationstechnik ist nicht neu. Die Technik der Logarithmierung ist eines der bekanntesten Beispiele: Zur Multiplikation positiver Zahlen werden diese zunächst logarithmiert. Im Logarithmenraum wird sodann addiert; das Ergebnis wird in den Zahlenraum zurücktransformiert. Eine solche Technik ist immer dann empfehlenswert, wenn die Kosten von Transformation und Rücktransformation sowie die der im Transformationsraum stattfindenden Manipulation niedriger sind als die Kosten einer direkten Manipulation im Ausgangsraum bzw. wenn letztere überhaupt undurchführbar ist. In der Signaltheorie verwendet man eine Fourier-Transformation aus einem Zeitraum in einen Frequenzraum (vgl. Kap. 5). Weitere Beispiele für Transformationen, die auf einer ähnlichen Philosophie beruhen, sind die Hough- (vgl. Kap. 12), die Radon- (vgl. Kap. 10) und die Karhunen-Loève-Transformationen (vgl. Kap. 11). Die Unanschaulichkeit des Originalbildes im Transformationsraum kann man durch Gewöhnung mildern: Es soll Leute geben, die sich statt ihrer Urlaubsbilder lieber deren Fourier-Transformierte anschauen!

Dabei sind nicht alle Daten zur Transformation unmittelbar geeignet: Negative Zahlen kann man z.B. nicht logarithmieren; sie müssen zuvor durch Multiplikation mit -1 positiv gemacht werden. Diese Operation ist nach Beendigung der Hauptmanipulation leicht rückgängig zu machen.

Die Anwendung der diskreten Fourier-Transformation auf zweidimensionale Bilder ist nur für (doppelt) periodische Bilder sinnvoll. Da ein Bild eine auf einem Rechteck definierte Grauwertfunktion ist, wird es zunächst gedanklich periodisch horizontal und vertikal fortgesetzt. Nach der Hauptmanipulation ist dann wieder eine Endkorrektur vorzunehmen.

8.2 Der Zusammenhang zwischen der diskreten und der kontinuierlichen Fourier-Transformation

In Kapitel 5 ist ein Bild als ein (gestörtes) *kontinuierliches* Signal interpretiert worden. Diese aus der Meßtechnik bzw. aus der Signaltheorie kommende Definition steht in einem gewissen Gegensatz zur Definition des Bildes als Grauwertfunktion über dem *diskreten* Pixelraster. Zwischen beiden Interpretationen besteht der folgende Zusammenhang: Durch *Abtastung*, d.h. durch Festlegung je einer reellen Zahl (z.B. über Mittelbildung) für ein ganzes Pixel, und durch *Quantisierung*, d.h. durch Rundung dieser reellen Zahl zu einem ganzzahligen Grauwert, entsteht das diskrete Pixelbild, das i.allg. Ausgangspunkt aller Bildmanipulationen ist. Es ist müßig, darüber zu streiten, ob das kontinuierliche oder das diskrete Bildmodell das „richtigere" ist. Man könnte z.B. aus unserem Wissen über die physiologischen und die psychologischen Grundlagen der Bildentstehung argumentieren, daß ein Bild als ein über das Auge im Gehirn erzeugtes Objekt a-priori als eine *diskrete* Abtastung durch endlich viele Zäpfchen und Stäbchen anzusehen ist. Die Quantisierung der wahrgenommenen Farb- und Intensitätswerte bedeutet aber eine gewisse Verfälschungung, da wir die auf die Stäbchen bzw. Zäpfchen auftreffenden Intensitäten als *kontinuierliche* Signale anzusehen haben.

Für die Zwecke der Informatik steht das diskrete Bildmodell im Vordergrund und damit die *diskrete* Fourier-Transformation (DFT); die signaltheoretisch orientierte Bildverarbeitung orientiert sich demgegenüber zumindest in ihren theoretischen Überlegungen an der originären und *klassischen kontinuierlichen* FT. Beide Kontexte stehen im Hintergrund unserer Überlegungen und schlagen mittelbar auf unsere Darstellung durch, die vorrangig die DFT behandelt.

Ein-, zwei- und dreidimensionale Bilder. Mißverständnisse verursacht dabei gelegentlich die bereits erwähnte Verwendung eines *Zeit-* statt eines *Orts*raumes in der Signaltheorie. Für den an elektrischen Signalen Interessierten ist gar nicht eine zweistellige *Orts*funktion $f(x, y)$, sondern ein *ein*stelliger, *zeit*abhängiger Signalverlauf $f(t)$ der Input zur Weiterverarbeitung. Hat man aber statt Doppelsummen und Flächenintegralen nur einfache Summen und gewöhnliche Riemannsche Integrale zu untersuchen, so vereinfachen sich viele Rechnungen und Schreibweisen, ohne daß prinzipielle Probleme vertuscht werden. Deshalb und um an die Denk- und Schreibweisen der Signaltheorie anzuknüpfen, werden wir uns im folgenden zunächst auf eindimensionale Bilder beschränken. Für zweidimensionale Bilder (und auch für dreidimensionale Szenen) geht vieles dann analog. Die originär höherdimensionalen Aspekte werden deshalb erst ab Abschnitt 8.5 behandelt.

Unser Grundmodell sieht also wie folgt aus: Ein eindimensionales Bild ist eine endliche Folge von M diskreten Grauwerten:

| $f(0)$ | $f(1)$ | $f(2)$ | $\cdots$ | $f(M-1)$ |

Das Fortschreiten in der Folge nach rechts deutet man in der Bildverarbeitung als *räumliches* Fortschreiten, in der Signalverarbeitung als *zeit*diskretes Abtasten bei jeweils *wert*diskreter Quantisierung von Signalverläufen.

8.2.1 Fourier-Entwicklung von kontinuierlichen periodischen Funktionen

Wir wollen uns zunächst mit periodischen Funktionen $f(x) = f(x + kM)$ bei kontinuierlichem (reellen) Argumentebereich und mit Reihendarstellungen für solche Funktionen befassen.

J.B. FOURIER (1768–1830) erkannte, daß man viele (auch manche unstetige) Funktionen $f(x)$ mit der Periode M als (u.U. unendliche) gewichtete Summe periodischer Basisfunktionen darstellen kann, die unterschiedliche, aber zueinander kompatible Perioden besitzen. Insbesondere kann man jede Funktion, die in einem endlichen Intervall definiert ist (kurz: einen *endlichen Träger* besitzt) und die dort stetig ist, nach periodischer Fortsetzung durch eine Fourier-Reihe darstellen (zumindest für alle Punkte, die nicht einem Intervallende entsprechen [Bro83]). Als Standardbasisfunktionen bieten sich hierzu die Sinus- und die Cosinusfunktionen:

$$\sin(kx) \quad \text{und} \quad \cos(kx) \quad \text{für} \quad k = 1, 2, \ldots \quad \text{in} \quad -\infty < x < +\infty \tag{8.1}$$

an, die die Periode $2\pi/k$ haben. Um die Grundperiode M und Bruchteile dieser Periode zu erreichen, hat man die Funktionen:

$$\sin(k\frac{2\pi}{M}x) \quad \text{und} \quad \cos(k\frac{2\pi}{M}x) \tag{8.2}$$

mit den Perioden M/k zu verwenden. Nur die Sinus- oder nur die Cosinusfunktionen reichen sicherlich nicht aus, da die Sinusfunktionen allein nur ungerade und die Cosinusfunktionen allein nur gerade Funktionen darzustellen gestatten[1]. Die Grundfunktionen stellen bekanntlich harmonische Schwingungen der Wellenzahl k dar: Auf eine Grundperiode M entfallen k Grundperioden (Wellen) der Funktion mit dem Argument $k(2\pi/M)x$. Für die *Kreisfrequenz* $2\pi/M$ schreibt man auch ω.

Eine allgemeine Fourier-Reihe zur Darstellung einer Funktion $f(x)$ mit der Periode M hat dann also die Form (in der üblichen Nomenklatur wird der konstante Anteil mit einem Faktor 1/2 versehen):

$$f(x) = \frac{a_0}{2} + \sum_{k=1}^{\infty} \left(b_k \sin(k\omega x) + a_k \cos(k\omega x) \right) \tag{8.3}$$

Für zweistellige doppeltperiodische Funktionen $f(x,y)$ mit $f(x+rM, y+sN) = f(x,y)$ hat man eine analoge Darstellung, deren von x und y abhängigen Teil man in der Form:

$$f(x,y) = \sum_{k=1}^{\infty} \sum_{l=1}^{\infty} \left(b_{kl} \sin(k\omega_1 x + l\omega_2 y) + a_{kl} \cos(k\omega_1 x + l\omega_2 y) \right) \tag{8.4}$$

schreiben kann. Hierbei ist zur Abkürzung $\omega_1 := 2\pi/M$ und $\omega_2 := 2\pi/N$ gesetzt worden.

8.2.2 Beispiele zur Berechnung der Fourier-Koeffizienten

Es gibt viele Beispiele für Fourier-Entwicklungen zu periodischen Fortsetzungen von Funktionen $f(x)$ mit endlichem Träger: Die Funktion $f(x) = 4\sin(x) + 2\sin(3x)$ (Abb. 8.1) oder die „Sägezahnkurve" 0 $y = x$ in $0 < x \leq 2\pi$ (Abb. 8.2) sind Beispiele hierzu. Die Fourier-Entwicklung der Sägezahnkurve lautet: $f(x) = \pi - 2(\sin(x) + \frac{1}{2}\sin(2x) + \frac{1}{3}\sin(3x)) + \frac{1}{4}\sin(4x) + \cdots)$. Man beachte, daß an den Intervallenden, also bei den Vielfachen von 2π, die Fourier-Reihe den Wert π hat, also das arithmetische Mittel von linkem und rechtem Wert. Es kann also an Unstetigkeitsstellen von $f(x)$ geschehen, daß die Fourier-Entwicklung die Funktion $f(x)$ nicht wiedergibt.

Wie gewinnt man die Fourier-Koeffizienten einer periodischen Funktion? Dies geschieht durch eine Integration über die Funktion $f(x)$. Wir geben hier die Formel für den Spezialfall der Periode $M = 2\pi$ an. Sie lauten für $k = 0, 1, 2$:

$$a_k = \frac{1}{\pi} \int_0^{2\pi} f(x) \cos(kx) dx \qquad \text{und} \qquad b_k = \frac{1}{\pi} \int_0^{2\pi} f(x) \sin(kx) dx \tag{8.5}$$

---
[1] $f(x)$ heißt gerade bzw. ungerade, wenn für alle x gilt $f(x) = f(-x)$ bzw. $f(x) = -f(-x)$.

8.2 Zusammenhang zur kontinuierlichen Fourier-Transformation   237

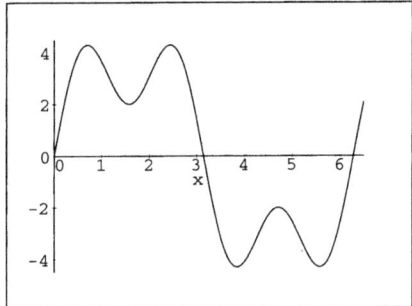
Abb. 8.1. Funktionsgraph

Damit kann man unter genügend starken Bedingungen, die erstmals von L. DIRICHLET (1805–1859) formuliert wurden, sowohl aus $f(x)$ die Fourier-Koeffizienten berechnen als auch aus diesen $f(x)$ zurückgewinnen.

8.2.3 Fourier-Reihen als Exponentialreihen mit komplexen Koeffizienten

Es ist bequemer (und allgemein üblich), mit komplexen Zahlen und insbesondere mit der komplexen Exponentialfunktion e^{ix} zu rechnen (Achtung: In der Elektrotechnik und damit in der gesamten Signaltheorie schreibt man für die imaginäre Einheit j und nicht i, um dort Verwechslungen mit dem Symbol für die Stromstärke zu vermeiden.). Wir folgen der in Mathematik und Informatik üblichen auf L. EULER (1707–1783) zurückgehenden Terminologie für $i = \sqrt{-1}$. Wir setzen die Kenntnis der *Gaußschen Zahlenebene* [Bro83] voraus, die eine komplexe Zahl $a + ib$ auf dem Kreis um den Nullpunkt mit $r = \sqrt{a^2 + b^2}$ mit dem Winkel $\phi = \arctan(b/a)$ darstellt. Da sich dann in der Gaußschen Zahlenebene $a = r\cos(\phi)$ und $b = r\sin(\phi)$ ergibt, kann man die Exponentialfunktion mit rein imaginären Argumenten durch die Euler-Relation:

$$e^{i\phi} := \cos\phi + i\sin\phi \qquad (8.6)$$

definieren. Allgemeiner kann man die Exponentialfunktion e^z für beliebige komplexe Argumente z so definieren, daß sie die Euler-Relation und die aus dem Reellen bekannte Exponentialfunktion als Spezialfälle enthält [Bro83]. Gleiches gilt für die Sinus- und Cosinusfunktion mit komplexem Argument

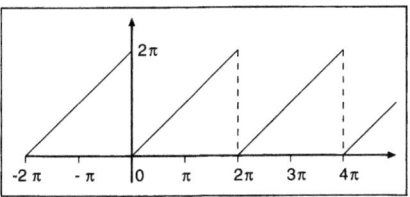
Abb. 8.2. Sägezahnkurve

238   8. Die diskrete Fourier-Transformation

z. Die aus dem Reellen bekannten Zusammenhänge zwischen den trigonometrischen Funktionen übertragen sich wortwörtlich. Ein wichtiges Gesetz für beliebige komplexe Zahlen u, v und z lautet:

$$u \cos z + iv \sin z = \frac{u+v}{2} e^{iz} + \frac{u-v}{2} e^{-iz} \qquad (8.7)$$

Für $u = v = 1$ und reelle $z = \phi$ erhalten wir hieraus wieder die Euler-Relation.

Wir beobachten auch, daß $e^{2\pi i/M} = \cos(2\pi/M) + i \sin(2\pi/M)$ eine (primitive) M-te Einheitswurzel ist, denn es gilt:

$$e^{2\pi i} = \cos 2\pi + i \sin 2\pi = 1 \qquad (8.8)$$

Die Funktion e^w hat also die Periode $2\pi i$.

Bei konsequent komplexer Schreibung kann man reellwertige Funktionen $f(x)$ mit der Periode M statt durch ihre Fourier-Reihe auch durch eine (allerdings i.allg. von $-\infty$ bis $+\infty$ laufende) sog. Laurent-Reihe in Potenzen der komplexen Größe $e^{2\pi i x/M}$ darstellen: $f(x)$ läßt sich nämlich (eindeutig!) zerlegen in einen geraden Anteil $g(x)$ und einen ungeraden Anteil $u(x)$. Schreibt man also $f(x) = g(x) + u(x)$, so ergibt sich:

$$g(x) = \frac{a_0}{4} + \sum_{k=1}^{\infty} a_k \cos\left(k\frac{2\pi}{M} x\right) \quad \text{und} \quad u(x) = \frac{a_0}{4} + \sum_{k=1}^{\infty} b_k \sin\left(k\frac{2\pi}{M} x\right) \qquad (8.9)$$

Setzt man nun $\beta_k := -ib_k$, so hat man wegen $i^2 = -1$ die Darstellung:

$$f(x) = \frac{a_0}{2} + \sum_{k=1}^{\infty} \left(a_k \cos\left(k\frac{2\pi}{M} x\right) + i\beta_k \sin\left(k\frac{2\pi}{M} x\right) \right) \qquad (8.10)$$

Nach der verallgemeinerten Euler-Relation läßt sich jeder der Summanden darstellen durch:

$$\frac{a_k + \beta_k}{2} e^{\frac{2\pi i}{M} kx} + \frac{a_k - \beta_k}{2} e^{-\frac{2\pi i}{M} kx} = \frac{a_k + \beta_k}{2} w^{kx} + \frac{a_k - \beta_k}{2} w^{-kx} \qquad (8.11)$$

Hierbei steht w für die primitive M-te Einheitswurzel $e^{2\pi i/M}$. Hieraus ergibt sich eine Darstellung (mit i.allg. komplexen Koeffizienten):

$$f(x) = \sum_{k=-\infty}^{+\infty} c_k w^{kx} \quad \text{mit} \quad c_0 = \frac{a_0}{2} \quad \text{und} \quad c_{\pm k} = \frac{a_k \pm ib_k}{2} \qquad (8.12)$$

8.2.4 Das Spektrum einer periodischen Funktion und das kontinuierliche Spektrum

Fassen wir zusammen, so können wir sagen, daß jede periodische reellwertige Funktion (unter einschränkenden Bedingungen, z.B. der Stetigkeit im Inneren des Trägerintervalles) eindeutig durch die von $-\infty$ nach $+\infty$ laufende Folge:

$$\ldots, c_{-2}, c_{-1}, c_0, c_1, c_2, \ldots \qquad (8.13)$$

die sog. Fourier-Koeffizienten, dargestellt werden kann. Diese Folge heißt das *Spektrum* von $f(x)$. Man kann also statt der kontinuierlichen Funktion im Ortsbereich (oder bei der Deutung von $x = t$ als Zeit im Zeitbereich) auch die diskrete Folge der Fourier-Koeffizienten betrachten. Die in der Darstellung:

$$f(x) = \sum_{-\infty}^{+\infty} c_k w^{kx} \qquad (8.14)$$

auftretenden *Basisfunktionen* w^{kx} haben für $k \neq 0$ die Periode $M/|k|$, denn es gilt $w^{k(x+M/|k|)} = w^{kx} \cdot w^{\pm M} = w^{kx} \cdot e^{\pm 2\pi i M/M} = w^{kx}$. Die (i.allg. komplexen) Koeffizienten c_k lassen sich also als Gewichte interpretieren, mit denen die durch w^{kx} gegebenen Frequenzanteile in $f(x)$ auftreten.

Es sei hier erwähnt, daß sich für eine hinreichend eingeschränkte Klasse nicht notwendig periodischer Funktionen $f(x)$ durch die kontinuierliche Fourier-Transformation eine ebenfalls umkehrbare Abbildung in einen Fourier-Raum ergibt, die zu einem i.allg. kontinuierlichen Spektrum führt. Statt der Summendarstellung von $f(x)$ ergibt sich hier ein Integral (vgl. Kap. 5):

$$f(x) = \int_{-\infty}^{+\infty} F(u) e^{2\pi i u x} du \qquad (8.15)$$

Hierbei ist die Funktion $F(u)$ ihrerseits, die sog. Fourier-Transformierte von f, gegeben durch (vgl. Kap. 5):

$$F(u) = \frac{1}{2\pi} \int_{-\infty}^{+\infty} f(x) e^{-2\pi i u x} dx \qquad (8.16)$$

Es sei darauf hingewiesen, daß es andere Versionen der Fourier-Transformation gibt, bei denen der Faktor 2π in vertauschter Weise in f bzw. F auftritt (vgl. Kap. 5).

Der Spezialfall der periodischen Funktion $f(x)$ läßt sich hier aber besonders klar herausarbeiten für solche $f(x)$ mit der Periode 2π. Hierzu sei auch daran erinnert, daß man die Koeffizienten a_k und b_k der Fourier-Darstellung einer periodischen Funktion $f(x)$ mit Integrationsformeln berechnen konnte. Schließlich sei erwähnt, daß bei solchen Varianten häufig das positive und das negative Vorzeichen im Exponenten gerade in vertauschter Weise auftreten.

Ein solcher Tausch beruht nicht auf einem Vorzeichenfehler, sondern auf einer anders gefaßten Definition. So hätten wir in der Darstellung von $f(x)$ als Exponentialreihe auch:

$$f(x) = \sum_{k=-\infty}^{+\infty} d_k w^{-kx}$$

schreiben können, wenn wir $d_k := c_{-k}$ definiert hätten.

8.3 Die diskrete Fourier-Transformation (DFT)

8.3.1 Periodische diskrete Funktionen

Wir betrachten nun den Fall einer diskreten (eindimensionalen) Pixel-Grauwertfunktion, die periodisch auf ihrem Träger $f(0), f(1), \cdots, f(M-1)$ zu $f(M) = f(0)$, $f(M+1) = f(1)$, ... bzw. $f(-1) = f(M-1)$, $f(-2) = f(M-2)$, ... fortgesetzt sei. Auch eine solche Funktion läßt sich als eine gewichtete Summe von Frequenzanteilen darstellen. Die Aufgabe, die sich hier stellt, kann man auf zweierlei Weise formulieren:

1. Gibt es eine kontinuierliche reellwertige Funktion (Signal) $\phi(x)$ der Periode M, so daß f durch Abtastung an den Stellen $0, 1, \ldots, M-1$ entsteht, d.h. $f(0) = \phi(0)$, $f(1) = \phi(1)$, ..., $f(M-1) = \phi(M-1)$ ist? Diese Frage kommt aus der Signaltheorie, in der das Bild als ein kontinuierliches Signal in einem endlichen Intervall angesehen wird und die Eigenschaften des diskreten Bildes $f(m)$ durch Analyse des periodisch fortgesetzten Signals zu bestimmen versucht werden. Von fundamentaler Bedeutung ist hier die Tatsache, daß die Rekonstruktion von $\phi(x)$ aus $f(n)$ sicherlich nicht gelingen kann, wenn $\phi(x)$ Frequenzanteile mit zu kleiner Periode hat: Zum Beispiel würde sich ein additiver Anteil der Form $b_k \sin(2\pi k x/M)$ für $k = M \cdot l$ mit ganzzahligem l nicht bemerkbar machen, da er für $x = 0, 1, \ldots, M-1$ sicherlich verschwindet. Die genauen Bedingungen an ϕ, unter denen die Abtastung an den Stellen $x = 0, 1, \ldots, M-1$ die Rekonstruktion von $\phi(x)$ gestattet, werden im *Abtasttheorem* formuliert (vgl. Kap. 5).

2. In der medizinischen Bildverarbeitung wird der Weg, die Periodizitätseigenschaften von $f(x)$ zu untersuchen über die Rückgewinnung der Funktion ϕ – wenn es sie denn gibt –, oft als ein Umweg empfunden. Wenn man das diskrete Pixelbild als a-priori gegeben ansieht – dies ist in vielen, wenn nicht den meisten Anwendungen der Fall –, so kann man die schwächere Forderung stellen, $f(x)$ durch eine kontinuierliche Funktion $\phi(x)$ derart zu *interpolieren*, daß die relevanten Eigenschaften von $f(x)$ auf einfache Weise aus $\phi(x)$ entnommen werden können.

Es gibt viele Möglichkeiten, eine diskrete reellwertige Funktion zu interpolieren; die von uns hier betrachtete Methode ist vom Standpunkt der approximationstheoretisch orientierten Numerik keineswegs optimal. Es kommt uns aber auf eine Transformation bzw. Interpolation an, die die Frequenzanteile eines Bildes in einfacher Weise zu behandeln gestattet. Dabei nimmt man sogar in Kauf, daß $\phi(x)$ auf Zwischenwerten nichtreelle Werte annehmen darf. In letzter Konsequenz könnte man ϕ sogar für beliebige komplexe Argumente $z = x$ definieren.

8.3.2 Die DFT als endliche Exponentialsumme

Der entscheidende Vorteil dieser von uns im folgenden wahrgenommenen Abschwächung liegt darin, daß wir eine $f(m)$ interpolierende Funktion $\phi(x)$ durch eine *endliche* Exponentialsumme definieren können. Genauer können wir eine Folge von komplexen Zahlen $F(0), \cdots, F(M-1)$ angeben, so daß mit $w = e^{2\pi i/M}$ gilt, daß für reelle (evtl. sogar komplexe) x gilt:

$$\phi(x) = \sum_{k=0}^{M-1} F(k) w^{kx} \qquad (8.17)$$

Dabei gilt an ganzzahligen Argumenten $x = m$, daß $\phi(m) = f(m)$ ist. Es gilt also dann:

$$f(m) = \sum_{k=0}^{M-1} F(k) w^{km} \qquad \text{für} \qquad m = 0, 1, \ldots, M-1 \qquad (8.18)$$

Damit ist für das Bild $f(m)$ eine (interpolierende) Darstellung gegeben, die nur endlich viele Frequenzen bzw. nur Anteile mit endlich vielen Perioden $M, M/2, M/3, \ldots, M/(M-1)$ sowie einen konstanten Anteil $F(0)$ enthält.

Wie berechnet man diese Koeffizienten? Dies geschieht durch eine zu (8.17) beinahe duale Formel:

Satz. Definiert man mit Hilfe der Funktionswerte aus (8.17) für reelle oder gar komplexe x die Exponentialreihe:

$$\Phi(x) := \frac{1}{M} \sum_{m=0}^{M-1} f(m) w^{-mx} \qquad (8.19)$$

so ergeben sich für $x = k$ gerade die gesuchten Fourier-Koeffizienten $F(k)$. Diese Fourier-Koeffizienten sind i.allg. komplexe Zahlen. Auch hinter den Zahlen $F(k)$ steht also eine interpolierende kontinuierliche komplexwertige Funktion $\Phi(x)$ – analog zum Verhältnis zwischen $f(m)$ und $\phi(x)$.

Bemerkung. Aus der Tatsache, daß $f(m)$ reell ist, kann man leicht beweisen, daß $F(k)$ und $F(M-k)$ zueinander konjugiert komplex sind, sich also nur im Vorzeichen ihres Imaginärteiles unterscheiden:

$$F(k) = F^*(M-k) \qquad (8.20)$$

Hieraus folgt insbesondere, daß $F(0) = F(M)$ reell ist; ferner ist $F(M/2)$ reell, falls M gerade ist.

Beweis. Der Beweis, daß sich die Beziehung (8.18) und:

$$F(k) := \frac{1}{M} \sum_{m=0}^{M-1} f(m) w^{-mk} \quad \text{für} \quad k = 0, 1, \ldots, M-1 \qquad (8.21)$$

gegenseitig implizieren, erfolgt durch gegenseitiges Einsetzen. Setzt man z.B. in die rechte Seite von (8.18) die Beziehung (8.21) ein (die vorsichtshalber mit dem Laufindex r statt m geschrieben wird), so erhält man:

$$f(m) = \sum_{k=0}^{M-1} \left(\frac{1}{M} \sum_{r=0}^{M-1} f(r) w^{-rk} \right) w^{km} = \frac{1}{M} \sum_{r=0}^{M-1} f(r) \sum_{k=0}^{M-1} w^{k(m-r)} \qquad (8.22)$$

Für $r = m$ hat die innere Summe den Wert $\sum_{k=0}^{M-1} w^0 = M$; für $r \neq m$ erhalten wir für die innere Summe nach der Summenformel für die endliche geometrische Reihe:

$$1 + w^{m-r} + (w^{m-r})^2 + \cdots + (w^{m-r})^{M-1} = \frac{(w^{m-r})^M - 1}{w^{m-r} - 1} = \frac{(w^M)^{m-r} - 1}{w^{m-r} - 1}$$

Da aber w eine M-te Einheitswurzel ist, so ist der Zähler 0, der Nenner aber $\neq 0$. Aus (8.22) folgt damit das Ergebnis der Gesamtrechnung:

$$\frac{1}{M} f(r) \sum_{k=0}^{M-1} 1 = f(r) \qquad (8.23)$$

Anmerkung. Gelegentlich wird die diskrete Fourier-Transformation (DFT) auch folgendermaßen definiert:

$$F(k) = \sum_{m=0}^{M-1} f(m) w^{mk} \quad \text{und} \quad f(m) = \frac{1}{M} \sum_{k=0}^{M-1} F(k) w^{-km}$$

Dieses Definitionspaar führt aber zu vollständig entsprechenden Ergebnissen.

8.3.3 Das Spektrum der DFT – Berechnungskomplexität und die schnelle Fourier-Transformation (FFT)

Neben dem endlichen Fourier-Spektrum der Zahlen $\{F(k)\}$ bezeichnet man die Zahlenmenge $\{|F(k)|\}$ als das Amplitudenspektrum und die Menge der Betragsquadrate $\{|F(k)|^2\}$ als das Energiespektrum oder Leistungsdichtespektrum. Aus dem englischen *power spectrum* hat sich mittlerweile auch die Bezeichnung *Power-Spektrum* etabliert. Da man die komplexe Zahl $F(k)$ auch als $|F(k)|e^{i\phi_k}$ schreiben kann, bilden die Zahlen $\{\phi_k\}$ das Phasenspektrum.

Die Berechnung aller M Zahlen $F(k)$ aus den Zahlen $f(m)$ erfordert gemäß der Beziehung (8.19) die Berechnung von M^2 Produkten $f(m) w^{-mk}$. Falls M eine Zweierpotenz ist, so kann man sich gewisse Symmetrien in den Potenzen der Einheitswurzeln zunutze machen und mit einer Größenordnung von $O(M \log M)$ Multiplikationen auskommen. Diese schnelle Fourier-Transformation (engl. fast Fourier transform (FFT)) ermöglicht ein billiges Übergehen vom Ortsraum der Bilder in den Frequenzraum der Fourier-Transformierten $F(k)$. Die gleiche niedrige Komplexität gilt selbstverständlich aufgrund der völligen Analogie zwischen den Formeln (8.18) und (8.21) für den umgekehrten Übergang vom Frequenzraum in den Ortsraum.

Zur diskreten Fourier-Transformation vergleiche man [Hab87, Stei93] sowie für tiefergehende Grundlagen [Jai89, Jae91].

8.4 Anwendungen der DFT

Gibt es nun gemäß den einleitenden Betrachtungen Manipulationen im Ortsraum, die von wesentlich größerer Komplexität als die korrespondierenden Manipulationen im Frequenzraum sind? Wir werden zwei wichtige Beispiele hierfür kennenlernen, die uns die Wichtigkeit der DFT unter Verwendung der FFT pausibel machen: Es handelt sich um *Falten* und *Filtern*.

8.4.1 Faltung

Das Falten zweier Bilder $f(m)$ und $g(m)$ ist eine für die Bildverarbeitung fundamentale Operation. Wir haben in Kapitel 7 gesehen, daß man z.B. die Bearbeitung eines Bildes mit einer Template-Maske als eine Faltung von f mit einem Bild g ansehen kann. Die Faltung $*$ von f und g ist dabei definiert durch:

$$(f * g)(m) := \frac{1}{M} \sum_{p=0}^{M-1} f(m-p) g(p) \qquad (8.24)$$

Die Normierung durch den Vorfaktor $1/M$ wird dabei häufig ignoriert.

Für das Template, das den Funktionswert $f(m)$ durch ausschließliche Berücksichtigung von $f(m)$ und seiner beiden Nachbarwerte transformiert, haben wir die Summe:

$$f(m-1)g(1) + f(m)g(0) + f(m+1)g(-1)$$

Dabei ist das Template-Bild g auf den Nullpunkt zentriert, was wegen der angenommenen Periodizität von g keine Einschränkung der Allgemeinheit bedeutet. Da bei konstanter Größe eines Templates zur Berechnung jedes manipulierten Wertes $(f * g)(m)$ nur konstant viele Multiplikationen (in unserem Beispiel sind es drei) erforderlich sind, ist der Gesamtaufwand $O(M)$. Anders wird die Situation, wenn wir statt Templates einer festen Größe, die ja nur lokale Einflüsse im Bild berücksichtigen können, globale Templates verwenden, d.h. die Faltung von f mit einem „vollen" Bild vorzunehmen ist. Dann steigt der Rechenaufwand für einen einzelnen Wert von $(f * g)(m)$

auf M Multiplikationen, der Gesamtaufwand hat die Größenordnung $O(M^2)$. Hier kann die DFT in Verbindung mit der FFT das Problem auf die Größenordnung $O(M \log M)$ reduzieren. Hintergrund hierfür ist das Faltungstheorem. Sei $h(m) = (f * g)(m)$ und seien H, F und G die zugehörigen Fourier-Spektren, dann gilt für alle k das Faltungstheorem:

$$h(m) = (f * g)(m) \circ \!\!\xrightarrow{\mathcal{F}}\!\!\bullet\, H(k) = F(k) \cdot G(k) \tag{8.25}$$

Dieses Ergebnis ist bemerkenswert: Denn statt mit $O(M^2)$ Operationen das Bild h als Faltung von f und g direkt zu berechnen, können wir mittels der FFT mit dem Aufwand $2O(M \log M)$ sowohl f als auch g in den Frequenzraum transformieren.

Hier können wir mit M Multiplikationen alle Zahlen $H(k)$ gemäß dem Faltungstheorem berechnen. Durch Rücktransformation in den Ortsraum erhalten wir mittels der FFT in weiteren $O(M \log M)$ Schritten das gewünschte durch Faltung manipulierte Bild $h(m)$. Der Gesamtaufwand auf diesem Umweg durch unser Transformationsdiagramm war also:

$$2O(M \log M) + M + O(M \log M) = O(M \log M) \tag{8.26}$$

Den Beweis des Faltungstheorems (8.25) führen wir durch einfache Verifikation. Wir haben:

$$H(k) = \frac{1}{M} \sum_{m=0}^{M-1} h(m) w^{-mk} = \frac{1}{M} \sum_{m=0}^{M-1} (f * g)(m) w^{-mk} \tag{8.27}$$

Nach Definition der Faltung (vgl. Kap. 7) ist dies:

$$H(k) = \frac{1}{M} \sum_m \left(\frac{1}{M} \sum_p f(m-p) g(p) \right) w^{-k(m-p+p)} \tag{8.28}$$

Vertauscht man die Summenbildungen und faßt man die Exponenten von w geeignet zusammen, erhält man:

$$H(k) = \frac{1}{M} \sum_p g(p) w^{-kp} \left(\frac{1}{M} \sum_m f(m-p) w^{-k(m-p)} \right) \tag{8.29}$$

Die innere Summation kann aber durch die Substitution $q := m - p$ umgewandelt werden in eine Summe $1/M \sum_q f(q) w^{-kq}$, wobei aus Periodizitätsgründen q wiederum von 0 bis $M - 1$ laufen kann. Also steht hier gemäß (8.21) $F(k)$, und insgesamt erhält man wie behauptet $H(k) = G(k) \cdot F(k)$.

8.4.2 Filterung

Die Grundidee des Filterns. Durch die Fourier-Transformation hat man im Prinzip die Möglichkeit, aus einem Bild eine unerwünschte Frequenz herauszufiltern. Die Grundidee ist einfach: Der Frequenzanteil $F(k)$ liefert gemäß (8.18) zur Darstellung von $f(m)$ einen Anteil $F(k)w^{km} = F(k)\mathrm{e}^{2\pi ikm/M}$. Die Größe $F(k)\mathrm{e}^{2\pi ikm/M}$ hat für $k \neq 0$ die Periode M/k und damit die Frequenz k/M.

Bei der Fourier-Transformation eines (zur Vereinfachung als eindimensional angenommenen) Bildes $f(x)$ mit den ganzzahligen (Grau-)Werten $f(0)$, $f(1), \ldots, f(M-1)$ sind gemäß (8.20) nur die $M/2+1$ Zahlen $F(0), F(1), \ldots, F(M/2)$ voneinander unabhängig. (Wir nehmen im folgenden an, daß M eine gerade Zahl ist; in der Praxis ist M sogar eine Zweierpotenz.) Da zwei von ihnen, nämlich $F(0)$ und $F(M/2)$, reell sind, die anderen aber i.allg. durch je einen nichtverschwindenden Real- und Imaginärteil repräsentiert werden, so hängt das System der Fourier-Transformierten (beruhigenderweise) – ebenso wie das Bild $f(m)$ – von M reellen Parametern ab. Wir können also bei der Multiplikation mit reellwertigen Bildern $f(m)$ sinnvollerweise nur an den ersten Fourier-Koeffizienten manipulieren. Abgesehen vom Sonderfall $k = 0$, bei dem sich $F(0) = 1/M \sum_{m=0}^{M-1} f(m)$ als Mittelwert aller Funktionswerte ergibt, entsprechen die Terme $F(k)\mathrm{e}^{2\pi ik/M}$ mit wachsendem $k \in \{1, \cdots, M/2\}$ sinkenden Periodenlängen und damit steigenden Frequenzen. Sind die Perioden nichtganzzahlig (z.B. für $M = 8$ und $k = 3$), so wirkt sich die Periodizität wohl bei der interpolierten Funktion $\phi(x)$ aus, sie ist aber auf den ganzzahligen Argumenten nicht direkt zu erkennen.

Für den Benutzer sind die Verhältnisse auf nicht ganzzahligen reellen Zwischenargumenten von $\phi(x)$ bzw. $\Phi(x)$ i.allg. nicht sichtbar; sie sind aber natürlich für das Funktionieren der Manipulation im Hintergrund entscheidend.

Ein Beispiel. Gegeben sei für $M = 8$ das Bild $f(m)$ wie folgt:

m	0	1	2	3	4	5	6	7
$f(m)$	1	1	2	0	3	3	4	2

Die Fourier-Koeffizienten berechnen sich gemäß (8.19) zu:

k	$F(k)$
0	2
1	$-\frac{1}{4} + \frac{i}{4}(\sqrt{2} + 1)$
2	$-\frac{1}{4} - \frac{i}{4}$
3	$-\frac{1}{4} + \frac{i}{4}(\sqrt{2} - 1)$
4	$\frac{1}{2}$

Für $k = 5, 6, 7$ ist jeweils das konjugiert Komplexe zu nehmen. Allgemeiner ist der Verlauf von $\phi(x) = u(x) + iv(x)$ bzw. $\Phi(x) = U(x) + iV(x)$ für reelle Zwischenwerte in $0 \leq x < M$ in der komplexen (u, v)- bzw. (U, V)-Ebene als kontinuierliche Kurve mit dem Kurvenparameter x darstellbar.

Erlaubte Manipulationen am Spektrum. Erst aus den komplexwertigen Interpolationskurven ist die Darstellung der interpolierenden Realteile $u(x)$ und der Imaginärteile $v(x)$ (bzw. $U(x)$ bzw. $V(x)$) verständlich. Der Benutzer ist aber allein an den Werten der Kurve $\phi(x)$ an ganzzahligen Argumenten interessiert und daran, daß diese dort auch nach der Manipulation im Frequenzraum rein reell ausfallen. Welche Manipulationen im Frequenzraum garantieren dies?

Satz. Beliebige Änderungen an den Fourier-Koeffizienten $F(0)$, $F(1)$, ..., $F(M/2)$ mit der Maßgabe, daß $F(0)$ und $F(M/2)$ reell zu bleiben haben, garantieren, daß die nach dieser Manipulation entstehende Funktion $g(x)$ für ganzzahlige x wiederum rein reell ist.

Beweis. Wir zeigen, daß die beiden zusammengefaßten Terme $S = F(k)w^{kx} + F(M-k)w^{(M-k)x}$, ($k \neq 0, M/2$) für reelle, ganzzahlige x reell sind. Damit ist dann die Behauptung bewiesen: Eine Manipulation der erlaubten Art an einem $F(k)$, $(k = 1, \cdots, M/2-1)$ ändert S und nur S in der Darstellung (8.17) und beläßt die sich ergebende Summe für $\phi(x)$ an ganzzahligen Argumenten als reelle Zahlen. Für $x = M/2$ ist der Anteil in der Darstellung (8.17) von der Form $F(M/2)e^{i\pi x}$. Für ganzzahlige $x = m$ ist dieser Term jedoch gleich $F(M/2)\cos \pi m = \pm F(M/2)$, also rein reell. Wir stellen $F(k)$ als komplexe Zahl $Ae^{i\varphi}$ mit der Amplitude A und der Phase φ dar. Dann ist:

$$S = F(k)w^{kx} + F^*(k)w^{(M-k)x} = Ae^{i\varphi}e^{\frac{2\pi i}{M}kx} + Ae^{-i\varphi}e^{\frac{2\pi i}{M}(M-k)x} \quad (8.30)$$

Wir klammern aus dem letzten Faktor $e^{i\pi x}$ aus und erhalten:

$$S = Ae^{i\pi x}\left(e^{i(\varphi+(\frac{2k}{M}-1)\pi x)} + e^{-i(\varphi+(\frac{2k}{M}-1)\pi x)}\right) \quad (8.31)$$

Der hintere Faktor hat die Form $e^{iA} + e^{-iA} = 2\cos A$. Damit ist:

$$S = Ae^{i\pi x}\cos\left(\varphi + (\frac{2k}{M}-1)\pi x\right) = A(\cos \pi x + i\sin \pi x)\cos\left(\varphi + (\frac{2k}{M}-1)\pi x\right) \quad (8.32)$$

Für ganzzahlige x ist $\sin \pi x = 0$. Hierfür ist also S rein reell, damit bleibt $g(x)$ für ganzzahlige x also reell.

Der bewiesene Satz beschreibt uns die für eine Frequenzmanipulation am Bild $f(x)$ vorliegenden Möglichkeiten. Die Änderung an einem $F(k)$ in der Nähe von $k = M/2$ wird üblicherweise als eine Manipulation mit einer „hohen Frequenz" gedeutet. Mathematisch liegt dieser Bemerkung lediglich die Tatsache zu Grunde, daß der Term $\cos(\varphi+(2k/M-1)\pi x)$ die Periode $M/(M/2-k)$ hat, weil $(2k/M-1)M/(M/2-k) = -2$ ist. Diese Periode ist aber in der Regel nicht ganzzahlig. Die Periodizität des zu entfernenden Termes S wird aber auch noch durch die Periodizität des weiteren Faktors $e^{i\pi x}$ beeinflußt. Dieser Term hat aber die (ganzzahlige!) Periode 2, so daß S i.allg. nur die triviale Periode M hat. Die Deutung von S als Frequenzanteil ist also mit Vorsicht zu genießen!

Tiefpaßfilter und andere Paßfilter. In der Praxis hat sich als Form der Manipulation am Frequenzspektrum $F(0), \ldots, F(M/2)$ besonders die Herausnahme eines ganzen *Intervalles* um den Punkt $F(\frac{M}{2})$ herum bewährt. Es werden also $F(0), \ldots, F(L-1)$, $(1 \leq L \leq M/2)$ unverändert gelassen, während $F(L) = F(L+1) = \cdots = F(M/2) = 0$ gesetzt wird. Man bezeichnet diese Manipulation als ein *Dirichlet-Filter* bzw. als ein *Tiefpaßfilter*, das die hohen Frequenzen abschneidet und nur die tiefen Frequenzen passieren läßt. Unbeschadet der geschilderten mathematischen Fakten und Vorbehalte haben sich in der Praxis Tiefpaßfilter zum Glätten von zu scharfen Kontrasten, die durch hohe Frequenzen hervorgerufen werden, gut bewährt. Es kann aber auch mit beliebigen Manipulationen an den Frequenzanteilen $F(0), F(1), \ldots, F(M/2)$ (mit den obigen Einschränkungen für $F(0)$ und $F(M/2)$) experimentiert werden. So bezeichnet man die Herausnahme eines ganzen Intervalles um $F(0)$ herum als *Hochpaßfilter*. Hierbei wird also insbesondere $F(0)$, der Durchschnitt aller Funktionswerte von $f(m)$, ausgeblendet. Durch Kombination eines Tiefpaß- und eines Hochpaßfilters entsteht ein *Bandpaßfilter*.

Der Dirichlet-Filter hat eine besonders übersichtliche Wirkung und eine besonders elegante rechnerische Behandlung, die sicherlich ein Grund für seine Beliebtheit in der Bildverarbeitung ist: Wir betrachten ein „gestörtes" Eingabebild $f(m)$ und das nach Durchführung des Dirichlet-Filters (zu L und M) resultierende „entstörte" Bild $g(m)$.

Die Fourier-Spektren beider Funktionen sehen wie folgt aus:

$$f(m) \circ\!\!-\!\!\bullet F(0)\ldots F(L-1), F(L)\ldots F(\tfrac{M}{2})\ldots F(M-L), F(M-L+1)\ldots F(M-1)$$
$$g(m) \circ\!\!-\!\!\bullet F(0)\ldots F(L-1),\ 0\ \ldots\ 0\ \ldots\ 0\ \ \ F(M-L+1)\ldots F(M-1)$$
$$= G(0)\ldots G(L-1), G(L)\ldots G(\tfrac{M}{2})\ldots G(M-L), G(M-L+1)\ldots G(M-1)$$

Ein Tiefpaßfilter kann nun als binäre Funktion im Frequenzraum (Dirichlet-Filter) gedeutet werden. Im Frequenzraum können wir nämlich $G(k)$ durch Multiplikation mit einem Dirichlet-Filter $D(k)$ aus $F(k)$ erhalten: Es gilt $G(k) = F(k) \cdot D(k)$, wenn wir $D(k)$ und das entsprechend rücktransformierte $d(m)$ wie folgt wählen:

$$d(m) \circ\!\!-\!\!\bullet D(0)\ldots D(L-1), D(L)\ldots D(\tfrac{M}{2})\ldots D(M-L), D(M-L+1)\ldots D(M-1)$$
$$= \ \ \ 1\ \ \ldots\ \ 1,\ \ \ \ 0\ \ \ldots\ 0\ \ \ldots\ 0,\ \ \ \ \ \ \ \ 1\ \ \ \ \ldots\ \ 1$$

Die Wirkung des Frequenzfilters D läßt sich aufgrund des Faltungstheorems (8.25) im Ortsraum als die Faltung $g(m) = (f * d)(x)$ darstellen.

Wir haben also im Ortsraum das Eingabebild mit $d(m)$ zu falten. Diese Faltung erfordert den Rechenaufwand[2] $O(M^2)$; unter Verwendung der FFT können wir diesen Aufwand auf die Größenordnung $O(M \log M)$ reduzieren. Es ist also in der Regel günstiger, die FFT zu verwenden, als daß man die Zahlen $d(0), \ldots, d(M-1)$ berechnet und mit diesen $f(m)$ im Bildraum faltet.

---
[2] vgl. die Bemerkungen zu (8.25) auf den Seiten 244 f.

8. Die diskrete Fourier-Transformation

Andererseits kann man Tiefpaßfilter als Faltungspartner im Ortsraum interpretieren. Man kann die Zahlen $d(m)$ natürlich (ein für allemal) durch Rücktransformation ausrechnen. Sie sind nach dem bisher Gesagten selbstverständlich reell, wenn auch i.allg. nicht ganzzahlig. Wir beweisen die Formel:

$$d_{L,M}(m) = \frac{\sin\left((2L-1)\frac{\pi m}{M}\right)}{\sin\left(\frac{\pi m}{M}\right)} \quad \text{für} \quad m = 1, \ldots, M-1 \tag{8.33}$$

Ferner ergibt sich $d_{L,M}(0) = d_{L,M}(M) = 2L - 1$. Zum Beweis betrachten wir gemäß (8.18) die Summe:

$$d_{L,M}(m) = \sum_{k=-\frac{M}{2}+1}^{\frac{M}{2}} D(k) w^{km} \tag{8.34}$$

Wir haben die Formel in einer um $k = 0$ symmetrisierten Summationsreihenfolge hingeschrieben. Nach Definition von D ist dies:

$$d_{L,M}(m) = \sum_{k=-(L-1)}^{L-1} w^{km} \tag{8.35}$$

Für $m = 0$ und $m = M$ ist $w^{km} = 1$. Damit hat die Summe, die aus $2L - 1$ Summanden besteht, den Wert $L - 1$. Für $m \in 1, 2, \ldots, M-1$ benutzen wir die Summenformel für die geometrische Reihe mit dem Anfangsterm $w^{-(L-1)m}$ und dem Quotienten w^m. Damit ist:

$$d_{L,M}(m) = w^{-(L-1)m} \cdot \frac{(w^m)^{2L-1} - 1}{w^m - 1} \tag{8.36}$$

Hierbei ist der Nenner $w^m \neq 1$, da $w = e^{\frac{2\pi}{M}}$ eine primitive M-te Einheitswurzel ist. Wir erhalten nach einer leichten Rechnung:

$$d_{L,M}(m) = \frac{w^{(L-\frac{1}{2})m} - w^{-(L-\frac{1}{2})m}}{w^{\frac{m}{2}} - w^{-\frac{m}{2}}} \tag{8.37}$$

Benutzt man nun die Formel $\sin t = 1/2\pi (e^{it} - e^{-it})$ und die Definition von $w = e^{2\pi i/M}$, so erhält man sofort (8.33).

Es ist sehr lehrreich, sich den Funktionsverlauf der Funktion $d_{L,M}(x) = \sin((2L-1)\pi x/M) / \sin(\pi x/M)$ im Intervall $-M/2 \leq x \leq +M/2$ anzusehen (vgl. (8.33)). Bemerkenswert ist, daß hier die Fourier-Rücktransformierte von $D(k)$ für reelle x auch reell ausfällt. Wir interessieren uns für die Werte dieser Funktion an den ganzzahligen Argumenten $x = \rho$, denn diese treten in der Faltung $g = f * d$ auf. Wir zeigen den Funktionsverlauf für den Fall $M = 8$ und $L = 2, 3$ und 4 (Abb. 8.3).

Wir erkennen, daß sich mit wachsendem L die Werte von $d_{L,M}(m)$ immer stärker um den Nullpunkt konzentrieren. Bei der Ausführung der Faltung kann man also die Werte von $d_{L,M}(m)$ weitab von $m = 0$ (für $|m|$

8.5 Zweidimensionale Fourier-Transformation

oberhalb einer geeigneten Zahl T) vernachlässigen. Rundet man die Werte einer solchen Rücktransformation $d_{L,M}(m)$ für $|M| < T$ dann in geeigneter Weise, so kommt man zu einem approximierten Filter $\mathcal{F}$, das sich als Template der Dimensionierung $2T-1$ im *Ortsraum* interpretieren läßt. In diesem Fall, d.h. wenn T gegenüber M vernachlässigbar ist, ist dann wiederum eine Selbsttransformation des Ortsraumes (vgl. Kap. 7) mit dem Filter $\mathcal{F}$ vorzuziehen. Da nämlich $T = O(1)$ gesetzt werden kann, ist der Aufwand zur Durchführung der Faltung mit $\mathcal{F}$ nur noch von der Größenordnung $O(M)$.

8.5.1 Definitionen und Separierbarkeit

Wir haben die Idee des Dirichlet-Filters am eindimensionalen Beispiel beschrieben. Die Praxis ist zweidimensional! Es ergeben sich aber keine grundsätzlich neuen Probleme, da sich die diskrete Fourier-Transformation als *separierbar* herausstellt: Die zweidimensionale Fourier-Transformation ist wie folgt definiert (in Analogie zu (8.21) bzw. (8.18)):

$$F(k,l) = \frac{1}{MN} \sum_{m=0}^{M-1} \sum_{n=0}^{N-1} f(m,n) w_1^{-mk} w_2^{-nl} \qquad (8.38)$$

bzw.:

$$f(m,n) = \sum_{k=0}^{M-1} \sum_{l=0}^{N-1} F(k,l) w_1^{km} w_2 ln \qquad (8.39)$$

mit $w_1 = e^{2\pi i/M}; w_2 = e^{2\pi i/N}$. Diese Transformationen kann man zerlegen. Wir können (8.39) auch schreiben als:

$$f(m,n) = \sum_{k} \left(\sum_{l} F(k,l) w_2^{nl} \right) w_1^{km} \qquad (8.40)$$

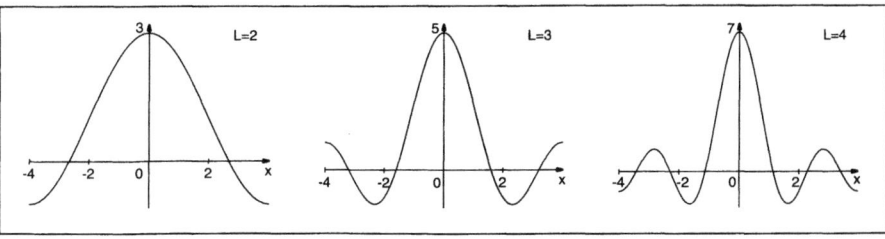

Abb. 8.3. Die Abbildung zeigt den Verlauf der Funktion $d_{M,L}(x)$ im Intervall $-M/2 \leq x \leq M/2$ für $M = 8$ und $L = 2$ (*links*), $L = 3$ (*Mitte*) und $L = 4$ (*rechts*). Für große L ähnelt der Funktionsgraph der si-Funktion.

250   8. Die diskrete Fourier-Transformation

bzw. (8.38) als:

$$F(k,l) = \frac{1}{M} \sum_m \left(\frac{1}{N} \sum_n f(m,n) w_2^{-nl} \right) w_1^{-mk} \qquad (8.41)$$

Wir können also erst in y-Richtung transformieren und dann das Ergebnis in x-Richtung transformieren.

8.5.2 Die zweidimensionale Faltung

Im Ortsraum hat man die zweidimensionale Faltung zu verwenden. Diese ist wie folgt definiert:

$$g(m,n) = (f * h)(m,n) = \frac{1}{MN} \sum_{p=0}^{M-1} \sum_{q=0}^{N-1} f(m-p, n-q) h(p,q) \qquad (8.42)$$

(Bei manchen Autoren wird der Vorfaktor MN nicht in die Definition der Faltung einbezogen).

Es versteht sich, daß rein mathematisch für eine dreidimensionale Szenenverarbeitung analog auch eine dreidimensionale FT und eine dreidimensionale Faltung definiert werden können.

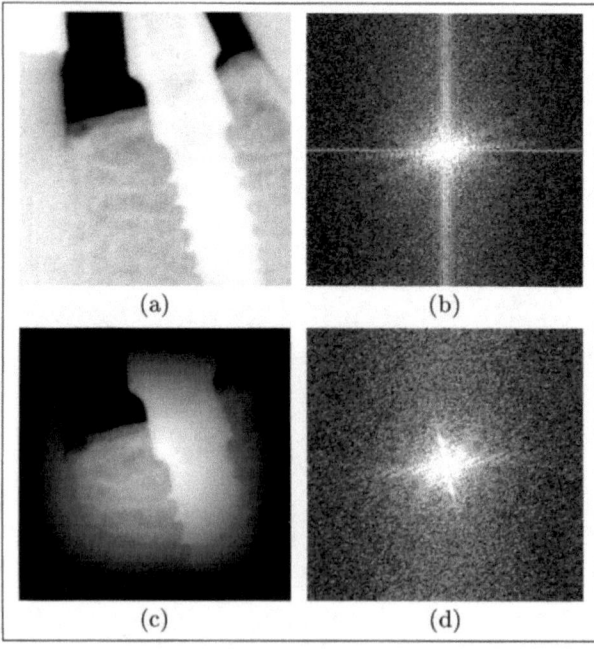

Abb. 8.4. Die dentale Röntgenaufnahme (**a**) wurde mit der FFT in den Fourier-Bereich transformiert (**b**). Durch die periodische Fortsetzung des Bildes bei der DFT entstehen nichtstetige Übergänge im Ortsbereich, die in ein Fensterkreuz im logarithmierten Power-Spektrum (**b**) übergehen. Vor der FFT wurde daher das Bild mit der Kaiser - Bessel - Funktion multipliziert (**c**). Das Spektrum des gefensterten Röntgenbildes enthält kein Kreuz (**d**).

8.5.3 Zweidimensionale Paßfilter

Der Begriff des Tiefpaß-, Hochpaß- und Bandpaßfilters kann analog auch für zweidimensionale Bilder und deren Fourier-Transformierte definiert werden. Es gilt ein Analogon zu (8.32). Es sind dann in der (k,l)-Frequenzebene als Tiefpaß alle Werte $F(k,l)$ außerhalb eines Kreises mit dem Radius $L-1$ um den Nullpunkt $(k,l) = (0,0)$ zu 0 zu setzen (auszublenden). Bei einem Hochpaß ist analog das Innere eines Kreises um den Nullpunkt auszublenden, bei einem Bandpaß alle Fourierkoeffizienten außerhalb eines Kreisringes um den Nullpunkt der Frequenzebene. Beispiele für entsprechend gefilterte reale Bilder zeigen die Abbildungen 8.4 und 8.5.

8.6 Fensterfunktionen

Bei der Fourier-Transformation von zweidimensionalen Bildern zeigen sich typischerweise in der Frequenzebene im Koordinatenkreuz Verstärkungen (Abb. 8.4), die daher rühren, daß bei der künstlichen Periodifizierung des Bildes $f(m,n)$ am Rand hochfrequente Summenanteile in (8.38) auftreten, die durch

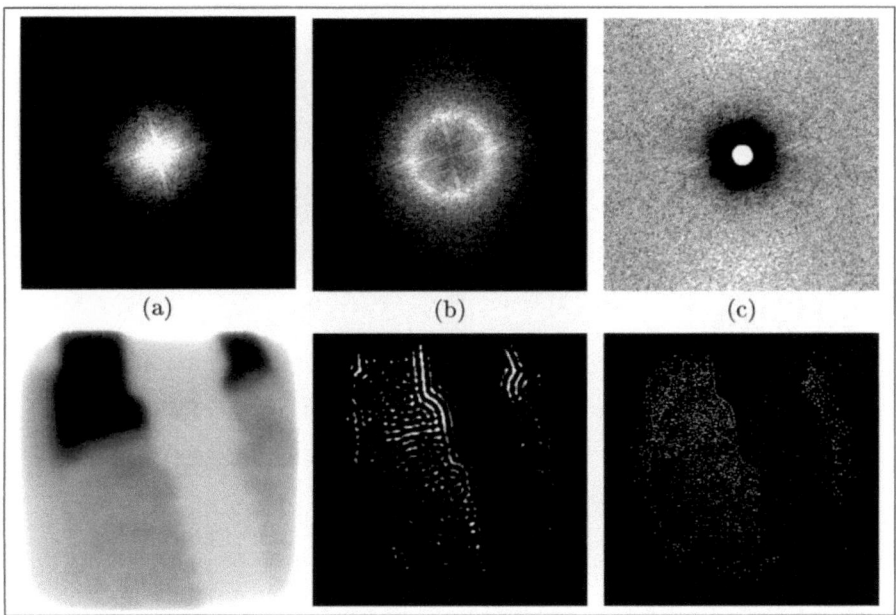

Abb. 8.5. Die dentale Röntgenaufnahme aus Abbildung 8.4 wurde im Frequenzbereich gefiltert. Die obere Bildreihe zeigt die logarithmierten Power-Spektren nach der Filterung mit einem Tiefpaß (**a**), einem Bandpaß (**b**) und einem Hochpaß (**c**). Die gefilterten Bilder sind nach inverser FFT in der unteren Zeile dargestellt.

die Tatsache, daß Bilder i.allg. nicht stetig wrap-around anschließen, verursacht sind. Um dieses Artefakt zu eliminieren, wird das Originalbild durch eine *Fensterfunktion* derart monoton transformiert, daß am Rand alle Unterschiede eingeebnet werden. Solche Fensterfunktionen sind also im Mittelpunkt der Ortsbereichsebene recht groß, am Rande aber sehr klein. Beispiele hierfür sind z.B. eine zweidimensionale Gauß-Glocke oder das sog. Kaiser-Bessel-Fenster [Har78]. Die Auswirkung einer solchen Fenstertransformation des Originalbildes wird in Abbildung 8.4 illustriert.

9. Die Wavelet-Transformation

In den Kapiteln 5 und 8 haben wir die Fourier-Transformation als wichtiges Werkzeug in der Bildverarbeitung kennengelernt. Ein Nachteil dieses Verfahrens liegt in der Tatsache, daß das gesamte Signal (sichtbar an den Integrationsgrenzen von $-\infty$ bis $+\infty$) für die Berechnung der Fourier-Transformierten herangezogen wird. Praktisch bedeutet dies, daß zwar eine exakte Frequenzinformation vorliegt, aber keine Aussage über den Ort (im Eindimensionalen die Zeit) mehr möglich ist, wo (bzw. wann) diese Frequenzen aufgetreten sind. Der Wunsch nach lokal begrenzten Aussagen über Frequenzanteile ist jedoch nicht ohne Modifikation der Fourier-Transformation oder ihrer Eingabedaten zu realisieren. Ein Weg dorthin ist die Einführung einer Fensterfunktion, bei der nur der von einem Fenster überlagerte Signalausschnitt Fouriertransformiert wird.

Im Gegensatz hierzu wird bei vielen Verfahren der Bildverarbeitung nur der lokale Zusammenhang zwischen Bildpunkten berücksichtigt und der globale Zusammenhang vernachlässigt. Hieraus entwickelten sich die heute als *Pyramidenkonzepte* oder *Multiresolution-Modelle* bekannten Ansätze. Der Grundgedanke liegt darin, daß das Bild mit verschiedenen Auflösungen betrachtet wird. Jede Auflösungsstufe korrespondiert mit einer maximal möglichen Ortsfrequenz. Eine sukzessive Verkleinerung des Bildes bedeutet eine sukzessive Tiefpaßfilterung.

Aus diesen Überlegungen heraus entwickelte BURT die *Gaußsche Pyramide* zur Berechnung von stets gröberen Approximationen des Originalbildes sowie die *Laplace-Pyramide*, um den Informationsunterschied von benachbarten Approximationen darzustellen [Bur83]. Abbildung 9.1 zeigt schematisch die Konstruktion einer solchen Pyramide, Abbildung 9.2 die Anwendung auf ein Röntgenbild. Der zur Interpolation herangezogene Filterkern ist so gewählt, daß jeweils die höchste Ortsfrequenz eliminiert wird [Jae91]. Dieser Pyramidenalgorithmus zerlegt das Bild somit in mehrere überlappende Frequenzbänder, d.h. die einzelnen Stufen enthalten z.T. redundante Informationen.

Aus verschiedenen Untersuchungen weiß man, daß der menschliche Sehapparat ein Bild in quasiunabhängige Frequenzkanäle zerlegt [Bec87, Che92, Mal89b]. Es wurde daher eine Verbesserung des Burtschen Pyramidenalgorithmus durch eine lineare Transformation des Bildes gesucht, die mit den

254   9. Die Wavelet-Transformation

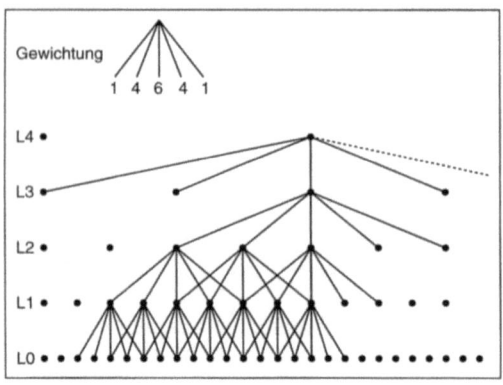

Abb. 9.1. Die Graphik veranschaulicht die Vorgehensweise bei der Berechnung der Gauß-Pyramide im Eindimensionalen. Das Level L0 entspricht dem Originalbild. Bei der Berechnung der nächsthöheren Stufe mit halbierter Auflösung werden jeweils 5 Pixel entsprechend der Gewichtungsmaske (Binomialmaske mit Multiplikationsfaktor 1/16) herangezogen. Im zweidimensionalen Fall wird ein entsprechendes (5 × 5)-Template verwendet (vgl. Kap. 7).

physiologischen Erkenntnissen über diese Funktionsweise des Sehapparates übereinstimmt oder diese zumindest approximiert.

Ein entsprechendes Werkzeug stellt die Wavelet-Transformation dar. Durch Anwendung der Wavelet-Transformation können lokale und nach Orientierung getrennte Frequenzinformationen aus einem Bild extrahiert werden. In der Regel handelt es sich um die Vorzugsrichtungen 0°, 45° und 90° entsprechend horizontaler, diagonaler und vertikaler Orientierung, die in entspre-

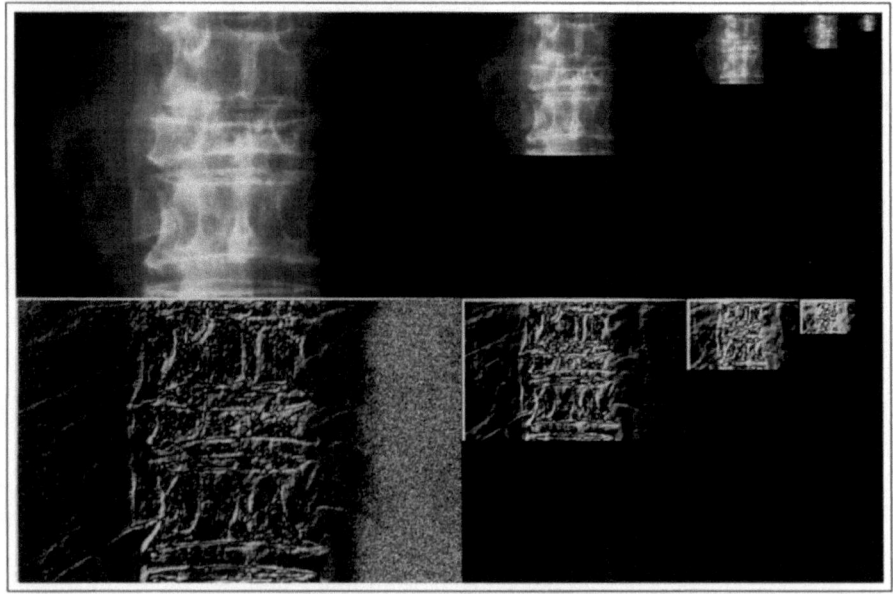

Abb. 9.2. In der oberen Reihe ist die Gauß-Pyramide für 5 Auflösungsstufen dargestellt. Darunter ist die zugehörige Laplace-Pyramide, die den Informationsunterschied zwischen den Stufen der Gauß-Pyramide beschreibt.

chenden Subbildern repräsentiert werden. Das wesentliche, die Eigenschaften der Wavelet-Transformation bestimmende Element, ist das *Mother-Wavelet*, also die zur Transformation eingesetzte Basisfunktion. Sie bildet als orts- und frequenzlokale Funktion die Grundlage zur Extraktion lokaler Frequenzinformationen aus dem zu analysierenden Signal. Wir werden sehen, daß eine zentrale Eigenschaft der Wavelet-Transformation die logarithmische Abstufung der Frequenzbänder ist (vgl. Weber-Fechnersches Gesetz, Kap. 3).

Zunächst werden wir die Wavelet-Transformation über die Fenster-Fourier-Transformation einführen, um insbesondere den Aspekt der Lokalisierbarkeit in Ort und Frequenz zu veranschaulichen. Anschließend wird das zur Wavelet-Transformation erforderliche Basissystem vorgestellt, das mit Hilfe der Multiresolution-Analysis systematisch konstruiert werden kann und zu einem schnellen Transformationsalgorithmus, den man auch als Pyramidenalgorithmus bezeichnet, führt.

9.1 Die Fenster-Fourier-Transformation

9.1.1 Mathematische Grundlagen

Aus signaltheoretischer Sicht bildet die Fourier-Transformation (Kap. 5 und Kap. 8) den Ausgangspunkt für die Zerlegung eines Signals in unabhängige Frequenzbänder. Ihre Hauptschwäche im Hinblick auf eine Signalanalyse ist die mangelnde Aussage über die Lokalisation eines Ereignisses in der Zeit (oder bei Bildern im Ort). Dem Spektrum $F(\omega)$ ist durch die Fourier-Transformation das Integral über das gesamte Signal $f(t) \in L^2(\mathbb{R})$ zugeordnet:

$$F(\omega) = \int_{-\infty}^{+\infty} f(t) e^{-i\omega t} dt \qquad \text{Kurzschreibweise:} \quad f(t) \circ\!\!-\!\!\stackrel{\mathcal{F}}{-\!\!-}\!\!\bullet F(\omega) \qquad (9.1)$$

Die Menge $L^2(\mathbb{R})$ kennzeichnet den Raum der meßbaren quadratintegrierbaren eindimensionalen Funktionen endlicher Energie. Für die Norm von $f(t) \in L^2(\mathbb{R})$ muß gelten:

$$\|f(t)\|^2 = \int_{-\infty}^{+\infty} |f(t)|^2 dt < \infty$$

Diese Bedingung bedeutet anschaulich, daß $f(t)$ betragsmäßig *schnell genug* auf 0 abfällt. Diese Bedingung wird z.B. von:

$$f(t) = \begin{cases} 1 & \text{für } |t| \leq 1 \\ 1/t^2 & \text{sonst} \end{cases}$$

erfüllt, da das Integral:

$$\int_1^{+\infty} \frac{1}{t^2} = \lim_{t \to \infty} (1 - \frac{1}{T}) = 1$$

konvergiert. Dies ist jedoch nicht mehr der Fall bei dem mit $f(t) = 1/\sqrt{t}$ gebildeten Integral. Auch die Gauß-Funktion $f(t) = e^{-t^2/2}$ gehört zu L^2. Hingegen gehören periodische Funktionen wie $f(t) = \sin(2\pi t)$, für die wegen der Periodizität $\int_{-\infty}^{+\infty} f(t)dt$ beschränkt ist, nicht zu L^2, da die Egalisierung durch das periodisch wechselnde Vorzeichen bei der Betragsquadratbildung fortfällt. Für die weiteren Betrachtungen wollen wir folgende Notation einführen: Für ein Funktionenpaar $f(t) \in L^2(\mathbb{R})$ und $g(t) \in L^2(\mathbb{R})$ wird das innere Produkt definiert durch:

$$\langle f(t), g(t) \rangle = \int_{-\infty}^{+\infty} f(t) \cdot g^*(t) \, dt \tag{9.2}$$

Der hochgesetzte Stern kennzeichnet dabei das Konjugiertkomplexe. Für reelle Funktionen gilt $f^*(t) = f(t)$. Weiterhin verwenden wir folgende Definitionen bzw. Schreibweisen:

$$\text{Streckung:} \quad f_{a,\cdot}(t) = |a|^{-\frac{1}{2}} f\left(\frac{t}{a}\right) \tag{9.3}$$

$$\text{Verschiebung:} \quad f_{\cdot,b}(t) = f(t - b) \tag{9.4}$$

$$\text{Spiegelung:} \quad \tilde{f}(t) = f(-t) \tag{9.5}$$

$$\text{Streckung und Verschiebung:} \quad f_{a,b}(t) = |a|^{-\frac{1}{2}} f\left(\frac{t-b}{a}\right) \tag{9.6}$$

9.1.2 Definition

Die unendliche Ausdehnung der komplexen Exponentialfunktion als Basisfunktion in (9.1) macht deutlich, daß lokale (also auf ein kleines Zeitintervall begrenzte) Änderungen des Signals $f(t)$ Auswirkung auf das gesamte Frequenzspektrum haben. Dies ist eine vielfach unbefriedigende Modellierung, denn der Mensch nimmt beispielsweise in einem Konzert einen einzelnen Paukenschlag auch zeitlich lokal wahr und ordnet ihn in seinem Höreindruck nicht dem gesamten Konzert zu. Die menschliche Wahrnehmung arbeitet also offenbar zeitlokal. Eine Möglichkeit zur Modellierung wäre die Annahme, daß eine Art Zerhackung oder Taktung mit einer festen Frequenz stattfindet. Dieser Ansatz kann aber nicht erklären, daß die Wahrnehmung unabhängig vom Zeitpunkt des Auftretens des Paukenschlages ist. Wir wissen weiterhin, daß wahrgenommene Frequenzen, die weit vom aktuellen Zeitpunkt entfernt liegen, keinen Beitrag mehr zum Höreindruck leisten. Deshalb modellieren wir die Wahrnehmung durch die Fenster-Fourier-Transformation F^{Fen} (eng. window Fourier transform or short-time Fourier transform). Die Funktion $f(t)$ wird dazu mit einer *wandernden* Fensterfunktion g multipliziert, und nur der

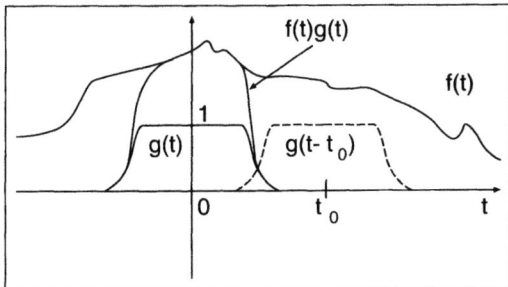

Abb. 9.3. Zur Fensterung wird die Funktion $f(t)$ mit dem Fenster $g(t)$ überlagert und der Funktionsausschnitt $f(t) \cdot g(t)$ wird Fourier-transformiert. Anschließend wird $g(t)$ um t_0 verschoben, und der Funktionsausschnitt $f(t) \cdot g(t-t_0)$ wird transformiert. (Nach [Dau92])

vom Fenster erfaßte Ausschnitt des Signals wird Fourier-transformiert (Abb. 9.3):

$$F^{\text{Fen}}(\omega, \tau) = \int_{-\infty}^{+\infty} f(t)g(t-\tau)e^{-i\omega t} dt \qquad (9.7)$$

Diese Erweiterung von (9.1) kann als Messung der Amplituden der Frequenzkomponenten von $f(t)$ mit der Frequenz ω in der Umgebung des Zeitpunktes τ interpretiert werden. Eine typische Klasse von Fensterfunktionen ist:

$$g_\alpha(t) = \begin{cases} 1 + \cos(\pi \alpha t) & \text{für } -1 \leq t \leq 1 \\ 0 & \text{sonst} \end{cases} \qquad (9.8)$$

In Abbildung 9.4 ist das *Chirp-Signal* (dt. zirpen) $f(t) = \sin(\pi t^2)$ zu sehen, das sich durch eine entlang der t-Achse ansteigende Frequenz auszeichnet. Die Multiplikation mit einer Fensterfunktion konstanter Breite zeigt der untere Teil der Abbildung 9.4 für zwei Werte von τ. Durch die Fensterung werden Signalausschnitte mit unterschiedlicher Frequenz extrahiert. Daher hat die extrahierte Information sowohl eine gewisse Orts- als auch Frequenzauflösung bzw. -unschärfe.

GABOR verwendete 1946 in seiner Arbeit als Fensterfunktionen die Gauß-Funktionen:

$$g_\alpha(t) = \frac{1}{2\sqrt{\pi\alpha}} e^{-\frac{t^2}{4\alpha}}$$

mit verschiedenen α. Diese spezielle Fenster-Fourier-Transformation heißt *Gabor-Transformation*. Da die Fourier-Transformierte der Gauß-Funktion wieder eine Gauß-Funktion ist, lassen sich lokale Informationen im Zeit- wie auch im Frequenzbereich extrahieren.

Allgemein wird die Fensterfunktion g mit einem festen α schnell abklingend oder sogar wie in (9.8) auf einem kompakten Träger[1] definiert gewählt. Die zeitliche Verschiebung um τ, die die relative Lage des Fensters wiedergibt, findet sich in (9.7) als zusätzlicher Parameter des Spektrums wieder. Die Fensterfunktion $g(t)$ sei dabei auf die Energie 1 normiert:

---

[1] Eine Funktion, die auf einem kompakten Träger definiert ist, nimmt nur innerhalb eines endlichen Intervalls Werte ungleich 0 an.

258   9. Die Wavelet-Transformation

$$\|g\|^2 = \int\limits_{-\infty}^{+\infty} |g(t)|^2 dt = 1 \qquad (9.9)$$

Verwendet man die Kurzschreibweise $g_{\omega,\tau}(t) = g(t-\tau) \cdot e^{-i\omega t}$, kann die Fenster-Fourier-Transformation nach (9.2) auch als inneres Produkt der Funktion $f(t)$ mit der Funktionenfamilie $\{g_{\omega,\tau}(t) \mid \omega, \tau \in \mathbb{R}\}$ geschrieben werden:

$$F^{\text{Fen}}(\omega,\tau) = \langle f(t), g_{\omega,\tau}(t) \rangle \qquad (9.10)$$

9.1.3 Zeit- und Frequenzanalyse

Bei der Anwendung der Fenster-Fourier-Transformation ist die Abschätzung der Frequenz- oder Zeitauflösung, die von der verwendeten Fensterfunktion $g(t)$ abhängt, ein wichtiger Faktor. Beide Größen sind voneinander abhängig und stellen charakteristische Eigenschaften der Transformation heraus. Wir werden diesen Zusammenhang deshalb zuerst analysieren. Die Herleitung der inversen Fenster-Fourier-Transformation, die auch als *Rekonstruktionsgleichung* bezeichnet wird, kann in [Pou96] nachgelesen werden.

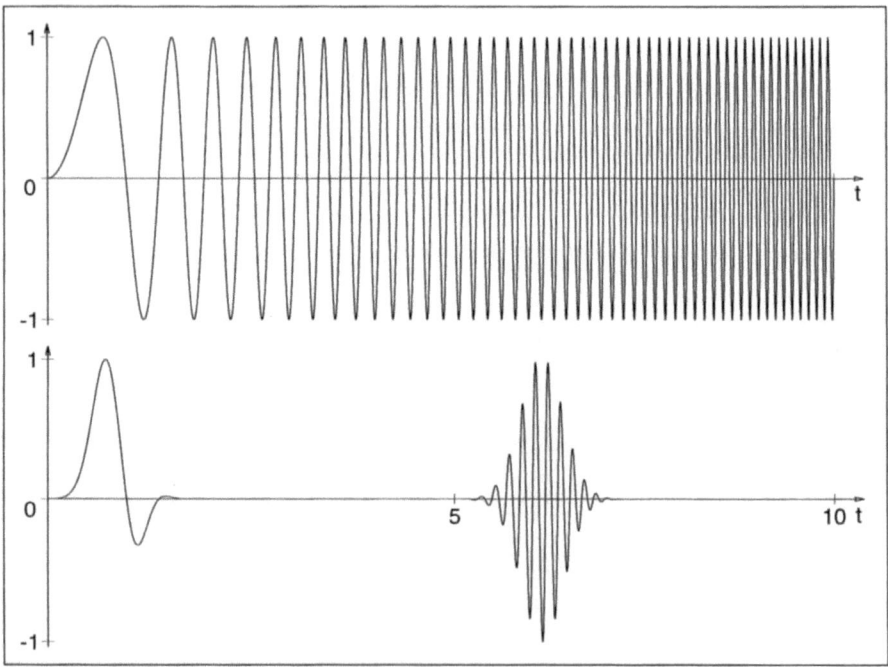

Abb. 9.4. Der obere Plot zeigt das Chirp-Signal $f(t) = \sin(\pi t^2)$, bei dem die Frequenz entlang der t-Achse ansteigt. Das mit $\tau_1 = \pi/4$ und $\tau_2 = 2\pi$ gefensterte Signal ist auf der unteren Achse dargestellt.

9.1 Die Fenster-Fourier-Transformation

Die Standardabweichung σ_g der Fensterfunktion $g(t)$ ist gegeben durch:

$$\sigma_g^2 = \int\limits_{-\infty}^{+\infty} t^2 |g(t)|^2 dt \qquad (9.11)$$

Sie beschreibt die *Orts*unschärfe bzw. *Orts*auflösung der extrahierten Information. Die Standardabweichung σ_G der Fourier-Transformierten von $G(\omega)$ beschreibt analog die *Frequenz*unschärfe bzw. *Frequenz*auflösung:

$$\sigma_G^2 = \int\limits_{-\infty}^{+\infty} \omega^2 |G(\omega)|^2 d\omega \qquad \text{mit} \qquad g(t) \circ\!\!\stackrel{\mathcal{F}}{\longrightarrow}\!\!\bullet G(\omega) \qquad (9.12)$$

Wir betrachten nun eine Funktion $g_{\omega_0,\tau_0}(t)$ mit ihrem Zentrum bei τ_0 und der Standardabweichung σ_g. Dann ist die Fourier-Transformierte $G_{\omega_0,\tau_0}(\omega)$ mit einer Standardabweichung von σ_G um ω_0 zentriert.

Wir benutzen hier das Parsevalsche Theorem $\langle f,g \rangle = \langle F,G \rangle$ in der Form [Kai94]:

$$\int\limits_{-\infty}^{+\infty} f(t) g^*(t) dt = \int\limits_{-\infty}^{+\infty} F(\omega) G^*(\omega) d\omega \qquad (9.13)$$

Für die vorliegende Fragestellung:

$$F^{\text{Fen}}(\omega_0, \tau_0) = \langle f, g_{\omega_0,\tau_0} \rangle \stackrel{?}{=} \langle F, G_{\omega_0,\tau_0} \rangle \qquad (9.14)$$

erhält man mit (9.13):

$$F^{\text{Fen}}(\omega_0, \tau_0) = \int\limits_{-\infty}^{+\infty} f(t) \cdot g^*_{\omega_0,\tau_0}(t) dt = \int\limits_{-\infty}^{+\infty} F(\omega) \cdot G^*_{\omega_0,\tau_0}(\omega) d\omega \qquad (9.15)$$

mit:

$$g_{\omega_0,\tau_0}(t) \circ\!\!\stackrel{\mathcal{F}}{\longrightarrow}\!\!\bullet G_{\omega_0,\tau_0}(\omega) \qquad \text{und} \qquad G_{\omega_0,\tau_0}(\omega) = G(\omega - \omega_0) \cdot e^{i\tau_0 \omega}$$

Die Zeitfensterung mittels g_{ω_0,τ_0} und die Frequenzfensterung mittels G_{ω_0,τ_0} hängen also über (9.15) zusammen. Daraus folgt, daß die Berechnung der Fenster-Fourier-Transformierten auch als Filterung mit Bandpässen verschiedener Mittenfrequenzen aber gleicher Hüllkurve $g(t)$ angesehen werden kann.

Den durch (9.15) gegebenen Zusammenhang zwischen Zeit- und Frequenzauflösung kann man im *Phasenraum* (Zeit/Frequenz-Ebene) darstellen (Abb. 9.5). Er ergibt sich durch die Betrachtung von $f(t)$ um τ_0 mit einer Standardabweichung von σ_g und von $F(\omega)$ um ω_0 mit einer Standardabweichung von σ_G. Abbildung 9.5 verdeutlicht dieses Verhalten für verschiedene Kombinationen von ω_i und τ_i. Dieser Zusammenhang läßt sich auch in Form einer Unschärferelation darstellen [Chu92]:

$$\sigma_g^2 \cdot \sigma_G^2 \geq \frac{\pi}{2} \tag{9.16}$$

Das in (9.16) links stehende Produkt erreicht bei der Gauß-Funktion als Fensterfunktion ein Minimum [Chu92, Kai94]. Aus Abbildung 9.5 wird deutlich, daß die verwendete Fenstergröße und -form für alle betrachteten Frequenzen konstant bleibt. Daraus folgt, daß eine Approximation hoher und niedriger Frequenzen eines Signals bei Verwendung eines starren Fensters nicht mit gleicher Güte möglich ist. Abbildung 9.4 verdeutlicht dies für das Chirp-Signal. Das Fenster war für beide betrachteten zeitlichen Lagen der Fensterfunktion gleich groß, was aber der jeweils betrachteten Frequenz des Chirp-Signals nicht optimal gerecht wird. Im rechten Bild ist die Frequenz besser aufgelöst als im linken, dafür ist links der Ort besser aufgelöst.

9.1.4 Nachteile der Fenster-Fourier-Transformation und Motivation der Wavelet-Transformation

Für die Lokalisation eines Ereignisses durch die Fenster-Fourier-Transformierte, beispielsweise einer Kante in einem Bild, ergibt sich eine Grenze σ_G der Genauigkeit. Zeigt ein Signal wichtige Merkmale mit unterschiedlicher Größe (in zeitlicher oder räumlicher Ausdehnung entsprechend unterschiedlicher Ortsfrequenzen), so ist die Festlegung einer optimalen Fenstergröße nicht möglich. Abhilfe würde die Veränderung der Fenstergröße bzw. der analysierenden Fensterfunktion $g(t)$ in Abhängigkeit vom betrachteten Frequenzbereich schaffen. Diese von MORLET eingeführte Zerlegung eines Signals (unter Beachtung wichtiger Nebenbedingungen für die Fensterfunktion) wird als Wavelet-Transformation bezeichnet.

Die Wavelet-Transformation kann Bilder in unabhängige, räumlich orientierte Frequenzkanäle zerlegen, deren Breite auf einer logarithmischen Skala

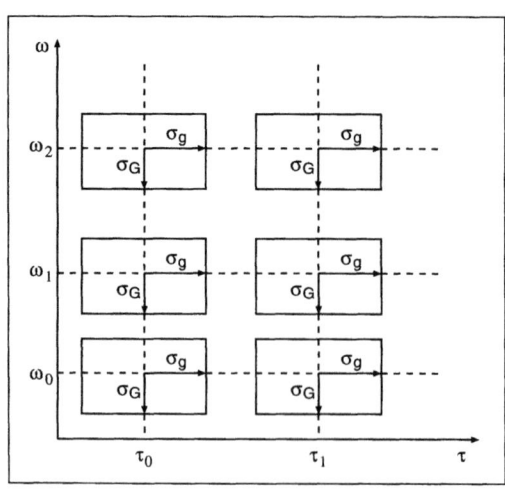

Abb. 9.5. Die Graphik zeigt die Phasenraumdarstellung für die Fenster-Fourier-Transformation. Die Auflösung in der Frequenz bzw. der Zeit ist gegeben durch die Auflösungszelle der Größe $[\tau_0 - \sigma_g, \tau_0 + \sigma_g] \times [\omega_0 - \sigma_G, \omega_0 + \sigma_G]$. Ihre Form ist im Gegensatz zur Wavelet-Transformation von der Lage von τ und ω unabhängig (siehe auch Abb. 9.9, S. 265).

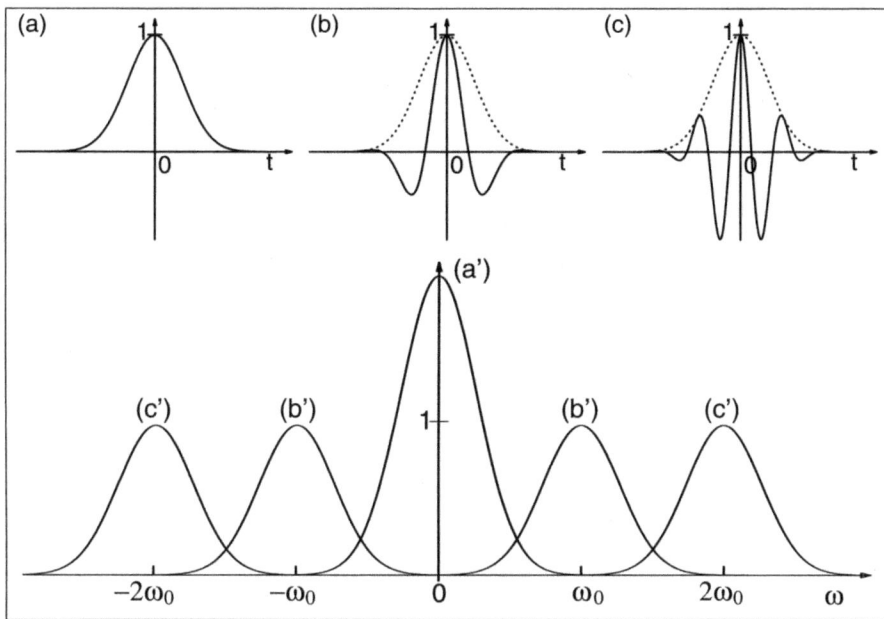

Abb. 9.6. Die Abbildung zeigt die Graphen: (a) Fensterfunktion $g(t)$, (b) $g(t)\cos(\omega_0 t)$, (c) $g(t)\cos(2\omega_0 t)$. Alle Funktionen haben dieselbe Fensterbreite aber unterschiedliche Frequenzen. Die Fourier-Transformierten (a'), (b') und (c') haben die gleiche Bandbreite aber verschiedene Positionen auf der Frequenzachse (siehe auch Abb. 9.8, S. 264). (Nach [Mal89a])

konstant sind. Die Fenster-Fourier-Transformation hingegen ermöglicht eine Zerlegung in Frequenzbänder gleicher Breite auf einer linearen Skala. Hierzu vergleiche man die Abbildung 9.6 mit Abbildung 9.8 auf Seite 264. Durch die Wavelet-Transformation wird es möglich, lokale Frequenzinformationen für jeden Bildpunkt zu bestimmen. Sie ist der Gabor- oder Fenster-Fourier-Transformation durch die Fähigkeit der adaptiven Filterung überlegen. Diese adaptive Filterung wird durch eine dynamische Fensterfunktion, die Wavelet-Funktion, erreicht, die sich mit ihrer Größe an die lokale Frequenzinformation anpaßt. Je höher die betrachtete Frequenz, desto kleiner wird das dynamische Fenster. Dadurch erreicht die Wavelet-Transformation eine charakteristische Zoom-In- oder Zoom-Out-Eigenschaft[2].

---

[2] Diese Eigenschaft wird auch als *mathematical microscope* bezeichnet.

9.2 Herleitung der Wavelet-Transformation

9.2.1 Die kontinuierliche Wavelet-Transformation

Die eindimensionale Wavelet-Transformation zerlegt ein Signal $f(t) \in L^2(\mathbb{R})$ in aufeinanderfolgende Frequenzbänder. Sie verwendet zur Transformation keine Sinus- und Cosinusschwingungen wie die (Fenster-)Fourier-Transformation, sondern eine Familie von orthonormalen Basen, die durch Translation um b und Skalierung durch a einer einzigen Funktion $\psi(t) \in L^2(\mathbb{R})$, der *Mother-Wavelet*, generiert wird (Basisfamilie):

$$\psi_{a,b}(t) = \frac{1}{\sqrt{|a|}} \psi\left(\frac{t-b}{a}\right) \qquad (9.17)$$

Der Faktor $1/\sqrt{|a|}$ dient der Normierung. Eine mögliche Wahl für $\psi(t)$ entsteht aus der zweiten Ableitung der Gauß-Funktion $e^{-t^2/2}$. Es ist die *Mexican-Hat-Funktion* (Abb. 9.7):

$$\psi(t) = (1-t^2) e^{\frac{-t^2}{2}} \qquad (9.18)$$

Die kontinuierliche Wavelet-Transformation $f(t) \circ\!\!\!-\!\!\!\stackrel{W}{\bullet} F^W(a,b)$ entspricht der Faltung ($\cong$ Fensterung) von $f(t)$ mit den skalierten und verschobenen Varianten $\psi_{a,b}(t)$ des Mother-Wavelets:

$$F^W(a,b) = |a|^{-1/2} \int_{-\infty}^{+\infty} f(t)\, \psi\left(\frac{t-b}{a}\right) dt \quad \text{mit} \quad a,b \in \mathbb{R} \quad a \neq 0 \qquad (9.19)$$

Für eine bestimmte Position b beschreibt $F^W(a,b)$ also die Details von $f(t)$ auf der Auflösungsstufe a.

Setzt man $\psi_a(t) = |a|^{-1/2} \cdot \psi(\frac{1}{a}t)$ und $\psi_{a,b}(t) = \psi_a(t-b)$, so kann die Wavelet-Transformation nach (9.19) analog zu (9.10) auch als inneres Produkt geschrieben werden:

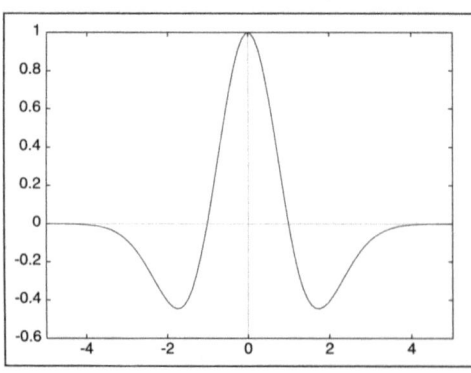

Abb. 9.7. Die Abbildung zeigt einen Plot der Mexican-Hat-Funktion nach (9.18).

$$F^W(a,b) = \langle f(t), \psi_{a,b}(t) \rangle \tag{9.20}$$

Die Familie der Funktionen, bezüglich der die Zerlegung des Signals erfolgt, ist gegeben durch $\{\psi_{a,b}(t) \mid a, b \in \mathbb{R}\}$, wobei für den Skalierungsparameter a meist $a = 2^m$ gewählt wird. Die ganze Zahl $m \in \mathbb{Z}$ bestimmt dann die Auflösungsstufe. An das verwendete Mother-Wavelet wird folgende Bedingung gestellt:

$$C_\psi = \int_0^{+\infty} \frac{|\Psi(\omega)|^2}{\omega} d\omega < \infty \quad \text{mit} \quad \psi(t) \circ\!\!-\!\!\stackrel{\mathcal{F}}{-}\!\!\bullet \Psi(\omega) \tag{9.21}$$

Wenn diese Konvergenzbedingung erfüllt ist, bezeichnet man ψ als *basic wavelet*. Man kann zeigen, daß (9.21) auch eine notwendige Bedingung für die Existenz der inversen Wavelet-Transformation ist.

Der Schlüssel zur Berechnung der Rekonstruktionsgleichung ist wieder das Parsevalsche Theorem:

$$F^W(a,b) = \langle f(t), \psi_{a,b}(t) \rangle = \langle F(\omega), \Psi_{a,b}(\omega) \rangle \tag{9.22}$$

Hieraus ergibt sich nach mehreren Schritten die Rekonstruktionsgleichung [Kai94]:

$$f(t) = \frac{1}{C_\psi} \int_{-\infty}^{+\infty} \int_{-\infty}^{+\infty} F^W(a,b) \frac{1}{a^2} \psi_{a,b}(t) \, da \, db \tag{9.23}$$

9.2.2 Zeit- und Frequenzanalyse

Die Bedingung (9.21) impliziert, daß $\Psi(0) = 0$ ist, also $\psi(t)$ keinen Gleichanteil besitzt, bzw. daß $\psi(t)$ um den Nullpunkt oszilliert. Weiterhin muß $\Psi(\omega)$ „schmal" in der Nachbarschaft von $\omega = 0$ sein, um die Bedingung (9.21) zu erfüllen. Diese Eigenschaften gaben ψ den Namen Wavelet oder *small wave*. $\psi(t)$ kann damit als Bandpaß interpretiert werden, und die Wavelet-Transformation von $f(t)$ kann als Filterung von $f(t)$ mit den Bandpässen $\psi_a(t)$ betrachtet werden. Die Fourier-Transformierte von $\psi_a(t)$ ist gegeben durch:

$$\Psi_a(\omega) = \sqrt{|a|} \Psi(a\omega) \quad \text{mit} \quad \psi_a(t) \circ\!\!-\!\!\stackrel{\mathcal{F}}{-}\!\!\bullet \Psi_a(\omega) \tag{9.24}$$

Daraus kann man folgern, daß die Bandbreite von $\Psi_a(\omega)$ auf einer logarithmischen Skala konstant ist (Abb. 9.8). Entsprechend zur Ableitung der Phasenraumgröße für die Fenster-Fourier-Transformation (Abb. 9.5, S. 260) kann man weiterhin zeigen, daß die Wavelet-Transformation bezüglich ω_0 und τ_0 eine von a abhängige Auflösung der Größe $[\tau_0 - a\sigma_g, \tau_0 + a\sigma_g] \times [\omega_0 - \frac{\sigma_G}{a}, \omega_0 + \frac{\sigma_G}{a}]$ hat [Hol95]. Wie bei der Fenster-Fourier-Transformation ist die Fläche dieser Zelle gleich $4 \cdot \sigma_g \cdot \sigma_G$, es ändert sich jedoch die Gestalt der Zelle (Abb. 9.9). Mit steigendem Skalierungsfaktor a wächst die Auflösung im Frequenzbereich, während zugleich die Auflösung im Zeitbereich sinkt.

9.2.3 Die diskrete Wavelet-Transformation

Die Darstellung der kontinuierlichen Wavelet-Transformation ist zunächst höchst redundant. Eine effiziente Berechnung der Wavelet-Transformation für eine kontinuierliche Funktion kann durch die Verwendung von Wavelet-Funktionen erreicht werden, die eine orthogonale Basis bilden. Solche Basen lassen sich durch die *Multiresolution-Analysis* systematisch konstruieren [Dau92, Hol95, Kai94]. Ähnlich wie bei der Fourier-Transformation eine Fourier-Reihendarstellung möglich ist erhält man durch Verwendung solcher Wavelet-Funktionen eine Wavelet-Reihendarstellung. Der Übergang auf die Wavelet-Reihendarstellung durch Einführung einer (bi-)ortogonalen Wavelet-Basis hat primär die Beseitigung dieser Redundanz zum Ziel. Die Aufgabe der *echten* diskreten Wavelet-Transformation besteht im Gegensatz dazu darin, eine diskrete Wavelet-Reihendarstellung für eine diskrete Funktion zu finden, wobei die Basis dazu natürlich ebenfalls aus diskreten Funktionen bestehen muß. Den Weg dorthin wollen wir im folgenden beschreiben.

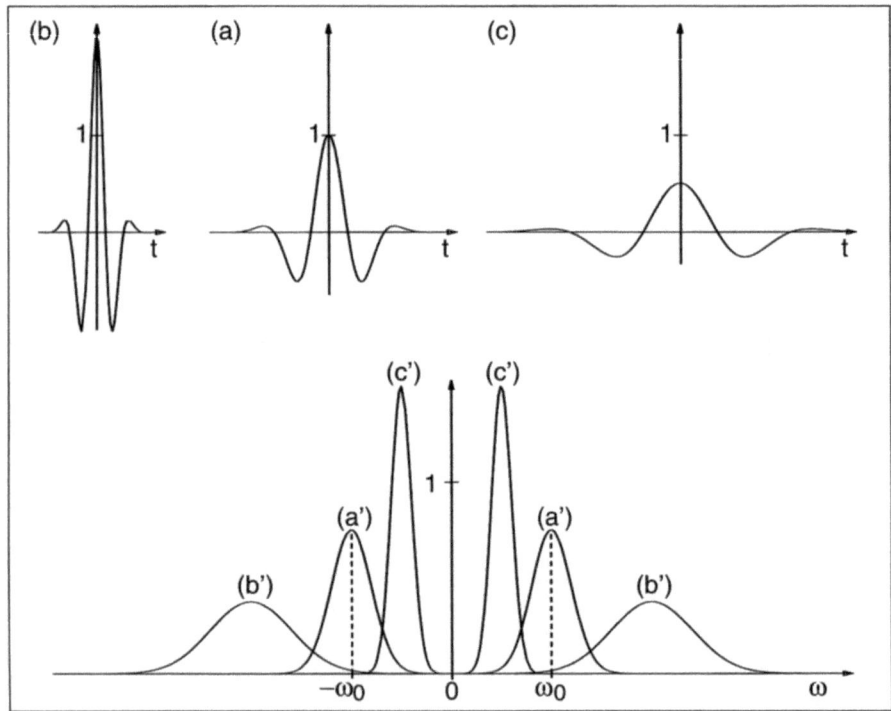

Abb. 9.8. Die Abbildung zeigt die Graphen: (a) Mother-Wavelet $\psi_{1,0}(t) = \psi(t)$, (b) gestauchtes Wavelet $\psi_{2,0}(t) = 1/\sqrt{2}\psi(t/2)$, (c) gedehntes Wavelet $\psi_{1/2,0}(t) = \sqrt{2}\psi(2t)$. Die Kurven (a'), (b') und (c') sind die Beträge Fourier-Transformierten der Funktionen (a), (b) und (c). Sie haben auf einer logarithmischen Skala die gleiche Bandbreite (siehe auch Abb. 9.6, S. 261). (Nach [Mal89b])

9.2 Herleitung der Wavelet-Transformation

Für die diskrete Wavelet-Transformation kann die Multiresolution durch die Wahl des Skalierungsparameters a mit Hilfe eines konstanten Integerwertes $a_0 > 1$ realisiert werden, i.allg. $a = a_0^m$ und $m \in \mathbb{Z}$. Da der Parameter m die Skalierung bestimmt, beeinflussen verschiedene Werte von m die Breite der Wavelets. Der Translationsparameter b hängt ebenfalls von m ab, da der Verschiebungsschritt bei schmalen hochfrequenten Wavelets klein sein muß, um die gesamte Zeitachse abzudecken. Dementsprechend müssen breite niederfrequente Wavelets durch große Schritte verschoben werden. Da die Breite von $\psi(a_0^{-m}t)$ proportional zu a_0^m ist, wird für die Diskretisierung von b ein Vielfaches von diesem Proportionalitätsfaktor a_0^m gewählt ($b = nb_0 a_0^m$), wobei $b_0 > 0$ eine Konstante ist und $n \in \mathbb{Z}$:

$$\begin{aligned} a &= a_0^m & a_0 &> 1 \\ b &= nb_0 a_0^m & b_0 &> 0 & a_0, b_0 \text{ konstant} \quad m, n \in \mathbb{Z} \end{aligned} \quad (9.25)$$

Nehmen die Parameter a und b aus (9.17) nur diskrete Werte an, so ergibt sich mit der Konvention (9.25) und Substitution der Indizes von $\psi_{a,b}$ zu $\psi_{m,n}$ die diskrete Wavelet-Transformation $F^W(m,n)$ mit $m,n \in \mathbb{Z}$ des Signals $f(x)$ allgemein in der Form:

$$\psi_{a,b}(t) = \frac{1}{\sqrt{|a|}} \psi\left(\frac{t-b}{a}\right) \rightarrow \psi_{m,n}(t) = \frac{1}{\sqrt{a_0^m}} \psi\left(\frac{t - nb_0 a_0^m}{a_0^m}\right)$$

$$F^W(m,n) = \int_{-\infty}^{+\infty} f(t)\psi_{m,n}(t)dt = \int_{-\infty}^{+\infty} f(t) a_0^{-m/2} \psi\left(\frac{t - nb_0 a_0^m}{a_0^m}\right) dt$$

$$= \int_{-\infty}^{+\infty} f(t)\, a_0^{-m/2} \psi\left(a_0^m t - nb_0\right) dt \quad (9.26)$$

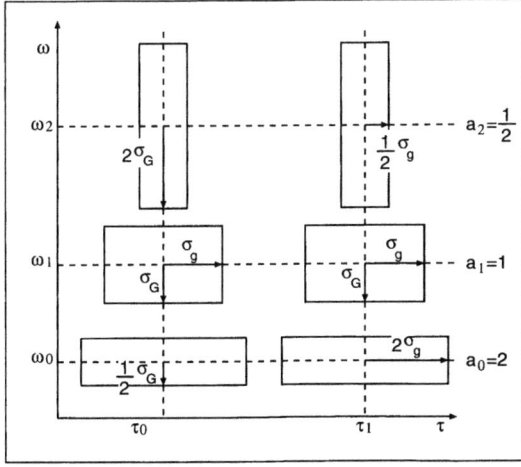

Abb. 9.9. Ebenso wie bei der Fenster-Fourier-Transformation beträgt die Größe der Phasenraumzelle bei der Wavelet-Transformation $4 \cdot \sigma_g \cdot \sigma_G$, es ändert sich jedoch die Gestalt der Zelle, die durch $[\tau_0 - a\sigma_g, \tau_0 + a\sigma_g] \times [\omega_0 - \sigma_G/a, \omega_0 + \sigma_G/a]$ mit $a_0 = 2$, $a_1 = 1$ und $a_2 = 1/2$ gegeben ist (siehe auch Abb. 9.5, S. 260).

Die Betragstriche können aufgrund der Forderung $a_0 > 1$ entfallen. Wählt man $a_0 = 2$ und $b_0 = 1$, so erhält man die häufig verwendete Basisfunktion eines diskreten Wavelets:

$$\begin{aligned} a &= a_0^m = 2^m \\ b &= nb_0 a_0^m = 2^m n \\ \psi_{m,n}(t) &= a_0^{-m/2} \psi(a_0^{-m}(t - nb_0 a_0^m)) = 2^{-m/2} \psi(2^{-m}(t - 2^m n)) \\ &= 2^{-m/2} \psi(2^{-m} t - n) \quad \text{mit} \quad m, n \in \mathbb{Z} \end{aligned} \quad (9.27)$$

Man beachte, daß die Funktion $\psi(t)$ auch bei der diskreten Wavelet-Transformation immer noch kontinuierlich definiert ist. Ebenso ist die Wahl von ψ immer noch offen, denn ψ muß lediglich der Bedingung (9.21) genügen. DAUBECHIES zeigte für diese Parameterwahl, daß die Wavelet-Funktionen gute lokale Zeit- und Frequenzeigenschaften haben und daß die von ihr verwandte Wavelet-Familie $\psi_{m,n}$ eine orthonormale Basis bildet [Dau92]. Das Funktionensystem $\{\psi_{m,n} \mid m, n \in \mathbb{Z}\}$ bildet eine orthonormale Basis für Funktionen $f(x) \in L^2(\mathbb{R})$ genau dann, wenn das innere Produkt $\langle \psi_{m,n}, \psi_{m',n'} \rangle$ für $m = m'$ und $n = n'$ gleich eins ist und es in allen anderen Fällen verschwindet[3].

Verwenden wir die Notation aus (9.27), so ergibt sich für (9.26):

$$F^W(m,n) = \int_{-\infty}^{+\infty} f(t) 2^{-m/2} \psi\left(2^{-m} t - n\right) dt = \langle f(t), \psi_{m,n}(t) \rangle \quad (9.28)$$

Die diskrete Wavelet-Transformation entspricht also auch hier einer Faltung des Signals mit den skalierten und verschobenen Wavelets. Aus (9.23) können wir nun die Rekonstruktionsgleichung für den diskreten Fall ableiten:

$$\begin{aligned} F^W(m,n) &= \langle f(t), \psi_{m,n}(t) \rangle \\ f(t) &= \frac{1}{C_\psi} \sum_m \sum_n F^W(m,n) 2^{-m/2} \psi(2^{-m} t - n) \\ &= \frac{1}{C_\psi} \sum_m \sum_n F^W(m,n) \psi_{m,n}(t) \quad \text{mit} \quad m, n \in \mathbb{Z} \end{aligned} \quad (9.29)$$

9.2.4 Beispiel zur Wavelet-Transformation

Ein Beispiel soll die Wavelet-Transformation zu einer auf dem Intervall $[0, 1]$ diskret definierten Funktion $f(x)$ mit Hilfe der Haar-Funktion[4] nach (9.30)

---

[3] Es sei erwähnt, daß diese orthonormalen Wavelet-Basen ein wichtiges Werkzeug in der Funktionalanalysis bilden: Man hatte lange Zeit angenommen, daß keine Konstruktion auf einfache orthonormale Basen von $L^2(\mathbb{R})$ führen könnte, deren Elemente über gute lokale Eigenschaften sowohl im Orts- als auch im Frequenzbereich verfügen.

[4] Der ungarische Mathematiker Alfred Haar lebte 1885–1933.

9.2 Herleitung der Wavelet-Transformation

als Mother-Wavelet verdeutlichen. Gegeben seien die Wavelets $\psi(x)$, $\psi(2x)$ und $\psi(2x-1)$:

$$\psi(x) = \begin{cases} 1 & \text{für } 0 \leq x < 1/2 \\ -1 & \text{für } 1/2 \leq x < 1 \\ 0 & \text{sonst} \end{cases} \quad \text{Haar-Funktion als Mother-Wavelet} \quad (9.30)$$

$$\psi(2x) = \begin{cases} 1 & \text{für } 0 \leq x < 1/4 \\ -1 & \text{für } 1/4 \leq x < 1/2 \\ 0 & \text{sonst} \end{cases} \quad \text{skaliertes Mother-Wavelet} \quad (9.31)$$

$$\psi(2x-1) = \begin{cases} 1 & \text{für } 1/2 \leq x < 3/4 \\ -1 & \text{für } 3/4 \leq x < 1 \\ 0 & \text{sonst} \end{cases} \quad \text{skaliertes und verschobenes Mother-Wavelet} \quad (9.32)$$

Die Wavelets entstehen durch die Operationen *Verschiebung* und *Skalierung* der Mother-Wavelet. Der Schritt von $\psi(2x)$ zu $\psi(2x-1)$ ist die Verschiebung, der Schritt von $\psi(x)$ zu $\psi(2x)$ entspricht der Skalierung. Im nächsten Skalierungsschritt entstehen die Wavelets $\psi(4x)$, $\psi(4x-1)$, $\psi(4x-2)$ und $\psi(4x-3)$, die jeweils nur auf einem Intervall der Länge 1/4 Werte ungleich 0 annehmen. Je feiner die Wavelets skaliert werden, desto genauer können sie eine Funktion $f \in L^2(\mathbb{R})$ bei einer unvollständigen Rücktransformation approximieren. Dies führt bei Verwendung der Haar-Funktion für $\psi(x)$ auf die als Haar-Basis bezeichnete unendliche Funktionenfamilie:

$$\psi_{m,n}(x) = \psi(2^m x - n) \quad \text{mit} \quad \begin{cases} m \geq 0 \\ 0 \leq n < 2^m \end{cases} \quad m, n \in \mathbb{Z} \quad (9.33)$$

Die diskrete Funktion $f(x)$, die wir transformieren wollen, sei folgendermaßen definiert:

$$f(x) = \begin{cases} 9 & \text{für } x \in [0, 1/4) \\ 1 & \text{für } x \in [1/4, 1/2) \\ 2 & \text{für } x \in [1/2, 3/4) \\ 0 & \text{sonst} \end{cases} \quad (9.34)$$

Die Funktion $f(x)$ wird nun durch eine Kombination bestimmter Basisvektoren aus dieser Haar-Basis approximiert. Der Anteil jedes Basisvektors $\psi_{m,n}(x)$ an der Funktion $f(x)$ wird durch den Wavelet-Koeffizienten $F^W(m,n)$ angegeben.

Die Haar-Funktion und alle skalierten und verschobenen Varianten zeichnen sich dadurch aus, daß das Integral 0 ist (die Funktion besitzt keinen Gleichanteil). Um nun $f(x)$ vollständig approximieren zu können, wird zusätzlich eine Skalierungsfunktion $\phi(x)$ definiert:

$$\phi(x) = \begin{cases} 1 & \text{für } x \in [0,1] \\ 0 & \text{sonst} \end{cases} \quad (9.35)$$

$\psi_{m,n}(x)$ und $\phi(x)$ bilden zusammen eine Basis für endlich quadratisch integrierbare Funktionen, die auf dem Intervall [0,1] Werte ungleich 0 annehmen.

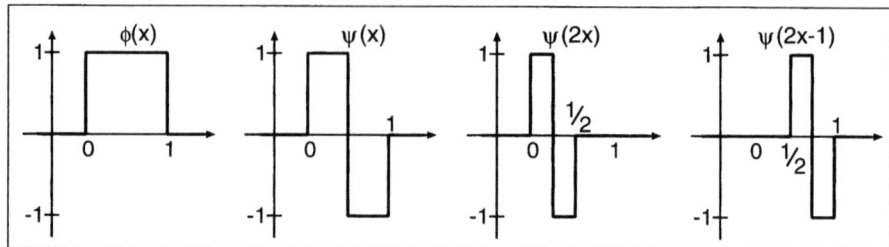

Abb. 9.10. Das Bild zeigt den Graphen der Skalierungsfunktion $\phi(x)$ und die Graphen der Wavelet-Funktionen $\psi(x)$, $\psi(2x)$ und $\psi(2x-1)$.

Jede Funktion, die auf jedem 1/4-Intervall aus $[0,1]$ konstant ist, läßt sich durch die in der Abbildung 9.10 dargestellten Funktionen exakt linear kombinieren.

Durch Auswertung von (9.28) für die gegebenen Funktionen $f(x)$, $\psi_{m,n}(x)$ und $\phi(x)$ ergibt sich die Wavelet-Transformierte von $f(x)$ aus der Linearkombination (Abb. 9.11):

$$f(x) = 3 \cdot \phi(x) + 2 \cdot \psi(x) + 4 \cdot \psi(2x) + 1 \cdot \psi(2x-1) \quad (9.36)$$

$$\begin{bmatrix} 9 \\ 1 \\ 2 \\ 0 \end{bmatrix} = 3 \begin{bmatrix} 1 \\ 1 \\ 1 \\ 1 \end{bmatrix} + 2 \begin{bmatrix} 1 \\ 1 \\ -1 \\ -1 \end{bmatrix} + 4 \begin{bmatrix} 1 \\ -1 \\ 0 \\ 0 \end{bmatrix} + 1 \begin{bmatrix} 0 \\ 0 \\ 1 \\ -1 \end{bmatrix}$$

Die Wavelet-Koeffizienten sind hier 2, 4 und 1. Sie bestimmen die Wavelet-Transformierte von f. Der Approximations- oder Skalierungskoeffizient ist drei. Das entsprechende Gleichungssystem lautet in Matrixschreibweise:

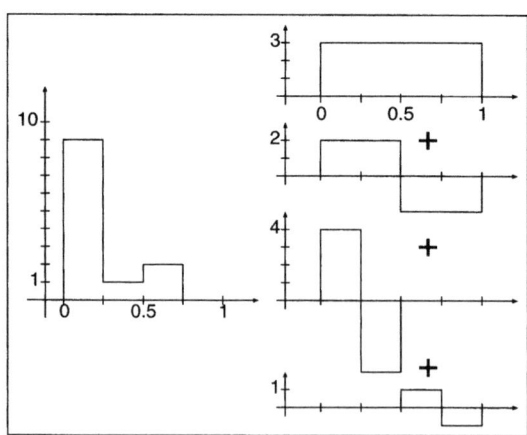

Abb. 9.11. Das Bild zeigt den Graphen der zu transformierenden Funktion $f(x)$ nach (9.34) und die Teilfunktionen der ermittelten Linearkombination (von oben nach unten: $3 \cdot \phi(x)$, $2 \cdot \psi(x)$, $4 \cdot \psi(2x)$, $1 \cdot \psi(2x-1)$).

$$\begin{bmatrix} 9 \\ 1 \\ 2 \\ 0 \end{bmatrix} = \begin{bmatrix} 1 & 1 & 1 & 0 \\ 1 & 1 & -1 & 0 \\ 1 & -1 & 0 & 1 \\ 1 & -1 & 0 & -1 \end{bmatrix} \cdot \begin{bmatrix} 3 \\ 2 \\ 4 \\ 1 \end{bmatrix}$$

wobei die Spalten dieser Matrix die Graphen aus Abbildung 9.10 wiedererkennen lassen. Die Basisvektoren dieser Matrix bilden zusammen die sog. Transformationsmatrix[5].

Die hier als Beispiel verwendete Funktion $f(x)$ ist auf dem betrachteten Intervall sehr grob, weshalb wir mit zwei Varianten des Mother-Wavelets auskamen. Ist eine feinere Approximation notwendig, so sind entsprechend mehr Varianten von $\psi(x)$ heranzuziehen. Wir können dann die ursprüngliche Funktion $f(x)$ als Grenzwert einer Treppenfunktion darstellen. Diese Betrachtungsweise ist auch bei medizinischen Bildern sehr nützlich, wenn die Bilder digital, also auf einem äquidistanten Raster dargestellt werden.

Eine weitere wichtige Eigenschaft orthogonaler Wavelet-Transformationen ist, daß alle inneren Produkte $\langle \phi(x), \psi_{m,n}(x) \rangle = 0$ werden, d.h. die Verschiebungen und Skalierungen der Wavelets sind orthogonal zu $\phi(x)$. Ein großer Vorteil dieser Orthogonalität ist die leichte Erweiterbarkeit der Basis: Um eine lokale Funktion darzustellen, die außerhalb eines kurzen Intervalles verschwindet, benötigt die Fourier-Reihe viele Terme, die Wavelets stellen aber eine *lokale* Basis zur Verfügung, wobei diese Basis systematisch konstruiert werden kann, falls man die Skalierungsfunktion bereits kennt. Die Konstruktion einer orthonormalen Wavelet-Basis wird im nächsten Kapitel beschrieben.

9.3 Multiresolution-Analysis zur Konstruktion der Basis

9.3.1 Einführung

Die Wavelet-Transformation nach (9.19) liefert bei Verwendung einer beliebigen Basis eine i.allg. redundante Beschreibung von f. Die Konstruktion einer *orthonormalen* Wavelet-Basis kann mit einer Multiresolution-Analysis vorgenommen werden. Hierbei wird eine z.B. durch Abtastung entstandene diskrete Approximation einer kontinuierlichen Funktion unter verschiedenen, stets geringer werdenden Auflösungen betrachtet. Die erste Auflösungsstufe berücksichtigt z.B. jeden Punkt einer diskreten Funktion, die zweite Auflösungsstufe nur jeden zweiten Punkt, die dritte Auflösungsstufe jeden vierten Punkt usw. Die Wavelet-Transformation berechnet die Unterschiede zwischen diesen einzelnen Auflösungen. Insgesamt werden hierbei zwei orthonormale Basissysteme benötigt, die zudem noch *orthogonal* zueinander sein

---

[5] Nach der bisherigen Definition hat die Wavelet-Transformierte noch unendlich viele Koeffizienten. Bei einer *unvollständigen* Wavelet-Transformation würde man alternativ auf jeden Fall den Skalierungskoeffizienten mit zur Wavelet-Transformierten zählen.

müssen: ein Basissystem, das die Projektion der Funktion in eine bestimmte Auflösungsstufe beschreibt und ein weiteres Basissystem zur Berechnung der Informationsunterschiede bzw. Detailinformationen zwischen den Projektionen von benachbarten Auflösungen.

Gesucht ist nun ein Operator, der ein Bild in die verschiedenen Auflösungen approximiert und die Detailinformationen in nicht redundante Informationen zerlegt. Dieser Operator soll als Ergebnis eine vollständige und *orthogonale* Multiresolution-Darstellung erzeugen. Die (Bi-)Orthogonalität bewirkt eine Unabhängigkeit im Sinne der Nichtredundanz zwischen den Detailinformationen und kann durch orthogonale Basen generiert werden. Der Informationsunterschied zweier benachbarter Auflösungen kann durch eine Zerlegung des Bildes in orthonormale Wavelet-Basen extrahiert werden.

9.3.2 Multiresolution-Analysis für eindimensionale Funktionen

Mit Hilfe der Multiresolution-Analysis kann eine orthonormale Basis konstruiert werden, durch die eine Funktion in aufeinanderfolgende Auflösungen projiziert werden kann. Diese Basis entsteht wie die Wavelet-Basis durch Skalierung und Verschiebung einer einzigen Funktion, der Skalierungsfunktion $\phi(x)$. Wir wollen hier anschaulich die Eigenschaften eines Operators A_m verdeutlichen, der zu einer Multiresolution-Analysis führt.

Der Operator A_m approximiert bzw. projiziert die Funktion $f(x) \in L^2(\mathbb{R})$ in die Auflösungsstufe 2^{-m}. Mit $m = 0$ erhalten wir die Originalauflösung[6] des betrachteten Signals oder Bildes. Die Stufe A_1 entspricht dann der halben Auflösung, A_2 einem viertel usw. Es sei nun $f(x)$ eine diskrete Funktion. Gesucht ist eine Zerlegung von $f(x)$ in eine gröbere Auflösung $A_m f(x)$ und deren Detailinformation $D_m f(x)$ zur vorherigen feineren Auflösung $A_{m-1}f(x)$. Die Funktion $f(x)$ sei in der Auflösung $m = 0 \rightarrow 2^0 = 1$ gegeben. Sie läßt sich dann vollständig in die Detailinformationen $D_m f(x)$ mit $m > 0$ zerlegen:

$$\begin{aligned} f(x) = A_0 f(x) &= A_1 f(x) + D_1 f(x) \\ A_1 f(x) &= A_2 f(x) + D_2 f(x) \\ A_2 f(x) &= A_3 f(x) + D_3 f(x) \quad \text{usw.} \end{aligned} \quad (9.37)$$

Unter Verwendung der so formulierten Zusammenhänge folgt:

---

[6] Randbemerkung: Eine vergröberte Auflösung wird durch Werte für $m > 0$ erreicht – analog könnte eine Verfeinerung durch Werte von $m < 0$ angezeigt werden. $m = 0$ wäre damit die aktuell betrachtete Auflösung in einer theoretischen Pyramide, die von $-\infty \leq m \leq \infty$ reicht. In der Bildverarbeitung können wir nur mit der Auflösung arbeiten, die uns technisch maximal zur Verfügung steht (und damit das $m = 0$ festlegt). Insofern haben Werte für $m < 0$ (indiziert durch die Wahl von $m \in \mathbb{Z}$) insbesondere bei Grenzwertbetrachtungen eher eine philosophische Bedeutung (weshalb wir im folgenden $m \in \mathbb{N}$ wählen).

9.3 Multiresolution-Analysis zur Konstruktion der Basis

$$\begin{aligned} f(x) &= A_1 f(x) + D_1 f(x) \\ &= A_2 f(x) + D_2 f(x) + D_1 f(x) \\ &= A_3 f(x) + D_3 f(x) + D_2 f(x) + D_1 f(x) \quad \text{usw.} \\ &= \lim_{M \to +\infty} A_M f(x) + \sum_{m=1}^{M} D_m f(x) = 0 + \sum_{m=1}^{+\infty} D_m f(x) \quad (9.38) \end{aligned}$$

Definition der Multiresolution-Analysis. Eine Multiresolution-Analysis besteht aus einer Folge von aufeinanderfolgenden Approximationsräumen $V_m \subset L^2(\mathbb{R})$. Diese abgeschlossenen Teilräume erfüllen die Bedingungen:

1. Die Approximation eines Signals $A_{m-1}f(x) \in V_{m-1}$ enthält alle notwendigen Informationen, um das Signal in einer niedrigeren Auflösung $A_m \in V_m$ zu berechnen:

$$\ldots V_2 \subset V_1 \subset V_0 \subset V_{-1} \subset V_{-2} \ldots \quad \Leftrightarrow \quad V_m \subset V_{m-1}$$

2. Bei der Berechnung einer Approximation des Signals $f(x)$ gehen Informationen verloren. Mit geringerer Auflösung enthält das approximierte Signal immer weniger Information und konvergiert zum Informationsgehalt 0:

$$\lim_{m \to +\infty} A_m f(x) \to 0 : \quad \bigcap_{m \in \mathbb{Z}} V_m = \{0\}$$

Wächst dagegen die Auflösung gegen unendlich, konvergiert das Signal zum Originalsignal:

$$\lim_{m \to -\infty} A_m f(x) \to f(x) : \quad \bigcup_{m \in \mathbb{Z}} V_m = L^2(\mathbb{R})$$

3. Skalierungseigenschaft:

$$\begin{aligned} f(x) \in V_m &\Leftrightarrow f(2x) \in V_{m-1} \\ f(x) \in V_m &\Leftrightarrow f(2^m x) \in V_0 \end{aligned}$$

4. Translationseigenschaft:

$$\begin{aligned} f(x) \in V_0 &\Rightarrow f(x - n) \in V_0 \quad \forall n \in \mathbb{Z} \\ f(x) \in V_m &\Rightarrow f(x - 2^m n) \in V_m \quad \forall n \in \mathbb{Z} \end{aligned}$$

5. Es existiert eine Funktion $\phi \in V_0$ mit $\int_{-\infty}^{\infty} \phi(x)dx \neq 0$, so daß die Menge $\phi_{0,n} := \{\phi(x - n) \mid n \in \mathbb{Z}\}$ eine orthonormale Basis von V_0 bildet. Diese Funktion ϕ heißt *Skalierungsfunktion* oder auch *Generator* der Multiresolution-Analysis.

Folgerungen aus der Multiresolution-Analysis. Die Skalierungseigenschaft der Multiresolution-Analysis besagt folgendes: Wenn eine orthonormale Basis für den Approximationsvektorraum V_0 mit $\{\phi_{0,n}\} := \{\phi(x-n) \mid n \in \mathbb{Z}\}$ existiert, dann bildet auch $\{\phi_{m,n}\} := \{2^{-m/2}\phi(2^{-m}x - n) \mid n \in \mathbb{Z}\}$ eine orthonormale Basis für den Raum V_m.

Zu jedem Approximationsvektorraum V_m der Auflösung 2^{-m} einer Multiresolution-Analysis existiert nun ein *orthogonaler*[7] Vektorraum W_m, der die Detailinformationen benachbarter Auflösungen beschreibt. Folgende Eigenschaften lassen sich mit der Multiresolution-Analysis für die orthogonalen Projektionsräume W_m zeigen:

1. Die feinere Approximation des Signals $f \in V_{m-1}$ setzt sich aus der orthogonalen Summe der nächst gröberen Approximation $f \in V_m$ und der Detailinformation $f \in W_m \in L^2(\mathbb{R})$ zusammen[8]:

$$V_m \subset V_{m-1} \quad \Rightarrow \quad V_{m-1} = V_m \oplus W_m$$

2. Die Skalierungseigenschaft gilt auch für die Detailinformationen, d.h. findet man eine orthonormale Basis für W_0 mit $\{\psi_{0,n} \mid n \in \mathbb{Z}\}$, dann bildet auch $\{\psi_{m,n} \mid n \in \mathbb{Z}\}$ eine orthonormale Basis für den Raum W_m [Dau92]:

$$f(x) \in W_m \quad \Leftrightarrow \quad f(2x) \in W_{m-1}$$
$$f(x) \in W_m \quad \Leftrightarrow \quad f(2^m x) \in W_0$$

3. Die Detailinformationen aller Auflösungen zerlegen vollständig das Originalsignal $f(x) \in V_m$, d.h. mit Hilfe aller Detailinformationen läßt sich das Originalsignal wieder rekonstruieren:

$$\begin{aligned} V_m &= V_{m+1} \oplus W_{m+1} \\ &= V_{m+2} \oplus W_{m+2} \oplus W_{m+1} = \ldots = \bigoplus_{j>m} W_j \\ \lim_{m \to -\infty} V_m &= \bigoplus_{j \in \mathbb{Z}} W_j = L^2(\mathbb{R}) \end{aligned}$$

4. Es existiert eine Funktion $\psi \in W_0$, so daß die Menge der Translate $\{\psi_{0,n} := \psi(x-n) \mid n \in \mathbb{Z}\}$ eine orthonormale Basis für W_0 bildet. Diese Funktion $\psi(x)$ ist das Mother-Wavelet, das über ganz $\mathbb{R}$ verschoben wird.

5. Sei $\psi_{m,n} := 2^{-m/2}\psi(2^{-m}x - n)$. Die Menge $\{\psi_{m,n} \mid n \in \mathbb{Z}\}$ bildet eine orthonormale Basis für den Raum W_m, und $\{\psi_{m,n} \mid m,n \in \mathbb{Z}\}$ leistet dasselbe für $L^2(\mathbb{R})$.

---

[7] Orthogonalität bedeutet hier, daß sich die Detailinformation nicht mehr in der nächsten Stufe wiederfindet.

[8] $V_m \oplus W_m$ bezeichnet die orthogonale Addition zweier Vektorräume.

6. Sei Φ die Fourier-Transformierte der Skalierungsfunktion ϕ und Ψ die der Wavelet-Funktion ψ, also $\phi(x) \circ\!\!-\!\!\mathcal{F}\!\!-\!\!\bullet \Phi(\omega)$ und $\psi(x) \circ\!\!-\!\!\mathcal{F}\!\!-\!\!\bullet \Psi(\omega)$, so gilt:

$$\int_{-\infty}^{+\infty} \phi(x)\,dx \neq 0 \quad \Leftrightarrow \quad \Phi(0) \neq 0 \quad \Rightarrow \quad \phi \text{ ist Tiefpaß} \qquad (9.39)$$

$$\int_{-\infty}^{+\infty} \psi(x)\,dx = 0 \quad \Leftrightarrow \quad \Psi(0) = 0 \quad \Rightarrow \quad \psi \text{ ist Hochpaß} \qquad (9.40)$$

9.4 Berechnung der Wavelet-Transformation

In vielen Anwendungen wird keine explizite Form für die Skalierungsfunktion ϕ und die Wavelet-Funktion ψ benötigt. Statt dessen kann direkt mit Filterkoeffizienten gearbeitet werden, die aufgrund der Multiresolution-Analysis berechnet werden können. Die Wavelet-Zerlegung läßt sich durch eine rekursive Filterung mit diesen Koeffizienten effizient berechnen.

9.4.1 Konstruktion der Filterkoeffizienten

Da $\phi \in V_0 \subset V_{-1}$, existiert eine Linearkombination der Skalierungsfunktionen mit Koeffizienten $(h_k) \in l^2(\mathbb{Z})$, wobei $l^2(\mathbb{Z})$ die Menge aller quadratisch summierbaren Reihen[9] ist:

$$\phi(x) = \sqrt{2}\sum_k h_k \phi(2x-k) \qquad \text{mit} \quad h_k = \langle \phi, \phi_{-1,k}\rangle \qquad (9.41)$$

Diese fundamentale Gleichung wird *Verfeinerungs-, Dilatations-* oder *Zweiskalengleichung* genannt. Sie entspricht einer Tiefpaßfilterung des Signals, wobei das diskrete Tiefpaßfilter aus den Filterkoeffizienten h_k besteht. Mit der Normierung: $\int \phi(x)dx = 1$ ist die Skalierungsfunktion $\phi(x)$ durch ihre Zweiskalengleichung eindeutig definiert, wenn die Koeffizienten h_k festliegen. Durch Integration beider Seiten von (9.41) und unter Ausnutzung, daß das absolute Integral von ϕ nicht verschwindet, gilt für die Reihe der Koeffizienten: $\sum_k h_k = \sqrt{2}$. Es läßt sich zeigen, daß die Wavelet-Funktion ψ mit Hilfe der Zweiskalengleichung konstruierbar ist [Dau92]:

$$\psi(x) = \sqrt{2}\sum_k g_k \phi(2x-k) = \sum_k g_k \phi_{-1,k} = \sum_k (-1)^k h_{-k+1}\phi_{-1,k}$$

wobei: $g_k = \langle \psi, \phi_{-1,k}\rangle = (-1)^k h_{-k+1}$ gilt. Die Filterkoeffizienten g_k ergeben sich also in umgekehrter Reihenfolge der Filterkoeffizienten h_k mit alternierendem Vorzeichen.

---
[9] Für quadratisch summierbare Reihen $h(n)$ gilt: $\lim_{N\to\infty}\sum_{n=0}^{N-1}|h(n)|^2 < \infty$.

274   9. Die Wavelet-Transformation

Aufgrund der Rekursionseigenschaft der Zweiskalengleichung lassen sich demnach Filterkoeffizienten berechnen, die die Skalierungsfunktion sowie die Wavelet-Funktion beschreiben[10].

Durch eine rekursive Filterung des Signals entsteht ein Pyramidenalgorithmus, der die Wavelet-Zerlegung berechnet.

9.4.2 Pyramidenalgorithmus der Wavelet-Transformation

Bei dem rekursiven Pyramidenalgorithmus wird die Filterung iterativ auf das Filterergebnis angewendet. Dazu wird als Wavelet- und Skalierungsfunktion ein Paar verwendet, das das Signal in komplementäre Frequenzkanäle unterteilt.

Eindimensionale Pyramide. Sei A_m die orthogonale Projektion von f auf den Approximationsraum V_m und sei D_m die orthogonale Projektion von f auf den Detailraum W_m:

$$A_0 f = \sum_n \langle f, \phi_{0,n}\rangle \phi_{0,n} \quad \text{und} \quad D_0 f = \sum_n \langle f, \psi_{0,n}\rangle \phi_{0,n}$$

$$A_m f = \sum_n \langle f, \phi_{m,n}\rangle \phi_{m,n} \quad \text{und} \quad D_m f = \sum_n \langle f, \psi_{m,n}\rangle \phi_{m,n}$$

dann lassen sich die Projektionen als Linearkombinationen mit Hilfe der orthonormalen Basen aufgrund von $V_{m-1} = V_m \oplus W_m$ darstellen:

$$\begin{aligned} A_{m-1} f &= A_m f + D_m f \\ &= \underbrace{\sum_n \langle f, \phi_{m,n}\rangle \phi_{m,n}}_{\text{Approximation}} + \underbrace{\sum_n \langle f, \psi_{m,n}\rangle \phi_{m,n}}_{\text{Detailinformation}} \end{aligned} \quad (9.42)$$

Die Zweiskalengleichung (9.41) gilt allgemein für aufeinanderfolgende Approximationen bzw. Skalen $\phi_{m-1,n}$ und $\phi_{m,n}$:

$$\begin{aligned} \phi(x) &= \sum_k h_k \phi_{-1,k}(x) = \sqrt{2} \sum_k h_k \phi(2x - k) \\ \phi_{m,n}(x) &= 2^{-m/2} \phi(2^{-m} x - n) \\ &= 2^{-m/2} \sqrt{2} \sum_k h_k \phi(2(2^{-m} x - n) - k) \\ &= 2^{(-m+1)/2} \sum_k h_k \phi(2^{-m+1} x - 2n - k) \\ &= \sum_k h_{k-2n} \, \phi_{m-1,k}(x) \end{aligned} \quad (9.43)$$

---

[10] Es sei erwähnt, daß man beim Entwurf von Wavelets zumeist den umgekehrten Weg wählt, d.h. man konstruiert zuerst die Filter und leitet hieraus die Wavelet- und Skalierungsfunktion ab.

9.4 Berechnung der Wavelet-Transformation

Diese Verallgemeinerung gilt auch für die Berechnung der Approximationskoeffizienten $\langle f, \phi_{m,n} \rangle$:

$$\langle f, \phi_{1,n} \rangle = \sum_k h_{k-2n} \langle f, \phi_{0,k} \rangle \tag{9.44}$$

$$\underbrace{\langle f, \phi_{m,n} \rangle}_{a_m(n)} = \sum_k h_{k-2n} \underbrace{\langle f, \phi_{m-1,k} \rangle}_{a_{m-1}(k)} \Leftrightarrow a_m(n) = \sum_k h_{k-2n} a_{m-1}(k)$$

Die rekursive Gleichung (9.44) ist ein Schlüssel für den Pyramidenalgorithmus. Sie besagt, daß sich alle $\langle f, \phi_{m,k} \rangle$ durch Faltung von $\langle f, \phi_{m-1,k} \rangle$ mit den Filterkoeffizienten h_k und einer anschließenden Dezimierung um jeden zweiten Wert (*Unterabtastung*) berechnen lassen.

Auch die Wavelet-Koeffizienten lassen sich rekursiv bestimmen. Hierbei ist zu beachten, daß zur Berechnung der Wavelet-Koeffizienten die feineren Approximationskoeffizienten $\langle f, \phi_{m,n} \rangle$ benötigt werden:

$$\psi(x) = \sum_k g_k \phi_{-1,k} = \sqrt{2} \sum_k g_k \phi(2x - k)$$

$$\psi_{m,n}(x) = 2^{-m/2} \psi(2^{-m} x - n)$$

$$= 2^{-m/2} \sum_k g_k \, 2^{1/2} \phi(2^{-m+1} x - 2n - k)$$

$$= \sum_k g_k \, \phi_{m-1, 2n+k}(x) = \sum_k g_{k-2n} \, \phi_{m-1,k}(x) \tag{9.45}$$

und analog:

$$\langle f, \psi_{1,n} \rangle = \sum_k g_{k-2n} \langle f, \phi_{0,k} \rangle \tag{9.46}$$

$$\underbrace{\langle f, \psi_{m,n} \rangle}_{d_m(n)} = \sum_k g_{k-2n} \underbrace{\langle f, \phi_{m-1,k} \rangle}_{a_{m-1}(k)} \Leftrightarrow d_m(n) = \sum_k g_{k-2n} a_{m-1}(k)$$

wobei $d_m(n) = F^W(m,n)$. Der Pyramidenalgorithmus besteht nun aus zwei Schritten, die sich bis zu einer gewünschten Genauigkeit wiederholen:

1. Berechnung der Approximationskoeffizienten $a_m(n) = \langle f, \phi_{m,n} \rangle$ durch die Approximationskoeffizienten der nächst niedrigeren Approximation $a_{m-1}(k) = \langle f, \phi_{m-1,k} \rangle$:

$$a_m(n) = \sum_k h(k - 2n) \, a_{m-1}(k) \tag{9.47}$$

2. Berechnung der Wavelet-Koeffizienten $d_m(n)$ durch die Approximationskoeffizienten $a_m(k) = \langle f, \phi_{m,k} \rangle$ nach (9.46):

$$d_m(n) = \sum_k g(k - 2n) \, a_{m-1}(k) \tag{9.48}$$

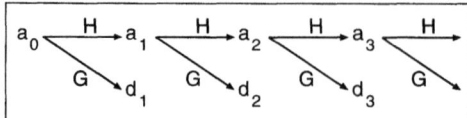

Abb. 9.12. Schematische Darstellung des eindimensionalen Pyramidenalgorithmus.

Der gesamte Prozeß ist zweistufig: In der ersten Stufe werden immer gröbere Approximationen eines Signals f berechnet und in der zweiten Stufe die Wavelet-Koeffizienten bzw. die Detailinformationen zwischen zwei aufeinanderfolgenden Approximationen. Somit kann der Pyramidenalgorithmus wie folgt zusammengefaßt werden:

Gegeben sei ein Signal $f_{m-1} \in V_{m-1}$ mit $f_{m-1} = A_{m-1}f$. Dann gilt aufgrund der Multiresolution-Analysis:

$$\begin{aligned}
V_{m-1} &= V_m \oplus W_m \\
A_{m-1}f &= A_m f & &+ D_m f \\
&= \sum_n \langle f, \phi_{m,n} \rangle \phi_{m,n} & &+ \sum_n \langle f, \psi_{m,n} \rangle \psi_{m,n} \\
&= \sum_n \langle A_m f, \phi_{m,n} \rangle \phi_{m,n} & &+ \sum_n \langle A_m f, \psi_{m,n} \rangle \psi_{m,n} \\
&= \sum_n a_{m,n} \phi_{m,n} & &+ \sum_n d_{m,n} \psi_{m,n}
\end{aligned} \quad (9.49)$$

Durch Definition von zwei Matrizen H und G mit $H(k,n) = h(k-2n)$ und $G(k,n) = g(k-2n)$ gilt $a_m = Ha_{m-1}$ und $d_m = Gd_{m-1}$. Abbildung 9.12 verdeutlicht die rekursiv implementierbare Filterung zur Berechnung der eindimensionalen Wavelet-Transformation. Durch die Konvergenzkriterien (9.39) und (9.40) hat h Tiefpaß- und g Hochpaßcharakter. Verschiedene Mengen von Filterkoeffizienten $h(k)$ genügen den oben genannten Kriterien und können in [Dau92, Chu92, Mal92] nachgelesen oder analog zur Multiresolution-Analysis konstruiert werden [Vet90].

Im folgenden wollen wir nur noch rein diskrete Funktionen betrachten. Von einem diskreten Originalsignal $a_0(n)$ ausgehend läßt sich mit einem Tiefpaßfilter h und einem Hochpaßfilter g ein *Subband-Coding-Algorithmus* beschreiben, wobei (9.47) und (9.48) den Analyseschritt bestimmen. Durch ihre Beziehung zu orthonormalen Wavelet-Basen ergeben diese Filter eine exakte Rekonstruktion (Syntheseschritt):

$$a_{m-1,l}(f) = \sum_n [h_{2n-l}\, a_{m,n}(f) + g_{2n-l}\, c_{m,n}(f)] \quad (9.50)$$

Der Subband-Coding-Algorithmus kann mit (9.42) als Filterung des Signals $a_m(n)$ mit einem FIR-Filterpaar[11] H und G mit den Impulsantworten h_n und g_n betrachtet werden, wenn die Skalierungsfunktion ϕ und die Wavelet-Funktion ψ einen kompakten Träger haben (Abb. 9.13).

Die Folge $a_1(n)$ ist somit das tiefpaßgefilterte Original und entspricht einer gröberen Approximation des Originals. Die Filterung wird rekursiv auf das tiefpaßgefilterte und unterabgetastete Signal durchgeführt. So erhält man

---

[11] Finite Impulse Response

9.4 Berechnung der Wavelet-Transformation

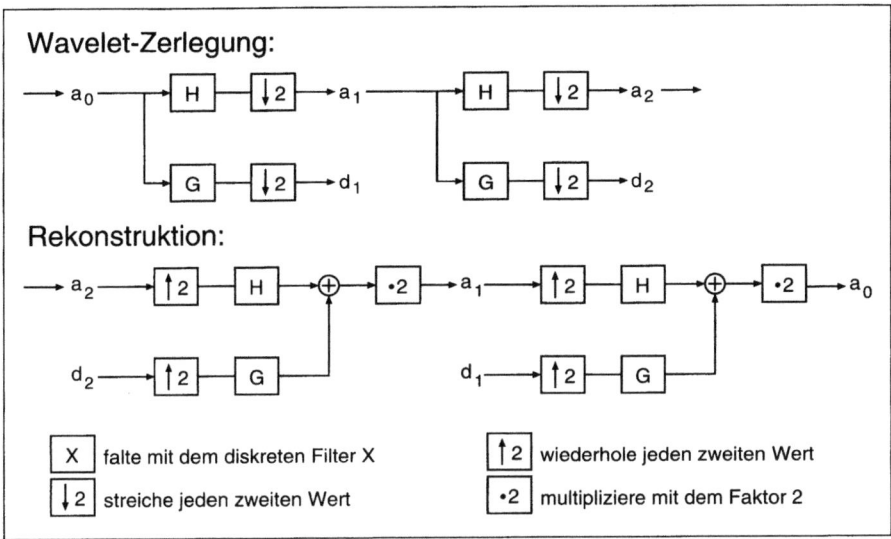

Abb. 9.13. Rekursiver Algorithmus zur Berechnung der eindimensionalen Wavelet-Transformation und zur Rekonstruktion des Originals aus den Wavelet-Koeffizienten.

eine Reihe von Approximationen mit stets geringerer Auflösung, währenddessen die Hochpaßfilterung die Informationsunterschiede zwischen benachbarten Approximationen berechnet. Das Signal kann schließlich vollständig mit den Antworten der Hochpaßfilterung dargestellt werden, die auf das gesamte Signal bezogen einer Zerlegung des Signals in logarithmisch skalierte Bandpässe entsprechen (Abb. 9.14).

Zweidimensionale Pyramide. Wenn im zweidimensionalen Fall eine separierbare Skalierungsfunktion $\phi(x,y) = \phi(x) \cdot \phi(y)$ existiert, wobei $\phi(x)$ und $\phi(y)$ die eindimensionalen Skalierungsfunktionen sind, dann kann die zwei-

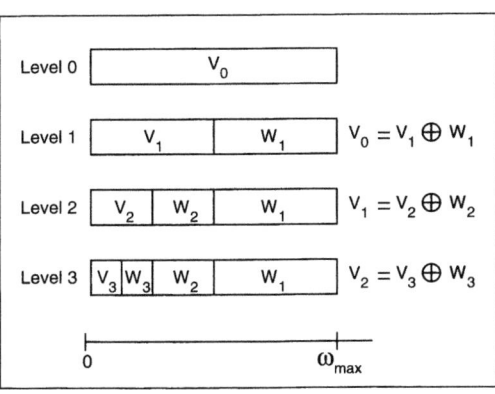

Abb. 9.14. Das Bild veranschaulicht die Aufteilung des Frequenzbereiches in die Räume V_m und W_m in den verschiedenen Auflösungsstufen.

dimensionale Wavelet-Transformation ebenfalls durch einen effizienten Pyramidenalgorithmus berechnet werden. Sei V_m^2 der zweidimensionale und V_m der eindimensionale Approximationsraum, dann gilt wegen des Tensorproduktes $V_{m-1}^2 = V_{m-1} \otimes V_{m-1}$ und der Eigenschaft der Multiresolution-Analysis $V_{m-1} = V_m \oplus W_m$:

$$\begin{aligned} V_{m-1}^2 &= V_{m-1} \otimes V_{m-1} \\ &= (V_m \oplus W_m) \otimes (V_m \oplus W_m) \\ &= \underbrace{(V_m \otimes V_m)}_{V_m^2} \oplus \underbrace{(V_m \otimes W_m) \oplus (W_m \otimes V_m) \oplus (W_m \otimes W_m)}_{W_m^2} \end{aligned} \qquad (9.51)$$

Der komplementäre zweidimensionale Raum W_m^2 besteht wegen des Tensorprodukts (9.51) aus drei Teilräumen, die durch drei Wavelet-Funktionen beschrieben werden (Abb. 9.15):

$$\begin{array}{lll} \phi_{m,n_1}(x) \cdot \psi_{m,n_2}(y) & \text{für} & V_m \otimes W_m = W_m^h \\ \psi_{m,n_1}(x) \cdot \phi_{m,n_2}(y) & \text{für} & W_m \otimes V_m = W_m^v \\ \psi_{m,n_1}(x) \cdot \psi_{m,n_2}(y) & \text{für} & W_m \otimes W_m = W_m^d \end{array}$$

und:

$$\begin{aligned} \psi^h(x,y) &= \phi(x) \cdot \psi(y) & \text{horizontale Wavelets} & \qquad (9.52) \\ \psi^v(x,y) &= \psi(x) \cdot \phi(y) & \text{vertikale Wavelets} & \qquad (9.53) \\ \psi^d(x,y) &= \psi(x) \cdot \psi(y) & \text{diagonale Wavelets} & \qquad (9.54) \end{aligned}$$

Abbildung 9.16 zeigt eine Stufe in der Multiresolution-Pyramidenzerlegung eines Bildes. Das Bild wird zunächst zeilenweise einer eindimensionalen Wavelet-Transformation unterzogen. Dadurch entstehen als Filterantworten zwei Bilder, ein zeilenweise hochpaßgefiltertes und ein zeilenweise tiefpaßgefiltertes Bild. Auf diese zwei Bilder wird erneut eine eindimensionale Wavelet-Transformation spaltenweise durchgeführt. Diese Zerlegung liefert vier Subbilder, die zu den verschiedenen Auflösungen und Richtungen gehören (Abb. 9.17), wobei die Wavelet $\psi^h(x,y)$ die horizontalen Kantenrichtungen, die Wavelet $\psi^v(x,y)$ die vertikalen Kantenrichtungen und die Wavelet $\psi^d(x,y)$ die diagonalen Kantenrichtungen für ein Frequenzband bevorzugen und die Skalierungsfunktion $\phi(x,y)$ zur Berechnung der Approximationen des Bildes verwendet wird.

Abbildung 9.18 zeigt die Anwendung der Wavelet-Transformation auf ein Röntgenbild mit drei Auflösungsstufen. Es wird deutlich, daß in den Teilbildern entsprechend der Ausrichtung der Wavelets die Kanten jeweils einer Vorzugsrichtung hervorgehoben werden. Diese Zwischenbilder können in einem Segmentierungsansatz als Rohdaten für die Extraktion lokaler Merkmale wie der *lokalen Orientierung* oder der *lokalen Energie* dienen und zur Gewebeklassifikation verwendet werden [Ber95, Pel95, Schol96]. Ebenso wird die Wavelet-Transformation vielfach zur Datenkompression eingesetzt. Dazu werden einige Wavelet-Koeffizienten zu 0 gesetzt. Die anschließende Rücktransformation kann dann effizient berechnet werden.

9.4.3 Aufwandsabschätzung

Die eindimensionale Wavelet-Transformation mit einer orthonormalen Wavelet-Basis ist durch den Subband-Coding- oder Pyramidenalgorithmus sehr effizient berechenbar. Zur Analyse des Aufwandes gehen wir davon aus, daß das diskrete Signal a_0 aus N Werten besteht. Mit jeder Auflösungsstufe werden die Daten des Signals halbiert, d.h. a_1 hat $N/2$ Werte, a_2 hat $N/4$ usw. Angenommen die Anzahl der Filterkoeffizienten des Tiefpaßfilters h ist K, dann ist die Filterlänge des Hochpaßfilters ebenfalls K. Jede Faltung mit den Filtern benötigt demnach $K \cdot N$ Multiplikationen:

$$\begin{aligned}(N + \frac{N}{2} + \frac{N}{4} + \frac{N}{8} + \ldots) \cdot K &= K \cdot \sum_{i=0}^{\infty} \frac{N}{2^i} \\ &= K \cdot N \sum_{i=0}^{\infty} \left(\frac{1}{2}\right)^i \\ &= K \cdot N \frac{1}{1 - 1/2} \\ &= 2K \cdot N\end{aligned}$$

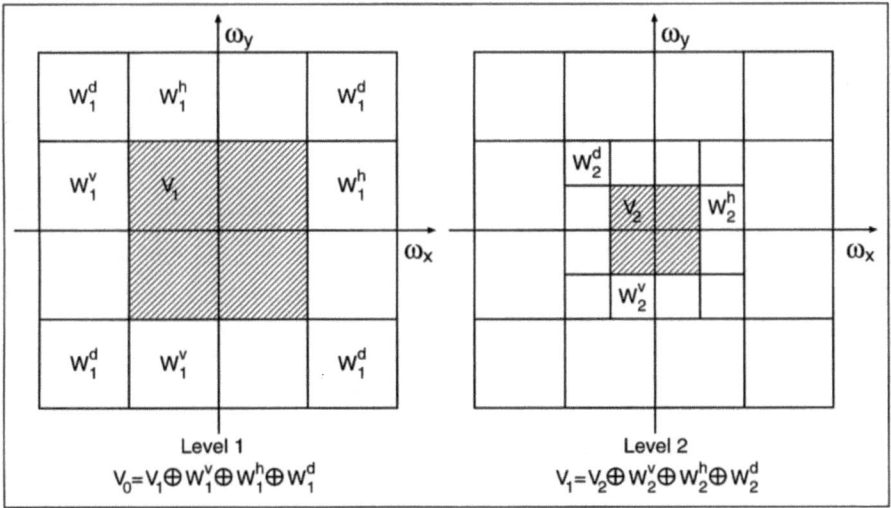

Abb. 9.15. Durch die zweidimensionale Wavelet-Transformation werden für jede Auflösungsstufe drei Wavelet-Bilder berechnet. Dies entspricht jeweils einem gerichteten Bandpaßfilter. Daher nimmt jedes Wavelet-Bild im zweidimensionalen Frequenzraum einen lokalen Bereich ein, der für zwei aufeinanderfolgende Auflösungsstufen dargestellt ist. Horizontale und vertikale Frequenzen sind mit ω_x bzw. ω_y gekennzeichnet.

280   9. Die Wavelet-Transformation

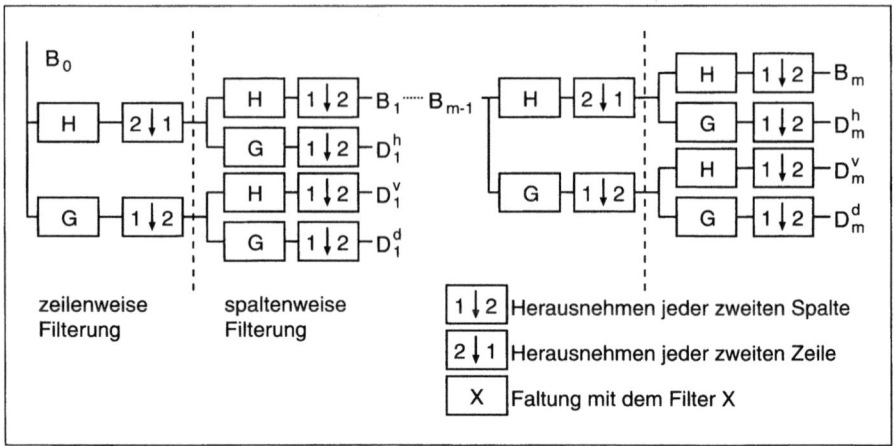

Abb. 9.16. Rekursiver Algorithmus zur Berechnung der zweidimensionalen Wavelet-Transformation

Sieht man K als fest an, so ist der zeitliche Aufwand $T(N)$ in der Größenordnung $O(N)$. Die Wavelet-Transformation kann somit mit weniger Operationen berechnet werden als die Fast-Fourier-Transformation, die einen Aufwand von $O(N \log_2 N)$ hat. Dies ist ein zusätzlicher Vorteil, der den Einsatz der Wavelet-Transformation attraktiv macht.

m>1	m=1	m>2	m=2	m=1
Aproximation mit einer niedrigeren Auflösung B_1	Auflösung m=1 Vertikal gerichtetes Subbild D_1^v	Aproximation mit einer niedrigeren Auflösung B_2	Auflösung m=2 Vertikal gerichtetes Subbild D_2^v	Auflösung m=1 Vertikal gerichtetes Subbild D_1^v
		Auflösung m=2 Horizontal gerichtetes Subbild D_2^h	Auflösung m=2 Diagonal gerichtetes Subbild D_2^d	
Auflösung m=1 Horizontal gerichtetes Subbild D_1^h	Auflösung m=1 Diagonal gerichtetes Subbild D_1^d	Auflösung m=1 Horizontal gerichtetes Subbild D_1^h		Auflösung m=1 Diagonal gerichtetes Subbild D_1^d
Level 1		Level 2		

Abb. 9.17. Pro Auflösungsstufe werden durch die Wavelet-Transformation drei Subbilder berechnet, die unterschiedliche Karteninformationen aus dem Originalbild für diese Auflösungsstufe extrahieren. Das Subbild D^h enthält horizontale, D^v vertikale und D^d diagonale Karteninformationen.

9.4.4 Schlußbemerkung

Für ein eingehenderes Studium der Materie sei der Leser neben den Werken von DAUBECHIES [Dau92] und CHUI [Chu92] auf [Ant92a, Ant92b, Ant93, Fre93, Hei90, Kro87, Mal89a, Mal89b, Mal92, Str93, Vet90] verwiesen. Um einen ersten Überblick der vielfältigen Anwendungen der Wavelet-Transformation zu gewinnen, bieten sich besonders die Proceedings der ICASSP (International Conference on Acoustic, Speech and Signal Processing), der ICIP (International Conference on Image Processing) und der Medical-Imaging-Konferenz der SPIE (Society of Photo-Optical Instrumentation Engineering) an.

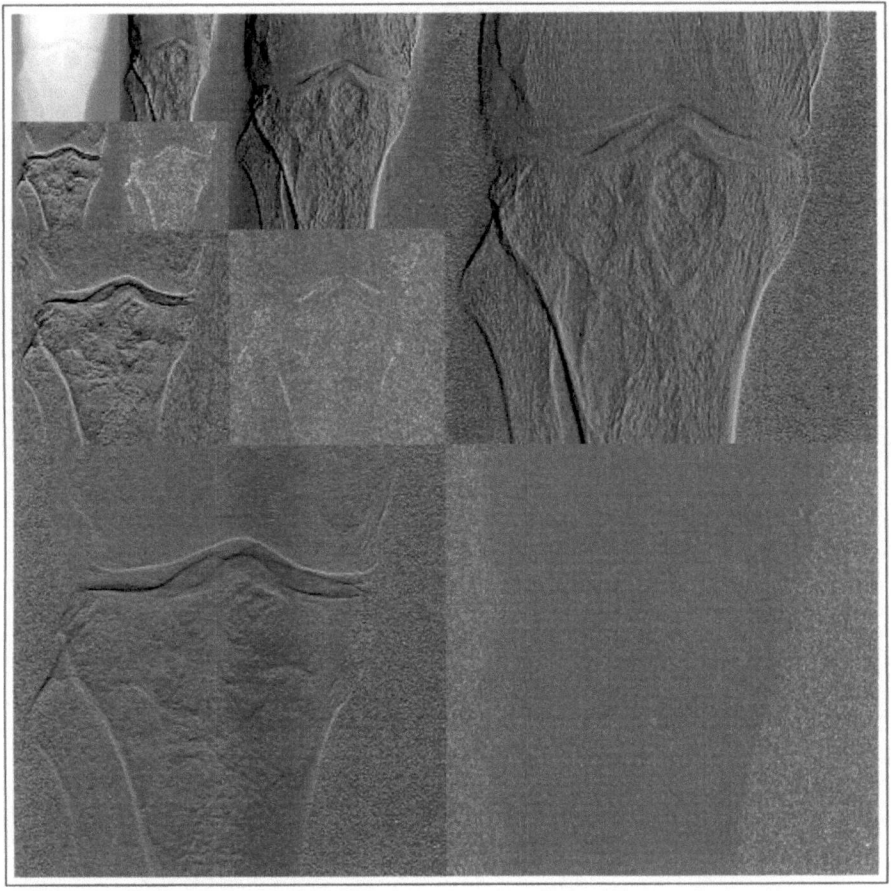

Abb. 9.18. Anwendung der Wavelet-Transformation auf ein Röntgenbild.

10. Die Radon-Transformation

Das Problem, aus Projektionen eines Objektes das Objekt selbst zu rekonstruieren, tauchte zuerst in der Radioastronomie auf, als man etwa 1950 dazu überging, die Auflösung eines Teleskopes statt durch immer größere Spiegel durch eine Kopplung vieler Teleskope zu erhöhen. Dies führte mathematisch zum gleichen Problem wie die etwa 1961 einsetzenden Versuche, aus einer Serie von Röntgenbildern aus verschiedenen Richtungen das durchstrahlte Organ zu rekonstruieren. 1968 wurden Verfahren entwickelt, die aus elektronenmikroskopischen Aufnahmen auf die dreidimensionale Struktur schließen. 1973 übertrug man diese Techniken auf die Kernspinresonanzspektroskopie, später auch in völlig anderem Zusammenhang auf die Bestimmung der räumlichen Verteilung von Luftverschmutzungen. Alle diese Rekonstruktionsverfahren lassen sich mathematisch durch die Radon-Transformation und deren Umkehrung beschreiben, ein Verfahren, das 1917 von JOHANN RADON publiziert wurde [Rad17], aber außerhalb der Mathematik bis 1950 keine Beachtung fand. Abbildung 10.1 zeigt die Ähnlichkeit der Fragestellung in Astronomie und Medizin.

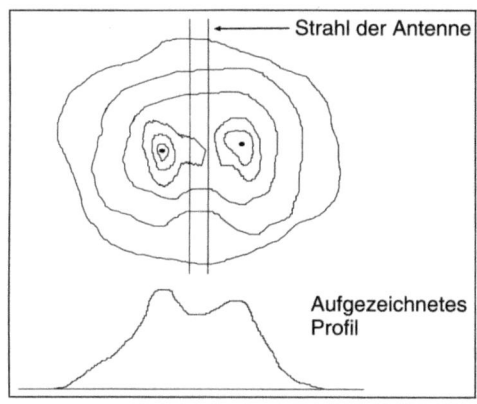

Abb. 10.1. Die Abbildung zeigt qualitativ eine typische Karte solarer Mikrowellenemmission (*oben*). Das Profil (*unten*) entsteht, wenn der Strahl der Antenne die Sonne in einer Schnittebene überstreicht. (Nach [Kre88])

10.1 Die zweidimensionale Radon-Transformation

Das Prinzip der Computertomographie wurde bereits in Kapitel 2 vorgestellt. Die Röntgenröhre dreht sich in Stufen von etwa 1° um das Objekt, und für jede Winkelstellung α wird durch Verschieben der Röhre ein Projektionsprofil erzeugt. Der sehr dünne Röntgenstrahl wird bei seinem Weg durch das Gewebe geschwächt, weil er mit den Atomen und Molekülen der Materie in Wechselwirkung tritt. Auch diese Wechselwirkung wurde bereits besprochen. Sie wird durch einen Schwächungskoeffizienten μ beschrieben, der angibt, um wieviel die Intensität I des Röntgenstrahls pro Längeneinheit abfällt, also von den hier befindlichen Molekülen absorbiert wird. Betrachtet man auf dem Röntgenstrahl einen Wegabschnitt von der Stelle s zur Stelle $s+ds$, so ist die Intensität am Anfang $I(s)$ und am Ende $I(s) - \mu(s) \cdot I(s) \cdot ds$. Die Länge ds ist dabei so klein gewählt, daß $\mu(s)$ konstant ist – nur etwa gleichartige Moleküle getroffen werden. Ebenfalls soll die Energieabhängigkeit von μ vernachlässigt werden können. Damit ergibt sich die Differentialgleichung:

$$I(s+ds) = I(s) - \mu(s)\,I(s)\,ds \quad \Leftrightarrow \quad \frac{dI}{ds} = -\mu(s) \cdot I(s)$$

mit der Lösung:

$$I(s_2) = I(s_1) \cdot e^{-\int_{s_1}^{s_2} \mu(s)ds} \tag{10.1}$$

Diese Intensität wird am Ende des Röntgenstrahls vom Detektor registriert. In vergleichbarer Weise wie bei den Sinnesorganen (vgl. Kap. 3) registriert er aber nicht die Intensität selbst, sondern ihren Logarithmus, genauer den Wert $g(s_2) = \log\bigl(I(s_1)\bigr) - \log\bigl(I(s_2)\bigr) = \int_{s_1}^{s_2} \mu(s)ds$. Da die Ausgangsintensität $I(s_1)$ am Strahlenaustrittsfenster der Röntgenröhre bekannt und vorgegeben ist, steht der Meßelektronik die Gesamtschwächung des Strahls längs seines Weges durch das Gewebe, also der Wert des Integrals $\int \mu(s)ds$, zur Verfügung.

Bewegt sich die Röntgenröhre auf einer Linie senkrecht zu der Richtung der Röntgenstrahlen, so wird das Objekt von einer Serie paralleler Strahlen durchdrungen, die insgesamt die Schnittebene bilden. Zur Beschreibung ist es zweckmäßig, zwei Koordinatensysteme einzuführen, ein körperfestes (x,y)-System und ein mit dem Röntgensystem verbundenes (p,s)-System (Abb. 10.2). Dabei bestimmt s die Richtung der Strahlen und p die Richtung der Projektion, also der Bewegung der Röntgenröhre. Für das (p,s)-Koordinatensystem lautet die Projektionsformel unverändert $g(p) = \int_{s_1}^{s_2} \mu(p,s)ds$ für den Strahl s, wenn sich die Röntgenröhre in der Position p befindet. Zur Darstellung im (x,y)-Koordinatensystem führen wir die Einheitsvektoren $\mathbf{n}$ in Richtung der p-Achse und $\bar{\mathbf{n}}$ in Richtung der s-Achse ein:

$$\mathbf{n} = \begin{pmatrix} \cos\alpha \\ \sin\alpha \end{pmatrix} \quad \text{und} \quad \bar{\mathbf{n}} = \begin{pmatrix} \sin\alpha \\ \cos\alpha \end{pmatrix}$$

10.1 Die zweidimensionale Radon-Transformation

Ist $\mathbf{x} = (x,y)^T$ der Ortsvektor eines Punktes $\mathbf{p}$, so ergibt sich für dessen (p,s)-Koordinaten:

$$p = \mathbf{x} \cdot \mathbf{n} = x\cos\alpha + y\sin\alpha$$
$$s = \mathbf{x} \cdot \mathbf{\bar n} = -x\sin\alpha + y\cos\alpha$$

Substituieren wir dies in die Funktion $\mu(p,s)$, so erhalten wir eine Funktion f, definiert durch $f(x,y) = \mu(p(x,y), s(x,y)) = \mu(\mathbf{xn}, \mathbf{x\bar n})$. Physikalisch bedeuten f und μ das gleiche: den Absorptionskoeffizienten der Materie an der Stelle (p,s) des Röntgenstrahlsystems. Mathematisch sind sie durch ein sog. kommutatives Diagramm verknüpft, das verschiedene Funktionen mit gleichem Funktionswert darstellt:

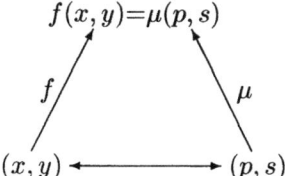

Um das Projektionsintegral $\int \mu(p,s)\,ds$ im (x,y)-System darzustellen, sind die in Kapitel 5 eingeführten Delta-Linien zweckmäßig. Ist $\underline{L}$ eine Linie in der Ebene, so definierten wir dort $f * \delta(\underline{L}) = \int f(\mathbf{x}) \cdot \delta(\mathbf{x} - \underline{L}) d\mathbf{x} = \int_{\mathbf{x} \in \underline{L}} f(\mathbf{x}) d\mathbf{x}$. Die Delta-Funktion siebt aus den Punkten $\mathbf{x}$ der Ebene die Punkte $\mathbf{x} \in \underline{L}$ heraus, die auf der Linie liegen, ähnlich wie der Dirac-Stoß $f * \delta(y) = \int f(x) \cdot \delta(x - y) dy = f(y)$ den Wert der Funktion an der Stelle y heraussiebt.

In unserem Fall ist $\underline{L}$ der Weg eines Röntgenstrahls, der in der Hesseschen Normalform durch die Gleichung $\mathbf{xn} = p$ beschrieben werden kann. Die Punkte $\mathbf{x} \in \underline{L}$ sind die Punkte $\mathbf{x}$ mit $\mathbf{xn} = p$, wobei $\mathbf{n}$ der Normalenvektor in Richtung von p ist. Das Projektionsintegral ist damit:

$$f * \delta(\underline{L}) = \int f(\mathbf{x}) \cdot \delta(\mathbf{xn} - p)\,d\mathbf{x} = g(p, \alpha) \tag{10.2}$$

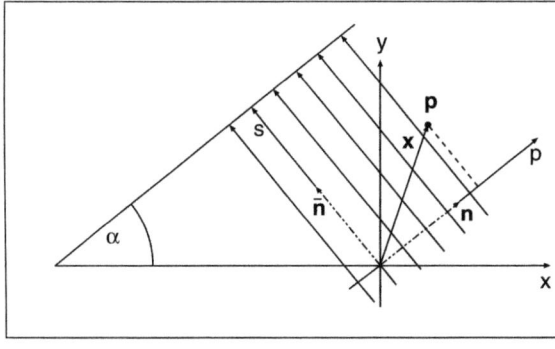

Abb. 10.2. Bezeichnungsweise für das körperfeste (x,y)- und das gerätefeste (p,s)-Koordinatensystem, das gegen das körperfeste um den Winkel α gedreht ist. s ist die Richtung der Röntgenstrahlen und p die Richtung der Projektion. Die Einheitsvektoren in p- und s-Richtung heißen $\mathbf{n}$ und $\mathbf{\bar n}$.

Dabei sind α und p die Parameter der Geraden $\underline{L}$. Das Ergebnis der Transformation ist eine Funktion g mit den Argumenten α und p, die *Radon-Transformation*. Man schreibt:

$$f(x,y) \circ\!\!-\!\!\stackrel{\mathcal{R}}{-}\!\!-\!\!\bullet\, g(p,\alpha) = f * \delta(\underline{L}) \qquad (10.3)$$

oder bisweilen auch $g = \mathcal{R}\{f\}$, $g = R(f)$ oder $g = Rf$.

10.2 Die Radonsche Umkehrformel

In der Praxis stellt sich das Problem, aus den Meßdaten $g(p, \alpha)$ die Funktion $f(x,y)$ so zu bestimmen, daß g ihre Radon-Transformierte ist. Dazu stehen drei Vorgehensweisen zur Verfügung: die direkte Methode mit Hilfe der Radonschen Resolvente, die gefilterte Rückprojektion und die algebraische Methode durch Auflösen eines hochdimensionalen linearen Gleichungssystems. Neuerdings ist als vierte Methode eine Verbesserung mit Hilfe der Wavelet-Transformation (vgl. Kap. 9) erzielt worden [Sah96]. Wir beginnen mit der gefilterten Rücktransformation, die die größte praktische Bedeutung besitzt. Hierzu benötigen wir das Fourier-Slice-Theorem, das wir daher im nächsten Abschnitt herleiten wollen.

10.2.1 Das Fourier-Slice-Theorem

Die gefilterte Rücktransformation geht in drei Schritten vor sich (Abb. 10.3):

- Fourier-Transformation von g: $\qquad\qquad\qquad g \circ\!\!-\!\!\stackrel{\mathcal{F}}{-}\!\!-\!\!\bullet\, G$
- Konstruktion der Fourier-Transformierten von f: $\quad G \bullet\!\!-\!\!\stackrel{?}{-}\!\!-\!\!\bullet\, F$
- Inverse Fourier-Transformation liefert die Lösung: $\quad F \bullet\!\!-\!\!\stackrel{\mathcal{F}}{-}\!\!-\!\!\circ\, f$

Der entscheidende Zusammenhang zwischen G und F wird durch das Fourier-Slice-Theorem (Fourier-Scheiben-Theorem, Zentralschnittheorem) hergestellt. Zunächst ist $g_\alpha(p) = g(p,\alpha)$ für jedes α eine eindimensionale Funktion von p und liefert entsprechend für jedes α ein eindimensionales Spektrum:

$$G_\alpha(r) = G(r,\alpha) = \int g(p,\alpha)\, e^{-2\pi i r p}\, dp$$

Auf der anderen Seite ist F eine Funktion der kartesischen Koordinaten u, v des Frequenzraumes, so daß ein unmittelbarer Vergleich mit G (eine

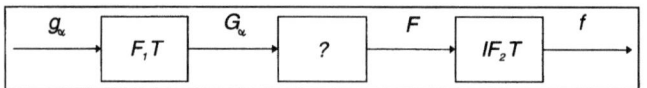

Abb. 10.3. Das Blockschaltbild zeigt das prinzipielle Vorgehen bei der Rekonstruktion von f aus g. F_1T ist die eindimensionale Fourier-Transformation, IF_2T die inverse zweidimensionale.

Funktion der Polarkoordinaten r und α) nicht möglich ist. Wir führen daher erst eine Koordinatentransformation durch. Ein Punkt **p** mit den Polarkoordinaten r und α hat die kartesischen Koordinaten $u = r\cos\alpha$ und $v = r\sin\alpha$. Ersetzt man nun in $F(u,v)$ die kartesischen durch Polarkoordinaten, so erhält man eine Funktion von r und α:

$$F\big(u(r,\alpha), v(r,\alpha)\big) = F(r\cos\alpha, r\sin\alpha) = F_{\text{polar}}(r,\alpha)$$

Die Aussage des Fourier-Slice-Theorems ist nun, daß die Funktion $F_{\text{polar}}(r,\alpha)$ gerade gleich $G(r,\alpha)$ ist:

$$F(r\cos\alpha, r\sin\alpha) = G(r,\alpha) = G_\alpha(r) \qquad \text{(Fourier-Slice-Theorem)} \qquad (10.4)$$

In Worte gefaßt sagt das Theorem also aus, daß ein Schnitt im Winkel α durch das zweidimensionale Fourier-Spektrum $F(u,v)$ der Funktion $f(x,y)$ gleich der eindimensionalen Fourier-Transformierten $G(r,\alpha) = G_\alpha(r)$ der Funktion $g(p)$ ist, die sich durch Projektion von f im Winkel α ergibt (Abb. 10.4).

Eine andere Darstellung für das Fourier-Slice-Theorem ist das kommutative Diagramm, das besagt, daß F und G verschiedene Funktionen sind, da sie verschiedene Definitionsbereiche haben, aber die gleichen Funktionswerte besitzen.

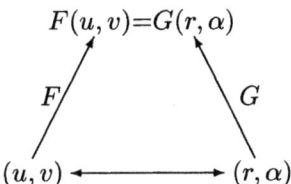

Der Beweis des Fourier-Slice-Theorems ist einfach. Auf der einen Seite ist:

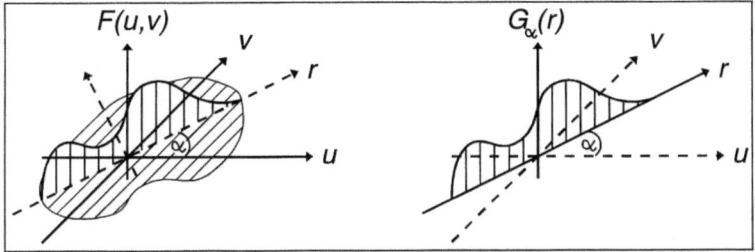

Abb. 10.4. Das zweidimensionale Spektrum $F(u,v)$ der Ortsfunktion $f(x,y)$ ist im Fourier-Raum im Schnittprofil mit dem Winkel α dargestellt (*links*). Auf der rechten Seite ist die eindimensionale Fourier-Transformierte $G_\alpha(r)$ der Projektion $g_\alpha(p)$ der Ortsfunktion $f(x,y)$ entlang des Winkels α dargestellt. Nach dem Fourier-Slice-Theorem entspricht die Polarkoordinatendarstellung von $F(u,v)$ mit festem Winkel α gerade der Funktion $G_\alpha(r)$ (*rechts*).

10. Die Radon-Transformation

$$G(r,\alpha) = \int g(p,\alpha)\,e^{-2\pi irp}\,dp = \iint \mu(s,p)\,e^{-2\pi irp}\,ds\,dp$$

$$= \iint \mu\bigl(s(x,y),p(x,y)\bigr)\,e^{-2\pi ir(\mathbf{xn})}\,dx\,dy$$

$$= \iint f(x,y)\,e^{-2\pi ir(\mathbf{xn})}\,dx\,dy$$

und auf der anderen Seite gilt:

$$F(u,v) = \iint f(x,y)\,e^{-2\pi i(xu+yv)}\,dx\,dy$$

$$= \iint f(x,y)\,e^{-2\pi i(xr\cos\alpha + yr\sin\alpha)}\,dx\,dy$$

$$= \iint f(x,y)\,e^{-2\pi ir(\mathbf{xn})}\,dx\,dy$$

Also sind beide Ausdrücke gleich, und es folgt $F(u,v) = G(r,\alpha)$.

10.2.2 Die gefilterte Rückprojektion

Nachteilig an der bisherigen Beschreibung der Radon-Transformation und dem Zusammenhang zwischen der Funktion f und ihren Projektionen g ist der notwendige Wechsel zwischen dem kartesischen und dem Polarkoordinatensystem. Wir wollen daher untersuchen, wie sich die Funktion f im kartesischen Koordinatensystem aus ihren Projektionen bestimmen läßt. Dazu gehen wir aus von der inversen Fourier-Transformation:

$$f(x,y) = \frac{1}{2\pi} \iint F(u,v)\,e^{2\pi i(xu+yv)}\,du\,dv$$

und substituieren u und v durch die Polarkoordinaten $u = r\cos\alpha$ und $v = r\sin\alpha$. Aus Kapitel 5 wissen wir, daß das Flächenelement $du \cdot dv$ ersetzt wird durch:

$$du\,dv = J\,dr\,d\alpha = |r|\,dr\,d\alpha$$

Dabei ist J die Jacobi-Determinante der Transformation. Wir erhalten damit:

$$f(x,y) = \frac{1}{2\pi} \int_0^\pi \int_{-\infty}^\infty F(r\cos\alpha, r\sin\alpha)\,e^{2\pi ir(x\cos\alpha + y\sin\alpha)}\,|r|\,dr\,d\alpha$$

Der Term $F(r\cos\alpha, r\sin\alpha)$ ist nach dem Fourier-Slice-Theorem (10.4) gerade der Wert $G_\alpha(r)$:

$$f(x,y) = \frac{1}{2\pi} \int_0^\pi \left(\int_{-\infty}^\infty G_\alpha(r)\,e^{2\pi irp}|r|\,dr \right) d\alpha = \frac{1}{2\pi} \int_0^\pi h_\alpha(p)\,d\alpha \qquad (10.5)$$

mit $h_\alpha(p) = \int_{-\infty}^{\infty} G_\alpha(r)\, e^{2\pi i r p} |r|\, dr$. Dabei wurde $p = x\cos\alpha + y\sin\alpha = \mathbf{xn}$ gesetzt. Für festes x, y (linke Seite) und festes α ist p die Projektion des Punktes $\mathbf{x}$ durch den Strahl mit dem Normalenvektor $\mathbf{n}$ auf den Punkt p, wie bei der Entstehung der Projektion $g(p, \alpha)$ (Abb. 10.5). Diese Operation heißt gefilterte Rückprojektion (engl. backprojection), da die Multiplikation mit $|r|$ im Fourier-Raum einer Faltung im Ortsraum, also einem Filter, entspricht.

10.3 Die diskrete Radon-Transformation

Die bisherigen Überlegungen lassen sich in drei Schritten zusammenfassen:

- Fourier-Transformation der Projektionen g_α: $g_\alpha(p) \circ\!\!-\!\!\!^{\mathcal{F}}\!\!-\!\!\bullet G_\alpha(r)$
- Rücktransformation des gefilterten G_α: $|r|\, G_\alpha(r) \bullet\!\!-\!\!^{\mathcal{F}}\!\!-\!\!\circ h_\alpha(p)$
- Rückprojektion mit $p = x\cos\alpha + y\sin\alpha$: $f(x,y) = 1/2\pi \int h_\alpha(p)\, d\alpha$

Um deutlich zu machen, daß bei konstantem α alle Transformationen eindimensional sind, wurde α nicht als Argument, sondern als Index geschrieben. Die technische Realisierung beginnt mit einer Diskretisierung der Projektionen $g_\alpha(p)$. Der Winkel α ist bereits durch das Aufnahmeverfahren diskretisiert.

10.3.1 Diskretisierung der Projektionen

Die optimale Abtastrate ist durch das in Kapitel 5 dargestellte Shannonsche Abtasttheorem bestimmt, wenn die Bandbreite r_0 des Spektrums bekannt ist: Der optimale Abstand Δp zwischen den abgetasteten Punkten ist dann:

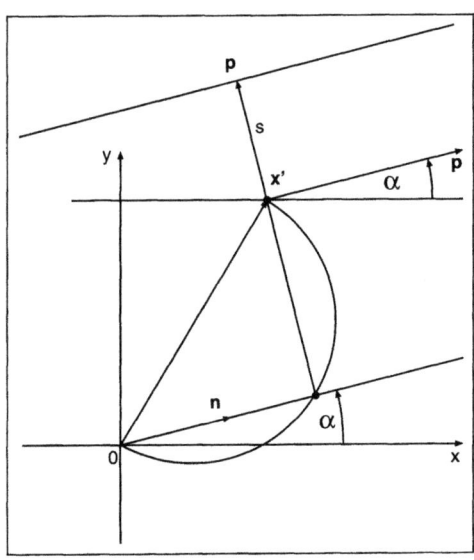

Abb. 10.5. Zur Rückprojektion für einen Punkt $\mathbf{x}$ ermittelt man für jedes in der Bildgenerierung benutzte α die Stelle p, auf die der Punkt $\mathbf{x}$ bei diesem α projiziert wurde. Geometrisch ergibt sich p als Länge der Strecke vom Nullpunkt bis zum Schnittpunkt mit dem Kreis über $(0, \mathbf{x})$ in Richtung α. Für jedes Paar (p, α) wird $h_\alpha(p)$ berechnet. Die Mittelung über α ergibt das gewünschte $f(x, y)$.

$$\Delta p = \frac{1}{2r_0} \qquad (10.6)$$

Oft ist Δp aus technischen Gründen vorgegeben. Dann ist die Bandbreite des Spektrums nach (10.6) $r_0 = 1/2\Delta p$. Dieser Zusammenhang ist für die Diskretisierung des Filters wichtig.

10.3.2 Diskretisierung des Filters

Die Filterung besteht aus der Multiplikation von $G_\alpha(r)$ mit $|r|$ im Frequenzraum. Wir hatten bereits in Kapitel 5 gesehen, daß eine Multiplikation im Frequenzraum durch eine Faltung im Ortsraum ersetzt werden kann: Ist $q(p)$ die inverse Fourier-Transformation von $|r|$, so gilt:

$$G_\alpha(r) \cdot |r| \;\bullet\!\!\!-\!\!\!\stackrel{\mathcal{F}}{-}\!\!\!-\!\!\!\circ\; g_\alpha(p) * q(p) \qquad (10.7)$$

Das hat den Vorteil, daß die Fourier-Transformation der Ausgangsdaten ganz entfällt und daß die inverse Fourier-Transformtion von $|r|$ datenunabhängig ist, also nur ein für allemal geleistet werden muß. Hat die Abtastrate für g_α die Schrittweite Δp, so sind die Abtastpunkte $p_m = m \cdot \Delta p$. Der Wert der gesuchten Funktion q an der Stelle p_m ist dann durch das Integral:

$$q(m \cdot \Delta p) = \frac{1}{2r_0} \cdot \int_{-r_0}^{r_0} |r| \, e^{2\pi i (m\Delta p)r} \, dr$$

gegeben [Lue92a]. Dieses Integral ist explizit lösbar. Für $m = 0$ ergibt sich sofort:

$$q(0) = 2\frac{1}{2r_0} \int_0^{r_0} r \, dr = \frac{1}{r_0}\frac{r_0^2}{2} = \frac{r_0}{2} = \frac{1}{4\Delta p}$$

Hier wurde vom Shannonschen Abtasttheorem (10.6) Gebrauch gemacht. Für die übrigen m schreiben wir $e^{2\pi i m \Delta p r} = e^{izr} = \cos(zr) + i\sin(zr)$. Das Integral $\int |r|\sin(zr)$ verschwindet, da $\sin(\cdot)$ eine ungerade Funktion ist, und es bleibt:

$$q(m\Delta p) = \frac{1}{2r_0} \int_{-r_0}^{r_0} |r|\cos(zr)\, dr = \frac{1}{r_0} \int_0^{r_0} r\cos(zr)\, dr$$

Das letztere Integral läßt sich durch partielle Integration umformen in:

$$\frac{1}{r_0}\int_0^{r_0} r\cos(zr)\, dr = \frac{1}{r_0}\left(\frac{1}{z}r\sin(zr) + \frac{1}{z^2}\cos(zr)\right)\Big|_0^{r_0}$$

Wegen $zr_0 = 2\pi m\Delta p \cdot 1/2\Delta p = \pi m$ wird $\sin(\pi m) = 0$ für alle m und $\cos(\pi m) = -1$ für ungerade m und $\cos(\pi m) = 1$ für gerade m. So ergibt sich schließlich:

$$\frac{1}{r_0}\int r\cos(zr)\,dr = \begin{cases} \frac{1}{r_0}\frac{1}{z^2}(-1-1) = -\frac{2}{z^2}\cdot 2\Delta p & \text{für ungerade } m \\ \frac{1}{r_0}\frac{1}{z^2}(1-1) = 0 & \text{für gerade } m \end{cases}$$

und damit als Ergebnis:

$$q(m\Delta p) = \begin{cases} \frac{-4\Delta p}{(2\pi m\Delta p)^2} = -\frac{1}{\pi^2 m^2(\Delta p)} & \text{für ungerade } m \\ 0 & \text{für gerade } m \end{cases}$$

10.3.3 Modifikation der Filterfunktion

Da die Funktion $|r|$ die niedrigen Frequenzen unterdrückt und die höheren Frequenzen verstärkt, sind verschiedene Modifikationen entwickelt worden, um insbesondere die höheren Frequenzen wieder zu glätten und damit den Rauschanteil zu unterdrücken. Um die Frequenzen höher als etwa c zu unterdrücken, multipliziert man $|r|$ mit einer Funktion, die für Werte $|r| > c$ gleich 0 ist. Hierfür bieten sich die in Kapitel 5 eingeführten Elementarsignale an. Abbildung 10.6 zeigt 4 Beispiele gebräuchlicher Filterfunktionen:

- Rechteck: $\quad |r|\cdot\text{rect}(\frac{r}{c})$
- Sinc: $\quad |r|\cdot\text{rect}(\frac{r}{c})\cdot\text{si}(\frac{r}{c})$
- Cosinus: $\quad |r|\cdot\text{rect}(\frac{r}{c})\cdot\cos(\frac{\pi r}{c})$
- Hamming: $\quad |r|\cdot\text{rect}(\frac{r}{c})\cdot\left(\epsilon + (1-\epsilon)\cos(\frac{2\pi r}{c})\right)$

Man nennt diese Funktionen auch Fensterfunktionen. Für ein einfaches Rechteck $\text{rect}(\cdot)$ ist dies sehr anschaulich. Bei $\cos(\cdot)$ fällt die Funktion zu beiden Seiten ab, um für $|r| = c/2$ den Wert 0 zu erreichen. Die vierte Funktion, die auch Hamming-Fenster genannt wird [Har78], hat an den Punkten $\pm c$ ein Minimum, so daß hier das Abschneiden am glattesten verläuft (Abb. 10.6). Für alle 4 Fensterfunktionen gilt, daß die inverse Fourier-Transformation ihres Produktes mit der Betragsfunktion explizit berechnet werden kann und noch einfachere Formeln liefert als (10.7). Der interessierte Leser sei auf [Her80] verwiesen.

10.3.4 Diskretisierung der Rückprojektion

Das Ergebnis des vorigen Schrittes war die Funktion $h_\alpha(p)$, mit den gleichen Argumenten α und p wie die Projektionen $g_\alpha(p)$. Der nächste Schritt besteht darin, für jedes Pixel $\mathbf{x}$ den Punkt p aufzusuchen, auf den $\mathbf{x}$ durch den Röntgenstrahl projiziert wurde. Ist $\mathbf{n}$ der Normalenvektor des Röntgenstrahls, also $\mathbf{n} = (\cos\alpha, \sin\alpha)^T$, so war $p = \mathbf{xn}$. Da dieser Punkt i.allg. zwischen zwei Abtastpunkten, etwa m_1 und m_2, liegt, muß der Funktionswert $h_\alpha(p)$ durch Interpolation gewonnen werden. Interpolationsverfahren werden ausführlich in Kapitel 13 besprochen. Dort wird gezeigt, daß das ideale Verfahren die Faltung mit einer si-Funktion ist und diese durch verschiedene Methoden approximiert werden kann.

292   10. Die Radon-Transformation

In der Literatur zur diskreten Rückprojektion wird das Verfahren von LAGRANGE beschrieben [Her80]. Ein Lagrange-Polynom hat den Grad k, der

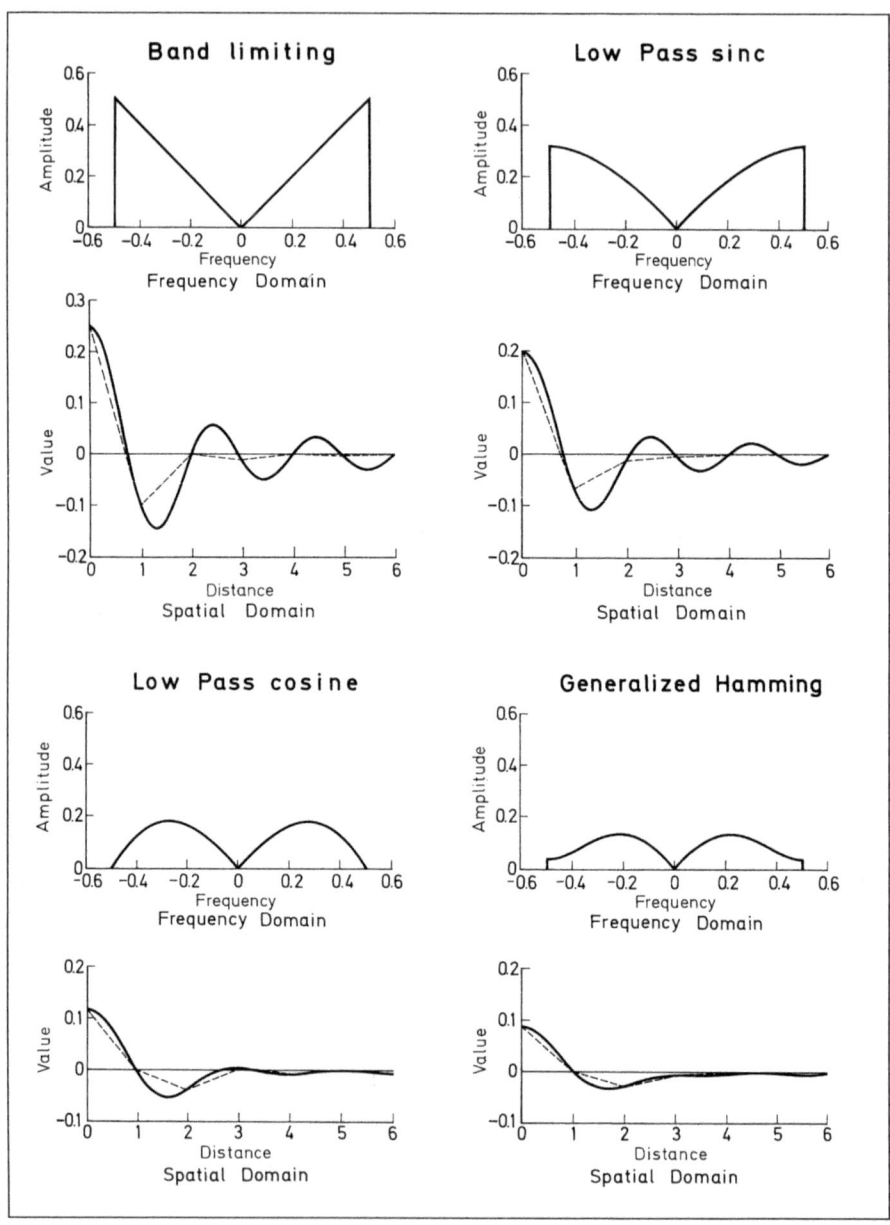

Abb. 10.6. Die 4 Filterfunktionen zur diskreten Rückprojektion aus Abschnitt 10.3.3 sind für $c = 1$ mit ihren inversen Fourier-Transformierten dargestellt. Die besten Eigenschaften hat das Hamming-Fenster (*unten rechts*). (Aus [Her80])

beliebig gewählt werden kann. Wir wählen $k+1$ benachbarte Abtaststellen, mit der nächstgelegenen beginnend und dann abwechselnd rechts bzw. links des Interpolationspunktes p, und bezeichnen sie mit $p_0, p_1, \ldots, p_k$. Daraus bilden wir die $k+1$ Polynome:

$$\begin{aligned} l_0(p) &= c_0(p-p_1)(p-p_2)\cdots(p-p_k) \\ l_1(p) &= c_1(p-p_0)(p-p_2)\cdots(p-p_k) \\ &\ \cdots \\ &\ \cdots \\ l_k(p) &= c_k(p-p_0)(p-p_1)\cdots(p-p_{k-1}) \end{aligned}$$

Es wird also immer der dem Index entsprechende Faktor weggelassen, so daß alle Polynome den Grad k haben. Der Faktor c_j wird so gewählt, daß für $p = p_j$ das Polynom l_j den Wert 1 annimmt. Für die anderen Stützstellen ist $l_j(p) = 0$, da dann der betreffende Faktor $= 0$ ist: Es ist also $l_i(p_j) = \delta_{ij}$. Mit diesen simplen Polynomen ist die Interpolation k-ten Grades:

$$h(p) = \sum_{j=0}^{k} h(p_j)\, l_j(p)$$

Daß diese Polynome eine Approximation der si-Funktion sind, sieht man leicht, wenn man weiß, daß [Smi62]:

$$\operatorname{si}(x) = \prod_{i=1}^{\infty}\left(1 - \frac{x^2}{i^2}\right) = \prod_{i=1}^{\infty}\left(1-\frac{x}{i}\right)\left(1+\frac{x}{i}\right) = \prod_{\substack{i=-\infty \\ i\neq 0}}^{\infty}\left(1+\frac{x}{i}\right)$$

also:

$$\operatorname{si}(t-j) = \prod_{\substack{i=-\infty \\ i\neq 0}}^{\infty}\left(1+\frac{t-j}{i}\right) = \prod_{i\neq j}\left(1+\frac{t-j}{j-i}\right) = \prod_{i\neq j}\left(\frac{t-i}{j-i}\right) = L_j^{\infty}(t)$$

10.4 Die Radonsche Resolvente

Die von RADON ursprünglich angegebene Lösung ergibt sich nun leicht aus einer Modifikation der Filterung mit $|r|$. Schreiben wir nämlich:

$$|r| = \operatorname{sign}(r) \cdot r$$

und benutzen wir für die Rücktransformation in den Ortsraum die beiden Gleichungen [Lue92a]:

$$2\pi i r \cdot G_\alpha(r) \; \overset{\mathcal{F}}{\bullet\!\!-\!\!\circ}\; \frac{dg_\alpha}{dp} \qquad \text{und} \qquad \operatorname{sign}(r) \;\overset{\mathcal{F}}{\bullet\!\!-\!\!\circ}\; \frac{-i}{\pi p}$$

so erhalten wir:

$$\text{sign}(r) \cdot r \cdot G_\alpha \quad \overset{\mathcal{F}}{\bullet\!\!-\!\!\circ} \quad -\frac{i}{\pi p} * \frac{1}{2\pi i} \frac{dg_\alpha}{dp}$$

und damit:

$$h_\alpha(p) = -\frac{1}{2\pi^2}\left(\frac{1}{p} * \frac{dg_\alpha}{dp}\right) = -\frac{1}{2\pi^2}\int \frac{1}{p-p'}\frac{dg_\alpha}{dp'}dp' \qquad (10.8)$$

Dies ist die von RADON 1917 publizierte Darstellung der Lösung. Für eine Diskretisierung schreiben wir das letzte Integral als *Stieltjes-Integral*, d.h. wir „kürzen" gewissermaßen dp' in Zähler und Nenner weg, und erhalten:

$$\int_{-\infty}^{\infty} \frac{1}{p-p'} dg_\alpha(p') \simeq \sum_{m \neq m_0} \frac{g(m+1) - g(m)}{m - m_0}$$

$$= \sum_{i=1}^{\infty} \frac{g(m_0 + i) - g(m_0 + i - 1)}{i} -$$

$$- \sum_{i=1}^{\infty} \frac{g(m_0 - i + 1) - g(m_0 - i)}{i} \qquad (10.9)$$

Dies ist im wesentlichen – bis auf den konstanten Faktor nach (10.8) – der Wert der Funktion $h_\alpha(p)$ an der Stelle $p = m_0 \cdot \Delta p$ für das gegebene α. Nach RADON bestimmt man die Funktionswerte $h_\alpha(p)$ auch für die übrigen p und α und kann dann mit diesen Werten die Rückprojektion $f(x,y) = 1/2\pi \int h_\alpha(p)\, dp$ durchführen.

10.5 Der algebraische Ansatz

Wir gehen aus von der Radon-Transformation als Faltung (10.2):

$$\iint \delta(\mathbf{xn} - p) f(x,y) dx dy = g_\alpha(p)$$

und schreiben sie in diskretisierter Form als ein lineares Gleichungssystem:

$$\sum_{x,y} \delta(x,y,p,\alpha) \cdot f(x,y) = g(p,\alpha)$$

In der riesigen Matrix δ entspricht jeder Kombination von x,y eine Spalte und jeder Kombination p,α eine Zeile. Die Zeile (p,α) entsteht dadurch, daß wir den zugehörigen Strahl betrachten und alle Punkte (x,y) notieren, die von diesem Strahl getroffen werden. Die Matrix enthält an der Stelle (x,y) der Zeile (p,α) eine 1, wenn (x,y) vom Strahl (p,α) getroffen wird, und sonst eine 0. Daher ist δ eine dünn besetzte Matrix. Das Gleichungssystem wird nun nach einem dafür geeigneten Verfahren gelöst. Zur Zeit gibt es noch keinen Algorithmus, der mit der gefilterten Rückprojektion konkurrieren könnte. Deshalb möge hier dieser Hinweis genügen.

11. Die Karhunen-Loève-Transformation

Die Karhunen-Loève-Transformation (KLT) ist ein Verfahren zur Merkmalsreduktion. Sie geht davon aus, daß ein Sachverhalt durch eine große Anzahl von Merkmalen beschrieben ist, also durch einen hochdimensionalen Merkmalsvektor $\mathbf{x} = (x_1, x_2, \ldots, x_P)^T$, und hat zum Ziel, „überflüssige"[1] Variablen zu eliminieren und so zu einer kleinen Anzahl neuer Merkmale $\mathbf{y} = (y_1, y_2, \ldots, y_Q)^T$ mit $Q \ll P$ zu kommen, die zur Beschreibung des ursprünglichen Sachverhaltes ausreichen.

Die Beschreibung eines Objektes oder einer Textur erfordert i.allg. eine große Anzahl von Merkmalen. Diese können sich auf die Form, also den Umriß, auf die Struktur oder auf andere Charakteristika beziehen. Die Karhunen-Loève-Transformation gestattet nun, diese Vielzahl von Merkmalen auf einige wenige zu reduzieren. Dies ist wichtig nicht nur zur Datenkompression, sondern auch zur Mustererkennung und somit zur Unterstützung von Diagnostik und Verlaufskontrollen in der Medizin.

So läßt sich der Zustand eines Patienten durch eine sehr große Anzahl von *Parametern* ausdrücken. Zur Charakterisierung des Krankheitszustandes und auch zur Beurteilung des Behandlungserfolges ist es wünschenswert, aus der Vielzahl der Parameter nach Möglichkeit einen einzigen (Krankheits-)*Index* abzuleiten, der den Fortschritt der Therapie hinreichend gut repräsentieren kann. Hier wäre $Q = 1$. Die meisten Verfahren der medizinischen Statistik gehen von solchen eindimensionalen Kenngrößen aus, nehmen also an, daß eine geeignete Merkmalsreduktion schon stattgefunden hat.

Der Wunsch, die Anzahl von Variablen zur Beschreibung eines Sachverhaltes auf ein Minimum zu reduzieren, taucht auch in anderen Disziplinen auf. Beispiele finden sich in den Ingenieurwissenschaften, in der Mathematik, in der mathematischen Statistik, in der Physik oder in der Psychologie. Jede Disziplin hatte im Laufe der Zeit ihre eigenen Verfahren zur Merkmalsreduktion entwickelt. In der Physik werden sie als Spektralanalyse bezeichnet, in der Mathematik als Eigenwertproblem, in der mathematischen Statistik als Hauptkomponentenanalyse, in der Psychologie als Faktorenanalyse und in den Ingenieurwissenschaften als Karhunen-Loève-Transformation. Grundlegende Arbeiten sind:

- 1901 PEARSON [Pea01]

---
[1] etwa stark korrelierte

296   11. Die Karhunen-Loève-Transformation

- 1933 HOTELLING [Hot33]
- 1947 KARHUNEN [Kar47]
- 1948 LOÈVE [Loe48]
- 1964 RAO [Rao64]

11.1 Orthogonale Regression

Die Grundgedanken der Karhunen-Loève-Transformation lassen sich sehr anschaulich an einem zunächst völlig anderen Problem demonstrieren. Gegeben seien N Punkte $\mathbf{x}_1$, $\mathbf{x}_2$, ..., $\mathbf{x}_N$ in der Ebene, durch die eine Ausgleichsgerade gelegt werden soll. Während bei den üblichen Verfahren die Gerade so bestimmt wird, daß die Summe der Quadrate der Abstände in senkrechter Richtung minimiert wird, soll hier die Summe der Quadrate der Abstände der Punkte von der Ausgleichsgeraden selbst minimiert werden – es wird also keine Richtung bevorzugt.

Da die Gerade, wie sich leicht zeigen läßt, durch den Schwerpunkt $\bar{\mathbf{x}}$ der N Punkte gehen muß, ist dann nur noch der Winkel φ zu bestimmen, den die Ausgleichsgerade mit der x_1-Achse bildet. Eine bequemere Charakterisierung ist der Richtungsvektor $\mathbf{u} = (\cos\varphi, \sin\varphi)^T$. Er hat die Länge 1, und jeder Punkt der Geraden läßt sich darstellen als $\bar{\mathbf{x}} + y \cdot \mathbf{u}$, $y \in \mathbb{R}$. Die Projektion y_i des Punktes $\mathbf{x}_i$ auf die Gerade ist (Abb. 11.1):

$$y_i = \mathbf{u}^T(\mathbf{x}_i - \bar{\mathbf{x}}) \tag{11.1}$$

Der Abstand z_i des Punktes von der Geraden und die Projektion y_i bilden die Koordinaten eines rechtwinkligen Dreiecks. Der Satz des Pythagoras liefert für die zu minimierenden Abstandsquadrate:

$$z_i^2 = (\mathbf{x}_i - \bar{\mathbf{x}})^2 - y_i^2 \quad \text{mit} \quad (\mathbf{x}_i - \bar{\mathbf{x}})^2 = (\mathbf{x}_i - \bar{\mathbf{x}})^T(\mathbf{x}_i - \bar{\mathbf{x}}) \tag{11.2}$$

Dieser Ausdruck ist von der Richtung der Ausgleichsgeraden, also vom Richtungsvektor $\mathbf{u}$, unabhängig, so daß das Minimieren von $\sum z_i^2$ durch das

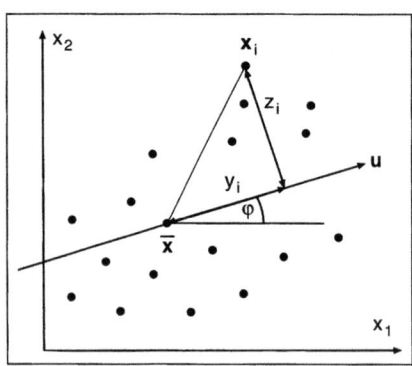

Abb. 11.1. Für jeden Punkt $\mathbf{x}_i$ bilden der Abstand z_i von der Geraden und die Projektion y_i auf die Gerade die Katheten eines rechtwinkligen Dreiecks. Die Gerade geht durch den Schwerpunkt $\bar{\mathbf{x}}$ und hat den Anstiegswinkel φ bzw. den Richtungsvektor $\mathbf{u} = (\cos\varphi, \sin\varphi)^T$.

Maximieren von $\sum y_i^2$ ersetzt werden kann: Die Abstände sind genau dann minimal, wenn die Projektionen maximal sind.

Ersetzen wir y_i gemäß (11.1) durch $\mathbf{u}^T(\mathbf{x}_i - \bar{\mathbf{x}})$, so ergibt sich zunächst formal:

$$\begin{aligned} \sum y_i^2 &= \sum \mathbf{u}^T(\mathbf{x}_i - \bar{\mathbf{x}}) \cdot (\mathbf{x}_i - \bar{\mathbf{x}})^T \mathbf{u} \\ &= \mathbf{u}^T \sum (\mathbf{x}_i - \bar{\mathbf{x}}) \cdot (\mathbf{x}_i - \bar{\mathbf{x}})^T \cdot \mathbf{u} \\ &= \mathbf{u}^T \cdot \mathbf{S} \cdot \mathbf{u} \end{aligned}$$

Wie sich leicht errechnen läßt, ist $\mathbf{S}$ eine (2×2)-Matrix mit den Elementen:

$$\begin{aligned} S_{11} &= \sum (x_{1i} - \bar{x}_1)^2 &&= \sum x_{1i}^2 - N\bar{x}_1^2 \\ S_{12} &= \sum (x_{1i} - \bar{x}_1)(x_{2i} - \bar{x}_2) &&= \sum x_{1i}x_{2i} - N\bar{x}_1\bar{x}_2 \\ S_{22} &= \sum (x_{2i} - \bar{x}_2)^2 &&= \sum x_{2i}^2 - N\bar{x}_2^2 \end{aligned} \quad (11.3)$$

Die Elemente sind also, bis auf die fehlende Division durch $N-1$, die Varianzen und Kovarianzen der Punktwolke $\mathbf{x}_1, \mathbf{x}_2, \ldots, \mathbf{x}_N$. In der Physik ist $\mathbf{S}$ der Trägheitstensor der mit der Masse 1 versehenen Massenpunkte $\mathbf{x}_1, \ldots, \mathbf{x}_N$.

Das Optimierungsproblem lautet mit diesen neuen Bezeichnungen: Bestimme einen Vektor $\mathbf{u} = (u_1, u_2)^T$ derart, daß die quadratische Form $\mathbf{u}^T\mathbf{S}\mathbf{u}$ ihr Maximum unter der Nebenbedingung $\mathbf{u}^T\mathbf{u} = 1$ annimmt. Formal ist das eine Extremwertaufgabe mit einer Nebenbedingung. Sie wird nach dem *Lagrange-Verfahren* gelöst. Man bringe die Nebenbedingung auf die Form $\phi(\mathbf{u}) = 0$ und löse das Gleichungssystem:

$$\mathbf{u}^T\mathbf{S}\mathbf{u} - \lambda\phi(\mathbf{u}) = \max \quad (11.4)$$

mit den drei Unbekannten u_1, u_2 und λ. Hier ist $\phi(\mathbf{u}) = \mathbf{u}^T\mathbf{u} - 1 = u_1^2 + u_2^2 - 1$. Vektorielles Differenzieren ergibt:

$$\mathbf{S}\mathbf{u} - \lambda\mathbf{u} = 0 \quad \text{und} \quad \phi(\mathbf{u}) = 0$$

also:

$$(\mathbf{S} - \lambda\mathbf{I})\mathbf{u} = 0 \quad \text{und} \quad \mathbf{u}^T\mathbf{u} = 1$$

Das ist eine Eigenwertgleichung, die nur für bestimmte Werte von λ – die Eigenwerte der Matrix $\mathbf{S}$ – eine Lösung besitzt, nämlich für diejenigen λ, für die die Determinante $\det(\mathbf{S}-\lambda\mathbf{I})$ eine Nullstelle besitzt. Für unsere (2×2)-Matrix $\mathbf{S}$ ist $\det(\mathbf{S} - \lambda\mathbf{I})$ ein Polynom zweiten Grades in λ, mit zwei Nullstellen λ_1 und λ_2. Für jeden Eigenwert besitzt das Gleichungssystem einen eindeutigen Lösungsvektor $\mathbf{u}$, den zugehörigen Eigenvektor. Der Eigenvektor zum größten Eigenwert ist der gesuchte Richtungsvektor der Ausgleichsgeraden.

11. Die Karhunen-Loève-Transformation

11.1.1 Beispiel

Gegeben sei eine Region $\underline{R}$ eines Bildes. Gesucht ist eine Gerade, die durch den Schwerpunkt der Region geht, so daß die Summe der Quadrate der orthogonalen Abstände der Pixel von dieser Geraden minimal ist. Haben alle Pixel das gleiche Gewicht, so ist Gewicht mal Summe der Quadrate der Abstände physikalisch das Trägheitsmoment um diese Gerade, und dieses ist für die Hauptträgheitsachse minimal. Orthogonale Regression und Bestimmung der Hauptträgheitsachse sind äquivalent.

Als Beispiel sei die in Abbildung 11.2 dargestellte L-förmige Region betrachtet. Die Koordinaten der Pixel sind in der Matrix $\mathbf{X}$ zusammengefaßt:

$$\mathbf{X} = \begin{bmatrix} 0\;0\;0\;0\;0\;0\;1\;1\;1\;1\;1\;1\;2\;2\;3\;3 \\ 5\;4\;3\;2\;1\;0\;5\;4\;3\;2\;1\;0\;1\;0\;1\;0 \end{bmatrix}^T$$

Die Matrix $\mathbf{X}^T\mathbf{X}$ liefert die Summen der Quadrate:

$$\mathbf{X}^T\mathbf{X} = \begin{pmatrix} 32 & 20 \\ 20 & 112 \end{pmatrix}$$

Die Spaltensummen liefern den Schwerpunkt gemäß:

$$\sum x_{1i} = N \cdot \bar{x}_1 = 16 \quad \text{und} \quad \sum x_{2i} = N \cdot \bar{x}_2 = 32$$

Durch Vergleich mit (11.3) ergibt sich damit:

$$\begin{aligned} \mathbf{S} &= \mathbf{X}^T\mathbf{X} - N\bar{\mathbf{x}}\bar{\mathbf{x}}^T \\ &= \begin{pmatrix} 32 & 20 \\ 20 & 112 \end{pmatrix} - 16 \cdot \begin{pmatrix} 1 \\ 2 \end{pmatrix} (1\;\;2) \\ &= \begin{pmatrix} 32 & 20 \\ 20 & 112 \end{pmatrix} - 16 \cdot \begin{pmatrix} 1 & 2 \\ 2 & 4 \end{pmatrix} = \begin{pmatrix} 16 & -12 \\ -12 & 48 \end{pmatrix} \end{aligned}$$

Für die *Säkulargleichung* $\det(\mathbf{S} - \lambda\mathbf{I}) = 0$ erhalten wir also:

$$\det \begin{pmatrix} 16-\lambda & -12 \\ -12 & 48-\lambda \end{pmatrix} = (16-\lambda)(48-\lambda) - 12 \cdot 12 = 0$$

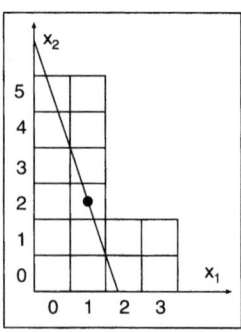

Abb. 11.2. Hat jedes Pixel der L-förmigen Region dieselbe Masse, so geht die Hauptträgheitsachse durch das Pixel (1, 2) und hat die Steigung -3.

Das ist eine quadratische Gleichung für λ:

$$\left. \begin{array}{rcl} \lambda^2 - (16+48)\lambda + 16 \cdot 48 & = & 12 \cdot 12 \\ (\lambda - 32)^2 & = & 400 \end{array} \right\} \Rightarrow \begin{array}{l} \lambda_1 = 32 + 20 = 52 \\ \lambda_2 = 32 - 20 = 12 \end{array}$$

Mit $\lambda_1 = 52$ erhalten wir aus der ersten Zeile der Eigenwertgleichung $\mathbf{Su} = \lambda_1 \mathbf{u}$:

$$\begin{array}{rcl} 16u_1 - 12u_2 & = & 52u_1 \\ -12u_2 & = & 36u_1 \\ \dfrac{u_2}{u_1} & = & -\dfrac{36}{12} = -3 \end{array}$$

Die Hauptträgheitsachse geht also durch den Punkt $(1,2)$ und hat die Steigung -3 (Abb. 11.2).

11.2 Geometrische Interpretation

Die verschiedenen Regressionsgeraden einschließlich der orthogonalen Regression lassen sich sehr anschaulich interpretieren, wenn man die Ellipsendarstellung einer Varianzmatrix benutzt (Abb. 11.3). Dann ist die Gerade der orthogonalen Regression die Hauptachse der Ellipse, die Gerade der Regression von x_2 auf x_1 ist der konjugierte Durchmesser, der die Berührungspunkte der Tangenten in x_1-Richtung an die Ellipse miteinander verbindet, und entsprechend ist die Regressionsgerade von x_1 auf x_2 der zweite konjugierte Durchmesser, der durch die Tangenten parallel zur x_2-Achse bestimmt ist.

11.3 Reduktion hochdimensionaler Merkmalsvektoren

11.3.1 Zusammenhang mit der orthogonalen Regression

Bei der orthogonalen Regression war eine Gerade derart gesucht, daß für die orthogonalen Abstände der L_2-Abstand, d.h. $\sum z_i^2$, minimiert wurde. Bei

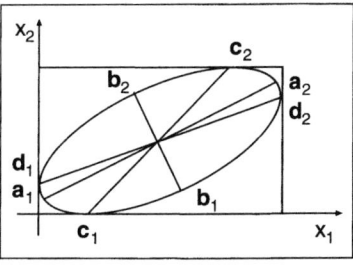

Abb. 11.3. Die Hauptachsen der Ellipse sind die Strecken $\mathbf{a}_1\mathbf{a}_2$ (großer Durchmesser) und $\mathbf{b}_1\mathbf{b}_2$ (kleiner Durchmesser), während $\mathbf{c}_1\mathbf{c}_2$ und $\mathbf{d}_1\mathbf{d}_2$ die konjugierten Durchmesser, die von den Berührungspunkten der Tangenten parallel zur x_1-Achse und x_2-Achse ausgehen, darstellen. Die orthogonale Regression führt auf die Hauptachse, die Forderung $\sum(x_{2i} - \bar{x}_2)^2 \to \min$ auf den konjugierten Durchmesser $\mathbf{d}_1\mathbf{d}_2$ und $\sum(x_{1i} - \bar{x}_1)^2 \to \min$ auf $\mathbf{c}_1\mathbf{c}_2$.

der Merkmalsreduktion sucht man eine Projektion der Merkmalsvektoren auf eine Gerade derart, daß die Abstände der auf die Gerade projizierten Punkte voneinander, also $\sum_{ij}(y_i - y_j)^2$, maximal werden. Nun ist bei N Punkten:

$$\begin{aligned}
\sum_{ij}(y_i - y_j)^2 &= N\sum y_i^2 - N\sum y_j^2 - 2\sum y_i \sum y_j \\
&= 2N\left(\sum y_i^2 - N\bar{y}^2\right) = 2N\left(\sum y_i^2 - 2N\bar{y}^2 + N\bar{y}^2\right) \\
&= 2N\sum(y_i - \bar{y})^2
\end{aligned}$$

Da $y_i = (\mathbf{x}_i - \bar{\mathbf{x}})^T\mathbf{u}$ die Projektionen des zentrierten Merkmalsvektors $\mathbf{x}_i - \bar{\mathbf{x}}$ auf die Gerade sind, ist $\bar{y} = 1/N\sum(\mathbf{x}_i - \bar{\mathbf{x}})^T\mathbf{u} = (\bar{\mathbf{x}} - \bar{\mathbf{x}})^T\mathbf{u} = 0$, also:

$$\sum_{ij}(y_i - y_j)^2 = 2N \cdot \sum y_i^2$$

Die Aufgabe reduziert sich damit darauf, $\sum y_i^2$ zu maximieren. Dies ist aber äquivalent damit, $\sum z_i^2$ zu minimieren, denn $\sum y_i^2 + \sum z_i^2 = \sum(\mathbf{x}_i - \bar{\mathbf{x}})^2$, also, bis auf den Faktor $1/(N-1)$, gleich der Summe der Varianzen der Merkmalsvektoren und unabhänig von der Wahl der Projektion. Beide Aufgaben führen also auf die gleiche Gerade.

Es ist weiterhin $\sum y_i^2 = \sum(y_i - \bar{y})^2$, also bis auf den Faktor $1/N - 1$ die Varianz der projizierten Punkte, gleich dem größeren Eigenwert λ_1 der Kovarianzmatrix:

$$\sum(y_i - \bar{y})^2 = \lambda_1 \quad \text{und entsprechend} \quad \sum(z_i - \bar{z})^2 = \lambda_2 \qquad (11.5)$$

Dies wird in (11.10) i.allg. Zusammenhang gezeigt. Damit ist die orthogonale Regression gleichzeitig eine Reduktion eines zweidimensionalen Merkmals auf ein eindimensionales Merkmal mit maximaler Varianz. Das Verhältnis dieser Varianz zur Gesamtvarianz, also $\lambda_1/(\lambda_1+\lambda_2)$, wird uns noch als Qualitätsmaß für die Merkmalsreduktion begegnen.

11.3.2 Reduktion auf eindimensionale Räume

Bei der orthogonalen Regression waren N Punkte gegeben, die wir mit (x_{n1}, x_{n2}) bezeichnen wollen. Im Falle eines hochdimensionalen Merkmals wird das n-te Objekt durch eine große Anzahl von Merkmalen beschrieben, etwa $(x_{n1}, x_{n2}, \ldots, x_{nP})$. Es ist zweckmäßig, die P-Tupel aller N Objekte in einer $(N \times P)$-Matrix $\mathbf{X}$ zusamenzufassen, also:

$$\mathbf{X} = \begin{pmatrix} x_{11} & x_{12} & \ldots & x_{1P} \\ x_{21} & x_{22} & \ldots & x_{2P} \\ \vdots & & & \vdots \\ x_{N1} & x_{N2} & \ldots & x_{NP} \end{pmatrix} = \begin{pmatrix} \mathbf{x}_1^T \\ \mathbf{x}_2^T \\ \vdots \\ \mathbf{x}_N^T \end{pmatrix} \qquad (11.6)$$

11.3 Reduktion hochdimensionaler Merkmalsvektoren

und weiterhin eine Abweichungsmatrix **M** zu definieren, die aus **X** entsteht, indem man von jeder der P Spalten den Spaltenmittelwert $\bar{x}_1, \bar{x}_2, ..., \bar{x}_P$ abzieht:

$$\mathbf{M} = \begin{pmatrix} x_{11} - \bar{x}_1 & x_{12} - \bar{x}_2 & \cdots & x_{1p} - \bar{x}_P \\ x_{21} - \bar{x}_1 & x_{22} - \bar{x}_2 & \cdots & x_{2p} - \bar{x}_P \\ \vdots & & & \vdots \\ x_{N1} - \bar{x}_1 & x_{N2} - \bar{x}_2 & \cdots & x_{NP} - \bar{x}_P \end{pmatrix} \quad (11.7)$$

Die Matrix $\mathbf{M}^T\mathbf{M}$ hat die Elemente:

$$(\mathbf{M}^T\mathbf{M})_{ij} = \sum_{n=1}^{N} (x_{ni} - \bar{x}_i)(x_{nj} - \bar{x}_j) \quad (11.8)$$

Es ist also $\mathbf{S} = \mathbf{M}^T\mathbf{M}$. Die Indizes i und j sind die Koordinaten des n-ten Punktes $\mathbf{x}_n$ mit $1 \leq i, j \leq P$.

Die eindimensionale Merkmalsreduktion besteht nun darin, eine geeignete Gerade durch den Schwerpunkt $\bar{\mathbf{x}} = (\bar{x}_1, ..., \bar{x}_P)$ aufzusuchen und dann die jeweiligen Merkmalsvektoren auf diese Gerade zu projizieren. Die Gerade wird durch ihren Richtungsvektor **u** charakterisiert. Das ist ein Vektor der Länge 1, so daß jeder Punkt auf der Geraden durch ein Vielfaches dieses Vektors darstellbar ist. Im Zweidimensionalen hat **u** die Komponenten $\cos\varphi$ und $\sin\varphi$, im Dreidimensionalen ist $\mathbf{u} = (\sin\vartheta\cos\varphi, \sin\vartheta\sin\varphi, \cos\vartheta)^T$ (Abb. 11.4). Als geeignet soll die Gerade gelten, wenn die Projektionen möglichst groß sind. Das führt wie im Zweidimensionalen zu der Forderung, $\mathbf{u}^T\mathbf{S}\mathbf{u}$ mit der Nebenbedingung $\mathbf{u}^T\mathbf{u} = 1$ zu maximieren. Die Lagrange-Funktion ergibt sich zu:

$$L(\mathbf{u}, \lambda) = \mathbf{u}^T\mathbf{S}\mathbf{u} - \lambda(\mathbf{u}^T\mathbf{u} - 1) \quad (11.9)$$

Die Gradientenbildung (Ableitung nach den Komponenten von **u**) führt, wie man leicht nachrechnet, zur Eigenwertgleichung:

$$\mathbf{S}\mathbf{u} = \lambda\mathbf{u}$$

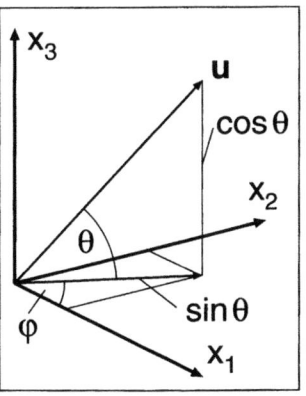

Abb. 11.4. Die 3. Komponente des Richtungsvektors **u** ist $u_3 = \cos\vartheta$. Die Projektion des Vektors auf die (x_1, x_2)-Ebene ist $\sin\vartheta$. In der (x_1, x_2)-Ebene wird diese Projektion auf die x_1-Achse mit $(\sin\vartheta \cdot \cos\varphi)$ und auf die x_2-Achse mit $(\sin\vartheta \cdot \sin\varphi)$ projiziert.

mit der Lösung, daß **u** als Eigenvektor zum größten Eigenwert der Matrix **S** zu wählen ist. Die Projektion des n-ten Objektes, also des P-Tupels $(x_{n1}, \ldots, x_{nP})$, auf die Gerade mit dem Richtungsvektor **u**, also auf den ersten Eigenvektor, ist der Punkt y_n:

$$y_n = (\mathbf{x}_n - \bar{\mathbf{x}})^T \mathbf{u}$$

gemessen vom Schwerpunkt $\bar{\mathbf{x}} = (\bar{x}_1, \ldots, \bar{x}_P)$ aus. Die Gesamtheit der Projektionen aller Objekte, also das N-Tupel $(y_1, y_2, \ldots, y_N)$, zusammengefaßt als Vektor **y**, ist also:

$$\mathbf{y} = \mathbf{M}\mathbf{u}$$

Die Varianz dieser Punkte ist bis auf den Faktor $1/(N-1)$:

$$\mathbf{y}^T \mathbf{y} = \mathbf{u}^T \mathbf{M}^T \mathbf{M} \mathbf{u} = \mathbf{u}^T \mathbf{S} \mathbf{u}$$

Nach der Eigenwertgleichung ist $\mathbf{S}\mathbf{u} = \lambda \mathbf{u}$, also:

$$\mathbf{y}^T \mathbf{y} = \mathbf{u}^T \lambda \mathbf{u} = \lambda \qquad (11.10)$$

da $\mathbf{u}^T \mathbf{u} = 1$ ist. Damit ist die in (11.5) erwähnte Beziehung für beliebiges P gezeigt.

11.3.3 Reduktion auf niedrigdimensionale Räume

In vielen Fällen bietet eine eindimensionale Repräsentation des ursprünglich P-dimensionalen Merkmalsvektors keine ausreichende Möglichkeit, zwischen zwei unterschiedlichen Merkmalen zu differenzieren oder Veränderungen des Merkmals zu erkennen oder allgemein die angestrebte Aufgabe durchzuführen. Man wird dann nach einer optimalen zwei- oder dreidimensionalen Darstellung des Merkmalsvektors suchen und damit auch nach einem Kriterium, das angibt, wieviel Dimensionen ausreichen, um den Informationsverlust in vorgegebenen Grenzen zu halten.

Zur Präzisierung suchen wir eine Ebene, dargestellt durch zwei orthogonale Einheitsvektoren **u** und **v** durch den Schwerpunkt $\bar{\mathbf{x}}$, die so zu wählen sind, daß die Projektion der Vektoren auf diese Ebene eine maximale Länge besitzen. Ist $\mathbf{p}_n$ die Projektion des n-ten Merkmalsvektors mit $\mathbf{p}_n = y_n \mathbf{u} + z_n \mathbf{v}$ (Abb. 11.5), so sollen **u** und **v** so bestimmt werden, daß:

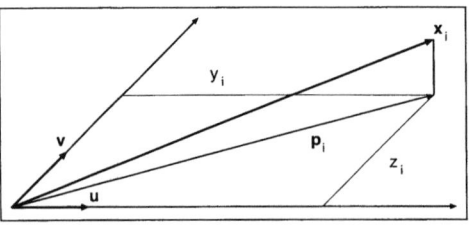

Abb. 11.5. Der Merkmalsvektor $\mathbf{x}_i$ wird auf die durch zwei orthogonale Einheitsvektoren **u**, **v** aufgespannte Ebene projiziert.

11.3 Reduktion hochdimensionaler Merkmalsvektoren

$$\sum \mathbf{p}_n^T \mathbf{p}_n = \sum (y_n \mathbf{u} + z_n \mathbf{v})^T (y_n \mathbf{u} + z_n \mathbf{v}) = \sum y_n^2 + \sum z_n^2$$

maximal ist. Dabei ist $y_n = (\mathbf{x}_n - \bar{\mathbf{x}})^T \mathbf{u}$ und $z_n = (\mathbf{x}_n - \bar{\mathbf{x}})^T \mathbf{v}$, also:

$$\sum y_n^2 = \mathbf{u}^T \sum (\mathbf{x}_i - \bar{\mathbf{x}})(\mathbf{x}_i - \bar{\mathbf{x}})^T \mathbf{u} = \mathbf{u}^T \mathbf{M}^T \mathbf{M} \mathbf{u} = \mathbf{u}^T \mathbf{S} \mathbf{u} \quad (11.11)$$

und:

$$\sum b_n^2 = \mathbf{v}^T \mathbf{M}^T \mathbf{M} \mathbf{v} = \mathbf{v}^T \mathbf{S} \mathbf{v}$$

Die Lagrange-Funktion, die die Nebenbedingungen $\mathbf{u}^T \mathbf{u} = \mathbf{v}^T \mathbf{v} = 1$ berücksichtigt, ist:

$$L(\mathbf{u}, \mathbf{v}, \lambda_1, \lambda_2) = \mathbf{u}^T \mathbf{S} \mathbf{u} + \mathbf{v}^T \mathbf{S} \mathbf{v} - \lambda_1 (\mathbf{u}^T \mathbf{u} - 1) - \lambda_2 (\mathbf{v}^T \mathbf{v} - 1) \quad (11.12)$$

Durch Ableiten nach $\mathbf{u}$ und $\mathbf{v}$ ergibt sich:

$$\mathbf{S}\mathbf{u} = \lambda_1 \mathbf{u} \quad \text{und} \quad \mathbf{S}\mathbf{v} = \lambda_2 \mathbf{v}$$

so daß sich als Ergebnis herausstellt, daß die Ebene von den beiden Eigenvektoren der Matrix $\mathbf{S}$ (äquivalent: der Matrix $\mathbf{M}^T\mathbf{M}$) aufgespannt wird, die zu den zwei größten Eigenwerten gehören. Ferner ist $\lambda_1 = \sum y_n^2$ und $\lambda_2 = \sum z_n^2$, wie sich leicht durch Einsetzen der Eigenwertgleichung in den Ausdruck (11.11) ergibt.

11.3.4 Festlegung der minimalen Dimension des Merkmalsraumes

Zur Beurteilung der Güte der Repräsentation des P-dimensionalen Merkmalsraumes durch einen nur Q-dimensionalen kann man die Frage stellen, wie gut sich die ursprünglichen Merkmalsvektoren durch die gewählten P Komponenten rekonstruieren lassen. Dazu ist eine kleine Vorüberlegung erforderlich. Es seien $\lambda_1 \geq \lambda_2 \geq \lambda_P$ die zugehörigen Eigenvektoren. Die P Eigenwertgleichungen $\mathbf{M}^T\mathbf{M}\mathbf{u}_i = \lambda_i \mathbf{u}_i$ lassen sich zusammenfassen als:

$$\mathbf{M}^T\mathbf{M}(\mathbf{u}_1|\ldots|\mathbf{u}_P) = (\lambda_1\mathbf{u}_1|\ldots|\lambda_P\mathbf{u}_P) \quad \text{oder} \quad \mathbf{M}^T\mathbf{M}\mathbf{U} = \mathbf{U}\Lambda \quad (11.13)$$

Da die Eigenvektoren orthonormal sind, gilt $\mathbf{U}^T\mathbf{U} = \mathbf{I}$, also $\mathbf{U}^T = \mathbf{U}^{-1}$, und damit wird (11.13) zu:

$$\mathbf{M}^T\mathbf{M} = \mathbf{U}\Lambda\mathbf{U}^T = \sum \lambda_i \mathbf{u}_i \mathbf{u}_i^T \quad (11.14)$$

Dies ist als Spektralzerlegung für quadratische Matrizen bekannt. Nun sei:

$$\mathbf{v}_i = \frac{1}{\sqrt{\lambda_i}} \mathbf{M} \mathbf{u}_i$$

Postmultiplikation mit $\mathbf{u}_i^T$ ergibt:

$$\sqrt{\lambda_i} \mathbf{v}_i \mathbf{u}_i^T = \mathbf{M} \cdot \mathbf{u}_i \mathbf{u}_i^T$$

und nach Summation über i erhalten wir wegen $\sum \mathbf{u}_i \mathbf{u}_i^T = \mathbf{I}$ schließlich mit:

$$\mathbf{M} = \sum_{i=1}^{P} \sqrt{\lambda_i} \mathbf{v}_i \mathbf{u}_i^T$$

die Spektralzerlegung rechteckiger Matrizen. $\mathbf{v}_i$ ist Eigenvektor der Matrix $\mathbf{MM}^T$, denn aus:

$$\mathbf{M}^T \mathbf{M} \mathbf{u}_i = \lambda_i \mathbf{u}_i$$

ergibt sich durch Prämultiplikation mit $\mathbf{M}$:

$$(\mathbf{MM}^T)\mathbf{Mu}_i = \lambda_i(\mathbf{Mu}_i) \quad \text{also} \quad (\mathbf{MM}^T)\sqrt{\lambda_i}\mathbf{v}_i = \lambda_i \sqrt{\lambda_i} \cdot \mathbf{v}_i \quad (11.15)$$

Der Faktor $\sqrt{\lambda_i}$, der sich in (11.15) herauskürzt, dient zur Normierung auf $|\mathbf{v}_i| = 1$, denn:

$$\mathbf{v}_i^T \mathbf{v}_i = \frac{1}{\lambda_i} \mathbf{u}_i^T \mathbf{M}^T \mathbf{M} \mathbf{u}_i = \frac{1}{\lambda_i} \mathbf{u}_i^T \cdot (\lambda_i \mathbf{u}_i) = \mathbf{u}_i^T \mathbf{u}_i = 1$$

Nimmt man von der Spektraldarstellung nur die ersten Q Glieder:

$$\mathbf{M}_Q = \sum_{i=1}^{Q} \sqrt{\lambda_i} \mathbf{v}_i \mathbf{u}_i^T$$

so vergleicht man die Norm dieser Matrix mit der Norm der Matrix $\mathbf{M}$. Die Norm einer Matrix ist – wie die Norm eines Vektors – die Summe der Quadrate der Elemente: $\|\mathbf{Y}\| = \sum y_{ij}^2$. Die Norm von $\mathbf{M}$ ist $\sum_{ij}(x_{ij} - \bar{x}_j)^2$; das ist aber auch die Spur (die Summe der Diagonalelemente) von $\mathbf{M}^T\mathbf{M}$, und damit auch gleich der Summe der Eigenwerte, denn es ist:

$$\text{spur}(\mathbf{M}^T\mathbf{M}) = \text{spur}\left(\sum \lambda_i \mathbf{u}_i \mathbf{u}_i^T\right) = \sum \lambda_i \cdot \text{spur}(\mathbf{u}_i \mathbf{u}_i^T) = \sum \lambda_i$$

da $\text{spur}(\mathbf{u}_i \mathbf{u}_i^T) = \mathbf{u}_i^T \mathbf{u}_i = 1$. Für die Matrix $\mathbf{M}_Q$ gilt:

$$\|\mathbf{M}_Q\| = \lambda_1 + \ldots + \lambda_Q$$

denn zunächst ist wie bei jeder Matrix:

$$\begin{aligned}
\|\mathbf{M}_Q\| &= \text{spur}(\mathbf{M}_Q^T \mathbf{M}_Q) \\
&= \text{spur}\left(\sum_{i=1}^{Q} \sqrt{\lambda_i} \mathbf{v}_i \mathbf{u}_i^T\right)^T \left(\sum_{j=1}^{Q} \sqrt{\lambda_j} \mathbf{v}_j \mathbf{u}_j^T\right) \\
&= \text{spur}\left(\sum_{ij} \sqrt{\lambda_i}\sqrt{\lambda_j} \mathbf{u}_i \mathbf{v}_i^T \mathbf{v}_j \mathbf{u}_j^T\right) = \text{spur}\left(\sum_{i=1}^{Q} \lambda_i \mathbf{u}_i \mathbf{u}_i^T\right) \\
&= \lambda_1 + \lambda_2 + \ldots + \lambda_Q
\end{aligned}$$

Da die Summe aller Eigenwerte bis auf den Faktor $(N-1)$ gleich der Gesamtvarianz und damit bekannt ist, genügt es, die Summe der ersten Q Eigenwerte zu bestimmen. Die Güte der Approximation ergibt sich so zu:

$$\frac{\lambda_1 + \ldots + \lambda_Q}{(N-1)(s_1^2 + s_2^2 + \ldots + s_P^2)} \qquad (11.16)$$

11.4 Beispiele

11.4.1 Bilddrehung

Mit der Karhunen-Loève-Transformation können zweidimensionale Objekte standardisiert werden. Möchte man in Bildern ähnliche Objekte in verschiedenen Positionen und Orientierungen vergleichen, müssen diese mittels Verschiebungen und Drehungen in eine standardisierte Lage gebracht werden (Abb. 11.6).

Die Pixel **p** des Objektes werden als Massenpunkte mit der Masse 1 aufgefaßt, aus denen wie im Beispiel in Abschnitt 11.1.1 die Matrix **X** mit den Koordinaten der Pixel, der Pixelschwerpunkt $\bar{\mathbf{p}}$ sowie die Matrix:

$$\mathbf{S} = \mathbf{X}^T\mathbf{X} - N\bar{\mathbf{p}}\bar{\mathbf{p}}^T$$

berechnet werden. Von **S** werden die beiden Eigenwerte λ_1 und λ_2 und die beiden Eigenvektoren $\mathbf{u}_1$ und $\mathbf{u}_2$ bestimmt. Diese sind die Einheitsvektoren eines neuen Koordinatensystems mit dem Koordinatenursprung in $\bar{\mathbf{p}}$, das durch die Hauptträgheitsachsen des Objektes festgelegt wird. Insgesamt geht das neue Koordinatensystem durch zwei Operationen aus dem ursprünglichen hervor:

1. Verschieben des Nullpunktes in den Schwerpunkt
2. Drehen um den Winkel φ mit dem Einheitsvektor des Trägheitstensors zum größten Eigenwert: $(\cos\varphi, \sin\varphi) = \mathbf{u}_1$

Ein Pixel **p**, das ursprünglich die Koordinaten (x_1, x_2) hatte, hat im neuen System die Koordinaten:

$$\begin{pmatrix} y_1 \\ y_2 \end{pmatrix} = \begin{pmatrix} \cos\varphi & \sin\varphi \\ -\sin\varphi & \cos\varphi \end{pmatrix} \cdot \begin{pmatrix} x_1 - \bar{x}_1 \\ x_2 - \bar{x}_2 \end{pmatrix}$$

Dabei sind $(\bar{x}_1, \bar{x}_2)$ die Koordinaten des Schwerpunktes $\bar{\mathbf{p}}$ im Originalsystem.

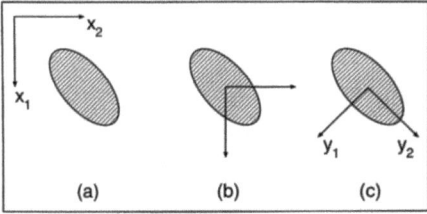

Abb. 11.6. Das (x_1, x_2)-Koordinatensystem zeigt das Objekt im Ausgangszustand (**a**). Durch die KLT wird das Koordinatensystem zunächst in den Schwerpunkt des Objektes verschoben (**b**). Das (y_1, y_2)-Koordinatensystem nach der KLT ist auch in die Hauptachsen des Objektes gedreht (**c**).

11.4.2 Dimensionsreduktion multispektraler Bilder

Oft ist bei einer Bildanalyse die Farbinformation wichtig, z.B. verschiedene Färbungen bei histologischen Schnitten. Die Nutzung solcher Farbinformationen ist durch multispektrale Aufnahmen und Weiterverarbeitung möglich.

Jedem Bildpunkt wird ein Vektor **x** zugeordnet, der die Lichtenergien der einzelnen Spektralbereiche in diesem Punkt repräsentiert. Benachbarte Elemente um **x** hängen i.allg. sehr stark voneinander ab. Mit der Karhunen-Loève-Transformation können hier über die Bestimmung des Farbmittelvektors $\boldsymbol{\mu}$, der Farbkovarianzmatrix und der Transformationsmatrix unkorrelierte Vektoren **y** erzeugt werden. Diese Vektoren können auf die ersten Q Elemente in **y** reduziert werden. Der daraus resultierende Vektor $\mathbf{y}_Q$ ist eine ausreichende Darstellung des ursprünglichen Farbvektors **x**. Damit spart man Aufwand bei der Analyse und Speicherung der Informationen. Der wiedergewinnbare Vektor **x**' hat einen minimalen mittleren quadratischen Fehler zum ursprünglichen multispektralen Signal **x**.

Beispiel. In [Car97] werden Farbbilder zunächst in homogene Regionen segmentiert. Jede Region wird in kleine Quadrate der Seitenlänge Q zerlegt, die ganz im Inneren der Region liegen. Sodann wird jedem Quadrat ein Merkmalsvektor **x** zugeordnet, dessen Komponente die drei Farbwerte der Pixel des Quadrates sind, so daß **x** insgesamt die Dimension $P = 3Q^2$ besitzt. In [Car97] wurde $Q = 4$ gewählt. Enthält die Region N Quadrate, so hat man N Merkmalsvektoren, aus denen sich die Abweichungsmatrix **M** und daraus die $(P \times P)$-Varianzmatrix **S** berechnen lassen. Aus den Eigenvektoren ergeben sich die neuen Merkmalsvektoren $\mathbf{y}_k = \mathbf{M}\mathbf{u}_k$. Ein Merkmalsvektor hat N Komponenten, die den N Quadraten zugeordnet sind und die sich als „Eigenbild" Q_k der benachbarten Region darstellen lassen. Bei $K = 3$ wird die Region durch $3N$ statt $3NQ^2$ Werte dargestellt. Eine weitere Reduktion wird von den Autoren dadurch erzielt, daß benachbarte Werte oft durch eine Regressionsgleichung beschrieben werden können. Daher ziehen die Autoren nur jede fünfte Zeile und Spalte des Bildes zur Berechnung heran.

11.4.3 Elektrokardiogramme

Bei Elektrokardiogrammen (EKG) treten durch Messungen an verschiedenen Körperstellen eine Vielzahl von Daten auf. Liegen typischerweise jeweils 63 Werte vor, können diese als Vektoren mit 63 Komponenten $(x_1, \ldots, x_{63})^T$ unterschieden werden (Abb. 11.7). Die Vermutung liegt nahe, daß bei dieser Vielzahl von Daten einige Variablen korreliert vorliegen, also voneinander abhängig sind.

Ziel ist auch hier, den mittleren quadratischen Approximationsfehler bei Anwendung der Karhunen-Loève-Transformation zu minimisieren. Ein Experiment mit unterschiedlichen Datensätzen von Infarktpatienten ergab, daß bereits bei 5 Merkmalen der Fehler im Vergleich zu den Originaldaten unter

5% sinkt. Es hat sich weiterhin ergeben, daß bei mehr als 12 bis 20 Merkmalen die Fehlerrate nicht mehr absinkt.

Mit diesem Experiment werden die Möglichkeiten der Datenkompression verdeutlicht. Akzeptiert man einen Fehler von $\pm 40\,\mu$V bei Amplituden zwischen -700 und $+800\,\mu$V, sind 5 Merkmale statt der 63 Amplitudenwerte ausreichend. Vernachlässigt man die Speicherung der Transformationsmatrix, ergibt sich somit eine Datenreduktion von 63:5 ($\approx$ 13:1).

Mit der Karhunen-Loève-Transformation kann also eine erhebliche Datenreduktion eines (Vektor-)Datensatzes, in dem die Komponenten stark miteinander korrelieren, erreicht werden. Es bleibt aber soviel Varianz wie möglich erhalten. Die ersten wenigen Komponenten enthalten den größten Teil der Varianz aller ursprünglichen. Ein Problem ist allerdings häufig bei medizinischen Anwendungen, daß gerade die medizinisch relevanten Informationen in dem zugelassenen Fehlerbereich liegen.

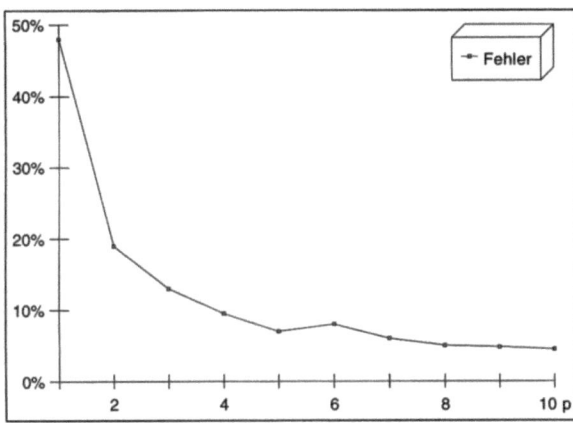

Abb. 11.7. Die experimentell bestimmten Werte des mittleren quadratischen Approximationsfehlers bei Datensätzen von Infarktpatienten liegen bereits bei $P = 4$ Merkmalen unter 10%.

12. Die Hough-Transformation

Neben der im letzten Abschnitt besprochenen Hauptachsen- oder Karhunen-Loève-Transformation kann auch die Hough-Transformation als Transformation ins Niederdimensionale aufgefaßt werden. Wie die Karhunen-Loève-Transformation ist auch die Hough-Transformation nicht umkehrbar.

12.1 Das Prinzip der Hough-Transformation

Die von HOUGH 1962 entwickelte Methode zur Erkennung komplexer Strukturen basiert auf der Idee, *alle* zur Struktur (Objekt) gehörenden Randpunkte im Bild(raum) auf *einen* Punkt des Transformationsraumes, des *Accumulator-Arrays*, abzubilden [Hou62]. Je mehr Randpunkte zur Struktur gehören, desto deutlicher wird dieser Punkt zum globalen Maximum im Accumulator-Array. Nach der Transformation wird dieses Maximum bestimmt und wieder in den Bildraum umgerechnet, womit die gesuchte Struktur lokalisiert ist.

Die Hough-Transformation läßt sich für alle Randkurven entwickeln, die sich durch Parameter eindeutig bestimmen lassen. Die Parameter der Kurve gehen dabei in die Achsen des Accumulator-Arrays über. Da nur die einzelnen Punkte auf der Randkurve abgebildet werden, können mit der klassischen Hough-Transformation nur binäre Kantenbilder transformiert werden. Bei einem diskreten binären Kantenbild[1] $f_B : \underline{M} \times \underline{N} \to \underline{G} = \{0, 1\}$ haben alle Bildpunkte, die einer Grauwertkante im Originalbild zugerechnet werden, den Grauwert 1, alle anderen den Grauwert 0 (vgl. Kap. 4). Ein solches Kantenbild erhält man z.B. durch Gradienten- und anschließende Schwellwertbildung (vgl. Kap. 14).

12.2 Die Hough-Transformation für Geraden

Die *klassische* Hough-Transformation bildet alle Punkte einer Kurve auf einen Punkt des Accumulator-Arrays ab. Das einfachste Beispiel einer Kurve ist die Gerade, die in der kontinuierlichen Ebene durch zwei Parameter, z.B. Steigung und Achsenabschnitt, bestimmbar ist. Im diskreten Fall ist eine

---

[1] Gemeint ist hier ein diskretes *Konturbild* und nicht ein *Randbild* (vgl. Kap. 4).

12. Die Hough-Transformation

analoge Beschreibung nicht ohne weiteres möglich (vgl. Kap. 4). Deshalb soll hier zunächst der *kontinuierliche* Fall untersucht werden, in Abschnitt 12.4 werden dann einige Bemerkungen zur *diskreten* Hough-Transformation gemacht.

12.2.1 Geradendarstellung als Geradengleichung

Eine nicht parallel zur y-Achse verlaufende Gerade kann durch die übliche Geradengleichung:

$$y = a_0 \cdot x + b_0 \qquad \text{mit} \qquad a_0, b_0 = \text{konst.} \tag{12.1}$$

beschrieben werden. Die Parameter der Geradengleichung (12.1), die Steigung a und der Achsenabschnitt b, ergeben die Achsen des Accumulator-Arrays $F(a,b)$, das in diesem Fall also zweidimensional ist (Abb. 12.1).

Zur Transformation jedes Randpunktes $\mathbf{p}_i = (x_i, y_i)$ im binären Kantenbild $f_B(x,y)$ wird die Umkehrung von (12.1):

$$b = -x_i \cdot a + y_i \qquad \text{mit} \qquad x_i, y_i = \text{konst.} \tag{12.2}$$

berechnet. Gleichung (12.2) hat wieder die Form einer Geradengleichung. Sie repräsentiert alle Parameterpaare $\mathbf{q} = (a,b)$, mit denen sich im Originalraum eine Gerade konstruieren läßt, die durch den zu transformierenden Punkt $\mathbf{p}_i$ verläuft.

Alle Punkte (Zellen) $\mathbf{q}$ im Accumulator-Array $F(a,b)$ die (12.2) erfüllen, werden bei der Transformation von $\mathbf{p}_i$ einheitlich inkrementiert, also jeweils

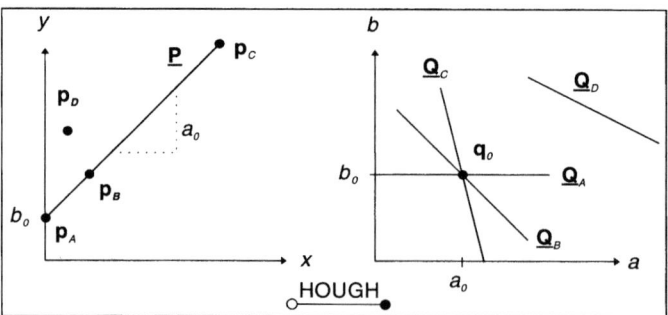

Abb. 12.1. Der linke Teil der Abbildung zeigt ein aus 4 Punkten $\mathbf{p}_A \cdots \mathbf{p}_D$ bestehendes binäres Kantenbild $f_B(x,y)$, wobei $\mathbf{p}_A$ bis $\mathbf{p}_C$ auf einer Geraden $\underline{\mathbf{P}}$ liegen. Der rechte Teil zeigt das Accumulator-Array $F(a,b)$ nach der Hough-Transformation. Jeder Punkt ist in eine Gerade übergegangen. Die zu $\mathbf{p}_A$ bis $\mathbf{p}_C$ gehörenden Geraden $\underline{\mathbf{Q}}_A$ bis $\underline{\mathbf{Q}}_C$ schneiden sich in dem Punkt $\mathbf{q}_0$, dem globalen Maximum. Der Wert dieses Maximums ist in diesem Beispiel 3, alle anderen Zellen haben den Wert 1 oder 0. Die Koordinaten (a_0, b_0) des Maximums beschreiben die gesuchte Gerade im Kantenbild. Der außerhalb liegende Punkt $\mathbf{p}_D$ wird in die Gerade $\underline{\mathbf{Q}}_D$ transformiert, die nicht durch das globale Maximum verläuft.

um einen konstanten Wert (z.B. 1) erhöht. Diese Vorgehensweise wiederholt sich für alle Randpunkte im binären Kantenbild.

Das Kantenbild in Abbildung 12.1 enthält 4 Randpunkte, von denen $\mathbf{p}_A$ bis $\mathbf{p}_C$ auf der Geraden $y = a_0 \cdot x + b_0$ liegen. Die bei der Transformation entstehenden Geraden $\mathbf{Q}_A$ bis $\mathbf{Q}_C$ schneiden sich im Accumulator-Array alle in dem Punkt $\mathbf{q}_0 = (a_0, b_0)$. Der Punkt $\mathbf{p}_D$ liegt nicht auf der gesuchten Geraden. Das Ergebnis seiner Transformation, die Gerade $\mathbf{Q}_D$, verläuft daher auch nicht durch $\mathbf{q}_0$. Nach der Transformation aller Punkte können an der Stelle des globalen Maximums im Accumulator-Array die Parameter a_0 und b_0 der Geraden im Ausgangsbild abgelesen werden.

Enthält ein binäres Kantenbild als wesentliche Bildkomponenten Geradenstücke, so kann es nach der Hough-Transformation nur noch durch die Parameter der Maxima im Accumulator-Array beschrieben werden. Durch diese Näherung ist eine erhebliche Datenreduktion möglich. Informationen über die Endpunkte der Geradenstücke im Ausgangsbild gehen bei der Hough-Transformation verloren. Das gilt auch für Unterbrechungen der Randkurve, was jedoch oft ein wünschenswerter Effekt ist [Bal82, Leh92]. Der absolute Betrag des Maximums gibt nur Auskunft über die Anzahl der Randkurvenpixel, nicht jedoch über deren Lokalisation.

Eine mathematische Formulierung der bisher heuristisch beschriebenen Hough-Transformation kann mit Hilfe der Dirac-Funktion $\delta(\cdot)$ sehr elegant gefunden werden. Mit der Siebeigenschaft des Dirac-Stoßes (vgl. Kap. 5) ergibt sich für die Hough-Transformation für Geraden:

$$f(x,y) \circ\!\!\xrightarrow{\mathcal{H}}\!\!\bullet F(a,b) = \int_{-\infty}^{\infty}\int_{-\infty}^{\infty} f_B(x,y)\,\delta(y - ax - b)\,dx\,dy \qquad (12.3)$$

Das binäre Kantenbild f_B in (12.3) kann durch den Betrag des Gradienten bezüglich des Schwellwertes $c = const.$ wie folgt berechnet werden (vgl. Kap. 7):

$$f_B(x,y) = \begin{cases} 1 & \text{für} \quad \|\mathbf{grad} f(x,y)\| > c \\ 0 & \text{sonst} \end{cases} \qquad (12.4)$$

12.2.2 Geradendarstellung in Hessescher Normalform

Nachteilig bei der Formulierung der Hough-Transformation für Geraden nach (12.3) ist, daß Geraden parallel zur y-Achse wegen $a, b \to \infty$ nicht erfaßt werden können. Dies kann durch die Hessesche Normalform der Geraden [Bro83]:

$$r_0 = x\cos(\alpha_0) + y\sin(\alpha_0) \qquad \text{mit} \qquad r_0, \alpha_0 = \text{konst.} \qquad (12.5)$$

vermieden werden. Der Parameter r_0 bezeichnet dabei die Länge der Normalen zum Ursprung und α_0 den Winkel der Normalen zur x-Achse (Abb. 12.2). Die Umkehrung von (12.5) ergibt eine sinusförmige Kurve:

$$r = x_i \cos(\alpha) + y_i \sin(\alpha) \quad \text{mit} \quad x_i, y_i = \text{konst.} \quad (12.6)$$

Damit folgt für die allgemeine Formulierung der Hough-Transformation für Geraden aus (12.3):

$$f(x,y) \circ\!\!\xrightarrow{\mathcal{H}}\!\!\bullet F(\alpha, r) = \iint f_B(x,y)\, \delta\Big(r - x\cos(\alpha) - y\sin(\alpha)\Big)\, dx\, dy \quad (12.7)$$

mit f_B aus (12.4). Bei der Hough-Transformation nach (12.7) wird jeder Punkt $\mathbf{p}_i$ des binären Kantenbildes f_B durch (12.6) auf eine sinusförmige Kurve $\underline{\mathbf{Q}}_i$ im Accumulator-Array $F(\alpha, r)$ abgebildet (Abb. 12.2).

12.2.3 Die Hough-Transformation und die Radon-Transformation

Ersetzt man in (12.7) das binäre Kantenbild $f_B(x,y)$ durch das ursprüngliche Bild $f(x,y)$, so geht die kontinuierliche Hough-Transformation formal in die Radon-Transformation über:

$$f(x,y) \circ\!\!\xrightarrow{\mathcal{R}}\!\!\bullet F(r, \alpha) = \iint f(x,y)\, \delta\Big(r - x\cos(\alpha) - y\sin(\alpha)\Big)\, dx\, dy \quad (12.8)$$

In Kapitel 5 wurde die Radon-Transformation nach (12.8) als Faltung der Bildfunktion $f(x,y)$ mit einer Dirac-Linie $\delta(a)$ mit $a = x\cos(\alpha) + y\sin(\alpha)$ eingeführt (vgl. Kap. 10). Die Hough-Transformation für Geraden (12.7) kann daher als Spezialfall der Radon-Transformation (12.8) aufgefaßt werden [Dea81]. Andererseits ergibt sich die Radon-Transformation für binäre Bilder als Spezialfall der allgemeinen Hough-Transformation, die im nächsten Abschnitt definiert wird.

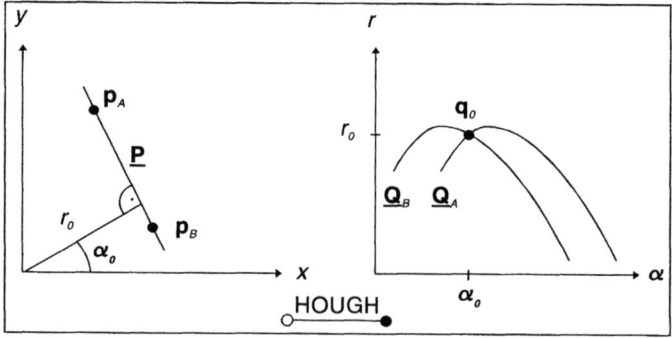

Abb. 12.2. Eine Gerade im binären Kantenbild (*links*) kann durch die Länge $r = r_0$ der Normalen zum Ursprung und den Normalenwinkel $\alpha = \alpha_0$ mit (12.5) beschrieben werden. Bei der Hough-Transformation gehen die Punkte $\mathbf{p}_A$ und $\mathbf{p}_B$ in sinusförmige Kurven $\underline{\mathbf{Q}}_A$ und $\underline{\mathbf{Q}}_B$ über (*rechts*). Die Kurven $\underline{\mathbf{Q}}_A$ und $\underline{\mathbf{Q}}_B$ schneiden sich im Punkt $\mathbf{q}_0 = (r_0, \alpha_0)$, in dem sich das globale Maximum ausbildet. Die Koordinaten von $\mathbf{q}_0$ beschreiben die Gerade im Ausgangsbild. (Nach [Lea86, Lea88])

12.3 Die Hough-Transformation für beliebige Kurven

Aus (12.3) läßt sich die Erweiterung auf beliebige Kurven direkt ableiten [Ill88b]. Eine Kurve in der Ebene:

$$a_0 + a_1 x + a_2 y + a_3 x^2 + a_4 xy + a_5 y^2 + \ldots = 0 \qquad (12.9)$$

kann durch die Gleichung:
$$\mathbf{a}^T \mathbf{z} = 0 \qquad (12.10)$$

mit $\mathbf{a} = (a_0, a_1, \ldots)^T$ und $\mathbf{z} = (1, x, y, x^2, xy, y^2, \ldots)^T$ beschrieben werden, womit (12.3) und (12.7) übergehen in:

$$f(x,y) \circ\!\!\!-\!\!\!\stackrel{\mathcal{H}}{-}\!\!\!\bullet\ F(\mathbf{a}) = \iint f_B(x,y)\, \delta(\mathbf{a}^T \mathbf{z})\, dx\, dy \qquad (12.11)$$

Für den anfangs betrachteten Fall der Geraden ergibt sich durch Koeffizientenvergleich in (12.1) und (12.10):

$$\mathbf{a}_{\text{Gerade}} = (b, a, -1, 0, \ldots) \qquad (12.12)$$

12.4 Die diskrete Hough-Transformation

Während die in (12.3) definierte Hough-Transformation einem kontinuierlichen Bild $f(x,y)$ ein kontinierliches Accumulator-Array $F(a,b)$ (Spektrum) zuordnete, bildet die diskrete Hough-Transformation eine Zahlenfolge $f(m,n)$ auf ein diskretes Accumulator-Array $F(k,l)$ ab. Für das Beispiel der Geraden können dazu rein formal die Integrale in (12.3) durch Summen ersetzt werden. Interpretiert man dann die Dirac-Funktion $\delta(\cdot)$ als Kronecker-Symbol [Bro83]:

$$\delta(k) = \begin{cases} 1 & \text{für}\quad k = 0 \\ 0 & \text{sonst} \end{cases} \qquad (12.13)$$

ergibt sich:

$$f(m,n) \circ\!\!\!-\!\!\!\stackrel{\mathcal{H}}{-}\!\!\!\bullet\ F(k,l) = \sum_{m=0}^{M-1} \sum_{n=0}^{N-1} f_B(m,n)\, \delta(m - kn - l) \qquad (12.14)$$

Zur diskreten Transformation eines Bildes muß das Accumulator-Array auf einen Bereich ($\underline{K} \times \underline{L}$) begrenzt und quantisiert werden. Danach werden alle Zellen im Accumulator-Array mit 0 initialisiert und die Transformation nach (12.14) durchgeführt. Man beachte, daß in (12.14) der Wertebereich der natürlichen Zahlen $m, n \in \mathbb{N}$ zunächst auf den der ganzen Zahlen $k, l \in \mathbb{Z}$ ausgeweitet wird. Die Grenzen des Accumulator-Arrays K und L müssen also der Fragestellung entsprechend gewählt werden. Ebenso ist die *Auflösung* der Geradensteigung durch die Diskretisierung $k \in \mathbb{Z}$ nicht konstant. Der Waagerechten mit $k = 0$ folgt als nächstes die Winkelhalbierende mit $k = 1$.

Der Winkel α zwischen benachbarten Geraden in dieser diskreten Darstellung nimmt mit steigendem k beginnend mit 45° monoton ab. Weiterhin werden i.allg. einzelne Pixel $\mathbf{p} = (m, n)$ nicht mehr in zusammenhängende Pfade $\underline{\mathbf{Q}}$ abgebildet (Abb. 12.3).

Zur Implementierung einer diskreten Hough-Transformation löst man sich daher von der formalen Beschreibung. Geht man z.B. vom Accumulator-Array aus, wird zu jeder Zelle (k, l) des Accumulator-Arrays die entsprechende Gerade mit dem Bresenham-Algorithmus [Doh91] generiert und dem binären Konturbild f_B überlagert. Anschließend wird die Zahl der abgedeckten Pixel in f_B ermittelt und in die Zelle (k, l) eingetragen. Bei dieser Vorgehensweise muß der Bresenham-Pfad KL-mal durchlaufen werden.

Eine effizientere Implementierung geht vom binären Konturbild $f_B(m, n)$ aus. Der Pfad $\underline{\mathbf{Q}}$ durch das Accumulator-Array $F(k, l)$ kann wiederum mit dem Bresenham-Algorithmus bestimmt werden. In dieser Variante muß der Pfad aber nur für solche Pixel $\mathbf{p}_i$ durchlaufen werden, für die $f_B(\mathbf{p}_i) = 1$ gilt.

Bei der Hough-Transformation für Kreise können weitere Optimierungen vorgenommen werden. Aufgrund der Kreissymmetrie ist die Form der Bresenham-Pfade im Accumulator-Array für jedes Pixel im binären Kantenbild gleich. Daher kann vor der Transformation der Musterpfad als Koordinatenliste (engl. look up table) mit auf den Aufpunkt bezogenen relativen Koordinaten abgelegt werden.

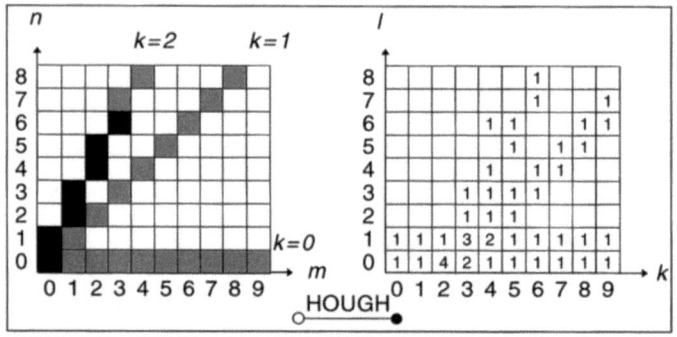

Abb. 12.3. Das binäre Konturbild $f_B(m, n)$ (*links*) enthält die drei Geradenstücke mit der Steigung $k = 0$, $k = 1$ und $k = 2$. Durch die Diskretisierung wird eine unisotrope Auflösung der Steigung k erzeugt. Die fünf schwarzen Pixel wurden mit (12.14) transformiert. Das zugehörige Accumulator-Array $F(k, l)$ ist rechts dargestellt. Bei der Transformation eines Pixels wird i.d.R. kein zusammenhängender Pfad erzeugt. Das Maximum $F(2, 0) = 4$ ist geringer als die Anzahl der transformierten Punkte, denn in der diskreten Topologie schneiden sich Geraden nicht immer in einem Punkt (vgl. Kap. 4).

12.5 Erweiterungen für geschlossene Randkurven

Im folgenden betrachten wir der Einfachheit halber wieder die kontinuierliche Definition der Hough-Transformation (12.11). Die Hough-Transformation läßt sich nicht nur als Transformation ins Niederdimensionale, also zur Datenreduktion nutzen, sie kann auch zur Segmentierung verwendet werden. Bildobjekte werden dabei über ihre (geschlossenen) Randkurven lokalisiert [Lea92, Gon93, Rus95].

Vor allem künstliche, aber auch in der medizinischen Bildverarbeitung vorkommende Objekte besitzen einfache Randkurven. Die einfachste geschlossene Randkurve ist der Kreis. Er ist in der Ebene durch drei Parameter, den Radius r_0 und die beiden Koordinaten des Mittelpunktes (x_0, y_0), bestimmt:

$$(x - x_0)^2 + (y - y_0)^2 = r_0^2 \quad \text{mit} \quad x_0, y_0, r_0 = \text{konst.} \quad (12.15)$$

Der Koeffizientenvergleich von (12.15) mit (12.10) ergibt für die allgemeine Randkurve **a**:

$$\mathbf{a}_{\text{Kreis}} = \Big((x_0^2 + y_0^2 - r_0^2), -2x_0, -2y_0, 1, 0, 1, 0, \ldots\Big) \quad (12.16)$$

und (12.11) geht in die folgende Darstellung über:

$$f(x,y) \circ\!\!\!-\!\!\!\stackrel{\mathcal{H}}{\bullet} F(u,v,r) = \iint f_B(x,y)\,\delta\Big((x-u)^2 + (y-v)^2 - r^2\Big)\,dx\,dy \quad (12.17)$$

Die Hough-Transformation für Kreise (12.17) führt also zu einem dreidimensionalen Accumulator-Array $F(u, v, r)$. Für einen konstanten Radius r, also einen Schnitt durch den Abbildungskubus, kann die Umkehrung der Kreisgleichung (12.15) für jeden Punkt $\mathbf{p}_i$ in f_B berechnet werden:

$$(x_i - u)^2 + (y_i - v)^2 = r^2 \quad \text{mit} \quad x_i, y_i, r = \text{konst.} \quad (12.18)$$

Bei der Transformation werden alle Punkte im Accumulator-Array $F(u, v, r)$, die (12.18) erfüllen, einheitlich inkrementiert. Da (12.18) wieder die Form einer Kreisgleichung hat, wird also jeder Punkt $\mathbf{p}_i = (x_i, y_i)$ im Kantenbild in eine Kreisschar im Accumulator-Array abgebildet. Jeder Punkt $\underline{\mathbf{Q}}^r = (u, v)$ auf einem Abbildungskreis in der Schnittfläche $r = \text{konst.}$ ist ein möglicher Mittelpunkt eines durch $\mathbf{p}_i$ im Kantenbild gehenden Kreises mit dem Radius r.

Ist in dem Kantenbild tatsächlich ein Kreis mit dem Radius r_0 um den Mittelpunkt (x_0, y_0) enthalten, so verläuft für jeden Randpunkt im Kantenbild ein Kreis im Accumulator-Array durch den Raumpunkt $\mathbf{q}_0 = (x_0, y_0, r_0)$, in dem sich daher das globale Maximum ausbildet. Nach der Transformation können aus den Koordinaten von $\mathbf{q}_0$ die Parameter des Kreises im Kantenbild abgelesen werden.

12.5.1 Berücksichtigung der Gradientenrichtung

Das Ausgangsbild zur Berechnung der klassischen Hough-Transformation ist das binäre Kantenbild $f_B(x,y)$, das durch Schwellwertbildung für den Betrag des Grauwertgradienten erzeugt wurde. Durch die Berücksichtigung der Richtung des Gradienten läßt sich die Genauigkeit der Hough-Transformation erhöhen [Bal82, Yue90, Leh92]. Dunkle Objekte auf hellem Grund können dadurch von hellen Objekten auf dunklem Grund unterschieden werden.

Die Berechnung von f_B nach (12.4) kann im Diskreten durch den Sobel-Operator mit den richtungsabhängigen Faltungsmasken:

$$S_1 = \begin{bmatrix} 2 & 1 & 0 \\ 1 & 0 & -1 \\ 0 & -1 & -2 \end{bmatrix} \quad S_2 = \begin{bmatrix} 1 & 2 & 1 \\ 0 & 0 & 0 \\ -1 & -2 & -1 \end{bmatrix}$$

$$S_3 = \begin{bmatrix} 0 & 1 & 2 \\ -1 & 0 & 1 \\ -2 & -1 & 0 \end{bmatrix} \quad S_4 = \begin{bmatrix} -1 & 0 & 1 \\ -2 & 0 & 2 \\ -1 & 0 & 1 \end{bmatrix} \quad (12.19)$$

realisiert werden (vgl. Kap. 7). Mit den 4 Masken aus (12.19) lassen sich unter Berücksichtigung des Vorzeichens 8 Richtungen des diskreten Gradienten unterscheiden, so daß bei der Transformation eines Punktes $\mathbf{p}_i$ nur noch ein achtel Kreissegment in jeder diskreten Schicht des Accumulator-Arrays inkrementiert wird. Dieses Segment repräsentiert alle Punkte, die mögliche Mittelpunkte einer dunklen Kreisfläche mit Radius r auf hellem Grund im Originalbild $f(x,y)$ sind.

Abbildung 12.4 illustriert die Hough-Transformation zur Kreisdetektion, wobei auf der rechten Seite der Abbildung eine Schnittfläche des Accumulator-Arrays abgebildet ist, deren Radiusparameter $r = r_0$ gerade dem des im Originalbild vorhandenen Kreises r_0 entspricht. Die durch $\mathbf{p}_A$ bis $\mathbf{p}_D$ erzeugten

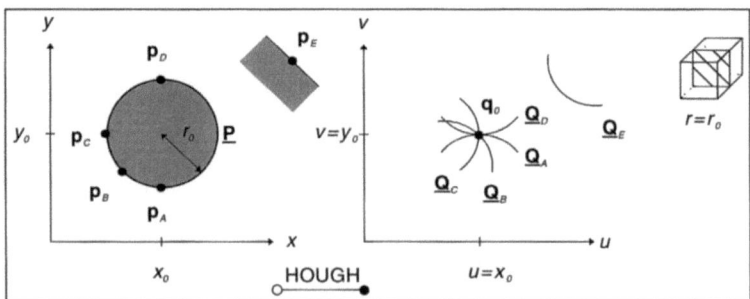

Abb. 12.4. Auf der linken Seite der Abbildung ist das Originalbild, auf der rechten Seite ein Schnitt durch das dreidimensionale Accumulator-Array für den Radius $r = r_0$ dargestellt. Da r dem Kreis r_0 im Kantenbild entspricht, schneiden sich alle Kreissegmente $\underline{\mathbf{Q}}_i$, die bei der Transformation der Punkte $\mathbf{p}_A \cdots \mathbf{p}_D$ im Accumulator-Array entstehen, in einem Punkt $\mathbf{q}_0 = (x_0, y_0, r_0)$. (Aus [Leh92])

12.5 Erweiterungen für geschlossene Randkurven

Kreissegmente bilden durch ihren Schnittpunkt q_0 das globale Maximum, während ein außerhalb liegender Punkt p_E in ein Kreissegment übergeht, das nicht durch diesen Schnittpunkt verläuft.

Abbildung 12.5 veranschaulicht den Fall, daß der Radius $r > r_0$ nicht dem im Originalbild vorhandenen entspricht. Die bei der Transformation berechneten Kreissegmente bilden kein globales Maximum. Ähnliches gilt für den Fall $r < r_0$, oder falls im Kantenbild keine Kreisstruktur vorhanden ist (vgl. Abb. 12.7, S. 319).

12.5.2 Berücksichtigung der Gradientenamplitude

Die Unabhängigkeit der Hough-Transformierten vom Kontrast im Originalbild und damit von der Aufnahmebelichtung kann durch Berücksichtigung der Amplitude des Gradienten erreicht werden. Die Punkte im Accumulator-Array werden nicht mehr einheitlich inkrementiert, sondern die Erhöhung wird mit der Amplitude des Gradienten gewichtet. Damit kann das bei der klassischen Hough-Transformation in (12.11) vorrausgesetzte binäre Kantenbild f_B entfallen, und die Lokalisierung gesuchter Objekte kann ohne den willkürlichen Schwellwert c aus (12.4) im diskreten Gradientenbild $f_G(m,n) = \max_i \{f(m,n) * S_i\}$ mit S_i nach (12.19) berechnet werden.

12.5.3 Gütekriterium für die Hough-Transformation

In jeder Quantisierungsstufe des Radius werden im Accumulator-Array unterschiedlich viele Punkte (gleiche Raumwinkel der Kreissegmente) mit unterschiedlichen Gewichten (Berücksichtigung der Gradientenamplitude) inkrementiert. Die absolute Höhe des globalen Maximums allein läßt daher keine Aussage mehr darüber zu, *ob* im Originalbild die geschlossene Randkurve gefunden werden konnte. In unserem Beispiel (Abb. 12.4 und 12.5) ist das

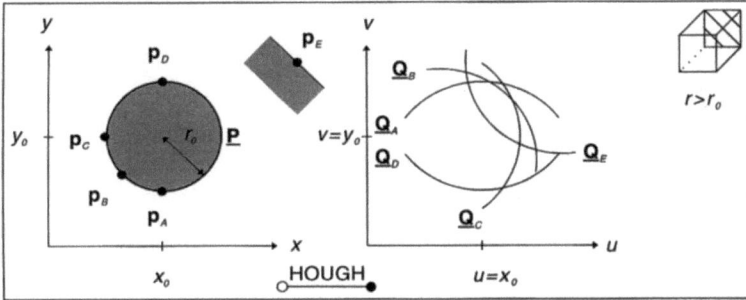

Abb. 12.5. Der rechte Teil der Abbildung zeigt einen Schnitt durch das Accumulator-Array für einen Radius r, der größer ist als der Radius r_0 des Kreises im Originalbild (*links*). In dieser Schicht des Accumulator-Arrays bildet sich kein globales Maximum aus. (Aus [Leh92])

318   12. Die Hough-Transformation

Maximum im Schnittbild r_0 des Accumulator-Arrays bei (x_0, y_0) zwar noch *notwendig* für die Existenz des Kreises an dieser Stelle, jedoch nicht mehr *hinreichend*.

Bei vorhandenem Kreis im Schnittbild mit passendem Radius, ist ein deutliches Maximum zu erwarten (Abb. 12.7 links). Bei nicht vorhandenem Kreis oder nicht passendem Radius ist dagegen mit einem Schnittbild mit in etwa konstanten Werten zu rechnen (Abb. 12.7 rechts). Dies legt die folgende Definition einer Güte der Hough-Transformierten $\mathcal{G}_{\text{HOUGH}}(r)$ nahe [Leh92]:

$$\mathcal{G}_{\text{HOUGH}}(r) := \frac{\text{Maximum im Schnittbild}}{\text{Mittelwert des Schnittbildes}} \qquad (12.20)$$

Mit Hilfe von (12.20) können nicht nur die einzelnen Schnitte des Accumulator-Arrays ($r = $ konst.) objektiv miteinander verglichen werden, es ist auch eine Aussage über das Vorhandensein der gesuchten Struktur im Originalbild möglich.

12.6 Anwendungsbeispiel

Medizinische Anwendungsbeispiele zur Hough-Transformation finden sich in [Wec77, Bal82, Ill88a, Lea86, Kau94, You95]. Zur computergestützten Schielwinkel-Messung [Eff91, Kle91, Bar92] werden die Augen des Patienten mit einer Kameraanordnung, bestehend aus zwei CCD-Kameras und drei Blitzlichtgeräten, fotografiert. Aus den Reflexpositionen im Auge kann der Schielwinkel bestimmt werden. Zur Einschränkung des Suchbereiches für diese Re-

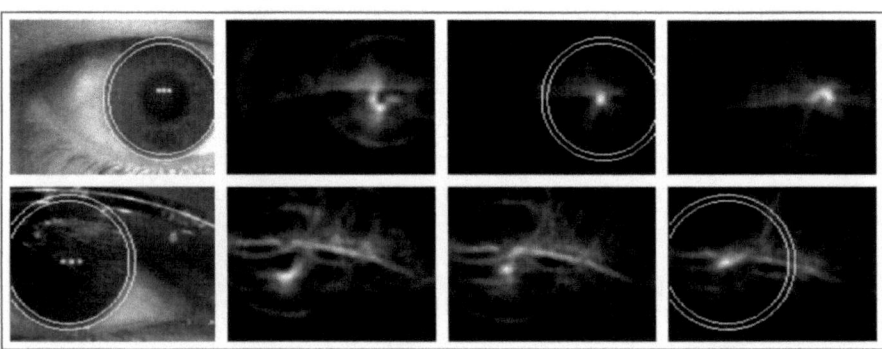

Abb. 12.6. Die zwei Reihen der Abbildung zeigen links je ein Meßbild, wie es bei der Schielwinkel-Messung [Eff91, Kle91, Bar92, Leh92] aufgenommen wird, sowie drei histogrammoptimierte Schnitte durch den Abbildungskubus der Hough-Transformation (Accumulator-Array). Die detektierten Parameter der Irisrandkurve sind durch Doppelkreise markiert. Die beiden Kreise repräsentieren die Dicke der Radiusschicht. Die Quantisierung der Radien wurde in diesem Beispiel sehr grob gewählt. (Aus [Leh93b])

flexe wird die Iris als *Region-Of-Interest* mittels der Hough-Transformation für Kreise (12.17) lokalisiert [Leh92].

In Abbildung 12.6 sind zwei Meßaufnahmen sowie jeweils drei Schnitte durch den Hough-Kubus dargestellt. Das globale Maximum ist sowohl im Hough-Raum als auch im Grauwertbild durch einen der Radiusquantisierung entsprechenden Doppelkreis markiert.

Abbildung 12.7 zeigt zwei Schnittbilder durch den Hough-Kubus mit unterschiedlichen Güten. Das linke Bild mit $\mathcal{G}_{\text{HOUGH}}(r_0) = 7,79$ ist die Hough-Transformierte der Schielwinkel-Meßaufnahme aus Abbildung 12.6. Das rechte Bild zeigt die Hough-Transformierte einer Portraitaufnahme, in der keine entsprechend große Kreisstruktur vorhanden ist. Die Güte des Schnittbildes beträgt daher nur 2,86.

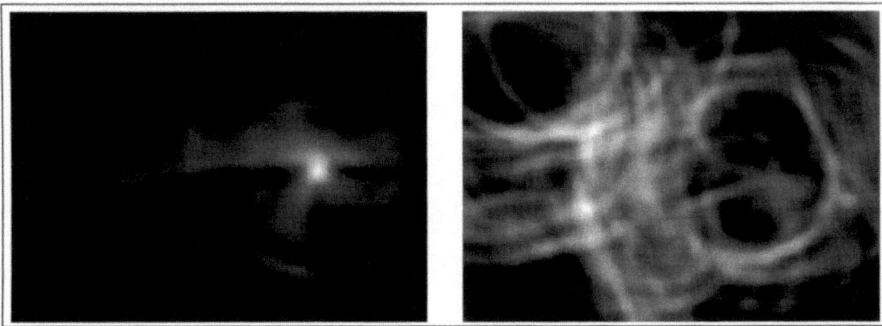

Abb. 12.7. Die Hough-Transformierte mit $r = r_0$ aus der Schielwinkel-Meßaufnahme (obere Reihe in Abb. 12.6), bei der die Randkurve der Iris fast vollständig ist, hat die Güte 7,79 (*links*). Das rechte Bild zeigt die Hough-Transformierte einer Porträtaufnahme, die das ganze Gesicht zeigt. Da in der Porträtaufnahme keine entsprechend große Kreisstruktur vorhanden ist, entstand bei der Transformation auch kein globales Maximum. Die Histogramme der Bilder wurden für die Darstellung optimiert. (Aus [Leh93a, Leh94])

13. Bildkorrektur und Bildverbesserung

Bislang wurden Begriffe, Definitionen, Betrachtungsweisen und mathematische Hilfsmittel der medizinischen Bildverarbeitung zusammengestellt. In diesem Kapitel werden nun erstmalig Algorithmen diskutiert, die, im Gegensatz zu den in den folgenden Kapiteln behandelten *High-Level*-Verfahren als *Low-Level*-Bildverarbeitung oder Bild*bearbeitung* bezeichnet werden. Low-Level-Algorithmen verwenden kein A-priori-Wissen über den Inhalt des Bildes.

Unter *Bildkorrektur* oder *Bildrestauration* versteht man die Kompensation systematischer Aufnahmefehler, wie sie in den einzelnen Komponenten: Optisches Bildgewinnungssystem, endlicher Bildausschnitt, Signalumsetzer (Sensor), Abtaster und Quantisierer entstehen können (vgl. Kap. 5).

Die *Bildverbesserung* hingegen versucht, die subjektiv empfundene Qualität eines Bildes zu erhöhen. Die Bildqualität ist dabei keine physikalisch meßbare Größe, sondern von der visuellen Interpretation des Betrachters abhängig (vgl. Kap. 3). Während das Ziel der Bildkorrektur eine Rekonstruktion in Richtung des (kontinuierlichen) Originalbildes ist, kann eine Verbesserung also auch die bewußte „Verfälschung" des Bildes bedeuten.

In Kapitel 5 wurde zwischen den folgenden Arten von Bildstörungen unterschieden:

- Bei geometrischen Verzerrungen wird das Bild als ganzes deformiert. Diese Art der Bildstörung kann mit der Theorie der linearen verschiebungsinvarianten Systeme nicht modelliert werden. Treten solche *Verzeichnungen* in einem Bild auf, so müssen sie vor der weiteren Verarbeitung nach den Regeln der LSI-Systemtheorie kompensiert werden.
- Verschmierungen (engl. blurring) entstehen durch die PSF der bildgebenden Systeme sowie durch inkorrekte Fokussierung, also durch unscharfe Abbildung des Originals. Auch Störungen durch Verwackelungen und Bewegungen zwischen Objekt und Aufnahmeeinheit während der Aufnahme können dieser Fehlerart zugerechnet werden.
- Durch Unterabtastung entstehen Fehler wie Aliasing und der Moiré-Effekt. Diese Fehler sind grundsätzlich irreversibel. Wenn es nicht möglich ist, durch einen geeigneten Tiefpaß vor dem Abtaster die Erfüllung des Nyquist-Kriteriums (Signalgrenzfrequenz < halbe Abtastfrequenz) sicherzustellen, kann ihre störende Wirkung durch eine nachträgliche Tiefpaßfilterung vermindert werden.

- Kratzer oder andere Störelemente auf den Linsensystemen sowie Pixel- oder Zeilenfehler auf der Sensormatrix können die tatsächliche Bildinformation verdecken. Hier ist keine Korrektur mehr möglich, denn die verdeckte Bildinformation ist unwiederbringlich verloren. Mit Methoden der Bildverbesserung können die störenden Effekte jedoch vermindert werden.
- Fehler beim Auslesen der Sensormatrix führen zu periodischen Störungen im Ortsbereich und damit zu einzelnen lokal begrenzten Störungen im Frequenzbereich. Diese können daher im Frequenzbereich wie lokale Bildstörungen im Ortsbereich (Kratzer etc.) behandelt werden.
- Rauschen (engl. noise) entsteht in jedem physikalischen System der Signalverarbeitung. Darüber hinaus wird durch die Quantisierung der realen Intensitäten in diskrete Grauwerte dem Bild ein Rauschsignal hinzuaddiert. Auch hier ist nur eine Verbesserung des Bildes möglich.

In Abschnitt 13.1 werden zunächst Methoden zur geometrischen Entzerrung vorgestellt. Wir werden sehen, daß sich diese Verfahren auch in der medizinischen Befundung sinnvoll einsetzen lassen, wenn immer es gilt, mehrere Aufnahmen von einem Patienten zu vergleichen, die mit demselben System, aber zu verschiedenen Zeiten aufgenommen wurden. Die Abschnitte 13.2 und 13.3 behandeln analytische und stochastische Ansätze zur Signalrekonstruktion. Anschließend werden lineare, nichtlineare und adaptive Verfahren zur Bildverbesserung vorgestellt. Zum Abschluß dieses Kapitels werden wir in Abschnitt 13.7 den Gebrauch von Farbe zur Bildverbesserung diskutieren.

13.1 Geometrische Entzerrung

Geometrische Verzerrungen entstehen in jedem optischen System und können in der Medizin die Befundung der Aufnahmen erheblich erschweren. Abbildung 13.1 zeigt positive (kissenförmige) und negative (tonnenförmige) Verzeichnungen eines optischen Systems. An den Bildrändern sind diese Störungen am stärksten. Zur Kalibrierung solcher Systeme werden regelmäßige Muster abgebildet und die Verschiebungen der Koordinaten gemessen.

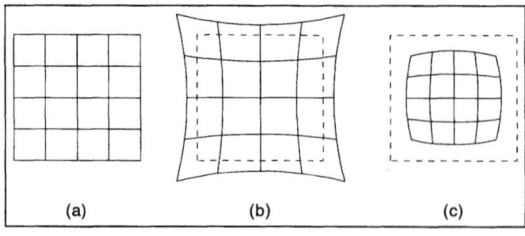

Abb. 13.1. Bei der Abbildung der quadratischen Anordnung (a) in einem System mit kissenförmiger (positiver) Verzeichnung und einem System mit tonnenförmiger (negativer) Verzeichnung entstehen die Bilder (b) und (c). (Nach [Hec89])

13.1.1 Allgemeine Abbildung

Die Kompensation der Verzeichnung (geometrische Entzerrung, Kalibrierung) kann allgemein als Transformation der verzerrten Ortskoordinaten (x, y) in die entzerrten Koordinaten (x', y') geschrieben werden:

$$s'(x', y') = s(x, y) \quad \text{mit} \quad \begin{cases} x' = f_1(x, y) \\ y' = f_2(x, y) \end{cases} \quad (13.1)$$

Da die Funktionen f_1 und f_2 nur in Sonderfällen bekannt sind, werden Polynome n-ter Ordnung angesetzt [Hab87]:

$$\begin{aligned} f_1(x,y) &= a_0 + a_1 x + a_2 y + a_3 x^2 + a_4 xy + a_5 y^2 + \ldots \\ f_2(x,y) &= b_0 + b_1 x + b_2 y + b_3 x^2 + b_4 xy + b_5 y^2 + \ldots \end{aligned} \quad (13.2)$$

Ausnahmen bilden die in den nächsten Abschnitten näher behandelten Abbildungen, die zentralperspektivische und die affine Abbildung, oder spezielle Modelle, wie sie z.B. in der Endoskopie angesetzt werden können. Dort kann man sich auf die Betrachtung rotationssymmetrischer Verzeichnungen um den Punkt (x_0, y_0) beschränken, womit sich (13.2) vereinfacht:

$$f(x, y) = a_0 + a_1 r + a_2 r^2 + \ldots + a_n r^n \quad \text{mit} \quad r = \sqrt{(x - x_0)^2 + (y - y_0)^2} \quad (13.3)$$

Dabei reichen Polynome der Ordnung $n = 4$ oder $n = 5$ aus [Han95, Pre97].

Zur Bestimmung der Parameter a_i und b_i aus (13.2) bzw. (13.3) werden Paßpunkte (u_i, v_i) mit dem System auf die Punkte (x_i, y_i) abgebildet. Zur Minimierung von Meßfehlern werden mehr Punkte (u_i, v_i) aufgenommen, als zur Lösung der Gleichungen (13.2) nötig sind. Ist P die Anzahl der aufgenommenen Paßpunkte, so werden mit der linearen Ausgleichsrechnung die Fehlerfunktionen:

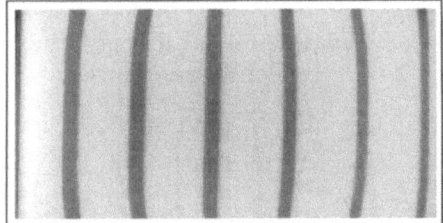 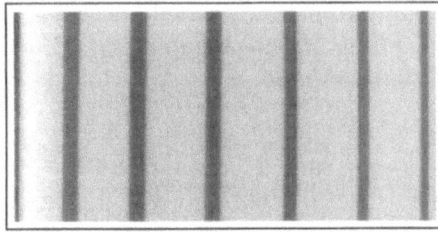

Abb. 13.2. Bei der *Radio-Visio-Graphie* (Trophy Radiology, Vincennes Cedex, Frankreich) werden Röntgenstrahlen über eine Szintillatorfolie in sichtbares Licht umgewandelt und mit einer Bleiglasoptik auf einen Video-CCD-Chip abgebildet. Die Tonnenverzeichnungen der Optik sind bei der Abbildung eines Linienrasters besonders gut erkennbar (*links*). Mittels Paßpunkten und Ausgleichsrechnung kann die ursprüngliche Geometrie rekonstruiert werden (*rechts*).

$$\sum_{i=0}^{P-1}[u_i-(a_0+a_1x_i+a_2y_i+\cdots)]^2 \to \min_a \quad (13.4)$$

$$\sum_{i=0}^{P-1}[v_i-(b_0+b_1x_i+b_2y_i+\cdots)]^2 \to \min_b \quad (13.5)$$

minimiert, woraus sich die Vektoren **a** und **b** bestimmen lassen. Das Ergebnis einer solchen geometrischen Entzerrung ist in Abbildung 13.2 dargestellt.

13.1.2 Zentralperspektivische Abbildung

Das Konzept der Paßpunkte kann auch zum Vergleich mehrerer Bilder, die mit demselben (bereits kalibrierten) System erzeugt wurden, eingesetzt werden. Die geometrischen Verzerrungen zwischen den zu vergleichenden Aufnahmen entstehen dann durch die zwischenzeitlich veränderte Aufnahmegeometrie. Bei diesen Anwendungen geometrischer Entzerrung sind die Funktionen f_1 und f_2 aus (13.1) bekannt oder können zumindest näherungsweise modelliert werden.

Als Beispiel wollen wir die intraorale Röntgenabbildung untersuchen, bei der sich der Röntgenfilm (oder der elektronische Bildsensor) im Mund des Patienten befindet. Der Tubus der Röntgenröhre wird direkt an die Wange des Patienten angesetzt. Damit beträgt der Abstand zwischen dem 1 mm^2 kleinen Brennfleck der Röhre (vgl. Kap. 2) und dem Kiefer des Patienten ca. 25 cm. Die Röntgenstrahlen treffen als Kegel auf das Objekt und somit gilt die zentralperspektivische Abbildungsgleichung [Rei93]:

$$x'=f_1(x,y)=\frac{a_1x+a_2y+a_3}{a_7x+a_8y+1} \quad \text{und} \quad y'=f_2(x,y)=\frac{a_4x+a_5y+a_6}{a_7x+a_8y+1} \quad (13.6)$$

In (13.6) bezeichnet (x,y) die Abbildung des Objektpunktes (u,v) in der Abbildungsebene der ersten Aufnahme und (x',y') dessen Projektion in die zweite Abbildungsebene (Abb. 13.3).

Für P Paßpunktpaare (x_i,y_i) und (x'_i,y'_i) folgt damit für den gesuchten Parametervektor **a** das Gleichungssystem $\mathbf{Z}\cdot\mathbf{a}=\mathbf{b}$ oder ausgeschrieben:

$$\begin{pmatrix} x_1 & y_1 & 1 & 0 & 0 & 0 & -x'_1x_1 & -x'_1y_1 \\ 0 & 0 & 0 & x_1 & y_1 & 1 & -y'_1x_1 & -y'_1y_1 \\ \vdots & \vdots & \vdots & \vdots & \vdots & \vdots & \vdots & \vdots \\ x_P & y_P & 1 & 0 & 0 & 0 & -x'_Px_P & -x'_Py_P \\ 0 & 0 & 0 & x_P & y_P & 1 & -y'_Px_P & -y'_Py_P \end{pmatrix} \cdot \begin{pmatrix} a_1 \\ a_2 \\ a_3 \\ a_4 \\ a_5 \\ a_6 \\ a_7 \\ a_8 \end{pmatrix} = \begin{pmatrix} x'_1 \\ y'_1 \\ \vdots \\ x'_P \\ y'_P \end{pmatrix}$$
(13.7)

In der Regel liegen $P>4$ Paßpunktpaare vor, so daß das überbestimmte Gleichungssystem (13.7) keine exakte Lösung hat. Wie in (13.4) bzw. (13.5)

13.1 Geometrische Entzerrung 325

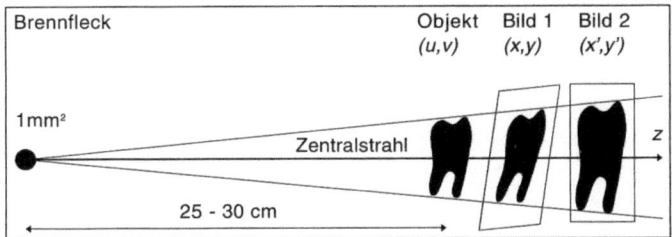

Abb. 13.3. In der Zahnheilkunde werden intraorale Röntgenaufnahmen mit einem Brennfleckobjektabstand zwischen 25 cm und 30 cm aufgenommen. Ein Punkt (u,v) des Kiefers wird in der Bildebene der ersten Aufnahme auf die Koordinaten (x,y) und in der zweiten Aufnahme auf (x',y') abgebildet. Dem geometrischen Angleich beider Röntgenbilder liegt das Modell der zentralperspektivischen Abbildung nach (13.6) zugrunde.

muß auch hier $\|\mathbf{Z} \cdot \mathbf{a} - \mathbf{b}\|_l$ für eine geeignete l-Norm (z.B. $l = 2$) minimiert werden [Gol89, Saa96].

Abbildung 13.4 zeigt zwei Röntgenaufnahmen aus dem Seitenzahnbereich eines Hundekiefers. Zwischen den Aufnahmen lagen 3 Monate. Daher konnte die Geometrie der Erstaufnahme für die Folgeaufnahme nicht mehr exakt rekonstruiert werden. Vom Radiologen wurden $P = 19$ Paßpunktpaare (x_i, y_i) und (x'_i, y'_i) eingezeichnet und damit die acht Parameter der zentralperspektivischen Projektion approximiert. Nach der geometrischen Entzerrung der Folgeaufnahme kann die bildpunktweise Subtraktion erfolgen (Abb. 13.4 rechts). Im so erzeugten Differenzbild sind die periimplantären Knochenumbauprozesse deutlich sichtbar [Leh97c].

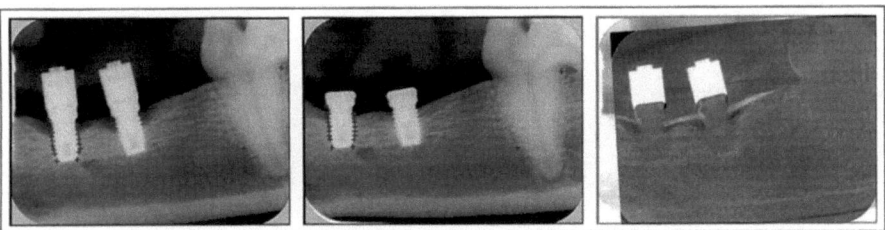

Abb. 13.4. Die Röntgenaufnahmen (*links* und *Mitte*) wurden im Abstand von drei Monaten aufgenommen. Die Aufnahmegeometrie des Folgebildes konnte nicht mehr exakt reproduziert werden. Mit Hilfe der in beiden Bildern markierten Paßpunkte (x_i, y_i) und (x'_i, y'_i) wurde die geometrische Entzerrung durchgeführt. Das rechte Bild zeigt das Ergebnis der anschließenden Subtraktion. Im Differenzbild sind die periimplantären Knochenumbauprozesse deutlich zu erkennen.

13.1.3 Affine Abbildung

Eine besondere Gruppe der allgemeinen Ortstransformationen (13.1) sind die verwandten (lat.: affinen) Abbildungen wie die RST-Transformationen: Rotation, Skalierung und Translation, aber auch Dehnungen und Scherungen. Für affine Abbildungen vereinfacht sich (13.2) zu:

$$\begin{aligned} f_1(x,y) &= a_0 + a_1 x + a_2 y \\ f_2(x,y) &= b_0 + b_1 x + b_2 y \end{aligned} \quad (13.8)$$

oder in Matrix-Schreibweise zu:

$$\begin{pmatrix} x' \\ y' \end{pmatrix}_{\text{affin}} = \begin{pmatrix} a_1 & a_2 \\ b_1 & b_2 \end{pmatrix} \cdot \begin{pmatrix} x \\ y \end{pmatrix} + \begin{pmatrix} a_0 \\ b_0 \end{pmatrix}$$

Für das Beispiel der Röntgenabbildung modelliert die affine Abbildung den parallelen Strahlengang durch das Objekt. In diesem Fall vereinfacht sich die zentralperspektivische Abbildung nach (13.6) mit $a_7 = 0$ und $a_8 = 0$ zu (13.8).

Im folgenden wollen wir untersuchen, wie die Parameter a_i und b_i in (13.8) mit den RST-Abbildungen zusammenhängen, denn Rotationen, Skalierungen und Translationen bilden eine wichtige Untergruppe der affinen bzw. der zentralperspektivischen und damit auch der allgemeinen Abbildung und sind daher insbesondere in der vergleichenden Befundung von Bedeutung.

Rotation. Aus dem linken Teil der Abbildung 13.5 können mit $r = \sqrt{x^2 + y^2}$ die vier Bedingungen:

$$\frac{x}{r} = \cos(\alpha_0), \quad \frac{x'}{r} = \cos(\alpha_0 + \alpha), \quad \frac{y}{r} = \sin(\alpha_0), \quad \frac{y'}{r} = \sin(\alpha_0 + \alpha)$$

abgelesen werden. Mit den Additionstheoremen der trigonometrischen Funktionen [Bro83]:

$$\begin{aligned} \sin(\alpha_0 + \alpha) &= \sin(\alpha_0)\cos(\alpha) + \cos(\alpha_0)\sin(\alpha) \\ \cos(\alpha_0 + \alpha) &= \cos(\alpha_0)\cos(\alpha) - \sin(\alpha_0)\sin(\alpha) \end{aligned}$$

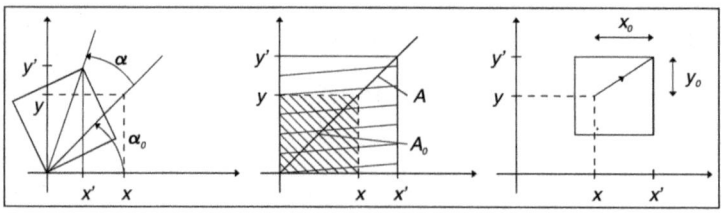

Abb. 13.5. Rotationen, Skalierungen und Translationen (RST-Transformationen) bilden die wichtigste Untergruppe der affinen, zentralperspektivischen und allgemeinen Abbildung. Die Rotation (*links*) wird dabei durch den Drehwinkel α, die Skalierung (*Mitte*) durch den Skalierungsfaktor $\beta = \sqrt{A/A_0}$ und die Translation (*rechts*) durch den Verschiebungsvektor $(x_0, y_0)^T$ beschrieben.

13.1 Geometrische Entzerrung

folgt für die Rotation um den Winkel α:

$$\begin{aligned} x' &= \cos(\alpha) \cdot x - \sin(\alpha) \cdot y \\ y' &= \cos(\alpha) \cdot y + \sin(\alpha) \cdot x \end{aligned} \qquad (13.9)$$

oder in Matrix-Schreibweise:

$$\begin{pmatrix} x' \\ y' \end{pmatrix}_{\mathrm{rot}} = \begin{pmatrix} \cos(\alpha) & -\sin(\alpha) \\ \sin(\alpha) & \cos(\alpha) \end{pmatrix} \cdot \begin{pmatrix} x \\ y \end{pmatrix}$$

Dies ist die bekannte Form der Rotationsmatrix für Drehungen des Objektes. Wird nicht der Bildinhalt, sondern das Koordinatensystem mathematisch positiv gedreht, muß der Winkel $-\alpha$ eingesetzt werden. Da $\cos(-\alpha) = \cos(\alpha)$ und $\sin(-\alpha) = -\sin(\alpha)$, ändert sich in der Matrix also nur das Vorzeichen der Sinusterme, was der Transponierten der Matrix entspricht.

Skalierung. Aus dem mittleren Teil der Abbildung 13.5 folgt für die Flächen der Rechtecke:

$$\frac{A_0}{A} = \frac{x \cdot y}{x' \cdot y'}$$

Mit dem Strahlensatz [Gru75]:

$$\frac{x}{x'} = \frac{y}{y'} \quad \Longrightarrow \quad x = \frac{y \cdot x'}{y'} \quad \text{und} \quad y = \frac{x \cdot y'}{x'}$$

folgt sofort:

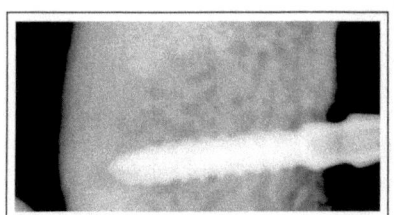
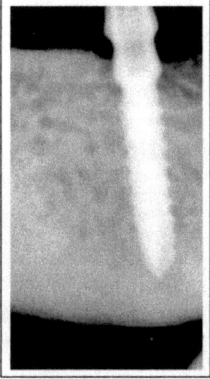
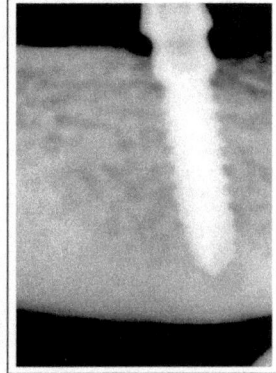

Abb. 13.6. Neben den Tonnenverzeichnungen (Abb. 13.2) werden die intraoralen Röntgenaufnahmen bei der *Radio-Visio-Graphie* verdreht und mit ungleichem Seitenverhältnis ausgegeben (*links*). Das sog. Aspect-Ratio beträgt hier 4/3. Links dargestellt ist das unveränderte Röntgenbild eines Unterkiefers mit TPS-Schraubenimplantat. Da hier die Abbildungsgleichung bekannt ist, können die Verzerrungen ohne Paßpunkte kompensiert werden. Nach der Rotation um 90° (*Mitte*) erfolgt die Dehnung entlang der x-Achse um den Faktor 4/3 (*rechts*).

$$\frac{A_0}{A} = \frac{x^2}{x'^2} = \frac{y^2}{y'^2}$$

und somit gilt für die Skalierung um den Faktor $\beta = \sqrt{A/A_0}$:

$$\begin{array}{rcl} x' & = & \beta\, x \\ y' & = & \beta\, y \end{array} \quad \Longleftrightarrow \quad \begin{pmatrix} x' \\ y' \end{pmatrix}_{\text{skal}} = \begin{pmatrix} \beta & 0 \\ 0 & \beta \end{pmatrix} \cdot \begin{pmatrix} x \\ y \end{pmatrix} \qquad (13.10)$$

Sind die einzelnen Zellen in der Sensormatrix nicht quadratisch, so müssen Dehnungen oder Stauchungen in nur einer Achsenrichtung korrigiert werden. Der Quotient aus der Länge einer Zelle zu ihrer Breite heißt Aspect-Ratio und beträgt oft 3/2 oder 4/3 (Abb. 13.6). In diesem Fall ist nur ein Diagonalelement der Matrix in (13.10) von 1 verschieden.

Translation. Die rechte Seite in Abbildung 13.5 zeigt ein Beispiel für eine Verschiebung um den Vektor $(x_0, y_0)^T$. Aus Abbildung 13.5 ergibt sich unmittelbar:

$$\begin{array}{rcl} x' & = & x + x_0 \\ y' & = & y + y_0 \end{array} \quad \Longleftrightarrow \quad \begin{pmatrix} x' \\ y' \end{pmatrix}_{\text{trans}} = \begin{pmatrix} x \\ y \end{pmatrix} + \begin{pmatrix} a_0 \\ b_0 \end{pmatrix} \qquad (13.11)$$

Damit sind die vier Parameter $(\alpha, \beta, x_0, y_0)$, die die RST-Abbildungen beschreiben, im Modell der affinen Abbildung und damit sowohl im Modell der zentralperspektivischen als auch im Modell der allgemeinen Abbildung ausgedrückt. Abbildung 13.7 veranschaulicht RST-Abbildungen, die in der Regel nicht auf dem diskreten Raster ausgeführt werden können.

Bevor wir jedoch adäquate Algorithmen zur Interpolation auf dem diskreten Raster näher untersuchen, wollen wir uns mit der Frage beschäftigen, wie die vier Parameter der RST-Abbildung auch ohne Paßpunktpaare automatisch bestimmt werden können.

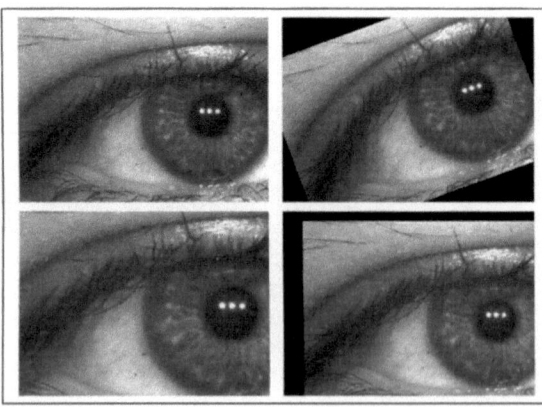

Abb. 13.7. Die Photographie (*oben links*) wurde um 20° gegen den Uhrzeigersinn gedreht (*oben rechts*), um den Faktor 1,3 vergrößert (*unten links*) und um 26,7 Pixel in x-Richtung und 13,1 Pixel in y-Richtung verschoben (*unten rechts*). Diese Transformationen sind auf dem diskreten Raster nicht direkt durchführbar.

13.1.4 Fourier-basierte RST-Invariante

Reine Translationen zwischen zwei Bildern $w_1(x,y)$ und $w_2(x,y)$ können durch das Maximum der Kreuzkorrelationsfunktion (vgl. Kap. 6) oder andere Ähnlichkeitsmaße [Leh97b] einfach und zuverlässig bestimmt werden. Auch in der medizinischen Bildverarbeitung, in der die Trennung zwischen Objekt und Hintergrund oftmals nicht möglich ist, können diese Verfahren erfolgreich eingesetzt werden. Jedoch versagen die Korrelationstechniken, wenn neben den Translationen auch Rotationen, Skalierungen oder weitere Verzerrungen der affinen oder zentralperspektivischen Abbildungen vorhanden sind.

Unterscheiden sich die zu vergleichenden Aufnahmen, so treten in medizinischen Anwendungen reine Translationen so gut wie nie separiert und einzeln auf, sie sind zumindest mit Rotationen und Skalierungen gekoppelt. In der medizinischen Bildverarbeitung interessiert also insbesondere die Frage, wie die vier RST-Parameter $(\alpha, \beta, x_0, y_0)$ ohne manuelle Paßpunkte aus den zwei zu vergleichenden Aufnahmen automatisch bestimmt werden können. Dabei muß das Bild als Einheit betrachtet werden, denn die Annahme eines Objektes im Bild trifft in der Medizin nur in Ausnahmefällen zu.

Wir betrachten zunächst die zwei um den Winkel α gedrehten, um den Faktor β skalierten und um den Vektor $(x_0, y_0)^T$ verschobenen Bilder w_1 und w_2:

$$w_2(x,y) = w_1\Big(\beta(x\cos\alpha - y\sin\alpha) + x_0,\ \beta(x\sin\alpha + y\cos\alpha) + y_0\Big) \quad (13.12)$$

Für die Power-Spektren der Fourier-Transformierten gilt dann mit der Rotationsvarianz der Fourier-Transformation, dem Ähnlichkeits- und dem Verschiebungstheorem (vgl. Kap. 5):

$$|W_2^F(u,v)|^2 = \left|\frac{1}{\beta^2} W_1^F\left(\frac{u\cos\alpha - v\sin\alpha}{\beta}, \frac{u\sin\alpha + v\cos\alpha}{\beta}\right)\right|^2 \quad (13.13)$$

Diese Repräsentation der Funktionen $w_i(x,y)$ ist nur noch vom Drehwinkel α und dem Skalierungsfaktor β abhängig (Abb. 13.8). Beide Parameter können entkoppelt werden, wenn in Gleichung (13.13) die kartesischen Koordinaten (u,v) durch Polarkoordinaten (r,φ) ersetzt werden. Mit den Produktsätzen der trigonometrischen Funktionen [Bro83]:

$$\begin{aligned}
\cos\alpha\cos\varphi &= 0{,}5\cos(\alpha-\varphi) &+& \quad 0{,}5\cos(\alpha+\varphi) \\
\sin\alpha\sin\varphi &= 0{,}5\cos(\alpha-\varphi) &-& \quad 0{,}5\cos(\alpha+\varphi) \\
\cos\alpha\sin\varphi &= 0{,}5\sin(\alpha+\varphi) &-& \quad 0{,}5\sin(\alpha-\varphi) \\
\sin\alpha\cos\varphi &= 0{,}5\sin(\alpha+\varphi) &+& \quad 0{,}5\sin(\alpha-\varphi)
\end{aligned}$$

ergibt sich durch die Substitutionen $u = r\cos\varphi$ und $v = r\sin\varphi$ in Gleichung (13.13):

$$|W_2^F(r\cos\varphi, r\sin\varphi)|^2 = \left|\frac{1}{\beta^2} W_1^F\left(\frac{r\cos(\varphi+\alpha)}{\beta}, \frac{r\sin(\varphi+\alpha)}{\beta}\right)\right|^2 \quad (13.14)$$

Schreibt man die Power-Spektren in Gleichung (13.14) als Funktion von r und φ folgt:

$$|W_2^F(r,\varphi)|^2 = \left|\frac{1}{\beta^2}\, W_1^F\left(\frac{r}{\beta},\varphi+\alpha\right)\right|^2 \qquad (13.15)$$

In dieser Repräsentation der Funktionen $w_i(x,y)$ ist die Verschiebung um den Vektor $(x_0,y_0)^T$ eliminiert, die Vergrößerung um den Faktor β in eine Skalierung der r-Achse transformiert und die Drehung um den Winkel α in eine Verschiebung entlang der φ-Achse abgebildet.

Logarithmieren der r-Achse mit $\rho = -\log r$ führt auf:

$$|W_2^F(\rho,\varphi)|^2 = \left|\frac{1}{\beta^2}\, W_1^F\left(\rho+\log\beta,\varphi+\alpha\right)\right|^2 \qquad (13.16)$$

In (13.16) ist die Verschiebung im Ortsbereich (x_0, y_0) zwischen den Funktionen w_1 und w_2 eliminiert und die Rotation von der Skalierung entkoppelt und durch Translationen im logarithmischpolar abgebildeten Ortsfrequenzbereich dargestellt (Abb. 13.8).

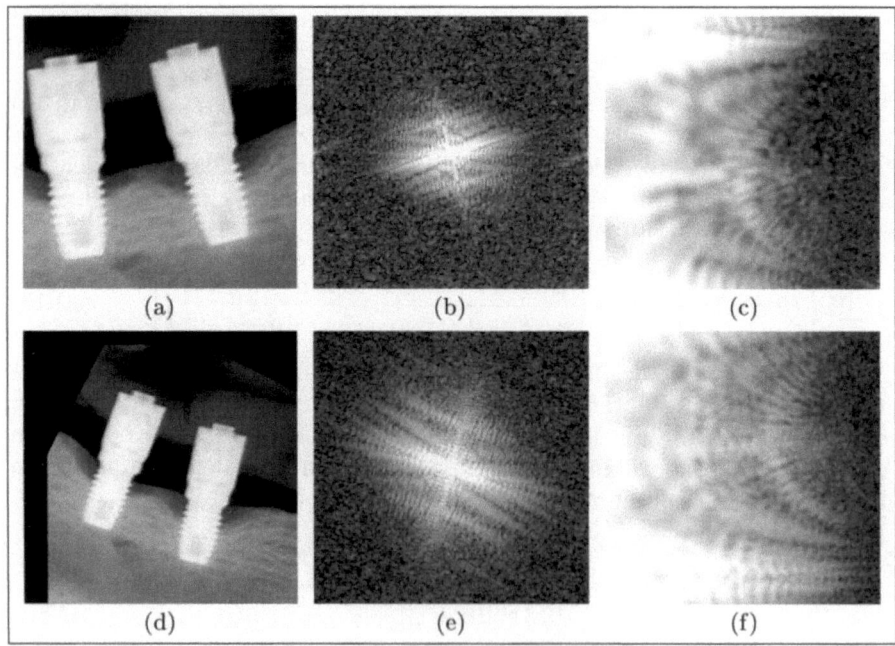

Abb. 13.8. Die Röntgenbilder (**a**) und (**d**) unterscheiden sich durch eine Drehung um $-27°$, Verschiebung um $(5, 15)$ Pixel und Skalierung um den Faktor $0{,}7$. Die Power-Spektren sind invariant gegen Translationen, erhalten die Rotation und invertieren Skalierungen (**b**) und (**e**). In den logarithmischpolar abgebildeten Power-Spektren (**c**) und (**f**) werden Drehungen und Skalierungen als Wrap-Around-Verschiebungen dargestellt.

13.1 Geometrische Entzerrung   331

Eine weitere Fourier-Transformation von (13.16) ergibt schließlich die gesuchte RST-Invariante:

$$|W_2^{FF}(u,v)|^2 \sim |W_1^{FF}(u,v)|^2 \qquad (13.17)$$

Die Fourier-Power-Spektren der logarithmischpolar abgebildeten Fourier-Powerspektren der Funktionen w_1 und w_2 sind also unabhängig von Rotationen, Skalierungen und Translationen. Da die Logarithmierung der Koordinatenachse und anschließende Fourier-Transformation der Mellin-Transformation entspricht, wird (13.17) oft auch als Fourier-Mellin-Invariante bezeichnet [Che94].

Abbildung 13.9 zeigt Power-Spektren der Fourier-Transformation der Darstellungen aus Abbildung 13.8 (c und f). Aufgrund der histogrammoptimierten Darstellung scheinen sich die Spektren in Abbildung 13.9 strukturell zu unterscheiden. Das Differenzbild (Abb. 13.9 c) enthält jedoch nur Rauschen.

Zur Registrierung zweier Bilder in der vergleichenden Befundung wird die Fourier-Mellin-Invariante (13.17) nicht vollständig berechnet. In (13.16) können die Verschiebungskomponenten zwischen den beiden logarithmischpolar abgebildeten Spektren durch die bekannten und robusten Korrelationstechniken bestimmt und daraus der Drehwinkel α und der Skalierungsfaktor β berechnet werden. Danach erfolgt die Rückdrehung und Reskalierung von w_2 in w_2'. Die beiden Ortsfunktionen w_1 und w_2' unterscheiden sich nun nur noch durch die Translationskomponente (x_0, y_0), die wiederum mit den bewährten Korrelationstechniken bestimmt werden kann [Leh96c].

Diese inversen Transformationen der Folgeaufnahme w_2 können wie die geometrische Kalibrierung eines bildgebenden Systems in der Regel auf dem diskreten Pixelraster nicht direkt durchgeführt werden. Zur Lösung dieses Problems rekonstruiert man die kontinuierliche Bildfunktion und tastet diese

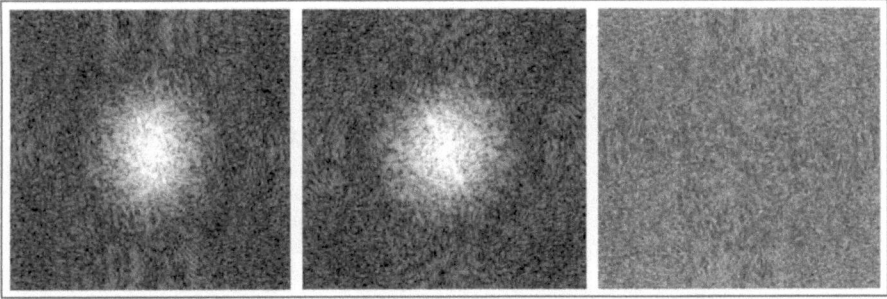

Abb. 13.9. Die Fourier-Transformation der Bilder (c) und (f) aus Abbildung 13.8 wurde berechnet. Die zugehörigen Power-Spektren (*links* und *Mitte*) wurden zur Darstellung im Histogramm gespreizt (vgl. Kap. 7). Sie unterscheiden sich jedoch nicht in ihrer Struktur, wie deren pixelweise Differenz (*rechts*) verdeutlicht. Es sind daher RST-Invariante Repräsentationen der verdrehten, verschobenen und skalierten Funktionen w_1 und w_2.

dann an den benötigten Stellen erneut ab. Die hierzu notwendigen Interpolationsverfahren werden im folgenden Abschnitt diskutiert.

13.1.5 Interpolation

Geometrische Transformationen lassen sich auf einem diskreten Gitter nur in Ausnahmefällen direkt berechnen, z.B. bei pixelweisen Verschiebungen oder Rotationen um ±90° und ±180°. Im allgemeinen werden jedoch Grauwerte $f(x,y)$ an solchen Bildpositionen (x,y) benötigt, die nicht exakt mit den vorhandenen (abgetasteten) Pixelpositionen (m,n) übereinstimmen. In diesen Fällen müssen die Werte aus denen der Nachbarpixel *interpoliert* werden, was formal durch die Faltung beschrieben werden kann:

$$f(x,y) = \sum_m \sum_n f(m,n)\, h_{2D}(x-m, y-n) \qquad (13.18)$$

Die ideale Interpolationsmaske $h_{2D}(x,y)$ läßt sich unmittelbar aus dem Abtasttheorem (vgl. Kap. 5) herleiten. Die Abtastung entspricht einer Wiederholung der Spektren im Frequenzbereich. Die Originalfunktion kann, wenn bei der Bildaufnahme das Abtasttheorem erfüllt wurde, durch Multiplikation des Spektrums der abgetasteten Funktion mit einer rect-Funktion rekonstruiert werden. Im Ortsbereich muß also mit einer si-Funktion gefaltet werden. Da die si-Funktion jedoch örtlich nicht begrenzt ist, kann die ideale Interpolation in der Praxis nicht durchgeführt werden. Gesucht sind also örtlich begrenzte Interpolationsmasken, die die si-Funktion möglichst gut annähern. Zur Aufwandsreduktion wird zusätzlich die Separierbarkeit der Interpolationsmaske $h_{2D}(x,y) = h(x) \cdot h(y)$ gefordert.

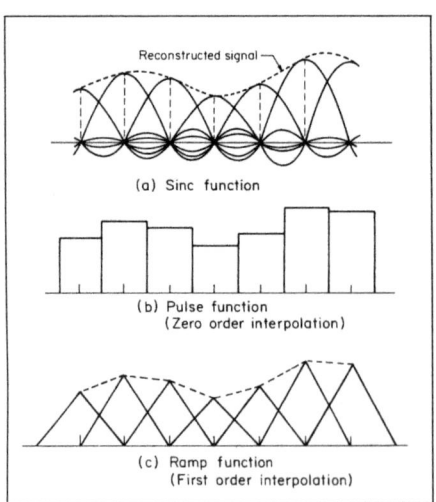

Abb. 13.10. Nach dem Abtasttheorem kann das kontinuierliche Signal aus der Überlagerung einzelner si-Funktionen rekonstruiert werden (**a**). Die Nearest-Neighbor-Interpolation (**b**) entspricht der Faltungsmaske h_1 aus (13.19). Mit der linearen Interpolation (**c**) kann der kontinuierliche Signalverlauf besser approximiert werden.
(Pratt, DIGITAL IMAGE PROCESSING, Copyright © 1978 John Wiley & Sons, Inc. Reprinted by permission of John Wiley & Sons, Inc.)

Nearest-Neighbor-Interpolation. Die einfachste endliche Approximation der si-Funktion ist durch die Nearest-Neighbor-Methode gegeben. Für den unbekannten Funktionswert $f(x,y)$ an der Stelle (x,y) wird der nächste bekannte Funktionswert $f(m,n)$ gesetzt. Es wird also nur eine Stützstelle zur Interpolation herangezogen. Damit ergibt sich für die Faltungsmaske h_1 [Her94]:

$$h_1(x) = \begin{cases} 1 & 0 \leq |x| < 0,5 \\ 0 & \text{sonst} \end{cases} \qquad (13.19)$$

Lineare Interpolation. Die lineare Approximation der si-Funktion führt auf die Dreiecksfunktion:

$$h_2(x) = \begin{cases} 1 - |x| & 0 \leq |x| \leq 1 \\ 0 & \text{sonst} \end{cases} \qquad (13.20)$$

Abbildung 13.10 verdeutlicht die Nearest-Neighbor- und die lineare Interpolation für den eindimensionalen Fall separierbarer Faltungsmasken. Während die Interpolation mit der rect-Funktion h_1 zu deutlichen Artefakten führt, entspricht der linear approximierte Funktionsverlauf schon in etwa dem Original. Dennoch führt die lineare Interpolation mit h_2 auf einen unstetigen Funktionsverlauf.

Interpolation mit n Stützstellen (B-Spline). Die lineare Interpolationsmaske h_2 nach (13.20) kann als Faltung zweier rect-Funktionen geschrieben werden. Mit (13.19) gilt daher: $h_2(x) = h_1(x) * h_1(x)$. Für die Konstruktion uniformer Basis-Splines (B-Splines) n-ter Ordnung gilt dann mit der oft verwendeten Basis- oder Indikatorfunktion $h_1(x)$ nach (13.19) [Doh91, Olk95]:

$$h_n(x) = \underbrace{h_1(x) * h_1(x) * \ldots h_1(x)}_{n \text{ mal}}$$

Für $n \to \infty$ nimmt h_n den Verlauf einer Gauß-Funktion an [Pra78], für $n = 4$, also der Faltung von vier Basisfunktionen h_1, spricht man von kubischen B-Splines und es gilt [Her94, Wee96]:

$$h_4(x) = \begin{cases} \frac{1}{2}|x|^3 - |x|^2 + \frac{2}{3} & 0 \leq |x| < 1 \\ -\frac{1}{6}|x|^3 + |x|^2 - 2|x| + \frac{4}{3} & 1 \leq |x| \leq 2 \\ 0 & \text{sonst} \end{cases} \qquad (13.21)$$

Kubische Interpolation mit Randbedingungen. Der Nachteil der B-Splines bei der Approximation der si-Funktion liegt darin, daß diese nicht die Nullstellen der si-Funktion besitzen (Abb. 13.11). Bei der kubischen Interpolation mit Randbedingungen werden zwischen den Nullstellen der si-Funktion Polynome dritten Grades angesetzt, wobei man das Maximum 1 an der Stelle 0 und stetige Übergänge zwischen den einzelnen Teilstücken, sowie einen stetigen Übergang zu 0 an den Rändern des Splines fordert [Dan90, Dan92]. Für die kubische Interpolation mit zwei Stützstellen:

334   13. Bildkorrektur und Bildverbesserung

$$h_{C2}(x) = \begin{cases} a_3|x|^3 + a_2|x|^2 + a_1|x| + a_0 & 0 \leq |x| \leq 1 \\ 0 & \text{sonst} \end{cases}$$

folgen damit die Randbedingungen:

$$\begin{aligned}
h_{C2}(0) &= 1 & &\implies & a_0 &= 1 \\
h_{C2}(1-\epsilon) &= h_{C2}(1+\epsilon) = 0 & &\implies & a_3 + a_2 + a_1 + a_0 &= 0 \\
h'_{C2}(0) &= 0 & &\implies & a_1 &= 0 \\
h'_{C2}(1) &= 0 & &\implies & 3a_3 + 2a_2 + a_1 &= 0
\end{aligned}$$

womit der Koeffizientenvektor **a** direkt berechnet werden kann. Es ergibt sich:

$$h_{C2}(x) = \begin{cases} 2|x|^3 - 3|x|^2 + 1 & 0 \leq |x| \leq 1 \\ 0 & \text{sonst} \end{cases} \qquad (13.22)$$

Bei einem Spline mit 4 Stützstellen erhält man 7 Nebenbedingungen für die 8 Koeffizienten, und es bleibt somit ein freier Parameter a [Dan90]:

$$h_{C4}(x) = \begin{cases} (a+2)|x|^3 - (a+3)|x|^2 + 1 & 0 \leq |x| < 1 \\ a|x|^3 - 5a|x|^2 + 8a|x| - 4a & 1 \leq |x| \leq 2 \\ 0 & \text{sonst} \end{cases} \qquad (13.23)$$

Für $a = 0$ geht (13.23) in (13.22) über. Analytisch kann a aus der Forderung nach einer minimalen Abweichung von H_{C4} von der rect-Funktion im Fourier-Raum bestimmt werden. In [Son93, Her94] wird $a = -1$ gesetzt, und in [Dan90] wird $a = -1,3$ bestimmt.

Interpolation mit natürlichen Splines. Ein anderer Ansatz zur Berechnung von Zwischenwerten wird in der Informatik [Doh91] oder numerischen Mathematik [Jel87] vorgeschlagen und stammt aus der experimentellen Anwendung im Schiffsbau. Dort wird durch die zu interpolierenden Punkte eine dünne biegsame Latte (engl. spline) gelegt, die durch die an den Stützpunkten

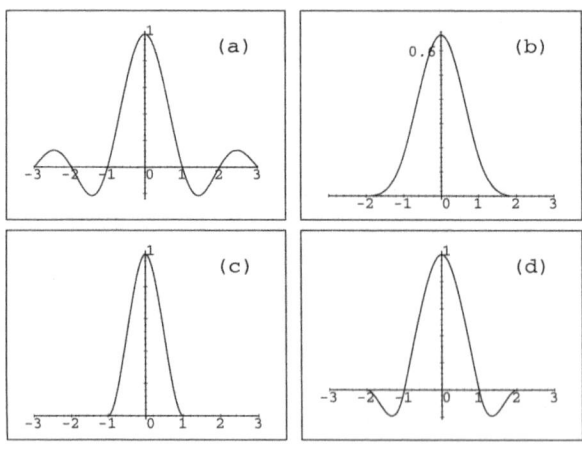

Abb. 13.11. Die bei geometrischen Transformationen zur Interpolation idealerweise zu verwendende si-Funktion (**a**) kann durch kubische B-Splines (**b**) oder durch kubische Polynome mit 2 oder 4 Stützstellen approximiert werden (**c**) und (**d**). Die Funktionen (**b**), (**c**) und (**d**) wurden nach (13.21), (13.22) und (13.23) berechnet.

angreifenden Kräfte fixiert wird. Mathematisch betrachtet liegen auch hier Polynome dritten Grades vor, die an den Übergangsstellen der Polynomstücke, im Gegensatz zur stetigen Differenzierbarkeit $h(x_0 - \epsilon) = h(x_0 + \epsilon)$ und $h'(x_0 - \epsilon) = h'(x_0 + \epsilon)$ bei der kubischen Interpolation mit Randbedingung, auch die gleiche Krümmung $h''(x_0 - \epsilon) = h''(x_0 + \epsilon)$ aufweisen. Bei natürlichen Splines wird an den Randpunkten die Krümmung zu 0 gesetzt, wodurch die Koeffizienten der Polynome immer eindeutig bestimmt werden können.

Gauß-Interpolation. Erst 1996 wurde von APPLEDORN ein neuer Ansatz zur Generierung von Interpolationsfunktionen veröffentlicht [App96]. Die Idee dabei war, die Selbstreziprozität der Gauß-Funktion bezüglich der Fourier-Transformation (vgl. Kap. 5) und der Differentiation auszunutzen, um sowohl im Orts- als auch im Ortsfrequenzbereich begrenzte Interpolationsfunktionen zu entwickeln, die der idealen si-Funktion stark ähneln. Bezeichnet man die k-te partielle Ableitung der Gauß-Funktion mit:

$$G^k(x,y) = \frac{\partial^k}{\partial x^k} G^0(x,y) \quad \text{mit} \quad G^0(x,y) = \frac{1}{\sqrt{2\pi y}} e^{-x^2/2y}$$

dann folgt für die Gauß-Interpolation der k-ten Ordnung:

$$h_{Gn}^k(x) = \sum_{i=0}^{k} \alpha_i \cdot G^i(x,\beta_i) \tag{13.24}$$

Eine Begrenzung der Interpolationsmaske auf n Stützstellen ist nicht mehr erforderlich, da die Interpolationsfunktion für große x numerisch bereits 0 ist. Die Gewichtsfaktoren α_i und die Varianzen β_i werden aus den folgenden Bedingungen bestimmt. Zum einen soll der Funktionswert der Maske an der Stelle 0 und die Fläche unter der Maske genau 1 sein. Zum anderen sollen bis zur Ordnung k alle geraden Ableitungen der Fourier-Transformierten von h_G an der Stelle $\omega = 0$ den Wert 0 haben. Letztere Bedingung gewährleistet einen maximal flachen Verlauf wie bei der idealen rect-Funktion.

Für $k = 2$ folgt $\alpha_0 = 1$, $\alpha_1 = 0$ und $\alpha_2 = \beta_2$ und somit aus (13.24) für die Interpolationsmaske [App96]:

$$h_{Gn}^2(x) = G^0(x,\beta_0) + \left(1 - \frac{x^2}{\beta_2}\right) G^0(x,\beta_2) \quad \text{mit} \quad \beta_0 = 2\beta_2 = \left(\frac{1}{\sqrt{2\pi}} + \frac{1}{\sqrt{\pi}}\right)^2 \tag{13.25}$$

In Abbildung 13.12 sind die Gauß-Interpolationsmasken für $k = 2$, $k = 6$ und $k = 10$ der idealen si-Funktion gegenübergestellt. Schon für $k = 2$ kann mit $n = 4$ Stützstellen genauer interpoliert werden, als z.B. mit h_{C4} nach (13.23).

Lagrange-Interpolation. Eine weitere Art der Interpolation ist in Kapitel 10 bereits diskutiert worden. Zur diskreten Rückprojektion mußte auch dort bei der Radon-Transformation interpoliert werden. Es wurde gezeigt, daß mit Lagrange-Polynomen die ideale si-Interpolationsfunktion dargestellt werden kann [Row79]:

13. Bildkorrektur und Bildverbesserung

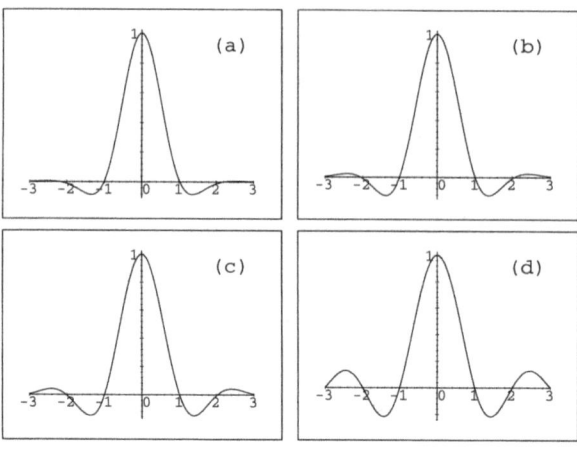

Abb. 13.12. Bei der Gauß-Interpolation werden die Faltungsmasken aus der Gauß-Funktion und deren k-te Ableitungen gebildet. Die Masken $h_G^2(x)$, $h_G^6(x)$ und $h_G^{10}(x)$ sind in den Teilen (**a**), (**b**) und (**c**) der Abbildung dargestellt. Für $k = 4$ und $k = 8$ ist $\alpha_k = 0$. Zur Approximation der idealen si-Funktion (**d**) mit $n = 4$ Stützstellen ist $h_G^2(x)$ ausreichend, bei $n = 6$ sollte $h_G^6(x)$ oder $h_G^{10}(x)$ verwendet werden.

$$\text{si}(x) = \prod_{i=-\infty, i\neq 0}^{\infty} \left(1 - \frac{x}{i}\right) = \prod_{i=1}^{\infty} \left(1 - \frac{x^2}{i^2}\right)$$

Hieraus können die Lagrange-Faltungsmasken h_L sofort abgeleitet werden:

$$h_{Ln}^k(x) = \begin{cases} \prod_{i=1}^{k} \left(1 - \frac{x^2}{i^2}\right) & 0 \leq |x| \leq \frac{n}{2} \\ 0 & \text{sonst} \end{cases} \qquad (13.26)$$

In (13.26) bezeichnet k die Ordnung des Lagrange-Polynoms und n wiederum die Anzahl der Stützstellen. In Abbildung 13.13 sind für $n = 10$ die Lagrange-Masken der Ordnung $k = 5, 10, 500$ der si-Funktion gegenübergestellt. Für $k = 500$ ist im dargestellten Intervall kein Unterschied mehr zur si-Funktion bemerkbar.

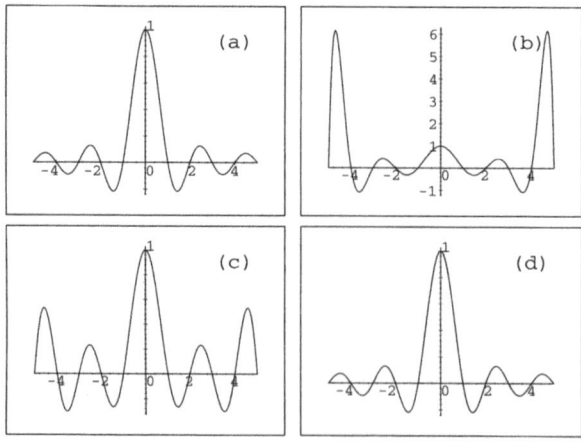

Abb. 13.13. Die ideale Faltungsmaske (**a**) kann durch Lagrange-Polynome angenähert werden. Das Lagrange-Polynom fünfter Ordnung (**b**) hat nur wenig Ähnlichkeit mit (**a**). Bei $k = 10$ entspricht der Verlauf von $h_{L4}^{10}(x)$ im Intervall $|x| \leq 2$ schon in etwa der si-Funktion (**c**). Für $k = 500$ (**d**) ist im betrachteten Intervall kein Unterschied zur si-Funktion (**a**) mehr erkennbar.

13.1 Geometrische Entzerrung

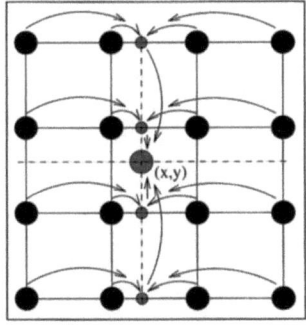

Abb. 13.14. Bei der Interpolation mit 4×4 Stützstellen wird erst viermal in x-Richtung und dann einmal in y-Richtung interpoliert. (Aus [Kas95])

Rechenaufwand. Bei der Interpolation mit 4×4 Nachbarn nach (13.23) wird also zunächst viermal in x-Richtung interpoliert, dann einmal in y-Richtung (Abb. 13.14). Allgemein bedeutet dies bei $n \times n$ Nachbarn $(n+1)$-maliges Interpolieren mit n Stützstellen. Die eindimensionale Interpolation zwischen n Nachbarn reduziert sich auf die Summation nach (13.18) mit n gewichteten Summanden, so daß der Aufwand linear mit der Anzahl der betrachteten Stützstellen n ansteigt. Bei der natürlichen Spline-Interpolation muß für jede eindimensionale Interpolation mit n Stützstellen ein lineares Gleichungssystem vom Rang $m = n - 2$ gelöst werden [Jel87]. Da der numerische Aufwand zum Lösen linearer Gleichungssysteme mit m^3 anwächst[1], benötigt die natürliche Spline-Interpolation mit 8 Stützstellen etwa 30mal soviel Rechenzeit wie die mit 4 Stützstellen, die wiederum doppelt so lange braucht wie die kubische Interpolation zwischen 4 Stützstellen. Der Aufwand der Gauß-Interpolation hängt wesentlich von der Implementierung der Gauß-Funktion ab. Die Lagrange-Interpolation ist aufgrund der benötigten Produktbildungen noch erheblich aufwendiger.

Interpolationsfehler. Zur Veranschaulichung des Interpolationsfehlers wurde die Photographie aus Abbildung 13.7 erst um $30°$ und dann um $-30°$ in x-Richtung geschert. Die bildpunktweise Subtraktion des transformierten Bildes vom Original gibt Aufschluß über die Qualität der Interpolation (Abb. 13.15). Während der Fehler bei linearer Interpolation nach (13.20) am größten ist, bringt die Spline-Interpolation mit 4×4 Nachbarn gegenüber der kubischen Interpolation nach (13.23) trotz des höheren Rechenaufwandes kaum eine Verbesserung. Eine genaue Qualitäts- und Geschwindigkeitsbetrachtung verschiedener Interpolationsverfahren ist in [Dan90] zu finden.

---

[1] Die mindestens benötigte Anzahl an Multiplikationen beträgt bei Anwendung der Cramerschen Regel $(m+1)!$, bei der Lösung durch Gauß-Elimination $1/3 m^3$ und mit dem Strassen-Algorithmus $2,76 m^{2,8}$ [Jel87].

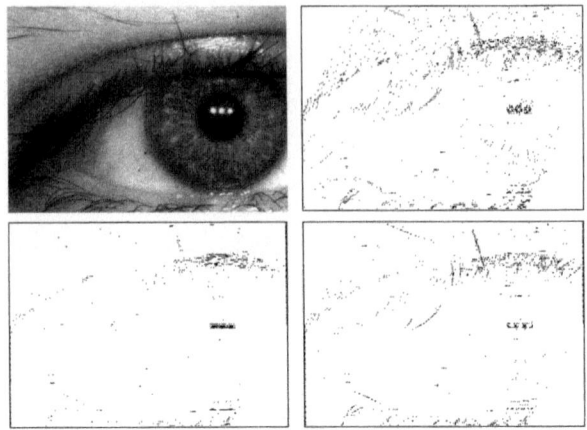

Abb. 13.15. Das Original (*oben links*) wurde zweimal interpoliert und die Differenz zum Ausgangsbild für alle Pixel mit einer Abweichung größer als 5 (von 256) Grauwerte schwarz dargestellt: lineare Interpolation (*oben rechts*), kubische Interpolation (*unten links*) und natürliche Spline-Interpolation (*unten rechts*).

13.2 Bildkorrektur mit dem deterministischen Signalmodell

Neben den geometrischen Verzerrungen können auch Störungen durch die PSF des Aufnahmesystems systematisch korrigiert werden. In Kapitel 5 wurde die Bildaufnahme durch Hintereinanderschaltung einzelner Übertragungssysteme modelliert. Faßt man die Teilsysteme wie in Abbildung 13.16 zusammen, so ergibt sich für die OTF des aufgenommen Bildes:

$$G(k,l) = \bigl(F(k,l) + R_1(k,l)\bigr) \cdot H(k,l) + R_2(k,l) \qquad (13.27)$$

Für ein gegebenes $G(k,l)$ läßt sich das ursprüngliche Signal $F(k,l)$ nur bei Kenntnis der Störsignale $R_1(k,l)$ und $R_2(k,l)$ sowie der Übertragungsfunktion $H(k,l)$ durch die Invertierung von (13.27) zurückgewinnen. In der Praxis können die R_i, trotz der Kenntnis der stochastischen Eigenschaften der Zufallssignale $r_i(m,n)$, nicht analytisch angegeben werden.

Im folgenden wird daher versucht, ein LTI-Filter Q so zu dimensionieren, daß das restaurierte Signal $f_r(m,n) = g(m,n) * q(m,n)$ ein bestimmtes Fehlerkriterium minimiert. Zur weiteren Vereinfachung werden die unabhängigen Rauschprozesse $r_1(m,n)$ und $r_2(m,n)$ durch einen resultierenden Gesamtprozeß $r(m,n)$ modelliert (Abb. 13.17).

Als Fehlerkriterium wird der mittlere quadratische Fehler zwischen der gemessenen Bildfunktion g und der mit h gefilterten restaurierten Funktion

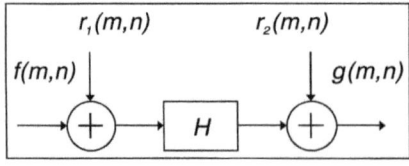

Abb. 13.16. Die gesamte Bildaufnahme kann durch eine Übertragungsfunktion $H(k,l)$ und zwei unabhängige Rauschsignale $r_1(m,n)$ und $r_2(m,n)$ modelliert werden.

13.3 Bildrestauration mit dem stochastischen Modell

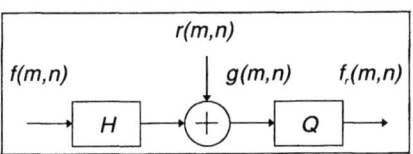

Abb. 13.17. Das Filter Q ist so zu dimensionieren, daß das rekonstruierte Signal f_r möglichst wenig vom ursprünglichen Signal f abweicht. Die zwei unabhängigen Rauschsignale r_1 und r_2 aus Abbildung 13.16 sind in dem resultierenden Rauschprozeß r zusammengefaßt.

f_r gewählt. Dieses Maß für die Qualität der Restauration ist nicht zwingend ideal, jedoch in der Mathematik durchaus üblich [Wah88]:

$$\sum_{m=0}^{M-1}\sum_{n=0}^{N-1}|g(m,n)-f_r(m,n)*h(m,n)|^2 \to 0$$

Mit dem Parsevalschen Theorem [Lue92a, Wah88] (vgl. Kap. 6) folgt:

$$\sum_{k=0}^{K-1}\sum_{l=0}^{L-1}|G(k,l)-F_r(k,l)\,H(k,l)|^2 \to 0$$

Diese Bedingung führt direkt auf:

$$F_r(k,l) = G(k,l)\,H(k,l)^{-1} \quad\Longrightarrow\quad Q_{\text{invers}}(k,l) = \frac{1}{H(k,l)} \qquad (13.28)$$

und mit (13.27) wird (13.28) zu:

$$F_r(k,l) = F(k,l) + R(k,l) \cdot H(k,l)^{-1} \qquad (13.29)$$

Das restaurierte Signal f_r weicht also durch ein additives Zufallssignal vom ursprünglichen Signal f ab. Diese Abweichung ist bei solchen Ortsfrequenzen (k,l) besonders groß, bei denen die mit H gedämpften Signalanteile von F dem Betrage nach kleiner sind als der Betrag des Rauschspektrums R.

Nullstellen der Übertragungsfunktion H werden zu Polen des inversen Filters Q_{invers}. An diesen Polstellen weicht das rekonstruierte Spektrum F_r erheblich von dem ursprünglichen Verlauf F ab. Durch eine Amplitudenbegrenzung des inversen Filters lassen sich die unerwünschten Pole im Spektrum des Restaurationsergebnisses vermeiden.

13.3 Bildrestauration mit dem stochastischen Modell

In Kapitel 6 wurde eine stochastische Bildauffassung vorgestellt. Dabei wurde angenommen, daß einzelne Bilder Realisationen eines Zufallsprozesses sind und daher nur über statistische Angaben beschrieben werden können. Zur Charakterisierung solcher Prozesse diente ihre Autokorrelationsfunktion:

$$\varphi_{ff}(m,n) = \mathrm{E}\Big[f(s,t)\,f(s-m,t-n)\Big] \quad \circ\!\!-\!\!\stackrel{\mathcal{F}}{-}\!\!\bullet \quad \Phi_{ff}(k,l) \qquad (13.30)$$

340   13. Bildkorrektur und Bildverbesserung

als Maß für die statistische Abhängigkeit zwischen benachbarten Bildpunkten. E[·] steht in (13.30) für den statistischen Erwartungswert.

Der Ansatz des *Wiener-Filters* faßt in diesem Sinne das originale Bild f und das überlagerte Rauschsignal r als stochastische Prozesse auf. Ziel der linearen Optimalfilterung ist es, nach Abschätzung von $\varphi_{ff}(m,n)$ und $\varphi_{rr}(m,n)$, die quadratische Abweichung des Originals f vom restaurierten Signal f_r im statistischen Mittel zu minimieren:

$$\mathrm{E}\Big[|f(m,n) - f_r(m,n)|^2\Big] \to 0 \qquad (13.31)$$

f_r ergibt sich dabei wiederum aus der Faltung des verfälschten Bildes g mit der zu bestimmenden PSF $q(m,n)$ des Wiener-Filters $Q(k,l)$. Die Auswertung von (13.31) führt für unkorrelierte Bild- und Störsignale auf [Wah88]:

$$Q_{\text{wiener}}(k,l) = \frac{1}{H(k,l)} \cdot \frac{|H(k,l)|^2\, \Phi_{ff}(k,l)}{|H(k,l)|^2\, \Phi_{ff}(k,l) + \Phi_{rr}(k,l)} \qquad (13.32)$$

Das Wiener-Filter (13.32) entspricht einem einfachen inversen Filter nach (13.28) mit einem nachgeschalteten Filter, das die spektralen Leistungsdichten der Signal- und Störprozesse berücksichtigt. Die Wirkung des Wiener-Filters kann durch die folgende Grenzwertbetrachtung verdeutlicht werden:

- Bei den Ortsfrequenzen, bei denen der Signalanteil den Rauschanteil überwiegt, gilt $|H(k,l)|^2\, \Phi_{ff}(k,l) \gg \Phi_{rr}(k,l)$. Der zweite Term in (13.32) wird dann ungefähr 1 und das Wiener-Filter geht direkt in das einfache inverse Filter nach (13.28) über.
- Dominiert der Rauschanteil, ist $|H(k,l)|^2\, \Phi_{ff}(k,l) \ll \Phi_{rr}(k,l)$. Dann geht $Q_{\text{wiener}}(k,l)$ gegen 0 und das Wiener-Filter sperrt. Das heißt, daß insbesondere für Singularitäten von $H(k,l)^{-1}$ oder bei hohen Ortsfrequenzen das Leistungsdichtespektrum des restaurierten Bildsignals niedrige Werte annimmt.

Voraussetzung für die Anwendung des Wiener-Filters ist jedoch, daß die Autokorrelationsfunktionen bzw. die Leistungsdichtespektren von Stör- und Bildprozeß bekannt sind. Oftmals existieren von diesen Funktionen jedoch nur Messungen oder Schätzungen, was das Ergebnis der Wiener-Filterung stark beeinträchtigen kann.

13.3.1 Beispiel zum Wiener-Filter

In der Zahnheilkunde werden intraorale Röntgenaufnahmen in zunehmendem Maße direkt digital erstellt. Dazu werden von verschiedenen Herstellern Sensoren angeboten, die alle durch das vereinfachte Ersatzschaltbild aus Abbildung 13.16 beschrieben werden können. Bei geringen Röntgendosen überwiegt das elektronische Rauschen r_2 des Detektorelementes mit der Rauschleistung N_d, während bei hohen Dosen das Quantenrauschen der Röntgenquelle r_1 mit

13.3 Bildrestauration mit dem stochastischen Modell

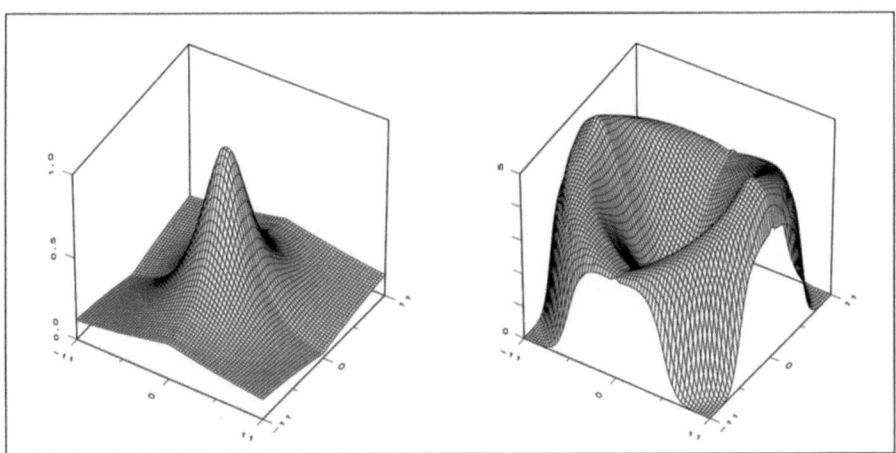

Abb. 13.18. Aus der horizontalen und vertikalen Messung mit einem 30 μm breiten Spalt wurde die MTF des *Sens-A-Ray*-Sensors (Regam Medical Systems, Sundsvall, Schweden) ermittelt (*links*). Die Übertragungsfunktion des zugehörigen Wiener-Optimalfilters für eine mittlere Quantenflußdichte ist rechts dargestellt. (Aus [Leh95b])

der Rauschleistungsdichte N_q dominiert [Wel93, Hil95]. Die Übertragungsfunktion H des Sensors hat i.allg. Tiefpaßcharakteristik (vgl. Kap. 5). Die maximale Ortsauflösung des Sensors ist durch die Größe seiner Detektorzellen begrenzt. Die Zellengröße des hier betrachteten *Sens-A-Ray*-Sensors beträgt $45 \times 45\ \mu m^2$. Die theoretisch maximale Auflösung des Sensors liegt damit bei 11,1 Linienpaaren pro Millimeter.

Die LSF[2] kann durch horizontale und vertikale Spaltmessungen ermittelt werden. Der Spalt muß dabei kleiner als eine einzelne Detektorzelle sein. Damit ist $H(k,l)$ aus (13.32) bekannt. Die Leistungsdichte des Rauschprozesses Φ_{rr} kann durch Leerbelichtungen des Sensors ermittelt werden, die Leistungsdichte des ursprünglichen Signals Φ_{ff} wird als konstant angenommen [Rup91]. Damit kann das Wiener-Filter nach (13.32) berechnet werden (Abb. 13.18).

Mit einer einfachen Faltung im Ortsbereich lassen sich nur Filter mit einer lokal begrenzten PSF realisieren. Solche FIR-Filter[3] haben nach dem Ähnlichkeitstheorem der Fourier-Transformation ein unendlich ausgedehntes Spektrum. Andererseits besitzen IIR-Filter[4] zwar ein begrenztes Spektrum, dafür jedoch eine unbegrenzte PSF. Diese Aussagen gelten für den kontinuierlichen Fall. Man beachte, daß durch die Abtastung im Ortsbereich und im Ortsfrequenzbereich alle diskreten Filter und deren diskrete Spektren periodische Funktionen sind.

---

[2] Line Spread Function
[3] Finite Impulse Response
[4] Infinite Impulse Response

342   13. Bildkorrektur und Bildverbesserung

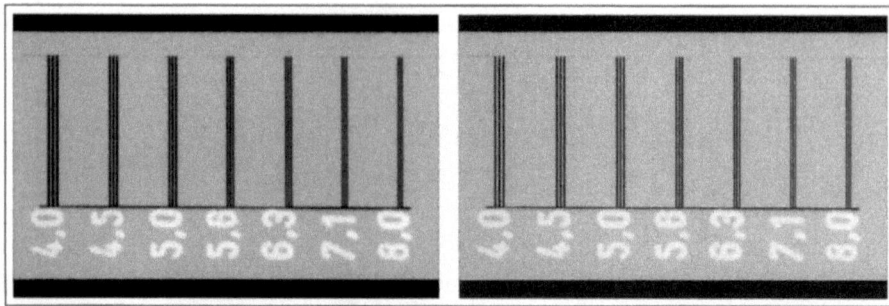

Abb. 13.19. Das Röntgenbild eines Linienrasters (*links*) wurde mit dem sensorspezifischen Wiener-Filter restauriert (*rechts*). Der Kontrast zwischen den Bleilamellen ist in der gefilterten Aufnahme deutlich verbessert. (Die Berechnung erfolgte von BURKHARD PETERS, Lehrstuhl für Meßtechnik, RWTH Aachen.)

Das Wiener-Filter (Abb. 13.18) kann im Ortsbereich als IIR-Filter mit speziellen Masken zur rekursiven Filterung realisiert werden. Die Generierung und schnelle hard- und softwaremäßige Implementierung solcher rekursiven Filter für medizinische Röntgenbilder ist in [Pet93a, Pet93b] beschrieben.

Abbildung 13.19 illustriert das Ergebnis einer sensorspezifischen rekursiven Filterung. Die Wiedergabe des bei der Röntgenaufnahme abgebildeten Bleirasters konnte durch die stochastische Bildrestauration wirkungsvoll verbessert werden. Problematisch bei der Wiener-Filterung bleibt die Tatsache, daß die Rauschleistungsdichte Φ_{rr} von der auf den Sensor treffenden Quantenflußdichte abhängig ist [Rup91, Wel93]. Daher müssen lokal adaptive Filtermasken eingesetzt werden [Pet96]. Das Prinzip lokal adaptiver Verfahren wird in Abschnitt 13.6 noch ausführlich diskutiert.

13.4 Lineare Verfahren zur Bildverbesserung

13.4.1 Kontrastverbesserung

Die Verbesserung des Bildkontrastes ist eine der ersten Fragestellungen, mit denen sich die digitale Bildverarbeitung[5] beschäftigt hat. Dabei ist zu beachten, daß es keine einheitliche Definition des Bildkontrastes gibt, sondern daß die verschiedenen Auffassungen durchaus auch gegenläufig sein können. Alle Definitionen haben jedoch den gemeinsamen Nullpunkt für ein Bild, dessen Pixel alle denselben Grauwert haben. Je mehr sich die einzelnen Pixel von diesem homogenen (kontrastlosen) Bild unterscheiden, desto größer wird der globale Kontrast. Weiterhin soll der Kontrast unabhängig von der Bilddimension, also der Anzahl der Pixel im Bild sein und so normiert werden, daß der maximale Kontrast genau 1 ist.

---

[5] In unserer Terminologie gehört diese Aufgabenstellung in die Bildbearbeitung.

13.4 Lineare Verfahren zur Bildverbesserung

In Kapitel 3 wurde der *lokale* Kontrast als relative Helligkeit des Objektes zum Hintergrund definiert. Diese Definition des Kontrastes haben wir in Kapitel 5 verwendet, um die MTF[6] zu bilden. Die Übertragung dieses Konzeptes auf ein Bild mit M Zeilen und N Spalten führt auf die folgende Definition des *globalen* Bildkontrastes:

$$K_g = \frac{\max\{f(m,n)\} - \min\{f(m,n)\}}{G-1} \qquad (13.33)$$

wie sie z.B. in [Wee96] diskutiert wird. Man sieht sofort, daß (13.33) die oben formulierten Kriterien erfüllt. Die Nachteile dieser Definition sind ebenfalls umgehend ersichtlich, denn der globale Kontrast wird lediglich durch zwei einzelne Pixel des Bildes bestimmt. Eine Kontrastverbesserung nach dieser Definition würde bedeuten, irgendein Pixel im Bild auf den Grauwert $G-1$ zu setzen und irgendein anderes auf den Grauwert 0.

In Kapitel 4 haben wir eine weitere Definition des globalen Kontrastes kennengelernt, nämlich die mittlere quadratische Abweichung (Varianz) der Grauwerte $f(m,n)$ vom mittleren Grauwert $\bar{g}$:

$$K_v = \frac{4}{G^2 \cdot MN} \sum_{m=0}^{M-1} \sum_{n=0}^{N-1} \bigl(f(m,n) - \bar{g}\bigr)^2 \qquad (13.34)$$

Nach dieser Definition hat das Bild eines Schachbrettes den maximalen Kontrast, was auf die Normierung in (13.34) führt. Diese Definition ist in der Literatur am häufigsten anzutreffen, wobei oft auch die Standardabweichung der Grauwerte anstelle deren Varianz verwendet wird:

$$K_s = \sqrt{K_v} = \frac{2}{G}\sqrt{\frac{1}{MN} \sum_{m=0}^{M-1} \sum_{n=0}^{N-1} \bigl(f(m,n) - \bar{g}\bigr)^2} \qquad (13.35)$$

Eine Kontrastverbesserung nach diesen Definitionen würde zunächst denjenigen Schwellwert bestimmen, bei dem genau die Hälfte aller Pixel einen geringeren Grauwert hat und dann eine Binarisierung des Bildes mit dieser Schwelle durchführen. Doch auch dies entspricht nicht unserer Vorstellung eines optimalen Bildkontrastes. Vielmehr sollten doch alle Grauwerte im Bild vorkommen.

Andere Kontrastdefinitionen orientieren sich daher an der Histogrammfunktion $h(g)$, also der Häufigkeitsverteilung der Grauwerte, die in Kapitel 6 wie folgt eingeführt wurde:

$$h(g) = \sum_{m=0}^{M-1} \sum_{n=0}^{N-1} \delta\bigl(f(m,n) - g\bigr) \quad \text{mit} \quad \delta(\xi) = \begin{cases} 1 & \text{für } \xi = 0 \\ 0 & \text{sonst} \end{cases}$$

Als globaler Kontrast wird dann die Varianz oder die Entropie (Informationsgehalt) der Funktion $p(g) = 1/MN \cdot h(g)$ definiert [Sha94, Schal89]. Besitzen

---
[6] Modulation Transfer Function

alle Pixel im Bild den gleichen Grauwert, so geht das Histogramm in eine
δ-Funktion über. Varianz und Entropie der δ-Funktion sind 0 und damit auch
der globale Kontrast. Die Entropie wird maximal, wenn die Grauwerte aller
Pixel gleichverteilt sind, d.h. $p(g) = $ konst. In diesem Fall können keine Vorhersagen über das Eintreten bestimmter Ereignisse gemacht werden, so daß
jedes Ereignis einen maximalen Informationsgehalt hat. Für den Kontrast gilt
somit:

$$K_e = \frac{-1}{\log_2(G)} \sum_{g=0}^{G-1} p(g) \cdot \log_2(p(g)) \qquad (13.36)$$

Solche Kontrastkonzepte werden in der medizinischen Bildverarbeitung auch
zur Bewertung der *Ähnlichkeit* zweier Bilder angewendet, denn der Kontrast
K der Differenz beider Bilder ist ein umgekehrt proportionales Maß für deren
Gleichheit [Leh95a, Leh97b].

Kontrastmanipulationen lassen sich durch Histogrammtransformationen
T einfach realisieren und durch Look-Up-Tabellen effizient implementieren.
In Kapitel 7 haben wir bereits einfache Histogrammtransformationen wie die
Spreizung $T_{\text{stretch}}(g)$ und die Äqualisation $T_{\text{equal}}(g)$ kennengelernt. Man kann
leicht beweisen, daß die Kontraste K_g, K_v und K_s durch diese Transformationen verbessert werden [Hab87]. Man beachte jedoch, das der Kontrast K_e
durch solche Punktoperationen prinzipiell nicht verbessert werden kann. K_e
wird sogar geringer, wenn bei der Histogrammäqualisation zunächst unterschiedliche Grauwerte auf denselben Wert abgebildet werden.

Abbildung 13.20 stellt das Ergebnis einer Kontrastverbesserung durch
Grauwertspreizung und durch Histogrammäqualisation dar. Die Röntgenaufnahme wurde mit zu geringer Dosis aufgenommen und müßte in der klinischen
Routine trotz der erneuten Strahlenexposition des Patienten ein zweites Mal
aufgenommen werden. Durch eine Kontrastverbesserung können die zur Befundung wichtigen Knochenstrukturen jedoch ebenfalls sichtbar gemacht werden. Hier kommt die Bild(nach)bearbeitung dem Patienten also direkt zugute.

13.4.2 Kontrastangleich zwischen zwei Bildern

In der Medizin können zwei Aufnahmen derselben Region desselben Patienten, die zu unterschiedlichen Zeitpunkten aufgenommen wurden, oft nur nach
einem Kontrastangleich sicher miteinander verglichen und befundet werden
(Abb. 13.21). In diesem Fall kann man also voraussetzen, daß beide Bilder, abgesehen von kleinen lokalen Änderungen, die es ja zu detektieren gilt,
denselben Bildinhalt haben. Bei gleichem Kontrast müssen dann auch die
Histogramme beider Bilder identisch sein. Ein Kontrastangleich kann also
dadurch erreicht werden, daß man mit einer geeigneten Histogrammtransformation $g^\star = T(g)$ das Histogramm des zweiten Bildes $p(g)$ so modifiziert,
daß es dem des ersten Bildes $p_t(g^\star)$ entspricht.

13.4 Lineare Verfahren zur Bildverbesserung

Hierzu können wir das Konzept der allgemeinen Histogrammtransformation einsetzen, das in Kapitel 7 zunächst im Kontinuierlichen eingeführt wurde. Für die kontinuierlichen Verteilungsfunktionen vor und nach der Transformation P und P_t muß demnach gelten:

$$P_t(g^\star) = P(g) \quad \Longleftrightarrow \quad \int_{g^\star_{\min}}^{g^\star} p_t(\gamma)\,d\gamma = \int_{g_{\min}}^{g} p(\gamma)\,d\gamma$$

Bei der Histogrammäqualisation wurde $p_t(g^\star) = $ konst. gewählt. Beim Histogrammangleich geben wir nun als Zielfunktion des Histogrammes des zu transformierenden Bildes $p_t(g^\star)$ die empirische Grauwertverteilungsdichte h der Referenzaufnahme vor. Eine direkte Übertragung der Gleichung ins Diskrete ist jedoch nicht möglich, denn durch die feste Stufung der empirischen Histogramme $h(g)$ und $h_t(g)$ ist eine Gleichheit für alle Grauwerte g nicht

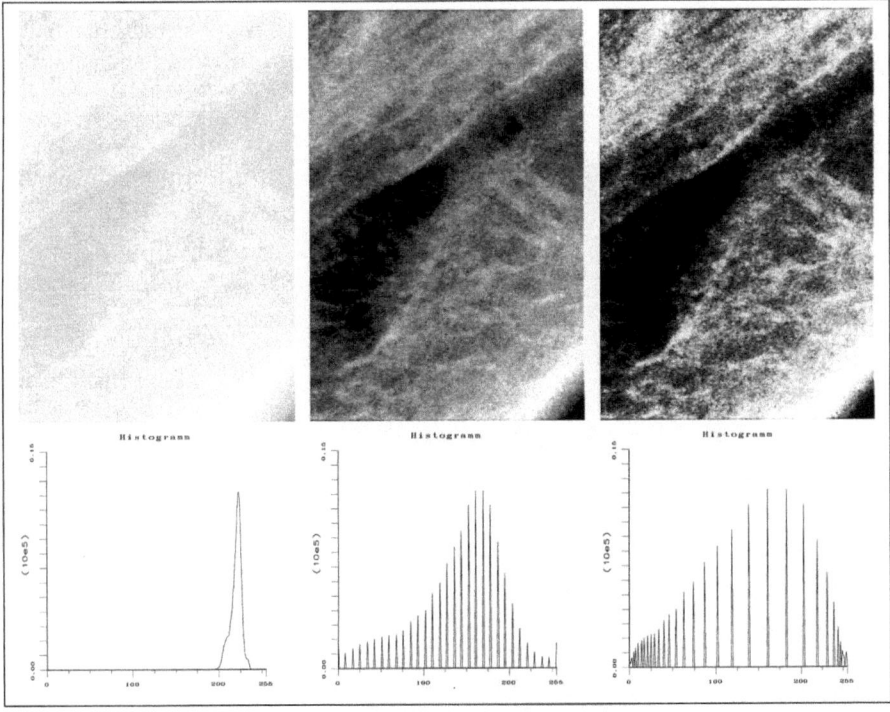

Abb. 13.20. Das Originalbild (*links*) zeigt einen Ausschnitt einer Radiographie eines Unterkieferknochens mit dem zugehörigen Histogramm $h(g)$. Aufgrund der geringen Strahlendosis wurde bei der Belichtung nur ein kleiner Teil der verfügbaren Grauwerte ausgenutzt. Der Kontrast nach der Transformation $T_{\text{stretch}}(g)$ ist deutlich verbessert (*Mitte*). Die spongiöse Knochenstruktur kann aber selbst nach einer Histogrammäqualisation $T_{\text{equal}}(g)$ nicht in allen Bildbereichen erkannt werden (*rechts*).

zu erreichen. Zum Histogrammangleich zweier Bilder muß daher die folgende Ungleichung gelten:

$$\sum_{\xi=g_{\min}}^{g-1} h(\xi) \leq \sum_{\xi^\star=g^\star_{\min}}^{g^\star} h_t(\xi^\star) \leq \sum_{\xi=g_{\min}}^{g} h(\xi) \quad \text{mit} \quad \sum_{g=0}^{G-1} h(g) = 1 \quad (13.37)$$

Beim Angleich ist darauf zu achten, daß das Histogramm des Bildes mit dem größeren globalen Kontrast K_e nach (13.36) als Referenz h_t gewählt wird.

13.4.3 Rauschunterdrückung

In Kapitel 6 wurde gezeigt, daß bei ergodischen Prozessen das Rauschen nicht nur durch die Betrachtung eines Pixels in vielen verschiedenen Bildern, sondern auch als Eigenschaft einer (lokal begrenzten) Nachbarschaft beschrieben werden kann. Andererseits haben wir in Kapitel 7 neben den Punktoperationen die diskrete Faltung als leistungsstarkes Hilfsmittel zur lokalen Bildmodifikation kennengelernt. Wir werden daher im folgenden versuchen, die Koeffizienten einer lokalen Faltungsmaske zur Rauschunterdrückung systematisch zu ermitteln.

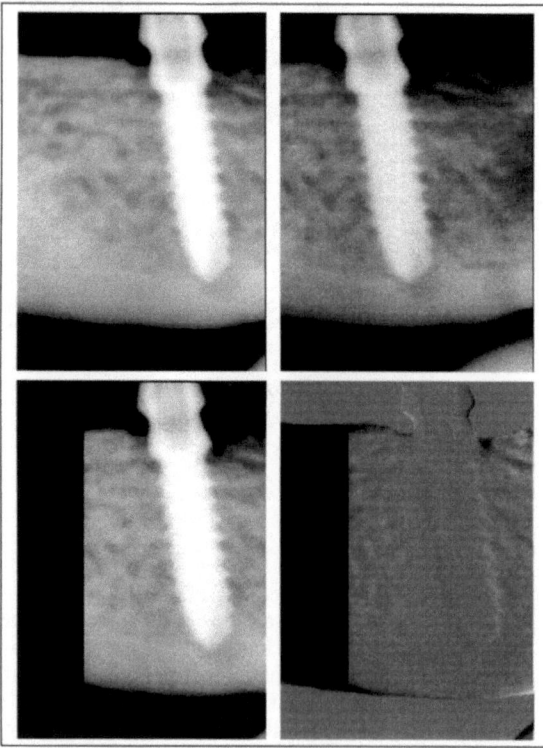

Abb. 13.21. In der gut belichteten Röntgenaufnahme (*oben links*) ist der peri-implantäre Knochen gut dargestellt. Die Folgeaufnahme nach drei Monaten ist stärker belichtet und verrauscht (*oben rechts*). Erst nach der Ausrichtung und dem Histogrammangleich ist der Knochendefekt rechts neben dem Implantat erkennbar (*unten links*), der sich im Differenzbild (*unten rechts*) besonders gut darstellt. (Aus [Leh95b])

13.4 Lineare Verfahren zur Bildverbesserung

Hierzu greifen wir auf die in Kapitel 8 ausführlich diskutierte Fourier-Transformation zurück. Eine Faltung im Ortsbereich entspricht einer Multiplikation im Ortsfrequenzbereich. Im Ortsfrequenzbereich ist das Rauschen vornehmlich bei hohen Frequenzen dominant. Zur Rauschunterdrückung im Ortsbereich ist also eine möglichst einfache Maske h_{tp} gesucht, deren Spektrum im Ortsfrequenzbereich räumlich begrenzt sein muß, um alle Frequenzen oberhalb einer Grenzfrequenz f_g wirkungsvoll zu unterdrücken. Andererseits muß die Maske h_{tp} auch im Ortsbereich begrenzt sein, um als Template realisiert werden zu können.

Die Gauß-Funktion ist selbstreziprok bezüglich der Fourier-Transformation [Lue92a] und damit sowohl im Ortsbereich als auch im Ortsfrequenzbereich – zumindest auf einem diskreten Wertebereich – lokal begrenzt. Im Diskreten kann die Gauß-Verteilung durch die Binomialverteilung approximiert werden, so daß Binomialfilter zur Rauschunterdrückung im Ortsbereich besonders geeignet sind (Abb. 13.22). Für die $(2\ell+1) \times (2\ell+1)$ Koeffizienten quadratischer Filtermasken der Ordnung ℓ gilt [Jae91]:

$$h_{\text{tp}}^{\ell}(m,n) = \frac{1}{2^{2\ell}} \frac{(2\ell)!}{(\ell-m)! \cdot (\ell+m)!} \cdot \frac{1}{2^{2\ell}} \frac{(2\ell)!}{(\ell-n)! \cdot (\ell+n)!} \quad \text{mit} \quad |m|, |n| \leq \ell$$
(13.38)

Ein weiterer Vorteil der Binomialfilter ist ihre Separierbarkeit: $h_{\text{tp}}^{\ell}(m,n) = h_{\text{tp}}^{\ell}(m) \cdot h_{\text{tp}}^{\ell}(n)$, die eine schnelle Implementierung dieser Filter im Ortsbereich ermöglicht. Die Binomialtiefpaßfilterung mit einer separierten Maske der Ordnung $\ell = 10$ ist in Abbildung 13.23 dargestellt.

13.4.4 Bildverschärfung

Experimente haben gezeigt, daß ein Bild mit hervorgehobenen Kanten vom Betrachter subjektiv als besser bewertet wird als die exakte Reproduktion des Originals. Dieser Effekt ist seit langem bekannt und wird in der Photographie als Unsharp-Masking bezeichnet. Bei dieser Technik wird das Positiv einer unscharfen Belichtung auf dem ursprünglichen Negativ ausgerichtet und erneut belichtet.

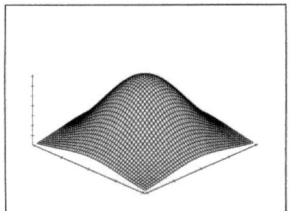
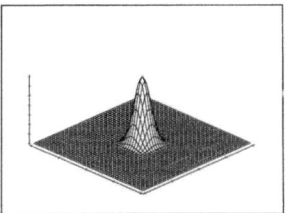
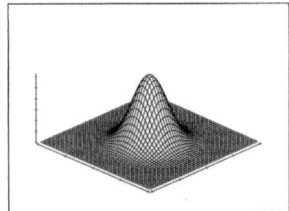

Abb. 13.22. Die Binomialmaske $\ell = 2$. Ordnung ist auf einem (5×5)-Raster (*links*) und auf einem (21×21)-Raster (*Mitte*) einer Binomialmaske zehnter Ordnung (*rechts*) gegenübergestellt. Bei niedrigen Ordnungen ist der Übergang in den Randbereichen noch sehr sprunghaft.

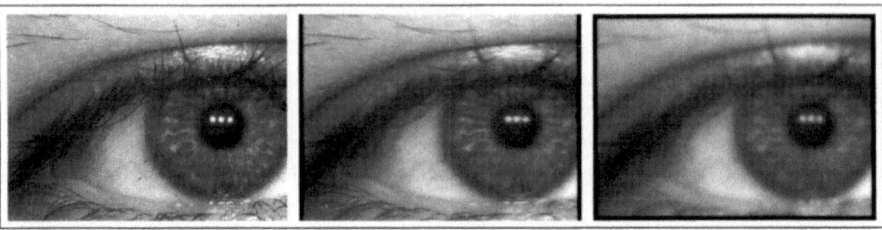

Abb. 13.23. Die Photographie aus Abbildung 13.7 (*links*) wurde mit einem separierten Binomialglättungsfilter zuerst in horizontaler (*Mitte*) und dann in vertikaler Richtung (*rechts*) gefiltert. Horizontale Strukturen, wie im Bereich der Augenbrauen, bleiben im Zwischenbild (*Mitte*) unverändert scharf erhalten.

Die Übertragung dieses Prinzips in die digitale Bildverarbeitung führt zu einer hochpaßähnlichen Operation:

$$g(m,n) = h_{\text{um}}^{\ell}(m,n) * f(m,n) = \frac{c}{2c-1} f(m,n) - \frac{(1-c)}{2c-1} f^{\ell}(m,n) \qquad c \in \mathbb{R} \tag{13.39}$$

wobei $f^{\ell} = h_{\text{tp}}^{\ell} * f$ eine (binomial-)tiefpaßgefilterte (unscharfe) Version des Originals f ist. Der Index ℓ bezeichnet wie in (13.38) die Ordnung des Tiefpasses. Die Gewichtungskonstante c bestimmt das Verhältnis zwischen Normalauflösung und geringerer Auflösung und liegt in der Praxis zwischen 0,6 und 0,8 [Pra78].

Der Effekt der Kantenhervorhebung mittels Unsharp-Masking ist in Abbildung 13.24 schematisch dargestellt. Durch das Unsharp-Masking ist ein *Undershoot* und ein *Overshoot* zu erkennen. Daraus ergibt sich eine Verlängerung der Kantensteigung. Subjektiv wird somit die Schärfe des Originalbildes für den Betrachter erhöht. Der Schärfeeffekt nimmt bei einer Vergrößerung von ℓ und einer Verkleinerung von c zu.

Für $\ell = 1$ und $c = 0{,}75$ berechnet sich der Faltungskern h_{um}^{ℓ} aus (13.39) und (13.38) zu:

$$h_{\text{um}}^1 = \frac{3}{2} \cdot \begin{bmatrix} 0 & 0 & 0 \\ 0 & 1 & 0 \\ 0 & 0 & 0 \end{bmatrix} - \frac{1}{2} \cdot \frac{1}{16} \begin{bmatrix} 1 & 2 & 1 \\ 2 & 4 & 2 \\ 1 & 2 & 1 \end{bmatrix} = \frac{1}{32} \begin{bmatrix} -1 & -2 & -1 \\ -2 & 44 & -2 \\ -1 & -2 & -1 \end{bmatrix} \tag{13.40}$$

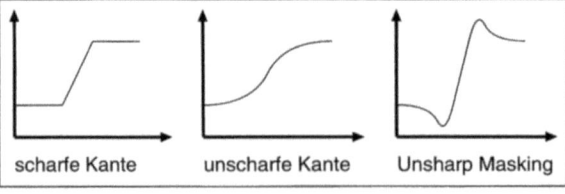

Abb. 13.24. Beim Unsharp-Masking wird von der eindimensionale Kante (*links*) eine geglättete Version (*Mitte*) gewichtet subtrahiert (*rechts*). (Nach [Pra78])

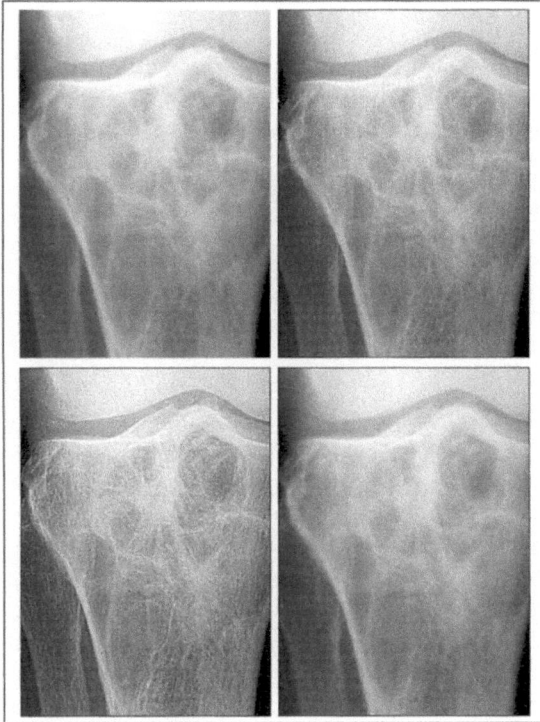

Abb. 13.25. Die Röntgenaufnahme eines Kniegelenkes (*oben links*) wurde mit den drei Masken aus (13.41) gefiltert. In diesem Beispiel wird die tumoröse Struktur durch Faltung mit h_2 am meisten verstärkt (*unten links*).

Damit der Grundgrauwert (Gleichanteil, engl. bias) des Bildes nicht verändert wird, muß die Summe über alle Maskenkoeffizienten 1 ergeben. Dadurch enthält der Faltungskern in (13.40) gebrochene Zahlen, was zu einer komplizierten Berechnung führt. In [Pra78] werden alternativ die folgenden ganzzahligen Templates angegeben:

$$h_1 = \begin{bmatrix} 0 & -1 & 0 \\ -1 & 5 & -1 \\ 0 & -1 & 0 \end{bmatrix} \quad h_2 = \begin{bmatrix} -1 & -1 & -1 \\ -1 & 9 & -1 \\ -1 & -1 & -1 \end{bmatrix} \quad h_3 = \begin{bmatrix} 1 & -2 & 1 \\ -2 & 5 & -2 \\ 1 & -2 & 1 \end{bmatrix}$$
(13.41)

Abbildung 13.25 veranschaulicht den verschärfenden Effekt dieser Filter anhand der Röntgenaufnahme eines Kniegelenkes. Die tumoröse Struktur wird durch die Maske h_2 am deutlichsten hervorgehoben. Je nach Bildinhalt kann bei der Befundung die Filterung mit h_2 auch als störend empfunden werden.

13.5 Nichtlineare Verfahren zur Bildverbesserung

Lokale Bildfehler entstehen im Ortsbereich durch Kratzer auf der Optik oder Pixelfehler des CCD-Elementes und im Frequenzbereich beim Auslesen des

13. Bildkorrektur und Bildverbesserung

Tabelle 13.1. Die Tabelle faßt die Begriffsdefinitionen zur analytischen Betrachtung von Medianfiltern zusammen. (Nach [Jae91])

Konstante Nachbarschaft	Bereich mit $N+1$ gleichen Grauwerten
Kante	Monoton fallender oder steigender Bereich zwischen konstanten Nachbarschaften
Impuls	Bereich von höchstens N Pixeln, der an beiden Seiten von einer konstanten Nachbarschaft begrenzt wird
Fixpunkt	Bereich von Pixeln, deren Grauwert sich unter der Medianoperation nicht verändert

Sensors (vgl. Kap. 5). Hierbei wird die tatsächliche Bildinformation irreversibel verdeckt. Zur Verbesserung von Bildern mit solchen Fehlern sind lineare Glättungsoperatoren wie z.b. die Binomialtiefpaßfilter aus Abschnitt 13.4.3 weniger geeignet, da sie die punktuellen Störungen, wenn auch in abgeschwächter Form, auf einen ausgedehnteren Ortsbereich verteilen.

Wie bei der Signalrekonstruktion können auch hier mit stochastischen Ansätzen bessere Ergebnisse erzielt werden. Bei den Rangordnungsfiltern werden benachbarte Bildpunkte nicht mehr durch eine gewichtete Summe miteinander verknüpft, sondern durch ihre statistischen Eigenschaften beschrieben. Bei der Medianfilterung (vgl. Kap. 7) wird dem Ergebnispixel der Grauwert zugeordnet, der nach dem Sortieren aller Grauwerte der Pixel des Originalbildes unter der Maske, in der mittleren Position der Zahlenreihe steht (Median).

Für die analytische Betrachtung eines eindimensionalen $(2N+1)$-Medianfilters führen wir die Begriffe *konstante Nachbarschaft*, *Kante*, *Impuls* und *Fixpunkt* ein (Tab. 13.1). Für ein Medianfilter sind dann konstante Nachbarschaften und Kanten Fixpunkte, während Impulse durch die Medianfilterung eliminiert werden. Abbildung 13.26 zeigt geeignete Medianmasken zur „Korrektur" von Pixel-, Zeilen- und Spaltenfehlern eines CCD-Elementes. Die Anwendung nichtlinearer Filter ist in Abbildung 13.27 dargestellt. Da dort die lokalen Bildstörungen eine maximale Größe von $N \times N$ mit $N = 3$ haben, werden sie von einem (7×7)-Medianfilter als Impulse vollständig beseitigt.

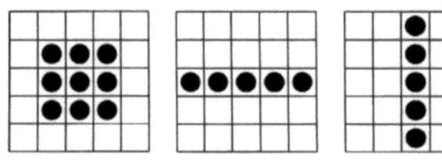

Abb. 13.26. Die Abbildung zeigt geeignete Medianfiltermasken zur „Korrektur" von Pixelfehlern mit $N = 1$ (*links*), Spaltenfehlern mit $N = 2$ (*Mitte*) und Zeilenfehlern mit $N = 2$ (*rechts*) eines CCD-Sensors.

13.6 Adaptive Bildverbesserung

Auch die nichtlinearen Verfahren zur Bildverbesserung können den prinzipiellen Dualismus zwischen Rauschreduktion und Bildverschärfung nicht umgehen. Alle Verfahren zur Rauschunterdrückung, die wir bisher kennengelernt haben, machen das Bild gleichzeitig auch unschärfer. Andererseits ist eine Kontrast- oder Kantenverstärkung bislang immer mit einer Verstärkung des Rauschens verbunden gewesen.

Durch ein (lokal) adaptives Konzept können diese Nachteile vermieden werden. Dabei können nicht nur die eindimensionalen Histogrammtransformationen oder die zweidimensionalen Faltungen zur Bildverbesserung adaptiv durchgeführt werden, in Abschnitt 13.3 wurde auch auf ein adaptives Wiener-Filter zur Bildrestauration hingewiesen. Die Entwicklung adaptiver Verfahren zur automatischen Bildkorrektur und Bildverbesserung ist gerade in der Medizin immer noch Thema der aktuellen Forschung [Abe92, Pet96].

Bei adaptiven Punktoperatoren wird i.d.R. eine Maske mit fester Form und Größe wie bei der Faltung pixelweise über das Bild geschoben. Für den durch dieses Fenster sichtbaren Bildausschnitt wird die Kennlinie $T_{m,n}$ der Histogrammtransformation (vgl. Kap. 7) berechnet, aber nur dem Zentrum-

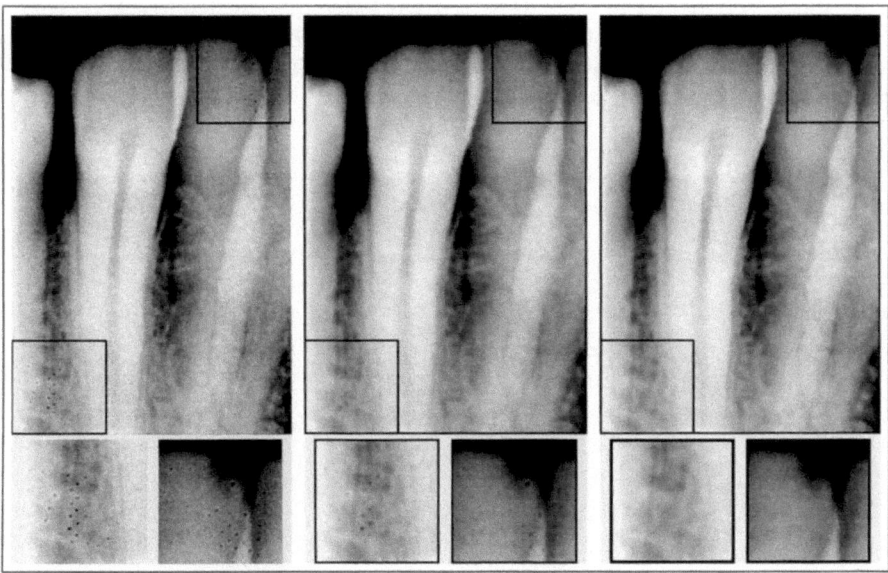

Abb. 13.27. Der *Sens-A-Ray*-Sensor weist Lufteinschlüsse zwischen der Szintillatorfolie und der Halbleiteroberfläche auf (*links*). Die markierten Bildausschnitte sind unten vergrößert dargestellt. Während die Binomialtiefpaßfilterung zweiter Ordnung (vgl. Abschn. 13.4.3) die lokalen Störungen lediglich verschmiert (*Mitte*), können die Störungen mit einer (7×7)-Medianmaske vollständig beseitigt werden (*rechts*).

352   13. Bildkorrektur und Bildverbesserung

spixel des Fensters wird der neue Grauwert $g^* = T_{m,n}(g)$ zugeordnet. Dann wird der Vorgang für die nächste Fensterposition wiederholt.

Abbildung 13.28 zeigt das Beispiel einer lokalen Histogrammäqualisation. Als Maske diente ein Quadrat der Kantenlänge 25×25. Durch die adaptive Technik kann in der Röntgenaufnahme des Kieferknochens die Spongiosa unabhängig von der jeweiligen Dicke des Knochens im ganzen Bild gleichmäßig dargestellt werden. Zu beachten ist, daß wie bei der Faltung auch hier eine Randproblematik auftritt, der mit den in Kapitel 7 diskutierten Konzepten begegnet werden muß. In Abbildung 13.28 wurde der Rand mit Nullen aufgefüllt (engl. zero padding).

Auch die lokale Faltung kann adaptiv durchgeführt werden. Dabei wird für jede Pixelposition entweder die Form oder es werden die Elemente der Faltungsmaske modifiziert. Wir wollen dieses Konzept an einem einfachen Algorithmus veranschaulichen, der bei Erhaltung scharfer Kanten das Rauschen in homogenen Bildbereichen wirkungsvoll unterdrückt. Der Algorithmus wurde 1976 erstmals zur digitalen Bearbeitung von Angiographien vorgeschlagen und 1979 von NAGAO und MATSUYAMA weiter verbessert [Wan83].

Abbildung 13.29 zeigt drei Schablonen innerhalb einer (5×5)-Nachbarschaft. Durch Rotation um $90°$ können damit insgesamt 9 verschiedene Regionen generiert werden. Das Fenster wird nun wie gewohnt pixelweise über das Bild geschoben. Für jede Position wird der globale Kontrast K_v nach (13.34) aller 9 Regionen im Bild bestimmt. Das Zentrumspixel im Zielbild erhält dann den mittleren Grauwert derjenigen Region, die den geringsten Kontrast hat, also am homogensten ist.

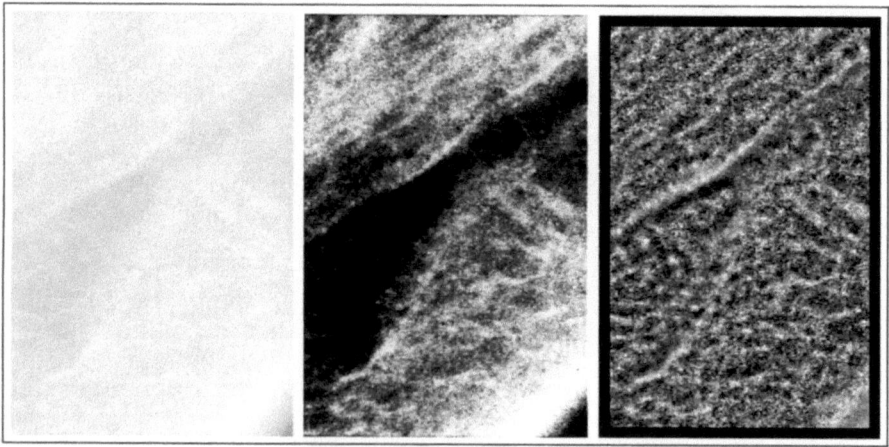

Abb. 13.28. Das Histogramm des schwach belichteten Röntgenbildes aus Abbildung 13.20 (*links*) wurde global äqualisiert (*Mitte*). Wird die Äqualisation nur in einem (25×25)-Fenster berechnet, läßt sich die spongiöse Struktur im ganzen Bild darstellen (*rechts*).

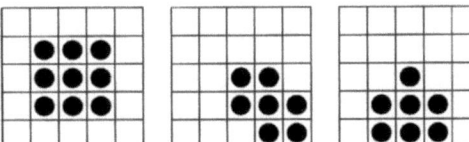

Abb. 13.29. Durch Rotation der Masken (*Mitte* und *rechts*) ergeben sich insgesamt 9 Regionen für die adaptive Rauschfilterung.

Dieser Algorithmus kann iterativ so lange durchgeführt werden, bis sich keine Änderungen im Bild mehr ergeben oder eine vorgegebene maximale Anzahl von Iterationen erreicht wurde, denn eine generelle Konvergenz des Verfahrens kann nicht bewiesen werden. Abbildung 13.30 zeigt die Rauschfilterung durch das Verfahren bei gleichzeitiger Kantenverstärkung anhand einer dentalen Röntgenaufnahme. Nach Konvergenz der Iteration sind die kleinen Grundregionen der Filtermaske im Bild sichtbar.

Anstatt des globalen Kontrastes können natürlich auch andere Homogenitätsmaße in diesem Algorithmus verwendet werden. Ebenso könnte auch der Median anstelle des arithmetischen Mittelwertes im Zielbild eingesetzt werden. Man erkennt sehr schnell, daß viele plausibel erscheinende Modifikationen des Verfahrens von NAGAO und MATSUYAMA denkbar sind. Im Gegensatz zu den Hoch- und Tiefpaßfiltern, bei denen die Matrixelemente auf direktem Wege bestimmt werden konnten, besteht bei diesem Algorithmus also keine Möglichkeit, die optimale Konstellation a-priori zu ermitteln. Diese hängt vom Bildmaterial und der Fragestellung ab und kann letztlich nur experimentell bestimmt werden.

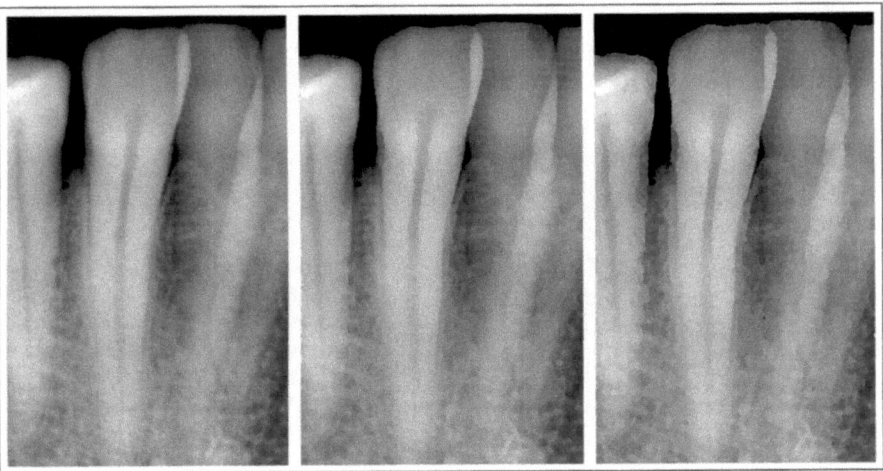

Abb. 13.30. Die dentale Röntgenaufnahme (*links*) wurde mit dem Verfahren nach NAGAO und MATSUYAMA gefiltert. Das Ergebnis der ersten Iteration (*Mitte*) zeigt schon deutliche Veränderungen. Nach 48 Schritten konvergierte bei diesem Bild der Iterationsprozeß (*rechts*).

13.7 Bildverbesserung durch Farbe

Die Farbe hat in der medizinischen Diagnostik schon immer eine wesentliche Rolle gespielt und sogar zur Entwicklung eigener Farbsysteme geführt. Abbildung 13.31 zeigt den Farbkreis von ROBERT FLUDD aus dem 17. Jahrhundert, der vermutlich das älteste gedruckte Farbsystem ist. Der Kreis operiert mit fünf Farben und wurde in der medizinischen Diagnostik, z.B. bei Harnuntersuchungen eingesetzt [Sil94].

In Kapitel 3 haben wir die verschiedenen Wahrnehmungsmechanismen des menschlichen Auges kennengelernt. Das Auge reagiert mit den *Stäbchen* der Retina auf farblose Helligkeiten (Grauwerte) und mit den *Zapfen* auf Farbe, wobei einer fast unbegrenzten Farbauflösung nur ca. 50 gleichzeitig unterscheidbare Grauwerte gegenüberstehen [Rea90]. Das gesamte Grauwertespektrum ist nur durch die *Adaption* zugänglich (vgl. Kap. 3).

Neben diesen physiologischen Seheigenschaften können durch Farbbilder auch farbpsychologische Effekte ausgenutzt werden. Durch gezielte Einfärbung bestimmter Bildobjekte kann die Aufmerksamkeit des Betrachters auf diese Bildbereiche gelenkt werden. Dies macht man sich z.B. bei der Darstellung von Farb-Doppler-Ultraschallbildern zunutze (vgl. Kap. 2). Der Einsatz von Blauschattierungen im Bildhintergrund suggeriert dem Betrachter eine räumliche Bildtiefe.

Es liegt daher nahe, Farbe als Mittel zur Bildverbesserung gezielt einzusetzen. Wird ein bereits farbig vorliegendes Bild durch andere Farbzuordnungen verändert, so spricht man von einer Falschfarbendarstellung (engl. false color), wird hingegen ein Grauwertbild in Farbe dargestellt, so spricht man von Pseudofarben und Pseudokolorierung (engl. pseudo color).

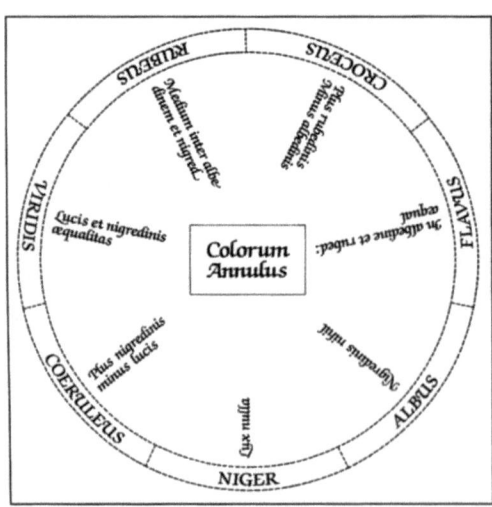

Abb. 13.31. In der *Medicina Catholica*, in den Jahren 1629 bis 1631 von ROBERT FLUDD geschrieben, wurde dieses Farbsystem gedruckt. Es basiert auf den Grundfarben Blau, Grün, Rot sowie zwei Arten von Gelb und gibt deren Stellung bezüglich Schwarz und Weiß an. Es wurde in der medizinischen Diagnostik z.B. zur Harnuntersuchung verwendet. (Aus [Sil94])

13.7.1 Falschfarbendarstellung

In der Bildverarbeitung werden Falschfarben meist zur Darstellung des Bildmaterials auf Monitoren eingesetzt. Das dabei benutzte RGB-Farbmodell definiert Farbe durch Addition der Grundfarben Rot, Grün und Blau, die die Kanten des RGB-Farbraumes aufspannen (vgl. Kap. 3). Jedem Pixel (m,n) im Bild wird also ein Vektor zugewiesen:

$$\mathbf{f} : \underline{M} \times \underline{N} \longrightarrow \underline{R} \times \underline{G} \times \underline{B}$$

der aus den Komponenten $r \in \underline{R} = \{0,\ldots,R-1\}$, $g \in \underline{G} = \{0,\ldots,G-1\}$ und $b \in \underline{B} = \{0,\ldots,B-1\}$ besteht. Dabei muß der Farbraum nicht zwangsläufig symmetrisch sein (vgl. Kap. 3). Der hier betrachtete RGB-Raum ist jedoch würfelförmig, so daß $R = G = B \equiv G$ gilt (Abb. 13.32).

Die Farbzuordnung (engl. mapping) der Bildschirmfarben $r^\star$, $g^\star$ und $b^\star$ kann bei einer linearen Falschfarbendarstellung als Matrix geschrieben werden. So gilt beispielsweise für die einfache Vertauschung der Farbkanäle:

$$\begin{pmatrix} r^\star \\ g^\star \\ b^\star \end{pmatrix} = \begin{pmatrix} 0 & 1 & 0 \\ 0 & 0 & 1 \\ 1 & 0 & 0 \end{pmatrix} \begin{pmatrix} r \\ g \\ b \end{pmatrix} \quad \text{mit} \quad r, r^\star, g, g^\star, b, b^\star \in \{0 \cdots G-1\}$$

Solche einfachen Falschfarbendarstellungen medizinischer Bilder können die Diagnostik in manchen Fällen durchaus verbessern. Zur Kontrastverstärkung endoskopischer Videobilder des mittleren Kehlkopfes wurde z.B. die kanalweise Invertierung der Farben vorgeschlagen [Moe95]:

$$\begin{pmatrix} r^\star \\ g^\star \\ b^\star \end{pmatrix} = \begin{pmatrix} -1 & 0 & 0 \\ 0 & -1 & 0 \\ 0 & 0 & -1 \end{pmatrix} \begin{pmatrix} r \\ g \\ b \end{pmatrix} + \begin{pmatrix} G-1 \\ G-1 \\ G-1 \end{pmatrix} \quad (13.42)$$

Durch solche Transformationen wird ausgenutzt, daß gleiche geometrische Abstände, je nach Lage im RGB-Raum, physiologisch als unterschiedliche Farbdistanzen empfunden werden. Das Farbhistogramm der Videobilder des Larynx bildet einen starken Cluster im Rotbereich des RGB-Raumes, der physiologisch nur schlecht aufgelöst ist. Mit (13.42) wird dieser Bereich auf Cyan abgebildet. In diesem Teilbereich des RGB-Raumes werden physiologisch größere Farbdistanzen empfunden.

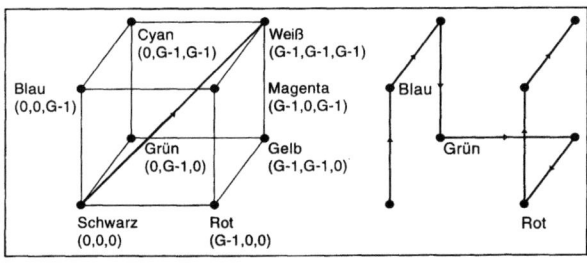

Abb. 13.32. Eine einfache Pseudofarbdarstellung kann im RGB-Raum durch die Substitution des direkten Weges von Schwarz nach Weiß (*links*) mit einem Weg über die Würfelkanten, z.B. über Blau, Mangenta, ... Grün und Cyan erfolgen (*rechts*).

13.7.2 Pseudokolorierung

Für Grauwertbilder $f : \underline{M} \times \underline{N} \longrightarrow \underline{G}$ mit den Grauwerten $g \in \underline{G} = \{0 \cdots G-1\}$ gilt im RGB-Modell die Nebenbedingung:

$$r^\star = g^\star = b^\star \equiv g \qquad (13.43)$$

Ist $G = 2^8 = 256$ können gleichzeitig zwar 16 776 960 verschiedene Farben, aber nur 256 verschiedene Graustufen dargestellt werden. Die Präsentation von hochauflösend digitalisierten Röntgenbildern oder CTs mit z.B. $2^{12} = 4096$ Grauwerten, sowie die Darstellung der quasi kontinuierlich gezählten Ereignisse in der Nuklearmedizin, ist also immer mit einem starken Informationsverlust verbunden.

Durch das Fallenlassen der Nebenbedingung (13.43) bei der Pseudokolorierung stehen mehr (Pseudo-)Grauwerte zur Verfügung. In Abbildung 13.32 ist eine Möglichkeit der Farbzuordnung bei der Pseudokolorierung dargestellt. Dabei werden die G möglichen Grauwerte auf $7 \cdot G$ Farbwerte abgebildet und alle Farben der Regenbogenskala von Blau über Magenta, Rot, Gelb, Grün und Cyan bis hin zum Weiß entlang der Kanten des RGB-Würfels durchlaufen. Nachteil dieser einfachsten Möglichkeit der Pseudokolorierung ist, daß die empfundene Helligkeit der Farben entlang der RGB-Würfelkanten ständig schwankt.

Pseudokolorierung mit konstanter Helligkeit. Für die Darstellung von Infrarotbildern einer Wärmekamera wurde unter Berücksichtigung physiologischer Wahrnehmungsaspekte eine ebenfalls stückweise lineare Transformationskurve entwickelt, die die Regenbogenfarben mit konstanter Intensität durchläuft [Cla89]. Die aus 12 Teilstücken zusammengesetzte Transformationskurve kann durch ihre Knickpunkte beschrieben werden:

$$\begin{pmatrix}79\\0\\99\end{pmatrix}, \begin{pmatrix}93\\35\\179\end{pmatrix}, \begin{pmatrix}75\\75\\195\end{pmatrix}, \begin{pmatrix}47\\103\\163\end{pmatrix}, \begin{pmatrix}0\\123\\123\end{pmatrix}, \begin{pmatrix}0\\135\\39\end{pmatrix}, \begin{pmatrix}35\\139\\0\end{pmatrix},$$

$$\begin{pmatrix}127\\139\\0\end{pmatrix}, \begin{pmatrix}175\\131\\0\end{pmatrix}, \begin{pmatrix}211\\107\\0\end{pmatrix}, \begin{pmatrix}247\\51\\0\end{pmatrix}, \begin{pmatrix}255\\0\\71\end{pmatrix}, \begin{pmatrix}255\\0\\159\end{pmatrix}$$

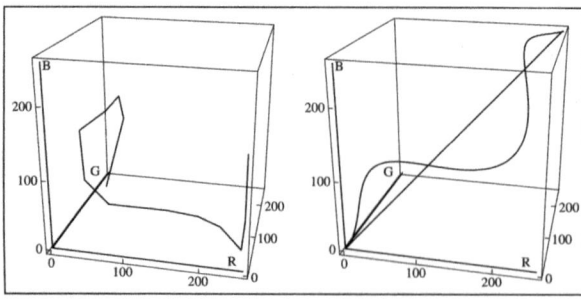

Abb. 13.33. Die stückweise linear definierte Kennlinie führt auf eine Pseudokolorierung mit Farben gleicher Helligkeit. Die stetige Spirale liefert hingegen Farben mit monoton ansteigender Intensität. (Aus [Leh97a])

Die Transformationskurve ist in Abbildung 13.33 in den RGB-Würfel eingezeichnet. Nachteilig ist die stückweise Definition der Kurve, deren Länge daher nicht geschlossen angegeben werden kann. Ebenso geht bei der Darstellung medizinischer Röntgenbilder in Regenbogenfarben gleicher Helligkeit die Information über die Absorption des durchstrahlten Gewebes verloren, was die Qualität der Diagnostik stark beeinträchtigen kann [Kue95]. Dennoch werden solche Transformationen in klinische Röntgensysteme, wie z.B. *Sidexis* (Siemens Medizintechnik, Benzheim, Deutschland), integriert.

Pseudokolorierung mit monoton steigender Helligkeit. Die Parameterdarstellung der Transformationskennlinie einer Pseudokolorierung mit Farbwerten kontinuierlich steigender Helligkeit kann aus der Spirale **v** um die Blauachse durch Multiplikation mit der Drehmatrix **M** angegeben werden [Leh97a]:

$$\begin{pmatrix} r \\ g \\ b \end{pmatrix} = \frac{1}{2 \cdot \sqrt{3}} \underbrace{\begin{pmatrix} 1+\sqrt{3} & 1-\sqrt{3} & 2 \\ 1-\sqrt{3} & 1+\sqrt{3} & 2 \\ -2 & -2 & 2 \end{pmatrix}}_{\mathbf{M}} \cdot \underbrace{\begin{pmatrix} w(t)\sin(\omega t + \varphi) \\ w(t)\cos(\omega t + \varphi) \\ z(t) \end{pmatrix}}_{\mathbf{v}}$$

(13.44)

Der Kurvenparameter $t = g/(G-1)$ in (13.44) ist auf den Bereich $0 \leq t \leq 1$ begrenzt. Die Funktionen $w(t)$ und $z(t)$ müssen gewährleisten, daß die Spirale den RGB-Würfel an keiner Stelle verläßt. Sie können durch einfache geometrische Überlegungen bestimmt werden [Leh97a]:

$$w(t) = \sqrt{\frac{3}{2} t(1-t)} \quad \text{und} \quad z(t) = \sqrt{3}\,t$$

Der Parameter φ definiert die Grundfarbe der Spirale. Die Länge der Spirale und damit die Anzahl der kodierbaren Grauwerte g kann a-priori über die Frequenz ω eingestellt werden (Abb. 13.33). Die Maximalfrequenz $\omega_{\max}$ ergibt sich aus der Bedingung, daß nach einer Spiralumdrehung nicht wieder dasselbe diskrete Voxel im RGB-Kubus durchlaufen wird. Für $G = 256$ können mit der Spirale ca. 50 000 ($\approx$ 16 bit) Pseudofarben erzeugt werden, zur Darstellung eines 12 bit Bildes werden $\omega = 20$ Umdrehungen benötigt [Leh97a].

Pseudokolorierung mit konstant steigender Helligkeit. Eine Pseudokolorierung mit gleichmäßig ansteigender Helligkeit ist in den Farbräumen RGB oder CYM nicht möglich, da in diesen Räumen die physiologischen Eigenschaften des Sehapparates nicht berücksichtigt werden (vgl. Kap. 3). Andererseits können physiologische Farbräume, wie der Luv- oder Lab-Raum, zwar aus dem RGB-Raum durch eine nichtlineare Transformation gewonnen werden, jedoch ist die Rücktransformation zur Monitordarstellung nicht eindeutig lösbar.

Der Formalismus der Pseudofarbspirale (13.44) wurde daher zur Darstellung dentaler Röntgenbilder in Farbräume übertragen, die unter Erhalt einer reversiblen Transformationsgleichung die wahrnehmungsphysiologischen

Farbräume möglichst gut approximieren [Kue95]. Solche Farbsysteme können aus der Familie der GHLS-Räume[7] abgeleitet [Lev88, Lev93] oder mit den von NAIMAN vorgeschlagenen Transformationsmatrizen [Nai85]:

$$\begin{pmatrix} a \\ r_g \\ y_b \end{pmatrix} = \begin{pmatrix} 0,30 & 0,59 & 0,11 \\ 0,50 & -0,50 & 0,00 \\ 0,25 & 0,25 & -0,50 \end{pmatrix} \begin{pmatrix} r \\ g \\ b \end{pmatrix}$$

$$\begin{pmatrix} r \\ g \\ b \end{pmatrix} = \begin{pmatrix} 1 & 1,29 & 0,22 \\ 1 & -0,71 & 0,22 \\ 1 & 0,29 & -1,78 \end{pmatrix} \begin{pmatrix} a \\ r_g \\ y_b \end{pmatrix}$$

aufgebaut werden. Die Helligkeit wird durch den Parameter a beschrieben, der sich durch gewichtete Mittelung aus den Grundfarben r, g und b ergibt. Die von NAIMAN verwendeten Gewichtsfaktoren sind uns aus der Fernsehtechnik bekannt. Grüne Farben tragen am stärksten zur Helligkeit bei, während blaue Farbtöne kaum Einfluß auf den Helligkeitswert haben. Die zwei Farbbeiwerte r_g und y_b beschreiben die Mischfarben Rotgrün und Gelbblau.

---

[7] Generalized Hue, Lightness and Saturation

14. Bildsegmentierung

Ein wichtiges Teilgebiet der Bildverarbeitung beschäftigt sich mit der *Bildanalyse*. Ihr Ziel ist die Berechnung eines *bildbeschreibenden* Ausgangsbildes zum vorliegenden Originalbild. Dies kann bei Röntgenbildern die *hervorgehobene Darstellung* und *inhaltliche Zuordnung* von z.B. Knochen, Weichteilen oder Organen sein. Ersteres, die hervorgehobene Darstellung von inhaltlich zusammenhängenden Regionen durch Zusammenfassung benachbarter Bildpunkte, die einem bestimmten Homogenitätskriterium genügen, bezeichnet man als *Segmentierung*. Die anschließende Zuordnung dieser Regionen zu bestimmten Klassen, also zu einer inhaltlichen Bedeutung (Interpretation), entspricht der *Klassifikation* und *Mustererkennung* (vgl. Kap. 15). Eine klare Trennlinie im Sinne einer sequentiellen Anwendung läßt sich aber zwischen diesen beiden Teilschritten nur selten ziehen – die Übergänge sind fließend.

Das übergeordnete Ziel der Bildanalyse besteht darin, durch Anwendung unterschiedlichster Ansätze und Verwendung der in den vorhergehenden Kapiteln geschilderten Techniken der Bildtransformation und -manipulation die Lücke zwischen der Low-Level-Pixelinformation des Eingabebildes und der für weitere Bearbeitungsschritte benötigten symbolischen Beschreibung der Bildinhalte zu schließen. Bisweilen wird diese Kluft salopp als *KI-Lücke* bezeichnet. In der Tat hat die Forschung der vergangenen 20 Jahre nur in Teilbereichen bzw. in klar definierten Anwendungsfällen[1] den Lückenschluß einigermaßen geschafft – von einer *globalen Szenenanalyse*, wie sie vom menschlichen visuellen System mit größter Selbstverständlichkeit zur Verfügung gestellt wird, ist die Bildverarbeitung immer noch weit entfernt[2].

Abbildung 14.1 soll das Problem verdeutlichen. Aus dem links gezeigten Original können (mindestens) zwei Interpretationen abgeleitet werden. Die zweite ist die für den menschlichen Betrachter prägnantere bzw. plausiblere (vgl. Kap. 3), auch wenn die erste Interpretation ebenso möglich wäre. Gerade

---

[1] Man denke etwa an eine Autobahnszene, aufgenommen aus der Position eines PKW-Fahrers – der interessierte Leser findet u.a. in den Tagungsbänden der DAGM (Deutsche Arbeitsgemeinschaft für Mustererkennung) Beispiele der intensiven Anstrengungen auf diesem Gebiet.

[2] Gerade die Nachempfindung von Verarbeitungs- und Interpretationsprozessen im visuellen System des Menschen steht in jüngster Zeit vielfach Pate bei der Entwicklung von Bildverarbeitungsansätzen. Hier bildet sich möglicherweise eine neue Schule der Bildverarbeitung heraus.

360 14. Bildsegmentierung

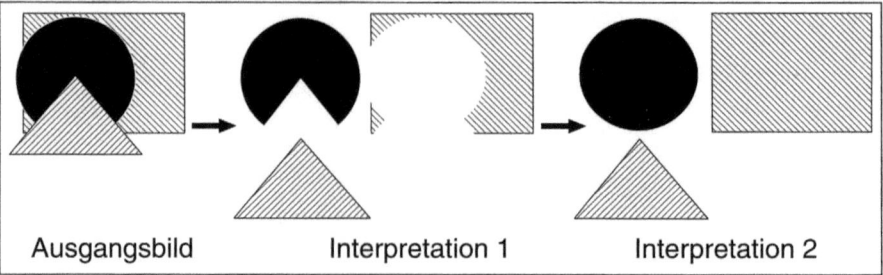

Abb. 14.1. Aus dem links gezeigten Ausgangsbild können (mindestens) zwei Interpretationen abgeleitet werden. Die erste Interpretation – drei Teilobjekte mit den gezeigten Ausschnitten – wirkt wenig glaubwürdig. Die zweite Interpretaion – drei sich verdeckende Objekte – ist die für den menschlichen Betrachter prägnantere bzw. plausiblere, auch wenn Interpretation 1 ebenso möglich wäre.

diese und nur diese erste Interpretation – die Einteilung in „homogene Regionen" – wird von einem Segmentierungsschritt zur Verfügung gestellt. Der Schritt zur zweiten Interpretation, zur *Bildinterpretation*, ist nach wie vor Gegenstand intensiver Forschung. Es sei in diesem Zusammenhang bemerkt, daß der Segmentierungsbegriff in der Literatur uneinheitlich verwendet wird. So werden bisweilen Aspekte der Bild- bzw. Szeneninterpretation unter dem Segmentierungsbegriff subsummiert.

Ziel der Segmentierung als Teilbereich der Bildanalyse ist demnach die Bereitstellung effizienter Verfahren zur Erzeugung *inhaltlich zusammengehöriger Regionen* bzw. *Segmente* [Har85a]. Es werden also aufgrund bestimmter aus dem Bild selbst abgeleiteter Informationen Gruppen von Bildpunkten gebildet, wobei die Definitionen für Regionen aus Kapitel 4 Verwendung finden. Als einfachstes Konzept für solche Informationen kann z.B. der Grauwert herangezogen werden. Wesentlich leistungsfähiger sind zweidimensionale Konzepte wie die *Textur*, auf die an späterer Stelle eingegangen werden soll. Auf den so bereitgestellten Regionen setzt dann eine Interpretation auf, die z.B. eine Szenenbeschreibung zum Ziel hat. Spätestens in dieser Stufe ist die Einbeziehung von A-priori-Wissen über den Bildinhalt und die Bildentstehung unerläßlich. Bisweilen fließt dieses A-priori-Wissen auch in den eigentlichen Segmentierungsschritt ein, indirekt in Form des Designs eines Segmentierungsalgorithmus oder direkt durch gezielte (wissensbasierte) Gestaltung der sog. Kontrollstruktur[3]. Ein Beispiel dafür ist die Angabe definierter Schranken für die Anzahl zu erzeugender Regionen. Abbildung 14.2 verdeutlicht das Problem der Übersegmentierung (Berechnung von zu vielen Regionen) bzw.

---

[3] Kontrollstrukturen sind in Regeln gefaßte Steueranweisungen wie Loops und bedingte Verzweigungen, die die Anwendung elementarer Bildverarbeitungsalgorithmen kontrollieren. Die Kontrollstruktur ist quasi ein Überbau, der innerhalb gewisser Grenzen die individuelle Behandlung von Bildern erlaubt.

Untersegmentierung (Berechnung von zu wenigen Regionen) am Beispiel eines Röntgenbildes.

Die im folgenden wiedergegebene Verfahrensübersicht gliedert sich in *punkt-*, *kontur-* und *regionenorientierte* Verfahren. Wie beim Übergang von der Segmentierung zur Klassifikation sind auch hier die Übergänge fließend bzw. Mischformen in praktischen Realisationen antreffbar.

Wird hier der Begriff Region oder Segment verwendet, so wird darunter im folgenden eine direkt zusammenhängende (*D-zusammenhängende*) Pixelmenge verstanden [Doh91] (vgl. Kap. 4). Unter *Segmentierung* versteht man dann die Einteilung des Ortsbereiches, also der Bildpunkte eines Eingabebildes, in Regionen, die einem speziellen Einheitlichkeits- oder Homogenitätskriterium genügen.

14.1 Punktorientierte Verfahren

Die punktorientierten Verfahren heben wie die in Kapitel 7 dargestellten Punktoperationen nur auf den Grauwert des jeweiligen Bildpunktes als Homogenitätskriterium ab. Den Schlüssel zur Definition respektive Berechnung von Regionen liefert dabei die Annahme, daß n verschiedene Objekte mit n verschiedenen Maxima des Histogramms korrespondieren. Aus der Untersuchung des Histogramms auf *n-Modalität* leitet sich die Zusammenfassung von Grauwertbereichen zu n Regionen ab, was im Falle des bimodalen Histogramms dem in Kapitel 4 beschriebenen *Thresholding* entspricht.

Ein Vorteil der punktorientierten Verfahren ist, daß sie einfach und schnell berechenbar sind. Ihre Hauptschwäche besteht aber in der Vernachlässigung globaler Zusammenhänge oder räumlicher Konzepte. Ihre Leistungsfähigkeit

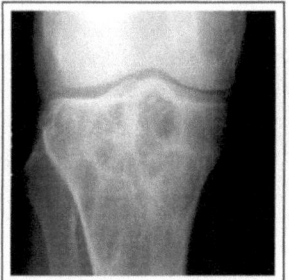
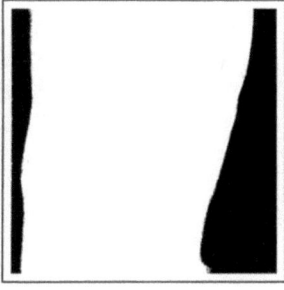
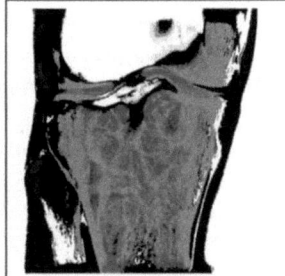

Abb. 14.2. Links ist das Originalbild eines Kniegelenks mit einem Knochentumor zu sehen. In der Mitte ist eine Untersegmentierung auf nur 2 Regionen dargestellt. Rechts ist eine durch einen nicht überwachten Klassifikator berechnete Einteilung in 16 Regionen sichtbar. Ziel war hier aber die Einteilung in nur 4 Regionen mit der inhaltlichen Bedeutung *Hintergrund, Weichteilgewebe, gesunder Knochen* und *pathologisch veränderter Knochen*. Das rechte Bild ist vor allem im Bereich des Tumors (unterhalb des Gelenkspaltes) übersegmentiert und muß nachbearbeitet werden.

ist deshalb sehr begrenzt und nur für einfaches Bildmaterial ausreichend. Man trifft derartige Operationen allerdings häufig als Teilschritt in komplexen Bildverarbeitungsketten an. Wichtig im Hinblick auf die Segmentierungsfragestellung ist, daß die Punktoperationen keine zusammenhängenden Regionen erzeugen (können), also eine Nachbearbeitung unausweichlich ist.

14.1.1 Globales Schwellwertverfahren

In günstigen Fällen lassen sich die zu einem Objekt und die zum Hintergrund gehörenden Grauwertbereiche voneinander trennen, so daß die Bestimmung eines *Schwellwertes* zur Objekthervorhebung möglich ist. Wird das Bild eines dunklen Objektes auf einem hellen Hintergrund in einem Histogramm dargestellt, so bilden sich zwei lokale Maxima der Funktion $h(g)$ heraus. Histogramme mit genau zwei lokalen Maxima werden als *bimodal* bezeichnet. Beim globalen Schwellwertverfahren wird ausgehend von einem bimodalen Histogramm eine Funktion $f(g)$ definiert, die einzelne Bildpunkte bezüglich eines Schwellwertes t auf die Werte 0 (schwarz) und 255 (weiß) abbildet [Ros82]. Es seien g_1 und g_2 die Grauwerte der beiden lokalen Maxima im Grauwerthistogramm, dann kann der globale Schwellwert t wie folgt bestimmt werden:

$$t = \left\lceil \frac{|g_1 - g_2|}{2} \right\rceil \tag{14.1}$$

Der Schwellwert t ist damit ein Grauwert, der genau zwischen den beiden lokalen Maxima liegt. Dann gilt für $g(i)$:

$$f(g) = \begin{cases} 0, & \text{für } g \leq t \\ G - 1, & \text{für } g > t \end{cases} \tag{14.2}$$

Bei einem Eingabebild mit hellem Hintergrund und dunklem Objekt bildet die Funktion $f(g)$ den Hintergrund auf Weiß und den Vordergrund auf Schwarz ab. Dieses Verfahren ist jedoch nur bei Bildern sinnvoll, bei denen sich ein relativ homogenes Objekt deutlich von einem homogenen Hintergrund

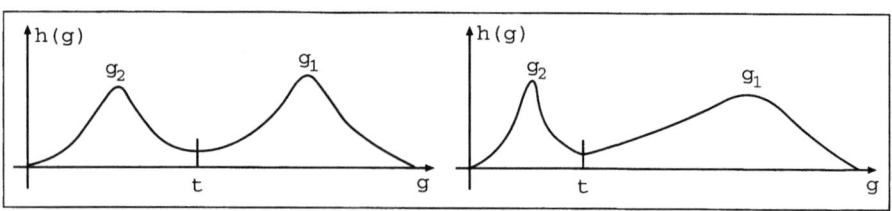

Abb. 14.3. Das Beispiel verdeutlicht die Problematik der *unkritischen* Festlegung der Schwelle t nach Gleichung (14.1). In der Situation links ist der Schwellwert vernünftig bestimmbar mit (14.1). Im rechten Beispiel hingegen würde t in der Mitte zwischen g_1 und g_2 und nicht an der eingezeichneten Stelle (im Minimum) zu liegen kommen.

abhebt. Abbildung 14.3 verdeutlicht die Problematik. Während im linken Beispiel der Schwellwert t vernünftig gewählt zu sein scheint, ist im rechten Beispiel eine Berechnung von t nach (14.1) wenig sinnvoll. Abhilfe schafft hier z.B. die Approximation der realen Verteilung bei n Maxima durch eine Schar von n verschobenen und skalierten Gauß-Kurven q_k:

$$h(g) \approx h_q(g) = \sum_{k=1}^{n} a_k e^{-(g-\mu_k)^2/\sigma_k^2} = \sum_{k=1}^{n} q_k \qquad (14.3)$$

wobei als Randbedingung gelte:

$$\sum_{g=0}^{G-1} |h(g) - h_q(g)| \quad \to \quad \min \qquad (14.4)$$

Diese Randbedingung fordert die Minimierung des Fehlers zwischen der realen Verteilung und der Approximation durch die Summe der verschobenen und skalierten Gauß-Kurven. Bei diesem Ansatz wird stillschweigend vorausgesetzt, daß die zu separierenden Objekte in ihren Grauwertverteilungen einer Normalverteilung folgen. Weiterhin ist die Bestimmung der Gauß-Glocken ohne genaue Kenntnis von n ein kompliziertes Unterfangen. Typischerweise wird dieser Ansatz deshalb mit $n = 2$ zur verbesserten Approximation von t bei bimodalen Histogrammen genutzt.

Der Schwellwert t_k für zwei benachbarte Gauß-Kurven q_k und q_{k+1} kann bestimmt werden durch:

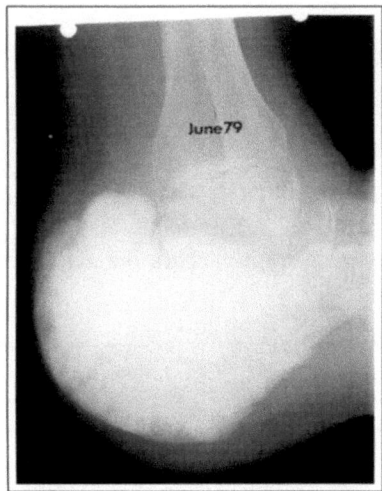
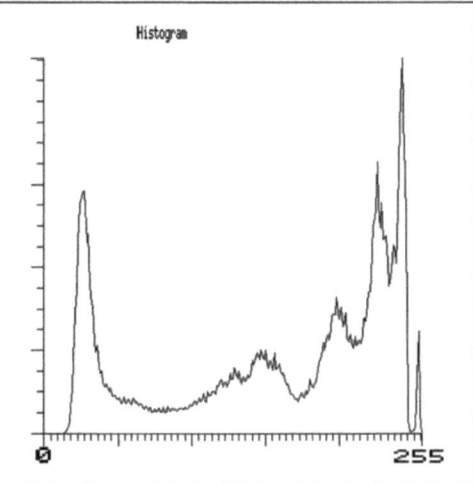

Abb. 14.4. Links ist ein natives Röntgenbild des Fußknochens mit einem Knochentumor dargestellt. Rechts ist das zugehörige Histogramm zu sehen. Die Festlegung eines Thresholds nach dem Kriterium der Bimodalität würde auf einen Grauwert von ca. 80 führen.

$$\frac{d}{dt_k}\left(\int_0^{t_k} q_{k+1}(g)\, dg + \int_{t_k}^{G-1} q_k(g)\, dg\right) = 0 \qquad (14.5)$$

Diese Vorgehensweise entspricht einer Minimierung der Fehlklassifikation durch Berücksichtigung der (approximierten) unterliegenden Verteilung (vgl. Kap. 1).

14.1.2 Verfahren von Otsu

Das Verfahren von OTSU bedarf, wie auch die anderen dargestellten Verfahren, keiner Vorkenntnisse des Bildinhaltes [Ots79]. Der Schwellwert t wird durch ein statistisches Gütekriterium bestimmt. Es sei $p(0)$, $p(1)$, ..., $p(g)$, ..., $p(G-1)$ mit $0 \leq p(g) \leq 1$ das normierte Histogramm des zu segmentierenden Eingangsbildes. Dabei bezeichnet $p(g)$ die Auftrittswahrscheinlichkeit des Grauwertes g. Seien nun weiter K_0 und K_1 zwei Klassen, die durch einen Schwellwert t getrennt werden. Für die Auftrittswahrscheinlichkeiten P_i der Elemente dieser Klassen gilt:

$$P_0 = \sum_{g=0}^{t} p(g) \quad \text{und} \quad P_1 = \sum_{g=t+1}^{G-1} p(g) = 1 - P_0 \qquad (14.6)$$

Sei weiter $\bar{g}_0$ der mittlere Grauwert von K_0 und $\bar{g}_1$ der mittlere Grauwert von K_1. Dabei gilt für den mittleren Grauwert $\bar{g}$ des gesamten Bildes:

$$\bar{g} = \bar{g}_0 P_0 + \bar{g}_1 P_1 \qquad (14.7)$$

Für die entsprechenden Varianzen ergibt sich:

$$\sigma_0^2 = \sum_{g=0}^{t} (g - \bar{g}_0)^2 p(g) \quad \text{und} \quad \sigma_1^2 = \sum_{g=t+1}^{G-1} (g - \bar{g}_1)^2 p(g) \qquad (14.8)$$

Diese Größen sind alle Funktionen des Parameters t. Die Bestimmung von t entsteht nun aus der Maximierung der Varianz σ_{zw}^2 zwischen den beiden Klassen K_0 und K_1 und der Minimierung der Varianz σ_{in}^2 innerhalb der Klassen K_0 und K_1. Dazu berechnet man:

$$\sigma_{\text{zw}}^2 = P_0(\bar{g}_0 - \bar{g})^2 + P_1(\bar{g}_1 - \bar{g})^2 \qquad (14.9)$$

und:

$$\sigma_{\text{in}}^2 = P_0 \sigma_0^2 + P_1 \sigma_1^2 \qquad (14.10)$$

Der gesuchte Schwellwert ist nun der, für den das Verhältnis $\sigma_{\text{zw}}^2/\sigma_{\text{in}}^2$ maximal wird. Abbildung 14.5 zeigt ein Beispiel für die Anwendung dieses Verfahrens auf das Röntgenbild aus Abbildung 14.4.

14.1.3 Lokales Schwellwertverfahren

In vielen Fällen ergibt das globale Schwellwertverfahren mit nur einem Schwellwert für den gesamten Bildbereich ungenügende Resultate. Man betrachte z.B. eine ungleichmäßig belichtete Photographie mehrerer dunkler Objekte auf einem hellen Hintergrund. Beim globalen Schwellwertverfahren ist es möglich, daß viele Bildpunkte aus dem überbelichteten Bereich als Hintergrund klassifiziert werden, obwohl sie dem Objekt zugehörig sind. Abhilfe schafft hierbei ein Verfahren, das das Bild in mehrere Quadranten einteilt [Ros82]. Man berechnet dann für jeden Quadranten ein lokales Grauwerthistogramm und daraus einen Schwellwert. Falls keine Bimodalität im Histogramm vorliegt, bedeutet dies, daß der Quadrant entweder nur aus Objekt oder nur aus Hintergrund besteht. In diesem Fall kann man einen Schwellwert durch Interpolation der lokalen Schwellwerte benachbarter Quadranten mit bimodalen Histogrammen erzeugen.

Das oben beschriebene Verfahren ist u.a. für Bilder sinnvoll, in denen sehr kleine Objekte auf einem Hintergrund abgebildet sind. Bei einer globalen Histogrammbetrachtung eines solchen Bildes würden die kleinen Objekte nur einzelne, schwer erkennbare Peaks im Histogramm erzeugen. Werden

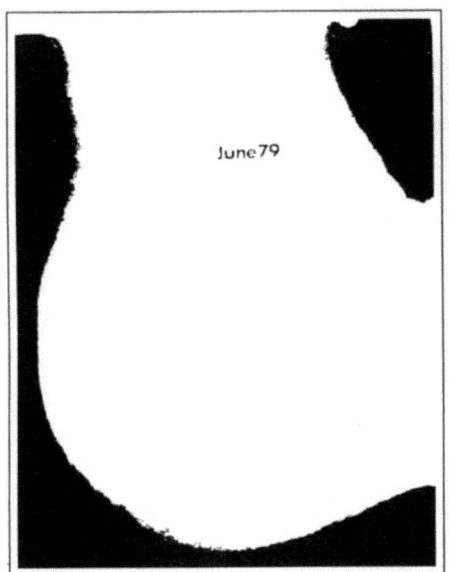
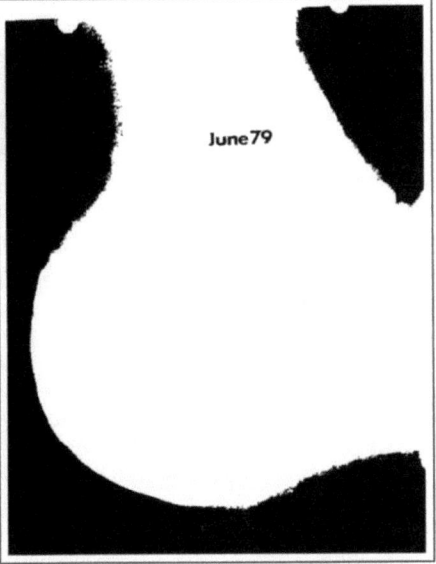

Abb. 14.5. Links ist die Anwendung eines einfachen Thresholds mit $t = 80$ auf Bild 14.4 dargestellt. Das Bild rechts zeigt zum Vergleich das Ergebnis nach Anwendung des Verfahrens von OTSU ($t = 133$). Dieses Verfahren arbeitet im Beispielbild die Knochenstruktur etwas besser heraus. Unbefriedigend ist in jedem Fall das Aussparen der Datumsangabe und die Einbeziehung der im Original sichtbaren Archivlochung, was die methodischen Grenzen eines punktorientierten Verfahrens deutlich macht.

hingegen beim lokalen Schwellwertverfahren genügend kleine Teilbereiche im Eingangsbild gewählt, so ist hier eine Schwellwertbestimmung möglich.

14.1.4 Dynamisches Schwellwertverfahren

Das dynamische Schwellwertverfahren ist quasi die konsequente Erweiterung des Ansatzes für die Berechnung lokaler Schwellwerte. Hier wird für *jedes* Pixel des Eingangsbildes ein lokaler Schwellwert berechnet [Ros82]. Dazu wird um das Pixel ein $M \times M$ großer Ausschnitt betrachtet. Wenn sichergestellt ist, daß das Grauwerthistogramm innerhalb der $(M \times M)$-Umgebung bimodal ist, kann der Schwellwert wie oben beschrieben bestimmt werden. Falls die Hintergrundfläche und die Objektfläche in etwa gleich groß sind, so ist der Mittelwert des Ausschnittes ein guter Schwellwert. Die Schwellwertberechnung muß nicht unbedingt für jeden Bildpunkt durchgeführt werden. Wenn sich der Hintergrund nur langsam ändert, so kann der Ausschnitt, der zur Berechnung verwendet wird, auch um mehrere Bildpunkte verschoben werden. Für die dazwischenliegenden Punkte wird dann der jeweils zuletzt berechnete Schwellwert verwendet.

14.1.5 Shading-Korrektur

Ein wesentlicher Grund für die unzureichende Performance von Thresholding-Techniken besteht häufig in der ungleichmäßigen Ausleuchtung des Objektes. Wird bereits bei der Bildaufnahme dem Bild eine Schwankung des mittleren Grauwertes überlagert, so sind die einfachen Thresholding-Techniken von vorneherein zum Scheitern verurteilt. Abhilfe schafft hier die verhältnismäßig einfache Technik der *Shading-Korrektur*, durch die zunächst eine globale Bereinigung der Ausleuchtung vorgenommen werden kann. Abbildung 14.6 links zeigt ein scheinbar homogen ausgeleuchtetes Meßbild mit überlagerter dreidimensionaler Darstellung des Ausleuchtungsprofils. Deutlich erkennbar sind die durch ungleichmäßige Beleuchtung erzeugten Randabfälle. Um nun eine Korrektur vorzunehmen, geht man wie folgt vor:

– Faltung des Originalbildes mit großem Mittelwertfilter, z.B. 31×31
– Subtraktion von Originalbild und Mittelwertbild
– Grauwertangleichung auf mittleren Grauwert durch Addition
– ggf. Randbereinigung (wegen Template-Operation, vgl. Kap. 7)

Im rechten Bild ist das Ergebnis nach Anwendung der Shading-Korrektur mit einer 31×31 großen Mittelwertmaske zu sehen. Aufgrund der großen Faltungsmaske ist diese Korrektur nicht für zeitkritische Anwendungen geeignet.

Betrachtet man das Verfahren genauer, so stellt die Faltung mit der Mittelwertmaske de facto eine Tiefpaßfilterung dar, um lokale Störungen zu unterdrücken. Das so gefilterte Bild stellt bezogen auf das als homogen ausgeleuchtet angesehenen Meßbild ein zweidimensionales Korrekturprofil dar, das nun

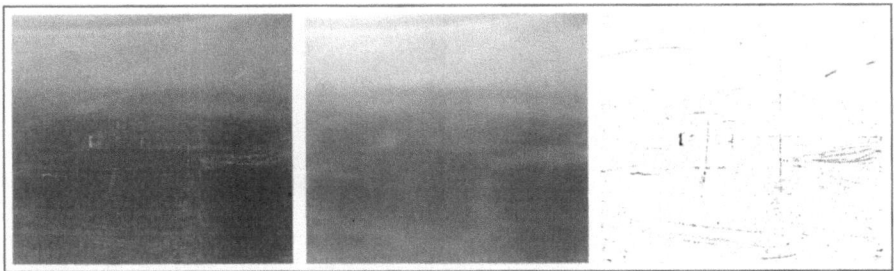

Abb. 14.6. Meßbild vor (*links*) und nach (*rechts*) Shading-Korrektur. In der Mitte ist die Schätzung des lokalen mittleren Grauwerts dargestellt, die zur Korrektur des Beleuchtungsprofils herangezogen wurde.

auch für alle anderen Bilder, die unter gleichen Aufnahmebedingungen erzeugt werden, herangezogen werden kann. Es wird *offline* in einem Kalibrierungsprozeß ermittelt und fortan als Referenz hinterlegt, womit die zeitaufwendige Faltung[4] entfallen kann. Die Technik der Shading-Korrektur stammt aus der Zeit, als insbesondere die Kameratechnik keine hinreichend homogene Bildakquisition erlaubte. Abschattungseffekte und Fertigungstoleranzen führten zu aufnahmeseitigen Grauwertverschiebungen, die hardwaretechnisch mit dieser Technik kompensiert wurden. Heutzutage ist die Problematik aufnahmeseitiger Variabilitäten vernachlässigbar, hinsichtlich der Ausleuchtung stellt sich dieses Problem aber immer noch. So ist beispielsweise bis heute bei Standardröntgengeräten ein Randabfall bezogen auf die Senkrechte zum Strahlenaustrittsfenster der Röntgenröhre in der Bildebene meßbar, der mit Hilfe der Shading-Korrektur bereinigt werden könnte.

14.2 Kanten- bzw. konturorientierte Verfahren

Ein zentrales Postulat für die Anwendung von Segmentierungsverfahren ist, daß die Regionen eines Bildes dadurch charakterisiert sind, daß sie einem bestimmten Homogenitätskeitskriterium genügen. Dieses Postulat wird bisweilen durch weitere Forderungen an die Gestalt der Regionen („homogen, glatte und scharfe Berandung") erweitert. Wenn sich also die Regionen durch eine klare Berandung auszeichnen, dann ist zum einen ihre Beschreibung durch Angabe der Randkurve möglich. Zum anderen sollte aber auch ihre Ermittlung – was zunächst das primäre Ziel ist – durch Extraktion der Kanten und Zusammenfassen von Kantenpunkten zu den Berandungen der Regionen möglich sein. Dabei ist die komprimierte Darstellung der Berandung als Polygon ein mögliches Teilziel.

---

[4] Hier muß man die Aussage etwas präzisieren: Bei Verwendung von reinen Mittelwertfiltern (alle Einträge identisch) sind sehr effiziente Implementierungen möglich, die eine Echtzeitberechnung erlauben.

368   14. Bildsegmentierung

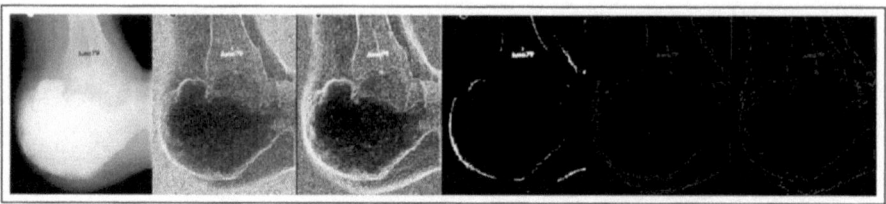

Abb. 14.7. Dargestellt sind die Ergebnisse verschiedener Verfahren zur Kantenextraktion. Von links nach rechts: Originalbild (siehe auch Abb. 14.4, S. 363), Gradient, Sobeloperator, Sobeloperator nach Binarisierung und (5 × 5)-Medianfilterung, Khoros DRF-Kantenfilter und Khoros GEF-Kantenfilter.

Der verwendete Konjunktiv deutet auf die insbesondere für medizinische Bilder zu erwartenden Probleme hin (Abb. 14.7). Wieder steht man vor dem Problem, einzelne – in unserem Fall durch das Attribut *Kantenpunkt* ausgezeichnete – Bildpunkte zu inhaltlichen Gruppen zusammenfassen zu müssen. Dieses Problem ist i.allg. nur durch (u.U. problemspezifische) einschränkende Randbedingungen lösbar.

Zuvor wollen wir aber die im vorigen Abschnitt mehr oder minder synonym verwendeten Begriffe *Kante, Kontur, Linie* und *Berandung* bzw. *Rand* etwas genauer betrachten. Aus der Mathematik kennen wir den Kantenbegriff als gerades Linienstück – ein Würfel hat *Kanten*. Andererseits führen wir in Kapitel 7 die Kantenoperatoren ein, die als Resultat auf einen (lokalen) Grauwertsprung eine (lokale) Filterantwort liefern. Das Kriterium der Geradlinigkeit ist in diesem Kontext unwesentlich. Definieren wir also die Kante als Grauwertsprung, so besteht eine Linie demnach aus zwei Kanten. Während eine Linie auch auf dem diskreten Pixelraster durch Angabe der ihr zugeordneten Pixel beschreibbar ist, entzieht sich die Kante im Grunde dieser Darstellung, da sie eigentlich zwischen den Pixeln liegt[5]. Diese Überlegungen führen zwangsläufig auch zu der Frage, ob z.B. berechnete Randpunkte als Teil des Objektes anzusehen sind oder nicht[6]. Vielfach wird diese Frage unbeachtet gelassen – will man jedoch z.B. die Fläche eines Objektes bestimmen, so ist die Frage der Zugehörigkeit der ja real berechneten Randpunkte wesentlich. Die Abbildungen 14.8 und 14.9 verdeutlichen die Problematik. Die dort berechnten Randpunkte schließen das Objekt nicht ein, sondern liegen auf ihm. Im Sinne der Randdefinition aus Kapitel 4 sind sie aber unbefriedigend, da Teile des Objektes bei Verwendung der Randpukte als *Objektkontur* dem Hintergrund zugeschlagen würden. Im folgenden sei die Objektkontur die das Objekt nach außen begrenzende und zum Objekt gehörende Perlenschnur[7]

---

[5] und dementsprechend auf einer höheren Auflösung angegeben werden müßte, so man das Prinzip des Pixelrasters beibehalten will

[6] Nach der Definition aus Kapitel 4 ist diese Frage zu bejahen.

[7] also die als Kettencode angebbare Pixelsequenz der Randpunkte

14.2 Kanten- bzw. konturorientierte Verfahren

von Pixeln. Für die konturorientierte Segmentierung stehen zwei grundlegende Strategien zur Verfügung [Hab87]:

Der pixelorientierte oder parallele Ansatz. In diesem Fall wird für jeden Bildpunkt ein Maß der Zugehörigkeit zu einer Kontur berechnet. Typisch ist hier die Anwendung von Laplace- oder Gradientenoperatoren mit nachfolgender Schwellwertbildung. Bei einfachen Bildinhalten (z.B. ein helles Objekt vor dunklem Hintergrund) ist dieses Verfahren sinnvoll und effektiv. Problematisch ist im parallelen Ansatz das Handling mehrerer Regionen und unterbrochener Kanten, da Entscheidungen über die Zugehörigkeit eines Bildpunktes zu einer oder mehreren Regionen nicht ohne Wissen über den Bildinhalt gefällt werden können. Auch die in Kapitel 12 vorgestellte Hough-Transformation ist in ihrem Ansatz zunächst pixelorientiert. Durch

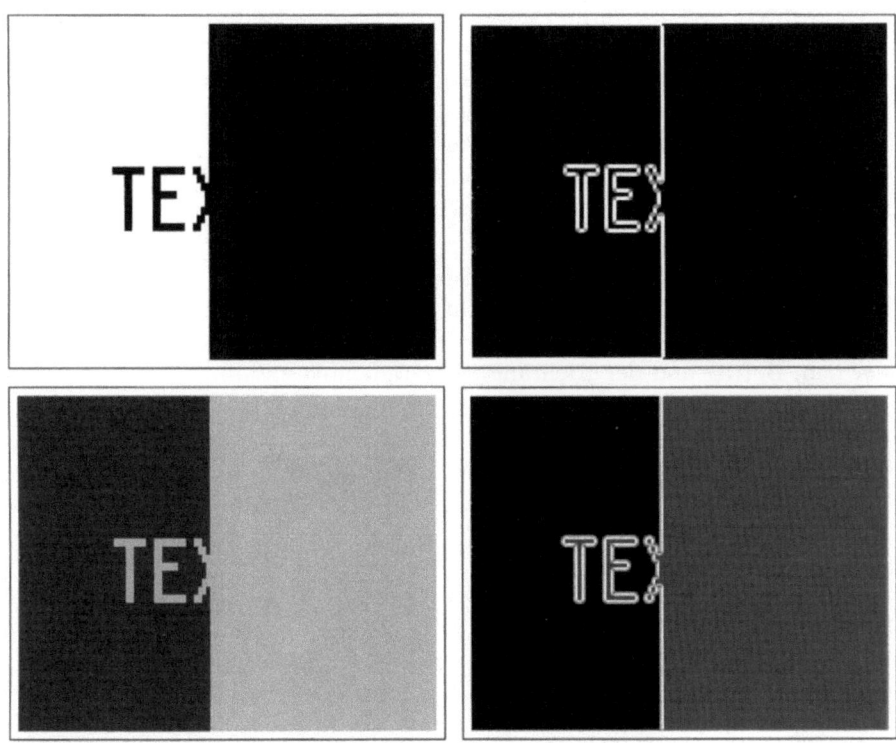

Abb. 14.8. Links oben ist das Ausgangsbild gezeigt, das aus dem Schriftzug *Text* besteht, der von einer schwazen Fläche teilweise überdeckt wird. Daneben rechts ist das Ergebnis einer Kantenberechnung zu sehen. Um die Lage der Kanten in bezug auf das Ausgangsbild zu verdeutlichen, wurden die Grauwerte des Ausgangsbildes zunächst wie in der Abbildung links unten dargestellt substituiert. Das Ergebnis der Addition dieses modifizierten Originalbildes und des Kantenbildes ist rechts unten sichtbar. In Abbildung 14.9 sind zwei Ausschnittvergrößerungen aus dieser Überlagerung gezeigt.

370   14. Bildsegmentierung

mehrfachen Wechsel zwischen Orts- und Hough-Raum ist hier aber auch die Generierung kompakter Konturbeschreibungen bzw. einfacher geometrischer Objekte möglich [Lea92].

Der linienorientierte oder sequentielle Ansatz. Hierbei wird ausgehend von Keimpunkten eine Linienverfolgung durchgeführt. Dabei fließen Annahmen über den möglichen weiteren Verlauf sowie mögliche Störungen in die Auswahl des Verfahrens ein. Der sequentielle Ansatz hat den Vorteil, gegen kleinere Löcher unempfindlich zu sein und sofort eine Polygonbeschreibung bereitstellen zu können. Typische Fehler treten aber bei teilweise unterbrochenen parallelen Linien und an sog. L- oder T-Junctions auf. Abbildung 14.10 vermittelt einen Überblick dieser als typisch einzustufenden Probleme.

Diese beiden Strategien werden durch ein weiteres Verfahren, die sog. Wasserscheidentransformation, ergänzt, die auf den Grauwerten des Kantenbildes operiert. Sie ist vergleichbar mit der sukzessiven Flutung einer Gebirgslandschaft. Ihr Vorteil besteht in der unmittelbaren Bereitstellung von homogenen Regionen, die durch Anwendung eines Linkage-Konzepts (vgl. Abschn. 14.3) zur gesuchten Segmentierung verschmolzen werden können. Im folgenden sollen die drei erwähnten Verfahren näher erläutert werden.

14.2.1 Parallele Kantenextraktion

Bei der parallelen Kantenextraktion wird mittels eines lokalen Differenzoperators (z.B. Laplace- oder Sobel-Operator) für jeden Bildpunkt eine Maßzahl berechnet. Diese Maßzahl setzt sich entweder aus dem Betrag des Gradienten oder dem Betrag und der Richtung des Gradienten zusammen und kann als

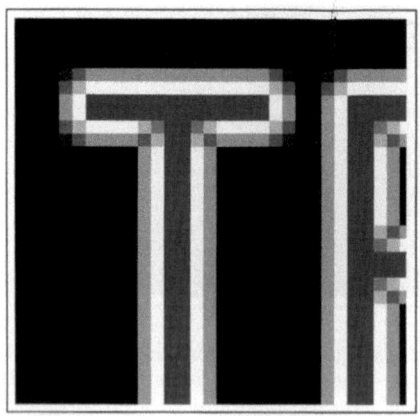
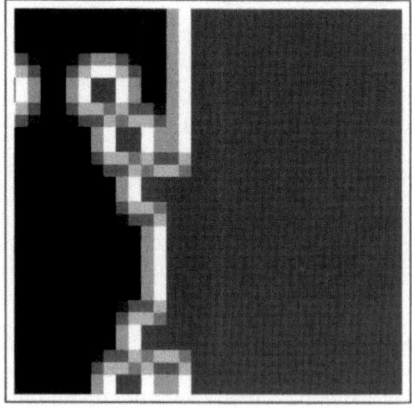

Abb. 14.9. Die beiden Ausschnittvergrößerungen zeigen die relative Lage der berechneten Kante (weiß) in bezug auf die Buchstaben (grau) bzw. auf die Fläche (grau). Es ist deutlich sichtbar, daß die Kantenpunkte auf den Objekten liegen und bezogen auf den eigentlichen Grauwertsprung verschoben sind.

Wahrscheinlichkeit interpretiert werden, daß dieser Bildpunkt zu einer Kante gehört. Danach werden die Gradientenbeträge mittels Schwellwertbildung binarisiert. Die Kanten sind nun z.B. als Linien mit Grauwert 1 zu erkennen. An dieser Stelle ist es möglich, mit morphologischen Operationen oder durch Medianfilterung eventuell vorhandene isolierte Einsen zu entfernen und Linien zu verdünnen (Skelettierung, vgl. Kap. 7). Mit dem so erzeugten Kantenbild kann eine Maske gebildet werden, durch die das segmentierte Objekt markiert wird.

Eine andere Möglichkeit zur parallelen Kantenextraktion bildet die Kantenrelaxation. Bei diesem iterativen Verfahren wird für jeden Bildpunkt eine Wahrscheinlichkeit erzeugt, mit der der Bildpunkt eine bestimmte Eigenschaft hat (z.B. der Bildpunkt liegt auf einer Kante, oder der Bildpunkt liegt nicht auf einer Kante). Im Laufe der Iterationschritte beeinflussen dabei die Wahrscheinlichkeiten der benachbarten Bildpunkte die Wahrscheinlichkeit des gerade betrachteten Bildpunktes. Man beachte die Parallelen dieses Konzeptes zu den in Kapitel 6 vorgestellen Markoff-Feldern, wo ebenfalls mit räumlichen Verbundwahrscheinlichkeiten operiert wird. Der interessierte Leser sei auch auf das Stichwort *simulated annealing* in Kapitel 6 und auf [Hab87, Ros82] verwiesen.

14.2.2 Sequentielle Kantenextraktion (Linienverfolgung)

Der Grundgedanke bei der sequentiellen Methode ist die Tatsache, daß zur Extraktion einer Grauwertkante nicht alle Bildpunkte des Bildes untersucht werden müssen. Die Problematik läßt sich auf zwei Bereiche reduzieren:

– das Finden von geeigneten Start- oder Keimpunkten für die Linienverfolgung,
– das Auffinden von Nachfolgepunkten.

Die einfachste Möglichkeit zur Bestimmung von Startpunkten für die Linienverfolgung ist sicherlich die interaktive Methode, d.h. der Benutzer bestimmt die Ansatzstelle manuell. Diese auf den ersten Blick nicht besonders

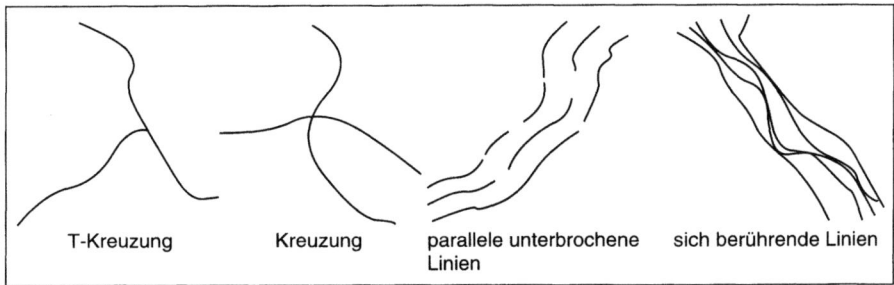

Abb. 14.10. Die Abbildung zeigt Standardsituationen, die bei der Linienverfolgung auftreten können und je nach Implementierung des Verfolgungsalgorithmus zu Fehlern in der Konturerkennung führen können.

14. Bildsegmentierung

praktikable Methode birgt den Vorteil in sich, daß der Benutzer die Ergebnisse sofort beurteilen und ggf. korrigieren kann.

Eine andere Möglichkeit ist die automatische Erkennung von Startpunkten. Als Startpunkte kommen solche Punkte in Frage, die aufgrund bestimmter Merkmale mit sehr hoher Wahrscheinlichkeit auf einer Kante liegen. Beispielsweise können bei Grauwertbildern die Bildpunkte in einen zweidimensionalen Merkmalsraum, gebildet aus dem Grauwert und dem Betrag des Gradienten, abgebildet werden. Als Keimpunkte werden dann nur solche ausgewählt, die hinsichtlich beider Merkmale oberhalb einer als deutlich signifikant eingestuften Schwelle liegen.

Ausgehend von den Keimpunkten ist der nächste Schritt die Bestimmung von Nachfolgepunkten. Die folgenden Methoden gehen davon aus, daß bereits die Punkte $z_1, \ldots, z_{i-2}, z_{i-1}, z_i$ als auf einer Kante liegend erkannt wurden. Gesucht ist eine Möglichkeit zur Bestimmung des nächsten Punktes z_{i+1}.

Bei Grauwertbildern bietet sich ein Verfahren an, das ausgehend vom Punkt z_i eine bestimmte Anzahl von *Suchstrahlen* verwendet und dabei den mittleren Grauwert entlang dieser Suchstrahlen berechnet. Ein Suchstrahl ist dabei ein gerader Pixelpfad fester Länge, der in einem bestimmten Winkel bezüglich der Linie von z_{i-1} zu z_i an den Punkt z_i gelegt wird (Abb. 14.11). Wird z.B. eine dunkle Linie auf hellem Hintergrund untersucht, so wird die Linie mit dem Suchstrahl fortgesetzt, dessen mittlerer Grauwert den geringsten Betrag hat.

Ein genaueres Ergebnis liefert eine Modifikation des obigen Verfahrens. Betrachtet wird nicht nur eine feste Anzahl möglicher Pixel entlang der Suchstrahlen, sondern es werden alle Pixel untersucht, die auf einem Kreisbogen im Suchbereich liegen. Zur Bestimmung des Suchbereichs wird dabei aus den letzten i bereits gefundenen Bildpunkten eine Ausgleichsgerade berechnet. Danach wird auf beiden Seiten der Geraden ein bestimmtes Winkelfeld gelegt, das dann den Suchbereich ergibt (Abb. 14.12).

Da dieses Verfahren für unterbrochene Linien nicht geeignet ist, kann es dadurch erweitert werden, daß mehrere Suchkreisbögen in verschiedenen Abständen betrachtet werden. Abbildung 14.10 auf Seite 371 vermittelt einen Eindruck elementarer Situationen bei der Anwendung von Algorithmen zur Linienverfolgung.

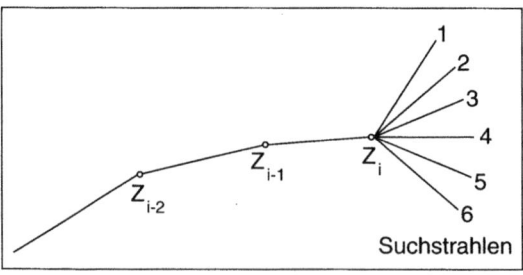

Abb. 14.11. Ausgehend vom letzten Konturpunkt z_i werden Suchstrahlen in die Bildebene gelegt und die Grauwerte längs der Suchstrahlen aufsummiert. Als Richtung für die Konturfortsetzung wird dann der Suchstrahl mit dem maximalen (minimalen) mittleren Grauwert gewählt.

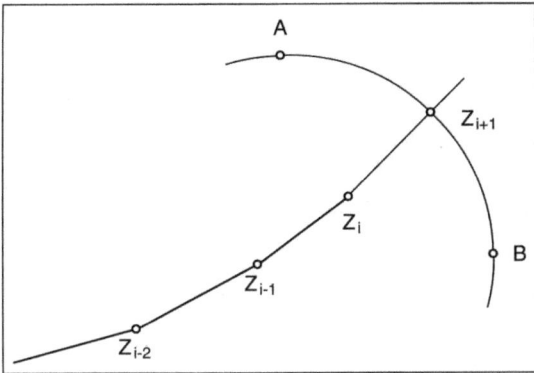

Abb. 14.12. Vom Konturpunkt z_i werden kreisförmige Suchstrahlen verschiedener Radien in die Bildebene gelegt. Zur Ermittlung des Schnittpunkts von Suchstrahl und gesuchter Linie wird das Grauwertprofil längs des Suchstrahls auf Minima (Maxima) hin ausgewertet. A und B bestimmen den maximalen Winkel des Suchstrahls.

14.2.3 Wasserscheidentransformation

Die Wasserscheidentransformation ist ein recht anschauliches Verfahren zur Bestimmung von Objektkonturen, bei dem das aus der mathematischen Morphologie stammende Konzept der Betrachtung eines zweidimensionalen Grauwertbildes als topographisches Relief Pate stand. Der numerische (Grau-)Wert eines Bildpunktes wird als Erhebung interpretiert – man erhält ein Grauwertgebirge. Tropfen, die auf dieses Relief fallen, streben entlang des stärksten Abfalls den regionalen Minima zu und bilden dort kleine Staubecken. Definiert man nun alle Punkte, von denen aus ein Tropfen diesem Minimum zustrebt, als *Einflußzone* des Staubeckens (Abb. 14.13), so ergibt sich die Wasserscheide als Trennlinie zweier Staubecken mit der Eigenschaft, daß ein Tropfen, der auf einen Punkt der Wasserscheide oder besser Trennlinie fällt, in jedes der beiden Staubecken gleichermaßen abfließen kann. Durch sukzessives Fluten dieser „Landschaft" verschmelzen die kleineren und niedriger liegenden Becken miteinander, bis schlußendlich nur noch ein Becken vorhanden ist.

Die mathematische Entsprechung des *stärksten Abfalls* ist der Gradient, der Mittelpunkt des Staubeckens entspricht dem Minimum des Gradienten, die Lage eines Staubeckens *im* Grauwertgebirge ist durch den lokalen Grau-

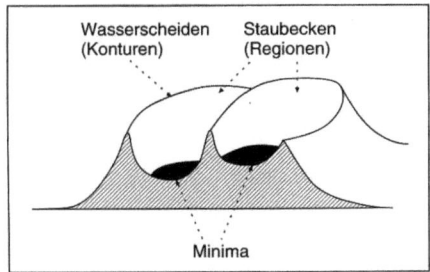
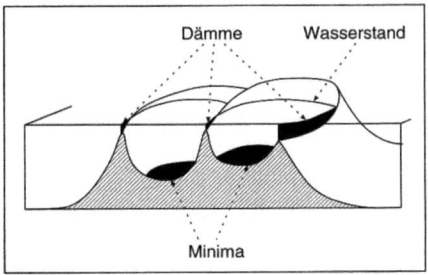

Abb. 14.13. Die Graphiken zeigen Beispiele für die Begriffsbildung bei der Wasserscheidentransformation. (Nach [Zeh93])

374 14. Bildsegmentierung

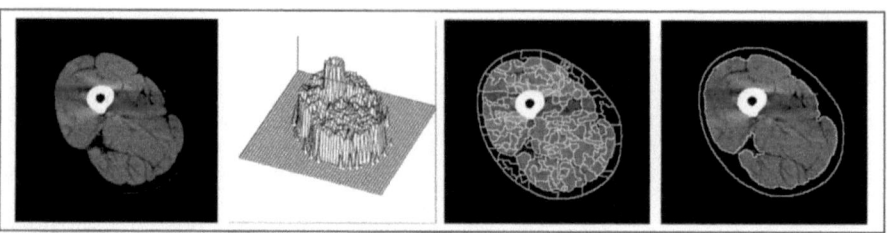

Abb. 14.14. Beispiel für die Anwendung der Wasserscheidentransformation. Links ist das Originalbild und seine dreidimensionale Darstellung zu sehen. Daneben ist das Ergebnis der Wasserscheidentransformation in der 2. und 5. Iterationsstufe dargestellt. (Bilder zur Verfügung gestellt von S. WEGNER, DHZ Berlin)

wert gegeben. Für die mathematische Umsetzung des Verfahrens werden also Gradient und Grauwert herangezogen. Problematisch ist bei der Berechnung des Gradientenbildes seine hohe Rauschabhängigkeit. In realem medizinischen Bildmaterial ist das Gradientenbild zumeist stark verrauscht – in der hier verwandten Terminologie bedeutet dies, daß eine Vielzahl von Pseudowasserscheiden vorliegt, die iterativ beseitigt werden müssen. Anders ausgedrückt führt dies zu einer Fragmentierung von homogenen Regionen, die als Übersegmentierung bezeichnet wird.

Zur Bereinigung der Übersegmentierung werden zunächst alle Wasserscheiden und Staubecken berechnet. Jedem Staubecken wird dann ein repräsentativer Grauwert (z.B. der Mittelwert) zugewiesen, der aus den Grauwerten der entsprechenden Region im Originalbild berechnet wird. Es entsteht ein als Mosaikbild bezeichnetes vereinfachtes Originalbild, das sich aus kleinen Regionen mit einheitlichem Grauwert zusammensetzt. Der anschließende Wachstumsprozeß besteht in der Verschmelzung von Regionen. Neben den in Abschnitt 14.3.1 beschriebenen Verfahren kann bei der Wasserscheidentransformation auch auf eine Graphendarstellung des Mosaikbildes zurückgegriffen werden, auf dem erneut der Gradient berechnet wird. Die Verschmelzung von Regionen mit ähnlichem Grauwert führt auf das Mosaikbild der nächsthöheren Stufe – die Wasserscheiden mit niedrigen Gradientenwerten fallen weg. In [Zeh93] wird ein entsprechender graphentheoretischer Ansatz vorgeschlagen. Hier sind auch Ergebnisse für die Anwendung auf Ultraschallbilder nachzulesen.

Der besondere Vorzug der Wasserscheidentransformation liegt im Vergleich zu den beiden zuvor vorgestellten konturorientierten Ansätzen in der ständigen Verfügbarkeit geschlossener Linienzüge. Dieser Vorteil wird durch eine – salopp ausgedrückt – Umkehrung der Denkweise[8] erreicht. Statt mit großem Aufwand Konturpunkte zu Linien zusammenzufügen, wird zunächst

---

[8] Es ist für die Bildverarbeitung typisch, daß viele Probleme leichter durch die Formulierung des inversen Problems als auf scheinbar direktem Wege gelöst werden können.

mit geringem Aufwand nach Regionen gesucht, die frei von Konturpunkten sind. Die nachfolgende Bereinigung, die auch nicht problemlos, aber insgesamt einfacher zu lösen ist, kann dann mit erprobten Techniken vorgenommen werden.

14.3 Regionenorientierte Verfahren

Im Gegensatz zu den punktorientierten Verfahren zur Segmentierung liefern die regionenorientierten Verfahren immer D-zusammenhängende Regionen. Grundlegende Eigenschaft dieser Verfahren ist, daß für jeden Punkt oder für eine Menge von benachbarten Punkten entschieden werden muß, ob diese Punkte zu einer Region gehören oder nicht. Deshalb wird vor der Darstellung der Verfahren zunächst das sog. Distanzmaß betrachtet, mit dem genau diese Entscheidung getroffen werden kann. Eine weitere wichtige Problematik der Verfahren ist die Reihenfolge, mit der die Entscheidungen getroffen werden. Hierzu werden verschiedene Kontrollstrukturen besprochen.

14.3.1 Distanz- und Ähnlichkeitsmaße

Unter einem Distanzmaß versteht man ein Maß für die Ähnlichkeit zweier betrachteter Regionen. Die Regionen können im einfachsten Fall nur einen Punkt beinhalten. Ein typisches Distanzmaß ist der Grauwertabstand d von zwei Pixeln:

$$d(\mathbf{p}_1, \mathbf{p}_2) = |g_1 - g_2| \qquad (14.11)$$

Dabei seien g_1 und g_2 die Grauwerte der betrachteten Pixel $\mathbf{p}_1$ und $\mathbf{p}_2$. Bei den später vorgestellten Verfahren kann mittels des Grauwertabstandes d entschieden werden, ob ein Pixel zu einer bestehenden Region hinzugefügt wird oder nicht.

Betrachtet werden nun zwei D-zusammenhängende Regionen $\underline{A}$ und $\underline{B}$, die eine gemeinsame Kante haben (Abb. 14.15). Gesucht wird ein Entscheidungskriterium, das Auskunft darüber gibt, ob diese beiden Regionen ähnlich genug sind, um sie zu einer Region zusammenzuschließen. Dazu werden im folgenden verschiedene *Linkage-Strategien* (Verbindungsstrategien) betrachtet [Mes89]:

Single-Linkage. Die Single-Linkage-Strategie läßt zwei Regionen $\underline{A}$ und $\underline{B}$ genau dann verschmelzen, wenn es ein D-benachbartes Pixelpaar $\mathbf{p}_A$, $\mathbf{p}_B$ mit $\mathbf{p}_A \in \underline{A}$ und $\mathbf{p}_B \in \underline{B}$ gibt, so daß gilt:

$$d(\mathbf{p}_A, \mathbf{p}_B) \leq t \qquad (14.12)$$

Dabei ist t ein zu definierender Schwellwert für den Grauwertabstand. Problematisch ist die Single-Linkage-Strategie bei Regionen, die zueinander inhomogen sind, aber auf der gemeinsamen Grauwertkante genau ein Pixelpaar

$\mathbf{p}_A$, $\mathbf{p}_B$ besitzen, für das die obige Bedingung zutrifft. Die Verwendung der single Linkage-Strategie würde zur Verschmelzung dieser Regionen führen. Dieses Fehlverhalten nennt man Chaining-Effekt. Um den Chaining-Effekt zu vermeiden, kann eine der folgenden Strategien verwendet werden.

Contiguity-Constraint-Complete-Linkage. Hierbei wird nicht nur ein Pixelpaar als Entscheidungskriterium betrachtet, sondern alle Pixelpaare, die auf der gemeinsamen Kante liegen. Die Regionen werden nur dann verschmolzen, wenn (14.12) für alle D-benachbarten Pixelpaare gilt. Durch diese Linkage-Strategie wird der Chaining-Effekt beseitigt. Jedoch führen schon einzelne Pixelpaare mit $d(\mathbf{p}_A, \mathbf{p}_B) > t$ dazu, daß die Regionen nicht verschmolzen werden. Man kann das Entscheidungskriterium aber etwas abschwächen.

Contiguity-Constraint-Average-Linkage. Diese Methode ist eine Erweiterung der Contiguity-Constraint-Complete-Linkage-Strategie. Der Unterschied liegt darin, daß hier der Mittelwert der Grauwertabstände aller Pixelpaare der gemeinsamen Kante der beiden Regionen betrachtet wird. Liegt dieser unter einem Schwellwert t, so werden die beiden Regionen zusammengefaßt.

Centroid-Linkage. Bei der Centroid-Linkage-Strategie werden zunächst die Mittelwerte der Grauwerte in den beiden Regionen gebildet. Falls diese genügend nahe beieinander liegen, kann die Verschmelzung eintreten. Diese Linkage-Strategie ist im Gegensatz zu den zuvor besprochenen ein globales Kriterium, denn hier werden nicht nur Pixelpaare an einer gemeinsamen Kante betrachtet, sondern alle Elemente der beiden Regionen.

Complete-Linkage. Beim Complete-Linkage fließt ergänzend die Grauwertdynamik der beiden Regionen in die Entscheidung mit ein, ob die Regionen zusammengefaßt werden können. Betrachet wird der Grauwertabstand $\Delta_{\underline{A}} = \max\{\underline{A}\} - \min\{\underline{A}\}$ und $\Delta_{\underline{B}} = \max\{\underline{B}\} - \min\{\underline{B}\}$. Ein Zusammenschluß ist dann möglich, wenn neben dem Centroid-Linkage-Kriterium gilt: $|\Delta_{\underline{A}} - \Delta_{\underline{B}}| \leq t$. In diesem Fall wird neben dem Mosaikbild auch das Originalbild erneut herangezogen.

Die Complete-Linkage-Strategie kann beispielsweise zur weiteren Verarbeitung der Regionen einer Wasserscheidentransformation eingesetzt werden.

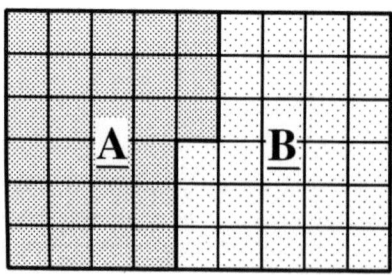

Abb. 14.15. Das Bild zeigt zwei aneinandergrenzende Regionen $\underline{A}$ und $\underline{B}$, wie sie typischerweise von einem Region-Growing- bzw. Region-Merging-Algorithmus zu bearbeiten sind.

Die problemspezifische Anpassung der Kriterien für eine Regionenverschmelzung ist ein bedeutender Punkt im Design eines regionenorientierten Segmentierungsverfahrens.

14.3.2 Kontrollstrukturen

In Abschnitt 14.3.1 wurden Möglichkeiten aufgezeigt, wie eine Entscheidung über den Zusammenschluß von Pixeln bzw. Regionen getroffen werden kann. Geht man davon aus, daß mehrere Pixel oder Regionen zu einer bestehenden Region hinzugefügt werden sollen, spielt die Reihenfolge des Zusammenschlusses eine große Rolle.

Betrachtet wird hierzu folgendes Beispiel (Abb. 14.16): Die Region $\underline{A}$ hat drei benachbarte Regionen $\underline{B}$, $\underline{C}$ und $\underline{D}$. Betrachtet man die benachbarten Regionen in einer festen Reihenfolge (z.B. im Uhrzeigersinn), so ist es möglich, daß der Regionenzusammenschluß ein nur unzureichendes Ergebnis liefert. Bei Verwendung der Centroid-Linkage-Strategie seien folgende Werte gegeben: $d(\underline{A}) = 0,4$, $d(\underline{B}) = 0,8$, $d(\underline{C}) = 0,9$, $d(\underline{D}) = 0,7$, wobei alle Regionen die gleiche Anzahl von Pixeln haben sollen. Für den Schwellwert gelte $t = 0,6$. Dann würde zunächst $\underline{B}$ betrachtet: $d(\underline{A},\underline{B}) = 0,4 \leq t \Rightarrow$ Die Regionen werden verschmolzen, obwohl $d(\underline{A},\underline{D}) = 0,35 < d(\underline{A},\underline{B})$ gilt. Das bedeutet, daß die Verschmelzung von $\underline{A}$ mit $\underline{D}$ ein besseres Ergebnis bewirkt hätte als die Regionenverschmelzung mit $\underline{B}$. Da $d(\underline{A} \cup \underline{B}, \underline{D}) = 0,65 > t$ gilt, wird die Region $\underline{D}$ im nächsten Schritt nicht zu $\underline{A} \cup \underline{B}$ hinzugefügt.

Aus diesem Beispiel ist ersichtlich, daß eine feste Reihenfolge bei der Betrachtung benachbarter Pixel oder Regionen nicht sinnvoll ist. Eine bessere Vorgehensweise ist die globale Betrachtung aller möglichen Verschmelzungen. Man fügt zuerst die Pixel bzw. Regionen zusammen, deren Distanzmaß am günstigsten bewertet wurde. Bezogen auf das obige Beispiel entsteht dann folgende Situation: Man berechnet das Minimum der Distanzmaße aller möglichen Verschmelzungsvorgänge:

$$d_{\min} = \min\{d(\underline{A},\underline{B}), d(\underline{A},\underline{D}), d(\underline{A},\underline{C})\} = d(\underline{A}, D) = 0,55 \leq t$$

Daraus folgt, daß die Regionen A und D zuerst verschmolzen werden. Im nächsten Schritt betrachtet man die neu entstandene Region und deren be-

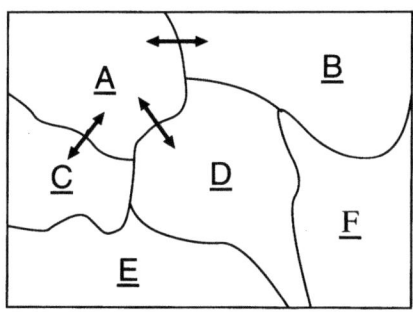

Abb. 14.16. Das Bild zeigt ein Beispiel für die Betrachtungsreihenfolge bei benachbarten Regionen. Das Segmentierungsergebnis kann von der Reihenfolge der Regionenverschmelzung abhängig sein.

nachbarte Regionen:

$$d_{\min} = \min\{d(A \cup D, B), d(A \cup D, C)\} = d(A \cup D, B) = 0,675 > t$$

Da $d_{\min} > t$, finden keine weiteren Verschmelzungen mehr statt.

14.3.3 Agglomerative Verfahren

Region-Growing. Das Bereichswachstumsverfahren (engl. region growing) besteht im wesentlichen aus zwei Schritten. Im ersten Schritt werden innerhalb des zu behandelnden Bildes geeignete Keimpunkte ausgewählt und diese als Anfangsregionen gekennzeichnet. Alle anderen Pixel werden als nichtregionenzugehörig markiert.

Im zweiten Schritt werden alle D-benachbarten Pixel der bestehenden Regionen (im ersten Schritt bestehen die Regionen aus nur einem Punkt) unter Verwendung eines geeigneten Distanzmaßes und einer geeigneten Kontrollstruktur betrachtet. Wenn das Ergebnis der Distanzfunktion unter einem Schwellwert t liegt, wird das betrachtete Pixel zur Region hinzugefügt, unabhängig davon, ob das Pixel bereits zu einer anderen Region gehört. Dieser Schritt wird so lange ausgeführt, bis keine Verschmelzungsoperationen mehr durchgeführt werden können. Prinzipiell ist auch dieses Verfahren, bei dem quasi parallel mehrere Regionen expandieren, anfällig für den Chaining-Effekt (vgl. Abschn. 14.3.1).

Die geeignete Wahl der Keimpunkte für das Region-Growing-Verfahren beeinflußt dessen Funktionsweise erheblich. Ziel jedes Segmentierungsverfahrens ist die Herausbildung von möglichst homogenen Regionen. Daher ist es sinnvoll, die Keimpunkte innerhalb möglichst homogener Bereiche des Bildes zu legen. Dies können beispielsweise Bereiche mit konstantem Grauwert oder minimalem Gradient sein.

Eine andere Möglichkeit besteht darin, die Keimpunkte in einem regelmäßigen Raster über das Bild zu verteilen. Dadurch kann es vorkommen, daß innerhalb einer Region mehrere Startpunkte liegen. Diese Regionen werden jedoch bei der Wahl einer geeigneten Distanzfunktion zu einer Region zusammengefaßt.

Region-Merging. Im Gegensatz zum Region-Growing-Verfahren ist der Anfangszustand des Region-Merging-Verfahrens eine vollständige Einteilung des gesamten Bildbereichs in kleine Regionen (z.B. 2×2 Pixel). Im Iterationsschritt werden nun D-benachbarte Regionen jeweils paarweise betrachtet und gegebenenfalls zu einer neuen Region zusammengefaßt. Das Verfahren terminiert, wenn der Wert des verwendeten Distanzmaßes für alle benachbarten Regionenpaare über einem Schwellwert t liegt.

14.3.4 Divisive Verfahren

Im Gegensatz zu den agglomerativen Verfahren, bei denen die Regionen durch einen Wachstumsprozeß entstehen, wird bei den divisiven Verfahren die Regionenbildung durch einen Zerteilungsprozeß erreicht.

Split. Beim Split-Verfahren wird zunächst das gesamte Bild als eine Initialpartition betrachtet. Nun wird mittels eines Homogenitätskriteriums d (z.B. Grauwertdynamik, Grauwertvarianz usw.) überprüft, ob die Partition homogen ist. Falls für einen Schwellwert t gilt: $d > t$, wird die Partition in mehrere kleinere Partitionen zerlegt. Dies können z.B. 4 gleich große Rechtecke sein. Dieser Schritt wird nun für alle entstandenen Partitionen so lange wiederholt, bis alle Partitionen hinreichend homogen sind. Die entstandene Partitionierung ist dann eine Einteilung des Bildes in Regionen.

Da nur Zerteilungsprozesse erlaubt sind, wird es i.d.R. vorkommen, daß eine Region durch das Splitting in zwei Teile zerlegt wird. Um dies auszuschließen, wurde das Split-Verfahren um einen zusätzlichen Merge-Operator erweitert.

Split & Merge. Die prinzipielle Funktionsweise des Split & Merge-Verfahrens ist die gleiche wie beim Split-Verfahren. Der Unterschied liegt nun darin, daß nach der Unterteilung einer Partition überprüft wird, ob Paare von D-benachbarten Subpartitionen existieren, die zueinander homogen sind. Falls dies der Fall ist, werden diese Subpartitionen mittels eines Merge-Operators zusammengefaßt. Dabei wird dasselbe Homogenitätskriterium verwendet, das auch beim Split-Operator angewendet wurde. Das Verfahren terminiert, wenn alle entstandenen Partitionen homogen sind.

Beim Split- wie auch beim Split & Merge-Verfahren entstehen aufgrund der rechteckigen Geometrie der Partitionen Regionen mit ausgefransten eckigen Kanten. Um die Form der Regionen zu optimieren, müssen diese mit geeigneten Verfahren zur Kantenglättung nachbearbeitet werden. Ein mögliches Verfahren dazu (Kantenrelaxation) wird in [Mes89] beschrieben.

14.3.5 Hierarchische regionenbasierende Segmentierung

Bei der Betrachtung des Split- und des Split & Merge-Verfahrens fällt auf, daß der Ablauf der Zerteilungsoperation in verschiedene Ebenen eingeteilt werden kann. Man kann die Funktionsweise durch eine pyramidale Stuktur darstellen (Abb. 14.17). Dabei entspricht jede Pyramidenebene dem Partitionszustand des Bildes nach Anwendung des Split-Operators.

Gauß- und Laplace-Pyramiden. Pyramidale Konzepte verhindern die Explosion des Rechenaufwandes, wenn Bilder – zum Beispiel zur Segmentierung – über einen großen Wellenlängenbereich geglättet werden sollen [Jae91]. Unter Ausnutzung des Abtasttheorems kann ein Bild in verschiedenen Auflösungsstufen repräsentiert werden: Nach einer adäquaten Glättung erfolgt die Unterabtastung des Bildes zur nächsten Stufe. Die Aufeinanderfolge dieser

380   14. Bildsegmentierung

Auflösungsstufen nennt man Gauß-Pyramide, da die erforderliche Tiefpaßfilterung meist mit einem Gauß- bzw. Binomialfilter (vgl. Kap. 7 und Kap. 9) erfolgt. Aus der Differenz der einzelnen Ebenen der Gauß-Pyramide kann die Laplace-Pyramide gebildet werden, die auch als Laplacian-of-Gaussian (LOG) bezeichnet wird [Bur81, Bur83].

Eine detaillierte formale Betrachtung dieser Pyramiden ist bei JÄHNE zu finden [Jae91]. Wir wollen uns daher darauf beschränken, ein (heuristisches) Segmentierungsverfahren, das auf der Darstellung des Bildes in einer Gauß-Pyramide basiert, exemplarisch zu untersuchen. Dieses Verfahren orientiert sich an dem von BURT vorgeschlagenen Segmentierungsalgorithmus [Bur84].

Pyramid-Linking-Verfahren. Kennzeichnend für dieses Verfahren ist, daß Merkmalsberechnung und Segmentierung abwechselnd aufeinander folgen. Unter der Merkmalsberechnung versteht man die Berechnung des Distanzmaßes bezogen auf ein Pixelpaar oder eine Menge von Pixeln. Die prinzipielle Vorgehensweise ist folgende: Im ersten Schritt werden die Merkmale ohne Berücksichtigung bestehender Objektgrenzen berechnet. Danach wird aufgrund dieser Merkmalsberechnung eine vorläufige Segmentierung durchgeführt gefolgt von einer Merkmalsneuberechnung. Die beiden letzen Schritte werden iterativ so lange wiederholt, bis ein stabiles Ergebnis entsteht, d.h. eine Merkmalsneuberechnung zu keinen neuen Ergebnissen führt.

Dieses Konzept soll nun anhand einer eindimensionalen verrauschten Stufenkante dargestellt werden (Abb. 14.18).

Initialisierung. Zunächst wird eine Gauß-Pyramide berechnet. In unserem Beispiel fließen jeweils 4 Pixel in die Berechnung des Wertes der nächst höheren Ebene ein, die durch einfache Mittelwertbildung berechnet wird. Bei der Berechnung der linken und rechten Randpunkte werden nur drei Pixel verwendet (Abb. 14.18 a). Die unterste Ebene der Pyramide besteht aus *Blättern*, also den ursprünglichen Grauwerten. Die folgenden Ebenen enthalten *Knoten*, die in der *Wurzel* der Pyramide enden. Wurzel, Knoten und Blätter sind durch *Äste* verbunden.

Segmentierungsschritt. Im nächsten Schritt werden alle Knoten mit dem Knoten der nächst höheren Ebene (Vaterknoten) verbunden, der den nächstliegenden Wert hat oder am nächsten gelegen ist. Dadurch wird also für jedes

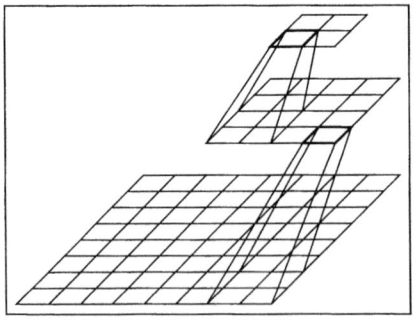

Abb. 14.17. Das Split-Verfahren kann prinzipiell als pyramidale Struktur dargestellt werden. Die Anzahl der Pixel nimmt mit jeder weiteren Ebene der Pyramide ab, bis letztlich nur noch ein Pixel übrig bleibt.

Pixel eine vorläufige Regionenzugehörigkeit definiert. Das Ergebnis dieses Schrittes ist in Abbildung 14.18 b dargestellt.

Merkmalsneuberechnung. Zur Merkmalsneuberechnung wird wieder das arithmetische Mittel verwendet. Knoten, die mit keinem Knoten oder Blatt verbunden sind, werden eliminiert (Abb. 14.18 c).

Iteration. Der Segmentierungsschritt und die Merkmalsneuberechnung werden nun so lange wiederholt, bis ein stabiles Ergebnis eintritt oder die maximale Anzahl an Iterationsschritten erreicht ist. Eine Konvergenz des Verfahrens kann nicht bewiesen werden. In unserem Beispiel wird das Endergebnis nach zwei Iterationsschritten (Abb. 14.18 b–e) erreicht.

Ergebnis. Die verschiedenen Ebenen des entstandenen Baumes werden mit $G^{(n)}$ bezeichnet. $G^{(0)}$ sind dabei die Blätter und $G^{(N-1)}$ die Wurzel des Baumes. In unserem Beispiel enthält die Pyramide $N = 5$ Ebenen. Ein Segmentierungsergebnis für die Auflösungsstufen $G^{(1)}$ bis $G^{(3)}$ erhält man dadurch, daß der Grauwert des jeweiligen Vaterknotens in die Blätter übertragen wird,

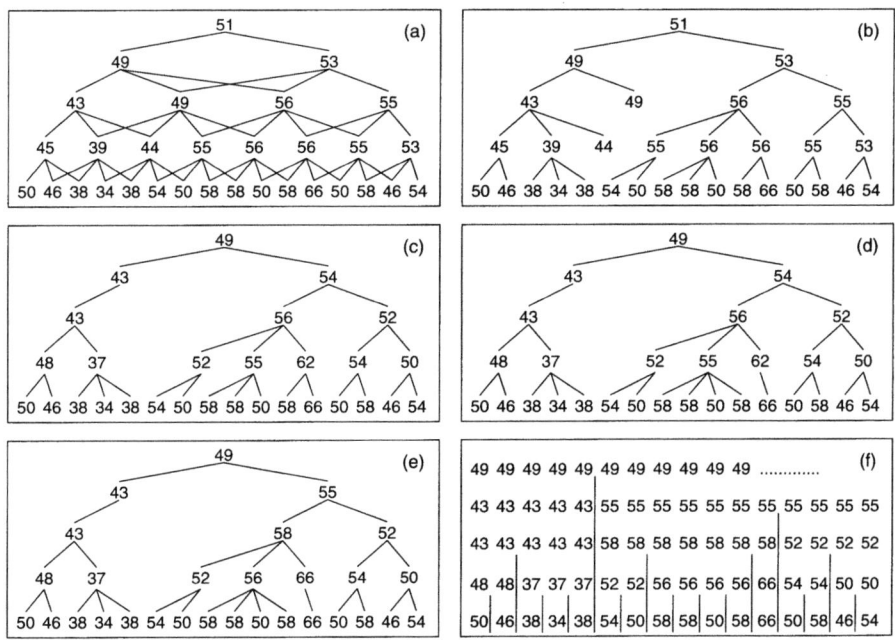

Abb. 14.18. In der untersten Zeile der Teile (**a**) bis (**f**) sind die „Grauwerte" einer verrauschten eindimensionalen Kante dargestellt. Zum Aufbau der Pyramide werden in einer überlappenden Viererumgebung alle Werte gemittelt (**a**). Danach wird die Pyramide von unten nach oben durchlaufen, und die Zuordnungen der Knoten werden neu berechnet (**b**). Dieser Wechsel von Neuberechnung der Zuordnungen und Knoten wird so lange iteriert, bis sich ein stabiles Ergebnis ergibt (**e**). Die Segmentierung liefert je nach Auflösungstufe 2, 3 oder 7 Segmente (**f**).

die durch einen Ast mit dem Knoten verbunden sind (Abb. 14.18 f). Die Segmentierung liefert in unserem Beispiel je nach Auflösungstufe 2, 3 oder 7 Segmente.

Nachteilig an den meisten pyramidalen Segmentierungsalgorithmen ist jedoch deren unzureichende Rotations-, Verschiebungs- oder Skalierungsinvarianz [Bis90].

14.3.6 Der Scale-Space-Ansatz

Ein weiterer Ansatz zur regionenorientierten Bildsegmentierung ist das *Scale-Space-Filtering* [Wit83, Bis88, Lin92]. Dieses Verfahren ist rein signalorientiert. Es werden signifikant hellere und dunklere Flächen im Bild gesucht, die mit den relevanten Strukturen im Bild korrespondieren.

Zu diesem Zweck wird das Bild durch Faltung mit der Gauß-Funktion in Stufen von Viertel- bis Achteloktaven geglättet. In den so erhaltenen Bildversionen werden die Nullstellen der zweiten Ableitungen des Bildsignals bestimmt. Die den Nullstellen entsprechenden Bildpunkte werden zu sog. Graustufen-Blobs erweitert, indem sie mit den umliegenden Punkten vereinigt werden. Die äußere Begrenzung der Graustufen-Blobs bildet dabei der größte angrenzende Sattelpunkt des Signals. Das Volumen der dreidimensionalen Gaustufen-Blobs wird aus der eingenommenen Bildfläche und dem durch die Nullstelle und den Sattelpunkt eingeschlossenen Grauwertbereich bestimmt.

Graustufen-Blobs, die sich über die Skalen hinweg decken, werden zu sog. Scale-Space-Blobs vereinigt (Abb. 14.19). Die Überlebenszeit im Scale-Space wird durch $\tau_{\text{Auftreten}} - \tau_{\text{Verschwinden}}$ bestimmt. Dabei ist τ definiert als der Logarithmus des Verhältnisses der erwarteten Extremwertpunkte über alle Skalen und der erwarteten Extremwertpunkte in einer bestimmten Skala, z.B. der Skala des Auftretens bzw. Verschwindens eines Blobs. Als das Auftreten eines Scale-Space-Blobs wird die Ausbildung eines neuen Extremwertes bezeichnet. Das Verschwinden eines Blobs markiert seine Teilung, eine Vereinigung mit anderen Blobs oder seine Auflösung.

Das Volumen der Scale-Space-Blobs wird aus ihrer Überlebenszeit und der Summe der Volumina der beteiligten Graustufen-Blobs, unter Berücksichtigung der bei zunehmender Glättung abnehmenden Varianz der Grauwerte, berechnet. Die Grundfläche des größten beteiligten Graustufen-Blobs wird dem Scale-Space-Blob als Fläche zugeordnet und als relevante Bildregion betrachtet. Zur Segmentierung des Bildes werden eine empirische bestimmte Anzahl der größten Scale-Space-Blobs herangezogen.

Die durch das Scale-Space-Filtering erreichte Segmentierungsleistung ist jedoch gering, da das Verfahren nur die *Regionen besonderen Interesses* bestimmt. Die eigentliche Segmentierung muß mit nachgeschalteten, genaueren Verfahren durchgeführt werden.

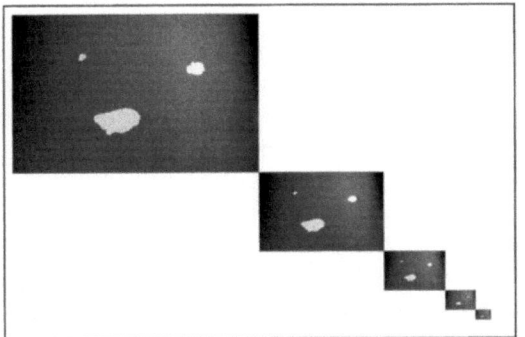
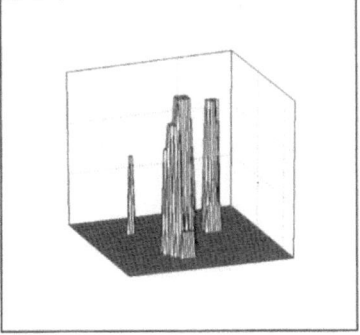

Abb. 14.19. Das linke Bild zeigt ein Beispiel für das Skalenverhalten verschieden großer Flecken (hier bilineare Interpolation, vgl. Kap. 13) in einem Grauwertbild. Rechts daneben ist ein entsprechendes Skalenhistogramm aufgetragen, das die Graustufen-Blobs in Abhängigkeit von den Skalen zeigt. Deutlich erkennbar ist, daß der kleine Fleck nur wenige Skalen *überlebt*, während der große Fleck in allen betrachteten Skalen sichtbar bleibt.

14.4 Texturorientierte Ansätze zur Bildsegmentierung

Trotz der zahlreichen Segmentierungsstrategien, die wir bislang kennengelernt haben, bleibt die Segmentierung medizinischer Bilder nach wie vor schwierig. Die Problematik liegt hier hauptsächlich darin, daß Objekte in medizinischen Bildern nicht – oder zumindest nicht mit den bislang diskutierten einfachen Homogenitätsmaßen – hinreichend beschrieben werden können. Entscheidende Bedeutung hat in diesem Kontext der Begriff der *Textur*. Eine Auswahl an Texturen aus dem Album von BRODATZ[9] ist in Abbildung 14.20 zusammengestellt.

14.4.1 Der Begriff Textur

Der Texturbegriff wurde bereits in Kapitel 6 als räumliches Konzept für die Bildsegmentierung erwähnt. Er zeichnet sich zum einen durch eine fehlende griffige Definition, zum anderen durch eine fast unübersehbare Bandbreite von Ansätzen zu seiner Beschreibung aus. Es ist quasi der auf verschiedensten Wegen unternommene Versuch, die *Homogenität des Inhomogenen* zu quantifizieren.

Ein möglicher Zugang zum Texturbegriff besteht in der Identifikation grundlegender Eigenschaften, die bei der Wahrnehmung bzw. Unterscheidung

---

[9] Das 1966 erschienene Album von BRODATZ *Textures: A Photographic Album for Artists and Designers* [Bro66] enthält über 100 Beispiele für Texturen, die in der Bildverarbeitung zu einem etablierten Standard für den Test von texturbasierten Verfahren geworden sind (obwohl diese Sammlung – und das ist die immer wieder geäußerte Kritik an dieser Datenbasis – nur einen vergleichsweise geringen Ausschnitt aus der realen Welt repräsentiert).

von Texturen eine Rolle spielen. Die zusammenfassende Darstellung solcher Eigenschaften in möglichst treffenden Begrifflichkeiten wird als *semantisches Texturkonzept* bezeichnet. Die innerhalb des Konzepts identifizierten *perzeptiven Maße* wie Gerichtetheit, Periodizität oder Komplexität spannen einen Merkmalsraum auf, der offenbar unbewußt von menschlichen Betrachtern für den Vergleich von Texturen herangezogen wird [Rao93]. Die Nützlichkeit derartiger semantischer Konzepte [Tam78, Ama89, Goo85] kann vom betrachteten Bildmaterial abhängen – der bewertende Vergleich ist unmöglich. Dennoch sind die semantischen Konzepte für das Verständnis dessen, was Textur ausmacht, von großer Bedeutung. HARALICK beschreibt die Problematik folgendermaßen [Har79]:

> *Image texture can be qualitatively evaluated as having one or more of the properties of fineness, coarseness, smoothness, granulation, randomness, lineation or being motled, irregular or hummocky. Unfortunately, few experiments have been done attempting to map semantic meaning into precise properties of tonal primitives and spatial distribution properties.*

Von besonderer Bedeutung hinsichtlich der Unterscheidung von Texturen durch menschliche Beobachter sind die umfangreichen Arbeiten von JULESZ. Sie belegen, daß der Mensch nur Texturen spontan differenzieren kann, die sich in der Statistik zweiter Ordnung unterscheiden [Jul75, Jul81]. Unter spontanem Sehen wird das unverzügliche (pre-attentive) Sehen ohne Beteiligung der bewußten Wahrnehmung verstanden. Die Differenzierung von Texturen mit gleicher Statistik zweiter Ordnung erfordert Unterschiede in lokal augenfälligen Merkmalen, die JULESZ als *Textone* bezeichnet.

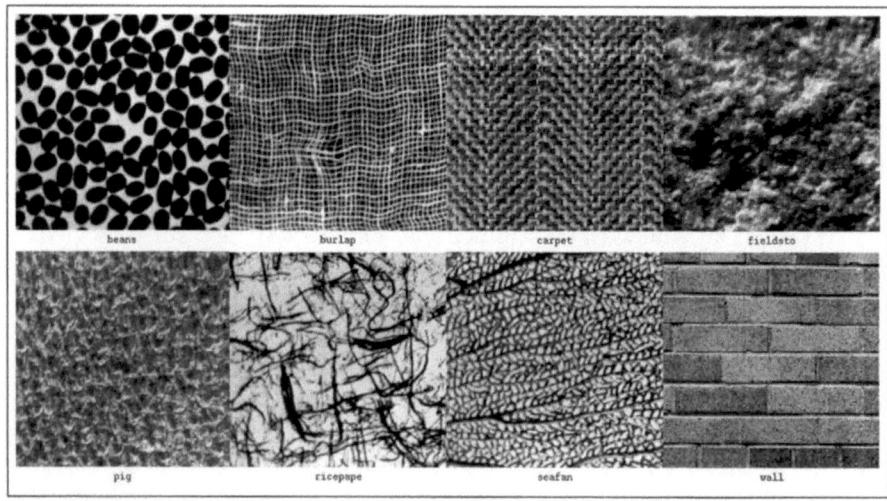

Abb. 14.20. Typische Texturen aus dem Album von BRODATZ, wie sie in der Bildverarbeitung zum Test von Verfahren benutzt werden. (Aus [Bro66])

Einfacher als die Definition semantischer Texturkonzepte gestaltet sich die Einteilung der mathematischen Ansätze und der betrachteten Texturen in übergeordnete Klassen [Goo85]. Bei den *strukturellen* Ansätzen wird vom Vorhandensein von Texturprimitiven, den Textonen oder Texeln (engl. texture element), sowie einer funktionalen Beschreibung der Anordnungsregeln ausgegangen. Die Textur kann mittels der erzeugenden Funktionen exakt beschrieben und damit auch synthetisiert werden. Die *statistischen* Ansätze gehen von der Annahme aus, daß die betrachtete Textur durch einen Satz statistischer Parameter beschrieben wird, die aus lokalen Bildeigenschaften extrahiert werden. Im Gegensatz zum strukturellen Ansatz ist dieser Ansatz im Sinne einer Textur*synthese* nicht exakt, sondern nur beschreibend, aber generell anwendbar.

14.4.2 Definiton der Textur

Die Schwierigkeiten in der Definition perzeptiver Merkmale und semantischer Konzepte sowie der Einteilung mathematischer Ansätze und Texturklassen finden ihre Entsprechung in der inhaltlichen Ausgestaltung des Begriffs „Textur" [Pel95]. Wir wollen im folgenden die aus signaltheoretischer Sicht motivierte Definition von MESTER in ihrer operationellen Version verwenden [Mes89]:

> *Ein endlicher Signalausschnitt wird dann als homogen texturiert bezeichnet, wenn geeignete statistische Parameter oder Merkmale, die aus lokalen Einzugsbereichen („Fenstern") berechnet werden, über der gesamten betrachteten Fläche konstant oder langsam veränderlich sind oder zumindest denselben Verteilungsgesetzen unterliegen.*

Nach dieser Definition scheint die Meßbarkeit lokaler (statistischer) Parameter das Konzept der Wahl zu sein. Insbesondere in der medizinischen Bildverarbeitung, in der primär Bildmaterial *analysiert* wird, bietet dieses Konzept ein größeres methodisches Spektrum zur Problemlösung als der Ansatz über elementare Bestandteile und Anordnungsregeln.

Im Gegensatz zur Textursynthese, in der ein vollständiges Texturmodell auch Effekte wie Beleuchtung, Abschattung, Oberflächenreflexion, Selbstverdeckung und perspektivische Verzerrung berücksichtigen muß, beschränkt sich die Bildanalyse i.allg. auf die Bildtextur, die dementsprechend als stationär angenommen wird. Aspekte wie eine langsam veränderliche Grundhelligkeit oder perspektivische Verzerrungen gehen i.d.R. nicht in die Modellbildung ein.

Bisweilen geht man von einer hierarchischen Organisation der Textur aus [Bou91, Ros84a, Raa88, Uns89]. Darunter wird die Veränderung charakteristischer Eigenschaften der beobachteten Textur in Abhängigkeit von der Auflösungsstufe verstanden. Ein Beispiel dafür ist ein Ausschnitt aus einem

386   14. Bildsegmentierung

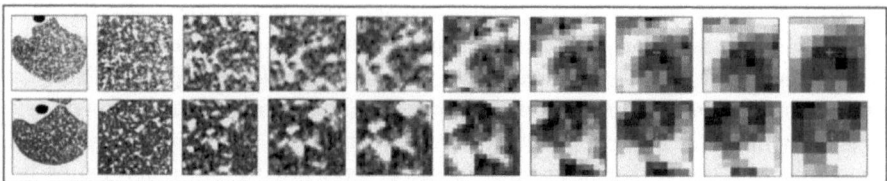

Abb. 14.21. Darstellung von Lungengewebe (oben Silikose, unten gesundes Lungengewebe) bei verschiedenen Auflösungsstufen (von links nach rechts: 150 × 150 bis 7 × 7). Eine Unterscheidung beider Texturen ist erst ab ca. 32 × 32 Bildpunkten möglich (6. Bild von rechts).

Pullover, der je nach Auflösungsstufe die Grobstruktur des Strickmusters, einzelne Wollfäden im Maschenwerk oder den Aufbau eines einzelnen Wollfadens zeigt. Dieser Sachverhalt, der auch in medizinischem Bildmaterial anzutreffen ist, wird mit dem Begriffspaar Mikro/Makro-Textur belegt. Abbildung 14.21 zeigt eine Multiskalenbetrachtung für CT-Bilder der Lunge (unten: gesundes Gewebe; oben: Silikose). Eine Trennung beider Texturen ist erst ab Auflösungsstufen von 32 × 32 Bildpunkten im Bereich der Makrotextur möglich, während die Mikrotextur keine Anhaltspunkte für die Unterscheidung liefert.

14.4.3 Berechnung von Texturmerkmalen

Im folgenden sollen die wichtigsten Techniken und Ansätze zur Extraktion von Texturmerkmalen vorgestellt werden.

Signaltheoretische Konzepte. Ein intensiv untersuchter Ansatz zur Extraktion von Texturmerkmalen ist die Analyse des Leistungsdichtespektrums der Fourier-Transformierten eines Bildes bzw. Bildausschnittes. Im Sinne einer Bandpaßfilterung werden kreisringförmige Ausschnitte des Leistungsdichtespektrums auf ihren Energiegehalt untersucht (Abb. 14.22). Ergänzend kann

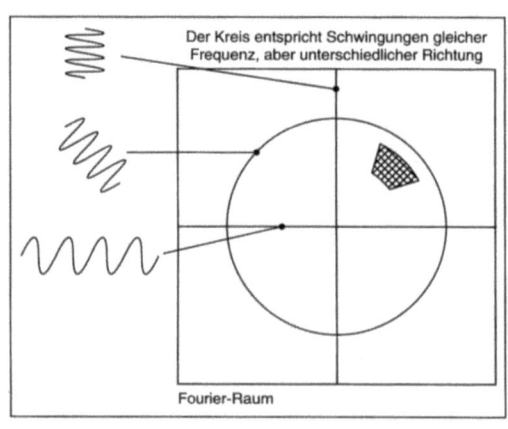

Abb. 14.22. Im Fourier-Raum liegen alle Schwingungen gleicher Frequenz, aber unterschiedlicher Ausbreitungsrichtung auf einem Kreisring. GRANLUNDS Ansatz zur Charakterisierung von Texturen besteht in der Zusammenfassung von bestimmten Frequenzbändern bzw. Ausbreitungsrichtungen (Kreisringe oder Keile) des Powerspektrums zu Maßzahlen (Energieanteilen) [Gra80].

14.4 Texturorientierte Ansätze zur Bildsegmentierung

die Modellierung einer Vorzugsrichtung durch Bewertung von keilförmigen Ausschnitten erfolgen [Wer85]. Der Grundgedanke einer Extraktion lokaler Orientierungsmaße aus dem Spektrum durch Unterteilung desselben in Teilsektoren findet sich auch in GRANLUND's General Operator Processor wieder [Gra80, Wer85]. Hauptkritik an diesem Ansatz ist, daß die Mittelwertbildung über einen Kreisring des Leistungsdichtespektrums keine physiologische Entsprechung hat [Wer85, Mon88]. Im Kontext einer signaltheoretischen Betrachtungsweise kommt der Autokorrelationsfunktion (AKF) besondere Bedeutung zu. Ihre Aussagekraft hinsichtlich signifikanter Texturmerkmale wird jedoch kontrovers diskutiert. Aus der AKF können Aussagen über die Periodizität [Nic90, Kub86] sowie die Rauhigkeit [Kub86] einer Textur gewonnen werden. Bemerkenswert ist, daß die Phase trotz ihres im Vergleich zum Power-Spektrum hohen Informationsgehaltes [Jae91] in der Texturanalyse bislang keine Verwendung gefunden hat, sondern sogar als „nicht auswertbar" eingestuft wurde [Ekl79].

Cooccurrence-Matrizen. Grauwertübergangs- oder Cooccurrence-Matrizen wurden von HARALICK vorgestellt [Har73] und stellen bislang eines der wichtigsten Werkzeuge in der Texturanalyse dar. Die Berücksichtigung räumlicher Zusammenhänge wird durch die Betrachtung der Wahrscheinlichkeit $p_\mathbf{d}(i,j)$ des Auftretens zweier Grauwerte i und j im Abstand $\mathbf{d}$ modelliert. Der Vektor $\mathbf{d}$ wird als *Displacement* bezeichnet. Bei festem $\mathbf{d}$ und G möglichen Grauwerten gilt:

$$0 \leq p_\mathbf{d}(i,j) \leq 1 \quad \forall i,j \quad \text{und} \quad \sum_{i=0}^{G-1} \sum_{j=0}^{G-1} p_\mathbf{d}(i,j) = 1 \qquad (14.13)$$

Für jedes Displacement $\mathbf{d}$ können diese Auftrittswahrscheinlichkeiten in einer Cooccurrence-Matrix $M_\mathbf{d}(i,j)$ zusammengefaßt werden (Abb. 14.23):

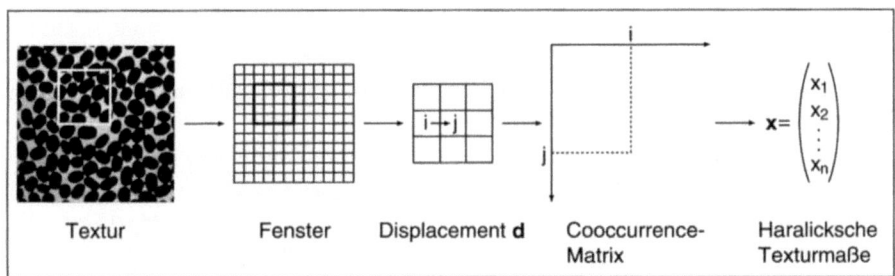

Textur   Fenster   Displacement d   Cooccurrence-Matrix   Haralicksche Texturmaße

Abb. 14.23. Die Abbildung zeigt die prinzipiellen Schritte einer Texturauswertung mit Hilfe der Cooccurrence-Matrix. Über die Textur wird ein Fenster gelegt, das entsprechend dem Displacement $\mathbf{d}$ ausgewertet wird. Das paarweise Auftreten zweier Grauwerte i,j wird in der Matrix akkumuliert. Eine Reduktion auf wenige Merkmale erfolgt dann durch Berechnung der Haralickschen Texturmaße, die dem Fenster zugeordnet werden.

14. Bildsegmentierung

$$M_{\mathbf{d}}(i,j) = \begin{pmatrix} p_{\mathbf{d}}(0,0) & p_{\mathbf{d}}(1,0) & \cdots & p_{\mathbf{d}}(G-1,0) \\ p_{\mathbf{d}}(0,1) & p_{\mathbf{d}}(1,1) & \cdots & p_{\mathbf{d}}(G-1,1) \\ \vdots & \vdots & \ddots & \vdots \\ p_{\mathbf{d}}(0,G-1) & p_{\mathbf{d}}(1,G-1) & \cdots & p_{\mathbf{d}}(G-1,G-1) \end{pmatrix}$$
(14.14)

Diese Beschreibung hängt von der Wahl des Displacement-Vektors **d** ab und ist damit nicht rotationsinvariant. Das legt eine Erweiterung durch Mittelung über 4 Richtungen einer Achternachbarschaft nahe [Got90]. Durch Überführung von **d** in den Winkel θ und die Länge δ ergibt sich $M_{\mathbf{d}}(i,j) = M_{\delta,\theta}(i,j)$ und damit die rotationsunabhängige Cooccurrence-Matrix:

$$M_\delta(i,j) = \frac{1}{4} \sum_{\theta=0,\frac{\pi}{4},\frac{\pi}{2},\frac{3\pi}{4}} M_{\delta,\theta}(i,j) \qquad (14.15)$$

Zur Charakterisierung lokaler Textureigenschaften wird die Berechnung der Cooccurrence-Matrix zu einer Distanz δ auf eine $G \times G$ Bildpunkte große Nachbarschaft um den betrachteten Bildpunkt beschränkt.

Auf der Basis der so gewonnenen $G \times G$ großen Matrix definierte HARALICK 14 Texturmaße[10] [Har73], die die Eigenschaften der Textur hinreichend genau beschreiben sollen. Die Reduktion der $(G \times G)$-Matrix auf repräsentative Maße stellt einen Informationsverlust dar, der aber in vielen Analyseanwendungen unter dem Aspekt des reduzierten Rechenaufwandes vertretbar ist. Ergänzend kann vor Berechnung der Cooccurrence-Matrix eine Reduktion des Grauwertbereichs (z.B. von 256 auf 64) durchgeführt werden.

Von den 14 Texturmaßen finden in der Literatur aufgrund von Redundanz jedoch nur 4 bis 6 Verwendung [Abe82, Mes89, Nic90, Wer85, Wei93a]. Am Beispiel von 13 Brodatz-Texturen wurde gezeigt, daß eine Kombination von jeweils 4 Maßen je Textur optimal ist [Got90]. Die Periodizität einer Textur kann durch Variation der Displacement-Länge unter Auswertung des Inverse-Difference-Moment bestimmt werden. Sichere Kriterien für die Auswahl der besten Maße im Hinblick auf eine bestimmte Problemstellung stehen jedoch nicht zur Verfügung. Wesentlich für ihre Anwendung ist eine Normierung des Bildmaterials, da eine starke Abhängigkeit von den Beleuchtungsbedingungen gezeigt werden konnte [Rod91].

Alternativ kann statt der vollständigen Berechnung der Cooccurrence-Matrix mit lokalen Summen- und Differenzhistogrammen operiert werden, die einer kompakteren Darstellung der Cooccurrence-Matrix entsprechen. Sie berechnen sich aus der Cooccurrence-Matrix $M_{\mathbf{d}}(i,j)$ durch:

---

[10] Second Angular Moment, Variance, Inverse Difference Moment, Sum Average, Entropy, Sum Entropy, Sum Variance, Contrast, Difference Entropy, Difference Variance, Correlation, Information Measure of Correlation I, Information Measure of Correlation II, Maximum Correlation Coefficient

14.4 Texturorientierte Ansätze zur Bildsegmentierung

$$p_{\text{Sum},\mathbf{d}}(g) = \sum_{k=0}^{G-1} \sum_{\substack{\ell=0 \\ k+\ell=g}}^{G-1} p_{\mathbf{d}}(k,\ell) \quad \text{mit} \quad 0 \leq g \leq 2G-2 \tag{14.16}$$

$$p_{\text{Diff},\mathbf{d}}(g) = \sum_{k=0}^{G-1} \sum_{\substack{\ell=0 \\ k-\ell=g}}^{G-1} p_{\mathbf{d}}(k,\ell) \quad \text{mit} \quad -G+1 \leq g \leq G-1 \tag{14.17}$$

Im Summenhistogramm sind die Wahrscheinlichkeiten $p_{\text{Sum},\mathbf{d}}(g)$ aufgetragen, daß die Summe der Grauwerte zweier Bildpunkte im Abstand $\mathbf{d}$ gleich g ist. Analog bezeichnet das Differenzhistogramm mit den Einträgen $p_{\text{Diff},\mathbf{d}}(g)$ die Wahrscheinlichkeit, daß die Differenz der Grauwerte zweier Bildpunkte im Abstand $\mathbf{d}$ gleich g ist. Abbildung 14.24 verdeutlicht den Zusammenhang mit der Cooccurrence-Matrix. Die Charakterisierung einer Mustertextur erfolgt durch einen Texturprototyp, der durch das aus seinem Summen- und Differenzhistogramm zu einem Displacement $\mathbf{d}$ bestehenden Histogrammpaar eines repräsentativen Texturausschnittes gebildet wird. Zur Texturanalyse wird zunächst ein Satz von Texturprototypen zusammengestellt, der alle im Bild vorkommenden Texturklassen beschreibt. Das in einem Fenster um jeden betrachteten Bildpunkt berechnete Histogrammpaar wird sodann mittels des Ähnlichkeitsmaßes (14.18) mit allen Prototypen verglichen und mit dem Label der Klasse des ähnlichsten Prototypen versehen. Für die Texturprototypen sei die Auftrittswahrscheinlichkeit gegeben durch:

$p^{pt}_{\text{Sum}_{\theta,\delta}}(g)$ mit $0 \leq g \leq 2G-2$

$p^{pt}_{\text{Diff}_{\theta,\delta}}(g)$ mit $-G+1 \leq g \leq G-1$ und $\theta \in \{0, \frac{\pi}{4}, \frac{\pi}{2}, \frac{3\pi}{4}\}$

wobei Werte für $p^{pt}_{\text{Sum}_{\theta,\delta}}(g) = 0$ bzw. $p^{pt}_{\text{Diff}_{\theta,\delta}}(g) = 0$ im Hinblick auf das verwendete Ähnlichkeitsmaß durch $p^{pt}_{\text{Sum}_{\theta,\delta}}(g) = 1/M^2$ bzw. $p^{pt}_{\text{Diff}_{\theta,\delta}}(g) = 1/M^2$ für ein $M \times M$ Bildpunkte großes Berechnungsfenster ersetzt werden. Entsprechend ist für das $G \times G$ Bildpunkte große Operatorfenster bei gleicher Displacement-Länge δ die Auftrittswahrscheinlichkeit gegeben durch:

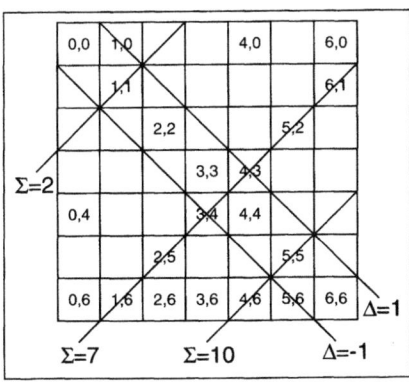

Abb. 14.24. Muster für die Berechnung der Summen- und Differenzhistogramme. Die mit Δ gekennzeichneten Linien bezeichnen die für die Differenzhistogramme herangezogenen Werte, die mit Σ gekennzeichneten die Summenhistogramme.

$p^{op}_{\text{Sum}_{\theta,\delta}}(g)$ mit $0 \leq g \leq 2G - 2$

$p^{op}_{\text{Diff}_{\theta,\delta}}(g)$ mit $-G + 1 \leq g \leq G - 1$ und $\theta \in \{0, \frac{\pi}{4}, \frac{\pi}{2}, \frac{3\pi}{4}\}$

Das der Entropiedefinition entlehnte Ähnlichkeitsmaß $\tau^{op,pt}$ mißt die Übereinstimmung des Operatorhistogrammpaares mit dem Histogrammpaar des Prototypen:

$$\tau^{op,pt}_{\theta,\delta} = \sum_{g=0}^{2G-2} -p^{op}_{\text{Sum}_{\theta,\delta}}(g) \cdot \log\left(p^{pt}_{\text{Sum}_{\theta,\delta}}(g)\right)$$
$$+ \sum_{g=-(G-1)}^{G-1} -p^{op}_{\text{Diff}_{\theta,\delta}}(g) \cdot \log\left(p^{pt}_{\text{Diff}_{\theta,\delta}}(g)\right) \quad (14.18)$$

Eine richtungsunabhängige Bewertung zu einer gegeben Displacement-Länge δ ist gegeben durch:

$$\tau^{op,pt}_{\delta} = \sum_{\theta} \tau^{op,pt}_{\theta,\delta} \quad \text{mit} \quad \theta \in \{0, \frac{\pi}{4}, \frac{\pi}{2}, \frac{3\pi}{4}\} \quad (14.19)$$

Neben der Verwendung unterschiedlicher Displacement-Längen erlaubt das Verfahren durch Verwendung mehrerer Prototypen für eine Texturklasse die Anpassung an Variabilitäten einzelner Texturen. Ein Nachteil ist die notwendige Definition von Prototypen, die ein A-priori-Wissen über das zu analysierende Bildmaterial voraussetzt. Die Abbildungen 14.25 und 14.26 zeigen die Anwendung des Verfahrens auf zwei Bildbeispiele.

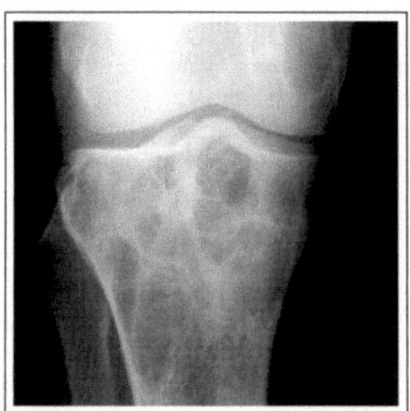
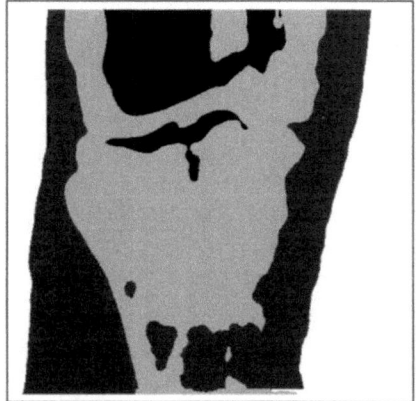

Abb. 14.25. Links ist das Originalbild zu sehen, rechts die Segmentierung mit Prototypen. Das Ergebnis wirkt grob und undifferenziert. Besonders im Bereich der Fibula (Knochen links unten im Röntgenbild), die im Originalbild deutlich dunkler dargestellt ist als der übrige Knochen, treten Fehler auf.

14.4 Texturorientierte Ansätze zur Bildsegmentierung 391

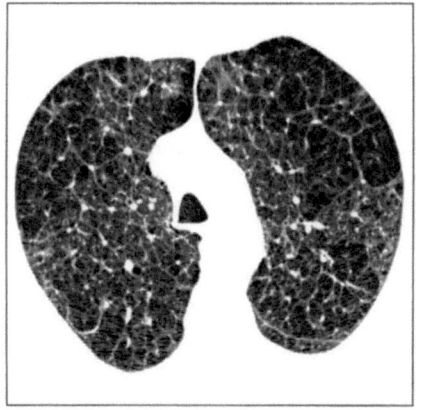 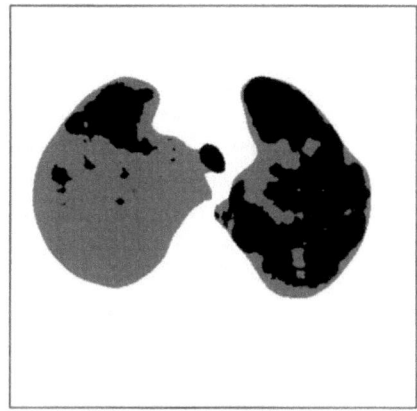

Abb. 14.26. Das Originalbild (*links*) zeigt ein montiertes CT beider Lungenflügel mit freigestelltem Hintergrund. Linker Flügel: Silikose, rechter Flügel: unauffälliger Befund. Die Segmentierung mit Prototypen ist rechts dargestellt. Das Segmentierungsergebnis ist qualitativ wesentlich besser als das in Abbildung 14.25.

Texture-Energy-Measure. Einen häufig verwendeten Ansatz zur Texturanalyse stellen die von LAWS vorgeschlagenen *Texturenergiemaße* dar [Law80]. Zunächst erfolgt eine Faltung des Bildes mit linear unabhängigen lokalen Masken der Größe 3×3 bis 7×7, wobei die Gestalt der Maske wesentlich für die Art der extrahierten Texturmerkmale ist [Pie83]. Die Masken entstehen dabei durch Bildung des *dyadischen Produkts* von eindimensionalen Basisvektoren, die unter heuristischen Gesichtspunkten hergeleitet wurden. Dieser erste Schritt wird als Berechnung der Mikrofenster bezeichnet. Es folgt eine Berech-

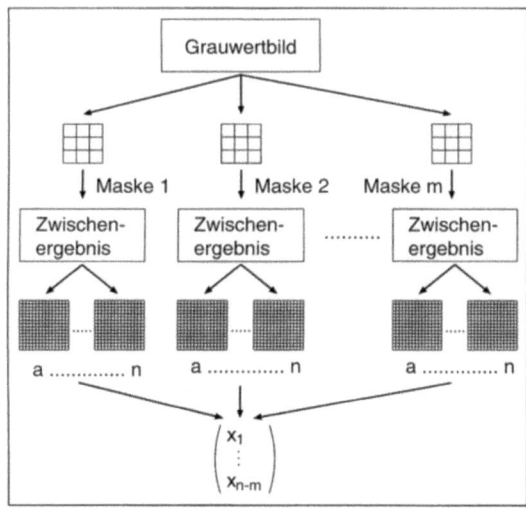

Abb. 14.27. Nach der Faltung mit m linear unabhängigen Masken der Größe 3×3 bis 7×7 (Mikrofenster) erfolgt die Berechnung statistischer Kenngrößen auf der Basis eines 15×15 großen Makrofensters.

nung statistischer Kenngrößen auf der Basis eines 15 × 15 großen Makrofensters über die Ergebnisse der Mikrofenster (Abb. 14.27). Durch diese Vorgehensweise sollen lokale und globale Textureigenschaften des Bildmaterials erfaßt werden. Der intuitive Ansatz von LAWS geht in die Richtung der Matched-Filter – die Basisvektoren sind so angelegt, daß bestimmte Eigenschaften wie z.B. die *Welligkeit* gemessen werden. Die nachrichtentechnische Untermauerung dieses Ansatzes wurde einige Jahre später von anderen Arbeitsgruppen geliefert. Eine intensive Diskussionen der Eigenschaften der Laws-Masken findet sich in [Har85b, Hsi89, Mes89, Nic90, Schep90, Vol92, Wer85].

Run-Length-Matrix. Die von GALLOWAY eingeführten *Grauwertlauflängenmatrizen* erreichen nur für einfache Texturen mit wenigen Grauwerten (z.B. Zeitungsseiten) Ergebnisse [Wan89, Pav92], die dem Vergleich mit anderen Verfahren standhalten. Sie messen die Auftrittshäufigkeit gleicher benachbarter Grauwerte, wodurch die Bestimmung lokaler Wellenzahlen möglich ist [Gro92]. Texturmerkmale auf Basis der Grauwertlauflängenmatrizen finden sich in [Abe82, Kub86, Nic90].

Fraktale Dimension und Maße. „*Tatsächlich können viele Teile der fraktalen Geometrie als eine implizite Untersuchung der Textur gelten*" [Man83]. Dieses Zitat vom Begründer der fraktalen Mathematik, BENOIT MANDELBROT, verdeutlicht die Erwartungen, die seinerzeit an den fraktalen Ansatz zur Texturanalyse gestellt wurden. Obwohl sich die vom Menschen empfundene *Rauheit* einer Textur gut mit ihrer *fraktalen Dimension* deckt und sich natürliche Szenen durch Fraktale charakterisieren lassen [Pen85], können natürliche Texturen, die nur in einem eingeschränkten Bereich Skalenverhalten zeigen, anhand der fraktalen Dimension nicht sicher voneinander unterschieden werden [Ard91, Smo90]. Eine größere Aussagekraft hat die *fraktale Signatur*, also der Verlauf der fraktalen Dimension in Abhängigkeit vom betrachteten Maßstab [Smo90, Ard91, WuC92]. MANDELBROT selbst schlägt darüber hinaus die *Lakunarität* (Löcherigkeit) und die *Sukkolarität* (Durchfließbarkeit) vor [Man83, Kel89].

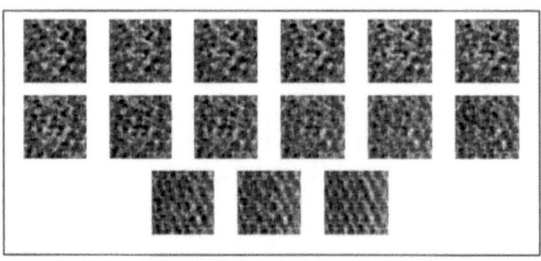 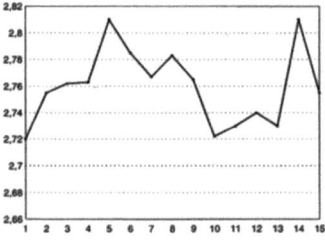

Abb. 14.28. Das Bild zeigt links 15 Textur-Patches, die aus der Überlagerung von zwei Basistexturen (14:0 – 0:14) entstanden sind. Der sukzessive Übergang ist mit dem Auge gut zu erkennen. Daneben ist der Verlauf der fraktalen Dimension für die Patches aufgetragen. Statt des zu erwartenden stetigen Anstiegs zeigt der Verlauf der fraktalen Dimension erhebliche Sprünge.

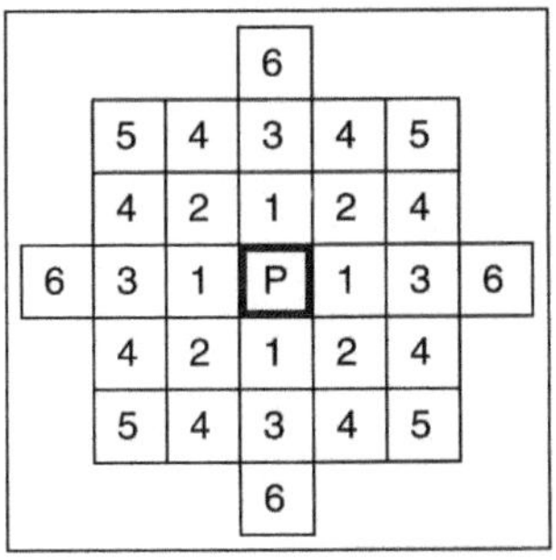

14.4 Texturorientierte Ansätze zur Bildsegmentierung

Abb. 14.29. Beispiel für ein Nachbarschaftssystem mit 6 Ebenen. Die Zahlen symbolisieren die Ebene der Zugehörigkeit der Pixel in der Umgebung des Aufpunktes **p**.

Insgesamt betrachtet hat der fraktale Ansatz zur Texturanalyse bislang die hochgesteckten Erwartungen jedoch nicht erfüllt (Abb. 14.28). Es besteht noch erheblicher Forschungsbedarf, um Grenzen und Möglichkeiten dieses Konzeptes zu erhellen, wie sie aus einzelnen Arbeiten [Hoe93, Lun86] erahnbar werden.

Markoff-Random-Fields und Gibbs-Potentiale. Die Modellierung einer Textur als stochastischer Prozess, der sich aus einer *erwarteten Struktur* und einer *individuellen Komponente* zusammensetzt, führte zu den Markoff-Feldern (vgl. Kap. 6). Markoff-Felder zur Beschreibung von Bildregionen leiten sich von Markoff-Prozessen zur Charakterisierung von Signalen ab. Sie ordnen jedem Punkt des Bildgitters eine Zufallsvariable zu, deren Verteilungsgesetz von einer Nachbarschaftsmenge bzw. einem Nachbarschaftssystem abhängt (Abb. 14.29). Die Wahrscheinlichkeit für den Grauwert eines Bildpunktes ist damit eine Funktion der Grauwerte der Nachbarpunkte [Der86, Mes89]. Die dazu notwendige Verbundverteilungsdichte ist nur für Spezialfälle formulierbar. Als Alternative kann ein Nachbarschaftssystem durch ein Ensemble von paarweise benachbarten Bildpunkten, sog. Cliquen (Abb. 14.30), beschrieben werden. Jeder Clique wird ein Cliquenpotential zugeordnet, das von der Zufallsvariablen der betrachteten Clique abhängig ist. Aus der Gesamtheit aller Cliquenpotentiale einer Realisation des Zufallsfeldes ergibt sich die Wahrscheinlichkeit für das Auftreten genau dieser Realisation. Dieser aus der Physik stammende Ansatz wird als Gibbs-Zufallsfeld bzw. Gibbs-Verteilung bezeichnet. Markoff-Felder und Gibbs-Felder sind entsprechend dem *Hammersley-Clifford-Theorem* einander äquivalent. Der Vorzug der Modellierung über Gibbs-Potentiale liegt in der unmittelbaren Bereitstellung der Verbundwahrscheinlichkeiten. Ausführliche Darstellungen der Ver-

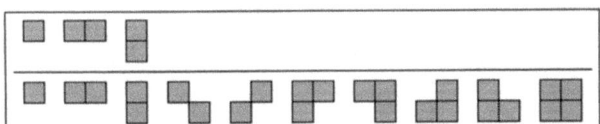

Abb. 14.30. Das Bild zeigt ein Beispiel für Cliquen erster (*oben*) und zweiter Ordnung (*unten*).

fahren und deren Anwendung finden sich in [Acu92, Car92, Coh92, Cro83, Der86, Gem84, Kat93, Lue93, Mar92, Mes89, Mye92, Ngu93].

Strukturelle Ansätze. Viele strukturelle Ansätze gehen auf das von JULESZ vorgestellte Modell der Textone zurück (vgl. Abschn. 14.4.1). Als Texton-Klassen werden Farben, verlängerte Flecken mit definierter Breite, Orientierung und Größenverhältnis sowie die Begrenzer dieser verlängerten Flecken genannt [Jul81]. Entscheidend für einen analytischen Ansatz ist neben der Identifikation der Elementarbausteine die Beschreibung der unterliegenden räumlichen Konzepte, also der Anordnungsvorschrift. Mögliche Formen sind die Verwendung von Nachbarschaftsgraphen [Nic90], bildbeschreibenden Sprachen [Abe82] oder komplexere Strukturmodelle [Nic90, Schep89, Schep90].

Es ist leicht einzusehen, daß mit diesen aus Erkenntnissen über die spontane Wahrnehmung motivierten Konzepten nur eine kleine Klasse von zumeist künstlichen Texturen beschreibbar ist. Gegenüber den statistischen Ansätzen sind sie deshalb von untergeordneter Bedeutung [Goo85]. Dies mag aber auch an der Tatsache liegen, daß für die mathematische Formulierung der Erkenntnisse von JULESZ, speziell der komplexen Beziehungen zwischen den Elementarbausteinen, kein geeigneter Formalismus zur Verfügung steht und die Annahme einer Periodizität nur eine schlechte Näherung darstellt.

15. Klassifikation und Mustererkennung

Dieses abschließende Kapitel befaßt sich mit einer Aufgabenstellung, die in vielen bildverarbeitenden Systemen anzutreffen ist und die zumeist am Ende der Verarbeitungskette steht: der Modellierung einer kognitiven Leistung mit dem Ziel der Bereitstellung einer Interpretation von Teilen des Bildes oder des gesamten Bildinhaltes. Dieses als *Mustererkennung* (engl. pattern recognition) bezeichnete Gebiet hat seine geistigen Wurzeln in dem Ziel, perzeptive Leistungen zu modellieren und damit für Maschinen nutzbar zu machen. Erkenntnisse der Kognitions- wie der Biowissenschaften wirken hier katalysierend auf die Entwicklung neuer Methoden wie z.B. neuronaler Netze. Eine Definition für dieses Gebiet versucht NIEMANN in seinem grundlegenden Werk zur Mustererkennung zu geben [Nie83]:

> *Die Mustererkennung beschäftigt sich mit den mathematisch-technischen Aspekten der automatischen Verarbeitung und Auswertung von Mustern. Dazu gehört sowohl die Klassifikation einfacher Muster als auch die Analyse komplexer Muster.*

Unter dem Begriff Mustererkennung werden deshalb i.allg. alle Schritte von der Merkmalsgewinnung bis hin zur Interpretation zusammengefaßt.

Ein eminent wichtiges Teilgebiet der Mustererkennung ist die *Klassifikation*[1], die sich in zahlreiche methodische Klassen einteilen läßt. Wir wollen im folgenden Überblick das Hauptaugenmerk auf optische Muster, also Grauwertmatrizen, legen, obwohl auch akustische Muster (z.B. gesprochene Sprache) oder elektrisch abgeleitete Muster (z.B. EKG, EEG) eine ebenso wichtige Rolle in der Mustererkennung spielen. Weiterführende Literatur findet sich in [Nie83, Schal95].

15.1 Entwurfskriterien für Mustererkennungssysteme

Eine Einordnung dessen, was Mustererkennung ausmacht, haben wir bereits versucht. Für den Entwurf eines konkreten Mustererkennungssystems sind 4 grundlegende Aspekte zu diskutieren (Abb. 15.1):

---

[1] salopp gesagt: der methodische Werkzeugkasten

15. Klassifikation und Mustererkennung

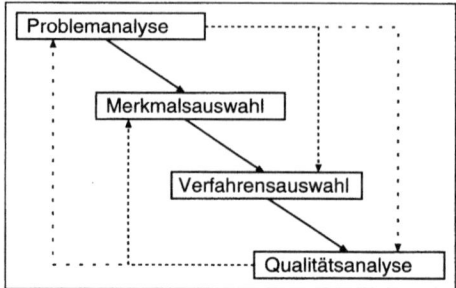

Abb. 15.1. Beim Entwurf eines Mustererkennungssystems werden 4 Phasen durchlaufen (*Diagonale*), wobei eine eingehende Problemanalyse den Ausgangspunkt bildet und auf alle folgenden Schritte Einfluß nimmt. Die zurücklaufenden Pfeile deuten an, daß zumeist ein iterativer (verfeinernder) Prozeß abläuft, um das gewünschte Ergebnis zu erreichen. (Nach [Nie83])

1. die Voraussetzungen, Randbedingungen sowie die Zielstellung, die die zu lösende Mustererkennungsproblematik charakterisieren,
2. den Schritt der Merkmalsauswahl,
3. die Auswahl des geeigneten Klassifikators und
4. die Bewertung der Systemleistung im *realen Betrieb*.

Eine intensive Diskussion der Eigenschaften des (Bild-)Materials, das die Problemstellung – *die Muster eines Problemkreises* (vgl. Abschn. 15.1.1) – repräsentiert, stellt den Startpunkt aller Betrachtungen bei der Entwicklung eines Mustererkennungssystems dar. In der medizinischen Bildverarbeitung sind dies zumeist Bilddaten aus (unterschiedlichsten) bildgebenden Verfahren. Zu untersuchende Eigenschaften sind einerseits physikalische, wie die Bildparameter (Grauwertumfang, Schärfe, Rauschen, Varianz usw.) und die Bildentstehung (Schnittbild vs. Summationsbild, Ultraschall vs. CT), andererseits aber auch Wissen über das, was im Bild zu finden und zu erkennen ist. In der Medizin bedeutet dies ein eingehendes Studium des medizinischen Problemkreises und der damit verbundenen Ausprägungen der zu untersuchenden Muster und eine intensive Diskussion mit den Experten[2]. Man erhält dadurch ein A-priori-Wissen, das das Design aller weiteren Schritte, insbesondere die Merkmalsauswahl, entscheidend mitbestimmt. Ergebnis dieser ersten Betrachtungen sollten Erkenntnisse über Art und Anzahl der Musterklassen sowie eine klare Zieldefinition sein, die festschreibt, was unter welchen Randbedingungen erreicht werden soll.

Im darauffolgenden Schritt wird eine Merkmalsdefinition und -auswahl angestrebt. Ziel ist die Bereitstellung (rechentechnisch) effizienter und trennscharfer Merkmale, die den nachfolgenden Klassifikationsschritt in die Lage versetzten, eine klare Klassentrennung zu realisieren. Gerade die Auswahl *geeigneter* Merkmale stellt den Unerfahrenen u.U. vor große Probleme. Generell unterscheidet man zwischen *heuristischen* und *analytischen* Methoden zur Merkmalsgewinnung. Die erstere Strategie ist als Methode des „genauen Hinsehens" zu verstehen – die Auswahl erfolgt aufgrund von Intuition und Erfahrung. Der analytische Ansatz versucht, optimale Merkmale bezüglich ei-

---

[2] z.B.: Wie sieht die Stenose aus, wo kann sie überall auftreten, und warum ist gerade dieses Bild nicht pathologisch?

15.1 Entwurfskriterien für Mustererkennungssysteme

nes Gütekriteriums zu finden. Wir unterteilen hier in Verfahren, die Aussagen über die Beschaffenheit des Merkmalsraumes und damit auch über die Trennbarkeit der Klassen machen, und solche Ansätze, die Aussagen über Klassifikationsfehlerwahrscheinlichkeiten verwenden. Werkzeuge, die hier hilfreich eingesetzt werden können sind statistische Analysen (z.B. Korrelation), die Karhunen-Loève-Transformation (KLT) zur Reduktion des Merkmalsraumes und zur Erzeugung unkorrelierter Merkmale (vgl. Kap. 11) oder die Clusteranalyse zur Charakterisierung des Clusterverhaltens des Merkmalsraumes.

Der häufig angewandte Ansatz „Viel hilft viel" gilt in bezug auf die Dimension des Merkmalsraumes nicht – im Hinblick auf die numerischen Verfahren sind Merkmalsräume hoher Dimensionalität sogar hinderlich, da ihr Berechnungsaufwand enorm anwachsen kann. Gerade bei einer heuristischen Merkmalsgewinnung steht man u.U. vor dem Problem, die Bedeutung und Relevanz der Merkmale nicht klar beschreiben zu können. Hier empfiehlt sich eine Vorselektion mit Methoden der analytischen Merkmalsauswahl (z.B. durch Bewertung des Bayes-Abstandes (vgl. Abschn. 15.2.4) der Musterklassen).

Man sollte sich nach diesem Schritt über die Bedeutung und Nützlichkeit der Merkmale und auch ihrer statistischen Eigenschaften im klaren sein. Je nach verwendetem Klassifikator kann das Fehlen oder auch Vorhandensein einer bestimmten Eigenschaft ein Ausschlußkriterium sein.

Der dritte Aspekt betrifft die Auswahl des geeigneten Klassifikators. Eine grobe Einteilung des großen Spektrums möglicher Verfahren kann in *numerische* und *syntaktische* Klassifikatoren vorgenommen werden. Im Gegensatz zu den numerischen Klassifikatoren, die aus Mustern abgeleitetete numerische Merkmale als Eingabe verwenden, wird bei den syntaktischen Klassifikatoren eine Transformation des vorverarbeiteten Musters in eine Symbolkette vorgenommen, wobei die Elemente der Symbolkette aus einem sog. terminalen Alphabeth[3] stammen. Die syntaktischen Klassifikatoren sind im Bereich der medizinischen Bildverarbeitung von eher untergeordneter Bedeutung. Zu dieser Einteilung kommt noch die Gruppe der in jüngerer Zeit intensiv untersuchten *neuronalen* Klassifikatoren hinzu. Obwohl sie von Seiten der verwendeten Eingaben den numerischen Klassifikatoren zuzurechnen wären, werden sie meist gesondert – quasi in Abgrenzung zu den klassischen numerischen Verfahren – aufgeführt. Gründe dafür können in einer gewissen mathematischen Unzugänglichkeit, sozusagen der „Black-Box-Problematik" neuronaler Netze liegen[4].

Die numerischen Klassifikatoren zerfallen in verschiedene Subkategorien. Gängig sind Einteilungen in parametrische und nichtparametrische, in verteilungsfreie sowie in (überwacht und nichtüberwacht) lernende Verfahren. Ein

---
[3] Dies ist eine Menge von Basiselementen, mit denen das Objekt (z.B. die Kontur eines Autos) hinreichend genau approximiert werden kann.

[4] In der Umkehrung bedeutet dies, daß die numerischen Verfahren auch häufig als statistisch basierte Mustererkennung bezeichnet werden, obwohl dies im Grunde ebenso unpräzise ist.

typischer Verteter der nichtparametrischen Klassifikatoren ist der Nearest-Neighbor-Klassifikator, typisch für nichtüberwacht lernende Verfahren ist der K-Means-Algorithmus oder die Learning-Vector-Quantisierung.

Die neuronalen Verfahren werden ebenfalls in die Klassen der überwacht lernenden und der nichtüberwacht lernenden Verfahren eingeteilt. Diese Einteilung beschreibt im wesentlichen die Frage, ob während der Trainingsphase eine gezielte Unterweisung erfolgt oder nicht. Klassische Vertreter der ersten Gruppe sind die Multilayer-Perzeptron-Netze[5]. In die zweite Gruppe fallen z.B. die selbstorganisierenden Karten (engl. self organizing maps). Hinzu kommt die Klasse der assoziativen Speicher, die u.a. zur Rekonstruktion von Mustern Verwendung finden. Sie reagieren auf einen Stimulus (z.B. ein unvollständiges oder durch Rauschen gestörtes Muster) durch Einpendeln auf das diesem Stimulus ähnlichste Muster aus einer Menge von zuvor trainierten Mustern. Ein klassischer Vertreter dieser Klasse ist das Hopfield-Netzwerk.

Es würde den Rahmen dieses Kapitels sprengen, auf diese Gruppe von Klassifikatoren im Detail einzugehen. Exemplarisch wird deshalb nur auf die topologischen Karten genauer eingegangen, auch wenn andere neuronale Klassifikatoren, wie das Multilayer-Perzeptron, vergleichbar gute Resultate liefern. Der Leser sei an dieser Stelle auf die mittlerweile umfangreich verfügbare Literatur zu den neuronalen Netzen verwiesen [Kra90, Rit91, Hay94, Bra95].

15.1.1 Grundlagen und Terminologie

Die menschliche Perzeption (vgl. Kap. 3), also die Fähigkeit zur Interpretetion der aufgenommenen Sinneseindrücke durch übergeordnete Verarbeitungszentren, bildet eine entscheidende Meßlatte für die Qualität von Ansätzen und Algorithmen in der Mustererkennung. Gegenstand der Perzeption sind Endrücke, die aus der *Umwelt* gewonnen werden. Im mathematischem Sinne kann die Umwelt $\underline{U}$ als die Gesamtheit aller physikalisch meßbaren Größen (Funktionen) beschrieben werden, also:

$$\underline{U} = \{{}^p\mathbf{b}(\mathbf{x}) \mid p = 1, 2, \ldots\} \qquad (15.1)$$

In dieser Darstellung bilden ${}^p\mathbf{b}(\mathbf{x})$ die meßbaren Funktionen, wobei die Zahl der Komponenten von $\mathbf{b}$ und $\mathbf{x}$ zunächst offen ist. Durch Gleichung 15.1 wird also postuliert, daß jedes Objekt der Umwelt durch genügend viele (nämlich p) und geeignete (nämlich $\mathbf{b}(\mathbf{x})$) Funktionen beschrieben werden kann.

Vereinfachen wir diese Betrachtung ein wenig. Von einem Sinnesorgan wird nur ein (relevanter) Ausschnitt aus der Umwelt erfaßt, genau wie ein Mustererkennungssystem ebenfalls nur Objekte eines begrenzten Anwendungsgebietes, des *Problemkreises* $\underline{\Omega}$, interpretieren kann, wenn es effizient arbeiten soll:

$$\underline{\Omega} = \{{}^p\mathbf{f}(\mathbf{x}) \mid p = 1, 2, \ldots\} \subset \underline{U} \qquad (15.2)$$

---

[5] MLP, auch als Backpropagation-Netz bezeichnet, da nach jedem Trainingszyklus der Fehler rückwärts (*back*) durch das Netz *propagiert* wird

15.1 Entwurfskriterien für Mustererkennungssysteme

Im Gegensatz zur Definition der Umwelt sei die Zahl der Komponenten für alle den Problemkreis beschreibenden Funktionen $^p\mathbf{f}(\mathbf{x})$ die gleiche. Die Elemente eines Problemkreises $\underline{\Omega}$ sind die *Muster* (also Beobachtungen oder Messungen des relevanten Teils der Umwelt):

$$\mathbf{f}(\mathbf{x}) = \begin{pmatrix} f_1(x_1,\ldots,x_N) \\ f_2(x_1,\ldots,x_N) \\ \vdots \\ f_M(x_1,\ldots,x_N) \end{pmatrix} \qquad (15.3)$$

Innerhalb eines solchen Problemkreises ist also die Anzahl der beschreibenden Funktionen M, und die Anzahl der Eingabeparameter N konstant. Die Elemente des Problemkreises, z.B. die Bilder eines Farbfernsehgerätes, können demnach folgendermaßen beschrieben werden:

$$\mathbf{f}(\mathbf{x}) = \begin{pmatrix} f_r(x,y,t) \\ f_g(x,y,t) \\ f_b(x,y,t) \end{pmatrix} \qquad (15.4)$$

Hierbei ist $M = 3$ für die drei Grundfarben Rot, Grün und Blau. Ebenso ist $N = 3$ für die zwei Dimensionen der Ebene und der Zeitachse. Der Musterbegriff entzieht sich ebenso wie der Texturbegiff aus Kapitel 14 einer mathematisch präzisen Definition. Aus operationeller Sicht ist dieser Mangel zu ertragen, da wir für den weiteren Umgang mit Mustern auf beschreibende Merkmale zurückgreifen, die den Ansatzpunkt für Klassifikationsverfahren bilden. NIEMANN verwendet in seiner Definition die Einteilung:

- Klassifikation einfacher Muster
- Analyse komplexer Muster

In dieser Einteilung stellen Bilder zunächst zweidimensionale komplexe Muster dar. Deren *Analyse* kann im Sinne der Bildverarbeitung als gezielte Überführung in ein einfacheres Muster, z.B. durch Extraktion von Kanten, Segmentierung u.v.m., verstanden werden, damit es schließlich ebenfalls einer Klassifikation zugänglich ist.

Bei der *Klassifikation* von (einfachen) Mustern wird jedes Muster als Ganzes betrachtet und abhängig von anderen Mustern genau einer Musterklasse $\underline{\Omega}_k$ von K möglichen Klassen zugeordnet. Häufig wird noch eine $(K+1)$-te Klasse $\underline{\Omega}_0$, die sog. Rückweisungsklasse, eingeführt, in die solche Muster eingeordnet werden, die nicht korrekt klassifizierbar sind.

Betrachten wir diesen Aspekt etwas genauer. Die Rückweisungsklasse ist im Prinzip ein Hilfskonstrukt, das es erlaubt, schwierige Muster erneut zu analysieren, ohne frühzeitig Klassifikationsfehler zu erzeugen. Diese Vorgehensweise ist sinnvoll, wenn die Qualität eines Klassifklationssystems nicht alleine über das Verhältnis von richtig bzw. falsch klassifizierten Mustern zur Gesamtheit aller klassifizierten Muster definiert ist, sondern wenn Fehleinordnungen mit unterschiedlichen Kosten belegt werden.

15. Klassifikation und Mustererkennung

Dieser Aspekt wurde bereits in Kapitel 1 unter den Stichworten *Sensitivität* und *Spezifität* für Probleme mit zwei Klassen diskutiert. Beispielsweise ist bei einem Screening von Blutkonserven für Transfusionszwecke die Fehleinordnung einer HIV-positiven Probe als HIV-negativ wesentlich kritischer als umgekehrt, da im Falle eines ersten positiven Ergebnisses ein zweiter gründlicherer (und längerwieriger) Test ein positives Ergebnis noch falsifizieren kann, während eine Verabreichung einer HIV-positiven Konserve nicht mehr rückgängig gemacht werden kann.

Über die Definition von Kostenfunktionen kann also ein Anforderungsprofil festgelegt und damit die erwartete Qualität definiert werden (dieser differenziertere Qualitätsbegriff wird in Abschnitt 15.4 diskutiert), womit ein globales Optimierungskriterium für das „Finetuning" aller Verfahrensteilschritte zur Verfügung steht.

Die Musterklassen stellen eine Zerlegung des Problemkreises $\underline{\Omega}$ in $(K+1)$ Untermengen dar. Es gilt:

$$\underline{\Omega}_x \neq \emptyset \tag{15.5}$$

$$\underline{\Omega}_x \cap \underline{\Omega}_y = \emptyset \quad \forall x, y \in \{0, 1, \ldots, K\} \quad \text{mit} \quad x \neq y \tag{15.6}$$

$$\bigcup_{x=0}^{K} \underline{\Omega}_x = \underline{\Omega} \tag{15.7}$$

Für einen Problemkreis kann es viele verschiedene Zerlegungen geben, zumeist ist aber nur eine sinnvoll und von praktischem Interesse. Solche Zerlegungen können auch hierarchisch angeordnet sein, wodurch eine stufenweise Klassifikation ermöglicht wird.

Beispielsweise kann man für den Aufbau einer elektronischen Krankenakte, die eine Klassifizierung von Dokumenten erzwingt, den Problemkreis $\underline{\Omega} = $ „in der Augenheilkunde zur Archivierung anfallende Daten" zerlegen in:

$\underline{\Omega}_1 = $ Bilddaten
    $\underline{\Omega}_{11} = $ Gesichtsfeld, $\underline{\Omega}_{12} = $ Ultraschall, $\underline{\Omega}_{12} = $ Angiographie, $\cdots$
$\underline{\Omega}_2 = $ Standarddokumente
    $\underline{\Omega}_{21} = $ Anamnese , $\underline{\Omega}_{22} = $ Artzbrief , $\cdots$
$\underline{\Omega}_3 = $ sonstige Dokumente
    $\underline{\Omega}_{31} = $ Handzeichnung, $\underline{\Omega}_{32} = $ Notiz , $\cdots$

Beispiel. Betrachten wir abschließend ein technisches Beispiel für ein Mustererkennungssystem, wie es heute praktisch eingesetzt wird (Abb. 15.2). Die Aufgabe besteht darin, eine automatische Briefsortierung nach Zustellpostämtern zu realisieren, die sich auf die Postleitzahl und den Ort stützt. Der Problemkreis $\underline{\Omega}$ ist z.B. beschreibbar als die Menge aller Zustellpostämter. Eine erste Zerlegung besteht in:

$\underline{\Omega}_1 = $ Inland
$\underline{\Omega}_2 = $ Ausland
$\underline{\Omega}_3 = $ nicht zuzuordnen

15.1 Entwurfskriterien für Mustererkennungssysteme

Die Klasse Ω_1 = untergliedert sich nun weiter nach den großen Zustellzentren (Ω_{11} = Berlin, Ω_{12} = Frankfurt usw.) und der ergänzenden Klasse „nicht zuzuordnen" (Ω_{10}), die Klasse Ω_2 = nach den Ländern. Für Ω_1 würde also die Identifikation der Postleitzahl ausreichend sein, um eine Einordnung in eine der Subklassen zu erreichen. Um eine höhere Zuordnungssicherheit zu erreichen, wird man die (an sich redundante) Ortsinformation zusätzlich auswerten und mit der Postleitzahl vergleichen. Daraus ergibt sich an das zu entwerfende System die Anforderung, im Adreßblock die Postleitzahl und den Ort zu identifizieren, diese Angaben zu lesen und gegeneinander mit Hilfe einer Datenbank zu prüfen, um danach eine Entscheidung zu fällen, wohin der Brief weitergeleitet werden soll. Die technische Lösung sieht wie folgt aus:

Bildaufnahme. Als Eingabe steht ein mit einer Matrixkamera aufgenommenes Grauwertbild des gesamten Briefes zur Verfügung (das im Sinne von NIEMMANN ein komplexes Muster darstellt).

Bildvorverarbeitung. Die Analyse dieses Musters, bei der das gesamte Methodenspektrum der Bildverarbeitung zum Einsatz kommt, zielt auf die Identifikation verschiedener Elemente.

Segmentierung. Zunächst erfolgt die Einteilung in:

- Briefmarke(n) und Stempel
- Absenderblock
- Adreßblock

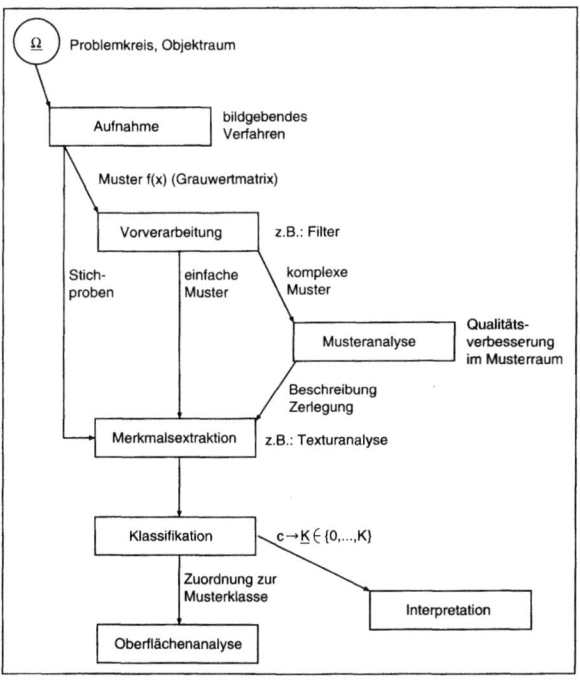

Abb. 15.2. Die Graphik zeigt die einzelnen Schritte, die bei der Entwicklung eines Mustererkennungssystems typischerweise durchlaufen werden.

15. Klassifikation und Mustererkennung

Ein weiterer Analyseschritt zerlegt den Adreßblock in Zeilen und die Zeilen in einzelne Schriftzeichen.

Klassifikation. Danach setzt eine Zeichenklassifikation ein, aus der die gesuchten Informationen abgeleitet werden können, und es erfolgt ein Abgleich mit einer Datenbank sowie zahlreiche Plausibilitätsprüfungen.

15.1.2 Postulate

Der Analyse und Klassifikation von Mustern liegen einige allgemeine Prinzipien zugrunde, die von NIEMANN in Form von 6 Postulaten formuliert wurden:

Postulat 1. Zur Sammlung von Informationen über den betrachteten Problemkreis Ω muß eine repräsentative Stichprobe:

$$\underline{W} = \{\mathbf{f}^1(\mathbf{x}), \cdots, \mathbf{f}^n(\mathbf{x})\} \subset \underline{\Omega} \tag{15.8}$$

zur Verfügung stehen.

Postulat 2. Ein (einfaches) Muster besitzt Merkmale, die für seine Zugehörigkeit zu einer Klasse charakteristisch sind.

Postulat 3. Die Merkmale bilden für Muster einer Klasse einen einigermaßen kompakten Bereich im Merkmalsraum. Die von Merkmalen verschiedener Klassen eingenommenen Bereiche sind getrennt.

Postulat 4. Ein komplexes Muster besitzt einfachere Bestandteile, die untereinander bestimmte Beziehungen haben. Das Muster muß sich in diese Bestandteile zerlegen lassen.

Postulat 5. Komplexe Muster haben eine bestimmte Struktur, d.h. ein Muster läßt sich nicht durch beliebige Anordnung von einfacheren Bestandteilen erzeugen.

Postulat 6. Zwei Muster sind einander ähnlich, wenn ihre einfacheren Bestandteile sich nur wenig unterscheiden.

Die hier formulierten Postulate implizieren Anforderungen, die bei der Entwicklung eines Mustererkennungssystems zu berücksichtigen sind. Eine Stichprobe muß möglichst repräsentativ sein, damit alle Eigenschaften und Merkmale der verschiedenen Muster erfaßt werden. Die Schlüsse, die aus der Stichprobe $\underline{W}$ gezogen werden, müssen auf den gesamten Problemkreis übertragbar sein[6]. Zum Beispiel verwenden viele Klassifikatoren Informationen über die Häufigkeit der einzelnen Musterklassen während ihrer Lernphasen – im Extremfall spezialisieren sie sich auf häufig angebotene Klassen und vernachlässigen die seltenen.

---

[6] Die Frage hierbei ist also: „Wann ist eine Stichprobe repräsentativ?" Diese Frage stellt ein nicht zu unterschätzendes Problem dar, da in der Praxis meistens zu kleine Stichproben gewählt werden.

Merkmale werden als Komponenten c_ν eines Merkmalsvektors **c** aufgefaßt, wodurch die Klassifikation eines Musters **f(x)** also die Abbildung:

$$\mathbf{c} \to k \in \{0, 1, \ldots, K\}$$

des aus **f(x)** extrahierten Merkmalsvektors **c** darstellt. Die Wahl der geeigneten Merkmale ist qualitätsbestimmend für das gesamte System.

15.2 Merkmalsextraktion

15.2.1 Allgemeine Ansätze

Die Merkmalsextraktion ist als Teilschritt auf dem Weg zur Klassifikation bzw. Analyse zu betrachten, da es vielfach unmöglich ist, Muster direkt zu klassifizieren, weil die Anzahl der Abtastwerte enorme Ausmaße annehmen kann. Bei einem in Fernsehqualität aufgenommenen Fingerabdruck entstehen 512×512, also 262 144 Abtastwerte. Man kann sich auf eine kleine Teilmenge dieser Daten beschränken, denn letztlich ist es nicht wichtig, wie das Objekt aussieht, sondern daß die trennscharfe Information erfaßt wird, die eine Klassifikation erst ermöglicht. Bei der Unterscheidung der Buchstaben „O" und „Q" ist nur der rechte untere Teil der Zeichen von Bedeutung, da dort die Charakteristika zur Trennung der beiden Klassen liegen. Ein wesentlicher Zweck der Merkmalsextraktion ist also die Datenreduktion und damit die Konzentration auf die wirklich wichtige Information.

Grundsätzlich lassen sich zwei verschiedene Arten von Merkmalen unterscheiden. Zum einen gibt es solche Merkmale, die durch reelle (oder komplexe) Zahlen beschrieben werden. Zum anderen gibt es Merkmale, die durch Symbole gekennzeichnet werden. In beiden Fällen werden die Merkmale extrahiert, indem man eine Transformation auf die Muster anwendet. So entstehen im *numerischen* Fall durch:

$$T_{\text{num}}\{\mathbf{f}(\mathbf{x})\} = \mathbf{c}$$

die Merkmalsvektoren **c**, die Eingangsgrößen der numerischen Klassifikatoren sind. Im Falle der *symbolischen* Merkmale entstehen durch:

$$T_{\text{symb}}\{\mathbf{f}(\mathbf{x})\} = (v_1, \ldots, v_N)$$

die Symbolketten, die wiederum Eingangsgrößen der syntaktischem Klassifikatoren sind. Jedes Element einer solchen Symbolkette gehört zu einem endlichen, terminalen Alphabet. In diesem Alphabet sind nicht nur Elemente enthalten, die einfachere Bestandteile der zu untersuchenden Muster symbolisieren. Es sind auch Relationen enthalten, die gewisse Beziehungen zwischen den Symbolen beschreiben können, wie z.B. „enthalten in", „links davon", „unter" usw. Die Konturlinie eines Objektes könnte etwa durch die folgenden Linienelemente beschrieben werden: „stark konkav", „konkav", „gerade",

404   15. Klassifikation und Mustererkennung

„konvex" und „stark konvex". Die Gewinnung syntaktischer Merkmale ist in [Nie83] beschrieben.

Zur Gewinnung von Merkmalen werden zwei grundlegende Ansätze unterschieden:

– die heuristische Methode, bei der man versucht Merkmale aufgrund von Intuition, Erfahrung und „scharfem Hinsehen" zu finden, und
– die analytische Methode, bei der versucht wird, optimale Merkmale (bezüglich eines Kriteriums) systematisch abzuleiten.

Bei der heuristischen Methode erhält man eine Vielzahl von Merkmalen, über deren Eignung man nur wenig aussagen kann. Deshalb muß eine Bewertung der Merkmale stattfinden, um erstens ihre Anzahl zu reduzieren und zweitens die besten unter ihnen auszuwählen.

Die analytische Vorgehensweise hingegen liefert direkt die N besten Merkmale im Sinne des vorgegebenen Gütekriteriums.

15.2.2 Heuristische Methoden

Abbildung 15.3 zeigt ein Beispiel für eine Mustererkennungsaufgabe, die durch eine heuristische Merkmalsgewinnung zu lösen ist. Zu trennen sind drei elementare geometrische Objekte, die in verschiedenen Größen und Winkellagen vorliegen können. Gesucht ist ein (oder mehrere) rotations- und größeninvariantes Merkmal, das eine hinreichende Diskriminationsfähigkeit hat, um die Objekte zu trennen. Eine einfache Lösung bestünde in der Ermittlung des Verhältnisses von Objektfläche zur Fläche des kleinsten umschließenden

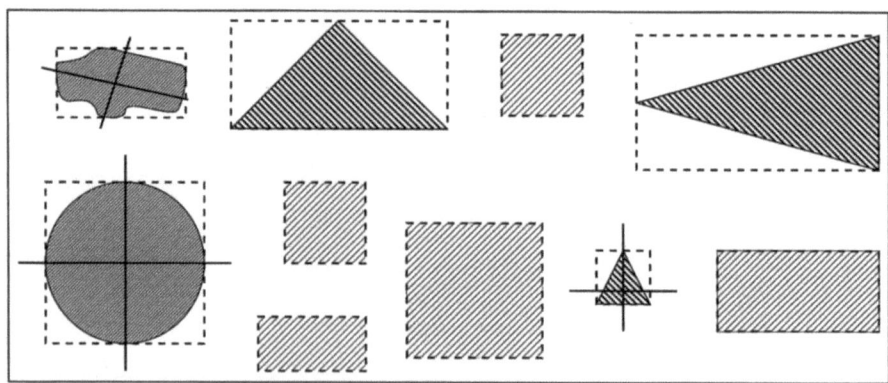

Abb. 15.3. Das Bild zeigt eine Menge von Objekten, die in die Klassen „Kreis", „Dreieck" und „Rechteck" eingeordnet werden sollen. Aufgrund der Fläche ist dies nicht möglich. Ein dafür geeignetes (und größeninvariantes) Merkmal wäre z.B. das Verhältnis der Objektfläche zur Fläche der Bounding-Box. Auch Merkmale, die von den (teilweise eingezeichneten) Hauptträgheitsachsen abgeleitet werden, könnten zusätzlich verwendet werden.

Rechteckes (engl. bounding box). Dieses Maß, dessen Sollwerte sich auch analytisch herleiten lassen, erfüllt die Forderung nach Rotations- und Größeninvarianz. Für eine Optimierung der Aussagekraft könnten weitere geometrische Merkmale wie die Rundheit, die Eckenzahl, der Formfaktor (Verhältnis von Umfang zu Flächeninnhalt) oder die Flächenträgheitsmomente herangezogen werden [Jai89]. Häufige Verwendung finden die Momente n-ter Ordnung (vgl. Kap. 6):

$$\bar{g}_n = \sum_{g=0}^{G-1} g^n p(g) \tag{15.9}$$

($\bar{g}_1$ repräsentiert den mittleren Grauwert eines Musters) oder auch die Zentralmomente n-ter Ordnung:

$$\bar{g}_n^z = \sum_{g=0}^{G-1} (g - \bar{g}_1)^n p(g) \tag{15.10}$$

Dabei ist $\bar{g}_2^z$ die Varianz, also die mittlere quadratische Abweichung eines Grauwertes vom Mittelwert. Die Auftrittswahrscheinlichkeiten $p(g)$ der Grauwerte $g = 0, \ldots, G-1$ können aus einem vorher erstellten Histogramm entnommen werden.

Abbildung 15.4 verdeutlicht, daß gerade die Lageinvarianz in der Bildverarbeitung von besonderer Bedeutung ist. Als Merkmal wird eine Sequenz von Testlinien, ausgehend vom Flächenschwerpunkt des Objektes, verwandt. Betrachtet man nun diese Sequenz der Testlinienlängen, so ergibt sich eine Abhängigkeit von der Winkellage φ, die das Merkmal zunächst unbrauchbar macht, wenn das Objekt nicht in einer definierten Lage vorliegt. Eine mögliche Abhilfe wäre die Ausrichtung durch Ermittlung der Flächenträgheitsachsen – im vorliegenden Fall wäre dies aber zweideutig. Rotationsinvariant hingegen ist aber

– die Summe der Testlinienlängen und
– das Histogramm der Testlinienlängen.

Alternativ kann auch auf ein anderes Koordinatensystem (z.B. Polarkoordinaten) übergegangen werden, um eine problemadäquate Darstellung zu erreichen.

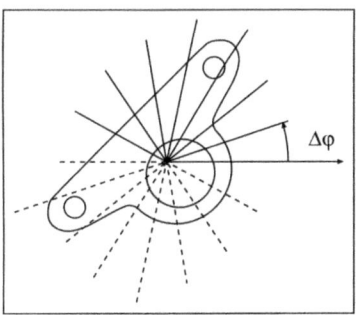

Abb. 15.4. Schreibt man die Länge der Testlinien für verschiedene Werte von φ als Vektor auf, so sind die Werte dieser Sequenz abhängig von der Lage des Objektes, bezogen auf die Achse $\varphi = 0$ – das Merkmal ist also in dieser Form nicht rotationsinvariant. (Nach [Nie83])

15.2.3 Analytische Methoden

Als analytisch werden solche Methoden bezeichnet, die unter Vorgabe eines Gütekriteriums genau die M Mekmale $c_m, m = 1,\ldots M$ liefern, die das Kriterium am besten optimieren. Mathematisch am besten untersucht sind die linearen Transformationen. Wir unterscheiden zwei grundsätzliche Arten von Kriterien:

- Kriterien, die Aussagen über die Gruppierung von Merkmalen einer Klasse im Merkmalsraum machen und die Trennbarkeit von Merkmalen verschiedener Klassen bewerten.
- Kriterien, die auf Klassifikationsfehlerwahrscheinlichkeiten basieren.

Die Verwendung von Kriterien der zweiten Art hat den Vorteil, dem Einsatzzweck des Klassifikators direkt angepaßt zu sein. Die Berechnung der entsprechenden Transformationsmatrix ist aber erheblich komplizierter als bei den Kriterien der ersten Art. Geeignete Kriterien der ersten Art können aus Postulat 3 gefolgert werden (vgl. Abschn. 15.1.2). Es ist grundsätzlich günstig für eine Klassifikation, wenn die Merkmalsvektoren einer Klasse einen kompakten Bereich im Merkmalsraum, ein sog. Cluster, bilden und wenn die Cluster verschiedener Klassen weit auseinander liegen. Im Idealfall findet man für jede Klasse eine räumlich begrenzte Punktwolke im Merkmalsraum, die durch gedachte Trennflächen von allen anderen Clustern separiert werden kann (Abb. 15.5). Daraus ergeben sich folgende Kriterien:

1. Der mittlere quadratische Abstand zwischen allen Merkmalsvektoren:

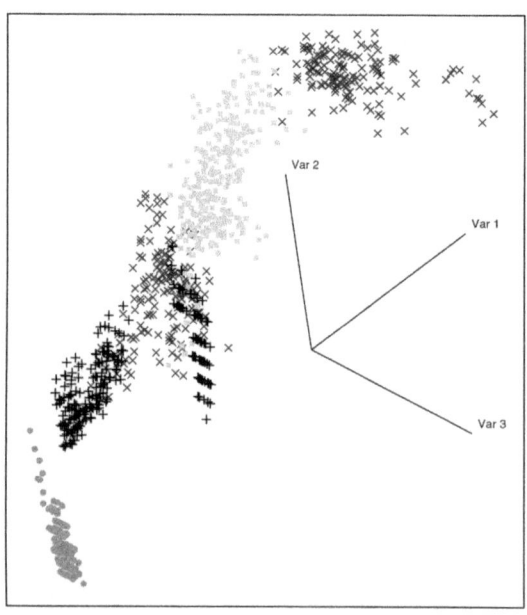

Abb. 15.5. Die Graphik zeigt die Projektion eines aus $N = 3$ Dimensionen bestehenden Merkmalsraumes, der mit ca. 1 000 Vektoren aus 4 Klassen („Hell", „Kreuz", „Dunkel" und „X") besetzt ist. Eine gute Clusterung zeigt die Klasse „Dunkel". Die Klassen „Kreuz" und „X" zerfallen in zwei Subcluster. Die Klasse „Hell" bildet nur einen Cluster, der aber zur Klasse „Kreuz" und zum Subcluster der Klasse „X" hin schlecht abgegrenzt werden kann. In diesen Bereichen ist mit Fehlklassifikationen zu rechnen, da keine trennscharfe Information vorliegt.

15.2 Merkmalsextraktion

$$s_1 = \frac{1}{N^2} \sum_{i=1}^{N} \sum_{j=1}^{N} (\mathbf{c}^i - \mathbf{c}^j)^T (\mathbf{c}^i - \mathbf{c}^j) \qquad (15.11)$$

Dabei ist $\{\mathbf{c}^j \mid j = 1, \ldots, N\}$ die Menge aller Merkmalsvektoren.

2. Der mittlere quadratische Abstand der Merkmalsvektoren $\{\mathbf{c}_k^j \mid j = 1, \ldots, N_k\}$ aus einer Klasse Ω_k von den Merkmalsvektoren einer anderen Klasse Ω_l:

$$s_2 = 2\bigl(K(K-1)\bigr)^{-1} \sum_{k=2}^{K} \sum_{l=1}^{k-1} (N_k N_l)^{-1} \sum_{i=1}^{N_k} \sum_{j=1}^{N_l} (\mathbf{c}_k^i - \mathbf{c}_l^j)^T (\mathbf{c}_k^i - \mathbf{c}_l^j)$$
$$(15.12)$$

Hierin ist K die Anzahl der Klassen.

3. Der mittlere quadratische Abstand der Merkmalsvektoren einer Klasse:

$$s_3 = K^{-1} \sum_{k=1}^{K} N_k^{-2} \sum_{i=1}^{N_k} \sum_{j=1}^{N_k} (\mathbf{c}_k^i - \mathbf{c}_k^j)^T (\mathbf{c}_k^i - \mathbf{c}_k^j) \qquad (15.13)$$

4. Die Kombination der Kriterien 2 und 3:

$$s_4 = s_2 + \alpha \cdot s_3 \qquad \alpha \in \mathbb{N} \qquad (15.14)$$

Gesucht wird nun die Transformationsmatrix ϕ^ℓ, die bei vorgegebener Merkmalszahl N das Kriterium s_ℓ mit $\ell = 1, \ldots, 4$ optimiert. Diese Transformationsmatrizen ϕ^ℓ erhält man, indem man die Eigenvektoren $\mathbf{x}_n^\ell$ (für $n = 1, \ldots, N$) einer geeigneten Symmetriematrix $\mathbf{A}^\ell$ berechnet, also die Gleichung:

$$\mathbf{A}^\ell \mathbf{x}_n^\ell = \lambda_n^\ell \mathbf{x}_n^\ell \qquad (15.15)$$

löst, wobei λ_n^ℓ die Eigenwerte der Matrizen $\mathbf{A}^\ell$ sind. Hat man s_1 oder s_2 als Kriterium gewählt, so müssen diejenigen N Eigenvektoren ermittelt werden, deren zugehörige Eigenwerte am größten sind. Für s_3 werden dann die N Eigenvektoren benötigt, deren Eigenwerte am kleinsten sind. Die ermittelten Eigenvektoren werden nun als Zeilen der Transformationsmatrix ϕ^ℓ betrachtet, man erhält also:

$$\phi^\ell = \begin{pmatrix} \mathbf{x}_1^\ell \\ \mathbf{x}_2^\ell \\ \vdots \\ \mathbf{x}_N^\ell \end{pmatrix} \qquad (15.16)$$

Durch $\phi^\ell \mathbf{f} = \mathbf{c}$ ergibt sich dann ein Merkmalsvektor $\mathbf{c}$ mit N Komponenten (Merkmalen), der das Kriterium s_ℓ optimiert.

Auf die vollständige Wiedergabe des Rechenweges und der Beweise soll hier verzichtet werden – sie sind in [Nie83] nachzulesen, zumal wir die Optimierung bezüglich s_1 bereits in Kapitel 11 unter dem Begriff der Hauptachsentransformation studiert haben. Diese Transformation, die unkorrelierte

Merkmale liefert und den mittleren quadratischen Approximationsfehler minimiert, wird in der Mustererkennung häufig im Sinne einer Vorverarbeitung zur Merkmalsreduktion eingesetzt. Dabei ist vorteilhaft, daß im Gegensatz zu den Kriterien s_2 und s_3 für die Optimierung nach s_1 die Kenntnis der Klassenzugehörigkeit der Vektoren der Stichprobe nicht notwendig ist.

15.2.4 Merkmalsbewertung und -auswahl

Da der Aufwand der Klassifikation mit zunehmender Anzahl von Merkmalen steigt, ist man bestrebt, die Merkmalsmenge so klein wie möglich zu halten. Heuristische Verfahren erzeugen i.allg. zu viele Merkmale bzw. solche Merkmale, über deren Eignung man zunächst nichts Genaues sagen kann. Daher ist es notwendig, aus einer Menge von Merkmalen eine Untermenge auszuwählen, die eine Klassifikation mit möglichst wenig Klassifikationsfehlern erlaubt.

Die Methode, den Abstand der Mittelwertvektoren als Maß zur Merkmalsbewertung zu nutzen, ist dazu nicht ausreichend. Wie man in Abbildung 15.6 sieht, ist in beiden Fällen der Abstand der gleiche, aber dennoch sind die Merkmale des linken Musterraumes wesentlich besser zur Klassifikation geeignet, da die Klassen besser getrennt werden.

Theoretisch sinnvoll sind solche Bewertungsmaße, die die Fehlerwahrscheinlichkeit bei der Klassifikation betrachten. Für Klassifikatoren, die die A-posteriori-Wahrscheinlichkeit $p(\Omega_k \mid \mathbf{c}, k = 1, \ldots, K)$ auswerten und sich bei der Einordnung eines Merkmalsvektors für die Klasse mit der höchsten A-posteriori-Wahrscheinlichkeit entscheiden, kann der Bayes-Abstand definiert werden:

$$B = \oint_{\mathbf{c}} \sum_{k=1}^{K} p^2(\Omega_k \mid \mathbf{c}) \, p(\mathbf{c}) \, d\mathbf{c} \quad \text{mit} \quad p(\mathbf{c}) = \sum_{k=1}^{K} p_k \, p(\Omega_\mathbf{c} \mid \Omega_k) \quad (15.17)$$

In (15.17) bezeichnet $p(\mathbf{c})$ die Verteilungsdichte der Merkmalsvektoren. Große Werte von B deuten auf eine sichere Klassifikation hin. Über den Bayes-Abstand ist nun die Abschätzung der Fehlerwahrscheinlichkeit p_B eines solchen Klassifikators mit $p_B \leq 1 - B$ möglich. Notwendige Voraussetzung hierfür ist die – zumeist nur näherungsweise mögliche – Ermittlung der bedingten Dichten $p(\mathbf{c} \mid \Omega_k)$ für alle Vektoren und alle Klassen. Weitergehende Abschätzungen und Gütemaße finden sich in [Nie83].

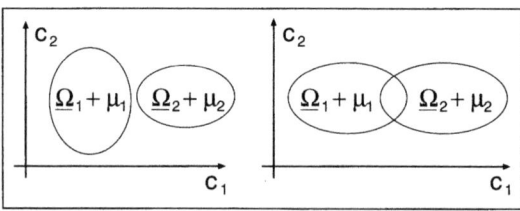

Abb. 15.6. Die zwei Cluster (*links*) sind gut trennbar. Die Ellipsen deuten die räumlichen Grenzen der Cluster an, die sich bei gleichem Abstand der Mittelwertvektoren μ auch überlappen können (*rechts*). (Nach [Nie83])

15.2 Merkmalsextraktion

Alternativ hierzu kann man die Stichprobe, anhand derer die Musterklassen eingeteilt wurden, zur Analyse der Merkmale heranziehen. Wird diese Stichprobe mit den zu bewertenden Merkmalen klassifiziert, so kann aus dem Verhältnis zwischen richtig klassifizierten Mustern und der Gesamtzahl der klassifizierten Muster ein Bewertungsmaß für die benutzten Merkmale abgeleitet werden. Man beachte aber, daß bei lernenden Klassifikatoren eine Teilung der Stichprobe in Test- und Trainingsdatensatz absolut notwendig ist. Eine Reklassifikation des Trainingsdatensatzes ist zur Bewertung der Merkmale bei lernenden Klassifikatoren ohne Aussagekraft, da davon auszugehen ist. daß der Klassifikator u.U. genau diesen Datensatz erlernt hat und somit näherungsweise optimal zu klassifizieren vermag. Erst die Ergebnisse mit dem Testdatensatz erlauben Aussagen über die Qualität der Merkmale.

Besteht das Ziel in der Auswahl einzelner, besonders trennscharfer Merkmale aus einem initial gewählten Merkmalssatz, so können folgende Strategien zur Merkmalsauswahl angewandt werden:

- Jedes Merkmal wird für sich alleine bewertet. Dann werden die N Merkmale ausgewählt, die am besten bewertet wurden.
- Die Güte eines Merkmals ist oft sehr stark von anderen Merkmalen abhängig, mit denen es gemeinsam bewertet wird. Deshalb wird zunächst das Merkmal ausgewählt, das im obigen Sinne am besten ist. Danach werden alle Paare von Merkmalen betrachtet, in denen das bereits ausgewählte Merkmal enthalten ist. Es wird das Paar genommen, das am besten bewertet wurde. Als nächstes werden alle Tripel betrachtet, wobei das schon ausgewählte Paar enthalten sein muß, u.s.w., bis N Merkmale ausgewählt sind.
- Es ist auch möglich, zuerst die zwei Klassen zu ermitteln, die am schlechtesten zu trennen sind, bei denen also die meisten Fehler bei der Klassifikation der Stichprobe gemacht wurden. Es werden dann die Merkmale ausgewählt, die am meisten zur besseren Trennbarkeit der beiden Klassen beitragen. Umgekehrt ist es natürlich auch möglich, die Merkmale zu eliminieren, die am wenigsten dazu beitragen.
- Es wird zunächst eine Klassifikation mit allen zur Verfügung stehenden K Merkmalen durchgeführt. Danach wird jeweils ein Merkmal ausgelassen und mit $K - 1$ Merkmalen klassifziert. Die beste Kombination wird in der Folge wiederum reduziert, bis eine optimale Kombination zwischen Merkmalszahl und Klassifikationsleistung gefunden ist oder die geforderte Anzahl von N Merkmalen erreicht ist. Diese Strategie bezeichnet man in der Literatur auch als *Leaving-One-Out-Methode*.

Allgemein kann gesagt werden, daß die Bewertung von Merkmalen nach ihrer Gewinnung (heuristisch) auf den gleichen Verfahren beruht wie die systematische Bewertung während der Merkmalsextraktion (analytisch). Statistisch ist sie meist sehr aufwendig, weshalb die Bewertung von Merkmalen i.d.R. über eine Lagebeurteilung der Merkmalsvektoren im Merkmalsraum durchgeführt wird.

15.3 Klassifikationsverfahren

Nach der Vorverarbeitung und der Merkmalsextraktion wird schließlich die eigentliche Klassifikation durchgeführt. Die wesentlichen Aufgabenstellungen dabei sind:

- Ermittlung der Punktwolken bzw. Cluster der Merkmalsvektoren im Merkmalsraum,
- Beschreibung bzw. Trennung der Punktwolken durch mathematische Modelle,
- Zuordnung unbekannter Merkmalsvektoren zu einer Klasse.

Die Klassifikation kann als eine Abbildung von der Menge der Merkmalsvektoren in die Menge der Klassennummern (einschließlich Rückweisungsklasse) angesehen werden, also $\mathbf{c} \to \underline{K} = \{0, 1, \ldots, K\}$.

15.3.1 Strategien

Geschickt ausgewählte Merkmale (zusammengefaßt zu N-dimensionalen Vektoren des Merkmalsraumes) führen (nach Postulat 3 aus Abschn. 15.1.2) zu einigermaßen zusammenhängenden Punktwolken (Clustern) im Merkmalsraum. In Abbildung 15.7 ist ein zweidimensionaler Merkmalsraum dargestellt, wobei sich die abgebildeten Objekte in ihren Merkmalen unterscheiden. Welches Cluster einem bestimmten Objekt zugeordnet ist und welche Bereiche des Merkmalsraumes ein Muster einnimmt, ist noch nicht bekannt. Diese Aufgabe ist, als letzter Schritt der Klassifikation, von einem Klassifikator zu bewältigen. Dabei werden mehrere Strategien unterschieden, nach denen die Klassifikatoren vorgehen.

Die fest-dimensioniert überwachte Strategie. Bei dieser Strategie geht man davon aus, daß die Musterklassen durch die Stichproben eindeutig festgelegt werden können. Das ist z.B. bei der Zählung von Blutkörperchen der Fall, denn man kann annehmen, daß während der Klassifikation kein unbekanntes Blutplättchen auftaucht, das in keine der Klassen gehört. Durch die

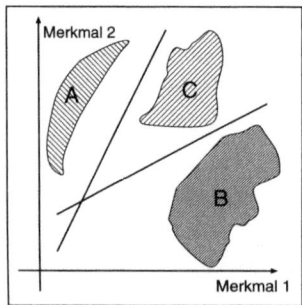

Abb. 15.7. Die Abbildung zeigt einen zweidimensionalen Merkmalsraum mit drei Clustern, die gut voneinander separierbar sind. Im vorliegenden Fall ist diese Separierung durch einfache Geraden möglich.

15.3 Klassifikationsverfahren

Stichprobe sollen die Eigenschaften (Lage des Clusters im Merkmalsraum) eines Objektes vollständig wiedergegeben werden. Diese erfaßten Eigenschaften werden durch Cluster repräsentiert, die als Realisationen $\underline{R}_i$ der Musterklasse $\underline{\Omega}_i$ bezeichnet werden. Eine Realisation ist eine Menge:

$$\underline{R}_i = \{(\mathbf{c}_0, h_0), \ldots, (\mathbf{c}_N, h_N)\} \tag{15.18}$$

wobei $\mathbf{c}_j$ die Merkmalsvektoren sind und h_j die Häufigkeit angibt, mit der der Vektor $\mathbf{c}_j$ in der Klasse $\underline{\Omega}_i$ vorkommt. Der Idealfall wäre, wenn die Realisation der Stichprobe deckungsgleich mit der Merkmalsverteilung des zu klassifizierenden Objektes ist. Dies kann aber i.allg. nicht erreicht werden, da gewisse Fehler unvermeidbar sind:

1. Beim Fehler 1. Art umfaßt die Stichprobe nicht alle Merkmale einer Klasse, wodurch ihr Vektoren nicht zugeordnet werden, obwohl sie zu dieser Klasse gehören.
2. Der Fehler 2. Art tritt auf, wenn von der Stichprobe Merkmale erfaßt werden, die die Objekte der zugehörigen Klasse nicht aufweisen. Durch diesen Fehler werden einer Klasse auch solche Vektoren zugeordnet, die nicht zu dieser Klasse gehören.

Die Realisation ist also immer nur eine Approximation der Klasse. Wenn die Stichproben aber wirklich repräsentativ gewählt wurden, gestattet diese Methode eine effiziente Klassifikation, d.h. es gibt dann nur wenige Vektoren im Vergleich zu ihrer Gesamtzahl, die nicht klassifiziert werden können. Um dennoch auch solche Vektoren klassifizieren zu können, die durch die Stichproben nicht erfaßt wurden, gibt es folgende Möglichkeiten:

– Beim statistischen Vorgehen werden Klassen über Verteilungsfunktionen und -dichten erfaßt, die Zuordnung erfolgt aufgrund der maximalen Wahrscheinlichkeit (engl. maximum likelihood).
– Das geometrische Vorgehen gibt Trennfunktionen zwischen den Klassen an, anhand derer die Vektoren zu der Klasse mit dem kleinsten Abstand (engl. minimum distance) zugeordnet werden.

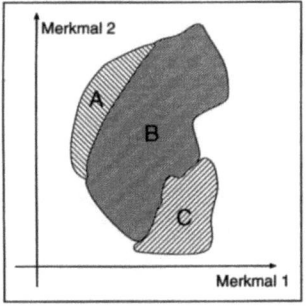

Abb. 15.8. Die Abbildung verdeutlicht die Fehler 1. und 2. Art, die durch die Approximation einer Klasse $B \cup C$ mit Hilfe einer Stichprobe $A \cup B$ entstehen können. Der Bereich C beschreibt Muster, die zwar zur Musterklasse gehören, aber nicht in der Stichprobe enthalten sind. Der Bereich A beschreibt den umgekehrten Effekt: Diese Muster sind in der Stichprobe enthalten, obwohl sie nicht zur Musterklasse gehören.

Die fest-dimensioniert nichtüberwachte Strategie. Im Gegensatz zur überwachten Strategie werden bei nichtüberwachten Algorithmen die Klassen erst im Verlauf der Klassifikation generiert, da sie vor der Durchführung der Klassifikation noch unbekannt sind.

Ausgehend von einem beliebigen Merkmalsvektor als Zentrum der ersten Musterklasse wird versucht, durch geeignete Kriterien weitere Vektoren dieser Klasse zuzuordnen. Ist für einen Vektor das Kriterium nicht erfüllt, so bildet er das Zentrum einer neuen Musterklasse. Das Verfahren läuft so lange, bis alle Vektoren klassifiziert sind. Anschließend können zu kleine Cluster vereinigt oder zu große Cluster gespalten werden. Strategien dieser Art wurden bereits in Kapitel 14 unter dem Begriff des *Split & Merge* besprochen. Man kann dieses Vorgehen auch als eine Segmentierung im Merkmalsraum auffassen.

Bei einem nichtüberwachten Algorithmus (mit geometrischem Kriterium) ist eine Menge von Merkmalsvektoren $\{\mathbf{c}_0, \ldots, \mathbf{c}_N\}$ und ein Schwellwert r gegeben:

1. Der Vektor $\mathbf{c}_0$ bildet das Zentrum der ersten Klasse: $\mathbf{c}_0 = \mathbf{z}_0$ (Zentrum von Ω_0).
2. Für alle weiteren Vektoren $\mathbf{c}_n, n = 1, \ldots, N$ wird die (z.B. Euklidische, vgl. Abschn. 15.3.2, S. 413) Distanz $d_{(n,0)} = d(\mathbf{c}_n, \mathbf{z}_0)$ berechnet.
3. Falls bis zu einem bestimmten Wert K gilt: $d_{(k,0)} < r, k = 1, \ldots, K-1$, werden alle diese Vektoren zur Klasse Ω_0 zugeordnet.
4. Für $\mathbf{c}_K$ gilt die Bedingung nicht mehr, es wird Zentrum der Klasse Ω_1: $\mathbf{c}_K = \mathbf{z}_1$
5. Für alle folgenden Punkte müssen nun die Distanzen $d_{(n,0)}$ und $d_{(n,1)}$ berechnet werden.
6. Wenn ein Punkt mehrere Schwellen unterschreitet, wird er der Klasse zugeordnet, zu der er die kleinste Distanz hat.

Der Erfolg dieser Methode hängt wesentlich von einer geeigneten Wahl des Schwellwertes ab. Wird r zu groß gewählt, so werden u.U. mehrere Objekte einer Klasse zugeordnet. Eine Teilung solcher Klassen kann aber keine befriedigende Lösung sein, da die Klassifizierung bei einer anderen Wahl von r ganz anders gelaufen wäre. In Abbildung 15.9 wurde im linken Bild die Schwelle zu hoch angesetzt, während rechts ein geeigneter Schwellwert gewählt wurde.

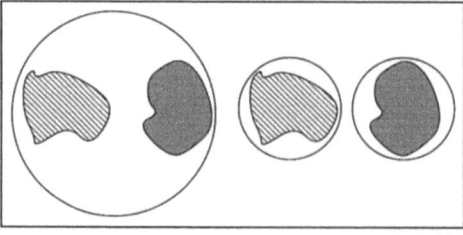

Abb. 15.9. Die Graphik zeigt die Auswirkung der Wahl unterschiedlicher Schwellwerte auf die Separierbarkeit von Clustern. Im linken Beispiel ist der Schwellwert zu groß gewählt worden, rechts hingegen richtig.

Auch von der Bearbeitungsreihenfolge der Vektoren hängt das Ergebnis ab, denn Vektoren, die einer Klasse zugeordnet werden, gehören eventuell zu einer Klasse, die noch gar nicht gebildet wurde. Allerdings ist die einfache Implementierbarkeit eines nichtüberwachten Algorithmus ein entscheidender Vorteil.

Lernende Strategien. Oft sind die Merkmale eines Objektes gewissen Änderungen unterworfen, auf die sich der Klassifikator nach Möglichkeit einstellen sollte. Beispielsweise sollte ein Automat, der Geldscheine wechselt, auch solche Scheine akzeptieren, die verblaßt oder abgenutzt sind. Man benötigt also einen Klassifikator, der sich auf Trends einstellen kann.

Durch die anfänglichen Stichproben werden die charakteristischen Merkmale einer Klasse gelernt, es entstehen also Realisationen der Musterklassen, was auch als Dimensionierung des Systems bezeichnet wird. Nach der Klassifikation eines Vektors wird er rückgekoppelt, indem er in die Realisation seiner Klasse aufgenommen wird (Abb. 15.10). Dadurch wird die Realisation einem Trend angepaßt, denn ein weiterer Vektor, der den Trend noch verschärft, kann nun erkannt werden. Hätte man den ersten Vektor nicht in die Realisation aufgenommen, könnten weitere Vektoren, die einen Trend fortführen, nicht mehr erkannt werden. Dies würde einem überwacht lernenden Klassifikator entsprechen.

Bei einem nichtüberwacht lernenden Klassifikator würde die Dimensionierung nicht durch die Stichprobe erfolgen, sondern erst im Verlauf der Klassifikation entstehen.

15.3.2 Klassifikatoren

Der Mimimum-Distance-Klassifikator. Der Grundgedanke des Minimum-Distance-Klassifikators ist, daß wahrscheinlich alle die Merkmalsvektoren zu einer Klasse gehören, die im Merkmalsraum dicht beieinander liegen. Als Distanzmaß für Vektoren bietet sich beispielsweise die Euklidische Distanz:

$$d(\mathbf{c}_1, \mathbf{c}_2) = \sqrt{(\mathbf{c}_1 - \mathbf{c}_2)^T (\mathbf{c}_1 - \mathbf{c}_2)} \qquad (15.19)$$

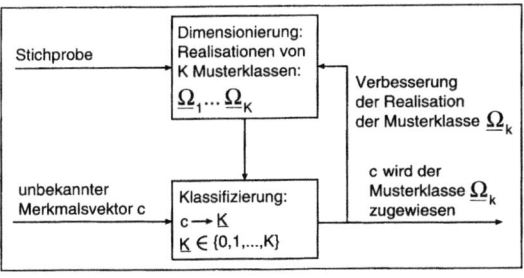

Abb. 15.10. Beim überwacht lernenden Klassifikator werden bereits klassifizierte Muster zur Verbesserung der Dimensionierung rückgekoppelt. Dadurch kann der Klassifikator auch Trends folgen.

an. Um Abstände zwischen Vektoren und Klassen zu bestimmen, muß pro Klasse ein Zentrumsvektor festgelegt werden. Als Zentren können entweder die Mittelwertvektoren genommen werden oder auch der Vektor mit dem häufigsten Auftreten in einer Klasse.

Der (überwachte) Algorithmus besteht aus folgenden Schritten:

- Berechnung aller I Zentren z_i aus den Realisationen der Musterklassen,
- Berechnung der Abstände eines zu klassifizierenden Vektors c_n zu allen Zentren,
- Zuweisung von c_n zur Klasse $\underline{\Omega}_j$, falls $d(c_n, z_i) < d(c_n, z_j) \quad \forall i \neq j$.

Diese Methode steckt die Grenzen zwischen den einzelnen Musterklassen durch Mittelsenkrechten (oder Hyperebenen) im Musterraum ab.

Oft ist es günstig, nicht immer alle Vektoren zu klassifizieren. Vektoren, die ganz offensichtlich nicht zu einer Klasse gehören, aber zu ihr den kleinsten Abstand haben, sollten nicht aufgenommen werden. Das kann man mit einem Zurückweisungsradius r_i erreichen, der für jede Klasse extra berechnet werden muß und abhängig von der Größe einer Klasse sein sollte (Abb. 15.11). Falls ein solcher Rückweisungsradius benutzt wird, werden die Klassen durch N-dimensionale Kugeln approximiert.

Ein Vektor c wird in einem solchen System nur dann einer Klasse $\underline{\Omega}_i$ zugeordnet, wenn er neben der oben angegebenen Abstandsbedingung auch die Bedingung $d(c, z_i) < r_i$ erfüllt.

Eine lernende Version des Minimum-Distance-Klassifikators müßte bei der Rückkopplung das Zentrum der Klasse (und evtl. auch den Rückweisungsradius) anpassen. Ausgehend von einer Realisation nach (15.18) ist die Anzahl der Vektoren der Klasse $\underline{\Omega}_i$ gegeben durch:

$$\text{Anz}_i = \sum_{n=1}^{N} h_n \qquad (15.20)$$

und ihr Zentrum (Mittelwert) durch:

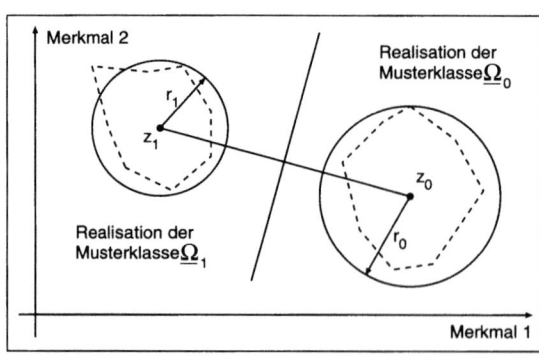

Abb. 15.11. Bei der Minimum-Distance-Methode werden Vektoren, die zwar zu einer Klasse einen minimalen, aber dennoch sehr großen Abstand haben, nicht klassifiziert. Dies wird über den Rückweisungsradius r_i gesteuert.

$$\mathbf{z}_i = \frac{1}{\text{Anz}_i} \sum_{n=1}^{N} \mathbf{c}_n \cdot h_n \qquad (15.21)$$

Der Lernprozeß besteht darin, das nach jeder Klassifikation eines Vektors **c** ein neues Zentrum $\mathbf{z}_i'$ berechnet wird:

$$\mathbf{z}_i' = \frac{1}{\text{Anz}_i + 1} \cdot (\text{Anz}_i \cdot \mathbf{z}_i + \mathbf{c}) \qquad (15.22)$$

Entscheidend für den Umfang, mit dem sich Veränderungen auf das System auswirken, ist die Gestaltung des Gewichtungsterms, der das Verhältnis bereits bekannter Vektoren zu dem neu hinzugekommenen Vektor kontrolliert.

Der hier vorgestellte Mechanismus der Nachführung und schrittweisen Adaption hat sein Vorbild in der Natur. Beispielsweise ist der Mensch bis ins hohe Alter (wenn auch schwerer als in der Jugend) in der Lage, neue Bewegungsabläufe zu erlernen bzw. zu verfeinern, auch wenn das Erlernen grundlegender Bewegungsmuster in der Kindheit erfolgt. Dies ist nur möglich durch die Bereitstellung von biologischen Mechanismen, mit denen die Modifikation von Verschaltungen zwischen Neuronen möglich ist. Ein typisches Beispiel für das Vorhandensein solcher Mechanismen ist die Reorganisation der sensorischen Repräsentation, z.B. der Hand bei Verlust von Fingern. Nach der Reorganisation steht, bedingt durch das Ausbleiben von Mustern der fehlenden Finger, für die verbliebenen Finger eine feinere Repräsenation zur Verfügung.

Der Maximum-Likelihood-Klassifikator. Neben den geometrischen Verfahren ist der statistische Ansatz von großer Bedeutung für den Entwurf von Klassifikationsmethoden. Hierbei werden die Musterklassen durch Verteilungs- und Dichtefunktionen beschrieben. Für die Formulierung des Verfahrens benötigen wir folgende Definitionen:

- $p(\underline{\Omega}_i)$ ist die A-priori-Wahrscheinlichkeit der Klasse $\underline{\Omega}_i$ und stellt ein Maß für die Größe einer Musterklasse dar.
- $f(\mathbf{c} \mid \underline{\Omega}_i)$ ist die Verteilungsdichte der Vektoren einer Klasse $\underline{\Omega}_i$. Hier wird nicht nur die Anzahl der Vektoren einer Klasse ermittelt (wie bei $p(\underline{\Omega}_i)$), sondern es wird auch berücksichtigt, wie häufig die Vektoren in einer Klasse vertreten sind. Die Verteilungsdichte stellt also die Auftrittswahrscheinlichkeit eines bestimmten Vektors in einer bestimmten Klasse dar.
- A_i ist ein Bereich im Merkmalsraum, der der Klasse $\underline{\Omega}_i$ zugeordnet wird. Vektoren, die in diesem Bereich auftreten, werden $\underline{\Omega}_i$ zugeordnet. Ob sie tatsächlich in $\underline{\Omega}_i$ gehören, ist damit nicht ermittelt. Bei diesen Vektoren ist aber die Wahrscheinlichkeit, daß sie zu $\underline{\Omega}_i$ gehören, sehr hoch.
- $L = (l_{i,j}) \, \forall i,j : i \neq j$ ist die Verlustmatrix. Ihre Einträge entstehen, wenn ein Vektor der in die Klasse $\underline{\Omega}_i$ gehört, fälschlicherweise der Klasse $\underline{\Omega}_j$ zugeordnet wird.

Die Wahrscheinlichkeit, daß ein Vektor **c** korrekterweise in die Klasse $\underline{\Omega}_i$ klassifiziert wird, berechnet sich dann durch:

15. Klassifikation und Mustererkennung

$$p(\mathbf{c} \in A_i \mid \Omega_i) = \sum_{A_i} f(\mathbf{c} \mid \Omega_i) \tag{15.23}$$

Umgekehrt ist die Wahrscheinlichkeit, daß ein Vektor $\mathbf{c} \in \Omega_i$ fälschlicherweise als $\mathbf{c} \in \Omega_j$ klassifiziert wird, also:

$$p(\mathbf{c} \in A_j \mid \Omega_i) = \sum_{A_j} f(\mathbf{c} \mid \Omega_i) \tag{15.24}$$

Die Wahrscheinlichkeit, daß ein Vektor $\mathbf{c} \in \Omega_i$ auftritt und richtig klassifiziert wird, ist somit:

$$p(\Omega_i) \cdot p(\mathbf{c} \in A_i \mid \Omega_i) \tag{15.25}$$

und die Wahrscheinlichkeit, daß ein Vektor $\mathbf{c} \in \Omega_i$ auftritt, aber falsch zu Ω_j klassifiziert wird, ist:

$$p(\Omega_i) \cdot p(\mathbf{c} \in A_j \mid \Omega_i) \tag{15.26}$$

Um nun den zu erwartenden Verlust auszurechnen, der bei der Klassifikation des Vektors $\mathbf{c}$ entstehen kann, wird zunächst vereinfachend angenommen, daß bei richtiger Klassifizierung kein Verlust ($l_{i,i} = 0$) und bei falscher Klassifizierung immer derselbe Verlust ($l_{i,j} = 1$) auftritt. Der Verlust wird berechnet durch:

$$L(\mathbf{c}) = \sum_{i=0}^{N} p(\Omega_i) \sum_{\mu=0, \mu \neq i}^{N} l_{i,\mu} \cdot p(\mathbf{c} \in A_j \mid \Omega_i) \tag{15.27}$$

Der Bereich A_i sollte so gewählt werden, daß der Verlust minimal wird.

Ein Problem stellt die A-priori-Wahrscheinlichkeit $p(\Omega_i)$ dar, da sie i.d.R. nicht bekannt ist. Man kann sie aber unter bestimmten Voraussetzungen grob bestimmen. Liegt beispielsweise stereotypes Bildmaterial zur automatisierten Analyse vor, so ist die Schätzung der A-priori-Wahrscheinlichkeiten durch manuelle Auswertung einer kleinen Sequenz möglich. Falls aber diese Kontextinformation fehlt, werden die Vektoren als gleich verteilt angenommen, d.h. alle A-priori-Wahrscheinlichkeiten werden dann gleich groß.

Ein Entscheidungskriterium für die Klassifikation ist gegeben durch:

$$d_i(\mathbf{c}) = p(\Omega_i) \cdot f(\mathbf{c} \mid \Omega_i) \tag{15.28}$$

also durch ein statistisches Distanzmaß, das die Wahrscheinlichkeit berechnet, mit der ein Vektor in die Klasse Ω_i gehört. Ein Vektor $\mathbf{c}$ wird nun einer Klasse Ω_i zugeordnet, wenn gilt:

$$d_i(\mathbf{c}) > d_\mu(\mathbf{c}) \quad \forall \mu \neq i \tag{15.29}$$

Dieser Klassifikator kann auch mit Rückweisungsklasse oder als lernender Klassifikator implementiert werden.

15.3.3 Topologische Karten

Selbstorganisierende Karten wurden 1982 von KOHONEN vorgestellt [Koh82, Koh84] und kamen seither in vielen Gebieten zur Anwendung. Insbesondere die Eigenschaft der topologischen Merkmalskarte, in einem hochdimensionalen Problemraum selbständig nichtlineare Zusammenhänge aufzufinden und unter weitgehendem Erhalt der Nachbarschaftsbeziehungen eine Dimensionsreduktion durch Abbildung auf einen niederdimensionalen Raum vorzunehmen, bildet einen der interessantesten Aspekte dieses Verfahrens. Daneben gewinnt aber auch die Konvergenzeigenschaft für bestimmte Problemstellungen an Bedeutung. Wir wollen im folgenden eine Klassifikationsanwendung dieses häufig in die Gruppe der neuronalen Netze eingeordneten Verfahrens darstellen. Zuvor sei aber eine kompakte mathematische Darstellung mit einer Interpretationstrategie für diesen selbstorganisierenden (und damit nichtüberwacht lernenden) Klassifkator gegeben.

Für eine ausführliche Darstellung des Modells und seiner Anwendungen sei auf [Ber88, Bra95, Kra90, Rit91, Schu93a, Schu93b, Ult91] verwiesen. Eine Diskussion des aktuellen Stands der Forschung und speziell der mathematischen Aspekte des Modells von KOHONEN, das sich bis heute einer vollständigen mathematischen Beschreibung entzieht, findet sich in [Cot94]. Im Kontext der Bildverarbeitung finden sich Anwendungen der topologischen Karte u.a. zur Segmentierung von CT-Bildern [Ber88, Sau89] und zur Gewebecharakterisierung aus MR-Bildern [Fra92a, Fra92b].

Der Algorithmus von Kohonen. Wir gehen aus von einem N-dimensionalen Merkmalsraum $\underline{M}_G \subset \mathbb{R}^N$, der mit den Merkmalsvektoren $\mathbf{m}_{xy}$ besetzt ist. Aus dem Merkmalsraum wird ein repräsentativer Trainingsdatensatz $\underline{L} \subset \underline{M}_G$ extrahiert, wobei die Klassenzugehörigkeit der Trainingsvektoren $\mathbf{t}_{xy}$, gegeben durch das Label s_{xy}, als a-priori bekannt vorausgesetzt wird. Von diesem Wissen machen wir zwar erst nach Abschluß des Trainings Gebrauch, es stellt aber eine notwendige Voraussetzung zur Interpretation der Karte dar. Der Index xy bezeichnet in dieser Darstellung die Zuordnung zu einer Bildkoordinate, da die Karte im später erläuterten Anwendungsbeispiel zur Klassifikation von Vektoren, die mit den Bildpunkten eines Eingabebildes korrespondieren, herangezogen wird. Andere problemadäquate Darstellungen sind ebenso möglich.

Die topologische Karte ist gegeben durch eine einschichtige Anordnung von Elementareinheiten (verschiedentlich als Neuronen bezeichnet) auf einem ein- oder zweidimensionalen Gitter G. Gehen wir z.B. von einem rechtwinkligen Gitter endlicher Größe aus, so ist an jedem Eck- oder Kreuzungspunkt eine solche Elemtareinheit angeordnet. Dieses Gitter kann nun beispielsweise mäanderförmig durchnumeriert werden, so daß bei insgesamt K Eck- und Kreuzungspunkten die Einheiten I_k mit $k = \{1, \ldots, K\}$ vorliegen. Sie sind nun entsprechend dem Gitter G mit einer topologischen Struktur (einer Nachbarschaftsbeziehung) ausgestattet, die von einer Nachbarschaftsfunktion Λ zur Verfügung gestellt wird. Diese wird üblicherweise symmetrisch und zum

Rand hin abfallend gewählt, so daß $\Lambda(l,k) = \Lambda(k,l)$ sowie $\Lambda(k,k) = 1$ gilt und Λ damit nur von der Distanz zwischen l und k abhängt. l und k adressieren in diesem Modell die Positionen der Elemtareinheiten. Wir legen also nich a-priori eine bestimmte Anordnungsstruktur der Elementareinheiten (z.B. matrixförmig) zu Grunde, sondern überlassen die Formulierung dessen, was Nachbarschaft bedeutet, der Nachbarschaftsfunktion Λ. In den meisten Anwendungen behält man aber aus Gründen der Anschaulichkeit die Matrixanordnung bei und wählt für die Nachbarschaftsfunktion eine Approximation der *Mexican-Hat-Funktion*, einer räumlichen Variante der si-Funktion.

Für die weitere Verfahrensdarstellung (insbesondere des Trainings der Karte) wählt man nun zufällig einen Vektor aus dem Trainingsdatensatz aus. Dies ist der zum Zeitpunkt $t_0 = 0$ anliegende Eingabevektor. Für alle folgenden Zeitpunkte t_i wird dieses Verfahren wiederholt, bis alle Vektoren des Trainingsdatensatzes einmal verwandt wurden. Danach kann eine erneute zufällige Repräsentation dieser Daten erfolgen.

Jede der Elemtareinheiten ist mit dem Eingabevektor voll verbunden, wobei X_{ij} die Stärke der Verbindung von Einheit i mit der j-ten Komponente des Eingabevektors repräsentiert. Dadurch kann jede Einheit entsprechend dem N-dimensionalen Eingaberaum als N-dimensionaler Vektor $\mathbf{X}_i = (X_{i1}, ..., X_{iN})^T$ dargestellt werden, der im folgenden als Kartenvektor bezeichnet werden soll. Jeder Elemtareinheit ist damit ein Kartenvektor zugeordnet. Sie werden üblicherweise zu Beginn des Trainings mit zufälligen Werten initialisiert. Ziel des im folgenden beschriebenen Verfahrens ist es nun, die Kartenvektoren den Eingabevektoren sukzessive anzugleichen, d.h. mit jeder Repräsentation eines Eingabevektors verändern sich die Gewichte einiger Kartenvektoren entsprechend einer Lernregel. Daraus ergibt sich die zeitabhängige Zustandsbeschreibung der Karte bzw. des Netzes als Menge aller Kartenvektoren zum Zeitpunkt t mit:

$$\underline{\mathbf{X}}(t) = \{\mathbf{X}_1(t), \ldots, \mathbf{X}_K(t)\} \qquad (15.30)$$

Ein einzelner Lernschritt besteht nun aus folgenden Teilschritten:

1. Zu einem gegeben Zeitpunkt t antwortet das Netz auf einen *Stimulus* ω (den Eingabevektor) mit der Einheit i_0 (dem Sieger, engl. winner), die nach einem Distanzmaß d den geringsten Abstand zu ω hat:

$$d(X_{i_0}(t), \omega) = \min\{d(X_j(t), \omega)\} \quad 1 \leq j \leq K \qquad (15.31)$$

Es wird also die Ähnlichkeit des Eingabevektors zu allen Kartenvektoren ermittelt und derjenige ausgewählt, der die größte Ähnlichkeit zum Stimulus hat[7]. Als Distanzmaß wird in den meisten Fällen die Euklidische Distanz verwendet, denn andere Distanzmaße führen zu keiner signifikanten Verbesserung des Algorithmus [Ber88].

---

[7] Damit wird klar, warum eine randomisierte Initialisierung notwendig ist.

15.3 Klassifikationsverfahren

2. Auf die Bestimmung des ähnlichsten Kartenvektors zum präsentierten Eingabevektor folgt die Veränderung aller Kartenvektoren in seiner Umgebung gemäß:

$$X_i(t+1) = X(t) - \epsilon_t \Lambda(i_0, i)(X_i(t) - \omega) \quad \forall i \in I \tag{15.32}$$

Diese Regel erhöht die Ähnlichkeit der Winner-Einheit zum Stimulus und, abhängig von der Gestalt der Nachbarschaftsfunktion $\Lambda(i,j)$, auch die Ähnlichkeit der Umgebung. Ein angelegter Stimulus wird also einer bestimmten Kartenposition zugeordnet und verändert den an dieser Stelle lokalisierten Vektor und seine Umgebung so, daß die Distanz zwischen Stimulus und Kartenvektor(en) geringer wird.

Den Grad der Veränderung relativ zum Zentrum bestimmt die Nachbarschaftsfunktion $\Lambda(i,j)$. Bei Verwendung der Mexican-Hat-Funktion, die auch negative Werte annimmt, liegt darüber hinaus eine Hemmung des weiteren Umfeldes vor – es würde durch die negativen Werte sogar unähnlicher gemacht. In den meisten Implementierungen findet man jedoch nur eine einfache Dreiecksfunktion.

Das Verfahren wird nun durch Präsentation von weiteren Stimuli entsprechend der Verteilung im Merkmalsraum wiederholt. Dabei kommt dem Lernparameter ϵ_t neben der Nachbarschaftsfunktion Λ eine zentrale Rolle zu. Er wird i.allg. klein, positiv und mit der Zeit gegen 0 gehend gewählt. Entsprechend kann auch der Radius der Nachbarschaftsfunktion als zeitlich abnehmend modelliert werden. Die zeitliche Abhängigkeit der Parameter führt zu einem Verhalten, das zumeist in zwei Phasen, die *Selbstorganisation* und die *Konvergenz*, eingeteilt wird. Am Ende des Lernprozesses steht eine „eingefrorene" Karte, die für Klassifikationszwecke genutzt werden kann. Zum genauen Ablauf des Lernprozesses, der Ermittlung von Gütekriterien und alternativen Strategien, wie dem Einfügen oder Streichen von Elementareinheiten, sei z.B. auf [Ber88, Bra95, Fra92a, Rit91, Schu93b] verwiesen.

Nach Beendigung des Lernprozesses realisiert die so gebildete topologische Karte die Abbildung des N-dimensionalen Merkmalsraumes M_G auf die zweidimensionale Karte G:

$$\Phi_\mathbf{X} : M \to G, \quad \mathbf{m} \in M_G \to \Phi_\mathbf{X}(\mathbf{m}) \in G \tag{15.33}$$

Wir erhalten also für jeden angelegten Vektor des Test- oder Trainingsdatensatzes eine Positionsangabe, die den mit der Eingabe am besten korrespondierenden Kartenvektor beschreibt. Die Indizierung der Abbildung mit dem Kartenvektor soll die Abhängigkeit der Abbildung von den Kartenvektoren verdeutlichen. Da im Lernprozeß keine Information über die Klassenzugehörigkeit der präsentierten Trainingsvektoren benötigt und verwandt wird, fällt das Verfahren von KOHONEN unter die nichtüberwachten Klassifikatoren. Die Interpretation der Karte ist nach Abschluß der Lernphase z.B. auf der Basis des Trainingsdatensatzes vorzunehmen. Dieser Schritt, der notwendig für den Einsatz der Karte als Klassifikator ist, wird als Labeling bezeichnet.

Labeling und Segmentierung. Zur Segmentierung mittels der topologischen Karte ist die Zuweisung eines Klassenlabels zu jedem Kartenvektor notwendig. Dieses vollständige Labeling erfolgt in drei Stufen durch Bewertung der Klassenzugehörigkeit der während des Trainings verwendeten Trainingsvektoren (Abb. 15.12). In der ersten Stufe wird die Karte durch Bestimmung des ähnlichsten Kartenvektors für jeden Trainingsvektor mittels der Euklidischen Distanz gelabelt:

$$\forall \mathbf{t}_{xy} \subset L : c_z = s_{xy} \quad \text{wenn} \quad \|\mathbf{t}_{xy} - \mathbf{X}_z\| \le \|\mathbf{t}_{xy} - \mathbf{X}_i\| \quad \forall i \in G \quad (15.34)$$

Den Kartenvektoren wird also jeweils das Label des ihnen ähnlichsten Vektors des Trainingsdatensatzes zugeordnet. Fallen Vektoren verschiedener Klassen auf den gleichen Kartenvektor, so erhält er das Label c_z der häufigsten Klasse. Man beachte, daß diese Prüfung für alle Vektoren des Trainingsdatensatzes durchgeführt wird – man sucht also jeweils den ähnlichsten Kartenvektor aus der Gesamtheit aller vorhandenen Kartenvektoren. Dies kann dazu führen, daß einzelne Kartenvektoren kein Label erhalten.

Kartenvektoren, die in der ersten Stufe kein Klassenlabel erhielten, werden zunächst mit dem Label der Rückweisungsklasse versehen. In einer zweiten Stufe wird durch Berechnung des ähnlichsten Trainingsvektors für jeden Kartenvektor – also durch Umdrehen der Betrachtungsweise – eine temporäre, vollständig gelabelte Karte bestimmt:

$$\forall \mathbf{X} \subset L : c'_{\mathbf{X}} = s_{x'y'} \quad \text{wenn} \quad \|\mathbf{X} - \mathbf{t}_{x'y'}\| \le \|\mathbf{X} - \mathbf{t}_{xy}\| \quad \forall \mathbf{t}_{xy} \in L \quad (15.35)$$

Alle in der ersten Stufe mit dem Label der Rückweisungsklasse versehenen Kartenvektoren erhalten sodann das entsprechende Label der in der zweiten Stufe erzeugten temporären Karte:

$$\forall \mathbf{X} \subset \Omega_0 : c_x = c'_x \quad (15.36)$$

In Abbildung 15.13 ist links eine gelabelte Karte der ersten Stufe gezeigt, wobei die Vektoren des Merkmalsraumes in 4 Klassen einzuteilen waren. Die schwarzen Areale kennzeichnen Kartenvektoren, die in der ersten Stufe kein Klassenlabel erhielten. In der Mitte der Abbildung 15.13 ist die Karte der zweiten Stufe dargestellt. Sie ist aufgrund des Zuweisungsverfahrens

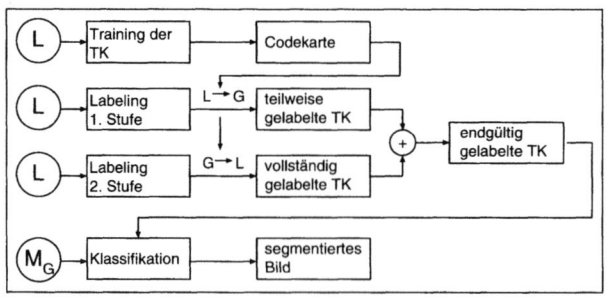

Abb. 15.12. In der schematischen Darstellung einer Segmentierung mit der topologischen Karte (TK) bezeichnet L die Menge der Trainingsvektoren des Lerndatensatzes, G die Menge der Kartenvektoren und M_G den Merkmalsraum.

15.3 Klassifikationsverfahren 421

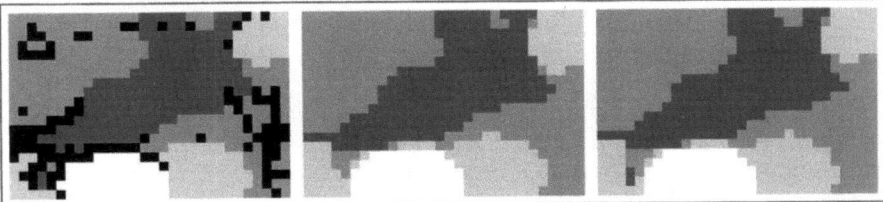

Abb. 15.13. Die Abbildung zeigt von links nach rechts die drei Stufen des Labeling einer topologischen Karte (Dimension 20 × 30). *Links*: In der ersten Stufe entstehen verfahrensbedingt Löcher (schwarz). *Mitte*: Zweite Stufe mit vollständigem Labeling aller Kartenvektoren. *Rechts*: Endgültige, nach Klassen vollständig gelabelte Karte.

vollständig gelabelt. Die Zusammenführung beider Karten zur endgültig für die Klassifikation genutzten Karte ist in Abbildung 15.13 rechts wiedergegeben. Durch Anwendung der erweiterten Labeling-Strategie kann Inhomogenitäten in den klassenspezifischen Verteilungen der Merkmalsvektoren des Trainingsdatensatzes entgegengewirkt werden, die durch die randomisierte Zusammenstellung der Trainingsdaten aus großen Merkmalsräumen bedingt sind.

Im Vergleich zu einer direkten Anwendung der vollständigen Labeling-Strategie nach (15.35) erweist sich die erweiterte Strategie als deutlich leistungsfähiger. Die Ergänzung offengebliebener Kartenpositionen durch (15.36) fängt die nicht vollständig homogene Repräsentation des Merkmalsraumes

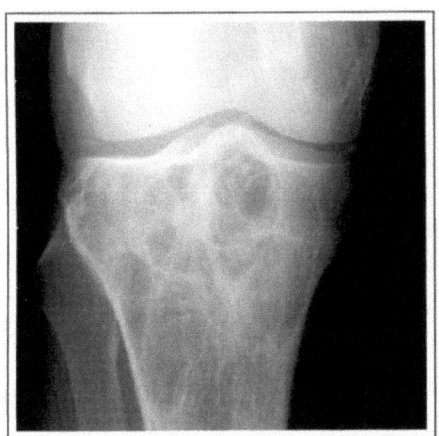 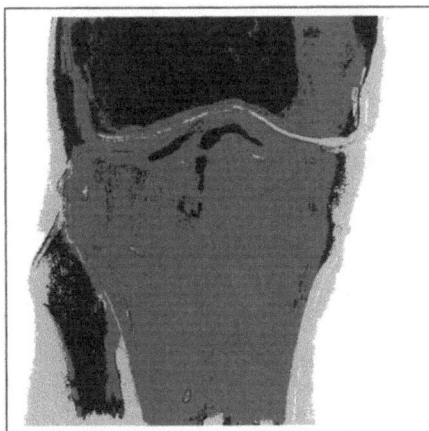

Abb. 15.14. Das links dargestellte Röntgenbild eines Kniegelenks mit einem Knochentumor wurde auf der Basis von 15 Texturmerkmalen mit Hilfe der topologischen Karte aus Abbildung 15.13 in 4 Klassen segmentiert (*rechts*). Die Klassen sind „Röntgenbildhintergrund" (weiß), „Weichteilgewebe" (hellgrau), „gesunder Knochen" (dunkelgrau) und „pathologisch veränderter Knochen" (mittelgrau).

durch den Trainingsdatensatz auf und führt so zu einer Verbesserung des Verfahrens.

Abbildung 15.14 zeigt die Anwendung des Verfahrens auf ein Röntgenbild mit dem Ziel, eine Einteilung in die Klassen „Hintergrund", „gesunder Knochen", „Weichteilgewebe" und „pathologisch veränderter Knochen" vorzunehmen. Die Ausbildung von Subarealen für zwei der 4 Klassen (Abb. 15.13 rechts) läßt auf das Vorhandensein von Subclustern im Merkmalsraum schließen. Durch eine selektive Abbildung der Areale mit Subclustern kann Aufschluß über die Lage der zugehörigen Merkmalsvektoren im Originalbild gewonnen werden. Damit ermöglicht die topologische Karte neben der reinen Klassifikation auch einen Rückschluß auf die Struktur des Merkmalsaumes sowohl im Hinblick auf die Bildung von Subclustern als auch hinsichtlich der Nachbarschaftsrelationen der einzelnen Klassen.

15.4 Qualitätsmaße

In den Gebieten medizinische Informatik, Mustererkennung und Statistik wird die Leistungsfähigkeit oder auch Qualität eines Klassifikators häufig mit einem Maß in Verbindung gebracht, das beschreibt, inwieweit ein Klassifikator korrekt klassifiziert, also einem Muster das richtige Klassenlabel zuweist (engl. hit rate). Dies ist aber nur eine mögliche Sichtweise, wie die Definition von BRENDER im Kontext der Validierung von Informationssystemen zeigt [Bre89]:

Quality is ... the degree of fulfillment of the users' expectations.

Anforderungen und Erwartungen eines Benutzers können gerade im medizinischen Anwendungsgebiet erheblich variieren. Ein typisches Beispiel dafür ist das in der Medizin häufig genutzte Konzept von Sensitivität und Spezifität zur Charakterisierung eines Tests (vgl. Kap. 1). Abhängig von der Fragestellung kann die Optimierung der Sensitivität oder der Spezifität im Vordergrund stehen. Nachteil dieses Konzepts ist die Beschränkung auf ein bivariates Maß. Problemstellungen, in denen mehr als zwei Klassen zu differenzieren sind, können mit diesem Konzept nicht zufriedenstellend charakterisiert werden. Die Definition von BRENDER impliziert, daß Qualität durch *eine* Meßgröße nur unzureichend beschreibbar ist.

Deshalb wurde die Verwendung eines generell anwendbaren Qualitätsprofils vorgeschlagen, das sich aus mehreren Maßen zusammensetzt, wobei jedes einzelne eine bestimmte Eigenschaften des Klassifikators quantifiziert [Egm94]. Dieses Qualitätsprofil schließt neben Erfolgskonzepten (engl. success quality concepts), die beschreiben, wie gut ein Klassifikator ein gegebenes Problem löst, auch Mißerfolgskonzepte (engl. failure quality concepts) ein, die eine Charakterisierung der Fehler erlauben (Abb. 15.15). Dem Benutzer eröffnet sich dadurch die Möglichkeit, ein auf das Problem zugeschnittenes

Tabelle 15.1. Die Tabelle zeigt die für die Berechnung der Qualitätsmaße verwendete Kontingenztafel. In der Zeile „n.c." werden die nicht klassifizierten Muster erfaßt.

		Klassenindex aus Lernmaske (true class)			
		1	... ...	P	Σ
zugewiesener Klassenindex (assigned class)	1	$u_{1,1}$		$u_{1,P}$	
	...	...	...	...	
	...	...	...	...	
	P	$u_{P,1}$	... ...	$u_{P,P}$	
	n.c.				
	Σ				$\text{card}(M_G^s)$

Anforderungsprofil festzulegen. Durch Veränderung der Parameter des Klassifikators kann dann dessen Leistungsprofil dem Anforderungsprofil angenähert werden.

Die im folgenden vorgestellten Qualitätskonzepte sind zunächst globaler Natur, d.h. sie bewerten das Verhalten des Klassifikators bezüglich aller Muster und damit aller Klassen. Für bestimmte Fragestellungen reicht diese Aussage nicht aus, es werden auf eine bestimmte Klasse bezogenen Qualitätsaussagen benötigt. Dementsprechend werden klassenbezogene Varianten (engl. class conditioned) der Qualitätskonzepte definiert [Egm94], die besonders im Kontext der Bildanalyse eine hohe Aussagekraft aufweisen [Vog93, Pel94]. Der Bezug des jeweiligen Maßes kann in zwei Formen gewählt werden: hinsichtlich des in der Datenbasis definierten Klassenlabels (engl. true class), aber auch hinsichtlich des vom Klassifikator vergebenen Labels (engl. assigned class). Im folgenden sollen die mathematischen Definitionen der vorgestellten Konzepte in Anlehnung an [Egm94] dargelegt werden.

15.4.1 Kontingenztafel

Alle vorgestellten Eigenschaften eines Klassifikators werden in einer Kontingenztafel **U** erfaßt, wobei $u_{i,j}$ dem Eintrag in Zeile i und Spalte j entspricht

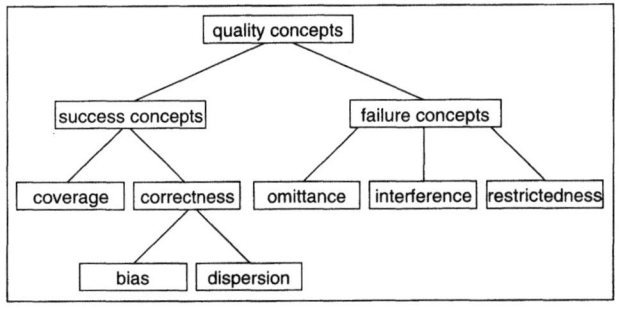

Abb. 15.15. Die Abbildung zeigt schematisch den Aufbau des generell anwendbaren Qualitätsprofils. (Nach [Egm94])

424   15. Klassifikation und Mustererkennung

(Tab. 15.1):

$$\mathbf{U} = \begin{bmatrix} u_{1,1} & u_{1,2} & \cdots & u_{1,P} \\ u_{2,1} & u_{2,2} & \cdots & u_{2,P} \\ \vdots & \vdots & \vdots & \vdots \\ u_{P,1} & u_{P,2} & \cdots & u_{P,P} \\ u_{P+1,1} & u_{P+1,2} & \cdots & u_{P+1,P} \\ u_{P+2,1} & u_{P+2,2} & \cdots & u_{P+2,P} \\ u_{P+3,1} & u_{P+3,2} & \cdots & u_{P+3,P} \end{bmatrix} \quad (15.37)$$

In ihr werden tatsächlicher Klassenindex und gefundener Klassenindex gegeneinander aufgetragen. Auf der Hauptdiagonalen dieser Matrix befinden sich die Anzahlen der korrekt klassifizierten Vektoren. Für die Berücksichtigung der Failure-Konzepte müssen der Kontingenztafel drei weitere Zeilen $\mathbf{u}_{P+1}$ bis $\mathbf{u}_{P+3}$ hinzugefügt werden, entsprechend *omittance* (Auslassung), *interference* (Interferenz) und *restrictedness* (Beschränkung) (Abb. 15.15). Alternativ ist bei Verzicht auf eine detaillierte Betrachtung der Failure-Konzepte eine Zusammenfassung dieser drei zusätzlichen Zeilen zu einer möglich (Zeile „n.c." („not classified") in Tabelle 15.1), die allgemein die nicht klassifizierten Fälle beschreibt.

15.4.2 Mathematische Definition der Qualitätsmaße

Die Gesamtzahl der Vektoren, denen durch den Klassifikator ein Klassenlabel zugewiesen wurde, ist gegeben durch:

$$N_c = \sum_{i=1}^{P} \sum_{j=1}^{P} u_{i,j} \quad (15.38)$$

Entsprechend ergibt sich die Anzahl der nicht klassifizierten Vektoren zu:

$$N_u = \sum_{i=P+1}^{P+3} \sum_{j=1}^{P} u_{i,j} \quad (15.39)$$

Erfolgskonzepte. Zu den Erfolgskonzepten (engl. success quality concepts) gehören die Maße Erfassung (engl. coverage) und Korrektheit (engl. correctness). Die Coverage beschreibt, inwieweit ein Klassifikator in der Lage ist, den betrachteten Mustern ein Klassenlabel zuzuweisen. Die Correctness ρ gibt an, in welchem Umfang der Klassifikator den Mustern, denen er ein Klassenlabel zugeordnet hat, das korrekte Klassenlabel vergeben hat.

Sie gibt also den Anteil der gemäß ihrer tatsächlichen Klassenzugehörigkeit richtig klassifizierten Merkmalsvektoren an der Gesamtheit der Merkmalsvektoren an ($\rho \in [0,1]$; 1 = maximale Correctness), d.h. sie mißt den Anteil der klassifizierten Muster in der Hauptdiagonalen der Kontingenztafel. Die Metrik ist definiert als:

15.4 Qualitätsmaße

$$\rho = \frac{r}{r+w} \quad \text{wobei} \quad r = \sum_{j=1}^{P} u_{j,j} \quad \text{und} \quad w = \sum_{i=1}^{P} \sum_{j \neq i} u_{i,j} \quad (15.40)$$

Hierbei ist r die Anzahl der vom Klassifikator richtig klassifizierter Vektoren (Elemente der Hauptdiagonalen) und w die Anzahl aller falsch klassifizierten Vektoren. Um die Klassifikationsleistung einzelner Klassen genauer zu untersuchen, insbesondere bei ungleicher Klassenverteilung, wurde die *bedingte* Correctness ρ_j definiert. Sie kann sowohl hinsichtlich des in der Datenbasis definierten (ρ_j) als auch hinsichtlich des durch den Klassifikator zugewiesenen Klassenlabels (ρ_i) definiert werden.

Es sei N_j die Anzahl der (klassifizierten) Vektoren, die zur Klasse j gehören:

$$N_j = \sum_{i=1}^{P} u_{i,j} \quad (15.41)$$

und es sei N_i die Anzahl der (klassifizierten) Vektoren, die der Klasse i zugeordnet wurden:

$$N_i = \sum_{j=1}^{P} u_{i,j} \quad (15.42)$$

Die bedingte Correctness hinsichtlich des wirklichen Klassenlabels j ist wie folgt definiert:

$$\rho_j = \frac{u_{j,j}}{N_j} \quad (15.43)$$

Die bedingte Correctness hinsichtlich des zugewiesenen Klassenlabels i ist:

$$\rho_i = \frac{u_{i,i}}{N_i} \quad (15.44)$$

Ein ähnliches Maß wie die Correctness ρ ist der sog. Kappa-Wert κ [Coh60]. Er erlaubt eine Aussage darüber, ob ein Klassifikator Vektoren zufällig richtig klassifiziert. Kappa mißt den Grad an Übereinstimmung über den Erwartungswert hinaus, der aus den marginalen oder Randverteilungen ermittelt wird. Die erwartete Anzahl der Vektoren in der Diagonale der Matrix wird hierbei als Referenz verwendet. Hierzu wird zunächst die erwartete Häufigkeit h in den diagonalen Positionen der Kontingenztafel bestimmt. Sie berechnet sich nach:

$$h = \sum_{p=1}^{P} \frac{\sum_{i=1}^{P} u_{i,p} \cdot \sum_{j=1}^{P} u_{p,j}}{N_c^2} \quad (15.45)$$

wobei N_c die Gesamtzahl der (klassifizierten) Merkmalsvektoren ist. Die Größe h wird durch die erwartete Übereinstimmung zwischen den Verteilungen in der letzten Spalte respektive Zeile von $\mathbf{U}$ bestimmt, während die Correctness ρ die totale Übereinstimmung mißt. Der Kappa-Wert κ ist definiert durch:

$$\kappa = \frac{\rho - h}{1 - h} \qquad (15.46)$$

Wenn der Kappa-Wert nahe seinem Maximum ist, bedeutet dies eine gute Leistung des Klassifikators, Werte für κ nahe bei 0 verweisen auf eine zufällige Klassifikation (für $P = 2$ gilt $\kappa \in [-1; 1]$). Für negative Kappa-Werte läßt sich der Klassifikator hinsichtlich seiner Klassifikationsleistung als ungenügend einstufen. Werte von $0,4 \leq \kappa \leq 0,75$ sind als gut, Werte oberhalb von $0,75$ sind als sehr gut einzustufen [Fle81].

Ebenso wie eine bedingte Correctness kann auch ein *bedingter* Kappa-Wert κ_i hinsichtlich der durch den Klassifikator zugewiesenen Klasse angegeben werden, um die Klassifikationsleistung bezüglich einzelner Klassen zu untersuchen. Er berechnet sich nach:

$$\kappa_i = \frac{\rho_i - h_i}{1 - h_i} \qquad \text{mit} \qquad h_i = \sum_{j=1}^{P} \frac{u_{j,i}}{N_c} \qquad (15.47)$$

wobei h_i die bedingte marginale Wahrscheinlichkeit für die Zugehörigkeit eines Merkmalsvektors zur Klassenmenge i ($1 \leq i \leq P$) ist. Die Berechnung der Kappa-Metrik für das korrekte Klassenlabel ergibt sich analog. Das Maß *Coverage* ist definiert als:

$$\Theta = \frac{N_c}{N_c + N_u} \qquad (15.48)$$

Mißerfolgskonzepte. Die Mißerfolgskonzepte (engl. failure quality concepts), die darlegen, warum Muster nicht klassifiziert wurden, setzen sich aus Auslassung Υ (engl. omittance), Interferenz Ξ (engl. interference) und Beschränkung Ψ (engl. restrictedness) zusammen. Das Qualitätsmaß Omittance beschreibt die Fälle, die aufgrund fehlender Meßwerte (unvollständige Muster) nicht zugeordnet werden. Interference charakterisiert die Fälle, in denen ein Klassifikator keine eindeutige Zuordnung treffen kann, da das präsentierte Muster die Zuordnung zu mehr als einer Klasse unterstützt. Restrictedness schließlich erfaßt die Fälle, in denen dem Klassifikator keine geeignete Klassenbeschreibung vorlag, der er das präsentierte Muster mit ausreichender Sicherheit zuordnen konnte. Nicht alle Mißerfolgskonzepte können für jeden beliebigen Klassifikator berechnet werden. Manche Klassifikatoren bieten nicht die Möglichkeit, Muster unklassifiziert zu lassen, oder sie machen keinen Unterschied zwischen Mustern, die zu mehr als einer Klasse zugeordnet werden, und Mustern, denen der Klassifikator kein geeignetes Klassenlabel mit ausreichender Sicherheit zuordnen kann. In diesem Fall sind die Qualitätskonzepte Interference und Restrictedness nicht definiert.

Die Metriken für die Konzepte werden definiert durch:

$$\Upsilon = \frac{\sum_{j=1}^{P} u_{P+1,j}}{N_u} \qquad \Xi = \frac{\sum_{j=1}^{P} u_{P+2,j}}{N_u} \qquad \Psi = \frac{\sum_{j=1}^{P} u_{P+3,j}}{N_u} \qquad (15.49)$$

Die bedingten Definitionen dieser Maße (z.B. Ψ_j und Υ_j) ergeben sich durch Weglassen der Summation über j.

Ergänzende Maße. Die Correctness hat zwei begleitende Konzepte, Verschiebung (engl. bias) und Streuung (engl. dispersion), die die Art der vom Klassifikator gemachten Zuordnungsfehler darlegen. Das Bias-Konzept beschreibt die Vorliebe eines Klassifikators, Muster einer Klasse $\underline{A}$ bevorzugt in eine Klasse $\underline{B}$ einzuordnen. Die Dispersion hingegen charakterisiert den Grad an gleichmäßiger Fehleinordnung von Mustern über alle Klassen hinweg.

Für die Definition von Bias und Dispersion wird eine normalisierte Kontingenztafel $\underline{U}'$ benötigt, so daß in allen Spalten die gleiche Anzahl von Fällen auftritt. Es sei die Anzahl der Fälle in Klasse j gegeben durch:

$$v_j = \sum_{i=1}^{P+3} u_{i,j} \qquad (15.50)$$

Dann ist v' die Anzahl der Fälle in der seltensten Klasse:

$$v' = \min_{j=1,\ldots,P} \{v_j\} \qquad (15.51)$$

Die Elemente der normalisierten Kontingenztafel $\underline{U}'$ ergeben sich damit aus:

$$u'_{i,j} = \frac{u_{i,j} \cdot v'}{v_j} \qquad (15.52)$$

Die globale Streuung, also die Dispersion des Klassifikators, errechnet sich aus dem Grad an Symmetrie der normalisierten Kontingenztafel $\underline{U}'$. Unter der Voraussetzung, daß:

$$x = \sum_{j=1}^{P-1} \sum_{i=j+1}^{P} \frac{(u'_{i,j} - u'_{j,i})^2}{u'_{i,j} + u'_{j,i}} \qquad (15.53)$$

einer χ^2-Verteilung folgt, ergibt sich die Streuung als Wahrscheinlichkeit, daß $u'_{i,j}$ und $u'_{j,i}$ gleich sind $\forall j \neq i$:

$$\Gamma = \chi^2 \left(x, \frac{P(P-1)}{2} \right) \qquad (15.54)$$

Aus der Dispersion Γ folgt die Verschiebung, d.h. der Bias θ mit $\theta = 1 - \Gamma$. Wenn $\exists j \neq i : u'_{i,j} + u'_{j,i} = 0$, sind Γ und θ nicht definiert.

Analog zur Correctness ist die Definition der bedingten Streuung bzw. bedingten Verschiebung möglich [Egm96].

Tabelle 15.2. Die Tabelle zeigt die Auswertung der Qualitätsmaße für eine Klassifikation mit einer topologischen Karte sowie für eine Klassifikation mit einem Multilayer-Perzeptron (Abb. 15.16). Horizontal ist die True class aufgetragen, vertikal die Assigned class. Die Abkürzungen CT, CA und CK stehen für Class conditional correctness (True classes), Class conditional correctness (Assigned classes) und Class conditional Kappa (Assigned classes).

	Topologische Karte				Multilayer-Perzeptron			
Correctn.	89,75 %				90,07 %			
Kappa	86,04 %				86,45 %			
	→ True class				→ True class			
	Class1	Class2	Class3	Class4	Class1	Class2	Class3	Class4
Class1	52519	604	0	3	52940	1642	93	485
Class2	86	65904	5687	1736	10	68164	6726	2004
Class3	0	2374	68437	360	0	639	67072	166
Class4	360	10297	3296	30401	15	8734	3529	29845
Σ	52965	79179	77420	32500	52965	79179	77420	32500
CT (%)	99,16	83,23	88,40	93,54	99,95	86,09	86,63	91,83
CA (%)	98,86	89,77	96,16	68,54	95,98	88,64	98,81	70,85
CK (%)	98,92	75,94	83,56	92,09	99,94	79,61	81,43	90,11

Anwendungsbeispiel. Wir wollen abschließend die Anwendung eines Teils dieser Konzepte an einem Beispiel aus der Röntgenbildklassifikation studieren. Ausgangspunkt sind die Ergebnisse von zwei unterschiedlichen Klassifikatoren, die auf den gleichen Merkmalsraum angewandt wurden. Ziel war dabei die Segmentierung eines synthetisch erstellten Röntgenbildes in die 4 Basisklassen, aus denen es zusammengesetzt worden war. Durch die Synthetisierung ist für jeden Bildpunkt die richtige Klassenzugehörigkeit bekannt. Abbildung 15.16 zeigt das Ausgangsbild und die Visualisierung der Klassifikationsergebnisse beider Verfahren (Tab. 15.2).

Die Unterschiede sind insgesamt gering. Beide Verfahren zeigen eine Correctness von ca. 90%, wobei das Multilayer-Perzeptron geringfügig bessere Werte liefert. Der Kappa-Wert ist in beiden Verfahren gut, die Klassifikation erfolgte also gezielt und nicht zufällig. Eine nahezu perfekte Zuordnung ist für die Klasse 1 (Hintergrund) abzulesen. Ein deutlicher Abfall in der Klassifikationsleistung ist in der vierten Klasse (CA-Wert) erkennbar. Im Vergleich zum CT-Wert fällt dieser Wert signifikant ab. Dies bedeutet, daß Vektoren, die zur Klasse 4 gehören, mit hoher Sicherheit auch in diese eingeordnet werden, daß aber auch Vektoren anderer Klassen (hier besonders aus Klasse 3 und teilweise aus Klasse 2) der Klasse 4 fälschlich zugeordnet wurden. In der Kontingenztafel ist dies durch eine deutliche Verschiebung zwischen Klasse 4 und Klasse 2 erkennbar. Dies läßt den Schluß zu, daß den Klassifikatoren in diesem Anwendungsbeispiel keine hinreichende Information zur Verfügung stand, um die Klassen 4 und 2 sauber zu trennen. Man beobachtet allerdings in dieser Tendenz ein Ungleichgewicht. Es wurden deutlich mehr Vektoren der Klasse 2 in die Klasse 4 eingeordnet als umgekehrt. Dieser Effekt kann durch das Bias-Maß objektiviert werden.

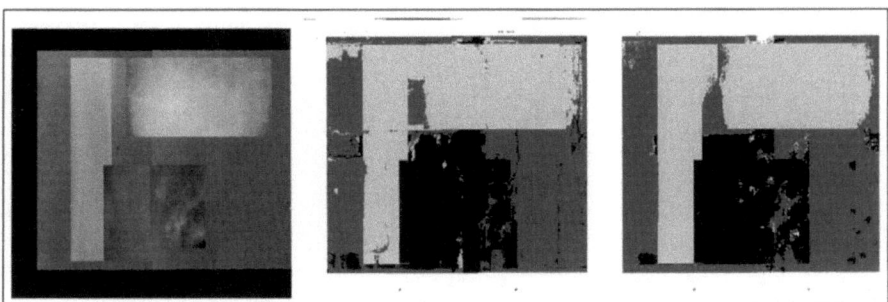

Abb. 15.16. Links ist ein synthetisches Röntgenbild gezeigt, das aus den 4 Basisklassen „Hintergrund" (Class1), „gesunder Knochen" (Class3), „Weichteilgewebe" (Class2) und „pathologisch veränderter Knochen" (Class4) besteht. Daneben ist die Visualisierung der Klassifikationsergebnisse von zwei unterschiedlichen neuronalen Klassifikatoren zu sehen.

Literaturverzeichnis

[Abe82] Abele L: *Statistische und Strukturelle Texturanalyse mit Anwendungen in der Bildsegmentierung.* Dissertation, Fakultät für Elektrotechnik, TU München, 1982.

[Abe92] Abe K, Katsuragawa S, Sasaki Y, Yanagisawa T: A Fully Automated Adaptive Unsharp Masking Technique in Digital Chest Radiograph. *Invest Radiol* **27(1)**:64–70, 1992.

[Acu92] Acuna CO: Texture Modeling Using Gibbs Distributions. *CVGIP: Graphical Models and Image Processing* **54**:210–222, 1992.

[Alb82] Albrecht DG (ed.): *Recognition of Pattern and Form.* Springer-Verlag, Berlin, 1982.

[Ama89] Amadasun M, King R: Textural Features Corresponding to Textural Properties. *IEEE* **SMC 19**:1264–1274, 1989.

[Ant92a] Antonini M, Barlaud M, Mathieu P, Daubechies I: Image Coding Using Wavelet Transform. *IEEE* **IP 1**:205–220, 1992.

[Ant92b] Antoine JP: Wavelet Analysis in Image Processing. In: [Van92], pp. 23–30.

[Ant93] Antoine JP, Carette P, Murenzi R, Piette B: Image Analysis with Two-Dimensional Continous Wavelet Transform. *Signal Processing* **31**:241–272, 1993.

[App96] Appeldorn CR: A New Approach to the Interpolation of Sampled Data. *IEEE* **MI 15(3)**:369–376, 1996.

[Ard91] Arduini F, Fioravanti S, Giusto DD: A Multifractal-Based Approach to Natural Scene Analysis. *Proc. ICASSP-91*, Toronto, pp. 2681–2684, 1991.

[Arn95] Arnolds B, Müller H, Tolxdorff T (Hrsg.): Digitale Bildverarbeitung in der Medizin. Proc. zum Workshop 1995, Albert-Ludwigs-Universität, Freiburg, 1995.

[Arn96] Arnolds B, Müller H, Tolxdorff T (Hrsg.): Digitale Bildverarbeitung in der Medizin. Proc. zum Workshop 1996, Albert-Ludwigs-Universität, Freiburg, 1996.

[Art91] Artmann G: *Medizintechnik.* Technischer Report, Fachbereich Bio-Medizinische Technik, Fachhochschule Aachen, Abteilung Jülich, 1991.

[Auf86] Auffermann W: *Radiologische Diagnostik.* Abteilung Radiologische Diagnostik der RWTH Aachen, Fotodruck Mainz, 1986.

[Bae93] Bässmann H, Besslich PW: *Bildverarbeitung Ad Oculos.* Springer-Verlag, Berlin, 2. Auflage, 1993.

[Bal82] Ballard DH, Brown CM: *Computer Vision.* Prentice-Hall, Englewood Cliffs, NJ, 1982.

[Bam89] Bamler R: *Mehrdimensionale lineare Systeme.* Springer-Verlag, Berlin, 1989.

[Bar92] Barry JC, Effert R, Kaupp A: Objective Measurement of Strabismus in Infants and Children With Photographic Reflection Pattern Evaluation. *Ophthalmology* **99(1)**:320–328, 1992.

[Bau78] Baudisch E: *Grundlagen der medizinischen Radiologie*. VEB-Verlag, Berlin, 1978.

[Bau91] Bauer H: *Wahrscheinlichkeitstheorie*. Walter de Gruyter, Berlin, 1991.

[Bec87] Beck J, Sutter A, Ivry R: Spatial Frequency Channels and Perceptual Grouping in Texture Segregation. *CVGIP* **37**:299–325, 1987.

[Ber88] Bertsch H: *Die selbstlernende topologische Merkmalskarte zur Bildsegmentierung und Klassifikation*. Dissertation, Fakultät für Theoretische Medizin, Ruprecht-Karls-Universität, Heidelberg, 1988.

[Ber93] Bertsimas D, Tsitsiklis J: Simulated Annealing. *Statistical Sciences* **8**:10–15, 1993.

[Ber95] Bergener I, Pelikan E, Tolxdorff T, Repges R: X-Ray Segmentation Using a Texture-Based Wavelet Approach. In: [Lem95], 668–678.

[Bes74] Besag J: Spatial Interaction and the Statistical Analysis of Lattice Systems (with discussion). *Journal of the Royal Statistical Society.* **Ser. B 36**:192–236, 1974.

[Bis88] Bischof WF, Caelli T: Parsing Scale-Space and Stability Analysis. *CVGIP* **42**:192–205, 1988.

[Bis90] Bister M, Cornelis J, Rosenfeld A: A Critical View of Pyramid Segmentation Algorithms. *Pattern Recognition Letters* **11**:605–617, 1990.

[Bou91] Bouman C and Liu B: Multiple Resolution Segmentation of Textured Images. *IEEE* **PAMI 13**:99–113, 1991.

[Bra56] Brandt HM: *Das Photo-Objektiv*. Vieweg-Verlag, Braunschweig, 1956.

[Bra86] Bracewell RN: *The Fourier Transform and Its Applications*. McGraw-Hill, New York, 2nd ed., 1986.

[Bra95] Brause R: *Neuronale Netze*. Teubner-Verlag, Stuttgart, 2. Auflage, 1995.

[Bre89] Brender J: *Information Systems Validation: A Method for Validation of Functional Aspects*. Dissertation, Institute of Computer Science, University of Copenhagen, 1989.

[Bro66] Brodatz P: *Textures · A Photographic Album for Artists & Designers*. Dover Publications, New York, 1966.

[Bro83] Bronstein IN, Semendjajew KA: *Taschenbuch der Mathematik*. 21. Auflage, Grosche G, Ziegler V, Ziegler D (Hrsg.), Verlag Nauka, Moskau und BSB BG Teubner Verlagsgesellschaft, Leipzig, 1983.

[Bur81] Burt PJ, Hong TH, Rosenfeld A: Segmentation and Estimation of Image Region Properties Through Cooperative Hierarchical Computation. *IEEE* **SMC 11**:802–809, 1981.

[Bur83] Burt PJ, Adelson EH: The Laplacian Pyramid as a Compact Image Code. *IEEE* **COM 31**:532–540, 1983.

[Bur84] Burt PJ: The Pyramid as a Structure for Efficient Computation. In: [Ros84b], 6–35.

[Bur89] Burkhardt H, Höhne KH, Neumann B (Hrsg.): *Mustererkennung 1989*. Springer-Verlag, Berlin, 1989.

[CEN95] European Committee for Standardization (CEN): *Medical Informatics – Medical Imaging Communication (MEDICOM)*. European Prestandard, Final Draft prENV 12052, 1995.

[Cam96] Camps OI, Kanungo T, Haralick RM: Gray-Scale Structuring Element Decomposition. *IEEE* **IP 5(1)**:111–119, 1996.

[Car92] Carstensen JM: *Description and Simulation of Visual Texture*. Dissertation, Institute of Mathematical Statistics and Operations Research, Technical University of Denmark, Lyngby, 1992.

[Car97] Carevic A, Caelli T: Region-Based Coding of Color Images Using Karhunen-Loève Transform. *CVGIP: Graphical Models and Image Processing*. **59(1)**:27–38, 1997.

[Cha91] Chalmond B: PSF Estimation for Image Deblurring. *GVGIP: Graphical Models and Image Processing* **53(4)**:364–372, 1991.

[Che92] Chen JL, Kundu A: Rotation and Grey Scale Transform Invariant Texture Recognition Using Hidden Markov Model. *Proc. ICASSP-92*, pp. 69–72, San Francisco, 1992.

[Che94] Chen QS, Defrise M, Deconinck F: Symmetric Phase-Only Mathed Filtering of Fourier-Mellin Transforms for Image Registration and Recognition. *IEEE* **PAMI** **16(12)**:1156–1168, 1994.

[Chu92] Chui KC: *An Introduction to Wavelets*. Academic Press, London, 1992.

[Cla89] Clarke FJJ, Leonhard JK: Proposal for a Standardised Continuous Pseudo-Color Spectrum with Optimal Visual Contrast and Resolution. *Proc. 3rd International Conference on Image Processing and Its Application*, Warwick, UK, pp. 687–691, 1989.

[Coh92] Cohen FS: Maximum Likelihood Unsupervised Textured Image Segmentation. *CVGIP: Graphical Models and Image Processing* **54**:239–251, 1992.

[Cri85] Crimmens TR: Geometric Filter for Speckle Reduction. *Applied Optics* **24(10)**:1438–1443, 1985.

[Cro83] Cross G, Jain AK: Markov Random Field Texture Models. *IEEE* **PAMI** **5**:25–39, 1983.

[Dan90] Danielsson PE, Hammerin M: *High Accuracy Rotation of Images*. Report No. LiTH-ISY-I-1152, Department of Electrical Engineering, Linköping University, Schweden, 1990.

[Dan92] Danielsson PE, Hammerin M: Note: High Accuracy Rotation of Images. *CVGIP: Graphical Models and Image Processing* **54(4)**:340–344, 1992.

[Dau92] Daubechies I: *Ten Lectures on Wavelets*. Capital City Press, Philadelphia, PA, 1992.

[Dea81] Deans SR: Hough Transform from the Radon Transform. *IEEE* **PAMI** **3**:185–188, 1981.

[Dea83] Deans SR: *The Radon Transform and Some of Its Applications*. John Wiley & Sons, New York, 1983.

[Der86] Derin H, Cole WS: Segmentation of Textured Images Using Gibbs Random Fields. *CVGIP* **35**:72–98, 1986.

[Doh91] Dohmen M, Oberschelp W: Mathematische Methoden für Bildverarbeitung und Computergraphik. Band **149**, Aus: Merkwitz J, Oberschelp W, Schinzel B (Hrsg.): *Schriften zur Informatik und angewandten Mathematik*, Interner Bericht am Lehrstuhl für Angewandte Mathematik, insbesondere Informatik, RWTH Aachen, 1991.

[Dor93] Dorf RC (ed.): *The Electrical Engineering Handbook*. CRC Press, Boca Raton, 1993.

[Dou92] Dougherty ER: *An Introduction to Morphological Image Processing*. SPIE Tutorial Texts in Optical Engineering, Vol. **TT 9**, SPIE, Bellingham, WA, 1992.

[Dou93] Dougherty ER (ed.): *Mathematical Morphology in Image Processing*. Marcel Dekker, Inc., New York, 1993.

[Ebe76] Ebert H (Hrsg.): *Physikalisches Taschenbuch*. Vieweg-Verlag, Braunschweig, 5. Auflage, 1976.

[Ebe91a] Eberly D, Lancaster J: On Gray Scale Image Measurements · Arc Length and Area. *CVGIP: Graphical Models and Image Processing* **53(6)**:538–549, 1991.

[Ebe91b] Eberly D, Lancaster J, Alyassin A: On Gray Scale Image Measurements · Surface Area and Volume. *CVGIP: Graphical Models and Image Processing* **53(6)**:550–562, 1991.
[Eff91] Effert R, Barry JC, Kaupp A, Dahm M: Eine neue Methode zur Messung von Schielwinkeln bei Säuglingen und Kleinkindern. *Klinische Monatsblätter für Augenheilkunde* **198**:284–289, 1991.
[Egm94] Egmont-Petersen M, Talmon JL, Brender J, McNair P: On the Quality of Neural Net Classifiers. *Artificial Intelligence in Medicine* **6(5)**:359–381, 1994.
[Egm96] Egmont-Petersen M, Pelikan E: Erweiterte Kriterien zur Beurteilung von Segmentierungsergebnissen. In: [Arn96].
[Ekl79] Eklundh JO: On the Use of Fourier Phase Features for Texture Discrimination. *Computer Graphics and Image Processing* **9**, 1979.
[Far97] Farman AG, Ruprecht A. Gibbs SJ, Scarfe WC: *Advances in Maxillofacial Imaging.* Elsevier Science, Amsterdam, 1997.
[Fas70] Fassmann K (Hrsg.): *Die Großen der Weltgeschichte.* Kindler Verlag, Zürich, 1970.
[Fle81] Fleiss JL, *Statistical Methods for Rates and Proportions.* John Wiley & Sons, New York, 2nd ed., 1981.
[Fol90] Foley JD, van Dam A, Feiner SK, Hughes JF: *Computer Graphics: Principles and Practice.* Addison-Wesley, Reading, MA, 1990.
[Fra92a] Franzke M: *Topologische Merkmalskarten zur automatischen Erkennung komplexer Muster in medizinischen Bildern auf der Basis neuronaler Netze.* Diplomarbeit, Mathematisch-Naturwissenschaftliche Fakultät, RWTH Aachen, 1992.
[Fra92b] Franzke M, Handels H: *Topologische Karten zur automatischen Mustererkennung in medizinischen Bilddaten.* In: [Fuc92], S. 329–334.
[Fre93] Freeman MO: Wavelets · Signal Representations with Important Advantages. *Optics & Photonics News* **8–93**:8–14, 1993.
[Fuc92] Fuchs S, Hoffmann R (Hrsg.): *Mustererkennung 1992.* Reihe: Informatik aktuell, Springer-Verlag, Berlin, 1992.
[Gau23] Gauß CF: Theorie der den kleinsten Fehlern unterworfenen Combinationen der Beobachtungen (1823). In: Börsch A, Simon P: *Abhandlungen zur Methode der kleinsten Quadrate von C. F. Gauss.* Stankiewicz, Berlin, 1887, Reprint: Physica-Verlag, Würzburg, 1964.
[Gem84] Geman S, Geman D: Stochastic Relaxation, Gibbs Distribution and Bayesian Restoration of Images. *IEEE* **PAMI 6**:721–741, 1984.
[Gla95] Glasbey CA, Horgan GW: *Image Analysis for the Biological Science.* John Wiley & Sons, Baffins Lane, England, 1995.
[Gob80] Gobrecht H (Hrsg.): Aufbau der Materie. Band IV, Teil 1: Bergmann L, Schaefer C: *Lehrbuch der Experimentalphysik.* Walter de Gruyter, Berlin, 2. Auflage, 1980.
[God95] Godbole S, Amin A: Mathematical Morphology for Edge and Overlap Detection for Medical Images. *Real-Time Imaging* **1**:191–201, 1995.
[Gol89] Golub GH, van Loan CF: *Matrix Computations.* John Hopkins University Press, Baltimore, 2nd ed., 1989.
[Gon93] Gonzalez RC, Woods RE: *Digital Image Processing.* Addison-Wesley, Reading, MA, 1993.
[Goo85] Gool van L, Dewaele P, Oosterlinck A: Texture Analysis Anno 1983. *CVGIP* **29**:336–357, 1985.
[Gor89] Gordon IE: *Theories of Visual Perception.* Wiley, Chichester, 1989.
[Got90] Gotlieb CC, Kreyszig HE: Texture Descriptors Based on Co-occurence Matrices. *CVGIP* **51**:70–86, 1990.

[Gou95] Goutsias J, Heijmans HJAM, Sivakumar K: Morphological Operators for Image Sequences. *Computer Vision and Image Understanding* **62(3)**:326–346, 1995.
[Gra80] Granlund GH: Description of Texture Using the General Operator Approach. *Proc. 5th ICPR*, Miami Beach, p. 776, 1980.
[Gre95] Gregson PH, Shen Z, Scott RC, Kozousek V: Automated Grading of Venous Beading. *Computers in Biomedical Research* **28**:291–304, 1995.
[Gro92] Grotepaß J: *Ein Verfahren zur dreidimensionalen Texturanalyse in Grauwertvolumina.* Dissertation, Fakultät für Elektrotechnik, RWTH Aachen, 1992.
[Gru75] Grunert J: *Grundwissen Mathematik A/B.* Ernst Klett Verlag, Stuttgart, 1975.
[Gue86] Guenther RW: Röntgendiagnostik des Skeletts. In: [Auf86], S. 19–25.
[Hab87] Haberäcker P: *Digitale Bildverarbeitung: Grundlagen und Anwendungen.* Carl Hanser Verlag, München, 1987.
[Hae94] Haerten R, Mück-Weymann M: *Doppler- und Farbdoppler-Sonographie.* Siemens AG, Erlangen, 2. Auflage, 1994.
[Ham71] Hammersley JM, Clifford P: *Markov Fields on Finite Graphs and Lattices.* Unpublished, 1971.
[Han95] Haneishi H, Yagihashi Y, Miyake Y: A New Method for Distortion Correction of Electronic Endoscope Images. *IEEE MI* **14(3)**:548–555, 1995.
[Har73] Haralick RM, Shanmugam K, Dinstein I: Textural Features for Image Classification. *IEEE SMC* **3**:610–621, 1973.
[Har78] Harris FJ: On the Use of Windows for Harmonic Analysis with the Discrete Fourier-Transform. *Proc. IEEE* **66**:51–83, 1978.
[Har79] Haralick RM: Statistical and Structural Approaches to Textures. *Proc. IEEE* **67**:786–804, 1979.
[Har85a] Haralick RM, Shapiro LG: Image Segmentation Techniques. *CVGIP* **29**:100–132, 1985.
[Har85b] Harwood D, Subbarao M, Davis LS: Texture Classification by Local Rank Correlation. *CVGIP* **32**:404–411, 1985.
[Har87] Haralick RM, Sternberg SR, Zhuang X: Image Analysis Using Mathematical Morphology. *IEEE PAMI* **9(4)**:532–550, 1987.
[Har92] Haralick RM, Shapiro LG: *Computer and Robot Vision.* Vol. **1**, Addison-Wesley, Reading, MA, 1992.
[Har93] Haralick RM, Shapiro LG: *Computer and Robot Vision.* Vol. **2**, Addison-Wesley, Reading, MA, 1993.
[Har94] Haralick RM: *Mathematical Morphology.* Tutorial 2, IEEE International Conference on Image Processing, Austin, TX, 1994.
[Hay94] Haykin S: *Neural Networks – A Comprehensive Foundation.* MacMillan College Publishing, New York, 1994.
[Hec89] Hecht E: *Optik.* Addison-Wesley, Bonn, 1989.
[Hei90] Heil C: Applications of the Fast Wavelet Transform. *Proc. SPIE* **1348**:248–259, 1990.
[Hei92] Heinecke A, Hultsch R, Repges R: *Medizinische Biometrie.* Springer-Verlag, Berlin, 1992.
[Hei94] Heijmans HJAM: *Morphological Image Operators.* Academic Press, San Diego, CA, 1994.
[Her79] Herman GT (ed.): *Image Reconstruction from Projections: Implementation and Applications.* Springer-Verlag, Berlin, 1979.
[Her80] Herman GT: *Image Reconstruction from Projections.* Academic Press, New York, 1980.

[Her93]   Her I: A Symmetrical Coordinate Frame on the Hexagonal Grid for Computer Graphics and Vision. *ASME: Journal of Mechanical Design* **115**:447–449, 1993.

[Her94]   Her I, Yuan CT: Resampling on a Pseudohexagonal Grid. *CVGIP: Graphical Models and Image Processing* **56(4)**:336–347, 1994.

[Her95]   Hering E, Martin R, Stohrer M: *Physik für Ingenieure*. VDI-Verlag, Düsseldorf, 5. Auflage, 1995.

[Hil95]   Hillen W, Bockemühl J, Schmitt W: Signal-to-Noise Performance of a Digital Dental X-Ray Detector. In: [Lem95], pp. 990–995.

[Hoe93]   Hoefer S, Heil F, Pandit M, Kumaresan R: Segmentation of Textures with Differnt Roughness Using the Model of Isotropic Two-Dimensional Fractional Brownian Motion. *Proc. ICASSP-93*, Minneapolis, pp. 53–56, 1993.

[Hol83]   Holz M: NMR in der Medizin. Teil I: Physikalische Grundlagen der NMR. *Bruker Medical Report* **83(1)**:3–9, Sonderdruck, Bruker Medizintechnik GmbH, Karlsruhe, 1983.

[Hol95]   Holschneider M: *Wavelets – An Analysis Tool*. Oxford Science Publications, Oxford, 1995.

[Hor95]   Horn H: *Automatische Erkennung dentaler Implantate in digitalen Röntgenbildern*. Diplomarbeit, Institut für Medizinische Informatik und Biometrie, RWTH Aachen, 1995.

[Hot33]   Hotelling H: Analysis of a Complex of Statistical Variables into Principal Components. *Journal of Educational Psychology* **24**:417–441 and 498–520, 1933.

[Hou62]   Hough PVC: *A Method and Means for Recognizing Complex Pattern*. US Patent Application No. 3069654, 1962.

[Hou79]   Hoult DI, Lauterbur PC: The Sensitivity of the Zeugmatographic Experiment Involving Human Samples. *J. Magn. Reson.* **34**:425–433, 1979.

[Hox91]   Hoxter EA, Schenz A (Hrsg.): *Röntgenaufnahmetechnik*. Siemens AG, Berlin, 14. Auflage, 1991.

[Hsi89]   Hsiao JY, Sawchuk AA: Unsupervised Textured Image Segmentation Using Feature Smoothing and Probabilistic Relaxation Techniques. *CVGIP* **48**:1–21, 1989.

[Hut92]   Hutten H.: *Biomedizinische Technik I: Diagnostik und bildgebende Verfahren*. Springer-Verlag, Berlin, 1992.

[Hut93]   Hutten H (Hrsg.): *Biomedizinische Technik*. Ergänzungsband **38**:, Fachverlag Schiele & Schön, Berlin, 1993.

[Ill88a]   Illingworth J, Kittler J: A Survey of the Hough Transform. *CVGIP* **44**:87–116, 1988.

[Ill88b]   Illingworth J, Kittler J, Princen J: Shape Detection Using the Adaptive Hough Transform. In: [Jai88], pp. 109–142.

[Jae91]   Jähne B: *Digitale Bildverarbeitung*. Springer-Verlag, Berlin, 2. Auflage, 1991 (3. Auflage 1993).

[Jae93]   Jähne B: *Digital Image Processing. Concepts, Algorithms, and Scientific Applications*. Springer-Verlag, Berlin, 2nd ed., 1993 (3rd ed. 1995).

[Jai88]   Jain AK (ed.): *Real-Time Object Measurement and Classification*. Springer-Verlag, Berlin, 1988.

[Jai89]   Jain AK: *Fundamentals of Digital Image Processing*. Prentice Hall, Englewood Cliffs, 1989.

[Jan90]   Jang BK, Chin RT: Analysis of Thinning Algorithms Using Mathematical Morphology. *IEEE* **PAMI** **12(6)**:541–551, 1990.

[Jel87]   Jeltsch R: *Numerische Mathematik I für Ingenieure, Teil A*. Vorlesungsumdruck, Institut für Geometrie und Praktische Mathematik, RWTH Aachen, 6. Auflage, 1987.
[Jul75]   Julesz B: Experiments in the Visual Perception of Texture. *Scientific American* **232(4)**:34–44, 1975.
[Jul81]   Julesz B, Bergen JR: Textons, the Elements of Texture Perception and their Interactions. *Nature* **290**:1619–1645, 1981.
[Jul82]   Julesz B: The Role of Terminators in Preattentive Perception of Line Textures. In: [Alb82], p. 33.
[Kai94]   Kaiser G: *A Friendly Guide to Wavelets*. Birkhäuser-Verlag, 1994.
[Kan95]   Kandel ER, Schwartz JH, Jessell TM: *Neurowissenschaften: Eine Einführung*. Spektrum Verlag, Heidelberg, 1995.
[Kar47]   Karhunen K: Über lineare Methoden in der Wahrscheinlichkeitsrechnung. *Ann Acad Sci Fennicae* **A**:137, 1947.
[Kas95]   Kaser S: vtransfor · *Eine KHOROS-Implementierung der zentralperspektivischen Koordinatenabbildung*. Technischer Report, Institut für Medizinische Informatik und Biometrie der RWTH Aachen, 1995.
[Kat93]   Kato Z, Berthod M, Zerubia J: Parallel Image Classification Using Multiscale Markov Random Fields. *Proc. ICASSP-93*, Minneapolis, pp. 137–140, 1993.
[Kau84]   Kaufmann L, Crooks LE, Margulis AR: *NMR-Tomographie in der Medizin*. Schattauer-Verlag, Stuttgart, 1984.
[Kau94]   Kaupp A, Lehmann T, Effert R, Meyer-Ebrecht D: Automatic Measurement of the Angle of Squint by Hough-Transform and Covariance-Filtering. *Proc. 12th IAPR* **1**:784–786, IEEE Computer Society Press, Los Alamitos, CA, 1994.
[Kel89]   Keller JM, Chen S: Texture Description and Segmentation Through Fractal Geometry. *CVGIP* **45**:150–166, 1989.
[Kir82]   Kirkpatrick S, Gellatt CD, Vecchi MP: *Optimization by Simulated Annealing*. Technical Report, IBM Thomas J. Watson Research Center, Yorktown Heights, NY, 1982.
[Kle91]   Kleine M: *Konzeption und Aufbau einer Einrichtung zur Schielwinkelmessung unter Verwendung digitaler Bildverarbeitung*. Diplomarbeit, Fakultät für Elektrotechnik, RWTH Aachen, 1991.
[Kle92]   Klette R, Zamperoni P: *Handbuch der Operatoren für die Bildverarbeitung*. Vieweg-Verlag, Braunschweig, 1992.
[KoC95]   Ko CC, Mao CW, Sun YN, Chang SH: A Fully Automated Identification of Coronary Borders from the Tree Structure of Coronary Angiograms. *International Journal of Bio-Medical Computing* **39**:193–208, 1995.
[Koh82]   Kohonen T: Self-Organized Formation of Topologically Correct Feature Maps. *Biological Cybernetics* **43**:59, 1982.
[Koh84]   Kohonen T: *Self-Organization and Associative Memory*. Springer Series in Information Sciences 8, Springer-Verlag, Berlin, 1984, 3rd ed. 1989.
[Kor82]   Korn A: *Bildverarbeitung durch das visuelle System*. Springer-Verlag, Berlin, 1982.
[Kra90]   Kratzer KP: *Neuronale Netze*. Carl Hanser Verlag, München, 1990.
[Kra92]   Kraiss KF: *Mensch-Maschine System I*. Vorlesungsskript, Lehrstuhl für Technische Informatik, RWTH Aachen, 1992.
[Kre88]   Krestel E: *Bildgebende Systeme für die medizinische Diagnostik*. Siemens AG, Berlin, 1988.
[Kro87]   Kronland-Martinet R, Morlet J, Grossman A: Analysis of Sound Pattern Through Wavelet Transforms. *International Journal of Pattern Recognition and Artificial Intelligence* **1**:97–126, 1987.

[Kub86] Kubalski W: *Ein Verfahren zur schnellen Texturanalyse in Halbtonbildern*. Dissertation, Rogowski-Institut für Elektrotechnik, RWTH Aachen, 1986.
[Kue95] Künzel A, Lehmann T, Benz C, Schmitt W, Kaser A: Colouring Digital Dental Radiographs. *Dentomaxillofacial Radiology* **24(2)**:100–101, 1995.
[Kum75] Kumar A, Welti D, Ernst RR: NMR Fourier Zeugmatography. *J. Magn. Reson.* **18**:69–83, 1975.
[Kun95] Kunath H, Lochmann U, Straube R, Jöckel KH, Köhler CO (Hrsg.): *Medizin und Information*. Reihe: Medizinische Informatik, Biometrie und Epidemiologie **79**, MMV Medizin Verlag, München, 1995.
[Law80] Laws KI: *Textured Image Segmentation*. Ph.D. Thesis, TR. No. 940, Image Processing Institute, University of Southern California, 1980.
[Lea86] Leavers VF: *Shape Parametrisation*. UK Patent Application GB 2203877 A, Application No. 8622497, 1986.
[Lea88] Leavers VF: *Shape Detection*. International Patent Application PCT/GB87/00649, Publication No. WO88/02158, 1988.
[Lea92] Leavers VF: *Shape Detection in Computer Vision Using the Hough Transform*. Springer-Verlag, London, 1992.
[Leh92] Lehmann T: *Automatisierung der Schielwinkelmessung durch digitale Bildverarbeitung*. Diplomarbeit, Fakultät für Elektrotechnik, RWTH Aachen, 1992.
[Leh93a] Lehmann T, Kaupp A, Kleine M, Meyer-Ebrecht D, Effert R: Automatische Schielwinkelmessung mittels digitaler Bildverarbeitung. In: [Hut93], S. 107–108.
[Leh93b] Lehmann T, Kaupp A, Meyer-Ebrecht D, Effert R: Automatische Schielwinkelmessung durch Hough-Transformation und Kreuz-Kovarianz-Filterung. In: [Poe93], S. 237–244.
[Leh94] Lehmann T, Kaupp A, Effert R, Meyer-Ebrecht D: Automatic Strabometry by Hough-Transformation and Covariance-Filtering. *Proc. 1st ICIP* **1**:421–425, IEEE Computer Society Press, Los Alamitos, CA, 1994.
[Leh95a] Lehmann T, Schmitt W, Repges R, Sovakar A: Mathematical Quality Standards for the Digital Free-Hand Subtraction Radiography. *Dentomaxillofacial Radiology* **24(2)**:98, 1995.
[Leh95b] Lehmann T, Schmitt W, Repges R, Peters B, Goreke C, Caspers K, Trimborn R, Kaupp A: Digitale Freihand-Subtraktionsradiographie. Automatische Knochendichtebestimmung in der Implantologie. In: [Arn95].
[Leh96a] Lehmann T, Schmitt W, Horn H, Hillen W: IDEFIX · Identification of Dental Fixtures in Intraoral X-Rays. *Proc. SPIE* **2710(45)**:450–466, 1996.
[Leh96b] Lehmann T, Horn H, Schmitt W, Hillen W, Spitzer K: IDEFIX · Identifizierung dentaler Fixturen mit morphologischen Filtern. In: [Leh96d], S. 327–332.
[Leh96c] Lehmann T, Goerke C, Kaupp A, Schmitt W, Repges R: A Rotation-Extended Cepstrum Technique and Its Application to Medical Images. *Pattern Recognition and Image Analysis* **6(3)**:592–604, 1996.
[Leh96d] Lehmann T, Scholl I, Spitzer K (Hrgs.): *Bildverarbeitung für die Medizin · Algorithmen, Systeme, Anwendungen*. Verlag der Augustinus Buchhandlung, Aachen, 1996.
[Leh97a] Lehmann T, Kaser A: A Simple Parametric Equation for Pseudo Colouring Grey Scale Images Keeping Their Original Brightness Progression. *IVC* **15(3)**:251–257, 1997.

[Leh97b] Lehmann T, Sovakar A, Schmitt W, Repges R: A Comparison of Mathematical Quality Standards for Digital Subtraction Radiography. *Computers in Biology and Medicine* **27(2)**:151–167.

[Leh97c] Lehmann T, Gröndahl K, Gröndahl HG, Schmitt W, Spitzer K: Observer-Independent Registration Technique Based on Corresponding Points. In: [Far97], pp. 307–314.

[Lei90] Leibovic KN: *Science of Vision*. Springer-Verlag, New York, 1990.

[Lei95] Leitlinien der Bundesärztekammer zur Qualitätssicherung in der Röntgendiagnostik. *Deutsches Ärzteblatt* **92**:47–59, 1995.

[Lem93] Lemke HU, Inamura K, Jaffe CC, Felix R (eds.): *CAR'93*, Springer-Verlag, Berlin, 1993.

[Lem95] Lemke HU, Inamura K, Jaffe CC, Vannier MW (eds.): *CAR'95 · Proc. International Symposium on Computer and Communication Systems for Image Guided Diagnosis and Therapy*. Springer-Verlag, Berlin, 1995.

[Lev84] Levialdi S (ed.): *Digital Image Analysis*. Pitman Publishers, London, 1984.

[Lev88] Levkowitz H, Herman GT: Towards a Uniform Lightness, Hue, and Saturation Color Model. *Proc. Electronic Imaging Devices and Systems '88: Image Processing, Analysis, Measurment and Quality*, pp. 215–222, SPSE – The Society for Imaging Science and Technology, 1988.

[Lev93] Levkowitz H, Herman GT: GLHS: A Generalized Lightness, Hue, and Saturation Color Model. *CVGIP: Graphical Models and Image Processing* **55**:271, 1993.

[Lim91] Lim H, Tan KC, Tan BTG: Note: New Methods for Restoring Motion-Blurred Images Derived from Edge Error Considerations. *GVGIP: Graphical Models and Image Processing* **53(5)**: 479–490, 1991.

[Lin92] Lindeberg T, Eklundh JO: On the Computation of a Scale-Space Primal Sketch. *Journ. of Visual Com. and Image Rep.* **2(1)**:55–78, 1992.

[Lis86] Lissner J, Hug O: *Radiologie I*. Ferdinand Enke Verlag, Stuttgart, 1986.

[Loe48] Loève M: Fonctions Aléatoires de Seconde Ordre. In: Levy P: *Processus Stochastique et Mouvement Brownien*. Hermann, Paris, 1948.

[Lue92a] Lüke HD: *Signalübertragung: Grundlagen der digitalen und analogen Nachrichtenübertragungssysteme*. Springer-Verlag, Berlin, 1992.

[Lue92b] Lüke HD: *Korrelationssignale*. Springer-Verlag, Berlin, 1992.

[Lue93] Luettgen MR, Karl WC, Willsky AS, Tenney RR: Multiscale Representations of Markov Random Fields. *Proc. ICASSP-93*, Minneapolis, pp. 41–44, 1993.

[Lun86] Lundahl T, Ohley WJ, Kay SM, Siffert R: Fractional Brownian Motion: A Maximum Likelihood Estimator and Its Application to Image Texture. *IEEE MI* **5**:152–161, 1986.

[Mal89a] Mallat SG: A Theory for Multiresolution Signal Decomposition: The Wavelet Representation. *IEEE PAMI* **11**:674–693, 1989.

[Mal89b] Mallat SG: Review of Multifrequency Channel Decompositions of Images and Wavelet Models. *IEEE ASSP*, to appear in Dec. 1989.

[Mal92] Mallat S, Zhong S: Wavelet Maxima Representation. In: [Mey92], pp. 207–284.

[Man83] Mandelbrot BB: *The Fractal Geometry of Nature*. Freeman, New York, 1983.

[Mar82] Marr D: *Vision*. Freeman, New York, 1982.

[Mar92] Marques F, Cunillera J, Gasull A: Hierarchical Segmentation Using Compound Gauss-Markov Random Fields. *Proc. ICASSP-92*, San Francisco, pp. 53–56, 1992.

[Mau84] Maurer J, Zieler E: *Physik der bildgebenden Verfahren in der Medizin.* Springer-Verlag, Berlin, 1984.
[Mec84] Meckler U, Hennermann KH, Caspary WF: *Ultraschall des Abdomens.* Deutscher Ärzteverlag, Köln, 1984.
[Mes89] Mester R: *Regionenorientierte Bildsegmentierung unter Verwendung stochastischer Bildmodelle.* Fortschrittsberichte **10(106)**, VDI-Verlag, 1989.
[Met56] Metropolis N, Rosenbluth AW, Rosenbluth MN, Teller AH, Teller E: Equations of the state calculations by fast computing machines. *Journal of Chemics and Physics.* **21**:1087–1091, 1953.
[Met80] Metzler: *Physik.* Vieweg-Verlag, Düsseldorf, 1980.
[Mey90] Meyer F, Beucher S: Morphological Segmentation. *Journal of Visual Communication and Image Processing* **6(1)**:21–46, 1990.
[Mey92] Meyer Y (ed.): *Wavelets and Applications.* Springer-Verlag, Berlin, 1992.
[Mik69] Mika N, Reiß KH: *Tabellen zur Röntgendiagnostik.* Technischer Report, Siemens AG, Erlangen, Oktober 1969.
[Moe95] Mösges R, Lehmann T, Schwarz J, Pelikan E, Repges R: Eine Workstation für die Quantitative Videolaryngoskopie. In: [Kun95], S. 377–380.
[Mon88] Montes J, Cristobal G, Bescos J: Texture Isolation by Adaptive Digital Filtering. *IVC* **6**:189–192, 1988.
[Moo90] Moore WJ: *Grundlagen der physikalischen Chemie.* Walter de Gruyter Verlag, Berlin, 1990.
[Mor87] Mortimer CE: *Chemie · Das Basiswissen der Chemie.* Georg Thieme Verlag, Stuttgart, 5. Auflage, 1987.
[Mor95] Morneburg H (Hrsg.): *Bildgebende Systeme für die medizinische Diagnostik.* Siemens AG, Berlin, 3. Auflage, Publicis MCD Verlag, Erlangen, 1995.
[Mye92] Myers C, Singer A, Shin F, Church E: Modeling Chaotic Systems with Hidden Markov Models. *Proc. ICASSP-92*, San Francisco, pp. 565–568, 1992.
[Nad90] Nadler MP, Miller D, Nadler DJ (eds.): *Glare and Contrast Sensitivity for Clinicans.* Springer-Verlag, New York, 1990.
[Nai85] Naiman A: Color Spaces and Color Contrast. *The Visual Computer* **1**:194–201, 1985.
[Ngu93] Nguyen HH, Cohen P: Gibbs Random Fields, Fuzzy Clustering, and the Unsupervised Segmentation of Textured Images. *CVGIP* **93**:1–19, 1993.
[Nic90] Nickolay B: *Überwacht lernendes Bildauswertungssystem zur Erkennung von Oberflächenfehlern.* Carl Hanser Verlag, München, 1990
[Nie83] Niemann H: *Klassifikation von Mustern.* Springer-Verlag, Berlin, 1983.
[Nil97] Nilsson F, Danielsson PE: Finding the Minimal Set of Maximum Disks for Binary Objects. *CVGIP: Graphical Models and Image Processing* **59(1)**:55–60, 1997.
[Nus82] Nussbaumer HJ: *Fast Fourier Transform and Convolution Algorithms.* Springer-Verlag, Berlin, 2nd ed., 1982.
[OYL94] O YL, Toet A, Foster D, Heijmans HJAM, Meer P (eds.): *Shape in Picture · Mathematical Description of Shape in Grey-Level Images.* NATO ASI Series F, Vol. **126**, Springer-Verlag, Berlin, 1994.
[Obe57] Oberhettinger F: *Tabellen zur Fourier-Transformation.* Band **40**, Aus: Gammel R, Hopf E, Hopf H, Schmidt KF, van der Waerden BL (Hrsg.): Die Grundlehren der Mathematischen Wissenschaften in Einzeldarstellungen mit besonderer Berücksichtigung der Anwendungsgebiete. Springer-Verlag, Berlin, 1957.
[Obe76] Oberschelp W, Wille D: *Mathematischer Einführungskurs für Informatiker*, Teubner Studienbuch, 1976.

[Olk95] Olkkonen H: Discrete Binomial Splines. *CVGIP: Graphical Models and Image Processing* **57(2)**:101–106, 1995.

[Opp75] Oppenheim AV, Schafer RW: *Digital Signal Processing*. Prentice-Hall, Englewood Cliffs, NJ, 1975.

[Opp89] Oppenheim AV, Willsky AS: *Signale und Systeme · Arbeitsbuch*. VCH Verlagsgesellschaft, Weinheim, 1989.

[Opp92] Oppenheim AV, Willsky AS: *Signale und Systeme · Lehrbuch*. VCH Verlagsgesellschaft, Weinheim, 2. durchgesehene Auflage, 1992.

[Opp95] Oppenheim AV, Schafer RW: *Zeitdiskrete Signalverarbeitung*. R. Oldenbourg Verlag, München, 2. Auflage, 1995.

[Ots79] Otsu N: A Threshold Selection Method from Gray-Level Histograms. *IEEE* **SMC 9**:62, 1979.

[Pav92] Pavlidis T, Zhou J: Page Segmentation and Classification. *CVGIP* **54**:484–496, 1992.

[Pea01] Pearson K: On Lines and Planes of Closest Fit to Systems of Points in Space. *Phil. Mag.* **2(6)**:559–572, 1901.

[Pel94] Pelikan E, Vogelsang F, Schulz B, Egmont-Peterson M, Tolxdorff T, Bohndorf K: Röntgenbildsegmentierung durch topologische Karten oder Multilayer-Perzeptron – ein Vergleich. *Proc. 2. Workshop Digitale Bildverarbeitung in der Medizin*, Freiburg, 1994.

[Pel95] Pelikan E: *Texturorientierte Segmentierungsmethoden in der medizinischen Bildverarbeitung*. Dissertation, RWTH Aachen, 1995, zugleich Shaker Verlag, Aachen, 1995.

[Pen85] Pentland AP: On Describing Complex Surface Shapes. *IVC* **3**:153–162, 1985.

[Pet93a] Peters B: Hardwarekonzepte und Entwurfsverfahren für die Orstfrequenzfilterung medizinischer Röntgenbilder. *Aachener Informatik-Berichte* **7**: 233–247, 1993.

[Pet93b] Peters B, Wein B: An Interactive High-Speed X-Ray Imaging Filtering. In: [Lem93].

[Pet96] Peters B, Meyer-Ebrecht D, Lehmann T, Schmitt W: System Analysis of X-Ray-Sensitive CCD's and Adaptive Restauration of Intraoral Radiographs. *Proc. SPIE* **2710(45)**:450–466, 1996.

[Pie83] Pietikainen M, Rosenfeld A, Davis LS: Texture Classification Using Averages of Local Pattern Matches. *IEEE* **SMC-13**:421–426, 1983.

[Poe93] Pöppl SJ, Handels H (Hrsg.): *Mustererkennung 1993 – Mustererkennung im Dienste der Gesundheit*. Reihe: Informatik aktuell, Springer-Verlag, Berlin, 1993.

[Pou96] Poularikas AD (ed.): *The Transforms and Applications Handbook*. CRC Press, Boca Raton, 1996.

[Pra78] Pratt WK: *Digital Image Processing*. John Wiley & Sons, New York, 1978.

[Pre97] Prescott B, McLean GF: Line-Based Correction of Radial Lens Distortion. *CVGIP: Graphical Models and Image Processing* **59(1)**:39–47, 1997.

[Psc91] Pschyrembel W: *Pschyrembel Klinisches Wörterbuch*. Walter de Gruyter, Berlin, 1991.

[Raa88] Raafat HM: A Texture Information-Directed Region Growing Algorithm for Image Segmentation and Region Classification. *CVGIP* **43**:1–21, 1988.

[Rad17] Radon J: *Über die Bestimmung von Funktionen durch ihre Integralwerte längs gewisser Mannigfaltigkeiten*. Berichte Sächsicher Akademie der Wissenschaften, Leipzig, 1917.

[Rad91] Radig B (Hrsg.): *Mustererkennung 1991*. Reihe: Informatik aktuell, Springer-Verlag, Berlin, 1991.

[Rao64]   Rao R: The Use and Interpretation of Principal Component Analysis in Applied Research. *Sankya A* **26**:329–358, 1964.
[Rao93]   Rao AR, Lohse GL: Identifying High Level Features of Texture Perception. *CVGIP* **55**:218–233, 1993.
[Rea90]   Rea MS: Some Basic Concepts and Field Applications for Ligthing, Color and Vision. In: [Nad90], pp. 120–138.
[Rei90]   Reim M: *Augenheilkunde.* Ferdinand Enke Verlag, Stuttgart, 1990.
[Rei93]   Reiss TH: *Recognizing Planar Objects Using Invariant Image Features.* Lecture Notes in Computer Science **676**, Springer-Verlag, Berlin, 1993.
[Rie93]   Riede UN, Schaefer HE: *Allgemeine und spezielle Pathologie.* Georg Thieme Verlag, Stuttgart, 3. Auflage, 1993.
[Rit91]   Ritter H, Martinez T, Schulten K: *Neuronale Netze.* Addison-Wesley, Bonn, 2. Auflage, 1991.
[Rod91]   Rodenacker K, Aubele M, Jütting U, Gais P, Burger G: Färbevarianzen und ihr Einfluß auf Texturmerkmale in der biomedizinischen Mikroskopbildanalyse. In: [Rad91], S. 401–406.
[Ros82]   Rosenfeld A, Kak AC: *Digital Picture Processing.* Vol. **1–2**, Academic Press, New York, 1982.
[Ros84a] Rosenfeld A: Multiresolution Image Representation. In: [Lev84], pp. 18–28.
[Ros84b] Rosenfeld A (ed.): *Multiresolution Image Processing and Analysis.* Springer Series in Information Sciences **12**, Springer-Verlag, Berlin, 1984.
[Row79]   Rowland SW: Computer Implementation of Image Reconstruction Formulas. In: [Her79], pp. 9–70.
[Rup91]   Rupp S: *Digitale Radiographie – Optimierung der Bildqualität durch Bildverarbeitung.* Fortschritt-Berichte **10(161)**, VDI-Verlag, 1991.
[Rus95]   Russ JC: *The Image Processing Handbook.* CRC Press, Boca Raton, 2nd ed., 1995.
[Rut84]   Ruttimann UE, Groenhuis RAJ, Webber RL: Restoration of Digital Multiplane Tomosynthesis by a Constrained Iteration Method. *IEEE MI* **3(3)**:141–148, 1984.
[Saa96]   Saadah AK, Galatsanos NP, Bless D, Ramos A: Deformation Analysis of the Vibrational Patterns of the Vocal Folds. In: [Leh96d], S. 1–15.
[Sah96]   Sahiner B, Yagle AE: Iterative Inversion of the Radon Transform Using Image-Adaptive Wavelet Constraints to Improve Image Reconstruction. *IEEE* **EMB (9/10)**:112–117, 1996.
[Sau89]   Saurbier F: *Automatische Segmentierung von CT- und MR-Bildern mit Hilfe der topologischen Karte.* Technischer Report MBI28/1989, DKFZ Heidelberg, 1989.
[Schal89] Schalkoff RJ: *Digital Image Processing and Computer Vision.* John Wiley & Sons, New York, 1989.
[Schal95] Schalkoff RJ: *Pattern Recognition.* John Wiley & Sons, New York, 1995.
[Schep89] Scheppelmann D, Saurbier F, Meinzer HP, Klemstein J: Cognitive Texture Parameters · A Link to Artificial Intelligence. In: [Bur89], pp. 289–293.
[Schep90] Scheppelmann D: *Analyse von Texturen in digitalen Bildern.* Dissertation, Fakultät für Theoretische Medizin, Ruprecht-Karls-Universität Heidelberg, 1990.
[Schmi87] Schmidt R, Thews G: *Physiologie des Menschen.* Springer-Verlag, Berlin, 1987.
[Schol96] Scholl I, Pelikan E, Repges R, Tolxdorff T: Texture-Based Feature Extraction Using the Wavelet Transform on X Rays. *Proc. SPIE* **2710**:668–678, 1996.

[Schop93] Schpolski EW: *Atomphysik – I. Einführung in die Atomphysik.* Johann Ambrosius Barth Verlag, Leipzig, 19. Auflage, 1993.
[Schru92] Schrüfer E: *Signalverarbeitung · Numerische Verarbeitung digitaler Signale.* Carl Hanser Verlag, München, 2. Auflage, 1992.
[Schu93a] Schulz B, Pelikan E, Silny J, Rau G: Neue Ansätze zur HTEKG-Signalanalyse bei akutem Myocardinfarkt mittels selbstorganisierender Karten. In: [Poe93], S. 528–536.
[Schu93b] Schulz B: *Topologische Merkmalskarten zur Infarktgrößenbestimmung aus HTEKG-Mustern.* Diplomarbeit, Mathematisch-, Naturwissenschaftliche Fakultät, RWTH Aachen, 1993.
[Ser82] Serra J: *Image Analysis and Mathematical Morphology.* Vol. 1, Academic Press, London, 1982.
[Ser86] Serra J: Introduction to Mathematical Morphology. *CVGIP* **35**:283–305, 1986.
[Ser92] Serra J (ed.): *Image Analysis and Mathematical Morphology · Theoretical Advances.* Vol. 2, Academic Press, London, 2nd ed., 1992.
[Sha94] Shanbhag AG: Utilization of Information Measure as a Means of Image Thresholding. *CVGIP: Graphical Models and Image Processing* **56(5)**:414–419, 1994.
[Sil94] Silvestrini N: *Idee Farbe.* Baumann & Stromer Verlag, Zürich, 1994.
[Smi62] Smirnow WI: *Lehrgang der höheren Mathematik.* Deutscher Verlag der Wissenschaften, Berlin, 1962.
[Smo90] Smola P: *Untersuchung der Anwendbarkeit der fraktalen Dimension zur Gewebedifferenzierung.* Diplomarbeit, Fakultät für Elektrotechnik, RWTH Aachen, 1990.
[Son93] Sonka M, Hlavac V, Boyle R: *Image Processing, Analysis and Machine Vision.* Chapman & Hall Computing, London, 1993.
[Spa90] Spada H: *Allgemeine Psychologie.* Hans Huber, 1990.
[Stei93] Steinbrecher R: *Bildverarbeitung in der Praxis.* R. Oldenbourg Verlag, München, 1993.
[Stel89] van der Stelt PF, Ruttimann U, Webber RL: Determination of Projections for Subtraction Radiography Based on Image Similarity Measurements. *Dentomaxillofacial Radiology* **18**:113–117, 1989.
[Ster86a] Sternberg SR, Serra J (eds.): Special Section on Mathematical Morphology. *CVGIP* **35**, 1986.
[Ster86b] Sternberg SR: Grayscale Morpghology. *CVGIP* **35**:333–355, 1986.
[Str83] Ströbel B: NMR in der Medizin. Teil II: Physikalische Grundlagen der MR-Tomographie. *Bruker Medical Report* **83(2)**:10–15, Sonderdruck, Bruker Medizintechnik GmbH, Karlsruhe, 1983.
[Str93] Strang G: Wavelet Transforms Versus Fourier Transforms. *Bulletin of the American Mathematical Society* **28**:288–305, 1993.
[Tam78] Tamura H, Mori S, Yamawaki T: Textural Features Corresponding to Visual Perception. *IEEE* **SMC 8**:460–473, 1978.
[Thu92] Thurn P, Bücheler E: *Einführung in die radiologische Diagnostik.* Thieme-Verlag, Stuttgart, 1992.
[Ult91] Ultsch A, Halmans G, Schulz K: Die Transformation experimenteller Verteilungen durch ein Self-Organizing Feature Map. In: [Rad91], S. 207–214.
[Uns89] Unser M, Eden M: Multiresolution Feature Extraction and Selection for Texture Segmentation. *IEEE* **PAMI 11**:717–728, 1989.
[Van92] Vandewalle J, Boite R, Moonen M, Osterlinck A (eds.): *Signal Processing VI.* Elsevier Science, Amsterdam, 1992.

[Vet90] Vetterli M, Herley C: *Wavelets and Filter Banks: Theory and Design.* Technical Report No. CU-CTR-TR-206-90-36, Center of Telecommunications Research, Columbia University, NY, 1990.

[Voe95] Völter SA: *Virtual Reality in der Medizin I · Stand, Trends, Visionen.* GeSI, Mannheim, 1995.

[Vog93] Vogelsang F, Pelikan E, Egmont-Petersen M, Tolxdorff T, Bohndorf K: Segmentierung von Röntgenbildern fokaler Knochenläsionen durch neuronale Netzwerke – Optimierung durch Quality Metrics und modifizierte Contribution Analysis. In: [Poe93], S. 450–459.

[Vol92] Vollmerhaus D: *Texturanalyse auf der Basis hierarchicher Bildpyramiden.* Carl Hanser Verlag, München, 1992.

[Wah88] Wahl FM: *Digitale Bildsignalverarbeitung · Grundlagen, Verfahren, Beispiele.* Springer-Verlag, Berlin, 1988.

[Wan83] Wang DCC, Vagnucci AH, Li CC: Digital Image Enhancement: A Survey. *CVGIP* **24**:363-381, 1983.

[Wan89] Wang D, Srihari SN: Classification of Newspaper Image Blocks Using Texture Analysis. *CVGIP* **47**:327–352, 1989.

[Wec77] Wechsler H, Sklansky J: Finding the Rib Cage in Chest Radiographs. *Pattern Recognition* **9**:21–30, 1977.

[Wee96] Weeks AR: *Fundamentals of Electronic Image Processing.* SPIE Press, Bellingham & IEEE Press, Piscataway, 1996.

[Wei93a] Weiler F: *Merkmalsextraktion aus Filmröntgenbildern zur Abschätzung der Dignität fokaler Knochenläsionen.* Diplomarbeit, Mathematisch-Naturwissenschaftliche Fakultät, RWTH Aachen, 1993.

[Wel93] Welander U, Nelvig P, Tronje G, McDavid WD, Dove SB, Mörner AC, Cederlund T: Basic Technical Properties of a System for Direct Acquisition of Digital Intraoral Radiographs. *Oral Surg Oral Med Oral Pathol* **75**:506–516, 1993.

[Wer85] Wermser D: Automatische Texturauswertung auf der Basis einer Analyse des visuellen Systems. Fortschrittsberichte **10(46)**, VDI-Verlag, Düsseldorf, 1985.

[Wit78] Witting H: *Mathematische Statistik.* Teubner-Verlag, Stuttgart, 3. Auflage, 1978.

[Wit83] Witkin AP: Scale-Space Filtering. *Proc. 8th Int. Joint Conf. on Artif. Intell.*, Karlsruhe, pp. 1019–1022, 1983.

[WuC92] Wu CM, Chen YC, Hsieh KS: Texture Features for Classification of Ultrasonic Liver Images. *IEEE MI* **92**:141–152, 1992.

[You95] Young D, Tunley H, Samuels R: *Specialised Hough Transform and Active Contour Methods for Real-Time Eye Tracking.* Technical Report CSRP no. 386, School of Cognitive and Computing Sciences, University of Sussex, Brighton, UK, July 1995.

[Yue90] Yuen HK, Princen J, Illingworth J, Kittler J: Comparative Study of Hough Transform Methods for Circle Finding. *IVC* **8**:71–77, 1990.

[Zeh93] Zehetbauer S, Meyer-Gruhl U: Segmentierung und Analyse drei- und vierdimensionaler Ultraschalldatensätze. In: [Poe93], S. 118–125.

[Zek92] Zeki SM: Das geistige Abbild der Welt. *Spektrum der Wissenschaft* **11**:54, 1992.

[Zhu86] Zhuang X, Haralick RM: Morphological Structuring Element Decomposition. *CVGIP* **35**:370–382, 1986.

Abkürzungen im Literaturverzeichnis

ASME	American Society of Mechanical Engineering
CAR	Computer Assisted Radiology
COM	Transactions on Computers
CVGIP	Computer Vision, Graphics, and Image Processing
EMB	Engineering in Medicine and Biology
ICASSP	International Conference on Acoustics, Speech, and Signal Processing
ICIP	International Conference on Image Processing
ICPR	International Conference on Pattern Recognition
IEEE	The Institute of Electrical and Electronics Engineers
IP	Transactions on Image Processing
IVC	Image and Vision Computing
MI	Transactions on Medical Imaging
PAMI	Transactions on Pattern Analysis and Machine Intelligence
SMC	Transactions on Systems, Man, and Cybernetics
SPIE	The International Society for Optical Engineering (früher: Society for Photo–Optical Instrumentation Engineering)
VDI	Verein Deutscher Ingenieure

Index

A-Mode, 60, *siehe* Ultraschall
A-posteriori-Wahrscheinlichkeit, 408
A-priori-Wahrscheinlichkeit, 415
A-priori-Wissen, 112, 360, 390, 396
Abbildung
– affine, 326, 329
– allgemeine, 323
– perspektivische, 324, 329
– RST-, 326–329
– zentralperspektivische, 324
Abbildungsfehler, 104
Aberration, 66
– chromatische, 66
– sphärische, 66
Abklingprozeß, 182, *siehe* Prozeß
Abtastrate, 153
Abtasttheorem, 57, 150, 240, 289, 332, *siehe* Theorem
Abtastung, 99, 123, 148, 149, 234, 269
Accumulator-Array
– der Hough-Transformation, 309, 313
Achternachbarschaft, 178, *siehe* Nachbarschaft
Adaption, 66, 77
– chemische, 87
– neuronale, 88
Adaptives Filter, 342, *siehe* Filter
Addition
– Minkowski, 221, *siehe* Dilatation
Affine Abbildung, 326, *siehe* Abbildung
Ähnlichkeit, 113, 329, 344
– morphologische, 121
Ähnlichkeitsmaß, 375, *siehe* Distanzmaß
Akkommodation, 66
– Fern-, 88
– Nah-, 88
Algebra
– Faltungs-, 129
Algorithmus
– Bresenham-, 314

– Connected-Components-, 226
– Huffman-, 110, 111
– Pyramiden-, 253, 274, 279, *siehe* ~
– Subband-Coding-, 276, 279
– Tracer-, 115
Aliasing, 151, 321
– Anti-, 85
Alphabet
– terminales, 397
American College of Radiology – National Electrical Manufacturers Association (ACR-NEMA), 106, *siehe* Bildformat
Amplitude, 106
Amplitudenspektrum, 133, 140, 242, *siehe* Spektrum
Anamnese, 9, 10
Anatomisches Objekt, 117, *siehe* Objekt
Anger-Kamera, 54, 55
Angiographie, 46
– digitale Subtraktions- (DSA), 45, 46
– Koronar-, 16
– MR-, 58, *siehe* Kernspintomographie
Angleich
– der Bildgeometrie, 324
– des Kontrastes, 344
Animal, 115
Anode, 28
Antagonismus, 79
Antagonistische Farben, 80, *siehe* Komplementärfarben
Antialiasing, 85, *siehe* Aliasing
Apertur, 147
Äquivalentdosis, 25
Äquivalenz
– topologische, 121
Areal
– Brodmann-, 72
– V1 – V5, 71–74

Arteriographie, 12
Arthrographie, 12
Aspect-Ratio, 327, 328
Atom, 21
- Hülle des, 22
- innerer Aufbau des, 21
-- Beispiel: Wolfram, 22
- instabiles, 24
- Kern des, 21
- Modell
-- Bohrsches, 21
-- Rutherfordsches, 21
Auge
- Aufbau des, 66
Autobinomialmodell, 185
Autokorrelationsfunktion (AKF), 162, 166
- Impuls-, 171
Axon, 71

B-Mode, 61, *siehe* Ultraschall
B-Spline-Interpolation, 333, *siehe* Interpolation
Backprojection, 289, *siehe* Rückprojektion
Backpropagation-Netz, 398, *siehe* Klassifikator
Bandbreite, 139, 289
Bandpaß, 139, 247, *siehe* Filter
Basis
- Haar-, 267, *siehe* ~
- lokale, 269
- orthogonale, 269, 276
- orthonormale, 266, 269
Bayes-Abstand, 397, 408, *siehe* Distanzmaß
Beam-Hardening, 31
Bedingte Varianz, 165, *siehe* Varianz
Bedingte Wahrscheinlichkeit, 165
Bedingter Erwartungswert, 165, *siehe* Erwartungswert
Berandung, 368, *siehe* Rand
Bereichswachstum, 378, *siehe* Region-Growing
Bessel-Funktion, 138, 146
- Art der, 146
- Ordnung der, 146
Beugung, 143
- Fraunhofer-, 144
- Fresnelsche, 144
Bildanalyse, 359
Bildbearbeitung, 342
Bilddrehung, 305, *siehe* Rotation

Bildformat, 105
- ACR-NEMA-, 106
- DICOM-, 106
- GIF-, 105
- JPEG-, 105
- MPEG-, 105
- TIFF-, 105
Bildinterpretation, 360
Bildkorrektur, 321, 338
- adaptive, 351
Bildnachbearbeitung, 344
Bildqualität, 321
Bildregistrierung, 331, *siehe* Angleich
Bildrestauration, 321, 339
Bildverbesserung, 321, 344
- adaptive, 351
- durch Farbe, 354
- nichtlineare, 349
Bildverschärfung, 347
Binärbild, 100, 218
Binäres Rauschen, 176, *siehe* Rauschen
Binarisierung, 368
Binomialfilter, 204, 347, *siehe* Filter
Binomialmodell, 185
Binomialverteilung, 175, 206, 347, *siehe* Verteilung
Biometrie, 6
Black-Box, 131
Blinder Fleck, 69
Blob, 382, *siehe* Scale-Space
Blockcodierung, 111, *siehe* Codierung
Blurring, 321, *siehe* Verschmierung
Bohr
- Atommodell nach, 21
- Postulate von, 22
Bounding-Box, 405
Brechungsgesetz, 39
Brennfleck, 40, *siehe* Röntgenröhre
Bresenham-Algorithmus, 314, *siehe* Algorithmus
Brodatz-Textur, 383, *siehe* Textur
Brodmann-Areal, 72, *siehe* Areal

CCD-Sensor, 40
Chaining-Effekt, 376, 378, *siehe* Effekt
Chemical-Shift-Imaging, 59, *siehe* MR-Spektroskopie
Chiquadratstatistik, 169, *siehe* Haralicksche Texturmaße
Chirp-Signal, 257, *siehe* Signal
Chromatische Aberration, 66
CIE-Farbraum, 82, *siehe* Farbraum
Clique, 178, 183, 185, 393

Closing, 220, 222, *siehe* Morphologischer Operator
Cluster, 406, *siehe* Merkmalsraum
Codierung, 98, 152
- binäre, 152
- Block-, 111
- brutale, 110, 111
- Huffman-, 111, *siehe* ∼
- Ketten-, 117, 368
- präfixfreie, 110
- Quad-Tree-, 112
- Run-Length-, 111, *siehe* ∼
- verlustbehaftete, 112
Color-Map, 195
Compton-Effekt, 31, 42, *siehe* Effekt, 53, *siehe* Effekt
Compton-Streuung, 54
Compton-Wellenlänge, 31
Computergraphik, 108, 115
Computertomographie (CT), 11, 49
- Auflösung der, 49
- Bildrekonstruktion der, 131
- Prinzip der, 49
- Spiral-, 52
- technische Ausführung der, 50
Connected-Components-Algorithmus, 226, *siehe* Algorithmus
Cooccurrence-Matrix, 167, 168, 387, *siehe* Matrix
Cornea, 66, *siehe* Hornhaut
Cortex
- visueller, 71, *siehe* V1-Areal
Corticale Säulen, 72, 73
CYM-Farbraum, 83, 84, *siehe* Farbraum

Datenkompression, 278, *siehe* Kompression
Datenreduktion, 307, 311
Dehnung, 103, 326, *siehe* Abbildung
Delta-Funktion, 159, 285, *siehe* Funktion
Delta-Linie, 285, *siehe* Dirac-Linie
Dendrit, 71
Detailerkennbarkeit, 154
Detektorrauschen, 147, 148, 152, *siehe* Rauschen
Determinante
- Funktional-, 138
- Jacobi-, 138, 288, *siehe* Funktionaldeterminante
Diagnostik, 9
Diagramm
- kommutatives, 285

Dichtefunktion, 160, *siehe* Histogramm
- zweidimensionale, 163
Differentialdiagnose, 9
Differenzoperator, 210, *siehe* Filter
- symmetrischer, 211
Digital Imaging and Communications in Medicine (DICOM), 106, *siehe* Bildformat
Digitale Subtraktionsangiographie (DSA), 58, *siehe* Angiographie
Dilatation, 116, 220, 221, 230, *siehe* Morphologischer Operator
Dilation, 221, *siehe* Dilatation
Dipol
- magnetischer, 33
Dirac-Feld, 150
Dirac-Folge, 150
Dirac-Linie, 130, 285, 312
Dirac-Stoß, 128, 285, 311
- Eigenschaften des, 130
- Gewicht des, 129
- Siebeigenschaft des, 285, 311
Direkter Pfad, 114, *siehe* Pfad
Dirichlet-Filter, 247, *siehe* Filter
Diskretisierung, 99, 123
- Orts-, 104
- Werte-, 104, 152, *siehe* Quantisierung
Displacement, 169, 387, *siehe* Cooccurrence-Matrix
Distanzmaß, 375
- Bayes-Abstand, 408
- Euklidisches, 413, *siehe* ∼
Dither-Matrix, 76, *siehe* Matrix
Dithering, 76
Dominanzsäulen, 72, 73
Doppelkontrast, 44
Doppelpunkt, 117
Doppler-Effekt, 39, *siehe* Effekt
Dosis, 25, *siehe* Strahlung
- Energie-, 25
- Ionen-, 25
Dots-Per-Inch (DPI), 142
Drehimpuls, 33, *siehe* Spin
Drehung, 305, *siehe* Rotation
Dreiecksignal, 124, 125, *siehe* Signal
Durchleuchtung, 45
Dynode, 54
Dysostose, 13

Ebene
- Euklidische, 116, *siehe* ∼
- Zeit/Frequenz-, 259, *siehe* Phasenraum

Effekt
- Aliasing-, 151, 321
- Chaining-, 376, 378
- Compton-, 31, 42, 53
- Doppler-, 39
- Heel-, 28
- Moiré-, 151, 321
- Photo-, 30, 42, 53, 54
- Thomson-, 31

Eigendrehung, 33, *siehe* Spin
Eigenfunktion, 132
Eigenvektor, 120, 297
Eigenwert, 120, 132, 297
Eigenwertgleichung, 297
Einheitskreis, 102
Einheitssignal, 124, *siehe* Signal
Einheitswurzel, 102
Einkanaldiskriminator (EKD), 53, 54, *siehe* Impulshöhenanalysator
Elektron, 21
- Ladung des, 27
- Wechselwirkung mit Materie, 28

Elektronisches Rauschen, 340, *siehe* Rauschen
Elementarsignal, 124, 125, 134, *siehe* Signal
Emissionscomputertomographie
- PET, 54
- SPECT, 54

Empfindung
- Farb-, 80
- Hör-, 152
- Intensitäts, 200

Endlicher Träger, 235, 236, 257, 276, *siehe* Träger
Endoskopie, 18, 145, 323
Energiedosis, 25, *siehe* Dosis
Energiemasken, 391, *siehe* Texturenergiemasken
Energiespektrum, 242, *siehe* Spektrum
Entropie, 110, 111, 169, 343, *siehe* Haralicksche Texturmaße
Entzerrung
- geometrische, 323

Ergodisches Feld, 166, *siehe* Feld
Erkennung
- Form-, 93

Erosion, 116, 220, 230, *siehe* Morphologischer Operator
Erwartungswert, 164, 340
- bedingter, 165
- der Binomialverteilung, 175
- der Gauß-Verteilung, 174

Euklidische Distanz, 412, 413, *siehe* Distanzmaß
Euklidische Ebene, 100, 106, 108, 116
Euklidische Geometrie, 108
Euler-Relation, 237, 238
Eulersche Funktion, 132
Eulersche Zahl, 25
Exponentialreihe, 237, *siehe* Reihe

Falschfarben, 62, 354
Faltung, 128, 194, 203, 233, 243, 262, 332
- adaptive, 352
- Additivität der, 203
- Assoziativgesetz der, 204
- diskrete, 243, 346
- Kommutativgesetz der, 204
- Linearität der, 203

Faltungsalgebra, 129
Faltungsoperator, 194, *siehe* Filter
Faltungstheorem, 244, *siehe* Theorem
Farbantagonismus, 79
Farbdistanz, 355
Farbempfindung, 80, *siehe* Empfindung
Farbgesichtsfeld, 80
Farbhistogramm, 355, *siehe* Histogramm
Farbiges Rauschen, 178, *siehe* Rauschen
Farbinterpolation, 85
Farbkonstanz, 79
Farbkovarianzmatrix, 306
Farbkreis nach Fludd, 354
Farbmittelwert, 306
Farbraum, 80
- additiver, 84
- CIE-, 82, 83
- CYM-, 83, 84
- GHLS-, 358
- HLS-, 84, 85
- HSV-, 84, 85
- HVC-, 85, 86
- LUV-, 85
- nach Naiman, 358
- NTSC-, 83
- perzeptueller, 80
- physikalischer, 80
- RGB-, 83, 84, 124, 355
- subtraktiver, 84
- XYZ-, 83

Farbsehen
- trichromatisches, 78

Farbsimultankontrast, 79
Farbsystem, 82, *siehe* Farbraum

Farbtheorie
- Komplementärfarben-, 78, *siehe* Theorie
- trichromatische, 79, *siehe* Theorie

Farbtransformation, 83, *siehe* Farbraum

Farbwahrnehmung, 78, *siehe* Wahrnehmung

Feld
- ergodisches, 166
- homogenes, 165
- Markoffsches, 184, 371
- rezeptives, 68, 69, 75
- stationäres, 166
- stochastisches, 158

Fenster, 50, 145
- Gauß-, 252
- Hamming-, 291, 292
- Kaiser-Bessel-, 252
- Knochen-, 50
- Weichteil-, 50

Fenster-Fourier-Transformation, 256, *siehe* Transformation
- Phasenraum der, 260, *siehe* ~

Fensterfunktion, 145, 251, 257, 291, *siehe* Fenster

Fensterung, 251, 257, 262

Filter, 338
- adaptives, 342, 352
- amplitudenbegrenztes, 339
- Bandpaß-, 139, 247
- Binomial-, 204, 347
- Differenz-, 210, *siehe* Differenzoperator
- Dimensionierung des, 338
- Dirichlet-, 247
- Finite-Impulse-Response (FIR)-, 276, 341
- Gauß-, 204, *siehe* ~
- Glättungs-, 348
- Gradienten-, 213, 368
- Hochpaß-, 139, 247, 279
- Infinite-Impulse-Response (IIR)-, 341
- inverses, 339
- Kanten-, 368
- Laplace-, 214, *siehe* Laplace-Operator
- lineares, 207
- Median-, 207, 350, 368
- nichtlineares, 207
- Prewitt-, 212, *siehe* Prewitt-Operator
- Rangordnungs-, 350
- Rausch-, 346
- Rechteck-, 204
- rekursives, 342
- separables, 215
- sequentielles, 209, 210
- Sobel-, 213, *siehe* Sobel-Operator
- Tiefpaß-, 139, 247, 279, 347
- Unsharp-Masking-, 347
- Wiener-, 340, *siehe* ~

Filterung, 245

Finite-Impulse-Response (FIR) Filter, 276, 341, *siehe* Filter

Fluoreszenz, 32, 43

Fokus, 40, *siehe* Röntgenröhre

Form eines Objektes, 120, *siehe* Objekt

Formerkennung, 93

Fourier-Entwicklung, 235
- Beispiel, 236

Fourier-Koeffizient, 236, 241

Fourier-Mellin-Invariante, 102, 331, *siehe* Invariante

Fourier-Optik, 144

Fourier-Reihe, 235, 236, 238, *siehe* Reihe

Fourier-Rekonstruktion, 57

Fourier-Scheiben-Theorem, 286, *siehe* Fourier-Slice-Theorem

Fourier-Slice-Theorem, 286, *siehe* Theorem
- Beweis des, 287
- Gleichung des, 287
- Kommutatives Diagramm des, 287

Fourier-Spektrum, 242, *siehe* Spektrum

Fourier-Texturanalyse, 386

Fourier-Transformation, 49, 132, 134, 171, 239, 253, 331, *siehe* Transformation
- diskrete (DFT), 133, 233, 242
- Eigenschaften der, 135
- eindimensionale, 137
- Fenster-, 256, *siehe* ~
- kontinuierliche (FT), 133
- schnelle (FFT), 133, 243
- Short-Time-, 256, *siehe* Fenster-Fourier-Transformation
- Theoreme der, 135
- zweidimensionale, 137

Fovea centralis, 67, *siehe* Macula

Fraktale Dimension, 392

Fraktale Maße
- Lakunarität, 392
- Sukkolarität, 392

Fraunhofer-Beugung, 144, *siehe* Beugung

Free-Induction-Decay (FID), 35

Frequenzauflösung, 257, 259

Frequenzspektrum, 133, *siehe* Spektrum
Frequenzunschärfe, 257, 259
Fresnelsche Beugung, 144, *siehe*
  Beugung
Funktion
– Autokorrelations-, 162, *siehe* ∼
– Bessel-, 138, *siehe* ∼
– Delta-, 128, 285, *siehe* Dirac-Stoß
– Dichte-, 160, *siehe* ∼
– Dirac-, 128, *siehe* Dirac-Stoß
– diskrete Ortsbereichs-, 99
– Eulersche, 132
– Fenster-, 145, 257, *siehe* Fenster
– Gauß-, 174, 256, *siehe* ∼
– Haar-, 266, *siehe* ∼
– Kreuzkorrelations-, 173
– Lagrange-, 301
– Mexican-Hat-, 262, 418
– rect-, 124, *siehe* Signal
– si-, 124, *siehe* Signal
– sinc-, 124, *siehe* si-Funktion
– Übertragungs-, 132, *siehe* ∼
– Verteilungs-, 160, *siehe* ∼
– Wahrscheinlichkeits-, 160
Funktionaldeterminante, 103, 138, 288

Gabor-Transformation, 257, *siehe*
  Transformation
γ-Kamera, 54, *siehe* Anger-Kamera
Gauß-Fenster, 252, *siehe* Fenster
Gauß-Filter, 204, *siehe* Filter
– eindimensionales, 207
– horizontales, 207
– vertikales, 207
– zweidimensionales, 207
Gauß-Funktion, 147, 174, 256, *siehe*
  Funktion
Gauß-Interpolation, 335, *siehe*
  Interpolation
Gauß-Prozeß, 181, *siehe* Prozeß
Gauß-Pyramide, 253, 379, *siehe*
  Pyramide
Gauß-Signal, 124, *siehe* Signal
Gauß-Verteilung, 174, 347, *siehe*
  Verteilung
Gaußsche Zahlenebene, 98, 102, 237
Gebiet, 114
– Kontur des, 115
– Rand des, 115
– zusammenhängendes, 114
– – einfach, 115
Gebrauchssehschärfe, 78
Gefilterte Rückprojektion, 288, *siehe*
  Rückprojektion

Gegenfarben, 79
Gegenfarbentheorie, 79, 80, *siehe*
  Theorie
Gehaltene Röntgenaufnahme, 12, *siehe*
  Röntgenaufnahme
Geometrie
– Euklidische, 108
Geometrische Entzerrung, 323, *siehe*
  Entzerrung
Geometrische Reihe, 242, *siehe* Reihe
Gerade, 130, *siehe* Kurve
– Geradengleichung, 310
– Hessesche Normalform, 130, 285, 311
Gesetz
– Gestalt-, 90, *siehe* ∼
– Weber-Fechnersches, 76
– Webersches, 75
Gesichtsfeld, 80
Gestaltgesetz, 90, *siehe* Gesetz
– Binnengliederung, 91, 92
– Figur/Grund-Gliederung, 90
– Tiefe in der Fläche, 92
Gestalttheorie, 89, *siehe* Theorie
Gibbs-Verteilung, 178, 393, *siehe*
  Verteilung
Gitterprozeß, 181, *siehe* Prozeß
– Markoffscher, 183
Gleichverteilung, 110, *siehe* Verteilung
Globaler Kontrast, 109, *siehe* Kontrast
Gradient, 108
Gradientenfilter, 368, *siehe* Filter
Graphics Interchange Format (GIF),
  105, *siehe* Bildformat
Grauwerttransformation, 195, *siehe*
  Histogrammtransformation
Grenzfrequenz, 139, *siehe* Abtasttheorem
Gyromagnetisches Verhältnis, 34

Haar-Basis, 267, *siehe* Basis
Haar-Funktion, 266, *siehe* Funktion
Haftstelle
– energetische, 32, *siehe* Trap
Halbschatten, 40
Halbwertszeit, 25, 55, 174, *siehe* Zerfall
Hammersley-Clifford-Theorem, 393,
  siehe Theorem
Hamming-Fenster, 291, 292, *siehe*
  Fenster
Hankel-Transformation, 138, 141, *siehe*
  Transformation
Haralicksche Texturmaße, 169
– Chiquadratstatistik, 169

452   Index

- Entropie, 169
- Invers-Difference-Moment, 169
- Kappastatistik, 169
- Kontrast, 169
- Second-Angular-Moment, 169

Hauptachsen
- der Ellipse, 299

Hauptachsentransformation, 309, 407, siehe Transformation

Hauptträgheitsachse, 119

Header, 105, siehe Bildformat

Heel-Effekt, 28, siehe Effekt

Helligkeit, 75

Hessesche Normalform, 130, 285, 311, siehe Gerade

Hexagonal element, 106, siehe Hexel

Hexel, 106

Hintergrund, 110, 117

Histogramm, 108–110, 159
- Äqualisation des, 344
-- adaptive, 352
- bimodales, 201, 362
- Farb-, 355
- Optimierung des
-- Beispiel für, 318, 319
- Spreizung des, 344
- Transformation des, 196, siehe Histogrammtransformation, 344
- zweidimensionales, 163, 167

Histogramm-Thresholding, 201, siehe Thresholding

Histogrammtransformation, 195, siehe Transformation
- adaptive, 351
- allgemeine, 197
- Äqualisation, 199
-- adaptive, 352
- Clipping, 196
- Hyperbolisation, 200
- monotone, 197
- Spreizung, 196
- Stauchung, 197
- Streckung, 197
- Stretching, 196
- Thresholding, 201, siehe Thresholding

Hit-and-Miss-Transformation, 223, siehe Transformation

Hit-or-Miss-Transformation, 223, siehe Hit-and-Miss-Transformation

HLS-Farbraum, 84, siehe Farbraum

Hochpaß, 139, 247, siehe Filter, 279

Homogenes Feld, 165, siehe Feld

Horizontalclique, 184, siehe Clique

Hornhaut, 66

Horopter
- theoretischer, 87

Hough-Transformation, 144, 309, 369, siehe Transformation
- Accumulator-Array der, 309, 313
- für beliebige Kurven, 313
- für Geraden, 309
- für geschlossenen Kurven, 315
- Gütekriterium für die, 317
- medizinische Anwendung der, 318
- Prinzip der, 309
- Spektrum der, 313, siehe Spektrum

Hounsfield-Einheiten (HE), 49

Hounsfield-Units (HU), 49

HSV-Farbraum, 84, siehe Farbraum

Huffman-Algorithmus, 110, 111, siehe Algorithmus

Huffman-Codierung, 111, siehe Codierung

Hülle
- konvexe, 224

HVC-Farbraum, 85, siehe Farbraum

Idealbild, 98

Impuls, 131, siehe Signal

Impuls-AKF, 171, siehe Autokorrelationsfunktion

Impulshöhenanalysator, 54

Inch, 142

Induktionsabfall
- freier, 35, siehe FID

Infinite-Impulse-Response (IIR) Filter, 341, siehe Filter

Informationsgehalt, 110, 343, siehe Entropie

Inneres Produkt, 256, 262

Intensität, 75

Intensitätsempfindung, 200, siehe Empfindung

Interpolation, 240, 253, 291, 328, 332
- Aufwand der, 337
- B-Spline-, 333
- Fehler der, 337
- Gauß-, 335, siehe ∼
- kubische, 333
- Lagrange-, 291, 335, siehe ∼
- lineare, 333
- Nearest-Neighbor-, 333
- Spline-, 334
- von Farben, 85
- von Intensitäten, 76

Invariante

- Fourier-Mellin-, 331
- RST-, 329

Invers-Difference-Moment, 169, *siehe* Haralicksche Texturmaße

Ion, 23

Ionendosis, 25, *siehe* Dosis, 148

Isotop, 24, 55
- instabiles, 55

Isotropie, 126

Jacobi-Determinante, 104, 138, 288, *siehe* Funktionaldeterminante

Joint Photographic Experts Group (JPEG), 105, *siehe* Bildformat

Jordankurve, 117, *siehe* Kurve

Kaiser-Bessel-Fenster, 252, *siehe* Fenster

Kalibrierung, 322
- geometrische, 323, *siehe* Entzerrung

Kanisza-Dreieck, 93

Kante, 368

Kantenbild, 309

Kantendetektion, 210

Kantenextraktion, 371

Kantenfilter, 368, *siehe* Filter

Kantenrelaxation, 371

Kappa-Wert, 425, *siehe* Qualitätskonzept

Kappastatistik, 169, *siehe* Haralicksche Texturmaße

Karhunen-Loève-Transformation (KLT), 120, 295, 309, 397, *siehe* Transformation

Karte, 417, *siehe* Klassifikator
- Kohonen-, 417
- selbstorganisierende, 417
- topologische, 72, 417

Kartesische Koordinaten, 287, 329, *siehe* Koordinaten

Kausale Nachbarschaft, 187, *siehe* Nachbarschaft

Kausaler Prozeß, 127, 183, *siehe* Prozeß

Kausales System, 127, *siehe* System

Kennlinie
- Quantisierungs-, 152

Kernschatten, 40

Kernspin, 174

Kernspintomographie (MR), 11, 56
- Angiographie, 58
- Bildqualität der, 57
- funktionelle, 59
- Prinzip der, 56

- Spektroskopie, 59
- Technische Ausführung der, 57

Kettencodierung, 117, 368, *siehe* Codierung

Kissenverzeichnung, 154, *siehe* Verzeichnung

Klassifikation, 359, 395

Klassifikator
- neuronaler, 397
- nichtüberwacht lernender, 412
- numerischer, 397
- Qualität des, 422, *siehe* Qualitätskonzept
- syntaktischer, 397
- überwacht lernender, 410

Knochenfenster, 50, *siehe* Fenster

Kohonen-Karte, 72, 417, *siehe* Karte

Koinzidenz, 55

Kollimator, 53

Kommutatives Diagramm, 285

Kompakter Träger, 257, *siehe* Endlicher Träger

Komplement
- morphologisches, 219, *siehe* Morphologischer Operator

Komplementärfarben, 78–80

Komplementärfarbentheorie, 78, *siehe* Theorie

Kompression, 105, 278, 307

Kontingenztafel, 6, 423, *siehe* Qualitätskonzept

Kontrast, 42, 78, 142, 169, *siehe* Haralicksche Texturmaße
- globaler, 109, 343
- lokaler, 108, 343

Kontrastangleich, 344, *siehe* Angleich

Kontrastmittel, 44
- negatives, 44
- positives, 44

Kontrastverbesserung, 344

Kontrastwahrnehmung, 78, *siehe* Wahrnehmung

Kontrollstruktur, 360, *siehe* Segmentierung

Kontur, 115, 117, 368

Konturbild, 309

Konvexe Hülle, 224

Koordinaten
- affine, 103
- ganzzahlige, 101
- kartesische, 287, 329
- komplexe, 102
- Polar-, 138, 287, 329, *siehe* ∼

- projektive, 103
- reelle, 101
Koronarangiographie, 16, *siehe* Angiographie
Korrelation, 162, 202
- Auto-, 162
- Kreuz-, 173, 329
Korrelationsmatrix, 162, *siehe* Matrix
Kovarianz, 162, 163
Kovarianzmatrix, 162, *siehe* Matrix
Kreisfrequenz, 134, 236
Kreisgleichung, 315
Kreuzkorrelationsfunktion, 173
Kreuzkovarianz, 173
Kreuzleistung, 173
Kronecker-Symbol, 313
Kroneckersches Delta, 159
Kubische Interpolation, 333, *siehe* Interpolation
Kurve
- Gerade, 310, *siehe* Gerade
- in der Ebene, 313
- Jordan-, 117

Labeling, 218, 226, 420
- morphologisches, 227, *siehe* Morphologischer Operator
- rekursives, 226
- vollständiges, 420
Lagrange-Funktion, 301, *siehe* Funktion
Lagrange-Interpolation, 291, 335, *siehe* Interpolation
Lagrange-Polynom, 292, *siehe* Polynom
Lagrange-Verfahren, 297
Lakunarität, 392, *siehe* Fraktale Maße
Laparoskopie, 18
Laplace-Operator, 214, 370, *siehe* Filter
- skalierbarer, 215
Laplace-Pyramide, 253, 379, *siehe* Pyramide
Larmorfrequenz, 33, 35
Larmortheorem, 34, 56, 57, *siehe* Theorem
Laryngoskopie, 18, 145, 154
LASER, 32
Lauflängenmatrix, 392, *siehe* Run-Length-Matrix
Laurent-Reihe, 238, *siehe* Reihe
Laws-Maske, 392
Leaving-One-Out, 409
Leistung
- eines Prozesses, 167
Leistungsdichte, 172

Leistungsdichtespektrum, 172, 242, *siehe* Spektrum
Leuchtdichte, 75, 78
Lichtquant, 27
Line-Spread-Function (LSF), 341
Lineare Interpolation, 333, *siehe* Interpolation
Linkage-Strategien, 375
- Centroid-Linkage, 376
- Complete-Linkage, 376
- Contiguity-Constraint
-- Average-Linkage, 376
-- Complete-Linkage, 376
- Single-Linkage, 375
Loch, 114
Lokaler Kontrast, 108, *siehe* Kontrast
Longitudinalwelle, 36, 37
Look-Up-Table (LUT), 105, 195, 314, 344
LSI-System, 125, 126, *siehe* System
LTI-System, 125, 126, 131, 154, *siehe* System
- Eigenfunktion des, 132
- Eigenwert des, 132
- Stoßantwort des, 131
- Übertragungsfunktion des, 132
Lumineszenz, 31
- Kathodo-, 32
- Photo-, 32
LUV-Farbraum, 85, *siehe* Farbraum

M-Mode, 61, *siehe* Ultraschall
Macula, 67
Magnetresonanztomographie, 11, 57, *siehe* Kernspintomographie (MR)
Mammographie, 10, 45
Markoffscher Prozeß, 182, 393, *siehe* Prozeß
Markoffsches Feld, 184, 371, 393, *siehe* Feld
Maske, 194, 202
Matrix
- Cooccurrence-, 167, 168, 387, *siehe* Displacement
- Dither-, 76
- Korrelations-, 162
- Kovarianz-, 162
- Run-Length, 392
Maximum-Likelihood, 411, 415, *siehe* Klassifikator
Medianfilter, 207, 350, 368, *siehe* Filter
Mellin-Transformation, 331, *siehe* Transformation

Merkmal
- Extraktion des, 278, *siehe* Merkmalsextraktion
- numerisches, 403
- symbolisches, 403
- syntaktisches, 404

Merkmalsextraktion, 278, 403, *siehe* Merkmalsgewinnung

Merkmalsgewinnung
- analytische, 396
- heuristische, 396, 404

Merkmalsraum, 397, 406, 410, 422, 428
- zweidimensionaler, 410

Merkmalsreduktion, 295

Mesopisches Sehen, 77, *siehe* Sehen

Mexican-Hat-Funktion, 262, 418, *siehe* Funktion

Mikro/Makro-Textur, 386, *siehe* Textur

Minimum-Distance, 411, 413, *siehe* Klassifikator

Minkowski-Addition, 221, *siehe* Dilatation

Minkowski-Subtraktion, 220, *siehe* Erosion

Mittelwert, 158, 164

Mittenfrequenz, 139

Modulation, 142
- Pulscode-, 69

Modulationsübertragungsfunktion (MTF), 143

Moiré-Effekt, 151, 321, *siehe* Effekt

Morphologie, 121, 218
- Grauwert-, 231
- mathematische, 218

Morphologische Ähnlichkeit, 121

Morphologischer Operator, 218, *siehe* Operator
- Closing, 220, 222
- Dilatation, 220, 221, 230
- Erosion, 220, 230
- Hit-and-Miss, 223
- Hit-or-Miss, 223
- Komplement, 219
- Labeling, 218, 226, 227
-- rekursives, 226
- Minkowski-Addition, 221
- Minkowski-Subtraktion, 220
- Opening, 218, 220, 222
- Schließen, 220
- Skelettierung, 223
- Spiegelung, 219
- Thickening, 224
- Thinning, 224
- Translation, 219
- Verdicken, 224
- Verdünnen, 224

Mother-Wavelet, 262, 264, *siehe* Wavelet

Moving Pictures Expert Group (MPEG), 105, *siehe* Bildformat

MR-Angiographie, 58, *siehe* Kernspintomographie

MR-Spektroskopie, 59, *siehe* Kernspintomographie

Multilayer-Perzeptron (MLP), 398, *siehe* Klassifikator

Multiresolution-Analysis, 255, 264, 269
- Definition der, 271
- Eigenschaften der, 272

Multiresolution-Darstellung, 270

Multiresolution-Modell, 253

Multislicing, 58

Multivariate Statistik, 176, *siehe* Statistik

Mustererkennung, 359, 395
- Definition der, 395
- Postulate der, 402
- Teilgebiete der, 395

Myelographie, 12

Nachbarschaft, 178
- Achter-, 178
- Clique einer, 178
- direkte, 113, 202
- hexagonale, 106
- indirekte, 113
- kausale, 187
- Vierer-, 178

Nearest-Neighbor-Interpolation, 333, *siehe* Interpolation

Netzhaut, 66, *siehe* Retina

Neuronales Netz, 398, *siehe* Klassifikator

Neutron, 21

Noise, 322, *siehe* Rauschen

Noniusschärfe, 68

Norm
- einer Funktion, 255
- einer Matrix, 304
- eines Vektors, 304

Normalverteilung, 7, 174, 206, *siehe* Verteilung

Notation, 1, *siehe* Schreibweise

NTSC-Farbraum, 83, *siehe* Farbraum

Nukleon, 21, 33

Nuklid, 23

– metastabiles, 23
– – Beispiel: Technetium, 23
Nyquist-Kriterium, 321, *siehe* Abtasttheorem
Nyquist-Rate, 150

Objekt, 114, *siehe* Gebiet
– anatomisches, 117
– Form des, 120
Öffnen, 218, *siehe* Opening
Opening, 218, 220, 222
Operator, 195, *siehe* Filter
– linearer, 202
– lokaler, 202
– morphologischer, 218, 219
– Punkt-, 195, *siehe* Histogrammtransformation
– – homogener, 195
Optische Übertragungsfunktion (OTF), 142
Optischer Nerv, 70
Orthogonale Basis, 269, *siehe* Basis
Orthonormale Basis, 266, 269, *siehe* Basis
Ortsauflösung, 257, 259
Ortsdiskretisierung, 148, *siehe* Abtastung
Ortsfrequenzspektrum, 133, *siehe* Spektrum
Ortsunschärfe, 257, 259

Paarbildung, 31
Parallelverwischungstomographie (PVT), 48
Parsevalsches Theorem, 172, 259, 263, 339, *siehe* Theorem
Pascalsches Dreieck, 206
Pattern-Recognition, 395, *siehe* Mustererkennung
Perspektivische Abbildung, 324, *siehe* Abbildung
Perzeption, 88
Pfad, 114, 314
– direkter, 114
– zusammenhängender, 314
Phase, 106
Phasenraum, 259, 260, 265
– der Fenster-Fourier-Transformation, 260
– der Wavelet-Transformation, 263
Phasenspektrum, 133, 140, 242, *siehe* Spektrum
Phasenübertragungsfunktion (PTF), 143

Phosphoreszenz, 32, 44
Photo-Multiplier, 53, 54
Photoeffekt, 30, 42, 53, 54, *siehe* Effekt
Photon, 25, 27
Photopisches Sehen, 77, *siehe* Sehen
Photorezeptor, 67
Physikalischer Prozeß, 157, *siehe* Prozeß
Picture-Element, 100, *siehe* Pixel
Piezoelektrischer Effekt, 37
Pixel, 100, 106
Point-Spread-Function (PSF), 131
Poisson-Verteilung, 175, *siehe* Verteilung
Polarkoordinaten, 102, 168, 287, 288, 329, *siehe* Koordinaten
Polynom
– Lagrange-, 292, *siehe* ∼
Positron, 21, 55
Positronenemissionstomographie (PET), 31, 55, 157, *siehe* Tomograpie
Power-Spektrum, 133, 242, *siehe* Leistungsdichtespektrum
Prädiktion, 111
Prägnanz, 89
Präzession, 33
Prewitt-Operator, 212, *siehe* Filter
– kombinierter, 212
Primäre Sehrinde, 72
Primärfarbe, 80
Primärvalenz, 82
Primfaktorzerlegung, 188
Produkt
– inneres, 256
Produktverteilung, 176, *siehe* Verteilung
Projektion, 324, *siehe* Abbildung
Proton, 21, 32, 34
Prozeß, 157
– abklingender, 182
– ergodischer, 346
– Gauß-, 181, *siehe* ∼
– Gitter-, 181
– kausaler, 127, 183
– Markoffscher, 182, 393
– physikalischer, 157
– Rausch-, 176
– schwingender, 182
– stochastischer, 157, 181
Pseudokolor, 62, 354
Pseudokolorierung, 50
– konstant steigende Helligkeit, 357
– konstante Helligkeit, 356
– monoton steigende Helligkeit, 357

Pulscodemodulation (PCM), 69
Punktantwort, 131, *siehe* PSF
Punktoperation
– adaptive, 351
Punktoperator, 195, *siehe* Operator
Punktsehschärfe, 68
Pyramid-Linking, 380, *siehe* Segmentierung
Pyramide, 253
– Äste der, 380
– Blätter der, 380
– Gauß-, 253, 379, *siehe* ~
– Knoten der, 380
– Laplace-, 253, 379, *siehe* ~
– Wurzel der, 380
Pyramidenalgorithmus, 253, 274, 279, *siehe* Algorithmus

Quad-Tree-Codierung, 112, *siehe* Codierung
Qualitätskonzept
– Erfolgskonzept, 422
– – Correctness, 424
– – Coverage, 424
– – Kappa-Wert, 425
– Mißerfolgskonzept, 422
– – Interference, 426
– – Omittance, 426
– – Restrictedness, 426
Quant, 25, 27
Quantenrauschen, 147, 148, 152, 340
Quantenspektrum, 29, *siehe* Spektrum
Quantisierung, 99, 123, 152, 153, 234
– eines Farbbildes, 104
Quantisierungskennlinie, 152
Quantisierungsrauschen, 104, 322, *siehe* Rauschen
Quantisierungsstufen, 152
Querdisperation, 87

Radioisotop, 24
Radon-Transformation, 49, 131, 283, 312, *siehe* Transformation
– Definition der, 286
– diskrete, 289
– zweidimensionale, 284
Radonsche Resolvente, 293
Radonsche Umkehrformel, 286
Rand, 115, 368
Randbild, 309
Random Field, 157, *siehe* stochastischer Prozeß
Randverteilung, 163, 164

Rangordnungsfilter, 350, *siehe* Filter
Rasterung, 99
Raumwahrnehmung, 86, *siehe* Wahrnehmung
Rauschen, 322
– binäres, 176
– Detektor-, 147, 148, 152
– elektronisches, 340
– farbiges, 178
– Quanten-, 147, 148, 152, 340, *siehe* ~
– Quantisierungs-, 104, 322
– weißes, 177
Rauschfilter, 346, *siehe* Filter
Rauschprozeß, 176, *siehe* Prozeß
Rauschunterdrückung, 206, 346, *siehe* Filter
Rayleigh-Streuung, 31
Receiver operating characteristic, 8, *siehe* ROC-Kurve
Rechte-Hand-Regel, 101
Rechteckfilter, 204, *siehe* Filter
Rechteckfunktion, 147, *siehe* Signal
Rechtecksignal, 124, 125, *siehe* Signal
rect-Funktion, 124, *siehe* Signal
Region, 114, 166, 361, *siehe* Gebiet
– homogene, 166
Region-Growing, 378, *siehe* Segmentierung
Region-Merging, 378, *siehe* Segmentierung
Region-Of-Interest (ROI), 108, 319
Registrierung, 331, *siehe* Angleich
Regression, 165
– orthogonale, 296
Regressionsgerade, 299
Regularität
– einer Kurve, 118
Reihe
– Exponential-, 237
– Fourier-, 238, *siehe* ~
– geometrische, 242
– Laurent-, 238
– quadratisch summierbare, 273
– Wavelet-, 264, *siehe* ~
Rekonstruktionsgleichung, 263
Rekursives Filter, 342, *siehe* Filter
Relaxation, 35, 36
– longitudinal, 35
– Spin/Gitter-, 35, *siehe* -longitudinal
– Spin/Spin-, 35, *siehe* -transversal
– transversal, 35
Relaxationszeit, 174
Resolvente

– Radonsche, 293
Retina, 66, 72, 75
– Aufbau der, 67
– Oberfläche der, 67
Rezeptives Feld, 68, 69, 75
Rezeptor, 67
RGB-Farbraum, 83, 84, 124, 355, *siehe* Farbraum
Rhodopsin, 68
Riemannsches Integral, 235
ROC-Kurve, 8
Röntgen, 11
Röntgenaufnahme
– Aufhellung der, 16
– gehaltene, 12
– Verschattung der, 16
Röntgenbildverstärker, 44
Röntgenbremsstrahlung, 28
Röntgenröhre
– Aufbau der, 41
– Brennfleck der, 40
– Fokus der, 40
Röntgenspektrum, 28, *siehe* Spektrum
Röntgenstrahlung, 27, 28
– Erzeugung von, 27
– Wechselwirkung mit Materie, 30
Rotation, 103, 305, 326, *siehe* Abbildung
RST-Abbildung, 328, *siehe* Abbildung
RST-Invariante, 329, *siehe* Invariante
RST-Transformation, 326, *siehe* Transformation
Rückprojektion
– algebraische, 294
– gefilterte, 288
Run-Length-Codierung, 111, *siehe* Codierung
Run-Length-Matrix, 392, *siehe* Matrix
Rutherford
– Atommodell nach, 21

Säkulargleichung, 298
Sample-Count-Methode, 118
Sample-Distance-Methode, 118
Sample-Normal-Methode, 119
Satz
– Stokesscher Integral-, 119, *siehe* ∼
– Strahlen-, 327, *siehe* ∼
Säulen
– corticale, 72, 73
– Dominanz-, 72, 73
Scale-Space, 382, *siehe* Segmentierung
Scannen, 99, *siehe* Rasterung
Schachtverhältnis, 43

Schallwandler, 37
Schallwelle, 36
Scharmittel, 166
Scherung, 103, 326, *siehe* Abbildung
Schließen, 220, *siehe* Closing
Schreibweise für
– Elemente, 1
– Funktionen, 1
– komplexe Zahlen, 3
– Koordinaten, 1
– Matrizen, 1
– Mengen, 1
– Nachbarschaften, 2
– Transformationen, 2
– Variable, 1
– Vektoren, 2
Schwellwert, 362, *siehe* Threshold
Schwerpunkt, 119, 302
Schwingung, 26
Schwingungsprozeß, 182, *siehe* Prozeß
Screening, 10
Second-Angular-Moment, 169, *siehe* Haralicksche Texturmaße
Segment, 361
Segmentierung, 315, 359
– hierarchische, 379
– Kontrollstrukturen der, 360
– konturorientierte, 361
– mit Texturprototypen, 390, 391
– punktorientierte, 361
– pyramidale, 379
– regionenorientierte, 361
– texturorientierte, 383, *siehe* Textur
– Über-, 361
– Unter-, 361
– Verfahren zur
– – Pyramide-Linking-, 380
– – Region-Growing-, 378
– – Region-Merging-, 378
– – Scale-Space-, 382
– – Split & Merge-, 379, 412
– – Split-, 379
– – Thresholding-, 361, *siehe* ∼
Sehen
– Farb-
– – trichromatisches, 78
– – mesopisches, 68, 77
– – photopisches, 68, 77
– Schärfe des, 68
– skotopisches, 68
– Tiefen-
– – einäugiges, 86
– – stereoskopisches, 71

Sehpurpur, 68, *siehe* Rhodopsin
Sehrinde
– primäre, 72
Sehschärfe, 78
– Nonius-, 68
– Punkt-, 68
Sekundärelektonenvervielfacher, 53, *siehe* Photo-Multiplier
Selbstorganisierende Karte, 398, 417, *siehe* Karte
Sensitivität, 6, 400
Shading-Korrektur, 366
Shannonsches Abtasttheorem, 289, *siehe* Abtasttheorem
si-Funktion, 124, 146, 249, 418, *siehe* Signal
Siebtest, 10, *siehe* Screening
Signal, 124, 240
– Chirp-, 257
– Delta-, 128, *siehe* Dirac-Stoß
– determiniertes, 124, 170
– Dirac-, 128, *siehe* Dirac-Stoß
– Dreieck-, 124, 125
– Einheits-, 124
– Elementar-, 124, 125
– Gauß-, 124, *siehe* ∼
– Rechteck-, 124, 125
– Sinus-, 124
– Sprung-, 124, 125
Signaltheorie, 123, *siehe* Theorie
Simulated-Annealing, 188
Simultankontrast
– Farb-, 79
sinc-Funktion, 124, *siehe* si-Funktion
Single-Photon-Emission-Computertomographie (SPECT), 55, 157, *siehe* Tomographie
Sinussignal, 124, *siehe* Signal
Skalierung, 103, 326, *siehe* Abbildung
Skelett, 223, 225
Skelettierung, 116, 225
– morphologische, 223
Small Wave, 263, *siehe* Wavelet
Sobel-Operator, 213, 316, 368, 370, *siehe* Filter
– kombinierter, 213
Sonographie, 11, 37, 59, *siehe* Ultraschall
Speicherfolie, 44
Spektralzerlegung, 303
Spektrum, 172
– Amplituden-, 133, 140, 242
– der Fourier-Transformation, 133, 329

– der Hough-Transformation, 313
– elektromagnetisches, 26
– Energie-, 242
– Fourier-, 242, *siehe* ∼
– Leistungsdichte-, 242
– Phasen-, 133, 140, 242
– Power-, 133, 242, *siehe* Leistungsdichtespektrum, 329
– Quanten-, 29
– Röntgenstrahlen-, 28, 41
Spezifität, 6, 7, 400
Sphärische Aberration, 66
Spiegelung
– morphologische, 219, *siehe* Morphologischer Operator
Spin, 33
Spiral-CT, 52, *siehe* Computertomographie
Spline-Interpolation, 334, *siehe* Interpolation
Split, 379, *siehe* Segmentierung
Split & Merge, 379, *siehe* Segmentierung
Sprungsignal, 124, 125, *siehe* Signal
Spur
– einer Matrix, 304
Stäbchen, 67
– Absorptionskurven der, 79
Standardabweichung, 159
Stationäres Feld, 166, *siehe* Feld
Statistik
– multivariate, 176
– univariate, 158
Stauchung, 328, *siehe* Abbildung
Stieltjes-Integral, 294
Stochastischer Prozeß, 157, 181, *siehe* Prozeß
Stochastisches Feld, 158, *siehe* Feld
Stokesscher Integralsatz, 119, *siehe* Satz
Stoßantwort, 131, 132, 169, *siehe* LTI-System
Strahlenaufhärtung, 31, *siehe* Beam-Hardening
Strahlensatz, 327, *siehe* Satz
Strahlung, 24
– Aktivität der, 25
– Aufhärtung der, 31, *siehe* Beam-Hardening
– charakteristische, 28
– Vernichtungs-, 31, 55
Streustrahlenraster, 42
Streuung, 159
– inkohärente, 30, 31
– kohärente, 30, 31

- Rayleigh-, 31
Strukturelement, 219
- Aufpunkt des, 219
- Design des, 229
- symmetrisches, 221
Subband-Coding-Algorithmus, 276, 279, siehe Algorithmus
Subtraktion
- Minkowski, 220, siehe Erosion
Sukkolarität, 392, siehe Fraktale Maße
Symbol
- morphologisches, 219
Symptom, 9
Synapse, 71
System, 123, 125
- amplitudenstabiles, 127, siehe stabiles
- isotropes, 126
- kausales, 127
- lineares, 126
- LSI-, 125, 126
- LTI-, 125
- stabiles, 127
- Übertragungs-, 125
- zeitinvariantes, 126
Systemtheorie, 123, siehe Theorie
- kontinuierliche, 123
Szintigraphie, 12, 52, 157
Szintillation, 32, 54
Szintillationszähler, 52
Szintillatorfolie, 155, 323

Tagged Image File Format (TIFF), 105, siehe Bildformat
Target, 28, 41
Template, 194, 202
- morphologisches, 218
Terminales Alphabet, 397
Test
- Sieb-, 10, siehe Screening
Texel, 385
Texton, 191, 384, siehe Texel
Textur, 116, 117, 191, 383
- Brodatz-, 383
- Definition der, 385
- Konzept
-- semantisches, 384
-- strukturelles, 385, 394
- Makro-, 386
- Mikro-, 386
Texturanalyse, 391
- Fourier-, 386, siehe ~
Texture-Element, 385, siehe Texel
Texturenergiemasken, 391

Texturmaße
- Haralicksche, 169, 388, siehe ~
Texturmerkmale, 386
Texturprototypen, 389
Textursynthese, 385
Theorem
- Abtast-, 57, 150, 240, 289, 332
- Faltungs-, 244
- Fourier-Scheiben-, 286, siehe Fourier-Slice-Theorem
- Fourier-Slice-, 286, siehe ~
- Hammersley-Clifford-, 393
- Larmor-, 34, 56, 57
- Parsevalsches, 172, 259, 339
- Wiener-Khintchine-, 173, siehe ~
- Zentralschnitt-, 286, siehe Fourier-Slice-Theorem
Theoretischer Horopter, 87
Theorie
- Gegenfarben-, 79
- Gestalt-, 89
- Signal-, 123
- System-, 123, siehe ~
- trichromatische Farb-, 79
Thickening, 224, siehe Morphologischer Operator
Thinning, 224, siehe Morphologischer Operator
Thomson-Effekt, 31, siehe Effekt
Threshold, 362
Thresholding, 201, 361, siehe Segmentierung
- adaptives, 366, siehe -dynamisches
- dynamisches, 366
- globales, 362
- lokales, 365
- Verfahren von Otsu, 364
Tiefensehen
- einäugiges, 86
- stereoskopisches, 71
Tiefpaß, 139, 247, 279, 347, siehe Filter
TM-Diagramm, 61, siehe Ultraschall
Tomographie, 47
- Computer-, 49, siehe ~
- Kernspin-, 11, siehe ~
- Magnetresonanz-, 11, siehe Kernspintomographie (MR)
- Parallelverwischungs- (PVT), 48
- Positron-Emission (PET)-, 31, 55, 157
- Röntgen-
-- axiale, 47
-- transversale, 47

- Single-Photon-Emission-Computer (SPECT)-, 55, 157
- Transversalverwischungs- (TVT), 47
- Verwischungs-, 47
Tomosynthese, 46, 48
Tonnenverzeichnung, 154, *siehe* Verzeichnung
Top-Surface, 231
Topogramm, 51, 52
Topologie
- der Pixelebene, 113
Topologische Äquivalenz, 121
Topologische Karte, 72, 398, 417, *siehe* Karte
- Anwendung der, 417
- Segmentierungsbeispiel, 421
Tracer-Algorithmus, 115, *siehe* Algorithmus
Träger
- endlicher, 235, 236, 257, 276
- kompakter, 257, *siehe* endlicher
Trägheitsachse, 119
Trägheitsmoment, 161
Trägheitstensor, 305
Transformation
- Farb-, 83, *siehe* Farbraum
- Fenster-Fourier-, 256, *siehe* ~
- Fourier-, 49, 132, 331, *siehe* ~
- Gabor-, 257
- Grauwert-, 195
- Hankel-, 138, 141
- Hauptachsen-, 309, 407
- Histogramm-, 195, *siehe* ~
- Hit-and-Miss-, 223
- Hit-or-Miss-, 223, *siehe* Hit-and-Miss
- Hough-, 144, 309, *siehe* ~
- ins Niederdimensionale, 309
- Karhunen-Loève-, 120, 295, 309, 397, *siehe* ~
- Mellin-, 331
- Radon-, 49, 131, 283, 312, *siehe* ~
- RST-, 326
- Wasserscheiden-, 373
- Wavelet-, 254, 286, *siehe* ~
Translation, 103, 305, 326, *siehe* Abbildung
- morphologische, 219, *siehe* Morphologischer Operator
Transparenz, 31
Transversalverwischungstomographie (TVT), 47
Traps, 32
Traveling-Salesman-Problem, 188

Übersegmentierung, 361, *siehe* Segmentierung
Übertragungsfunktion, 132, 171, *siehe* LTI-Systems
- optische, 142, *siehe* (OTF)
Übertragungssystem, 125, *siehe* System
Ultraschall
- A-Mode, 60
- B-Mode, 60, 61
- Doppler-Verfahren, 61
- M-Mode, 61
- TM-Diagramm, 61
Ultraschallwellen, 59
Umbra, 231
Univariate Statistik, 158, *siehe* Statistik
Unsharp-Masking, 207, 347, *siehe* Filter
Unterabtastung, 150, *siehe* Abtastung
Untersegmentierung, 361, *siehe* Segmentierung
Urfarbe, 80, *siehe* Primärfarbe

V1-Areal, 71, *siehe* Areal
Varianz, 159, 164
- bedingte, 165
- der Binomialverteilung, 175
- der Gauß-Verteilung, 174
Ventrikel, 16
Verbundverteilung, 163
Verbundwahrscheinlichkeit, 177
Verdicken
- morphologisches, 224, *siehe* Thickening
Verdünnen
- morphologisches, 224, *siehe* Thinning
Vernichtungsstrahlung, 31, 55
Verschiebung, 305, *siehe* Translation
Verschmierung, 321
Verstärkerfolie, 43, 143
Verteilung
- bedingte, 164
- Binomial-, 206, 347
- Gauß-, 347
- Gibbs-, 178, 393
- Gleich-, 110
- Normal-, 7, 206
- Poisson-, 175
- Produkt-, 176
- Rand-, 163, 164
Verteilungsfunktion, 160
- empirische, 160
- zweidimensionale, 163
Vertikalclique, 184, *siehe* Clique
Verwischungstomographie, 12

Verzeichnung, 104, 154, 321, 322
- kissenförmige, 104, 154, 322
- negative, 154
- positive, 154
- tonnenförmige, 104, 154, 322
Verzerrung
- geometrische, 154
Vierernachbarschaft, 178, *siehe* Nachbarschaft
Vierfeldertafel, 6, *siehe* Kontingenztafel
Virtuelle Realität, 98
Visueller Cortex, 71, *siehe* Areal
Visuelles System
- Aufbau des, 65
Volume-Element, 100, *siehe* Voxel
Voxel, 49, 100

Wahrnehmung
- Farb-, 78
- Kontrast-, 78
- Raum-, 86
Wahrscheinlichkeit
- bedingte, 165
Wahrscheinlichkeitsfunktion, 160
Wahrscheinlichkeitsverteilung, 165
Wasserscheidentransformation, 373, 376, *siehe* Transformation
Wavelet, 263, 264
- Mother-, 262, 264
Wavelet-Basis, 269, *siehe* Basis
Wavelet-Koeffizient, 267
Wavelet-Reihe, 264, *siehe* Reihe
Wavelet-Transformation, 254, 286, *siehe* Transformation
- Aufwand der, 279
- Berechnung der, 273
- diskrete, 264
- eindimensionale, 262
- kontinuierliche, 262
- Phasenraum der, 263, *siehe* ~

- Pyramidenalgorithmus der, 274, *siehe* ~
- unvollständige, 269
- Zoom-Eigenschaft der, 261
- zweidimensionale, 278
Wavelet-Zerlegung, 273
Weber-Fechnersches Gesetz, 76, *siehe* Gesetz
Weber-Konstante, 75
Webersches Gesetz, 75, *siehe* Gesetz
Weichteilfenster, 50
Weißes Rauschen, 177, *siehe* Rauschen
Welle, 26
- elektromagnetische, 26
- Schall-
- - Erzeugung von, 37
- - Wechselwirkung mit Materie, 38
Wiener-Filter, 340, 341, *siehe* Filter
Wiener-Khintchine-Theorem, 173, *siehe* Theorem
Wiener-Lee-Beziehung, 171
Wrap-Around-Technik, 101, 194, 203, 330

XYZ-Farbraum, 83, *siehe* Farbraum

Zapfen, 67, 78
- Absorptionskurven der, 79
- L-, M-, S-, 79, 80
Zeit/Frequenz-Ebene, 259, *siehe* Phasenraum
Zentralperspektivische Abbildung, 324, *siehe* Abbildung
Zentralschnittheorem, 286, *siehe* Fourier-Slice-Theorem
Zerfall, 24
Zero padding, 352
Ziliarmuskel, 66
Zufallsgenerator, 187
Zufallsvariable, 187
- gleichverteilte, 187

MIX
Papier aus verantwortungsvollen Quellen
Paper from responsible sources
FSC® C105338

If you have any concerns about our products,
you can contact us on
ProductSafety@springernature.com

In case Publisher is established outside the EU,
the EU authorized representative is:
**Springer Nature Customer Service Center GmbH
Europaplatz 3, 69115 Heidelberg, Germany**

Printed by Libri Plureos GmbH
in Hamburg, Germany